李晓斌　编著

移动互联网之路

HTML 5+CSS 3+jQuery Mobile APP与移动网站设计从入门到精通

清华大学出版社
北京

内容简介

本书全面、系统地讲解了 HTML 5、CSS 3 和 jQuery Mobile 从 Web 界面设计到移动应用开发的各种技术和知识点。本书难度适中，知识结构严谨，内容由浅入深、从易到难，讲解通俗易懂，并注重读者兴趣的培养，在知识点介绍过程中配合大量案例进行讲解，以帮助读者提高实战技能。

本书共 20 章，分为四部分。第一部分为第 1 章内容，介绍了移动互联网与移动 Web 技术的相关知识，使读者对移动 Web 应用有一定的了解；第二部分为第 2 ～ 8 章，介绍了 HTML 5 各方面的知识点，重点介绍了绘图、音频和视频、新型表单等内容；第三部分为第 9 ～ 13 章，介绍了 CSS 样式各属性的设置和使用方法，包括 CSS 3 中新增的弹性盒模型、多列布局、动画效果、渐变填充等内容；第四部分为第 14 ～ 20 章，介绍了 jQuery Mobile 的相关知识，重点介绍了 jQuery Mobile 的页面、组件、主题、事件和插件等内容，并通过实用案例讲解了综合运用 HTML 5、CSS 3 和 jQuery Mobile 开发移动应用的方法和技巧。

本书附赠 1 张 DVD 光盘，其中提供了所有案例的源文件、素材以及相关的视频教程，为读者学习提供方便。

本书适合 Web 设计与开发的初学者和爱好者自学，也适合有一定 Web 前端开发基础的网页开发人员阅读，同时也可作为各院校相关专业的教材使用。

图书在版编目 (CIP) 数据

移动互联网之路 ——HTML 5+CSS 3+jQuery Mobile APP 与移动网站设计从入门到精通 / 李晓斌　编著 . —北京：清华大学出版社，2016（2023.8重印）

ISBN 978-7-302-43514-3

Ⅰ . ①移… Ⅱ . ①李… Ⅲ . ①超文本标记语言—程序设计 ②网页制作工具 ③ JAVA 语言－程序设计 Ⅳ . ① TP312 ② TP393.092 ③ TP312

中国版本图书馆 CIP 数据核字 (2016) 第 079799 号

责任编辑：李　磊
封面设计：王　晨
责任校对：曹　阳
责任印制：宋　林

出版发行：清华大学出版社
网　址：http://www.tup.com.cn，http://www.wqbook.com
地　址：北京清华大学学研大厦A座　　邮　编：100084
社 总 机：010-83470000　　邮　购：010-62786544
投稿与读者服务：010-62776969，c-service@tup.tsinghua.edu.cn
质 量 反 馈：010-62772015，zhiliang@tup.tsinghua.edu.cn

印 装 者：三河市天利华印刷装订有限公司
经　销：全国新华书店
开　本：190mm×260mm（附DVD光盘1张）　　**印　张**：31.75　　**字　数**：939千字
版　次：2016年10月第1版　　**印　次**：2023年 8 月第6次印刷
定　价：69.00元

产品编号：068402-02

PREFACE 前 言

移动互联网是继互联网之后的又一次信息技术革命，各种与之相应的新技术、新应用层出不穷，移动 Web 技术逐渐成为大家关注的新热点之一。

HTML 5 和 CSS 3 代表了下一代的 HTML 和 CSS 技术，它们势必推动互联网的快速发展。特别是在移动互联网领域，HTML 5 和 CSS 3 肩负着不可替代的使命，并且移动设备对 HTML 5 和 CSS 3 都提供了良好的支持。jQuery Mobile 的宗旨是在各移动设备的浏览器平台中形成统一、灵活、渐进增强的系统，它的简略之处在于以纯 HTML 结构为中心的布局，页面放置 Div 和其他标准的 HTML 组件元素，这种结构方式更容易集成其他的 Web 服务，同时与 jQuery 的集成也将更加有利于移动框架的扩展。

本书从实用的角度出发，将知识点与应用案例相结合，使读者真正地掌握每个知识点并能够学以致用。通过本书希望能够帮助读者轻松地掌握 HTML 5、CSS 3 和 jQuery Mobile 的核心知识，快速进入移动应用制作开发领域。

本书内容

本书主要围绕移动应用开发的核心技术展开，全面介绍了 HTML 5、CSS 3 和 jQuery Mobile 的核心知识点，通过实用案例与知识点相结合的方式，使读者能够更容易理解和轻松应用，并且还在难以理解的地方加以提示进行点拨。全书共分 20 章，每章的主要内容如下。

第 1 章　移动设备与 Web 技术，本章向读者介绍了移动互联网、智能手机和移动 Web 应用的相关知识，使读者对移动应用有更加深入的了解和认识。

第 2 章　初识 HTML 5，本章全面介绍了 HTML 5 的基础知识，包括 HTML 5 的语法、新增标签，读者能够对 HTML 5 有全面的了解。

第 3 章　使用网页基本标签，本章向读者介绍了文字、段落、列表、图片和超链接这些网页中常见元素的相关标签和其设置方法。

第 4 章　使用 HTML 5 结构标签，本章介绍了 HTML 5 中新增的文档结构标签和语义模块标签，并通过案例的制作，使读者能够理解并掌握 HTML 5 结构标签的作用和使用方法。

第 5 章　使用 HTML 5 绘图，canvas 元素是 HTML 5 的亮点之一，通过使用 canvas 元素可以在网页中绘制出各种几何图形，本章详细介绍了使用 HTML 5 中的 canvas 元素在网页中绘制图形、文字、渐变的方法。

第 6 章　使用 HTML 5 在页面中嵌入视频和音频，多媒体的应用也是 HTML 5 的一大亮点，本章详细介绍了 HTML 5 中 Video 与 Audio 元素的使用方法和属性设置技巧。

第 7 章　HTML 5 中的表单，本章详细介绍了传统的表单元素和 HTML 5 中新增的表单元素，通过新增的 HTML 5 表单元素可以在移动应用中创建更加友好的表单应用。

第 8 章　HTML 5 本地存储，本章介绍了 HTML 5 中的两种本地存储方式，分别是 Web Storage 和 Web SQL 数据库，通过使用 HTML 5 的本地存储功能，可以更轻松地开发移动应用程序。

第 9 章　CSS 样式基础，本章向读者介绍了有关 CSS 样式的基础知识，包括 CSS 样式的语法、CSS 选择器、CSS 3 新增的选择器以及应用 CSS 样式的方法。

第 10 章　文字与背景设置，本章主要介绍了对文字与背景进行设置的相关 CSS 属性和设置方法，以及使用 CSS 3 新增的文字与背景相关属性所实现的效果。

第 11 章　边框与超链接设置，本章主要介绍了对元素边框和超链接进行设置的相关 CSS 属性和设置方法，并且对 CSS 3 中新增的边框样式属性进行了详细的讲解。

第 12 章　CSS 3 盒模型和界面设计，本章对传统的 CSS 盒模型与 CSS 3 新增的弹性盒模型进行了详细的讲解，并且介绍了网页元素的各种定位方法和用户界面设计属性。

第 13 章　CSS 3 动画效果，动画效果是 CSS 3 最突出的亮点，通过对相关 CSS 属性的设置，即可轻松地在网页中实现各种动画效果。本章详细向读者介绍了 CSS 3 各种动画效果的制作方法和技巧。

第 14 章　jQuery 和 jQuery Mobile 基础，本章向读者介绍了 JavaScript、jQuery 和 jQuery Mobile 的相关基础知识，使读者能更好地理解这三者之间的联系。

第 15 章　jQuery Mobile 页面，本章向读者介绍了 jQuery Mobile 页面以及各部分结构的创建和设置方法，并且还介绍了结构化 jQuery Mobile 页面内容的方法。

第 16 章　jQuery Mobile 页面组件，本章向读者介绍了 jQuery Mobile 中的各种页面组件的使用和设置方法，包括按钮组件、表单组件、列表组件等。

第 17 章　使用 jQuery Mobile 主题，本章向读者介绍了 jQurey Mobile 页面主题的相关知识，包括如何使用默认主题、自定义主题等，并且还介绍了使用 ThemeRoller 创建 jQuery Mobile 主题的方法。

第 18 章　使用 jQuery Mobile 事件，本章向读者介绍了 jQuery Mobile 中常用事件的设置和使用方法，通过使用 jQuery Mobile 事件可以轻松地实现各种交互效果。

第 19 章　使用 jQuery Mobile 插件，本章通过多款 jQuery Mobile 实用插件的介绍，使读者能够轻松地在 jQuery Mobile 页面中创建常见的特效。

第 20 章　移动应用开发实战，本章通过 3 个实用的移动应用案例进行制作讲解，向读者介绍了综合应用 HTML 5、CSS 3 和 jQuery Mobile 开发移动应用的方法。

本书特点

本书从实际应用的角度出发，系统地介绍了 HTML 5、CSS 3 和 jQuery Mobile 的核心知识，采用实用案例与知识点相结合的方式，避免枯燥无味的基础知识讲解，使读者能够学以致用，掌握最新的移动应用开发技术。

- 内容全面：本书内容全面，涵盖 HTML 5、CSS 3 和 jQuery Mobile 的各方面知识。
- 以案例为中心：脱离单纯的知识点讲解，通过案例与知识点相结合的方式进行讲解，生动贴切地诠释了知识点在实际工作中的应用。
- 语言简洁流畅：本书语言流畅、图文并茂，以大量的案例讲解在实际移动应用开发中的制作方法和技巧，避免了枯燥无味的说教。
- 视频辅助教学：将案例的制作与教学视频相结合，使读者更加容易理解所讲内容。

本书作者

本书由李晓斌编著，另外张晓景、解晓丽、孙慧、程雪翩、刘明秀、陈燕、胡丹丹、適玉婷、刘强、范明、郑竣天、王明、史建华、于海波、孟权国、张国勇、贾勇、邹志连、肖阂、王延楠、林学远、黄尚智、陶玛丽、王大远、尚丹丹、刘明明、张航、张伟等人也参与了部分编写工作。本书在写作过程中力求严谨，但书中难免有疏漏和不足之处，希望广大读者批评指正。

本书配套的 PPT 课件请到 http://www.tupwk.com.cn 下载。

编　者

CONTENTS 目 录

第1章 移动设备与Web技术

第2章 初识 HTML 5

第3章 使用网页基本标签

第 4 章 使用 HTML 5 结构标签

第 5 章 使用 HTML 5 绘图

第 6 章 使用 HTML 5 在页面中嵌入视频和音频

第 7 章 HTML 5 中的表单

第 8 章 HTML 5 本地存储

第 9 章 CSS 样式基础

第 10 章 文字与背景设置

第 11 章 边框与超链接设置

第 12 章 CSS 3 盒模型和界面设计

第 13 章 CSS 3 动画效果

第 14 章 jQuery 和 jQuery Mobile 基础

第 15 章 jQuery Mobile 页面

第 16 章 jQuery Mobile 页面组件

第 17 章 使用 jQuery Mobile 主题

第 18 章 使用 jQuery Mobile 事件

第 19 章 使用 jQuery Mobile 插件

第 20 章 移动应用开发实战

第1章 移动设备与Web技术

继计算机、互联网之后，移动互联网正掀起第三次信息技术革命的浪潮，新技术、新应用不断涌现。本章将向读者介绍移动互联网、智能手机和移动Web应用的相关基础知识，使读者对移动Web应用有更深入的了解。

本章知识点

- ✔ 了解移动互联网的特点和发展方向
- ✔ 了解智能手机的发展和智能手机浏览器
- ✔ 理解移动Web浏览器的特点
- ✔ 了解移动Web应用的发展和开发框架
- ✔ 了解移动应用开发的注意事项

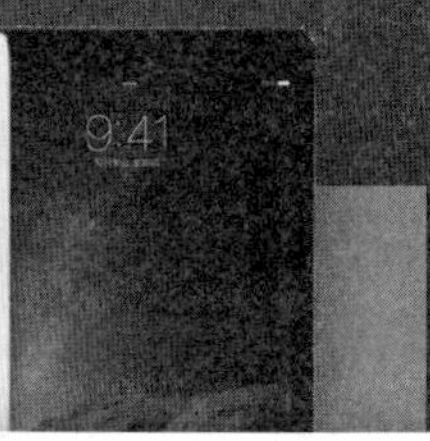

1.1 了解移动互联网

移动互联网是所有移动应用的基础，越来越多的人在购物、用餐、出行、工作时，都习惯性地掏出手机，查看信息、查找位置、分享感受、协同工作等，移动互联网给人们的生活方式带来了翻天覆地的变化。

1.1.1 移动互联网的特点

移动互联网是使用智能手机、平板电脑等移动终端，可同时提供语音、数据、多媒体等业务应用的开放式互联网络。移动互联网为视听节目、游戏、电子书籍等数字内容的传播注入了新的活力，也为用户消费数字内容提供了多样化的选择。在当今社会，移动互联网已不仅仅是一种普通的通信工具，而更多的是人们的“得力助手”。

移动互联网相较于传统互联网，具有便捷性、智能性、个性化的特点。

- 便捷性

便捷性不仅体现在用户携带的便捷性，更表现在用户使用时间的便捷性，可随时随地非常方便地接入无线网络。

- 智能性

移动互联网相比较传统互联网，在操作方面更加智能，可通过手动、语音、智能手机自动识别获取等功能实现信息收集进而进行智能机操作。

- 个性化

移动互联网可在用户许可的情况下自动获取关于用户的位置、历史记录、日常使用习惯，并对此进行后台处理、分析，从而将最为符合用户习惯的个性化内容呈现给用户，提高用户体验。

1.1.2 移动互联网的发展方向

目前，移动互联网已渗透到工作、生活的各个方面，其业务和应用包括移动环境的网页浏览、位置服务、在线游戏、视频播放、在线购物等，移动互联网不仅体现出移动用户可以随时、随地、随身地享受互联网业务带来的便捷，还表现为更加多元化和丰富的应用。

- 移动浏览 / 下载

移动浏览不仅是移动互联网最基本的业务，也是用户使用最多的业务。在移动互联网应用中，无线下载作为移动互联网重要的基础技术，可以为各种应用服务提供下载服务。

- 移动社交

移动互联网应用最多的是即时通信类社交软件，例如 QQ、微信、微博等。手机自身具有的随时、随地沟通等特点，使移动社交在移动互联网领域具有一定的优势，与传统互联网相比，移动互联网的社交功能前景更加乐观。

- 移动搜索

这是一种典型的移动互联网服务，移动搜索是基于移动网络的搜索技术总称，是指用户通过移动终端，采用多种接入方式进行搜索，获取相关站点及互联网信息内容、移动增值服务内容及本地信息等用户需要的信息或服务。相对于传统的互联网搜索，移动搜索可以使用各种相关信息帮助用户获取更个性化、更精确的搜索结果，并可基于这些精确和个性化的搜索结果更好地为用户提供增值服务。

- 移动广告

移动广告实际上是一种支持互动的网络广告，具有网络媒体的一切特征，同时由于移动性使得用户能随时、随地接受信息，因此比互联网广告更具优势。随着移动互联网高速发展的趋势，必定会带动移动广告业务的发展。

- 移动多媒体

移动多媒体是通过移动网络和终端设备，为移动用户传输视频、音频等多媒体内容的移动业务。随着 3G、4G 网络的逐渐普及，以及移动终端性能的提高，移动多媒体的应用会越来越多，使用户可以随时、随地地享受音乐、视频等多媒体服务。

- 在线游戏

随着移动终端多媒体处理能力的增强，特别是 4G 技术带来的移动网络传输速率提升，移动互联网在线游戏已经成为移动互联网的重要应用之一，目前移动互联网在线游戏发展非常迅速。

- 移动购物

移动购物即用户通过各种智能移动设备接入无线互联网购买商品或服务的业务。在国内各大购物网站都已经开展了手机在线购物业务，随着移动 Web 技术的不断发展，移动购物必定会得到更大的认同和广泛的应用。

1.2 智能手机与手机浏览器

伴随着移动互联网的发展，Android 和 iOS 系统的智能手机让越来越多的应用程序在其平台下的软件市场发布软件。同时，各家公司为了使自己的产品线能够更快地在移动互联网上占有市场份额，也纷纷将自己的产品线布局到移动设备上。

1.2.1 智能手机的发展

1. WAP 1.0 时代

早在 2000 年的时候，移动互联网就已经进入了人们的生活，但那时候手机所提供的功能有限，基本上只提供彩铃、图片等服务内容。这种服务使相当一部分创业者在短期内得到可观的收入，这个时代通常被称为 SP 时代。但是，这种服务只能满足部分手机用户的低层次需求。

2. WAP 2.0 时代

直到 2006 年，智能手机的应用进一步发展，手机用户的需求开始发生变化，各种新的手机应用不断推出，如新闻资讯、即时聊天等。事实上，这些新的应用也只不过是在 SP 时代功能基础上的升级，这段时期称为 WAP 2.0 时代。

3. 3G 时代

进入 3G 时代，移动互联网迎来了井喷式发展，特别是以谷歌、苹果为首的 Android 和 iOS 系统的智能手机推出后，手机的功能逐渐变得越来越强大，例如 WIFI 无线联网、蓝牙、重力感应、数据存储等功能，让智能手机变得不再是一部单线的通话工具。

Android 和 iOS 系统的智能手机在全球的手机市场份额不断扩大，越来越多的用户开始使用智能手机，其原因有以下几点。

- 硬件设备的提升

手机经过十多年的发展，其硬件设备相比以前已经发生翻天覆地的变化。各种单核、双核甚至四核 CPU 的智能手机不断推出，其运算速度得到很大的提升，为大型软件和游戏提供了很好的硬件基础。

- 系统的开放性

Android 系统以免费开源的方式打破了手机操作系统的封闭性，让各家手机制造商可以利用 Android 平台制造出用户体验更好、功能更强大的手机。虽然 iOS 系统没有像 Android 系统那样开放源代码，但是 iOS 和 Android 系统都提供了非常丰富的 API 接口和文档，开发者可以通过其提供的 API 接口开发出极具创意的应用程序。

- 更好的用户体验

采用 Android 或 iOS 系统的智能手机更像是一款移动掌上设备，不仅能够提供手机最基本的功能，还能够使用许多丰富的软件、游戏开发接口以及可定制的用户界面，这使得用户可以使用体验更好、界面更精美的各种手机应用。

- 丰富的应用程序

随着智能手机等移动设备的不断普及，人们对手机应用软件的需求越来越多，手机移动操作系统厂商都不约而同地建立手机设备应用程序市场，例如 Apple 的 APP Store、Google 的 Android Market 等，给智能移动设备的终端用户带来巨量的应用软件。用户可以随心所欲地在智能手机中安装自己喜欢的应用，手机用户没有不使用它们的理由。

1.2.2 智能手机系统

智能手机与平板电脑是指像 PC（个人电脑）一样，具有独立的操作系统，可以由用户自行安装第三方服务商提供的应用程序，并通过移动通信网络实现无线上网的一类手持移动设备。

目前在智能手机和平板电脑中应用最为广泛的操作系统主要是 Android、iOS 和 Windows Phone 这 3 种。

1. Android（安卓）系统

Android 操作系统最初由 Andy Rubin 开发，主要支持手机。2005 年 8 月由 Google 收购注资。2007 年 11 月，Google 与 84 家硬件制造商、软件开发商及电信营运商组建开放手机联盟共同研发改良 Android 系统，其后于 2008 年 10 月发布了第一部 Android 智能手机。如图 1-1 所示为使用 Android 系统的智能手机和平板电脑。

图 1-1

2. iOS（苹果）系统

iOS 系统最初是为 iPhone 手机设计使用的，iPhone 手机在市场上一推出便大获成功，于是苹果公司便陆续推出了 iPod touch、iPad 和 iPhone 等产品，如图 1-2 所示。这些产品全部都使用 iOS 系统，iOS 系统也是目前苹果公司推出的手持移动设备的唯一操作系统。

图 1-2

iOS 系统具有简单易懂的界面、令人惊叹的功能，以及超强的稳定性，这些性能已经成为 iPhone、iPad 和 iPod touch 的强大基础。

3. Windows Phone 系统

Windows Phone 系统是微软公司发布的一款智能手机操作系统，将微软旗下的 Xbox Live 游戏、Xbox Music 音乐与独特的视频体验集成至手机中。2012 年 6 月 21 日，微软公司正式发布 Windows Phone 8，采用和 Windows 8 相同的 Windows NT 内核，如图 1-3 所示为使用 Windows Phone 8 操作系统的智能手机。

Windows Phone 具有桌面定制、图标拖曳、滑动控制等一系列前卫的操作体验。Windows Phone 提供适用于人们包括工作和娱乐在内完整生活的方方面面。

图 1-3

1.2.3　智能手机浏览器

随着智能手机的发展，Android 系统的智能手机和 iOS 系统的 iPhone 手机不断推出各种应用程序，并且都会在系统中内置一款移动 Web 浏览器，如 Android 系统中内置的 Android Browser 浏览器，iOS 系统中内置的 Mobile Safari 浏览器。

这些移动 Web 浏览器不同于过去的 WAP 浏览器，它能够识别和解释 HTML、CSS 样式和 JavaScript 等代码，而且它们都有一个共同的特点就是其浏览器的核心都是基于 Webkit。目前，Safari 浏览器已经成为移动端表现最好的 Web 浏览器。

Webkit 实际上是一种浏览器引擎，同时也是一个开源的项目。在桌面浏览器中，Chrome 浏览器、Safari 浏览器都已经内置了 Webkit 引擎，并支持 HTML 5、CSS 3 特性。

Mobile Safari 和 Android Browser 作为两个平台内置的移动 Web 浏览器，更是继承各自桌面端浏览器的特点，既支持 Webkit 引擎特性，也支持 HTML 5 和 CSS 3 的多种特性。

移动 Web 浏览器所带来真正意义上的改变，就是可以通过浏览器直接访问任何通过 HTML 静态语言或类似 PHP、ASP.NET 等动态语言构建的 Web 网站或应用程序，而不仅仅是 WAP 网站。

为了能够合理地在移动 Web 浏览器中显示网站或应用程序界面，需要根据智能手机的屏幕大小重构 Web 页面的体验，使页面能够自适应屏幕的大小。如图 1-4 所示为使用手机 Web 浏览器浏览网站页面的显示效果。

图 1-4

1.2.4 移动 Web 浏览器的特点

智能手机的移动 Web 浏览器具有以下几个特点。

- **屏幕尺寸有限**

由于智能手机屏幕尺寸有限，传统的Web网站在移动Web浏览器中很难给用户完美的用户体验，因此需要根据智能手机的屏幕大小来定制移动版的 Web 应用程序。

- **硬件设备的完善**

智能手机硬件设备的不断升级优化，使得移动 Web 浏览器得到更好的发展，同时能够充分利用 CPU 等硬件的更高性能去做更多的事情。

- **基于 Webkit 核心**

移动 Web 浏览器支持各种 Web 技术标准，并且支持全新的 HTML 5 和 CSS 3 特性。

- **触屏、缩放等交互操作**

在移动互联网时代，触屏手机的大规模应用及手机应用范围的转变，使触摸屏成为行业的大趋势。其中 Web 页面浏览、下载、消费等都成为主要应用场景，用户可以直接在屏幕上进行触摸、单击来完成交互操作。

1.3 关于移动 Web 应用

各种类型的移动应用程序种类繁多，其开发的方式也存在着差异，有些采用原生 SDK 进行开发，有些是基于 Web 的应用开发，不同的开发方式各有优缺点。本节将向读者介绍有关移动 Web 应用开发的相关基础知识，使读者对移动 Web 应用有更深入的了解。

1.3.1 移动 Web 应用的发展

自 2007 年 Apple 公司发布第一款 iPhone 手机之后，基于移动终端的 Web 应用便得到发展。当时 Apple 公司并不允许第三方开发者开发其 iPhone 应用软件，只允许他们开发基于 Web 的应用程序。

2008 年，Apple 公司正式推出 iPhone SDK，并开放 App Store 应用软件市场。SDK 的推出，让原来需要开发基于 Web 应用的第三方开发者几乎都转向 iPhone SDK 的开发。

现在，移动智能设备之所以能够风靡全球，除了因其具有强大的硬件特性外，更重要的是它们拥有巨量的应用软件，特别是在 App Store 和 Android Market 上的应用都是基于两大公司 (Apple 和 Google) 提供 SDK 给第三方开发者进行开发的。Apple 提供的是基于 Object-C 语言的 iOS SDK 应用开发，Google 提供的是基于 Java 语言的 Android SDK 应用开发。

基于原生 SDK 的开发存在以下几点优势。

(1) 更好的用户体验和交互操作。

(2) 不受网络限制，节省带宽成本。

(3) 可以充分发挥设备硬件和操作系统的特性。

原生 SDK 在开发应用软件方面的优势非常明显，但仍存在一些不足之处。

(1) 平台间移植困难，存在版本间的兼容问题的风险。

(2) 开发周期长，维护成本高，调试困难。

(3) 需要依赖第三方应用商店的审核上架，如 App Store。

1.3.2　基于 Web 的应用开发

除了基于 SDK 开发方式外，移动智能设备还支持 Web 开发方式，例如 iPhone 上的 App Store 就是典型的 Web App 应用软件。尤其是 HTML 5 和 Webkit 的不断发展，让移动 Web 应用变得更加强大。

与原生 SDK 开发相比，基于 Web 的应用开发存在以下几点优势。

(1) 开发效率高，成本低。

(2) 跨平台应用，界面风格统一。

(3) 调试和发布方便。

(4) 无须安装或更新。

基于 Web 的开发方式虽然在跨平台方面有优势，但并不是所有原生 SDK 应用都适合通过 Web 方式实现，还存在如下几点问题。

(1) 无法发挥本地硬件和操作系统的优势。

(2) 受网络环境的限制。

(3) 难以实现复杂的用户界面效果。

将原生 SDK 应用和基于 Web 应用进行比较来看，两种开发模式各有其优点。目前来看，原生 SDK 应用能发挥出智能手机特性的最大效果，而基于 Web 应用则更适合一些传统的 Web 站点建立移动 Web 版本。

1.3.3　基于 HTML 5 的移动应用

基于 Webkit 内核的浏览器的一个最大特点就是支持 HTML 5 和 CSS 3 标准。基于 HTML 5、CSS 3 和 JavaScript 的移动应用程序将会是未来的趋势。

1. canvas 绘图

HTML 5 标准最大的变化就是支持 Web 绘图功能。canvas 绘图功能非常强大，如图形绘制、路径绘制、变形、像素绘图等。用户可以通过获取 HTML 中的 DOM 元素 canvas，并调用其渲染上下文的 context 对象，使用 JavaScript 语言进行图形绘制。

2. 多媒体

Apple 的 iOS 系统默认并不支持播放 Flash 文件。HTML 5 的多媒体标准就是 Apple 公司的最佳解决方案，因为它不需要任何插件，只需要几个页面标签就能实现多媒体的播放。

HTML 5 标准中的多媒体、Video 视频和 Audio 音频正好弥补了多年来需要插件才能播放 Flash 的缺陷。现在只需要利用 Video 和 Audio，通过简单几行页面代码，就能播放互联网上的各种视频和音频文件。

但是，目前各浏览器厂商对多媒体标准所支持的播放格式不一致，例如 Google 的 Chrome 浏览器支持的多媒体视频格式是 Ogg、MPEG4 和 WebM，而 Apple 的 Safari 则只支持 MPEG4。

3. 本地存储

为了满足本地存储数据的需要，HTML 5 标准中新增了两种存储机制，即 Web Storage 和 Web SQL 数据库。前者通过提供“键 / 值”方式存储数据，后者通过类似关系数据库的形式存储数据。

4. 离线应用

HTML 5 标准规范提供一种离线应用的功能。当支持离线应用的浏览器检测到清单文件 (Manifest File) 中的任何资源文件时，便会下载对应的资源文件，将它们缓存到本地，同时也保证了本地资源文件的版本和服务器上的保持一致。

对于移动设备来说，当无网络状态可用时，Web 浏览器便会自动切换到离线状态，并读取本地资源以保证 Web 应用程序继续可用。

5. 使用地理位置

很多现代浏览器中都设置了一种神奇的功能，它能够实时获取到用户当前在地图上所在的位置。虽然地理定位标准严格来说并不属于 HTML 5 标准规范的一部分，但它已经逐渐得到大部分浏览器的支持。

1.3.4 移动应用开发框架

因为有了 Webkit 和 HTML 5 的支持，越来越多的 Web 开发者开始研究基于移动平台的 Web 应用框架，例如基于 jQuery 页面架构的 jQuery Mobile、基于 ExtJS 架构的 Sencha Touch，以及能够打通 Web 和 Native 两者之间通道的 PhoneGap 框架。

目前基于 HTML 5 的移动 Web 框架存在两种不同的开发模式，一种是基于传统 Web 的开发，另一种是基于组件式的 Web 开发。

基于传统 Web 的开发模式，就是在传统 Web 网站上，根据移动设备平台的特点展示其移动版的 Web 站点。目前最能体现该开发模式优势的 Web 框架是 jQuery Mobile。通过使用 CSS 3 的新特性，Media Queries 模块能够实现所开发的站点在任何设备正常浏览，包括桌面电脑和智能手机。

基于组件式的 Web 开发有些类似于 Ext 所提供的富客户端开发模式，在该模式下几乎所有的组件或视图都封装在 JavaScript 内，然后通过调用这些组件展示 Web 应用。这种模式的最佳代表是 Sencha Touch。

在本书中将为读者介绍使用 jQuery Mobile 移动 Web 应用框架来开发移动设备 Web 应用程序的相关知识。

1.4 移动应用开发注意事项

尽管移动设备的种类越来越多，包括智能手机、平板电脑、网络电视设备等，但是它们都支持 HTML 5 和 CSS 3 特性，这使得制作应用于移动设备的网站或应用程序比过去更加容易。

1.4.1 了解移动设备的屏幕尺寸和分辨率

移动设备的屏幕尺寸显然比桌面电脑的屏幕小得多，所以在开发应用于移动设备的网站或应用程序时，必须要考虑到移动设备的屏幕尺寸和分辨率。

与智能手机不同，平板电脑不仅拥有越来越大的屏幕尺寸，而且在浏览方式上也有所不同。例如，大部分平板电脑（以及一些智能手机）都能够以横向或纵向模式进行浏览。这样，同一款设备，屏幕的宽度有时为 1024 像素，有时则为 800 像素或更少。这就要求开发者在开发移动 Web 和应用程序时，需要能够适应不同屏幕尺寸大小，能够始终给用户带来良好的用户体验。

1.4.2 确定移动应用的内容

在设计应用于移动设备的网站或应用程序时，需要记住用户希望浏览到的内容与在普通桌面电脑上浏览到的内容总是相同的。

例如，移动用户所在的位置经常发生变化。也就是说，他们通常在运动中，或是不在家中或办公室中，在访问网站或应用程序时通常带着特定的目标。例如，用手机访问餐厅应用程序的用户通常需要很快找到餐厅的位置及电话号码。如果该移动应用没有在醒目的地方标示出地址及电话号码，就会给用户的使用带来不便。

1.4.3　简洁的 HTML、CSS 和 JavaScript 代码

在移动应用的开发过程中坚持使用正确的、标准格式的 HTML、CSS 样式以及 JavaScript 脚本代码，能够使所开发的应用适用于大部分的移动设备。

除了编写有效的 HTML 外，在为移动设备编写 Web 应用时应该考虑避免以下情况。

- HTML 表格

由于移动设备的屏幕尺寸很小，使用水平滑动相对困难，从而导致表格难以阅读，在移动应用的开发过程中要尽量避免使用 HTML 表格。

- HTML 表格布局

根据 W3C 制订的 Web 标准，不应该使用表格页面进行布局，而且在移动设备中，这些表格会让页面加载速度变慢，并且影响美观，尤其是在它与浏览器窗口不匹配时。

- 弹出窗口

弹出窗口也需要尽量避免，在移动设备上它们甚至能够让网站或应用程序变得不可用。有些浏览器并不支持弹出窗口，还有一些浏览器则总是会用错误的方式打开弹出窗口。

- 框架

许多移动设备都无法支持 HTML 框架，并且在 HTML 5 的规范中已经废弃了框架相关的标签(<iframe> 标签除外)。

同时，记住移动用户通常需要为流量付费，因此 Web 应用应该尽可能小(以 KB 为单位)。使用的 HTML 标签、CSS 样式和服务器请求越少，就会越受欢迎。

1.4.4　测试移动应用

应该在尽可能多的移动设备中对所开发的移动应用进行测试。尽管开发人员可以使用不同的浏览器或模拟不同的屏幕尺寸来测试，但是如果不直接在移动设备上进行测试，仍然可能会出现许多问题。

下面介绍一些测试移动应用的方法。

- 使用模拟器

许多移动设备都有在线或离线模拟器，其中大部分都是免费的，可以使用移动设备模拟器对移动应用进行测试。

- 借用朋友或同事的手机

可以借用不同的手机来测试应用在手机上的效果，这样能够更好地检测移动应用在不同移动设备上的表现效果。

1.5　本章小结

本章向读者介绍了移动互联网和智能手机的相关基础知识，使读者对移动应用开发的基础有所了解，并且介绍了移动 Web 应用和移动应用开发的相关知识，了解移动应用开发的方式和流程，为后面学习移动应用开发打下基础。

第 2 章　初识 HTML 5

本章知识点

- 了解 HTML 5 的基本内容
- 掌握 HTML 5 的语法结构
- 了解并掌握 HTML 5 中新增的标签
- 掌握 HTML 5 的标准属性和事件属性

虽然 HTML 5 目前仍然处于发展的阶段，但基于互联网的应用已经越来越丰富，这对互联网应用提出了更高的要求，HTML 5 俨然已经成为互联网领域最热门的词语。本章将介绍 HTML 5 的基础知识和基本结构，包括 HTML 5 的基本内容、语法结构和新增标签等，使读者对 HTML 5 有初步的认识。

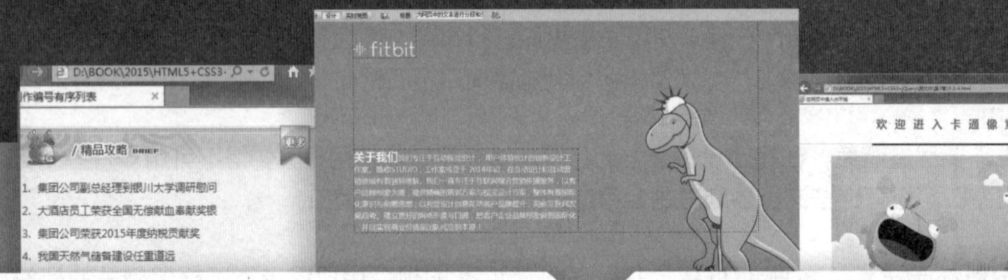

2.1　了解 HTML 5

HTML 5 是近十年来 Web 标准最巨大的飞跃。和以前的版本不同，HTML 5 并非仅仅用来表示 Web 内容，它的使命是将 Web 带入一个成熟的应用平台，在这个平台上，视频、音频、图像、动画，以及与电脑的交互都被标准化。尽管 HTML 5 的实现还有很长的路要走，但 HTML 5 正在改变 Web。

2.1.1　HTML 的发展

HTML 的出现由来已久。1993 年，HTML 首次由因特网工程任务组 (IETF) 以因特网草案的形式发布。接着，HTML 的发展一路高歌：1995 年发布了 2.0 版，1996 年发布了 3.2 版，1997 年发布了 4.0 版，1999 年 12 月发布了 4.01 版。从第三个版本 (3.2 版) 开始，W3C(万维网联盟) 开始接手，并负责后续版本的制定工作。

在 HTML 4.01 之后，W3C 的认识发生了倒退，把发展 HTML 放在了次要地位，而把主要注意力转移到了 XML 和 XHTML 之上。由于当时正值 CSS 崛起，设计者对于 XHTML 的发展深信不疑。但随着互联网的发展，HTML 迫切需要增加一些新的功能，制定新的规范。

为了能够继续深入发展 HTML 规范，在 2004 年，一些浏览器厂商联合成立了 WHATWG(Web 超文本技术工作小组)，以推动 HTML 5 规范。最初，WHATWG 的工作内容包含两个部分：Web Forms 2.0 和 Web Apps1.0。它们都是对 HTML 的发展，并被纳入 HTML 5 的规范之中。Web 2.0 也是在那个时候提出的。

2006 年，W3C 组建了新 HTML 的工作组，非常明智地采纳了 WHATWG 的意见，于 2008 年发布了 HTML 5 的工作草案。2009 年，W3C 停止了对 XHTML 2 的工作。紧接着，HTML 5 的草案不断地更新。2010 年，HTML 5 开始进入众多开发者的视野。在 HTML 5 规范还没定稿的情况下，各大浏览器厂商就已经按捺不住了，纷纷参与到规范的制定中来，并对自己旗下的产品进行升级以支持 HTML 5 的新功能。

HTML 5 规范涉及的内容非常多，众多浏览器厂商的参与使得可以及时获得一些实验性的反馈，HTML 5 规范也得以持续地完善。与此同时，IETF 制定相关通信协议。HTML 5 就是以这种方式快速地融入 Web 开发平台当中。

2.1.2　HTML 5 概述

W3C 在 2010 年 1 月 22 日发布了最新的 HTML 5 工作草案。HTML 5 的工作组包括 AOL、Apple、Google、IBM、Microsoft、Mozilla、Nokia、Opera 以及数百个其他的开发商。制定 HTML 5 的目的是取代 1999 年 W3C 所制定的 HTML 4.01 和 XHTML 1.0 标准，希望能够在网络应用迅速发展的同时，网页语言能够符合网络发展的需求。

HTML 5 实际上指的是包括 HTML、CSS 样式和 JavaScript 脚本在内的一整套技术的组合，希望通过 HTML 5 能够轻松地实现许多丰富的网络应用需求，而减少浏览器对插件的依赖，并且提供更多能有效增强网络应用的标准集。

在 HTML 5 中添加了许多新的应用标签，其中包括 <video>、<audio> 和 <canvas> 等标签，添加这些标签是为了使设计者能够更轻松地在网页中添加或处理图像和多媒体内容。其他新的标签还有 <section>、<article>、<header> 和 <nav>，这些新添加的标签是为了能够更加丰富网页中的数据内容。除了添加许多功能强大的新标签和属性，同样也对一些标签进行了修改，以方便适应快速发展的网络应用。同时也有一些标签和属性在 HTML 5 标准中已经被去除。

2.1.3　HTML 5 的优势

对于用户和网站开发者而言，HTML 5 的出现意义非常重大。因为 HTML 5 解决了 Web 页面存在的诸多问题，HTML 5 的优势主要表现在以下几个方面。

- **化繁为简**

HTML 5 为了做到尽可能简化，避免了一些不必要的复杂设计。例如，DOCTYPE 声明的简化处理，在过去的 HTML 版本中，第一行的 DOCTYPE 过于冗长，在实际的 Web 开发中也没有什么意义，而在 HTML 5 中 DOCTYPE 声明就非常简洁。

为了让一切变得简单，HTML 5 下了很大的功夫。为了避免造成误解，HTML 5 对每一个细节都有着非常明确的规范说明，不允许有任何的歧义和模糊出现。

- **向下兼容**

HTML 5 有着很强的兼容能力。在这方面，HTML 5 没有颠覆性的革新，允许存在不严谨的写法。例如，一些标签的属性值没有使用英文引号括起来；标签属性中包含大写字母；有的标签没有闭合等。然而这些不严谨的错误处理方案，在 HTML 5 的规范中都有着明确的规定，也希望未来在浏览器中有一致的支持。当然对于 Web 开发者来说，还是遵循严谨的代码编写规范比较好。

对于 HTML 5 的一些新特性，如果旧的浏览器不支持，也不会影响页面的显示。在 HTML 规范中，也考虑了这方面的内容，如在 HTML 5 中 <input> 标签的 type 属性增加了很多新的类型，当浏览器不支持这些类型时，默认会将其视为 text。

- 支持合理

HTML 5的设计者们花费了大量的精力来研究通用的行为。例如，Google分析了上百万份的网页，从中提取了 <div> 标签的 id 名称，很多网页开发人员都这样标记导航区域。

```
<div id="nav">
 // 导航区域内容
</div>
```

既然该行为已经大量存在，HTML 5 就会想办法去改进，所以就直接增加了一个 <nav> 标签，用于网页导航区域。

- 实用性

对于 HTML 无法实现的一些功能，用户会寻求其他方法来实现，如对于绘图、多媒体、地理位置和实时获取信息等应用，通常会开发一些相应的插件间接地去实现。HTML 5 的设计者们研究了这些需求，开发了一系列用于 Web 应用的接口。

HTML 5 规范的制定是非常开放的，所有人都可以获取草案的内容，也可以参与进来提出宝贵的意见。因为开放，所以可以得到更加全面的发展。一切以用户需求为最终目的。所以，当用户在使用 HTML 5 的新功能时，会发现正是期待已久的功能。

- 用户优先

在遇到无法解决的冲突时，HTML 5 规范会把最终用户的诉求放在第一位。因此，HTML 5 的绝大部分功能都是非常实用的。用户与开发者的重要性远远高于规范和理论。例如，有很多用户都需要实现一个新的功能，HTML 5 规范设计者们会研究这种需求，并纳入规范；HTML 5 规范了一套错误处理机制，以便当 Web 开发者写了不够严谨的代码时，接纳这种不严谨的写法。HTML 5 比以前版本的 HTML 更加友好。

2.2 HTML 5 语法结构

HTML 5 的语法结构和 HTML 的语法结构基本一致，下面将分别介绍 HTML 5 的文档结构与基本语法。

2.2.1 HTML 5 文档结构

编写 HTML 文件的时候，必须遵循 HTML 的语法规则。一个完整的 HTML 文件由标题、段落、列表、表格、单词和嵌入的各种对象所组成。这些逻辑上统一的对象统称为元素，HTML 使用标签来分割并描述这些元素。实际上整个 HTML 文件就是由元素与标签组成的。

HTML 文件基本结构如下。

```
<html>                      <!--HTML 文件开始 -->
<head>                      <!--HTML 文件的头部开始 -->
</head>                     <!--HTML 文件的头部结束 -->
<body>                      <!--HTML 文件的主体开始 -->
</body>                     <!--HTML 文件的主体结束 -->
</html>                     <!--HTML 文件结束 -->
```

可以看到，代码分为三部分。

- <html>…</html>

告诉浏览器 HTML 文件的开始和结束，<html> 标签出现在 HTML 文档的第一行，用来表示 HTML 文档的开始。</html> 标签出现在 HTML 文档的最后一行，用来表示 HTML 文档的结束。两个标签一定要一起使用，网页中的所有其他内容都需要放在 <html> 与 </html> 之间。

- <head>…</head>

网页的头标签，用来定义 HTML 文档的头部信息，该标签也是成对使用的。

- <body>…</body>

在 <head> 标签之后就是 <body> 与 </body> 标签了，该标签也是成对出现的。<body> 与 </body> 标签之间为网页主体内容和其他用于控制内容显示的标签。

2.2.2　HTML 5 的基本语法

绝大多数元素都有起始标签和结束标签，在起始标签和结束标签之间的部分是元素体，例如 <body>…</body>。第一个元素都有名称和可选择的属性，元素的名称和属性都在起始标签内标明。

- 普通标签

普通标签是由一个起始标签和一个结束标签所组成的，其语法格式如下。

```
<x> 控制文字 </x>
```

其中，x 代表标签名称。<x> 和 </x> 就如同一组开关：起始标签 <x> 为开启某种功能，而结束标签 </x>(通常为起始标签加上一个斜线 /) 为关闭功能，受控制的文字信息便放在两标签之间，例如下面的代码。

```
<b> 加粗文字 </b>
```

标签之中还可以附加一些属性，用来实现或完成某些特殊效果或功能，例如下面的代码。

```
<x a1="v1", a2="v2", …, an="vn"> 控制文字 </x>
```

其中，a_1，a_2，…，a_n 为属性名称，而 v_1，v_2，…，v_n 则是其所对应的属性值。属性值加不加引号，目前所使用的浏览器都可接受，但根据 W3C 的新标准，属性值是要加引号的，所以最好养成加引号的习惯。

- 空标签

虽然大部分的标签是成对出现的，但也有一些是单独存在的，这些单独存在的标签称为空标签，其语法格式如下。

```
<x>
```

同样，空标签也可以附加一些属性，用来完成某些特殊效果或功能，例如下面的代码。

```
<x a1="v1", a2="v2", …, an="vn">
```

例如下面的代码。

```
<hr color="#0000FF">
```

其实 HTML 5 还有其他更为复杂的语法，使用技巧也非常多，作为一种语言，它有很多的编写原则并且以很快的速度发展着。

2.2.3 HTML 5 中精简的头部

HTML 5 避免了不必要的复杂性，DOCTYPE 和字符集都极大简化了。

DOCTYPE 声明是 HTML 文件中必不可少的内容，它位于 HTML 文档的第一行，声明了 HTML 文件遵循的规范。HTML 4.01 的 DOCTYPE 声明代码如下。

```
<!DOCTYPE HTML PUBLIC " -//W3C//DTD HTML 4.01 Transitional//EN " " http://www.w3.org/TR/html4/loose.dtd">
```

这么长的一串代码恐怕极少有人能够默写出来，通常都是通过复制、粘贴的方式添加这段代码。而在 HTML 5 中的 DOCTYPE 代码则非常简单，如下所示。

```
<!DOCYPT html>
```

这样就简洁了许多，不需要再复制、粘贴代码了。同时这种声明也标志性地让人感觉到这是符合 HTML 5 规范的页面。如果使用了 HTML 5 的 DOCTYPE 声明，则会触发浏览器以标准兼容的模式来显示页面。

字符集的声明也是非常重要的，它决定了页面文件的编码方式。在过去，都是使用如下的方式来指定字符集的，代码如下。

```
<meta http-equiv="Content-Type"content="text/html; charset=utf-8">
```

HTML 5 对字符集的声明也进行了简化处理，简化后的声明代码如下。

```
<meta charset="utf-8">
```

在 HTML 5 中，以上两种字符集的声明方式都可以使用，这是由 HTML 5 向下兼容的原则决定的。

2.3 HTML 5 中新增的标签

在 HTML 5 中新增了许多新的有意义的标签，为了方便学习和记忆，在本节中将 HTML 5 中新增的标签进行分类介绍。

2.3.1 结构标签

HTML 5 中新增的结构标签说明如表 2-1 所示。

表 2-1　结构标签说明

标　签	说　明
<article>	<article> 标签用于在网页中标识独立的主体内容区域，可用于论坛帖子、报纸文章、博客条目和用户评论等
<aside>	<aside> 标签用于在网页中标识非主体内容区域，该区域中的内容应该与附近的主体内容相关
<section>	<section> 标签用于在网页中标识文档的小节或部分
<footer>	<footer> 标签用于在网页中标识页脚部分，或者内容区块的脚注
<header>	<header> 标签用于在网页中标识页首部分，或者内容区块的标头
<nav>	<nav> 标签用于在网页中标识导航部分

2.3.2　文本标签

HTML 5 中新增的文本标签说明如表 2-2 所示。

表 2-2　文本标签说明

标　签	说　明
<bdi>	<bdi> 标签在网页中允许设置一段文本，使其脱离其父元素的文本方向设置
<mark>	<mark> 标签在网页中用于标识需要高亮显示的文本
<time>	<time> 标签在网页中用于标识日期或时间
<output>	<output> 标签在网页中用于标识一个输出的结果

2.3.3　应用和辅助标签

HTML 5 中新增的应用和辅助标签说明如表 2-3 所示。

表 2-3　应用和辅助标签说明

标　签	说　明
<audio>	<audio> 标签用于在网页中定义声音，如背景音乐或其他音频流
<video>	<video> 标签用于在网页中定义视频，如电影片段或其他视频流
<source>	<source> 标签为媒介标签（如 video 和 audio），在网页中用于定义媒介资源
<track>	<track> 标签在网页中为例如 video 元素之类的媒介规定外部文本轨道
<canvas>	<canvas> 标签在网页中用于定义图形，例如图标和其他图像。该标签只是图形容器，必须使用脚本绘制图形
<embed>	<embed> 标签在网页中用于标识来自外部的互动内容或插件

2.3.4　进度标签

HTML 5 中新增的进度标签说明如表 2-4 所示。

表 2-4　进度标签说明

标　签	说　明
<progress>	<progress> 标签用于在网页中标识任务进度显示的进度条
<meter>	在网页中使用 <meter> 标签，可以根据 value 属性赋值和最大、最小值的度量进行显示的进度条

2.3.5 交互性标签

HTML 5 中新增的交互性标签说明如表 2–5 所示。

表 2–5 交互性标签说明

标　签	说　明
<command>	<command> 标签用于在网页中标识一个命令元素（单选、复选或者按钮）；当且仅当这个元素出现在 <menu> 标签里面时才会被显示，否则将只能作为键盘快捷方式的一个载体
<datalist>	<datalist> 标签用于在网页中标识一个选项组，与 <input> 标签配合使用该标签，来定义 input 元素可能的值

2.3.6 在文档和应用中使用的标签

HTML 5 中新增的在文档和应用中使用的标签说明如表 2–6 所示。

表 2–6 文档和应用中使用的标签说明

标　签	说　明
<details>	<details> 标签在网页中用于标识描述文档或者文档某个部分的细节
<summary>	<summary> 标签在网页中用于标识 <details> 标签内容的标题
<figcaption>	<figcaption> 标签在网页中用于标识 <figure> 标签内容的标题
<figure>	<figure> 标签用于在网页中标识一块独立的流内容（图像、图表、照片和代码等）
<hgroup>	<hgroup> 标签在网页中用于标识文档或内容的多个标题。用于将 h1 至 h6 元素打包，优化页面结构在 SEO 中的表现

2.3.7 <rudy> 标签

HTML 5 中新增的 <ruby> 标签说明如表 2–7 所示。

表 2–7 <ruby> 标签说明

标　签	说　明
<ruby>	<ruby> 标签在网页中用于标识 ruby 注释（中文注音或字符）
<rp>	<rp> 标签在 ruby 注释中使用，以定义不支持 <ruby> 标签的浏览器所显示的内容
<rt>	<rt> 标签在网页中用于标识字符（中文注音或字符）的解释或发音

2.3.8 其他标签

HTML 5 中新增的其他标签说明如表 2–8 所示。

表 2–8 其他标签说明

标　签	说　明
<keygen>	<keygen> 标签用于标识表单密钥生成器元素。当提交表单时，私密钥存储在本地，公密钥发送到服务器
<wbr>	<wbr> 标签用于标识单词中适当的换行位置，可以用该标签为一个长单词指定合适的换行位置

2.4　HTML 5 的标准属性

在 HTML 中标签拥有属性，在 HTML 5 中新增的属性有 contenteditable、contextmenu、draggable、irrelevant、ref、registrationmark、template，不再支持 HTML 4.01 中的 accesskey 属性。

HTML 5 标准属性介绍如表 2-9 所示。

表 2-9　HTML 5 标准属性介绍

属　性	值	描　述	HTML 4	HTML 5
acceskey	character	设置访问一个元素的键盘快捷键	×	√
class	class_rule or style_rule	元素的类名	√	√
contenteditabie	true false	设置是否允许用户编辑元素	×	√
contextmenu	id of a menu element	给元素设置一个上下文菜单	×	√
dir	ltr rtl	设置文本方向	√	√
draggable	true false auto	设置是否允许用户拖动元素	×	√
id	id_name	元素的唯一 id	√	√
irrelevant	true false	设置元素是否相关，不显示非相关的元素	×	√
lang	language_code	设置语言码	√	√
ref	url of elementid	引用另一个文档或文档上另一个位置，仅在 template 属性设置时使用	×	√
registrationmark	registration mark	为元素设置快照，可以应用于除 <nest> 元素以外的任何 <rule> 元素的后代元素	×	√
style	style_definition	行内的样式定义	√	√
tabindex	number	设置元素的 tab 顺序	√	√
template	url or elementid	引用应该应用到该元素的另一个文档或本文档上另一个位置	×	√
title	tooltip_text	显示在工具提示中的文本	√	√

2.5　HTML 5 的事件属性

HTML 元素可以拥有事件属性，这些属性在浏览器中触发行为，例如当用户单击一个 HTML 元素时启动一段 JavaScript 脚本。下面列出的事件属性，可以把它们插入到 HTML 中来定义事件行为。

HTML 5 中的新事件：onabort、onbeforeunload、oncontextmenu、ondrag、ondragend、ondragenter、ondragleave、ondragover、ondragstart、ondrop、onerror、onmessage、onmousewheel、onresize、onscroll、onunload。不再支持 HTML 4.0.1 属性：onreset。

HTML 5 所支持的事件属性如表 2-10 所示。

表 2-10　HTML 5 事件属性

属　性	值	描　述	HTML 4	HTML 5
onabort	script	发生 abort 事件时运行脚本	×	√
onbeforeunload	script	在文档卸载之前运行脚本	×	√
onblur	script	当元素失去焦点时运行脚本	√	√
onchange	script	当元素改变时运行脚本	√	√
onclick	script	在鼠标单击时运行脚本	√	√
oncontextmenu	script	当菜单被触发时运行脚本	×	√
ondblclick	script	当鼠标双击时运行脚本	√	√
ondrag	script	只要脚本再被拖动就运行脚本	×	√
ondragend	script	在拖动操作结束时运行脚本	×	√
ondragenter	script	当元素被拖动到一个合法的放置目标时，执行脚本	×	√
ondragleave	script	当元素离开合法的放置目标时，执行脚本	×	√
ondragover	script	只要元素正在合法的放置目标上拖动时，就执行脚本	×	√
ondragstart	script	当拖动操作开始时执行脚本	×	√
ondrop	script	当元素正在被拖动时执行脚本	×	√
onerror	script	当元素加载的过程中出现错误时执行脚本	×	√
onfocus	script	当元素获得焦点时执行脚本	√	√
onkeydown	script	当按钮按下时执行脚本	√	√
onkeypress	script	当按键被按下时执行脚本	√	√
onkeyup	script	当按钮松开时执行脚本	√	√
onload	script	当文档加载时执行脚本	√	√
onmessage	script	当 message 事件触发时执行脚本	×	√
onmousedown	script	当鼠标按钮按下时执行脚本	√	√
onmousemove	script	当鼠标指针移动时执行脚本	√	√
onmouseover	script	当鼠标指针移动到一个元素上时执行脚本	√	√
onmouseout	script	当鼠标指针移出元素时执行脚本	√	√
onmouseup	script	当鼠标按钮松开时执行脚本	√	√
onmousewheel	script	当鼠标滚轮滚动时执行脚本	×	√
onreset	script	不支持，当表单重置时执行脚本	√	×
onresize	script	当元素调整大小时运行脚本	×	√
onscroll	script	当元素滚动条被滚动时执行脚本	×	√
onselect	script	当元素被选中时执行脚本	√	√
onsubmit	script	当表单提交时运行脚本	√	√
onunload	script	当文档卸载时运行脚本	×	√

2.6　本章小结

与 HTML 4 相比，HTML 5 的发展有着革命性的进步。本章主要讲解了 HTML 5 的基础知识，包括 HTML 5 的发展、优势、结构和语法等，重点介绍了 HTML 5 中新增的标签。读者应该仔细学习本章内容，对 HTML 5 做好初识工作，为后面学习 HTML 5 的相关知识打下良好的基础，便于更好地掌握和使用 HTML 5。

第 3 章　使用网页基本标签

文字与图片是网页中最基本的元素，任何网页都不可缺少，而且是网页视觉传达最直接的方式。超链接在网页中也是必不可少的部分，在浏览网页时，单击一张图片或者一段文字就可以跳转到相应的网页中，这些功能都是通过超链接来实现的。本章主要向读者介绍网页中各种基本标签的使用和设置方法。

本章知识点

- ✔ 掌握各种文字效果设置的相关标签使用方法
- ✔ 掌握段落效果设置的相关标签使用方法
- ✔ 掌握在网页中创建项目列表、编号列表和定义列表的方法
- ✔ 掌握在网页中插入图片和实现图文混排的方法
- ✔ 了解什么是超链接以及相对路径和绝对路径
- ✔ 掌握网页中各种超链接的创建和设置方法

3.1　设置文字效果

设计网页离不开字体的设置，恰当的字体运用能够丰富网页的内容，美化文字的视觉效果。本节从文字的细节修饰着手，使读者轻松掌握 HTML 的各种字体格式的变化，制作出更加精美的网页。

3.1.1　文字样式 <font> 标签

<font> 标签可以用来设置文字的颜色、字体和大小，是网页设计的常用属性。可以通过 <font> 标签中的 face 属性设置不同的字体，可以通过 size 属性来设置文字的字体大小，还可以通过 color 属性来设置文字的颜色。

<font> 标签的基本语法如下。

```
<font face=" 字体 " size=" 字体字号 "color=" 字体颜色 ">…</font>
```

<font> 标签的相关属性说明如表 3-1 所示。

表 3-1　<font> 标签的相关属性

属　性	说　明
face	face 属性用于设置文字字体。HTML 网页中显示的字体从浏览器端的系统中调用，所以为了保持字体一致，建议采用宋体，即 HTML 网页的默认字体
size	size 属性用于设置文字的大小。size 的值为 1~7，默认值为 3，也可以在属性值之前加上 + 或 - 字符，来指定相对于初始值的增量或减量

（续表）

属　性	说　明
color	color 属性用于设置文字的颜色，它可以用浏览器承认的颜色名称和十六进制数值表示。在 HTML 页面中，可以通过不同的颜色表现不同的文字效果，从而增加网页的亮丽色彩，吸引浏览者的注意

使用 <font> 标签设置网页文字效果

最终文件：光盘 \ 最终文件 \ 第 3 章 \3-1-1.html　　视频：光盘 \ 视频 \ 第 3 章 \3-1-1.mp4

01 执行“文件 > 打开”命令，打开页面“光盘 \ 源文件 \ 第 3 章 \3-1-1.html”，效果如图 3-1 所示。转换到代码视图中，可以看到 HTML 代码，如图 3-2 所示。

图 3-1

```
<!doctype html>
<html>
<head>
<meta charset="utf-8">
<title>使用&lt;font&gt;标签设置网页文字效果</title>
<link href="style/3-1-1.css" rel="stylesheet" type="text/css">
</head>

<body>
<div id="box">
  <div id="logo"><img src="images/31102.jpg" width="138" height=
"36"  alt=""/></div>
  <div id="text">关于我们<br>
    我们专注于互动视觉设计， 用户体验设计的创新设计工作室。简称
STUDIO，工作室成立于 2014年初，在互动设计和互动营销领域有着独特理
解。我们一直专注于互联网整合营销传播服务，以客户品牌形象为重，提供
精确的策划方案与视觉设计方案，团队整体有着国际化意识与前瞻思想；以
视觉设计创意带动客户品牌提升，洞察互联网发展趋势。建立更好的网络形
象与口碑，把客户企业品牌形象做到国际化，并且实现商业价值是团队成立的本意！
</div>
</div>
</body>
</html>
```

图 3-2

02 为页面中相应的文字添加 <font> 标签，并在该标签中添加相应的属性设置，如图 3-3 所示。保存页面，在浏览器中预览页面，可以看到设置后文字的效果，如图 3-4 所示。

```
<div id="box">
  <div id="logo"><img src="images/31102.jpg" width=
"138" height="36"  alt=""/></div>
  <div id="text"><font face="微软雅黑" size="24px"
color="#FFFFFF">关于我们</font><br>
    我们专注于互动视觉设计， 用户体验设计的创新设计工
作室。简称STUDIO，工作室成立于 2014年初，在互动设计和
互动营销领域有着独特理解。我们一直专注于互联网整合营销
传播服务，以客户品牌形象为重，提供精确的策划方案与视觉
设计方案，团队整体有着国际化意识与前瞻思想；以视觉设计
创意带动客户品牌提升，洞察互联网发展趋势。建立更好的网
络形象与口碑，把客户企业品牌形象做到国际化，并且实现商
业价值是团队成立的本意！</div>
</div>
```

图 3-3

图 3-4

设置网页中的文字颜色时，要注意文字颜色应清晰、醒目，并且与网页的背景色相搭配，从而提高网页文字的可读性和网页的整体美观程度。

03 返回网页的 HTML 代码中，使用相同的方法为其他相应的文字添加 <font> 标签，并进行设置，如图 3-5 所示。保存页面，在浏览器中预览页面，可以看到设置后文字的效果，如图 3-6 所示。

```
<div id="box">
  <div id="logo"><img src="images/31102.jpg" width=
"138" height="36"  alt=""/></div>
  <div id="text"><font face="微软雅黑" size="24px"
color="#FFFFFF">关于我们</font><br>
    <font face="宋体" size="+1" color="#FFFFFF">我们专
注于互动视觉设计， 用户体验设计的创新设计工作室。简称
STUDIO，工作室成立于 2014年初，在互动设计和互动营销领
域有着独特理解。我们一直专注于互联网整合营销传播服务，
以客户品牌形象为重，提供精确的策划方案与视觉设计方案，
团队整体有着国际化意识与前瞻思想；以视觉设计创意带动客
户品牌提升，洞察互联网发展趋势。建立更好的网络形象与口
碑，把客户企业品牌形象做到国际化，并且实现商业价值是团
队成立的本意！ </font></div>
</div>
```

图 3-5

图 3-6

在网页中通过 <font> 标签设置字体时，可以将文字设置为任意的字体，但是所设置的字体必须在浏览该网页的电脑中也安装才能正确显示该字体，否则电脑中没有安装的特殊字体会被浏览器中的普通字体所替代。目前，在操作系统中默认安装的中文字体有宋体、黑色、幼圆和微软雅黑等。

3.1.2　文字加粗 <b> 和 <strong> 标签

网页中对需要强调的内容很多使用了加粗的方法，以使文字更加醒目。可以实现加粗效果的标签是 <b> 标签和 <strong> 标签，其中 <strong> 标签被称为特别强调标签，目前比 <b> 标签使用更加频繁。

加粗文字 <b> 和 <strong> 标签的基本语法如下。

```
<b> 这是粗体字 </b>
<strong> 这也是粗体字 </strong>
```

在 <b> 和 </b> 之间的文字或在 <strong> 和 </strong> 之间的文字，在浏览器中都会以粗体显示。

粗体文字标签 <b> 和 <strong> 都是需要添加结束标签的，如果没有结束标签，则浏览器会认为从 <b> 或 <strong> 标签开始的所有文字都是粗体。

3.1.3　文字倾斜 <i> 和 <em> 标签

标签 <i> 能够使作用范围内的文字倾斜；<em> 是强调标签，它的效果也是使文字倾斜，目前比 <i> 标签使用更加频繁。

倾斜文字标签 <i> 和 <em> 的基本语法如下。

```
<i> 斜体文字 </i>
<em> 斜体文字 </em>
```

3.1.4 文字下划线 <u> 标签

<u> 标签的使用和粗体以及斜体标签类似，可以使用该标签作用于需要添加下划线的文字。<u> 标签的基本语法如下。

```
<u> 添加了一条下划线 </u>
```

提示

在网页中除了可以使用 <u> 标签实现文字的下划线效果，还可以通过 CSS 样式中的 text-decoration 属性，设置该属性值为 underline，为网页中需要实现下划线的文字应用相应的 CSS 样式，同样可以实现下划线的效果。

实战

为文字添加加粗、倾斜和下划线修饰

最终文件：光盘 \ 最终文件 \ 第 3 章 \3-1-4.html　　视频：光盘 \ 视频 \ 第 3 章 \3-1-4.mp4

01 执行“文件 > 打开”命令，打开页面“光盘 \ 源文件 \ 第 3 章 \3-1-4.html”，效果如图 3-7 所示。转换到代码视图中，可以看到 HTML 代码，如图 3-8 所示。

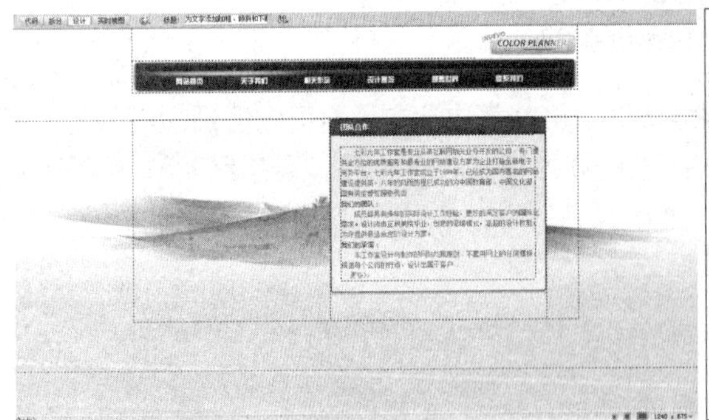

图 3-7

```
<div id="title">团队合作</div>
<div id="text">    七彩光年工作室是专业从事互联网相关业务开发的公司。专门提供全方位的优质服务和最专业的网站建设方案为企业打造全新电子商务平台。七彩光年工作室成立于1999年，已经成为国内著名的网站建设提供商。八年的风雨历程已成功的为中国教育部、中国文化部、国有资监督管理委员会......<br />
<font face="微软雅黑" color="#990000">我们的团队：</font><br>
        成员都具有多年的实际设计工作经验，更好的满足客户的国际化需求。设计师由正规美院毕业，创意的思维模式，高超的设计技能，为您提供最适合您的设计方案。<br>
<font face="微软雅黑" color="#990000">我们的承诺：</font><br>
        本工作室设计与制作的网站均属原创、不套用网上的任何模板，根据每个公司的行点，设计出属于客户.....<br>
        更多&gt;&gt;</div>
```

图 3-8

02 为页面中相应的文字添加加粗文字标签 <b>，如图 3-9 所示。保存页面，在浏览器中预览页面，可以看到文字加粗显示的效果，如图 3-10 所示。

```
<div id="title">团队合作</div>
<div id="text">    七彩光年工作室是专业从事互联网相关业务开发的公司。专门提供全方位的优质服务和最专业的网站建设方案为企业打造全新电子商务平台。七彩光年工作室成立于1999年，已经成为国内著名的网站建设提供商。八年的风雨历程已成功的为中国教育部、中国文化部、国有资监督管理委员会......<br />
<font face="微软雅黑" color="#990000"><b>我们的团队：</b></font><br>
        成员都具有多年的实际设计工作经验，更好的满足客户的国际化需求。设计师由正规美院毕业，创意的思维模式，高超的设计技能，为您提供最适合您的设计方案。<br>
<font face="微软雅黑" color="#990000"><b>我们的承诺：</b></font><br>
        本工作室设计与制作的网站均属原创、不套用网上的任何模板，根据每个公司的行点，设计出属于客户.....<br>
        更多&gt;&gt;</div>
```

图 3-9

图 3-10

03 返回网页 HTML 代码中，为页面中相应的文字添加文字倾斜 <i> 标签，如图 3-11 所示。保存页面，在浏览器中预览页面，可以看到文字倾斜显示的效果，如图 3-12 所示。

```
        <div id="title">团队合作</div>
        <div id="text">    七彩光年工作室是专业从事互联网相
关业务开发的公司。专门提供全方位的优质服务和最专业的网站建
设方案为企业打造全新电子商务平台。七彩光年工作室成立于1999
年，已经成为国内著名的网站建设提供商。八年的风雨历程已成功
的为中国教育部、中国文化部、国有资监督管理委员会......<br />
        <font face="微软雅黑" color="#990000"><b>我们的团队：
</b></font><br>
                        成员都具有多年的实际设计工作经验，更好
的满足客户的国际化需求。设计师由正规美院毕业，创意的思维模
式，高超的设计技能，为您提供最适合您的设计方案。<br>
        <font face="微软雅黑" color="#990000"><b>我们的承诺：
</b></font><br>
                        本工作室设计与制作的网站均属原创、不套
用网上的任何模板，根据每个公司的行点，设计出属于客户.....<br>
                        <i>更多&gt;&gt;</i></div>
```

图 3-11

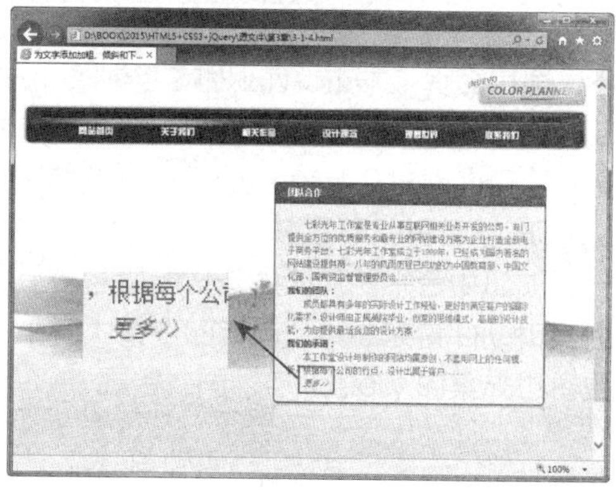

图 3-12

04 返回网页 HTML 代码中，为页面中相应的文字添加下划线 <u> 标签，如图 3-13 所示。保存页面，在浏览器中预览页面，可以看到文字添加下划线的效果，如图 3-14 所示。

```
        <div id="title">团队合作</div>
        <div id="text">    七彩光年工作室是专业从事互联
网相关业务开发的公司。专门提供全方位的优质服务和最专业
的网站建设方案为企业打造全新电子商务平台。七彩光年工作
室成立于1999年，已经成为国内著名的网站建设提供商。八年
的风雨历程已成功的为中国教育部、中国文化部、国有资监督
管理委员会......<br />
        <font face="微软雅黑" color="#990000"><u><b>我们
的团队：</b></u></font><br>
                        成员都具有多年的实际设计工作经验，
更好的满足客户的国际化需求。设计师由正规美院毕业，创意
的思维模式，高超的设计技能，为您提供最适合您的设计方案。<br>
        <font face="微软雅黑" color="#990000"><u><b>我们
的承诺：</b></u></font><br>
                        本工作室设计与制作的网站均属原创、
不套用网上的任何模板，根据每个公司的行点，设计出属于客户.....
<br>
                        <u><i>更多&gt;&gt;</i></u></div>
    </div>
```

图 3-13

图 3-14

3.1.5　其他文字修饰标签

为了满足不同需求，HTML 还有其他用来修饰文字的标签，比较常用的有上标格式标签 <sup>、下标格式标签 <sub> 和删除线标签 <strike> 等。

其他文字修饰标签的基本语法如下。

```
<sup> 上标 </sup>
<sub> 下标 </sub>
<strike> 删除线 </strike>
```

如表 3-2 所示为其他文字修饰标签的说明。

表 3-2　其他文字修饰标签

标　签	说　明
<sup>	为上标格式标签，多用于数学指数的表示，如某个数的平方或者立方
<sub>	为下标格式标签，多用于注释，以及数学的底数表示
<strike>	<strike></strike> 为删除线标签，多用于删除效果

为文字添加上标和删除线

最终文件：光盘 \ 最终文件 \ 第 3 章 \3-1-5.html　　视频：光盘 \ 视频 \ 第 3 章 \3-1-5.mp4

01 执行“文件 > 打开”命令，打开页面“光盘 \ 源文件 \ 第 3 章 \3-1-5.html”，效果如图 3-15 所示。转换到代码视图中，可以看到 HTML 代码，如图 3-16 所示。

图 3-15

```
<body>
<div id="box">
  <div id="logo"><img src="images/31102.jpg" width=
"138" height="36"  alt=""/></div>
  <div id="text"><font face="微软雅黑" size="+4" color=
"#FFFFFF">关于我们R</font><br>
    <font face="宋体" size="+1" color="#FFFFFF">我们专
注于互动视觉设计，  用户体验设计的创新设计工作室。简称
STUDIO，工作室成立于 2014年初，在互动设计和互动营销领
域有着独特理解。我们一直专注于互联网整合营销传播服务，
以客户品牌形象为重，提供精确的策划方案与视觉设计方案，
团队整体有着国际化意识与前瞻思想；以视觉设计创意带动客
户品牌提升，洞察互联网发展趋势。建立更好的网络形象与口
碑，把客户企业品牌形象做到国际化，并且实现商业价值是团
队成立的本意！ </font></div>
</div>
</body>
```

图 3-16

02 为页面中相应的文字添加上标格式 <sup> 标签，从而实现上标的效果，如图 3-17 所示。保存页面，在浏览器中预览页面，可以看到所实现的上标效果，如图 3-18 所示。

```
  <div id="text"><font face="微软雅黑" size="+4" color=
"#FFFFFF">关于我们<sup>R</sup></font><br>
    <font face="宋体" size="+1" color="#FFFFFF">我们专注于
互动视觉设计，  用户体验设计的创新设计工作室。简称STUDIO，
工作室成立于 2014年初，在互动设计和互动营销领域有着独特理
解。我们一直专注于互联网整合营销传播服务，以客户品牌形象为
重，提供精确的策划方案与视觉设计方案，团队整体有着国际化意
识与前瞻思想；以视觉设计创意带动客户品牌提升，洞察互联网发
展趋势。建立更好的网络形象与口碑，把客户企业品牌形象做到国
际化，并且实现商业价值是团队成立的本意！ </font></div>
```

图 3-17

图 3-18

03 返回网页 HTML 代码中，为页面中相应的文字添加删除线 <strike> 标签，如图 3-19 所示。保存页面，在浏览器中预览页面，可以看到为文字添加删除线的效果，如图 3-20 所示。

```
<div id="text"><font face="微软雅黑" size="+4" color=
"#FFFFFF">关于我们<sup>R</sup></font><br>
  <font face="宋体" size="+1" color="#FFFFFF">我们专注于
互动视觉设计， 用户体验设计的创新设计工作室。<strike>简称
STUDIO，工作室成立于 2014年初，</strike>在互动设计和互动营销
领域有着独特理解。我们一直专注于互联网整合营销传播服务，以
客户品牌形象为重，提供精确的策划方案与视觉设计方案，团队整
体有着国际化意识与前瞻思想；以视觉设计创意带动客户品牌提升
，洞察互联网发展趋势。建立更好的网络形象与口碑，把客户企业
品牌形象做到国际化，并且实现商业价值是团队成立的本意！</font></
div>
```

图 3-19

图 3-20

3.2 设置段落效果

网页中文字的排版很大程度上决定了一个网页是否美观。对于网页中的大段文字，通常采用分段、分行和加空格等方式进行规划。本节从段落的细节设置入手，使读者学习后能利用标签轻松自如地规划文字的排版。

3.2.1 文本分段 <p> 标签

HTML 标签中最常用的标签是段落标签 <p>，这个标签非常简单，但是却非常重要，因为这是一个用来划分段落的标签，几乎在所有网页中都会用到。

<p> 标签的基本语法如下。

```
<p> 段落文字 </p>
```

3.2.2 文本分行
 标签

当文字到达浏览器的边界后将自动换行，但是当调整浏览器的宽度时，文字换行的位置也相应发生变化，格式就会显得混乱，因此在网页中添加换行标签是必要的。换行标签的基本语法如下。

```
<br>
```

在网页中如果某一行的文本过长，浏览器会自动对这行文字进行换行，如果想取消浏览器的换行处理，可以使用 <nobr> 标签来禁止自动换行，该标签是成对出现的，有开始标签就有结束标签。

实战　为网页中的文本进行分段和分行处理

最终文件：光盘 \ 最终文件 \ 第 3 章 \3-2-2.html　　视频：光盘 \ 视频 \ 第 3 章 \3-2-2.mp4

01 执行“文件 > 打开”命令，打开页面“光盘 \ 源文件 \ 第 3 章 \3-2-2.html”，效果如图 3-21 所示。转换到代码视图中，可以看到 HTML 代码，如图 3-22 所示。

图 3-21

```
<body>
<div id="box">
  <div id="logo"><img src="images/32202.jpg" width=
"138" height="36"  alt=""/></div>
  <div id="text"><font class="font01">关于我们</font>我
们专注于互动视觉设计， 用户体验设计的创新设计工作室。简
称STUDIO，工作室成立于 2014年初，在互动设计和互动营销领
域有着独特理解。我们一直专注于互联网整合营销传播服务，
以客户品牌形象为重，提供精确的策划方案与视觉设计方案，
整体有着国际化意识与前瞻思想；以视觉设计创意带动客户品
牌提升，洞察互联网发展趋势。建立更好的网络形象与口碑，
把客户企业品牌形象做到国际化，并且实现商业价值是团队成立的本意
！ </div>
</div>
</body>
```

图 3-22

02 为页面中相应的文本添加 <p> 标签进行分段，如图 3-23 所示。保存页面，在浏览器中预览页面，可以看到为文本进行分段的效果，如图 3-24 所示。

```
<body>
<div id="box">
  <div id="logo"><img src="images/32202.jpg" width=
"138" height="36"  alt=""/></div>
  <div id="text"><p><font class="font01">关于我们</font>
</p>
      <p>我们专注于互动视觉设计， 用户体验设计的创新设计
工作室。简称STUDIO，工作室成立于 2014年初，在互动设计和
互动营销领域有着独特理解。</p><p>我们一直专注于互联网整合
营销传播服务，以客户品牌形象为重，提供精确的策划方案与
视觉设计方案，整体有着国际化意识与前瞻思想；以视觉设计
创意带动客户品牌提升，洞察互联网发展趋势。建立更好的网
络形象与口碑，把客户企业品牌形象做到国际化，并且实现商
业价值是团队成立的本意！ </p></div>
</div>
</body>
```

图 3-23

图 3-24

在网页中使用 <p> 标签对网页文本内容进行分段处理，默认情况下，段落与段落之间会有一点空隙，便于用户区分不同的段落。

03 返回网页 HTML 代码中，在页面中的相应位置输入换行标签，如图 3-25 所示。保存页面，在浏览器中预览页面，可以看到为文本进行换行处理的效果，如图 3-26 所示。

```
<body>
<div id="box">
  <div id="logo"><img src="images/32202.jpg" width=
"138" height="36"  alt=""/></div>
  <div id="text"><p><font class="font01">关于我们</font>
</p>
    <p>我们专注于互动视觉设计， 用户体验设计的创新设计
工作室。简称STUDIO，工作室成立于 2014年初，在互动设计和
互动营销领域有着独特理解。</p><p>我们一直专注于互联网整合
营销传播服务，以客户品牌形象为重，提供精确的策划方案与
视觉设计方案，整体有着国际化意识与前瞻思想；<br>以视觉设计创
意带动客户品牌提升，洞察互联网发展趋势。建立更好的网络
形象与口碑，把客户企业品牌形象做到国际化，并且实现商业
价值是团队成立的本意！ </p></div>
</div>
</body>
```

图 3-25

图 3-26

提示

 标签是一个单标签，也叫空标签，不包含任何内容，在 HTML 代码的任意位置添加了
 标签，当网页在浏览器中显示时，该标签之后的内容将会在下一行显示。

3.2.3 标题 <h1> 至 <h6> 标签

标题是网页中不可缺少的一个元素，为了体现标题的重要性，标题的样式一般比较特殊。HTML 技术保存了一套针对标题的样式标签，按照文字尺寸从大到小排列分别是从 <h1> 到 <h6>。标题标签的基本语法如下。

```
<hx> 这是标题 </hx>
```

这里的 x 为数字从 1 到 6，<hx> 标签用于设置文章的标题，标题标签的特点是独占一行和文字加粗。设计网页的时候可以根据标题的等级来选择合适的标题，并设置多级标题。

实战 **设置文本标题**

最终文件：光盘 \ 最终文件 \ 第 3 章 \3-2-3.html　　视频：光盘 \ 视频 \ 第 3 章 \3-2-3.mp4

01 执行“文件 > 打开”命令，打开页面“光盘 \ 源文件 \ 第 3 章 \3-2-3.html”，效果如图 3-27 所示。转换到代码视图中，可以看到 HTML 代码，如图 3-28 所示。

图 3-27

```
<div id="text">标题1<br>
标题2<br>
标题3<br>
标题4<br>
标题5<br>
标题6
</div>
```

图 3-28

02 为页面中相应的文字分别添加标题标签 <h1> 至 <h6>，如图 3-29 所示。保存页面，在浏览器中预览页面，可以看到各标题文字的效果，如图 3-30 所示。

```
<div id="text"><h1>标题1</h1><br>
<h2>标题2</h2><br>
<h3>标题3</h3><br>
<h4>标题4</h4><br>
<h5>标题5</h5><br>
<h6>标题6</h6>
</div>
```

图 3-29

图 3-30

在 HTML 页面中，通过 <h1> 至 <h6> 标签定义页面中的文字为标题文字，可以通过 CSS 样式分别设置 h1 至 h6 标签的 CSS 样式，从而修改 <h1> 至 <h6> 标签在网页中显示的效果。

3.2.4　水平线 <hr> 标签

HTML提供了修饰用的水平分割线，在很多场合中可以轻松使用，不需要另外作图。同时可以在 HTML 中为水平线添加颜色、大小、粗细等属性。

<hr> 标签的基本语法如下。

```
<hr>
```

在网页中输入一个 <hr> 标签，就添加了一条默认样式的水平线，且在页面中占据一行。

标签 <hr> 有多种属性，常用的属性有 width、size、align、color 和 title，分别可以设置水平线的宽度、高度、对齐方式和光标悬停在分割线上时出现的内容提示。

实战　在网页中插入水平线

最终文件：光盘 \ 最终文件 \ 第 3 章 \3-2-4.html　　视频：光盘 \ 视频 \ 第 3 章 \3-2-4.mp4

01 执行“文件 > 打开”命令，打开页面“光盘 \ 源文件 \ 第 3 章 \3-2-4.html”，效果如图 3-31 所示。转换到代码视图中，可以看到 HTML 代码，如图 3-32 所示。

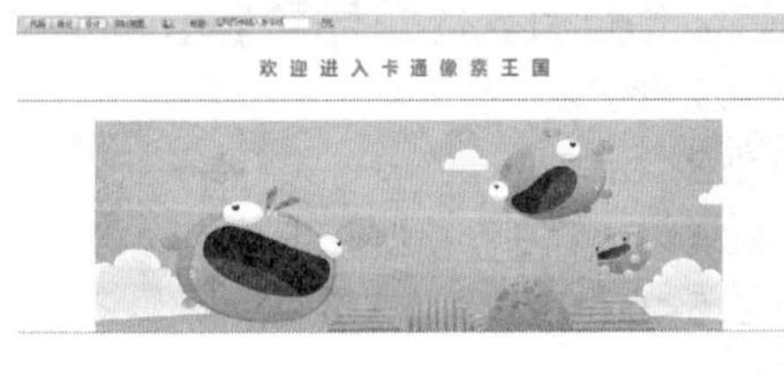

图 3-31

```
<body>
<div id="top">欢迎进入卡通像素王国</div>
<div id="pic"><img src="images/32501.jpg" width="1020"
height="408" alt="" /></div>
</body>
```

图 3-32

02 在网页中标题文字之后添加 <hr> 标签，并对相关属性进行设置，如图 3-33 所示。保存页面，在浏览器中预览页面，可以看到所添加的水平线效果，如图 3-34 所示。

```
<body>
<div id="top">欢迎进入卡通像素王国
  <hr width="500px" size="2" align="center" color="#036">
</div>
<div id="pic"><img src="images/32501.jpg" width="1020"
height="408" alt="" /></div>
</body>
```

图 3-33

图 3-34

默认的水平线是空心立体的效果，可以在水平线标签 <hr> 中添加 noshade 属性，noshade 是布尔值的属性，如果在 <hr> 标签中添加该属性，则浏览器不会显示立体形状的水平线，反之如果不添加该属性，则浏览器默认显示一条立体形状带有阴影的水平线。

3.2.5　文本对齐设置

段落文字在不同的时候需要不同的对齐方式，默认的对齐方式是左对齐。<p> 标签的对齐属性为 align，align 属性的基本语法如下。

```
align= "对齐方式"
```

align 属性需要设置在段落或其他标签中，通过设置 align 属性为 left、right 或 center 值实现左对齐、右对齐和居中对齐。

设置网页文本的对齐

最终文件：光盘 \ 最终文件 \ 第 3 章 \3-2-5.html　　视频：光盘 \ 视频 \ 第 3 章 \3-2-5.mp4

01 执行“文件 > 打开”命令，打开页面“光盘 \ 源文件 \ 第 3 章 \3-2-5.html”，效果如图 3-35 所示。转换到代码视图中，可以看到 HTML 代码，如图 3-36 所示。

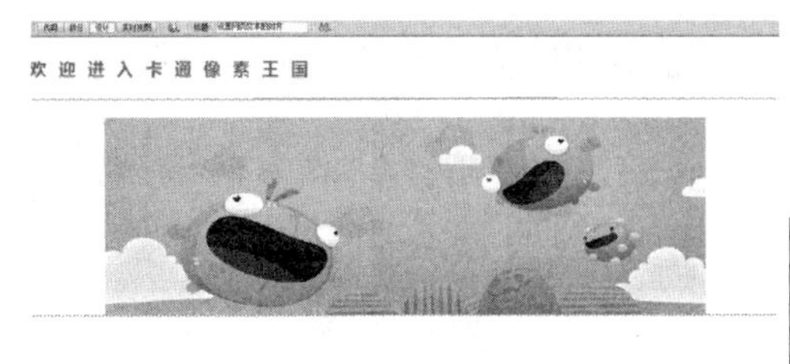

图 3-35

```
<body>
<div id="top">欢迎进入卡通像素王国
  <hr width="500px" size="2" align="center" color="#036">
</div>
<div id="pic"><img src="images/32501.jpg" width="1020"
height="408" alt="" /></div>
</body>
```

图 3-36

02 在页面的 <div> 标签中添加 align 属性设置，如图 3-37 所示。保存页面，在浏览器中预览页面，可以看到文字水平居右对齐的效果，如图 3-38 所示。

```
<body>
<div id="top" align="right">欢迎进入卡通像素王国
  <hr width="500px" size="2" align="center" color="#036">
</div>
<div id="pic"><img src="images/32501.jpg" width="1020"
height="408" alt="" /></div>
</body>
```

图 3-37

图 3-38

03 返回代码视图中，修改刚添加的 align 属性的属性值，如图 3-39 所示。保存页面，在浏览器中预览页面，可以看到文字水平居中对齐的效果，如图 3-40 所示。

```
<body>
<div id="top" align="center">欢迎进入卡通像素王国
  <hr width="500px" size="2" align="center" color="#036">
</div>
<div id="pic"><img src="images/32501.jpg" width="1020"
height="408" alt="" /></div>
</body>
```

图 3-39

图 3-40

3.3 创建列表

列表形式在网页设计中占有比较大的比例，它的特点是显示信息非常整齐、直观，便于用户理解。在本节中将向读者介绍 HTML 中用于创建项目列表、编号列表和定义列表的相关标签。

3.3.1 使用 <ul> 标签创建项目列表

HTML 的列表元素是一个由列表标签封闭的结构，包含的列表项由 <li></li> 组成。具体结构如下。

```
列表开始
    列表项开始 <li>
    列表项具体内容
    列表项介绍 </li>
列表结束
```

项目列表又称为无序列表，就是列表结构中的列表项没有先后顺序的列表形式。不少网页应用中的列表均采用项目列表。

项目列表标签采用 <ul></ul> 标签，每一个列表项被包含在 <li></li> 标签内，所有的列表项被包含在 <ul></ul> 标签内。

项目列表的语法格式如下。

```
<ul>
    <li> 列表项一 </li>
    <li> 列表项二 </li>
    <li> 列表项三 </li>
    <li> 列表项四 </li>
    <li> 列表项五 </li>
</ul>
```

制作新闻列表

最终文件：光盘 \ 最终文件 \ 第 3 章 \3-3-1.html　　视频：光盘 \ 视频 \ 第 3 章 \3-3-1.mp4

01 执行“文件 > 打开”命令，打开页面“光盘 \ 源文件 \ 第 3 章 \3-3-1.html”，效果如图 3-41 所示。将光标移至名为 box 的 Div 中，将多余的文字删除，并输入相应的文字，如图 3-42 所示。

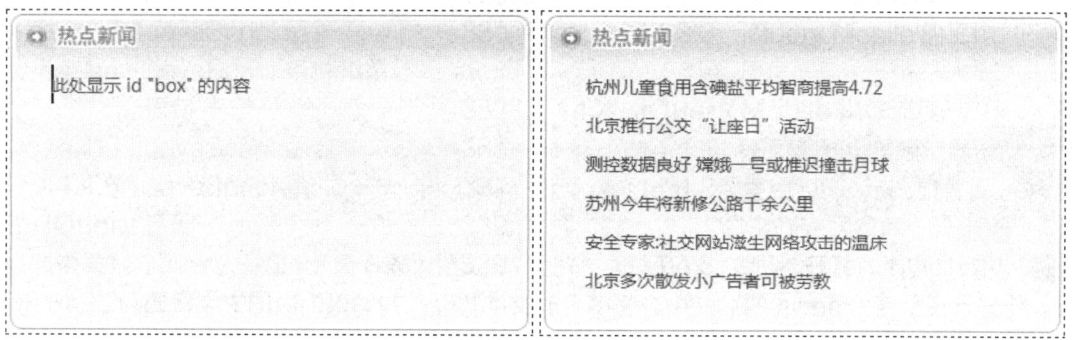

图 3-41　　　　图 3-42

02 转换到网页 HTML 代码中，为刚输入的内容添加相应的项目列表标签，如图 3-43 所示。保存页面，在浏览器中预览页面，可以看到网页中项目列表的效果，如图 3-44 所示。

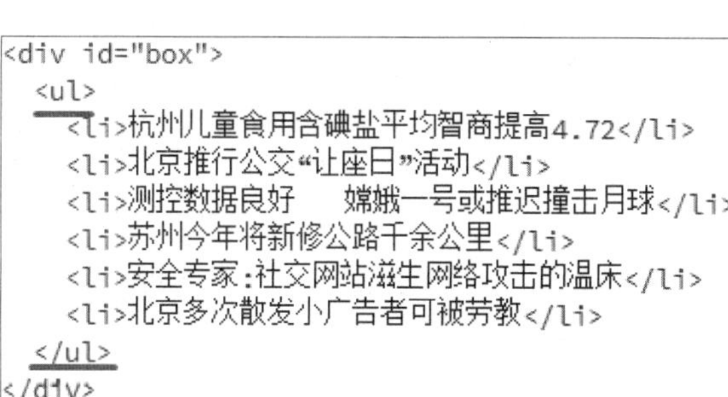

```
<div id="box">
  <ul>
    <li>杭州儿童食用含碘盐平均智商提高4.72</li>
    <li>北京推行公交“让座日”活动</li>
    <li>测控数据良好　嫦娥一号或推迟撞击月球</li>
    <li>苏州今年将新修公路千余公里</li>
    <li>安全专家:社交网站滋生网络攻击的温床</li>
    <li>北京多次散发小广告者可被劳教</li>
  </ul>
</div>
```

图 3-43

图 3-44

默认情况下，在网页中创建的项目列表显示为实心小圆点的形式，可以通过在 <ul> 标签中添加 type 属性，修改项目符号的效果，例如在 <ul> 标签中添加 type= " square " 属性设置，可以将项目符号修改为实心正方形。

3.3.2　使用 <ol> 标签创建编号列表

编号列表又称有序列表，就是列表结构中的列表项有先后顺序的列表形式，从上到下可以有不同的序列编号，如 1、2、3…或者 a、b、c…等。

编号列表采用标签 <ol></ol>，每一个列表项被包含在 <li></li> 标签内，所有的列表项被包含在 <ol></ol> 标签内。使用编号列表可以让列表项按照明确的顺序排列。

编号列表的语法规则如下。

```
<ol>
    <li>列表项一</li>
    <li>列表项二</li>
    <li>列表项三</li>
    <li>列表项四</li>
    <li>列表项五</li>
</ol>
```

制作编号有序列表

最终文件：光盘\最终文件\第 3 章\3-3-2.html　　视频：光盘\视频\第 3 章\3-3-2.mp4

01 执行“文件 > 打开”命令，打开页面“光盘\源文件\第 3 章\3-3-2.html”，效果如图 3-45 所示。将光标移至名为 news 的 Div 中，将多余的文字删除，并输入相应的文字，如图 3-46 所示。

图 3-45

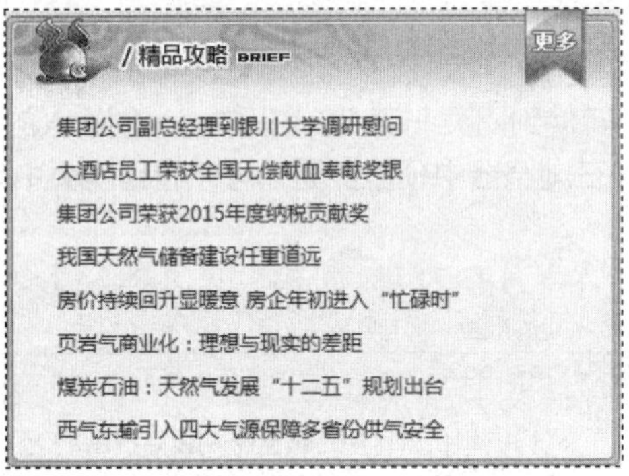

图 3-46

02 转换到代码视图中，为刚输入的内容添加相应的编号列表标签，如图 3-47 所示。保存页面，在浏览器中预览页面，可以看到网页中编号列表的默认效果，如图 3-48 所示。

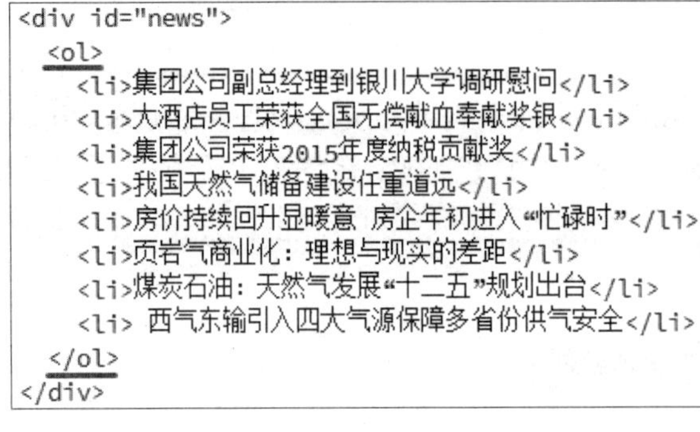

```
<div id="news">
  <ol>
    <li>集团公司副总经理到银川大学调研慰问</li>
    <li>大酒店员工荣获全国无偿献血奉献奖银</li>
    <li>集团公司荣获2015年度纳税贡献奖</li>
    <li>我国天然气储备建设任重道远</li>
    <li>房价持续回升显暖意 房企年初进入“忙碌时”</li>
    <li>页岩气商业化：理想与现实的差距</li>
    <li>煤炭石油：天然气发展“十二五”规划出台</li>
    <li> 西气东输引入四大气源保障多省份供气安全</li>
  </ol>
</div>
```

图 3-47

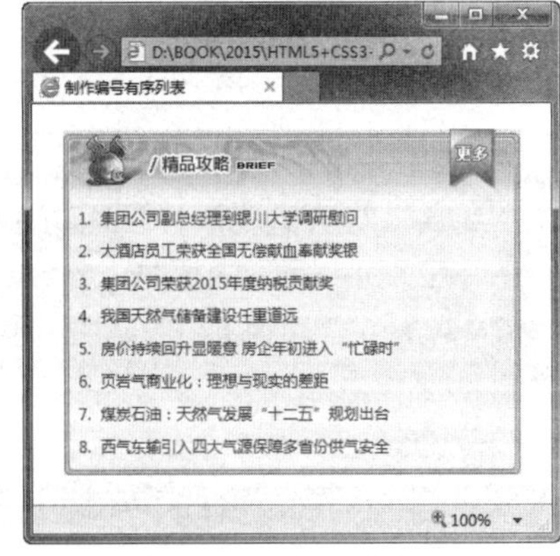

图 3-48

默认情况下，在网页中的有序列表 <ol> 标签中的项目会显示为 1、2、3…进行排列，如果需要修改默认的有序列表序号，可以在 <ol> 标签中添加 type 属性设置。例如，在 <ol> 标签中添加 type= " a " 属性设置，可以将有序列表的序号设置为小写字母 a、b、c…的形式。

3.3.3　使用 <dl> 标签创建定义列表

列表的另外一种形式是定义列表，定义列表形式特别，用法也特别，定义列表中每个标签都是成对出现的，它在网页布局中的应用也非常广泛。

定义列表由 <dl>、<dt> 和 <dd>3 个标签组成，<dt> 和 <dd> 标签包含在 <dl> 标签内，不同的是标签 <dt></dt> 定义的是标题，而标签 <dd></dd> 定义的是内容。

定义列表的语法规则如下。

```
<dl>
    <dt></dt>
    <dd></dd>
    ...
</dl>
```

制作复制的新闻列表

最终文件：光盘 \ 最终文件 \ 第 3 章 \3-3-3.html　　视频：光盘 \ 视频 \ 第 3 章 \3-3-3.mp4

01 执行“文件 > 打开”命令，打开页面“光盘 \ 源文件 \ 第 3 章 \3-3-3.html”，效果如图 3-49 所示。将光标移至名为 news 的 Div 中，在相应的文本后面输入文字，如图 3-50 所示。

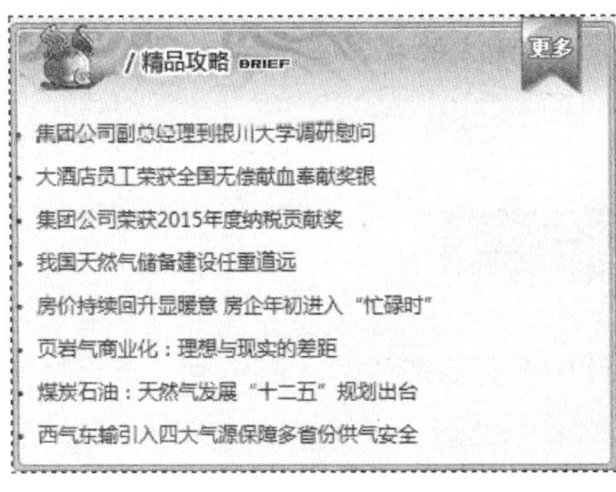

图 3-49

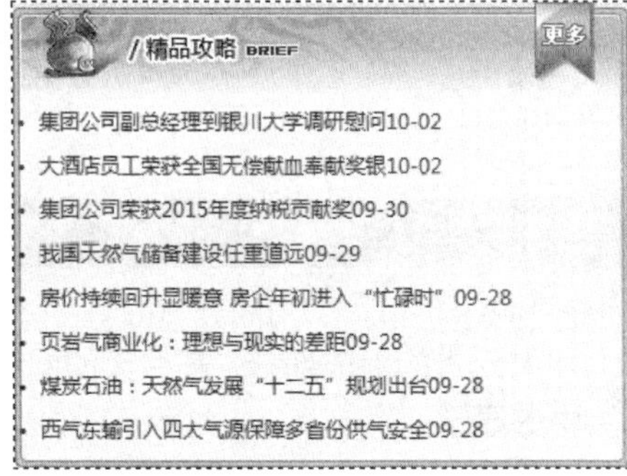

图 3-50

02 转换到代码视图中，可以看到该部分内容的 HTML 代码，如图 3-51 所示。在页面中将 <div id= " news " ></div> 标签之间相应的项目列表标签删除，添加定义列表标签 <dl>、<dt> 和 <dd>，如图 3-52 所示。

```
<div id="news">
  <ul>
    <li>集团公司副总经理到银川大学调研慰问10-02</li>
    <li>大酒店员工荣获全国无偿献血奉献奖银10-02</li>
    <li>集团公司荣获2015年度纳税贡献奖09-30</li>
    <li>我国天然气储备建设任重道远09-29</li>
    <li>房价持续回升显暖意 房企年初进入"忙碌时"09-28</li>
    <li>页岩气商业化：理想与现实的差距09-28</li>
    <li>煤炭石油：天然气发展"十二五"规划出台09-28</li>
    <li>西气东输引入四大气源保障多省份供气安全09-28</li>
  </ul>
</div>
```

图 3-51

```
<div id="news">
  <dl>
    <dt>集团公司副总经理到银川大学调研慰问</dt><dd>10-02</dd>
    <dt>大酒店员工荣获全国无偿献血奉献奖银</dt><dd>10-02</dd>
    <dt>集团公司荣获2015年度纳税贡献奖</dt><dd>09-30</dd>
    <dt>我国天然气储备建设任重道远</dt><dd>09-29</dd>
    <dt>房价持续回升显暖意 房企年初进入"忙碌时"</dt><dd>09-28</dd>
    <dt>页岩气商业化：理想与现实的差距</dt><dd>09-28</dd>
    <dt>煤炭石油：天然气发展"十二五"规划出台</dt><dd>09-28</dd>
    <dt> 西气东输引入四大气源保障多省份供气安全</dt><dd>09-28</dd>
  </dl>
</div>
```

图 3-52

03 因为 <dl>、<dt> 和 <dd> 标签的默认效果并不能满足这里制作的效果，需要定义相应的 CSS 样式对其进行控制，如图 3-53 所示。保存页面，在浏览器中预览页面，可以看到网页中定义列表的效果，如图 3-54 所示。

```
#news dt {
    width: 258px;
    height: 24px;
    line-height: 24px;
    border-bottom: dashed 1px #099;
    background-image: url(../images/33301.png);
    background-repeat: no-repeat;
    background-position: left center;
    padding-left: 15px;
    float: left;
}
#news dd {
    width: 60px;
    height: 24px;
    line-height: 24px;
    border-bottom: dashed 1px #099;
    text-align: right;
    float: left;
}
```

图 3-53

图 3-54

在 HTML 代码中，<dt> 和 <dd> 标签都是块元素，在网页中占据一整行的空间，如果需要使用 <dt> 与 <dd> 标签中的内容在一行中显示，就必须使用 CSS 样式进行控制。关于 CSS 样式将在后面的章节中进行详细介绍。

3.4 插入图片

图片作为网页元素的组成部分，在今天的网页设计中发挥着越来越大的作用。本节将学习如何控制图片在网页中的显示。

3.4.1 图像 <img> 标签

有了图像文件后，就可以使用 <img> 标签将图像插入到网页中，美化页面。

<img> 标签的基本语法如下。

```
<img src=" 图像文件的地址 "height=" 图像的高度 " width=" 图像的宽度 " border=" 图像边框的宽度 " alt=" 提示文字的内容 " />
```

<img> 标签的相关属性说明如表 3-3 所示。

表 3-3　<img> 标签的相关属性

属　性	说　明
src	用于设置图像文件所在的路径，图像路径可以是相对路径，也可以是绝对路径
height	用于设置图像的高度
width	用于设置图像的宽度
border	用于设置图像的边框，border 属性的单位是像素，值越大边框越宽。不推荐使用图像的 border 属性，但是所有的主流浏览器都支持该属性
alt	用于指定替代文本，在图像无法显示或者用户禁用图像显示时，代替图像显示在浏览器中的内容

实战　在网页中插入图像

最终文件：光盘 \ 最终文件 \ 第 3 章 \3-4-1.html　　视频：光盘 \ 视频 \ 第 3 章 \3-4-1.mp4

01 执行“文件 > 打开”命令，打开页面“光盘 \ 源文件 \ 第 3 章 \3-4-1.html”，效果如图 3-55 所示。将光标移至名为 pic1 的 Div 中，将多余的文字删除，如图 3-56 所示。

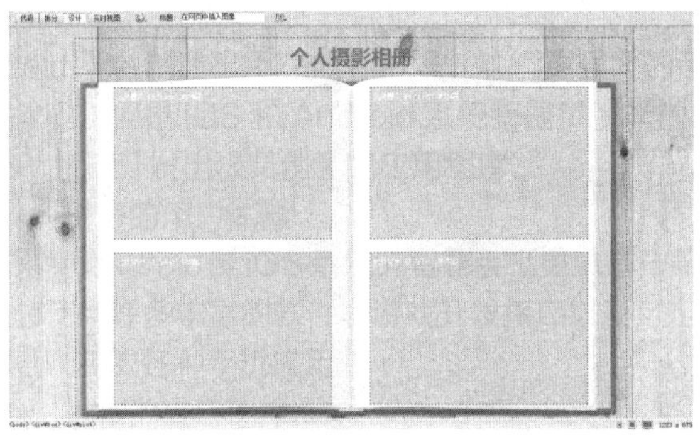

图 3-55

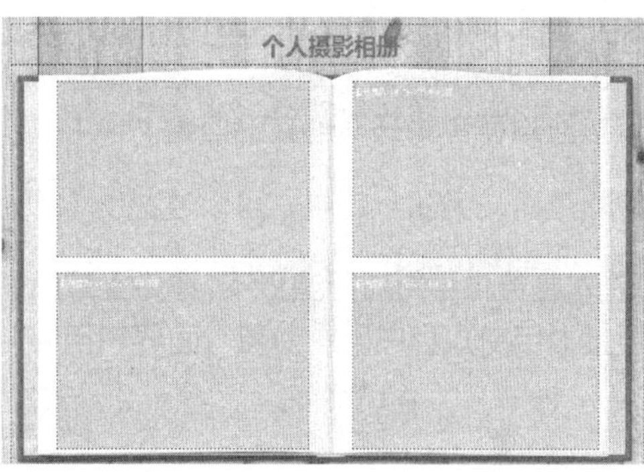

图 3-56

02 转换到网页的 HTML 代码中，在 id 名称为 pic1 的 <div> 与 </div> 标签之间添加 <img> 标签，并在该标签中添加相应的属性设置，如图 3-57 所示。返回网页设计视图中，可以看到在该 Div 中所插入的图像效果，如图 3-58 所示。

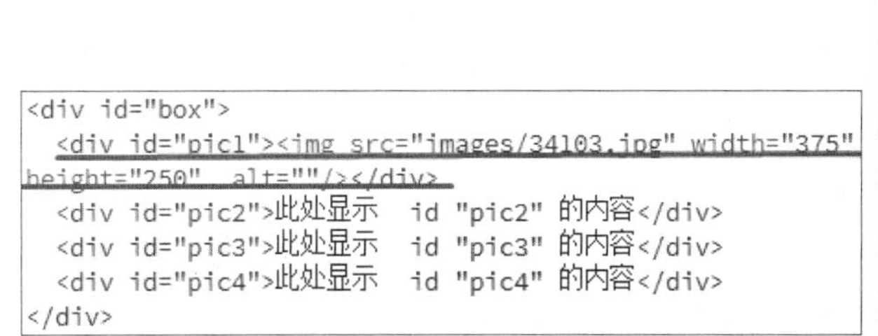

```
<div id="box">
  <div id="pic1"><img src="images/34103.jpg" width="375"
height="250"  alt=""/></div>
  <div id="pic2">此处显示  id "pic2" 的内容</div>
  <div id="pic3">此处显示  id "pic3" 的内容</div>
  <div id="pic4">此处显示  id "pic4" 的内容</div>
</div>
```

图 3-57

图 3-58

03 使用相同的制作方法，可以在其他的 Div 中添加 <img> 标签，在网页中插入图像，如图 3-59 所示。保存页面，在浏览器中预览页面，可以看到在网页中所插入的图像效果，如图 3-60 所示。

```
<div id="box">
  <div id="pic1"><img src="images/34103.jpg" width="375" height="250"  alt=""/></div>
  <div id="pic2"><img src="images/34104.jpg" width="375" height="250"  alt=""/></div>
  <div id="pic3"><img src="images/34105.jpg" width="375" height="250"  alt=""/></div>
  <div id="pic4"><img src="images/34106.jpg" width="375" height="250"  alt=""/></div>
</div>
```

图 3-59

图 3-60

在网页中插入图像时，可以只设置图像的路径地址，在浏览器中预览该网页时，浏览器会按照该图像的原始尺寸在网页中显示图像。如果在网页中需要控制所插入的图像大小尺寸，则必须在 <img> 标签中设置宽度和高度属性。

3.4.2 图文混排

当图片和文字在一起时，可以通过 HTML 代码设置图文混排。<img> 标签的 align 属性定义了图像相对于周围元素的水平和垂直对齐方式。

图文混排的语法规则如下。

```
<img src=" 图像文件的地址 " align=" 对齐方式 " />
```

通过 align 属性来控制带有文字包围的图像的对齐方式，align 属性的相关属性值说明如表 3-4 所示。

表 3-4　align 属性的相关属性值

属 性 值	说　明
align="top"	图像顶部和同行文本的最高部分对齐
align="middle"	图像中部和同行文本的基线对齐（通常为文本基线，并不是实际的中部）
align="bottom"	图像底部和同行文本的底部对齐
align="left"	使图像和左边界对齐（文本环绕图像）
align="right"	使图像和右边界对齐（文本环绕图像）
align="absmiddle"	图像中部和同行文本的中部绝对对齐

制作图文介绍页面

最终文件：光盘 \ 最终文件 \ 第 3 章 \3-4-2.html　　视频：光盘 \ 视频 \ 第 3 章 \3-4-2.mp4

01 执行“文件 > 打开”命令，打开页面“光盘 \ 源文件 \ 第 3 章 \3-4-2.html”，效果如图 3-61 所示。转换到网页的 HTML 代码中，可以看到该页面的 HTML 代码，如图 3-62 所示。

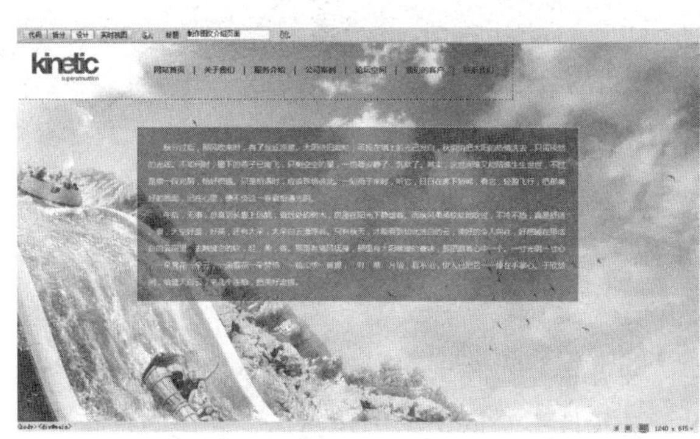

图 3-61

```
<body>
<div id="main">网站首页<span>|</span>关于我们<span>|</span>服务
介绍<span>|</span>公司案例<span>|</span>论坛空间<span>|</span>
我们的客户<span>|</span>联系我们</div>
<div id="text">
  <p>秋分过后，那风吹来时，有了丝丝凉意。太阳依旧灿烂，可投在
墙上的光已发白，秋悄悄把太阳的热情洗去，只留淡然的光线。不知
何时，檐下的燕子已南飞，只剩空空的巢，一切都安静了，沉默了。
其实，这世间谁又能陪谁生生世世，不过是借一段光阴，恰好相遇。
只是相遇时，应该珍惜彼此。一如燕子来时，听它，日日在廊下娇啼
，看它，轻盈飞行，把那美好的画面，记在心里，便不负这一春夏相遇光阴。
</p>
  <p>午后，无事，总喜到长廊上远眺，看远处的树木，房屋在阳光下
静谧着。而秋风柔柔软软地吹过，不冷不热，真是舒适。看，天空好
蓝，好高，还有大朵，大朵白云漂浮着。只有秋天，才能看到如此洁
白的云，美好的令人向往，好想睡在那洁白的云层里，去触摸它的软
，轻，柔，香。那里有清风抚身，那里有太阳暖暖的香味，那里藏着
心中一个。一寸光阴一寸心，一朵昙花一朵云，一朵雪花一朵梦境，
一粒尘埃一菩提，一叶一草一片情，君不见，伊人已把它一一捧在手
掌心。于欣然间，给蓝天白云，来几个连拍，把美好定格。</p>
</div>
</body>
```

图 3-62

02 在网页的大段文本中添加 <img> 标签，插入需要绕排的图像，如图 3-63 所示。保存页面，在浏览器中预览页面，可以看到在文本中插入图像的显示效果，如图 3-64 所示。

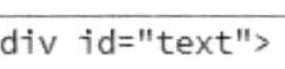

```
<div id="text">
  <img src="images/34203.jpg" width="300" height="225"
alt=""/><p>秋分过后，那风吹来时，有了丝丝凉意。太阳依旧灿
烂，可投在墙上的光已发白，秋悄悄把太阳的热情洗去，只留淡然
的光线。不知何时，檐下的燕子已南飞，只剩空空的巢，一切都安
静了，沉默了。其实，这世间谁又能陪谁生生世世，不过是借一段
光阴，恰好相遇。只是相遇时，应该珍惜彼此。一如燕子来时，听
它，日日在廊下娇啼，看它，轻盈飞行，把那美好的画面，记在心
里，便不负这一春夏相遇光阴。</p>
```

图 3-63

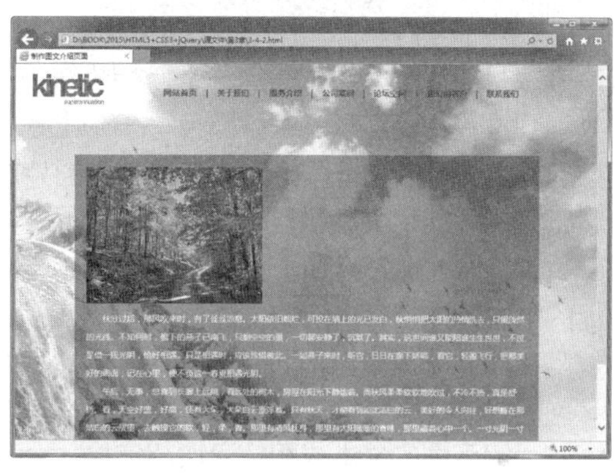

图 3-64

03 返回网页的 HTML 代码中，在刚刚添加的 <img> 标签中添加 align 属性设置，实现文本绕图效果，如图 3-65 所示。保存页面，在浏览器中预览页面，可以看到在网页中实现的文本绕图效果，如图 3-66 所示。

```
<div id="text">
  <img src="images/34203.jpg" width="300" height="225"
alt="" align="right"/><p>秋分过后，那风吹来时，有了丝丝凉
意。太阳依旧灿烂，可投在墙上的光已发白，秋悄悄把太阳的热情
洗去，只留淡然的光线。不知何时，檐下的燕子已南飞，只剩空空
的巢，一切都安静了，沉默了。其实，这世间谁又能陪谁生生世世
，不过是借一段光阴，恰好相遇。只是相遇时，应该珍惜彼此。一
如燕子来时，听它，日日在廊下娇啼，看它，轻盈飞行，把那美好
的画面，记在心里，便不负这一春夏相遇光阴。</p>
```

图 3-65

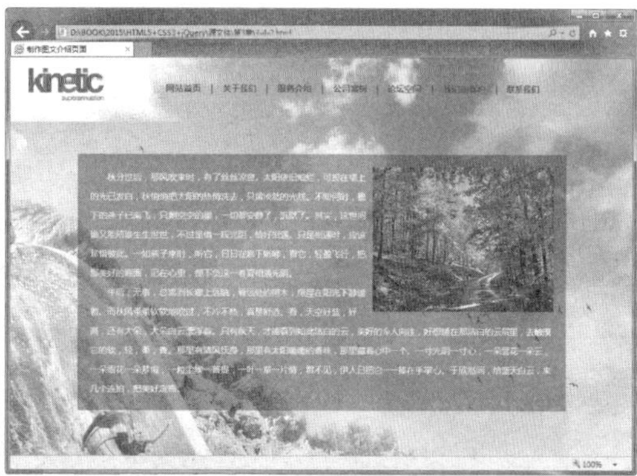

图 3-66

在网页中，可以通过在 <img> 标签中设置 align 属性实现图文混排效果，可以通过 hspace 属性设置图像的水平边距，通过 vspace 属性设置图像的垂直边距。

3.5 创建超链接

超链接是网页中最重要、最根本的元素之一，是从一个网页或文件到另一个网页或文件的链接，包括图像或多媒体文件，还可以指向电子邮件地址或程序。在网页中创建链接，就可以把互联网中众多的网站和网页联系起来，构成一个有机的整体。网站中的每一个网页都是通过超链接的形式关联在一起的，如果页面之间是彼此独立的，那么这样的网站将无法正常运行。

3.5.1 什么是超链接

超链接是指从一个网页指向一个目标的链接关系，这个目标可以是另一个网页，也可以是相同网页上的不同位置，还可以是一张图片、一个电子邮件地址、一个文件，甚至是一个应用程序。而用来超链接的对象，可以是一段文本或者是一张图片。

超链接由源地址文件和目标地址文件构成，当访问者单击超链接时，浏览器会从相应的目标地址检索网页并显示在浏览器中。如果目标地址不是网页而是其他类型的文件，浏览器会自动调用本地计算机上的相关程序打开访问的文件。

在网页中创建一个完整的超链接，通常需要由 3 个部分组成。

- 超链接 <a> 标签

通过为网页中的文本或图像添加超链接 <a> 标签，将相应的网页元素标识为超链接。

- href 属性

href 属性是超链接 <a> 标签中的属性，用于标识超链接地址。

- 超链接地址

超链接地址 (又称为 URL) 是指超链接所链接到的文件路径和文件名。URL 用于标识 Web 或本地计算机中的文件位置，可以指向某个 HTML 页面，也可以指向文档引用的其他元素，如图形、脚本或其他文件。

3.5.2 超链接 <a> 标签

超链接由源地址和目标地址文件构成，当访问者单击某个超链接时，浏览器会自动从相应的目标地址检索网页并显示在浏览器中。如果链接的对象不是网页而是其他类型的文件，浏览器会自动调用本机上的相关程序打开访问的文件。

<a> 标签的基本语法如下。

```
<a href=" 链接目标 "> 链接显示文本 </a>
```

<a> 为链接标签，<a> 标签的属性有：href 属性，该属性指定链接地址；name 属性，该属性给链接命名；title 属性，该属性给链接添加提示文字；target 属性，该属性指定链接的目标窗口。

3.5.3　相对链接和绝对链接

相对路径是最适合网站的内部链接。只要是属于同一网站，即使不在同一个目录中，相对路径也非常适合。

如果链接到同一目录中，则只需输入要链接文档的名称；如果要链接到下一级目录中的文件，只需先输入目录名，然后加“/”，再输入文件名；如果要链接到上一级目录中的文件，则先输入“../”，再输入目录名、文件名。

绝对路径为文件提供完整的路径，包括使用的协议（如 http、ftp、rtsp 等）。一般常见的绝对路径如 http://www.sina.com.cn、ftp://202.113.234.1/ 等。

采用绝对路径的缺点在于这种方式的超链接不利于测试。如果在站点中使用绝对路径，要想测试链接是否有效，必须在 Internet 服务器端对超链接进行测试。

在网页中创建链接

最终文件：光盘 \ 最终文件 \ 第 3 章 \3-5-3.html　　视频：光盘 \ 视频 \ 第 3 章 \3-5-3.mp4

01 执行“文件 > 打开”命令，打开页面“光盘 \ 源文件 \ 第 3 章 \3-5-3.html”，效果如图 3-67 所示。转换到代码视图中，可以看到该页面的 HTML 代码，如图 3-68 所示。

图 3-67

```
<!doctype html>
<html>
<head>
<meta charset="utf-8">
<title>在网页中创建链接</title>
<link href="style/3-5-3.css" rel="stylesheet" type=
"text/css">
</head>

<body>
<div id="word">了解我们      进入网站</div>
</body>
</html>
```

图 3-68

02 为网页中相应的文字添加 <a> 标签并设置相对链接地址，如图 3-69 所示。保存页面，在浏览器中预览页面，效果如图 3-70 所示。

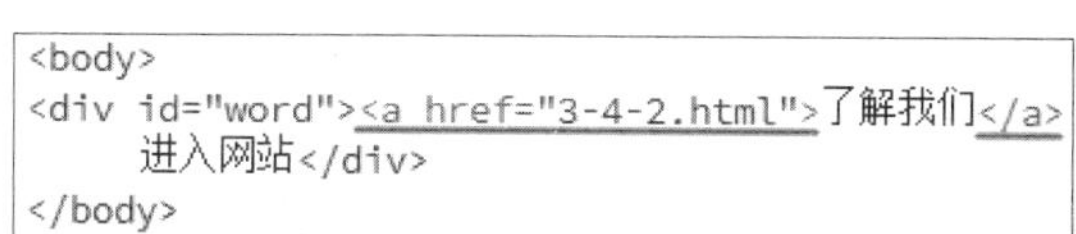

```
<body>
<div id="word"><a href="3-4-2.html">了解我们</a>
     进入网站</div>
</body>
```

图 3-69

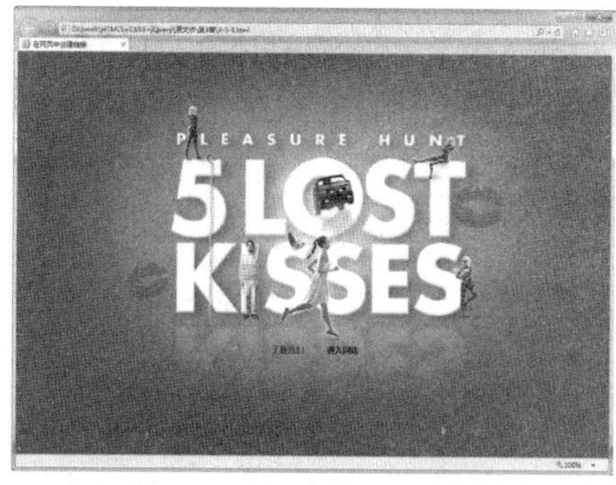

图 3-70

03 单击页面中设置了超链接的文字，即可跳转到所链接的 3-4-2.html 页面，如图 3-71 所示。返回网页 HTML 代码中，为相应的文字添加 <a> 标签并设置 URL 绝对链接地址，如图 3-72 所示。

图 3-71

```
<body>
<div id="word"><a href="3-4-2.html">了解我们</a>
    <a href="http://www.163.com">进入网站</a></
div>
</body>
```

图 3-72

04 保存页面，在浏览器中预览页面，效果如图 3-73 所示。单击页面中设置了超链接的文字，即可跳转到网易网站首页面，如图 3-74 所示。

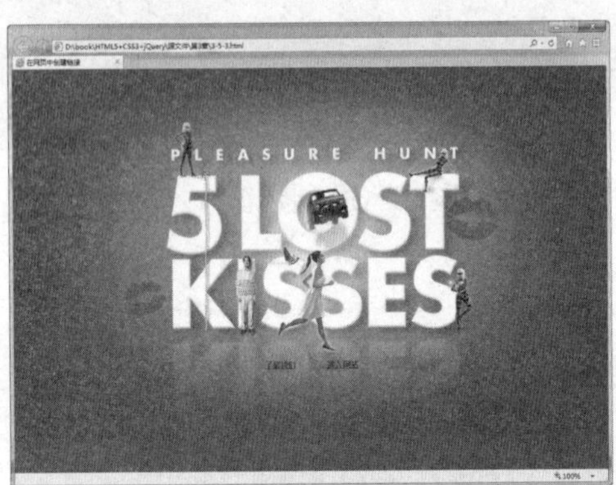

图 3-73

图 3-74

3.5.4 网页中的特殊超链接

超链接还可以进一步扩展网页的功能，比较常用的有发送电子邮件、空链接和下载链接等。创建以上链接只需修改链接的 href 值。

电子邮件链接的语法格式如下。

```
<a href="mailto:邮件地址">发送电子邮件</a>
```

创建电子邮件链接的要求是邮件地址必须完整，如 intel@163.com。

空链接的语法格式如下。

```
<a href="#">链接的文字</a>
```

下载链接的语法格式如下。

```
<a href="下载文件路径">链接的文字</a>
```

下载链接可以为浏览者提供下载文件，是一种很实用的下载方式。

实战　在网页中创建特殊超链接

最终文件：光盘 \ 最终文件 \ 第 3 章 \3-5-4.html　　视频：光盘 \ 视频 \ 第 3 章 \3-5-4.mp4

01 执行“文件 > 打开”命令，打开页面“光盘 \ 源文件 \ 第 3 章 \3-5-4.html”，效果如图 3-75 所示。转换到代码视图中，可以看到该页面的 HTML 代码，如图 3-76 所示。

图 3-75

```
<div id="box">
  <div id="pic1"><img src="images/35408.gif" width="218"
height="57"  alt=""/><img src="images/35407.gif" width=
"139" height="57"  alt=""/></div>
  <div id="pic2"><img src="images/35406.gif" width="195"
height="67"  alt=""/><img src="images/35405.gif" width=
"156" height="67"  alt=""/></div>
  <div id="text">某某网站设计公司版权所有.本公司保留最终解释权.
<br>
地址：某某市某某区某某路57号明珠大厦2609<br>
客服邮箱： xxxxxx@927.com</div>
</div>
```

图 3-76

02 在网页中为相应的图片添加 <a> 标签，并设置 Email 链接，直接将 href 属性设置为 mailto:+ 电子邮件地址即可，如图 3-77 所示。保存页面，在浏览器中预览页面，效果如图 3-78 所示。

```
  <div id="pic1"><a href="mailto:xxxxxxxx@qq.com?subject=
客服帮助"><img src="images/35408.gif" width="218" height=
"57"  alt=""/></a><img src="images/35407.gif" width="139"
height="57"  alt=""/></div>
  <div id="pic2"><img src="images/35406.gif" width="195"
height="67"  alt=""/><img src="images/35405.gif" width=
"156" height="67"  alt=""/></div>
  <div id="text">某某网站设计公司版权所有.本公司保留最终解释权.
<br>
地址：某某市某某区某某路57号明珠大厦2609<br>
客服邮箱： xxxxxx@927.com</div>
</div>
```

图 3-77

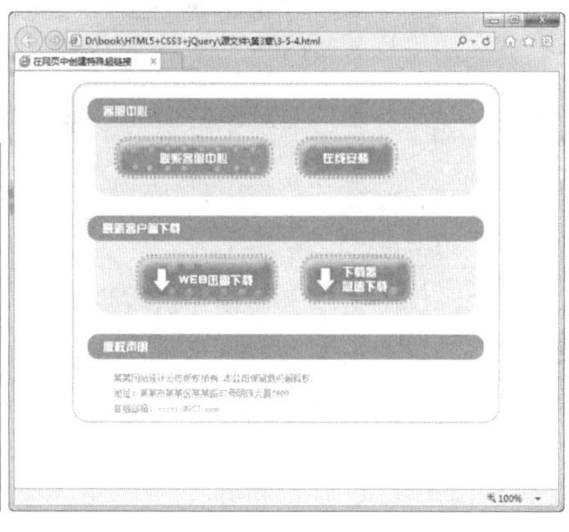

图 3-78

提示　用户在设置时还可以替浏览者加入邮件的主题。方法是在输入电子邮件地址后加入“?subject= 要输入的主题”的语句，实例中主题可以写“客服帮助”，完整的语句为“mailto:xxxxxx@qq.com?subject= 客服帮助”。

03 单击设置了 Email 链接的图片，可以弹出系统中默认的电子邮件收发软件，如图 3-79 所示。返回网页 HTML代码中，在网页中为相应的图片添加 <a> 标签，并设置文件下载链接，直接将 href 属性设置为需要下载的文件即可，如图 3-80 所示。

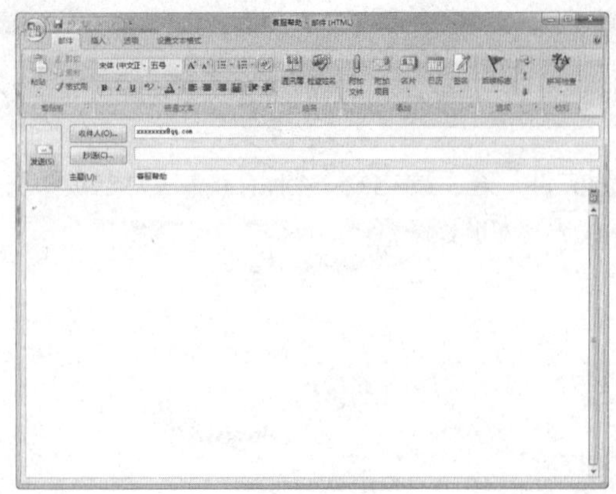

```
<div id="box">
  <div id="pic1"><a href="mailto:xxxxxxxx@qq.com?subject=
客服帮助"><img src="images/35408.gif" width="218" height=
"57"  alt=""/></a><img src="images/35407.gif" width="139"
height="57"  alt=""/></div>
  <div id="pic2"><a href="images/rose.rar"><img src=
"images/35406.gif" width="195" height="67"  alt=""/></a>
<img src="images/35405.gif" width="156" height="67"  alt=
""/></div>
  <div id="text">某某网站设计公司版权所有.本公司保留最终解释权.
<br>
地址：某某市某某区某某路57号明珠大厦2609<br>
客服邮箱：xxxxxx@927.com</div>
</div>
```

图 3-79　　图 3-80

04 保存页面，在浏览器中预览页面，效果如图 3-81 所示。单击设置文件下载链接的图片，可以弹出文件下载的提示，如图 3-82 所示。

图 3-81

图 3-82

05 为网页中相应的图片添加 <a> 标签，并设置空链接，直接将 href 属性设置为 # 即可，如图 3-83 所示。保存页面，在浏览器中预览页面，单击设置了空链接的图片，不能实现页面跳转，如图 3-84 所示。

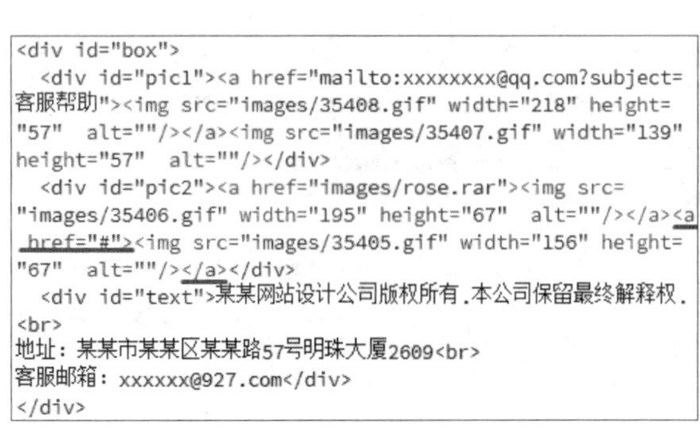

```
<div id="box">
  <div id="pic1"><a href="mailto:xxxxxxxx@qq.com?subject=
客服帮助"><img src="images/35408.gif" width="218" height=
"57"  alt=""/></a><img src="images/35407.gif" width="139"
height="57"  alt=""/></div>
  <div id="pic2"><a href="images/rose.rar"><img src=
"images/35406.gif" width="195" height="67"  alt=""/></a><a
href="#"><img src="images/35405.gif" width="156" height=
"67"  alt=""/></a></div>
  <div id="text">某某网站设计公司版权所有.本公司保留最终解释权.
<br>
地址：某某市某某区某某路57号明珠大厦2609<br>
客服邮箱：xxxxxx@927.com</div>
</div>
```

图 3-83

图 3-84

所谓空链接，就是没有目标端点的链接。利用空链接，可以激活文件中链接对应的对象和文本。当文本或对象被激活后，可以为之添加行为，例如当鼠标经过后变换图片，或者使某一 Div 显示。

3.5.5　超链接标签中的其他属性设置

在网页文件中，默认情况下超链接在原来的浏览器窗口中打开，HTML 技术提供了 target 属性来控制打开的目标窗口。targe 属性的基本语法如下。

```
<a href=" 链接目标 " target=" 目标窗口的打开方式 " >
```

target 属性的取值有 4 种，介绍如表 3-5 所示。

表 3-5　target 属性的属性值说明

属　性　值	说　　明
_self	该属性值代表在当前页面中打开链接
_blank	该属性值表示在一个全新的空白窗口中打开链接
_top	该属性值表示在顶层框架中打开链接，也可以理解为在根框架中打开链接
_parent	表示在当前框架的上一层里打开链接

有时候，超链接不能完全描述所要链接的内容时，超链接标签提供的 title 属性能很方便地为浏览者做出提示。title 属性的值即为提示内容，当光标停留在设置了 title 属性的链接上时，提示内容就会出现。title 属性的基本语法如下。

```
<a href= 链接文件的地址 title= 链接的提示文字 >…</a>
```

title 属性用于给链接添加提示文字，包含在链接标签内部，用法较为简单。

网站的一些页面中，经常由于内容过多，导致页面过长，访问者需要拖动浏览器上的滚动条才能查看完整的页面。为了方便用户查看网页的内容，在网页中需要建立锚点链接。创建锚点的基本语法如下。

```
<a name=" 锚点的名称 "></a>
```

在网页中创建了锚点之后，就可以创建到锚点的链接，需要使用 # 符号以及锚点的名称作为 href 属性的值。创建锚点链接的基本语法如下。

```
<a href="# 锚点名称 ">…</a>
```

3.6　本章小结

本章主要介绍了 HTML 中一些基本标签的使用方法和技巧，通过这些基本标签的应用，可以在网页中对文字和图片进行排版和设置，从而使网页中文字和图片的效果更加美观。完成本章内容的学习后，读者需要掌握网页中基本标签的使用和设置方法，并在实际制作页面的过程中能够灵活运用。

第 4 章　使用 HTML 5 结构标签

本章知识点

- 理解<article>和<section>标签的作用和使用方法
- 理解使用 <nav> 标签标识导航的方法
- 理解使用 <aside> 标签标识辅助信息内容的方法
- 理解各种语义模块标签的使用方法
- 掌握 HTML 5 结构标签在 HTML 文档中的应用

一个典型的 HTML 页面中通常包含头部、导航、主体内容、侧边内容和页脚等区域。在之前的 HTML 页面中，这些区域全部都使用 <div> 标签进行标识，并不易于用户的识别和浏览器引擎的分析。在 HTML 5 中新增了描述文档结构的相关标签，通过使用这些标签，可以很清晰地在 HTML 代码中标识出页面的结构。本章将向读者介绍 HTML 5 中新增的文档结构标签。

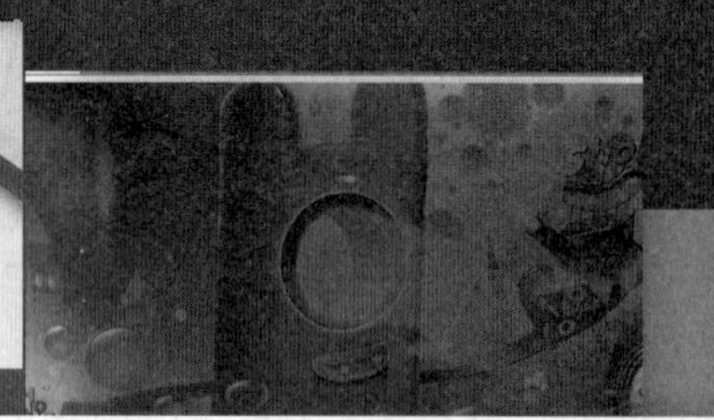

4.1　构建 HTML 5 页面主体内容

在 HTML 5 页面中，为了使文档的结构更加清晰明确，新增了几个与页眉、页脚、内容区块等文档结构相关联的文档结构标签。本节将向读者详细介绍 HTML 5 中在页面的主体结构方面新增的结构标签。

需要注意，内容区块是指将 HTML 页面按逻辑进行分割后的单位。例如，对于博客网站来说，导航菜单、文章正文、文章的评论等每一个部分都可以称为内容区块。

4.1.1　<article> 标签标识文章

网页中常常出现大段的文章内容，通过文章结构元素可以将网页中大段的文章内容标识出来，使网页的代码结构更加整齐。在 HTML 5 中新增了 <article> 标签，使用该标签可以在网页中定义独立的内容，包括文章、博客和用户评论等内容。

<article> 标签的基本语法格式如下。

```
<article> 文章内容 </article>
```

一个 article 元素通常有它自己的标题，一般放在一个 <header> 标签中，有时还有自己的脚注。例如，下面的网页 HTML 代码。

```
<!doctype html>
<html>
<head>
<meta charset="utf-8">
<title> 网页新闻 </title>
</head>
<body>
<article>
 <header>
  <h1> 新闻标题 </h1>
  <time pubdate="pubdate">2015 年 10 月 12 日 </time>
 </header>
 <p> 新闻正文内容 </p>
 <footer>
  新闻版底信息
 </footer>
</article>
</body>
</html>
```

从以上的 HTML 页面代码中可看出，在 <header> 标签中嵌入文章的标题，在这部分中，文章的标题使用 <h1> 标签包含，使用 <time> 标签包含文章的发布日期。在 <header> 标签的结束标签之后使用 <p> 标签包含新闻的正文内容，在结尾处使用 <footer> 标签嵌入文章的版底信息，作为脚注。整个示例的内容相对比较独立、完整，因此，对这部分使用了 <article> 标签。

<article> 标签是可以嵌套使用的，当该标签进行嵌套使用的时候，内部的 <article> 标签中的内容必须和外部的 <article> 标签中的内容相关。例如下面的网页 HTML 代码。

```
<!doctype html>
<html>
<head>
<meta charset="utf-8">
<title> 网页新闻 </title>
</head>
<body>
<article>
 <header>
  <h1> 新闻标题 </h1>
  <time pubdate="pubdate">2015 年 10 月 12 日 </time>
 </header>
 <p> 新闻正文内容 </p>
 <footer>
  新闻版底信息
 </footer>
```

```
    <section>
     <h2> 评论 </h2>
     <article>
      <header>
       <h3> 用户 1</h3>
      </header>
      <p> 评论内容 </p>
     </article>
     <article>
      <header>
       <h3> 用户 2</h3>
      </header>
      <p> 评论内容 </p>
     </article>
    </section>
   </article>
   </body>
   </html>
```

以上的 HTML代码通过结构标签将内容分为几个部分，文章标题放在 <header> 标签中，文章正文内容放置在 <header> 标签区域之后的 <p> 标签中，然后使用 <section> 标签将正文与评论部分进行了区分，在 <section> 标签中嵌入了评论的内容，在评论中每一个人的评论相对来说又是比较独立、完整的，因此对它们都使用了一个 <article> 标签，在评论的 <article> 标签中，又可以分为标题与评论内容部分，分别放在 <header> 与 <p> 标签中。

另外，<article> 标签也可以用来表示插件，它的作用是使插件看起来好像内嵌在页面中的一样。使用 <article> 标签表示插件的代码如下所示。

```
<article>
 <h1> 使用插件 </h1>
 <object>
  <param name="allowFullScreen" value="true">
  <embed src=" 文件地址 "width=" 宽度 " height=" 高度 "> </embed>
 </object>
</article>
```

4.1.2 <section> 标签标识章节

在网页文档中常常需要定义章节等特定的区域。在 HTML 5 中新增了 <section> 标签，该标签用于对页面中的内容进行分区。一个 section 元素通常由内容及其标题组成。<div> 标签也可以用来对页面进行分区，但是 <section> 标签并不是一个普通的容器元素，当一个容器需要被直接定义样式或通过脚本定义行为时，推荐使用 <div> 标签，而非 <section> 标签。

<section> 标签的基本语法格式如下。

```
<section> 文章内容 </section>
```

<div> 标签关注结构的独立性，而 <section> 标签关注内容的独立性。<section> 标签包含的内容可以单独存储到数据库中或输出到 Word 文档中。

例如，下面的 HTML 代码中使用 <section> 标签将新闻列表的内容单独分隔，在 HTML 5 之前，通常使用 <div> 标签来分隔该块内容。

```
<!doctype html>
<html>
<head>
<meta charset= " utf-8 " >
<title> 网页新闻 </title>
</head>
<body>
<section>
 <h1> 网站新闻 </h1>
 <ul>
  <li> 新闻标题 1</li>
  <li> 新闻标题 2</li>
  <li> 新闻标题 3</li>
  ......
 </ul>
</section>
</body>
</html>
```

<article> 标签和 <section> 标签都是 HTML 5 新增的标签，它们的功能与 <div> 标签类似，都是用来区分页面中不同的区域，它们的使用方法也相似，因此很多初学者会将其混用。HTML 5 之所以新增这两种标签，就是为了更好地描述 HTML 文档的内容，所以它们之间是存在一定的区别的。

<article> 标签代表 HTML 文档中独立完整的可以被外部引用的内容。例如，博客中的一篇文章、论坛中的一个帖子或者一段用户评论等。因为 <article> 标签是一段独立的内容，所以 <article> 标签中通常包含头部 (<header> 标签) 和底部 (<footer> 标签)。

<section> 标签用于对 HTML 文档中的内容进行分块，一个 <section> 标签中通常由内容以及标题组成。<section> 标签中需要包含一个 $<h_n>$ 标签，一般不包含头部 (<header> 标签) 或者底部 (<footer> 标签)。通常使用 <section> 标签为那些有标题的内容进行分段。

<section> 标签的作用是对页面中的内容进行分块处理，相邻的 <section> 标签中的内容应该是相关的，而不是像 <article> 标签中的内容那样是独立的。例如下面的 HTML 代码。

```
<article>
 <header>
  <h1> 网页设计介绍 </h1>
```

```
    </header>
    <p>这里是网页设计的介绍内容，介绍有关网页设计的知识……</p>
    <section>
     <h2>评论</h2>
     <article>
      <h3>评论者：用户 1</h3>
      <p>这里是评论内容</p>
     </article>
     <article>
      <h3>评论者：用户 2</h3>
      <p>这里是评论内容</p>
     </article>
    </section>
   </article>
```

从以上这段 HTML 代码中，可以观察到 <article> 标签与 <section> 标签的区别。事实上 <article> 标签可以看作是特殊的 <section> 标签。<article> 标签更强调独立性、完整性，<section> 标签更强调相关性。

既然 <article> 和 <section> 标签是用来划分区域的，又是 HTML 5 的新增标签，那么是否可以使用 <article> 和 <section> 标签来代替 <div> 标签进行网页布局呢？答案是否定的，<div> 标签的作用就是用来布局网页，划分大的区域的。在 HTML 4 中只有 <div> 和 <span> 标签用来在 HTML 页面中划分区域，所以我们习惯性地把 <div> 当成一个容器。而 HTML 5 改变了这种用法，它让 <div> 的工作更纯正，<div> 标签就是用来布局大块，在不同的内容块中，按照需求添加 <article>、<section> 等内容块，并且显示其中的内容，这样才是合理地使用这些元素。

因此，在使用 <section> 标签时需要注意以下几个问题。

- 不要将 <section> 标签当作设置样式的页面容器，对于此类操作应该使用 <div> 标签来实现。
- 如果 <article> 标签、<aside> 标签或者 <nav> 标签更符合使用条件，不要使用 <section> 标签。
- 不要为没有标题的内容区块使用 <section> 标签。

在 HTML 5 中，<article> 标签可以看作一种特殊种类的 <section> 标签，它比 <section> 标签更强调独立性，即 <section> 标签强调分段或分块，而 <article> 标签则强调独立性。具体来说，如果一块内容相对来说比较独立、完整的时候，应该使用 <article> 标签，但是如果想将一块内容分成几段的时候，应该使用 <section> 标签。另外，在 HTML 5 中，<div> 标签只是一个容器，当使用 CSS 样式的时候，可以对这个容器进行一个总体的 CSS 样式的套用。

4.1.3 <nav> 标签标识导航

导航是每个网页中都包含的重要元素之一，通过网站导航可以在网站中各页面之间进行跳转。在 HTML 5 中新增了 <nav> 标签，使用该标签可以在网页中定义网页的导航部分。

<nav> 标签的基本语法格式如下。

```
<nav>导航内容</nav>
```

<nav> 导航内容 </nav>

<nav> 标签标识的是一个可以用作页面导航的链接组，其中的导航元素链接到其他页面或当前页面的其他部分，并不是所有的链接组都需要被放置在 <nav> 标签中，只需要将主要的、基本的链接组放进 <nav> 标签中即可。

一个页面中可以拥有多个 <nav> 标签，作为页面整体或不同部分的导航。具体来说，<nav> 标签可以用于以下位置。

- 传统导航条。常规网站都设置有不同层级的导航条，其作用是将当前画面跳转到网站的其他主要页面上去。
- 侧边栏导航。现在主流博客网站及商品网站上都有侧边栏导航，其作用是将页面从当前页面跳转到其他页面上去。
- 页面导航。页面导航的作用是在本页面几个主要的组成部分之间进行跳转。
- 翻页操作。翻页操作是指在多个页面的前后页或博客网站的前后篇文章滚动。

在 HTML 5 中，只要是导航性质的链接，就要很方便地将其放入到 <nav> 标签中，该标签可以在一个 HTML 文档中出现多次，作为整个页面的导航或部分区域内容的导航。例如下面的 HTML 代码。

```
<!doctype html>
<html>
<head>
<meta charset="utf-8">
<title> 网页新闻 </title>
</head>
<body>
<nav>
 <ul>
  <li><a href="#"> 网站首页 </a></li>
  <li><a href="#"> 关于我们 </a></li>
  <li><a href="#"> 设计作品 </a></li>
  <li><a href="#"> 联系我们 </a></li>
 </ul>
</nav>
</body>
</html>
```

在以上的 HTML 代码中，<nav> 标签中包含了 4 个用于导航的超链接，该导航可以用于网页全局导航，也可以放在某个段落，作为区域导航。

很多用户喜欢使用 <menu> 标签进行导航，<menu> 标签主要是用在一系列交互命令的菜单上的，例如使用在 Web 应用程序中。在 HTML 5 中不要使用 <menu> 标签代替 <nav> 标签。

4.1.4 <aside> 标签标识辅助内容

侧边结构元素可用于创建网页中文章内容的侧边栏内容。在 HTML 5 中新增了 <aside> 标签，该标签用于创建其所处内容之外的辅助性内容。<aside> 标签中的内容应该与其附近的内容相关。

<aside> 标签的基本语法格式如下。

```
<aside> 辅助信息内容 </aside>
```

<aside> 标签用来表示当前页面或文章的辅助信息内容部分，它可以包含与当前页面或主要内容相关的引用、侧边栏、广告、导航条以及其他类似的有别于主要内容的部分。<aside> 标签主要有以下两种使用方法。

(1) <aside> 标签被包含在 <article> 标签中，作为主要内容的辅助信息部分，其中的内容可以是与当前文章有关的资料、名词解释等。其基本应用格式如下。

```
<article>
 <h1> 文章标题 </h1>
 <p> 文章主体内容 </p>
 <aside> 文章内容的辅助信息内容 </aside>
</article>
```

(2) 在 <article> 标签之外使用 <aside> 标签，作为页面或全局的辅助信息部分。最典型的是侧边栏，其中的内容可以是友情链接，或是博客中的其他文章列表、广告等。其基本应用格式如下。

```
<aside>
<h2> 列表标题 1</h2>
<ul>
<li> 列表项 1</li>
<li> 列表项 2</li>
</ul>
<h2> 列表标题 2</h2>
<ul>
<li> 列表项 1</li>
<li> 列表项 2</li>
</ul>
</aside>
```

4.1.5 <time> 标签标识文章发布日期

微格式是一种利用 HTML 的 class 属性对网页添加附加信息的方法，附加信息可包含新闻事件发生的日期和时间、个人电话号码、企业邮箱等。微格式并不是在 HTML 5 之后才有的，在 HTML 5 之前时它就和 HTML 结合使用了，但是在使用过程中发现在日期和时间的机器编码上出现了一些问题，编码过程中会产生一些歧义。HTML 5 新增了 <time> 标签，通过该标签可以无歧义、明确地对机器的日期和时间进行编码，并且以让人易读的方式展现出来。

<time> 标签用于表示 24 小时中的某个时间或某个日期，当使用 <time> 标签表示时间时，允许设置带有时差的表现方式。它可以定义很多格式的日期和时间。其语法格式如下。

```
<time datetime="2015-10-12">2015 年 10 月 12 日 </time>
<time datetime="2015-10-12">10 月 12 日 </time>
<time datetime="2015-10-12"> 我的生日 </time>
<time datetime="2015-10-12T18:00"> 我生日的晚上 6 点 </time>
<time datetime="2015-10-12T18:00Z"> 我生日的晚上 6 点 </time>
<time datetime="2015-10-12T18:00+09:00"> 我生日的晚上 8 点的美国时间 </time>
```

编码时引擎读到的部分在 datetime 属性中，而元素的开始标签与结束标签中间的部分是显示在网页上的。datetime 属性中日期与时间之间要使用字母“T”分隔，“T”表示时间。

注意倒数第 2 行，时间加上字母“Z”表示机器编码时使用 UTC 标准时间，倒数第一行则加上了时差，表示向机器编码另一地区时间，如果是编码本地时间，则不需要添加时差。

pubdate 属性是一个可选的布尔值属性，可以添加在 <time> 标签中，用于表示文章或者整个网页的发布日期。使用格式如下。

```
<time datetime="2015-10-12" pubdate>2015 年 10 月 12 日 </time>
```

由于 <time> 标签不仅仅表示发布时间，而且还可以表示其他用途的时间，如通知、约会等。为了避免引擎误解发布日期，使用 pubdate 属性可以显式地告诉引擎文章中哪个时间是真正的发布时间。

4.2 添加语义模块

除了以上几个主要的结构元素之外，在 HTML 5 中还新增了一些表示逻辑结构或附加信息的非主体结构元素。

4.2.1 <header> 标签添加标题块

<header> 标签是一种具有引导和导航作用的结构元素，通常用来放置整个页面或页面内的一个内容区块的标题，但也可以包含其他内容，如数据表格、搜索表单或相关的 Logo 图片，因此整个页面的标题应该放在页面的开头。

<header> 标签的基本语法格式如下。

```
<header> 网页或文章的标题信息 </header>
```

例如下面的网页 HTML 代码。

```
<!doctype html>
<html>
<head>
<meta charset="utf-8">
<title> 网页新闻 </title>
</head>
```

```
<body>
<header>
 <h1> 网页标题 </h1>
</header>
<article>
 <header>
  <h1> 文章标题 </h1>
 </header>
 <p> 文章正文内容 </p>
</article>
</body>
</html>
```

在一个网页中可以多次使用 <header> 标签。在 <header> 标签中通常包含 <h1> 至 <h6> 标签，也可以包含 <hgroup>、<table>、<form> 和 <nav> 等标签，只要应该显示在头部区域的语义标签，都可以包含在 <header> 标签中。

4.2.2 <hgroup> 标签为标题分组

<hgroup> 标签可以为标题或者子标题进行分组，通常它与 <h1> 至 <h6> 标签组合使用，一个内容块中的标题及子标题可以通过 <hgroup> 标签组成一组。但是，如果文章只有一个主标题，则不需要使用 <hgroup> 标签。

<hgroup> 标签的基本语法格式如下。

```
<hgroup>
标题 1
标题 2
……
</hgroup>
```

例如下面的网页 HTML 代码。

```
<!doctype html>
<html>
<head>
<meta charset="utf-8">
<title> 网页新闻 </title>
</head>
<body>
<article>
 <header>
  <hgroup>
   <h1> 文章主标题 </h1>
   <h2> 文章副标题 </h2>
```

```
    <h3> 文章标题说明 </h3>
   </hgroup>
   <p>
    <time datetime="2015-10-12"> 发布时间：2015 年 10 月 12 日 </time>
   </p>
  </header>
  <p> 文章正文内容 </p>
</article>
</body>
</html>
```

在该 HTML 代码中，使用 <hgroup> 标签将文章的主标题、副标题和文章的标题说明进行分组，以便让搜索引擎更容易识别标题块。

4.2.3　<footer> 标签添加页脚

HTML 5 中新增了 <footer> 标签，<footer> 标签中的内容可能作为网页或文章的注脚，如在父级内容块中添加注释，或在页面中添加版权信息等。页脚信息有很多形式，如作者、相关阅读链接及版权信息等。

在 HTML 5 之前，要描述页脚信息，通常使用 <div id= " footer " > 标签定义包含框。自从 HTML 5 中新增了 <footer> 标签，这种方式将不再使用，而是使用更加语义化的 <footer> 元素来替代。

<footer> 标签的基本语法格式如下。

```
<footer> 页脚信息内容 </footer>
```

例如，在下面的 HTML 代码中使用 <footer> 标签分别为页面中的文章和整个页面添加相应的脚注信息。

```
<!doctype html>
<html>
<head>
<meta charset="utf-8">
<title> 网页新闻 </title>
</head>
<body>
<article>
 <header>
  <h1> 文章标题 </h1>
  <p>
   <time datetime="2015-10-12"> 发布时间：2015 年 10 月 12 日 </time>
  </p>
 </header>
 <p> 文章正文内容 </p>
```

```
 <footer>文章注释信息</footer>
</article>
<footer>网页版权信息</footer>
</body>
</html>
```

与<header>标签一样，页面中也可以重复使用<footer>标签。同时，可以为<article>标签所标注的文章或<section>标签所标注的章节内容添加<footer>标签，以添加相应的文章或章节注释信息。

4.2.4 <address>标签添加联系信息

HTML 5 中新增了<address>标签，该标签用来在HTML文档中定义联系信息，包括文档作者、电子邮箱、地址、电话号码等信息。

<address>标签的基本语法格式如下。

```
<address>联系信息内容</address>
```

<address>标签的用途不仅仅用来描述电子邮箱或地址等联系信息，还可以用来描述与文档相关的联系人的联系信息。例如下面的HTML代码。

```
<!doctype html>
<html>
<head>
<meta charset="utf-8">
<title>网页新闻</title>
</head>
<body>
<article>
 <header>
  <h1>文章标题</h1>
  <p>
   <time datetime="2015-10-12">发布时间：2015年10月12日</time>
  </p>
 </header>
 <p>文章正文内容</p>
 <footer>文章注释信息</footer>
</article>
<address>
 <a href="http://www.w3c.org">W3C</a>
 <a href="http://whatwg.org">WHATWG</a>
 <a href="http://www.mHTML 5.com">HTML 5研究小组</a>
</address>
</body>
</html>
```

4.3 制作文章页面

HTML 5 中新增的文档结构元素非常适合制作文章或博客类的网站页面。通过使用 HTML 5 的结构元素，HTML 5 的文档结构比大量使用 <div> 标签的 HTML 文档结构清晰、明确了很多。本节将综合使用前面所介绍的 HTML 5 结构元素制作一个文章页面。

制作文章页面

最终文件：光盘 \ 最终文件 \ 第 4 章 \4-3.html　　视频：光盘 \ 视频 \ 第 4 章 \4-3.mp4

01 执行“文件 > 打开”命令，打开页面“光盘 \ 源文件 \ 第 4 章 \4-3.html”，效果如图 4-1 所示。转换到代码视图中，可以看到 HTML 代码，如图 4-2 所示。

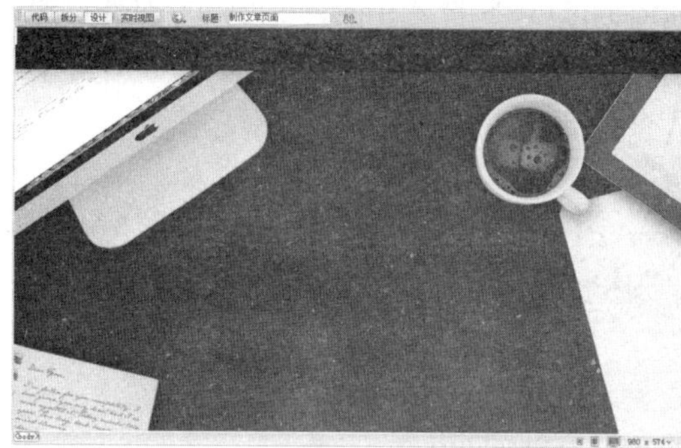

图 4-1

```
<!doctype html>
<html>
<head>
<meta charset="utf-8">
<title>制作文章页面</title>
<link href="style/4-3.css" rel="stylesheet" type="text/css">
</head>
<body>
</body>
</html>
```

图 4-2

02 首先制作页面的头部，在 <body> 与 </body> 标签之间编写如下的 HTML 代码。

```
<body>
<header>
  <div id="logo"><img src="images/4303.png" width="191" height="60" alt=""/></div>
  <nav>
   <ul>
    <li> 网站首页 </li>
    <li> 关于我们 </li>
    <li> 我们的服务 </li>
    <li> 我们的作品 </li>
    <li> 联系我们 </li>
   </ul>
  </nav>
</header>
</body>
```

03 接下来需要通过 CSS 样式对页面头部的显示效果进行设置。转换到外部 CSS 样式表文件中，创建名为 .header01 的类 CSS 样式，如图 4-3 所示。返回网页 HTML 代码中，在 <header> 标签中添加 class 属性应用名为 .header01 的类 CSS 样式，如图 4-4 所示。

```
.header01 {
    width: 100%;
    height: 60px;
    border-bottom: solid 1px #333;
}
```

图 4-3

```
<body>
<header class="header01">
  <div id="logo"><img src="images/4303.png" width=
"191" height="60"  alt=""/></div>
  <nav>
    <ul>
```

图 4-4

HTML 代码中的结构标签仅仅是在 HTML 文档中提供一种良好的文档内容表现结构，本身并没有任何的外观样式，还需要通过 CSS 样式对其外观的显示效果进行控制。关于 CSS 样式的设置将在后面的章节中进行详细介绍。

04 转换到外部 CSS 样式表文件中，创建名为 #logo 的 CSS 样式和名为 .nav01 的类 CSS 样式，如图 4-5 所示。返回网页 HTML 代码中，在 <nav> 标签中添加 class 属性应用名为 .nav01 的类 CSS 样式，如图 4-6 所示。

```
#logo {
    float: right;
    width: 191px;
    height: 60px;
}
.nav01 {
    width: 500px;
    height: 60px;
    font-size: 14px;
    line-height: 60px;
    font-weight: bold;
}
```

图 4-5

```
<nav class="nav01">
  <ul>
    <li>网站首页</li>
    <li>关于我们</li>
    <li>我们的服务</li>
    <li>我们的作品</li>
    <li>联系我们</li>
  </ul>
</nav>
```

图 4-6

05 转换到外部 CSS 样式表文件中，创建名为 .nav01 li 的 CSS 样式，如图 4-7 所示。完成使用 CSS 样式对页面头部外观效果的设置，返回网页设计视图中，可以看到页面头部的显示效果，如图 4-8 所示。

```
.nav01 li {
    list-style-type: none;
    width: 100px;
    text-align: center;
    float: left;
}
```

图 4-7

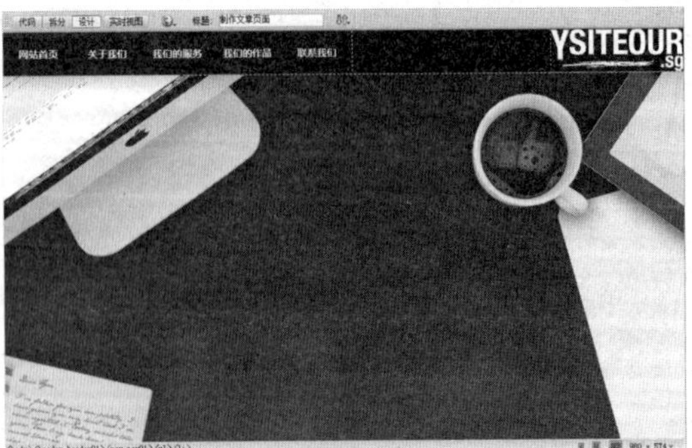

图 4-8

06 接下来制作页面的主体内容部分，转换到网页的 HTML 代码中，在页面头部的 <header> 标签的结束标签之后编写如下的 HTML 代码。

```
<article>
 <h1> 提供完美的解决方案 </h1>
 <p> 分析、定位、思考，通过这三个步骤我们可以让事情变得更加透明、简单化！ 基于对市场和客群的分析，我们只生产解决问题的创意。</p>
 <p> 我们追求动人的设计，我们追求完美的体验，我们关注设计情感，为客户提供商业和视觉完美融合的设计方案，我们也会帮助客户在互联网建立更好的网络形象与口碑，让我们的工作变得更加有趣、更加实用、更加具有商业价值。这也是 YSITEOUR 成立的本意！ </p>
 <p> 在过去的这几年里，YSITEOUR 的作品被国内外知名媒体转载收录！并接受设计联盟专访，国内知名平台网站推荐等。</p>
</article>
```

07 转换到外部 CSS 样式表文件中，创建名为 .article01 的类 CSS 样式，如图 4-9 所示。返回网页 HTML 代码中，在 <article> 标签中添加 class 属性应用名为 .article01 的类 CSS 样式，如图 4-10 所示。

```
.article01 {
    width: 510px;
    height: auto;
    overflow: hidden;
    margin: 0px auto;
    padding-top: 190px;
}
```

图 4-9

```
</header>
<article class="article01">
  <h1>提供完美的解决方案</h1>
  <p>分析、定位、思考，通过这三个步骤我们可以让事情变的更加透明简单化！基于对市场和客群的分析，我们只生产解决问题的创意。</p>
```

图 4-10

08 转换到外部 CSS 样式表文件中，创建名为 .article01 h1 的 CSS 样式，如图 4-11 所示。完成使用 CSS 样式对正文标题的设置，返回网页设计视图中，可以看到正文标题的显示效果，如图 4-12 所示。

```
.article01 h1 {
    display: block;
    background-image: url(../images/4302.png);
    background-repeat: no-repeat;
    font-size: 30px;
    font-weight: bold;
    line-height: 60px;
    padding-left: 70px;
}
```

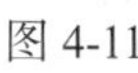
图 4-11

图 4-12

09 转换到外部 CSS 样式表文件中，创建名为 .article01 p 的 CSS 样式，如图 4-13 所示。完成使用 CSS 样式对正文段落的设置，返回网页设计视图中，可以看到正文段落的显示效果，如图 4-14 所示。

```
.article01 p {
    margin-top: 12px;
    text-indent: 24px;
}
```

图 4-13

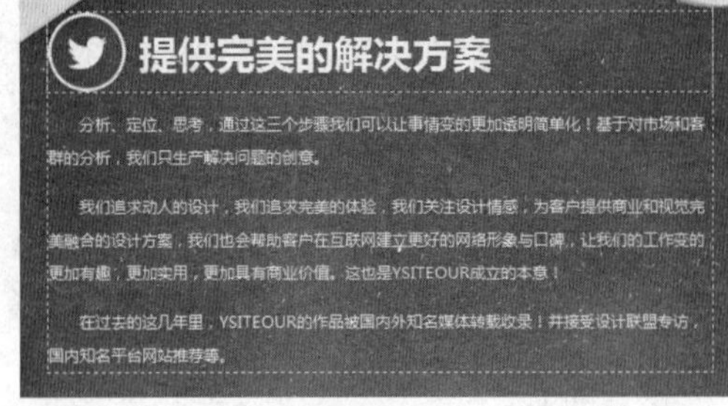

图 4-14

10 接下来制作页面的版底信息内容部分，转换到网页的 HTML 代码中，在页面文章的 <article> 标签的结束标签之后编写如下的 HTML 代码。

```
<footer>Copyright © 2015 YSITEOUR.name.by:YSITEOUR<br>
 <address>
 联系电话：010-xxxxxxxx  E-Mail:xxxxx@163.com
 </address>
</footer>
```

11 转换到外部 CSS 样式表文件中，创建名为 .footer01 的类 CSS 样式，如图 4-15 所示。返回网页 HTML 代码中，在 <footer> 标签中添加 class 属性应用名为 .footer01 的类 CSS 样式，如图 4-16 所示。

```
.footer01 {
    width: 100%;
    height: 50px;
    padding-top: 10px;
    background-color: rgba(0,0,0,0.7);
    position: absolute;
    bottom: 0px;
    text-align: center;
}
```

图 4-15

```
</article>
<footer class="footer01">
  Copyright © 2015 YSITEOUR.name.by:YSITEOUR<br>
  <address>
  联系电话：010-xxxxxxxx  E-Mail:xxxxx@163.com
  </address>
</footer>
```

图 4-16

12 完成使用 CSS 样式对版底信息的设置，返回网页设计视图中，可以看到版底信息的显示效果，如图 4-17 所示。保存页面，并保存外部 CSS 样式表文件，在浏览器中预览页面，可以看到页面的效果，如图 4-18 所示。

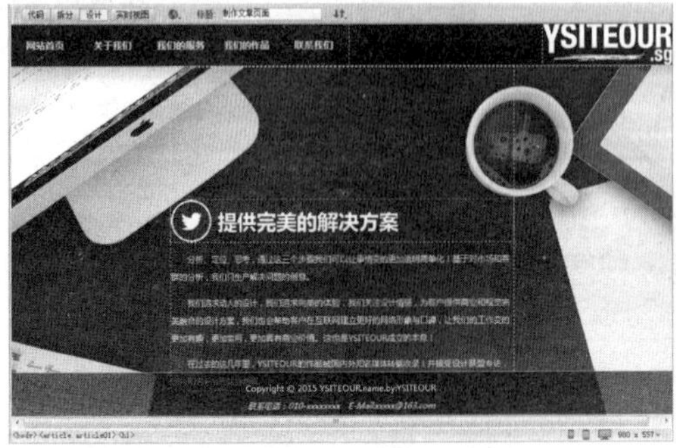

图 4-17

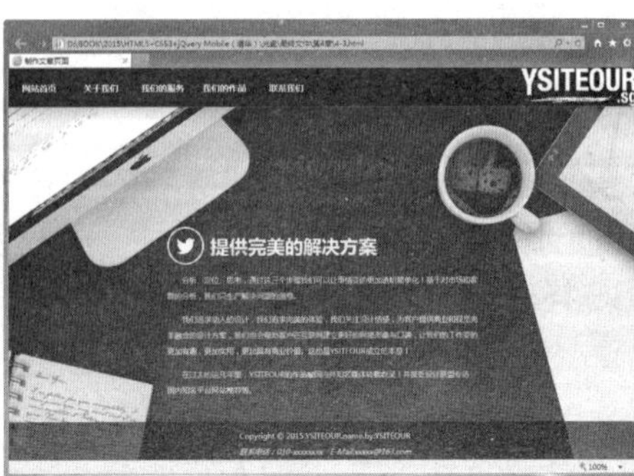

图 4-18

4.4　本章小结

本章重点向读者介绍了 HTML 5 新增的各种文档结构标签的作用与使用方法，通过在 HTML 文档中使用文档结构标签可以使 HTML 文档的结构层次更加清晰。完成本章内容的学习后，读者可理解 HTML 5 结构标签的作用及使用方法。

第 5 章　使用 HTML 5 绘图

绘制图形有很多种方法，可以借助 Flash 实现，也可以使用 SVG 和 VML 来绘图。本章将学习一种新的绘图方法——使用 canvas 元素，它是基于 HTML 5 原生的绘图功能。使用 canvas 元素绘制图形，方便了使用 JavaScript 脚本的前端开发人员，寥寥数行代码，就可以在 canvas 元素中完成各种图像绘制。本章将介绍如何使用 canvas 元素来绘制一些简单的图形。

本章知识点

- ✔ 了解 <canvas> 标签的相关知识
- ✔ 理解使用 <canvas> 标签在网页中绘图的流程
- ✔ 掌握使用 <canvas> 标签在网页中绘制各种基本图形的方法
- ✔ 掌握使用不同方法在网页中绘制曲线的方法
- ✔ 掌握在网页中绘制文本和实现图形阴影的方法
- ✔ 掌握为所绘制图形应用渐变颜色的方法
- ✔ 掌握在网页中绘制图像和裁切图像的方法

5.1 <canvas> 标签

在网页中使用 canvas 元素，像使用其他 HTML 标签一样简单，然后利用 JavaScript 脚本调用绘图 API，绘制各种图形。canvas 拥有多种绘制路径、矩形、圆形、字符及添加图形的方法。

5.1.1 了解 <canvas> 标签

<canvas> 标签是为了客户端矢量图形而设计的。它自己没有行为，但却把一个绘图 API 展现给客户端 JavaScript，以使脚本能够把想绘制的东西都绘制到一块画布上。canvas 的概念最初是由苹果公司提出的，并在 Safari 1.3 浏览器中首次引入。随后 Firefox 1.5 和 Opera 9 两款浏览器都开始支持使用 <canvas> 标签绘图。目前 IE 9 以上版本浏览器也已经支持这项功能。canvas 的标准化由一个 Web 浏览器厂商的非正式协会推进，目前，<canvas> 标签已经成为 HTML 5 草案中一个正式的标签。

<canvas> 标签有一个基于 JavaScript 的绘图 API，而 SVG 和 VML 使用一个 XML 文档来描述绘图。Canvas 与 SVG 和 VML 的实现方式不同，但在实现上可以相互模拟。<canvas> 标签有自己的优势，由于不存储文档对象，性能较好。但如果需要移除画布中的图形元素，往往需要擦掉绘图重新绘制它。

5.1.2 在网页中插入 canvas 元素

canvas 元素是以标签的形式应用到 HTML 5 页面里的。在 HTML 5 页面中 <canvas> 标签的应用格式如下。

```
<canvas>…</canvas>
```

<canvas> 标签毕竟是个新东西，很多旧的浏览器都不支持。为了增加用户体验，可以提供替代文字，放在 <canvas> 标签中，例如：

```
<canvas>你的浏览器不支持该功能！ </canvas>
```

当浏览器不支持 <canvas> 标签时，标签里的文字就会显示出来。跟其他 HTML 标签一样，<canvas> 标签有一些共同的属性。

```
<canvas id="canvas" width="300" height="200">你的浏览器不支持该功能！ </canvas>
```

其中，id 属性决定了 <canvas> 标签的唯一性，方便查找。width 和 height 属性分别决定了 canvas 的宽和高，其数值代表 <canvas> 标签内包含了多少像素。

<canvas> 标签可以像其他标签一样应用 CSS 样式表。如果在头部的 CSS 样式表中添加如下的 CSS 样式设置代码。

```
canvas{
border:1px solid #CCC;
}
```

那么该页面中的 <canvas> 标签将会显示一个 1 像素的浅灰色边框。

HTML 5 中的 <canvas> 标签本身并不能绘制图形，必须与 JavaScript 脚本结合使用，才能在网页中绘制出图形。

可以使用 CSS 样式来控制 canvas 的宽和高，但 canvas 内部的像素还是根据 canvas 自身的 width 和 height 属性确定，默认时宽是 300 像素，高是 150 像素，用 CSS 设置 canvas 尺寸只能体现 canvas 占用的页面空间，但是 canvas 内部的绘图像素还是由 width 和 height 属性来决定的，这样会导致整个 canvas 内部的图像变形。

5.1.3　使用 <canvas> 标签实现绘图的流程

canvas 元素本身是没有绘图能力的，所有的绘制工作必须在 JavaScript 内部完成。前面讲过，canvas 元素提供了一套绘图 API，那么，实现使用 <canvas> 标签绘图的流程是先要获取 canvas 元素的对象，再获取一个绘图上下文，接下来就可以使用绘图 API 中丰富的功能了。

1. 获取 canvas 对象

在绘图之前，首先需要从页面中获取 canvas 对象。通常使用 document 对象的 getElementByld() 方法获取。例如，以下代码获取页面中 id 名称为 canvas1 的 canvas 对象。

```
var canvas=document. getElementByld("canvas1");
```

开发者还可以使用通过标签名称来获取对象的 getElementByTagName 方法。

2. 创建二维的绘图上下文对象

canvas 对象包含了不同类型的绘图 API，还需要使用 getContext() 方法来获取接下来要使用的绘图上下文对象。

```
var context=canvas.getContext("2d");
```

getContext 对象是内建的 HTML 5 对象，拥有多种绘制路径、矩形、圆形、字符及添加图像的方法。参数为 2d，说明接下来将绘制的是一个二维图形。

3. 在 Canvas 上绘制文字

设置绘制文字的字体样式、颜色和对齐方式。

```
//设置字体样式、颜色及对齐方式
context.font="98px 黑体 ";
context.fillStyle="#036";
context.textAlign="center";
//绘制文字
context.fillText(" 中 ",100,120,200);
```

font 属性设置了字体样式。fillStyle 属性设置了字体颜色。textAlign 属性设置了对齐方式。fillText() 方法用填充的方式在 Canvas 上绘制了文字。

5.2 绘制基本图形

使用 HTML 5 中新增的 <canvas> 标签能够实现最简单直接的绘图，也能够通过编写脚本实现极为复杂的应用。本节将向读者介绍如何使用 <canvas> 标签与 JavaScript 脚本相结合实现一些简单的基本图形绘制。

5.2.1 绘制直线

使用 <canvas> 标签绘制直线，需要通过 <canvas> 标签与 JavaScript 中的 moveTo、lineTo 和方法相结合。

moveTo 方法用于创建新的子路径，并设置其起始点，其使用方法如下。

```
context.moveTo(x,y)
```

lineTo 方法用于从 moveTo 方法设置的起始点开始绘制一条到设置坐标的直线，如果前面没有用 moveTo 方法设置路径的起始点，则 lineTo 方法等同于 moveTo 方法。lineTo 方法的用法如下。

```
context.lineTo(x,y)
```

通过 moveTo 和 lineTo 方法设置了直线路径的起点和终点，而 stroke 方法用于沿该路径绘制一条直线。

在网页中绘制直线

最终文件：光盘 \ 最终文件 \ 第 5 章 \5-2-1.html　　视频：光盘 \ 视频 \ 第 5 章 \5-2-1.mp4

01 打开页面“光盘 \ 源文件 \ 第 5 章 \5-2-1.html”，页面效果如图 5-1 所示。转换到代码视图中，在 <body> 与 </body> 标签之间添加 <canvas> 标签，并对相关属性进行设置，如图 5-2 所示。

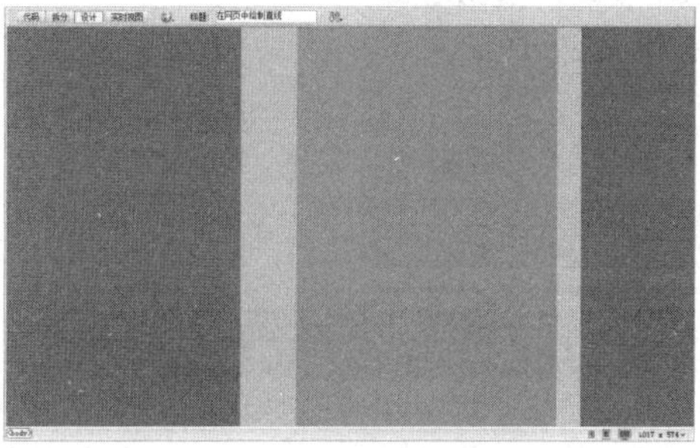

图 5-1

```
<!doctype html>
<html>
<head>
<meta charset="utf-8">
<title>在网页中绘制直线</title>
<link href="style/5-2-1.css" rel="stylesheet" type="text/css">
</head>
<body>
<canvas id="canvas1" width="600" height="400">你的浏览器不支持该功能</canvas>
</body>
</html>
```

图 5-2

02 转换到该网页所链接的外部 CSS 样式表文件中，创建名为 #canvas1 的 CSS 样式，如图 5-3 所示。保存页面并保存外部 CSS 样式表文件，在浏览器中预览页面，可以看到 <canvas> 标签的效果，如图 5-4 所示。

```
#canvas1 {
    border: 1px solid #FFF;
    margin: 50px;
}
```

图 5-3

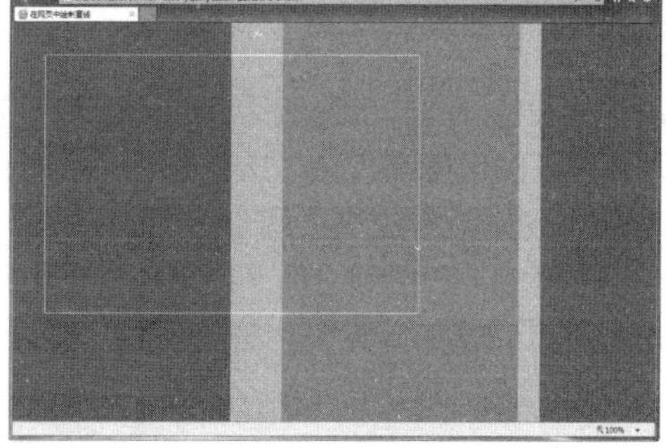

图 5-4

03 返回网页 HTML 代码中，在 <canvas> 结束标签之后添加相应的 JavaScript 脚本代码。

```
<script type="text/javascript">
var myCanvas=document.getElementByid("canvas1");
var context=myCanvas.getContext("2d");
context.moveTo(0,0);
context.lineTo(600,400);
context.strokeStyle="#FFFFFF";
context.stroke();
</script>
```

04 保存页面，在浏览器中预览页面，可以看到使用 <canvas> 标签与 JavaScript 脚本相结合绘制的直线效果，如图 5-5 所示。

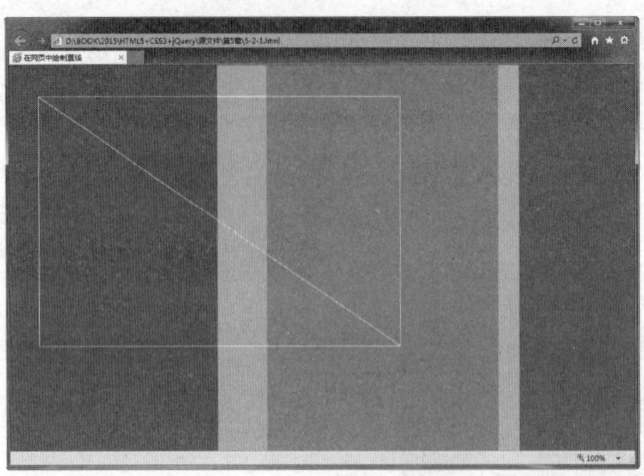

图 5-5

在所创建的名为 #canvas1 的 CSS 样式中主要设置了对象的边框为 1 像素的白色边框，并且对象四周的边距均为 50 像素。在这里主要是通过 CSS 样式使页面中的 canvas 对象更容易看清楚，关于 CSS 样式将在后面的章节中进行详细介绍。

5.2.2 绘制矩形

矩形属于一种特殊而又普遍使用的图形。矩形的宽和高，就确定了图形的样子。再给予一个绘制起始坐标，就可以确定其位置。这样整个矩形就确定下来了。

绘图 API 为绘制矩形提供了两个专用的方法：strokeRect() 和 fillRect()，可分别用于绘制矩形边框和填充矩形区域。在绘制之前，往往需要先设置样式，然后才能进行绘制。

关于矩形可以设置的属性有：边框颜色、边框宽度、填充颜色等。绘图 API 提供了几个属性可以设置这些样式，属性说明如表 5-1 所示。

表 5-1　绘制矩形可以设置的属性

属　性	属 性 值	说　明
strokeStyle	符合 CSS 规范的颜色值及对象	设置线条的颜色
lineWidth	数字	设置线条宽度，默认宽度为 1，单位是像素
fillStyle	符合 CSS 规范的颜色值	设置区域或文字的填充颜色

其中，strokeStyle 可设置矩形边框的颜色，lineWidth 可设置边框宽度，fillStyle 可设置填充颜色。

绘制矩形边框需要使用 strokeRect 方法，其使用方法如下。

```
strokeRect (x,y,width,height);
```

其中，width 表示矩形的宽度，height 表示矩形的高度，x 和 y 分别是矩形起点的横坐标和纵坐标。例如，以下代码以 (50,50) 为起点绘制一个宽度为 150，高度为 100 的矩形。

```
context.strokeRect(50,50,150,100);
```

这里仅绘制了矩形的边框，且边框的颜色和宽度由属性 strokeStyle 和 lineWidth 来指定。

填充矩形区域需要使用 fillRect() 方法，其使用方法如下。

```
fillRect(x,y,width,height);
```

该方法的参数和 strokeRect() 方法的参数是一样的，用于确定矩形的位置及大小。例如，以下代码以 (50,50) 为起点绘制一个宽度为 150，高度为 100 的矩形。

```
context.fillRect(50,50,150,100);
```

这里填充了一个矩形区域，颜色由属性 fillStyle 属性来设置。

在网页中绘制矩形

最终文件：光盘 \ 最终文件 \ 第 5 章 \5-2-2.html　　视频：光盘 \ 视频 \ 第 5 章 \5-2-2.mp4

01 打开页面“光盘 \ 源文件 \ 第 5 章 \5-2-2.html”，页面效果如图 5-6 所示。转换到代码视图中，在 <body> 与 </body> 标签之间添加 <canvas> 标签，并对相关属性进行设置，如图 5-7 所示。

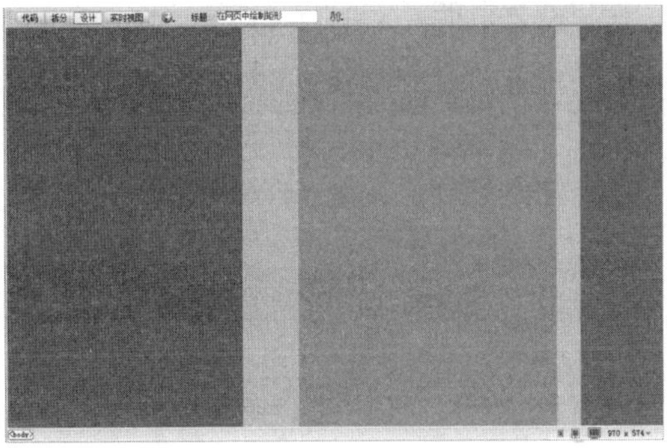

图 5-6

```
<!doctype html>
<html>
<head>
<meta charset="utf-8">
<title>在网页中绘制矩形</title>
<link href="style/5-2-2.css" rel="stylesheet"
type="text/css">
</head>
<body>
<canvas id="canvas1" width="900" height="320">
你的浏览器不支持该功能</canvas>
</body>
</html>
```

图 5-7

02 在 <canvas> 结束标签之后添加相应的 JavaScript 脚本代码。

```
<script type="text/javascript">
var myCanvas=document.getElementById("canvas1");
var context=myCanvas.getContext("2d");
//绘制矩形边框
context.strokeStyle="#FFF";           //设置边框颜色
context.lineWidth=5;                  //设置边框宽度
context.strokeRect(0,0,850,300);      //绘制矩形边框
//填充矩形区域
context.fillStyle="#99CED4";          //设置填充颜色
context.fillRect(3,3,845,295);        //填充矩形区域
</script>
```

03 保存页面，在浏览器中预览页面，可以看到使用 <canvas> 标签与 JavaScript 脚本相结合绘制的矩形效果，如图 5-8 所示。

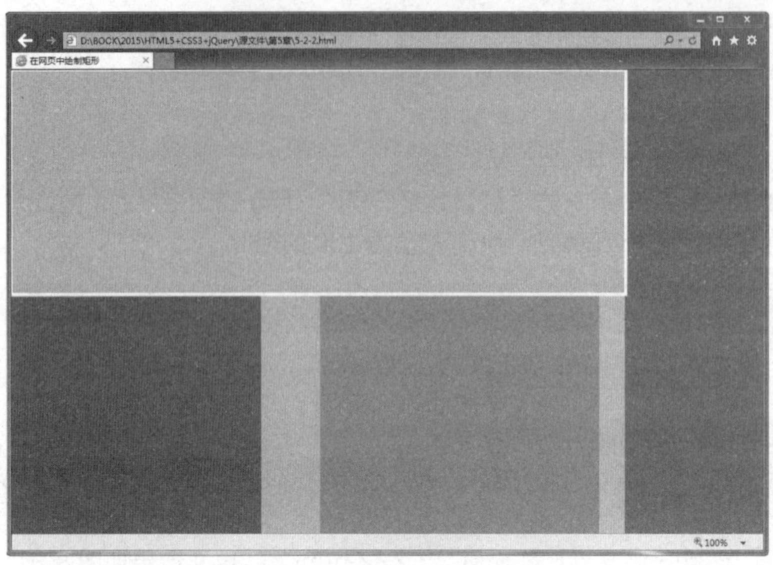

图 5-8

除了本节介绍的两个与矩形有关的方法（绘制矩形边框和填充矩形区域）外，还有一个方法 clearRect，通过该方法，可以擦除指定的矩形区域，使其变为透明。使用方法如下。

```
context.clearRect(x,y,width,height);
```

该方法的 4 个参数与 strokeRect() 方法和 fillrect() 方法的参数意义是一样的。

5.2.3 绘制圆形

圆形的绘制是采用绘制路径并填充颜色的方法来实现的。路径会在实际绘图前勾勒出图形的轮廓，这样就可以绘制复杂的图形。

在 canvas 中，所有基本图形都是以路径为基础的，通常会调用 linTo()、rect()、arc 等方法来设置一些路径。在最后使用 fill() 或 stroke() 方法进行绘制边框或填充区域时，都是参照这个路径来进行的。使用路径绘图基本上分为如下 3 个步骤。

(1) 创建绘图路径。

(2) 设置绘图样式。

(3) 绘制图形。

1. 创建绘图路径

创建绘图路径常会用到两个方法 beginPath() 和 closePath()，分别表示开始一个新的路径和关闭当前的路径。首先，使用 beginPath() 方法创建一个新的路径。该路径是以一组子路径的形式存储的，它们共同构成一个图形。每次调用 beginPath() 方法，都会产生一个新的子路径。bgginPath() 的使用方法如下。

```
context.beginPath();
```

接着就可以使用多种设置路径的方法，绘图 API 为用户提供了多种路径方法，如图 5-2 所示。

表 5-2　常用路径方法

方　法	参　数	说　明
moveTo(x,y)	x 和 y 确定了起始坐标	绘图开始的坐标
lineTo(x,y)	x 和 y 确定了直线路径的终点坐标	绘制直线到终点坐标
arc(x,y,radius,startAngle,endAngle,counterclockwise)	x 和 y 设置圆形的圆心坐标；radius 设置圆形的半径；startAngle 设置圆弧开始点的角度；endAngle 设置圆弧结束点的角度；counterclockwise 逆时针方向 true，顺时针方向 false	使用一个中心点和半径，为一个画布的当前路径添加一条弧线。圆形为弧形的特例
rect(x,y,width,height)	x 和 y 设置矩形起点坐标；width 和 height 设置矩形的宽度和高度	矩形路径方法

最好使用 closePath() 方法关闭当前路径，使用方法如下。

```
context.closePath();
```

它会尝试用直线连接当前端点与起始端点来闭合当前路径，但是如果当前路径已经闭合或者只有一个点，则什么都不做。

2. 设置绘图样式

设置绘图样式包括边框样式和填充样式，其形式如下。

(1) 使用 strokeStyle 属性设置边框颜色，代码如下。

```
context.strokeStyle="#000";
```

(2) 使用 lineWidth 属性设置边框宽度，代码如下。

```
context.lineWidth=3;
```

(3) 使用 fillStyle 属性设置填充颜色，代码如下。

```
context.fillstyle="#F90";
```

3. 绘制图形

路径和样式都设置好了，最好就是调用方法 stroke() 绘制边框，或调用方法 fill() 填充区域，代码如下。

```
context.stroke(); // 绘制边框
context.fill();    // 填充区域
```

经过以上的操作，图形才绘制到 canvas 对象中。

实战　**在网页中绘制圆形**

最终文件：光盘 \ 最终文件 \ 第 5 章 \5-2-3.html　　视频：光盘 \ 视频 \ 第 5 章 \5-2-3.mp4

打开页面“光盘 \ 源文件 \ 第 5 章 \5-2-3.html”，页面效果如图 5-9 所示。转换到代码视图中，在 <body> 与 </body> 标签之间添加 <canvas> 标签，并对相关属性进行设置，如图 5-10 所示。

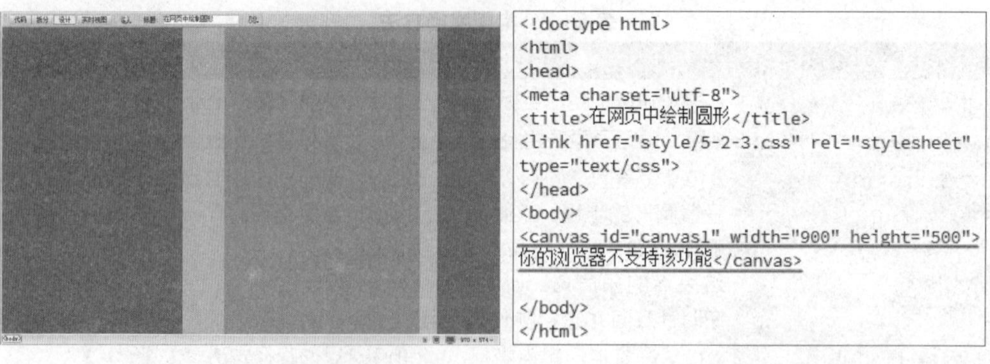

```
<!doctype html>
<html>
<head>
<meta charset="utf-8">
<title>在网页中绘制圆形</title>
<link href="style/5-2-3.css" rel="stylesheet"
type="text/css">
</head>
<body>
<canvas id="canvas1" width="900" height="500">
你的浏览器不支持该功能</canvas>

</body>
</html>
```

图 5-9　　　　图 5-10

02 在 <canvas> 结束标签之后添加相应的 JavaScript 脚本代码。

```
<script type="text/javascript">
var myCanvas=document.getElementByid("canvas1");
var context=myCanvas.getContext("2d");
//创建绘图路径
context.beginPath();             //创建新路径
context.arc(380,250,200,0,Math.PI*2,true); //圆形路径
context.closePath();             //闭合路径
//设置样式
context.strokeStyle="#FFF";      //设置边框颜色
context.lineWidth=10;            //设置边框宽度
context.fillStyle="#EDB5C0";     //设置填充颜色
//绘制图形
context.stroke();                //绘制边框
context.fill();                  //绘制填充
</script>
```

03 保存页面，在浏览器中预览页面，可以看到使用 <canvas> 标签与 JavaScript 脚本相结合绘制的圆形效果，如图 5-11 所示。

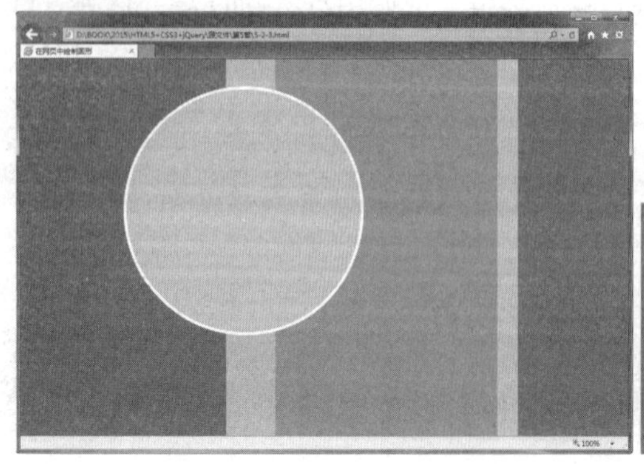

图 5-11

在 JavaScript 脚本代码中，使用 arc() 方法创建一个圆形路径，设置了其 x 轴和 y 轴的位置和正圆形的半径，并且为该圆形设置了边框和填充。

5.2.4　绘制三角形

三角形同样需要通过绘制路径的方法来实现，了解了前面讲解的绘制图形的相关方法和属性，使用绘制路径的方法就能够自由地绘制出其他形状图形，本节将带领读者在网页中绘制一个三角形。

在网页中绘制三角形

最终文件：光盘 \ 最终文件 \ 第 5 章 \5-2-4.html　　视频：光盘 \ 视频 \ 第 5 章 \5-2-4.mp4

01 打开页面“光盘 \ 源文件 \ 第 5 章 \5-2-4.html”，页面效果如图 5-12 所示。转换到代码视图中，在 <body> 与 </body> 标签之间添加 <canvas> 标签，并对相关属性进行设置，如图 5-13 所示。

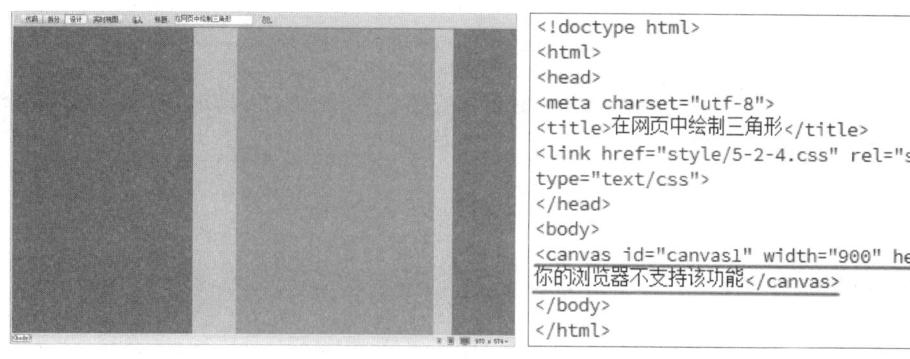

```
<!doctype html>
<html>
<head>
<meta charset="utf-8">
<title>在网页中绘制三角形</title>
<link href="style/5-2-4.css" rel="stylesheet"
type="text/css">
</head>
<body>
<canvas id="canvas1" width="900" height="500">
你的浏览器不支持该功能</canvas>
</body>
</html>
```

图 5-12　　图 5-13

02 在 <canvas> 结束标签之后添加相应的 JavaScript 脚本代码。

```
<script type="text/javascript">
var myCanvas=document.getElementById("canvas1");
var context=myCanvas.getContext("2d");
// 创建绘图路径
context.beginPath();            // 创建新路径
context.moveTo(0,0);            // 确定起始坐标
context.lineTo(500,0);          // 目标坐标
context.lineTo(0,500);          // 目标坐标
context.closePath();            // 闭合路径
// 设置样式
context.fillStyle="#6E7376";    // 设置填充颜色
// 绘制图形
context.fill();                 // 绘制填充
</script>
```

03 保存页面，在浏览器中预览页面，可以看到使用 <canvas> 标签与 JavaScript 脚本相结合绘制的三角形效果，如图 5-14 所示。

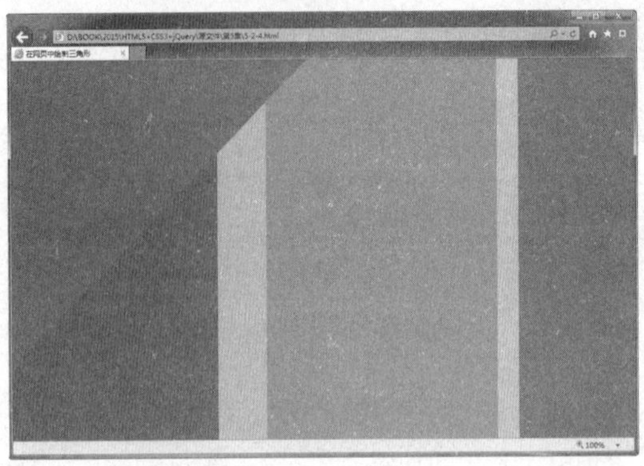

图 5-14

closePath() 方法习惯性地放在路径设置的最后一步，切勿认为是路径设置的结束，因为在此之后，还可以继续设置路径。

5.2.5 图形组合

通常情况下，会把一个图形绘制在另一个图形之上，称为图形组合。默认的情况是上面的图形覆盖了下面的图形，这是由于图形组合默认地设置了 source-over 属性值。

在 canvas 中，可通过 globalCompositeOperation 属性来设置如何在两个图形叠加的情况下组合颜色，其用法如下。

```
globalCompositeOperation= [value];
```

参数 value 的合法值有 12 个，决定了 12 种图形组合类型，默认值是 source-over。12 种组合类型如表 5-3 所示。

表 5-3 组合类型值的说明

值	说明
copy	只绘制新图形，删除其他所有内容
darker	在图形重叠的地方，颜色由两个颜色值相减后决定
destination-atop	已有的内容只在它和新的图形重叠的地方保留，新图形绘制于内容之后
destination-in	在新图形以及已有画布重叠的地方，已有内容都保留，所有其他内容成为透明的
destination-out	在已有内容和新图形不重叠的地方，已有内容保留，所有其他内容成为透明的
destination-over	新图形绘制于已有内容的后面
lighter	在图形重叠的地方，颜色由两种颜色值的加值来决定
source-atop	只有在新图形和已有内容重叠的地方，才绘制新图形
source-in	只有在新图形和已有内容重叠的地方，新图形才绘制，所有其他内容成为透明的
source-out	只有在和已有图形不重叠的地方，才绘制新图形
source-over	新图形绘制于已有图形的顶部，这是默认的行为
xor	在重叠和正常绘制的其他地方，图形都成为透明的

例如，编写下面的 JavaScript 脚本代码。

```
<script type="text/javascript">
function Draw(){
    var myCanvas=document.getElementByid("canvas1");
    var context=myCanvas.getContext("2d");
    // source-over
    context.globalCompositeOperation = "source-over";
    RectArc(context);
    // lighter
    context.globalCompositeOperation = "lighter";
    context.translate(90,0);
    RectArc(context);
    // xor
    context.globalCompositeOperation = "xor";
    context.translate(-90,90);
    RectArc(context);
    // destination-over
    context.globalCompositeOperation = "destination-over";
    context.translate(90,0);
    RectArc(context);
}
// 绘制组合图形
function RectArc(context){
    context.beginPath();
    context.rect(10,10,50,50);
    context.fillStyle = "#F90";
    context.fill();
    context.beginPath();
    context.arc(60,60,30,0,Math.PI*2,true);
    context.fillStyle = "#0f0";
    context.fill();
}
window.addEventListener("load",Draw,true);
</script>
```

函数 RectArc(context) 是用来绘制组合图形的，使用方法 translate() 移动不同的位置，连续绘制 4 种组合图形：source-over、lighter、xor、destination-over。在浏览器中预览，可以看到代码中设置的 4 种图形组合的表现方式，如图 5-15 所示。

图 5-15

closePath() 方法习惯性地放在路径设置的最后一步，切勿认为是路径设置的结束，因为在此之后，还可以继续设置路径。

5.3 绘制曲线

在实际的绘图中，绘制曲线是常用的一种绘图形式。在设置路径的时候，需要使用一些曲线方法来勾勒出曲线路径，以完成曲线的绘制。在 canvas 中，绘图 API 提供了多种曲线的绘制方法，主要的曲线绘制方法有 arc()、arcTo()、quadraticCurveTo() 和 bezierCurveTo()。

5.3.1 使用 arc() 方法

在前面已经讲解了如何使用 arc() 方法绘制圆形，arc() 方法是使用中心点和半径，为一个 canvas 对象的当前路径添加一条弧线，其使用方法如下。

```
arc(x,y,radius,startAngle,endAngle,counterclockwise);
```

x 和 y 描述弧的圆形的圆心坐标; radius 描述弧的圆形的半径; startAngle 是圆弧的开始点的角度; endAngle 是圆弧的结束点的角度；counterclockwise 逆时针方向为 true，顺时针方向为 false。

如图 5-16 所示，圆心由参数 x 和 y 来确定，半径由参数 radius 确定，圆弧的开始点的角度 startAngle 和结束点的角度 endAngle 如图中所示，体现的是一个逆时针方向的绘制。

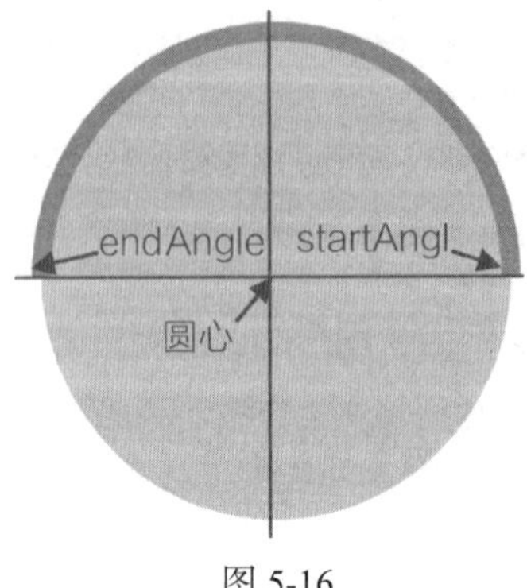

图 5-16

通过中心点和半径绘制弧线

最终文件：光盘 \ 最终文件 \ 第 5 章 \5-3-1.html　　视频：光盘 \ 视频 \ 第 5 章 \5-3-1.mp4

01 打开页面“光盘 \ 源文件 \ 第 5 章 \5-3-1.html”，页面效果如图 5-17 所示。转换到代码视图中，在<body>与</body>标签之间添加<canvas>标签，并对相关属性进行设置，如图 5-18 所示。

图 5-17

```
<!doctype html>
<html>
<head>
<meta charset="utf-8">
<title>通过中心点和半径绘制弧线</title>
<link href="style/5-3-1.css" rel="stylesheet"
type="text/css">
</head>

<body>
<canvas id="canvas1" width="900" height="600">
你的浏览器不支持该功能</canvas>
</body>
</html>
```

图 5-18

02 在 <canvas> 结束标签之后添加相应的 JavaScript 脚本代码。

```
<script type="text/javascript">
var myCanvas=document.getElementByid("canvas1");
var context=myCanvas.getContext("2d");
// 先绘制一个圆形
context.beginPath();
context.arc(450,300,250,0,Math.PI*2,true);
context.closePath();
context.fillStyle="#CCCCCC";
contcxt.fill();
// 再绘制一条圆弧
context.beginPath();
context.arc(450,300,250,0,(-Math.PI*1),true);
context.strokeStyle="#F90";
context.lineWidth=20;
context.stroke();
</script>
```

03 保存页面，在浏览器中预览页面，可以看到通过中心点和半径绘制弧线的效果，如图 5-19 所示。

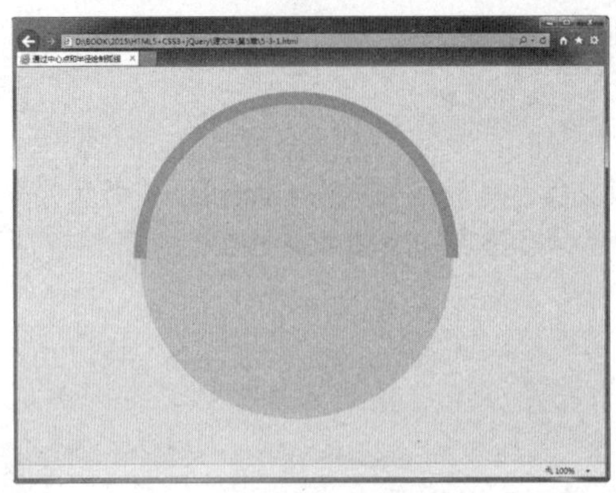

图 5-19

为了更好地说明，同时绘制一个灰色的圆形，圆形的圆心坐标和半径与弧线相同，弧线的线条宽 20 像素，线条颜色为橙色。在绘制弧线的时候，仅使用 arc() 方法就完成路径的设置，与其他路径的绘制一样，需要先设置填充样式或边框样式，最后执行填充或绘制。

5.3.2 使用 arcTo() 方法

arcTo() 方法是使用切线的方法绘制弧线，使用两个目标点和一个半径，为当前的子路径添加一条弧线。与 arc() 方法相比，同样是绘制弧线，绘制思路和侧重点不同。arcTo() 的使用方法如下。

```
arcTo(x1,y1,x2,y2,radius);
```

x1 和 y1 描述了一个坐标点，用 p1 表示。x2 和 y2 描述另一个坐标点，用 p2 表示。radius 描述弧的圆形的半径。如图 5-20 所示，有一个绘制的起点（即当前位置），通常会使用 moveTo() 方法来指定。p1 点由参数 x1 和 y1 确定。p2 点由参数 x2 和 y2 确定。半径由参数 radius 确定。

添加给路径的圆弧是具有指定 radius 的圆的一部分。圆弧有一个点与起点到 p1 的线段相切，还有一个点和从 p1 到 p2 的线段相切。这两个切点就是圆弧的起点和终点，圆弧绘制的方向就是连接这两个点的最短圆弧的方向。

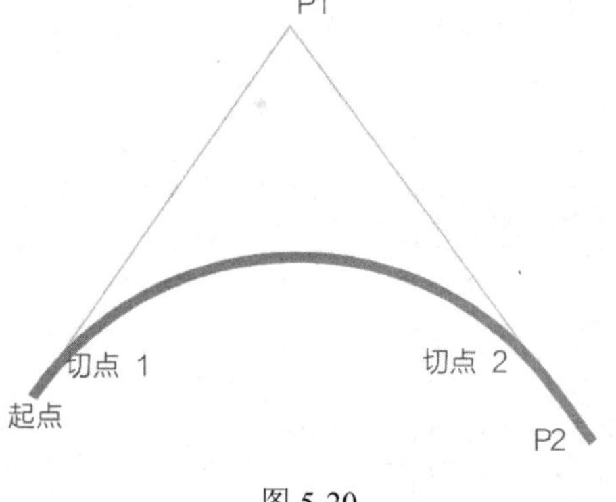

图 5-20

通过辅助线绘制弧线

最终文件：光盘 \ 最终文件 \ 第 5 章 \5-3-2.html　　视频：光盘 \ 视频 \ 第 5 章 \5-3-2.mp4

01 打开页面“光盘 \ 源文件 \ 第 5 章 \5-3-2.html”，页面效果如图 5-21 所示。转换到代码视图中，在 <body> 与 </body> 标签之间添加 <canvas> 标签，并对相关属性进行设置，如图 5-22 所示。

图 5-21

```
<!doctype html>
<html>
<head>
<meta charset="utf-8">
<title>通过辅助线绘制弧线</title>
<link href="style/5-3-2.css" rel="stylesheet"
type="text/css">
</head>

<body>
<canvas id="canvas1" width="900" height="600">
你的浏览器不支持该功能</canvas>
</body>
</html>
```

图 5-22

02 在 <canvas> 结束标签之后添加相应的 JavaScript 脚本代码。

```
<script type="text/javascript">
var myCanvas=document.getElementByid("canvas1");
var context=myCanvas.getContext("2d");
//先绘制灰色的辅助线段
context.beginPath();
context.moveTo(150,450);
context.lineTo(400,100);
context.lineTo(700,500);
context.strokeStyle="#CCCCCC";
context.lineWidth=2;
context.stroke();
//再绘制一条圆弧
context.beginPath();
context.moveTo(150,450);
context.arcTo(400, 100, 700, 500, 320);
context.strokeStyle="#F90";
context.lineWidth=10;
context.stroke();
context.lineTo(700,500);
context.stroke();
</script>
```

03 保存页面，在浏览器中预览页面，可以看到通过辅助线绘制弧线的效果，如图 5-23 所示。

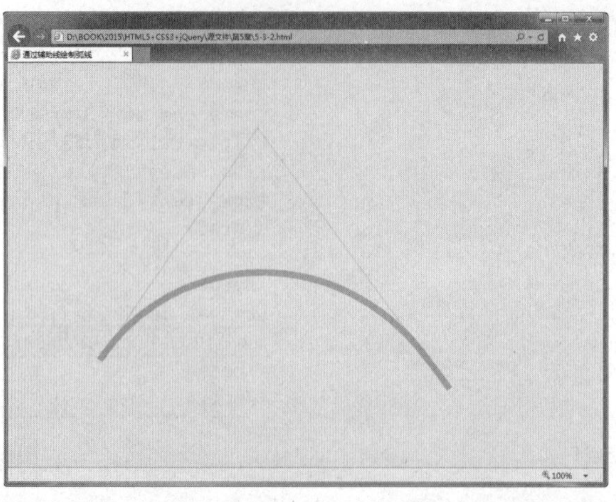

图 5-23

由于该绘制弧线的方法是通过与辅助线段相切来完成的，所以与弧线相切的辅助线段也会绘制出来。在绘制弧线的时候，先通过 moveTo() 方法确定了绘制起点，该起点会与圆弧的第一个切点连接起来。

5.3.3 使用 quadraticCurveTo() 方法

二次样条曲线是曲线的一种，canvas 绘图 API 专门提供了此曲线的绘制方法。quadraticCurveTo() 方法为当前的子路径添加一条二次样条曲线，其使用方法如下。

```
quadraticCurveTo(cpX,cpY,x,y);
```

cpX 和 cpY 描述了控制点的坐标，x 和 y 描述了曲线的终点坐标。

如图 5-24 所示，起点即当前的位置，控制点由参数 cpX 和 cpY 确定，终点由参数 x 和 y 确定。所绘制的曲线就是从起点连接到终点，而控制点可以控制起点和终点之间的曲线的形状。

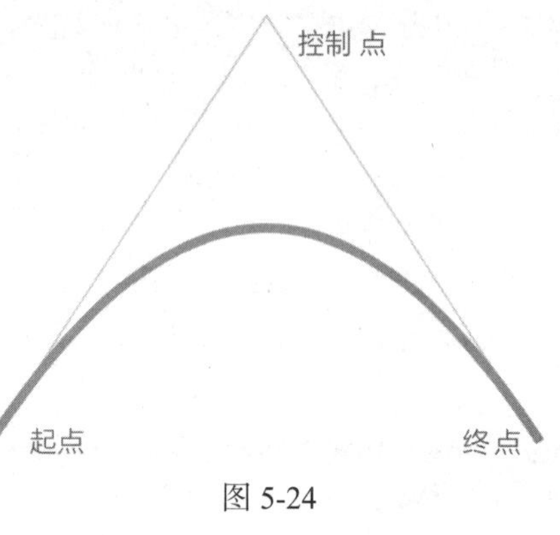

图 5-24

绘制二次样条曲线

最终文件：光盘 \ 最终文件 \ 第 5 章 \5-3-3.html　　视频：光盘 \ 视频 \ 第 5 章 \5-3-3.mp4

01 打开页面“光盘 \ 源文件 \ 第 5 章 \5-3-3.html”，页面效果如图 5-25 所示。转换到代码视图中，在 <body> 与 </body> 标签之间添加 <canvas> 标签，并对相关属性进行设置，如图 5-26 所示。

```
<!doctype html>
<html>
<head>
<meta charset="utf-8">
<title>绘制二次样条曲线</title>
<link href="style/5-3-3.css" rel="stylesheet"
type="text/css">
</head>

<body>
<canvas id="canvas1" width="900" height="600">
你的浏览器不支持该功能</canvas>
</body>
</html>
```

图 5-25　　　　图 5-26

02 在 <canvas> 结束标签之后添加相应的 JavaScript 脚本代码。

```
<script type="text/javascript">
var myCanvas=document.getElementByid("canvas1");
var context=myCanvas.getContext("2d");
// 先绘制灰色的辅助线段
context.beginPath();                          // 添加第一个子路径
context.moveTo(150,500);                      // 确定当前位置，即绘图起始的位置
context.lineTo(450,50);                       // 直线连接控制点
context.lineTo(750,500);                      // 直线连接终点
context.strokeStyle="#CCCCCC";
context.lineWidth=2;
context.stroke();
// 再绘制一条曲线
context.beginPath();                          // 添加第二个子路径
context.moveTo(150, 500);                     // 确定当前位置，与第一个子路径一致
context.quadraticCurveTo(450, 50, 750, 500);  // 确定曲线轮廓
context.lineWidth = 10;
context.strokeStyle="#F90";
context.stroke();
</script>
```

03 保存页面，在浏览器中预览页面，可以看到所绘制的二次样条曲线的效果，如图 5-27 所示。

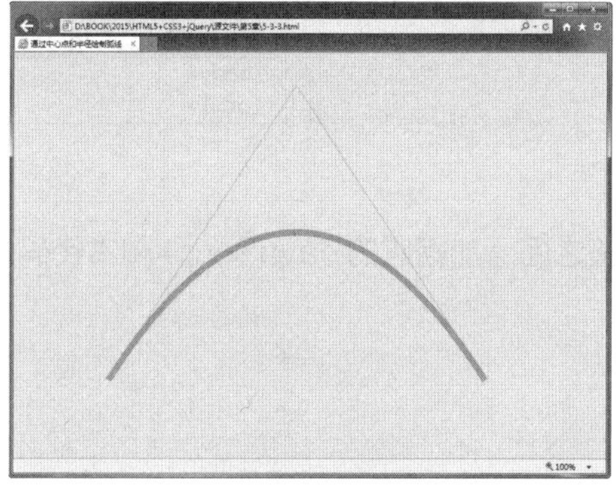

图 5-27

由于该方法使用了两个坐标点，我们将这两个坐标点用直线连接起来，以辅助理解。在绘制曲线的时候，通过 moveTo() 方法确定绘制起点，使用曲线连接起点和终点，曲线的弯曲形状由控制点控制。

5.3.4 使用 bezierCurveTo() 方法

canvas 绘图 API 也提供了贝赛尔曲线的绘制方法 bezierCurveTo()，贝赛尔曲线是应用于二维图形应用程序中的数学曲线。与二次样条曲线相比，贝赛尔曲线使用了两个控制点，从而可以创建更复杂的曲线图形。bezierCurveTo() 的使用方法如下。

```
bezierCurveTo(cp1X,cp1Y,cp2X,cp2Y,x,y);
```

cp1X 和 cp1Y 描述了第一个控制点的坐标，cp2X 和 cp2Y 描述了第二个控制点的坐标，x 和 y 描述了曲线的终点坐标。

如图 5-28 所示，起点即当前的位置，控制点 1 由参数 cp1X 和 cp1Y 确定，控制点 2 由参数 cp2X 和 cp2Y 确定，终点由参数 x 和 y 确定。所绘制的曲线是从起点连接到终点，由两个控制点联合控制的曲线形状。

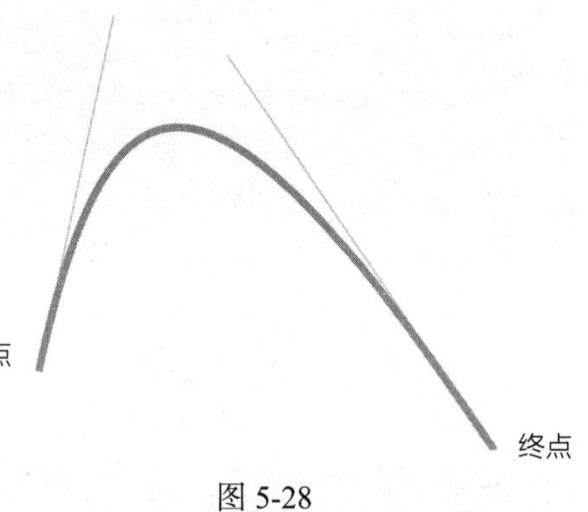

图 5-28

实战 绘制贝赛尔曲线

最终文件：光盘 \ 最终文件 \ 第 5 章 \5-3-4.html　　视频：光盘 \ 视频 \ 第 5 章 \5-3-4.mp4

01 打开页面“光盘 \ 源文件 \ 第 5 章 \5-3-4.html”，页面效果如图 5-29 所示。转换到代码视图中，在 <body> 与 </body> 标签之间添加 <canvas> 标签，并对相关属性进行设置，如图 5-30 所示。

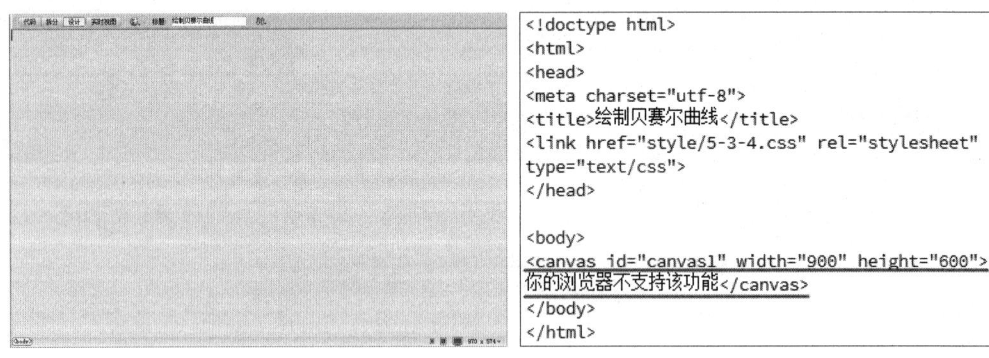

```
<!doctype html>
<html>
<head>
<meta charset="utf-8">
<title>绘制贝赛尔曲线</title>
<link href="style/5-3-4.css" rel="stylesheet" type="text/css">
</head>

<body>
<canvas id="canvas1" width="900" height="600">
你的浏览器不支持该功能</canvas>
</body>
</html>
```

图 5-29　　图 5-30

02 在 <canvas> 结束标签之后添加相应的 JavaScript 脚本代码。

```
<script type="text/javascript">
var myCanvas=document.getElementByid("canvas1");
var context=myCanvas.getContext("2d");
// 先绘制灰色的辅助线段
context.beginPath();                                    // 添加第一个子路径
context.moveTo(100,500);                                // 确定当前位置，即绘图起始的位置
context.lineTo(200,50);                                 // 直线连接控制点
context.moveTo(700,600);                                // 移动当前位置
context.lineTo(350,100);                                // 直线连接终点
context.strokeStyle="#CCCCCC";                          // 线框颜色为灰
context.lineWidth=2;
context.stroke();
// 再绘制一条曲线
context.beginPath();                                    // 添加第二个子路径
context.moveTo(100, 500);                               // 确定当前位置，与第一个子路径一致
context.bezierCurveTo(200,50,350,100,700,600);          // 确定曲线轮廓
context.lineWidth = 10;
context.strokeStyle="#F90";                             // 线框颜色为橙色
context.stroke();
</script>
```

03 保存页面，在浏览器中预览页面，可以看到所绘制的贝赛尔曲线的效果，如图 5-31 所示。

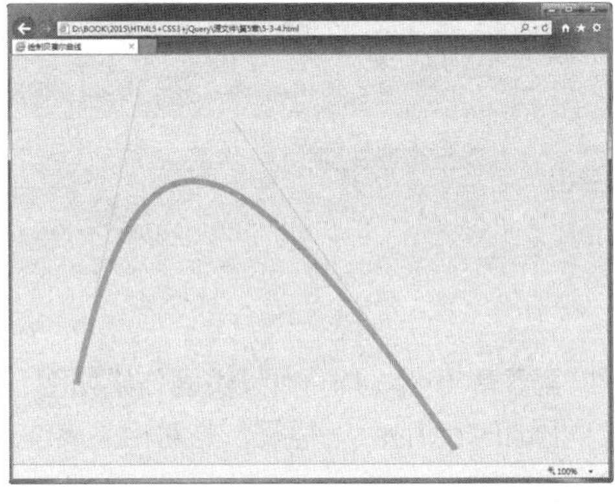

图 5-31

在绘制辅助线的时候，连接了起点和第一个控制点，第二个控制点和起点。图中橙色为所绘制的贝赛尔曲线，连接了曲线的起点和终点，曲线的弯曲形状由其中的两个控制点共同控制。

5.4 绘制文本

使用 HTML 5 中新增的 <canvas> 标签除了可以绘制基本的图形以外，还可以绘制出文字的效果，在本节中将向读者介绍如何使用 <canvas> 标签与 JavaScript 脚本相结合在网页中绘制文字效果。

5.4.1 使用文本

通过 <canvas> 标签，可以使用填充的方法绘制文本，也可以使用描边的方法绘制文本，在绘制文本之前，还可以设置文字的字体样式和对齐方式。绘制文本有两种方法，即填充绘制方法 fillText() 和描边绘制方法 strokeText()，其使用方法如下。

```
fillText(text,x,y,maxwidth);
strokeText(text,x,y,maxwidth);
```

参数 text 表示需要绘制的文本；参数 x 表示绘制文本的起点 x 轴坐标；参数 y 表示绘制文本的起点 y 轴坐标；参数 maxwidth 为可选参数，表示显示文本的最大宽度，可以防止文本溢出。

在绘制文本之前，可以先对文本进行样式设置。绘图 API 提供了专门用于设置文本样式的属性，可以设置文本的字体、大小等，类似于 CSS 的字体属性。也可以设置对齐方式，包括水平方向上的对齐和垂直方向上的对齐。文本相关属性如表 5-4 所示。

表 5-4 文本的相关属性

属　性	值	说　明
font	CSS 字体样式字符串	设置字体样式
textAlign	start/end/left/right/center	设置水平对齐方式，默认为 start
textBaseline	top/hanging/middle/alphabetic/bottom	设置垂直对齐方式，默认为 alphabetic

在网页中绘制文字

最终文件：光盘 \ 最终文件 \ 第 5 章 \5-4-1.html　　视频：光盘 \ 视频 \ 第 5 章 \5-4-1.mp4

01 打开页面“光盘 \ 源文件 \ 第 5 章 \5-4-1.html”，页面效果如图 5-32 所示。转换到代码视图中，在 <body> 与 </body> 标签之间添加 <canvas> 标签，并对相关属性进行设置，如图 5-33 所示。

图 5-32

```
<!doctype html>
<html>
<head>
<meta charset="utf-8">
<title>在网页中绘制文字</title>
<link href="style/5-4-1.css" rel="stylesheet"
type="text/css">
</head>

<body>
<canvas id="canvas1" width="900" height="300">
你的浏览器不支持该功能</canvas>
</body>
</html>
```

图 5-33

02 转换到该网页所链接的外部 CSS 样式表文件中，创建名为 #canvas1 的 CSS 样式，如图 5-34 所示。返回网页设计视图中，使刚添加的 id 名称为 canvas1 的 canvas 元素定位在页面水平居中的位置，如图 5-35 所示。

```
#canvas1 {
    position: absolute;
    top: 0px;
    left: 50%;
    margin-left: -450px;
}
```

图 5-34

图 5-35

03 返回网页 HTML 代码中，在 <canvas> 结束标签之后添加相应的 JavaScript 脚本代码。

```
<script type="text/javascript">
var myCanvas=document.getElementByid("canvas1");
var context=myCanvas.getContext("2d");
// 填充方式绘制文本
context.fillStyle="#F6CC4C";
context.font="bold 60px 微软雅黑 ";
context.fillText(" 欢迎光临我们的网站！ ",100,100);
// 描边方式绘制文本
context.strokeStyle="#666666";
context.font="bold italic 60px 微软雅黑 ";
context.strokeText(" 欢迎光临我们的网站！ ",100,200);
</script>
```

04 保存页面，在浏览器中预览页面，可以看到使用 <canvas> 标签与 JavaScript 脚本相结合绘制的填充文字和描边文字的效果，如图 5-36 所示。

图 5-36

font 属性设置了文本样式：字体为“微软雅黑”、字体加粗效果 bold、文字大小为 60px、字体倾斜效果 italic。其填充样式仍然使用 fillStyle 来设置，描边样式仍然使用 strokeStyle 来设置。

5.4.2 获取文字宽度

有些时候，开发人员需要知道所绘制的文本的宽度，以方便进行布局。绘图 API 提供了获取绘制文本宽度的方法，measureText() 方法就是用来获取文本宽度的，其使用方法如下。

```
measureText(text);
```

参数 text 表示所要绘制的文本。该方法返回一个 TextMetrics 对象，表示文本的空间度量，可以通过该对象的 width 属性获取文本的宽度。

获取所绘制文字的宽度

最终文件：光盘 \ 最终文件 \ 第 5 章 \5-4-2.html　　视频：光盘 \ 视频 \ 第 5 章 \5-4-2.mp4

01 打开页面“光盘 \ 源文件 \ 第 5 章 \5-4-2.html”，页面效果如图 5-37 所示。转换到代码视图中，可以看到该页面的 HTML 代码，如图 5-38 所示。

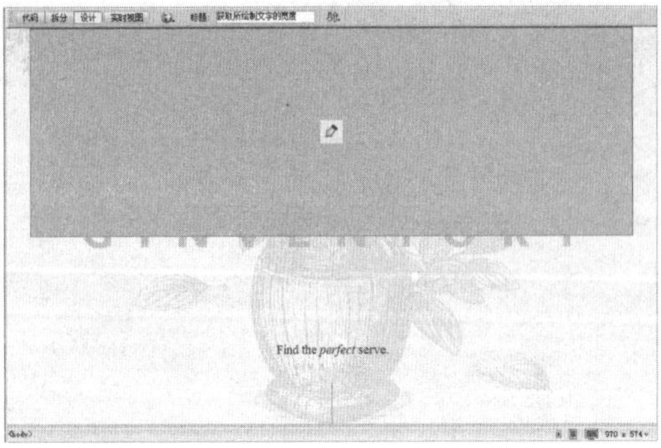

图 5-37

```
<!doctype html>
<html>
<head>
<meta charset="utf-8">
<title>获取所绘制文字的宽度</title>
<link href="style/5-4-2.css" rel="stylesheet"
type="text/css">
</head>

<body>
<canvas id="canvas1" width="900" height="300">
你的浏览器不支持该功能</canvas>
</body>
</html>
```

图 5-38

02 在 <canvas> 结束标签之后添加相应的 JavaScript 脚本代码。

```
<script type="text/javascript">
var myCanvas=document.getElementByid("canvas1");
var context=myCanvas.getContext("2d");
// 填充方式绘制文本
context.fillStyle="#F6CC4C";
context.font="bold 60px 微软雅黑 ";
//根据已设置的文本样式度量文本
var tm=context.measureText(" 欢迎光临我们的网站！ ");
context.fillText(" 欢迎光临我们的网站！ ",100,100);
context.fillText(tm.width,tm.width+100,100);
```

```
// 描边方式绘制文本
context.strokeStyle="#666666";
context.font="bold italic 60px impact";
// 根据已设置的文本样式度量文本
var tm=context.measureText("Hello Welcome!");
context.strokeText("Hello Welcome!",100,200);
context.strokeText(tm.width,tm.width+100,200);
</script>
```

03 保存页面，在浏览器中预览页面，可以看到所绘制的文本度量宽度的效果，如图 5-39 所示。

图 5-39

度量文本是以当前设置的文本样式为基础的，即文本样式确定之后，即可获取文本的度量，不需要等待绘制文本完成后再去度量。

5.4.3　创建对象阴影

阴影效果可以增加图像的立体感，为所绘制的图形或文字添加阴影效果，可以利用绘图 API 提供的绘制阴影的属性。阴影属性不会单独去绘制阴影，只需要在绘制任何图形或文字之前，添加阴影属性，就能绘制出带有阴影效果的图形或文字。

如表 5-5 所示为设置阴影的 4 个属性。

表 5-5　阴影属性

属　性	值	说　明
shadowColor	符合 CSS 规范的颜色值	可以使用半透明颜色
shadowOffsetX	数值	阴影的横向位移量，向右为正，向左为负
shadowOffsetY	数值	阴影的纵向位移量，向下为正，向上为负
shadowBlur	数值	高斯模糊，值越大，阴影边缘越模糊

实战　在网页中绘制文字并添加阴影

最终文件：光盘 \ 最终文件 \ 第 5 章 \5-4-3.html　　视频：光盘 \ 视频 \ 第 5 章 \5-4-3.mp4

01 打开页面“光盘 \ 源文件 \ 第 5 章 \5-4-3.html”，页面效果如图 5-40 所示。转换到代码视图中，可以看到该页面的 HTML 代码，如图 5-41 所示。

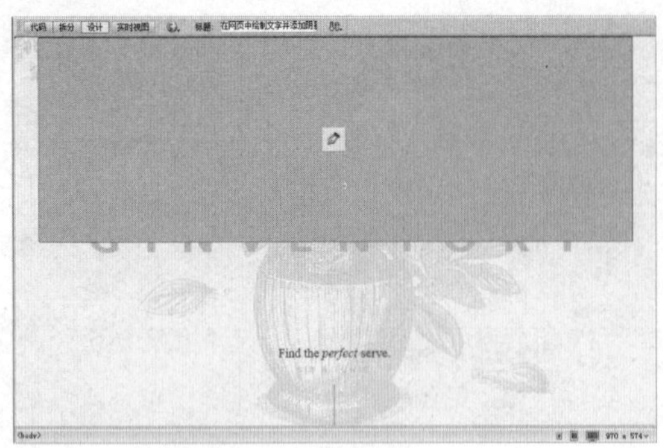

图 5-40

```
<!doctype html>
<html>
<head>
<meta charset="utf-8">
<title>在网页中绘制文字并添加阴影</title>
<link href="style/5-4-3.css" rel="stylesheet"
type="text/css">
</head>

<body>
<canvas id="canvas1" width="900" height="300">
你的浏览器不支持该功能</canvas>
</body>
</html>
```

图 5-41

02 在 <canvas> 结束标签之后添加相应的 JavaScript 脚本代码。

```
<script type="text/javascript">
var myCanvas=document.getElementByid("canvas1");
var context=myCanvas.getContext("2d");
//设置阴影属性
context.shadowColor="#CCCCCC";
context.shadowOffsetX=5;
context.shadowOffsetY=5;
context.shadowBlur=5.5;
//绘制矩形
context.fillStyle="#F6CC4C";
context.fillRect(0,0,880,100);
// 填充方式绘制文本
context.fillStyle="#996600";
context.font="bold 60px 微软雅黑";
context.fillText("欢迎光临我们的网站！ ",150,65);
</script>
```

03 保存页面，在浏览器中预览页面，可以看到所绘制的图形和文本添加阴影的效果，如图 5-42 所示。

图 5-42

在绘制文本和图形之前，设置了阴影属性，其后所绘制的所有文本和图形都会附带阴影效果。阴影属性可以应用于任何绘制的图像中，也包括图片。

5.5 图像的绘制与裁切

有时候，可能需要借助一些图片素材，使绘图更加灵活和方便。在 canvas 中，绘图 API 已经提供了插入图像的方法，只需要几行代码就能将图像绘制到画布上。

5.5.1 绘制线性渐变

渐变是一种很普遍的视觉形象，能带来视觉上的舒适感。在 canvas 中，绘图 API 提供了两个原生的渐变方法，包括线性渐变和径向渐变，可以应用在描边样式和填充样式中。

使用渐变需要三个步骤：首先是创建渐变对象；其次是设置渐变颜色和过渡方式；最后将渐变对象赋值给填充样式或描边样式。

线性渐变是指起始点和结束点之间线性的内插颜色值。绘图 API 提供的创建线性渐变的方法是 createLinearGradient()，该方法的使用格式如下。

```
createLinearGradient(xStart, yStart, xEnd, yEnd);
```

xStart、yStart 表示渐变的起始点的坐标。xEnd、yEnd 表示渐变的结束点的坐标。返回一个渐变对象。

设置渐变颜色需要在渐变对象上使用 addColorStop() 方法，在渐变中的某一点添加一个颜色变化，addColorStop() 方法的使用格式如下。

```
addColorStop(offset,color);
```

offset 是一个范围在 0.0 ~ 1.0 之间的浮点值，表示渐变的开始点和结束点之间的一部分，offset 为 0 对应开始点，offset 为 1 对应结束点。color 是一个颜色值，表示在指定 offset 显示的颜色。

在网页中绘制矩形并填充线性渐变

最终文件：光盘 \ 最终文件 \ 第 5 章 \5-5-1.html　　视频：光盘 \ 视频 \ 第 5 章 \5-5-1.mp4

01 打开页面“光盘 \ 源文件 \ 第 5 章 \5-5-1.html”，页面效果如图 5-43 所示。转换到代码视图中，在 <body> 与 </body> 标签之间添加 <canvas> 标签，并对相关属性进行设置，如图 5-44 所示。

图 5-43

```
<!doctype html>
<html>
<head>
<meta charset="utf-8">
<title>在网页中绘制矩形并填充线性渐变</title>
<link href="style/5-5-1.css" rel="stylesheet"
type="text/css">
</head>

<body>
<canvas id="canvas1" width="1000" height="80">
你的浏览器不支持该功能</canvas>
</body>
</html>
```

图 5-44

02 转换到该网页所链接的外部 CSS 样式表文件中，创建名为 #canvas1 的 CSS 样式，如图 5-45 所示。返回网页设计视图中，使刚添加的 id 名称为 canvas1 的 canvas 元素定位在页面水平居中的位置，如图 5-46 所示。

```
#canvas1 {
    position: absolute;
    top: 0px;
    left: 50%;
    margin-left: -500px;
}
```

图 5-45

图 5-46

03 返回网页 HTML 代码中，在 <canvas> 结束标签之后添加相应的 JavaScript 脚本代码。

```
<script type="text/javascript">
var myCanvas=document.getElementByid("canvas1");
var context=myCanvas.getContext("2d");
//创建线性渐变
var grd=context.createLinearGradient(0,0,1000,0);
//设置渐变颜色
grd.addColorStop(0,"#FF9900");
grd.addColorStop(1,"#FF3300");
//绘制矩形并将填充设置为渐变
context.fillStyle=grd;
context.fillRect(0,0,1000,80);
</script>
```

04 保存页面，在浏览器中预览页面，可以看到为所绘制的矩形填充线性渐变颜色的效果，如图 5-47 所示。

图 5-47

从预览效果图可以看到起始点到结束点的渐变是从黄橙色到红橙色的渐变颜色；起始点到结束点可以确定一条线段，渐变会沿着该线段的垂直方向扩展。设置渐变颜色和过渡方式时，可以增加使用 addColorStop() 方法，以便实现更多颜色的线性渐变。

5.5.2　绘制径向渐变

径向渐变是指两个指定圆的圆周之间放射性地表现颜色过渡效果。绘图 API 提供的创建线性渐变的方法是 createRadialGradient()，该方法的使用格式如下。

```
createRadialGradient(xStart, yStart, radiusStart, xEnd, yEnd, radiusEnd);
```

xStart 和 yStart 表示开始圆的圆心坐标；radiusStart 表示开始圆的半径；xEnd 和 yEnd 表示结束圆的圆心坐标；radiusEnd 表示结束圆的半径。返回一个渐变对象 gradient。

在网页中绘制圆形并填充径向渐变

最终文件：光盘 \ 最终文件 \ 第 5 章 \5-5-2.html　　视频：光盘 \ 视频 \ 第 5 章 \5-5-2.mp4

01 打开页面“光盘 \ 源文件 \ 第 5 章 \5-5-2.html”，页面效果如图 5-48 所示。转换到代码视图中，在 <body> 与 </body> 标签之间添加 <canvas> 标签，并对相关属性进行设置，如图 5-49 所示。

图 5-48

```
<!doctype html>
<html>
<head>
<meta charset="utf-8">
<title>在网页中绘制圆形并填充径向渐变</title>
<link href="style/5-5-2.css" rel="stylesheet"
type="text/css">
</head>

<body>
<canvas id="canvas1" width="400" height="400">
你的浏览器不支持该功能</canvas>
</body>
</html>
```

图 5-49

02 转换到该网页所链接的外部CSS样式表文件中，创建名为#canvas1的CSS样式，如图5-50所示。返回网页设计视图中，使刚添加的id名称为canvas1的canvas元素定位在页面水平居中的位置，如图5-51所示。

```
#canvas1 {
    position: absolute;
    top: 180px;
    left: 50%;
    margin-left: -200px;
}
```

图 5-50

图 5-51

03 返回网页HTML代码中，在<canvas>结束标签之后添加相应的JavaScript脚本代码。

```
<script type="text/javascript">
var myCanvas=document.getElementByid("canvas1");
var context=myCanvas.getContext("2d");
//创建径向渐变
var grd=context.createRadialGradient(200,200,0,200,200,200);
//设置渐变颜色
grd.addColorStop(0,"#FFFC20");
grd.addColorStop(1,"#FFA100");
//绘制圆形并将填充设置为渐变
context.fillStyle=grd;
context.beginPath();
context.arc(200,200,200,0,Math.PI*2,true);
context.fill();
</script>
```

04 保存页面，在浏览器中预览页面，可以看到为所绘制的圆形填充径向渐变颜色的效果，如图5-52所示。

图 5-52

在本实例中设置起始圆的圆心坐标与结束圆的圆心坐标为相同的值，则表示起始圆与结束圆的中心点重合，设置起始圆的半径为 0，即为一个点，结束圆的半径为 200，则可以填充出一个从中心向四周的径向渐变。

5.5.3　绘制图像

使用 drawImage() 方法可以将图像添加到 canvas 画布中，即绘制一幅图像，有 3 种使用方法。

(1) 把整个图像复制到画布中，将其放置到指定的左上角坐标位置，并且将每个图像像素映射成画布坐标系统的一个单元，其使用格式如下。

```
drawImage(image,x,y);
```

image 表示所要绘制的图像对象，x 和 y 表示要绘制的图像的左上角的位置。

(2) 把整个图像复制到画布中，但是允许用画布单位来指定想要的图像的宽度和高度，其使用格式如下。

```
drawImage(image,x,y,width,height);
```

image 表示所要绘制的图像对象，x 和 y 表示要绘制的图像的左上角的位置，width 和 height 表示图像所应该绘制的尺寸，指定这些参数使得图像可以缩放。

(3) 该方法是完全通用的，它允许指定图像的任何矩形区域并复制它，对画布中的任何位置都可以进行任意缩放，其使用格式如下。

```
drawImage(image,sourceX,sourceY,sourceWidth,sourceHeight,destX,destY,destWidth,
destHeight);
```

image 表示所要绘制的图像对象；sourceX 和 sourceY 表示图像将要被绘制的区域的左上角，使用图像像素来度量；sourceWidth 和 sourceHeight 表示图像所要绘制区域的大小，使用图像像素表示。destX 和 destY 表示所要绘制的图像区域的左上角的画布坐标；destWidth 和 destHeight 表示图像区域所要绘制的画布大小。

以上 3 种方法中的 image 参数都表示所要绘制的图像对象，必须是 Image 对象或 canvas 元素。一个 Image 对象能够表示文档中的一个 <img> 标签或者使用 Image() 构造函数所创建的一个屏幕外图像。

使用 canvas 元素绘制图像

最终文件：光盘 \ 最终文件 \ 第 5 章 \5-5-3.html　　视频：光盘 \ 视频 \ 第 5 章 \5-5-3.mp4

01 执行“文件 > 新建”命令，新建一个 HTML 5 文档，将其保存为“光盘 \ 源文件 \ 第 5 章 \5-5-3.html”，如图 5-53 所示。转换到代码视图中，在 <body> 与 </body> 标签之间添加 <canvas> 标签，并对相关属性进行设置，如图 5-54 所示。

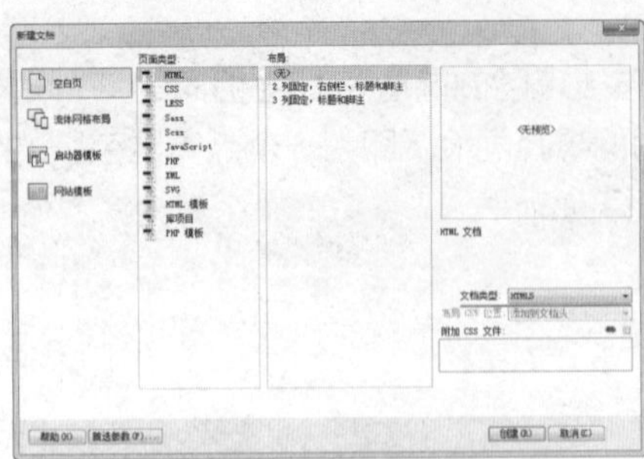

图 5-53

```
<!doctype html>
<html>
<head>
<meta charset="utf-8">
<title>使用canvas元素绘制图像</title>
</head>

<body>
<canvas id="canvas1" width="1000" height="625">
你的浏览器不支持该功能</canvas>
</body>
</html>
```

图 5-54

02 在 <canvas> 结束标签之后添加相应的 JavaScript 脚本代码。

```
<script type="text/javascript">
var myCanvas=document.getElementByid("canvas1");
var context=myCanvas.getContext("2d");
var newImg=new Image();                //使用 Image() 构造函数创建图像对象
newImg.src="images/55301.jpg";         //指定图像的文件地址
newImg.onload=function() {
   context.drawImage(newImg,0,0);      //从左上角开始绘制图像
}
</script>
```

03 保存页面，在浏览器中预览页面，可以看到使用 <canvas> 标签与 JavaScript 脚本代码相结合绘制图像的效果，如图 5-55 所示。

图 5-55

提示 在插入图像之前，需要考虑图像加载时间。如果图像没有加载完成就已经执行了 drawImage() 方法，则不会显示任何图片。为图像对象添加了 onload 处理函数，从而保证在图像加载完成之后执行 drawImage() 方法。

5.5.4 裁切区域

在路径绘图中使用了两种绘图方法，即用于绘制线条的stroke()方法和用于填充区域的fill()方法。关于路径的处理，还有一种方法叫作裁切方法 clip()。

说起裁切，大多数人会想到裁切图片，即保留图片的一部分。裁切区域是通过路径来确定的。和绘制线条的方法和填充区域的方法一样，也需要预先确定绘图路径，再执行裁切区域路径方法 clip()，这样就确定了裁切区域。裁切区域的使用方法如下。

```
clip();
```

该方法没有参数，在设置路径之后执行。

在网页中实现圆形图像效果

最终文件：光盘 \ 最终文件 \ 第 5 章 \5-5-4.html　　视频：光盘 \ 视频 \ 第 5 章 \5-5-4.mp4

01 打开页面“光盘 \ 源文件 \ 第 5 章 \5-5-4.html”，页面效果如图 5-56 所示。转换到代码视图中，在 <body> 与 </body> 标签之间添加 <canvas> 标签，并对相关属性进行设置，注意两个 <canvas> 标签的 id 名称不同，如图 5-57 所示。

图 5-56

```
<!doctype html>
<html>
<head>
<meta charset="utf-8">
<title>在网页中实现圆形图像效果</title>
<link href="style/5-5-4.css" rel="stylesheet"
type="text/css">
</head>

<body>
<canvas id="canvas2" width="400" height="400">
你的浏览器不支持该功能</canvas>
<canvas id="canvas1" width="400" height="400">
你的浏览器不支持该功能</canvas>
</body>
</html>
```

图 5-57

02 转换到该网页所链接的外部 CSS 样式表文件中，创建名为 #canvas1 和名为 #canvas2 的 CSS 样式，如图 5-58 所示。返回网页设计视图中，使刚添加的 id 名称为 canvas1 和 canvas2 的两个 canvas 元素定位在页面水平居中的位置，如图 5-59 所示。

```
#canvas1{
    position: absolute;
    top: 50px;
    left: 50%;
    margin-left: -200px;
    z-index: 1;
}
#canvas2{
    position: absolute;
    top: 50px;
    left: 50%;
    margin-left: -200px;
    z-index: 2;
}
```

图 5-58

图 5-59

03 在 <canvas> 结束标签之后添加相应的 JavaScript 脚本代码。

```
<script type="text/javascript">
var canvas=document.getElementByid("canvas1");
var context=canvas.getContext("2d");
//绘制底部白色圆形
context.arc(200,200,200,0,Math.PI*2,true);
context.fillStyle="#FFFFFF";
context.fill();
function Draw(){
   var canvas=document.getElementByid("canvas2");
    var context=canvas.getContext("2d");
   //在画布对象中绘制图像
   var newImg=new Image();
   newImg.src="images/55402.jpg";
   newImg.onload=function(){
          ArcClip(context);
          context.drawImage(newImg,-100,0);
          }
}
function ArcClip(context) {
   //裁切路径
   context.beginPath();
   context.arc(200,200,190,0,Math.PI*2,true);  //设置一个圆形绘图路径
   context.clip();                              //裁剪区域
}
window.addEventListener("load",Draw,true);
</script>
```

04 保存页面，在浏览器中预览页面，可以看到使用 <canvas> 标签与 JavaScript 脚本代码相结合在网页中实现的圆形图像效果，如图 5-60 所示。

图 5-60

在绘制图片之前，首先使用方法 ArcClip(context) 设置一个圆形裁剪区域。先设置一个圆形的绘图路径，再调用 clip() 方法，即完成区域的裁剪。

5.6 本章小结

本章全面向读者介绍了使用 HTML 5 中新增的 <canvas> 标签在网页中绘制各种图形的方法，包括各种基本图形、曲线路径、文字、渐变和裁剪区域等内容。本章内容很多地方涉及数学知识，不容易理解，读者需要仔细体会，多练习，掌握使用 <canvas> 标签在网页中绘制各种图形。

第6章 使用HTML 5在页面中嵌入视频和音频

在 HTML 5 之前，在线的音频和视频都是借助 Flash 或第三方工具实现的，现在 HTML 5 也支持这方面的功能，HTML 5 为开发者提供了标准的、集成的 API。本章将介绍 HTML 5 中的两个重要元素——audio 和 video，分别用于实现音频和视频。

本章知识点

- 掌握使用 <embed> 标签嵌入音频和视频的方法
- 了解 HTML 5 多媒体的基础知识
- 掌握 <audio> 标签的基础知识和使用方法
- 掌握 <video> 标签的基础知识和使用方法
- 掌握 <audio> 与 <video> 标签的属性和事件

6.1 使用 <embed> 标签

在网页中嵌入音频和视频是越来越常见了，也使网页内容越来越精彩。通过 <embed> 标签可以将音频嵌入网页中，还可以插入许多不同格式的视频文件。<embed> 标签在 HTML 4.01 中就已经存在，在 HTML 5 中依然支持该标签。

6.1.1 使用 <embed> 标签嵌入音频

将音频文件嵌入到网页中，可以在网页上显示播放器的外观，包括播放、暂停、停止、音量及声音文件的开始和结束等控制按钮。使用 <embed> 标签即可在网页中嵌入音频文件，嵌入音频的基本语法如下。

```
<embed src=" 音频文件地址 " width=" 宽度 " height=" 高度 " autostart=" 是否自动播放 " loop=" 是否循环播放 "></embed>
```

<embed> 标签中各属性的说明如表 6-1 所示。

表 6-1 <embed> 标签属性说明

属　性	说　明
src	该属性用于设置所需要嵌入的音频文件路径和名称
width	该属性用于设置所嵌入的音频播放控件的宽度
height	该属性用于设置所嵌入的音频播放控件的高度

（续表）

属　性	说　明
autostart	该属性用于设置音频文件是否自动播放，其属性值有两个，一个是 true，表示自播放。另一个是 false，表示不自动播放
loop	该属性用于设置音频文件是否循环播放，其属性值有两个，一个是 true，表示音频文件将无限次地循环播放。另一个是 false，表示音频文件只播放一次

链接的声音文件可以是相对地址的文件，也可以是绝对地址的文件，用户可以根据需要决定声音文件的路径地址，但是通常都是使用同一站点下的相对地址路径，这样可以防止页面上传到网络上出现错误。

在网页中嵌入音频

最终文件：光盘 \ 最终文件 \ 第 6 章 \6-1-1.html　　视频：光盘 \ 视频 \ 第 6 章 \6-1-1.mp4

01 执行“文件 > 打开”命令，打开页面“光盘 \ 源文件 \ 第 6 章 \6-1-1.html”，可以看到页面效果，如图 6-1 所示。转换到代码视图中，可以看到该页面的 HTML 代码，如图 6-2 所示。

图 6-1

```
<!doctype html>
<html>
<head>
<meta charset="utf-8">
<title>在网页中嵌入音频</title>
<link href="style/6-1-1.css" rel="stylesheet" type=
"text/css">
</head>
<body>
<center>
  <img src="images/61101.jpg" width="513" height="583" alt=
"" />
</center>
</body>
</html>
```

图 6-2

02 在页面中相应的位置输入换行符标签，添加 <embed> 标签并对属性进行设置，如图 6-3 所示。执行“文件 > 保存”命令，保存该页面，在浏览器中预览页面，可以看到在网页中嵌入音频的效果并听到音乐，如图 6-4 所示。

```
<body>
<center>
  <img src="images/61101.jpg" width="513" height="583"
alt="" /><br>
  <embed src="images/sound.mp3" width="400" height="40"
autostart="true" loop="true"></embed>
</center>
</body>
```

图 6-3

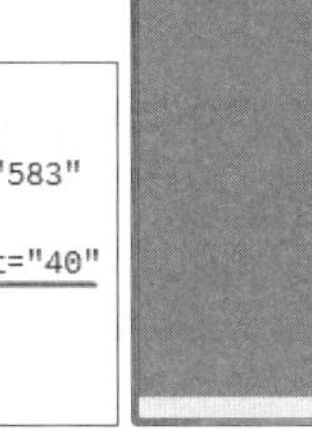

图 6-4

嵌入音频使用的是 <embed> 标签，通过该标签在网页中嵌入音频文件进行播放，可以在网页中显示系统默认的音频播放器界面，并对音频的播放进行控制。

6.1.2 使用 <embed> 标签嵌入视频

在网页中可以插入许多普通格式的视频文件，例如 WMV 和 AVI 等格式。在网页中插入视频后，可以在网页上显示播放器外观，包括播放、暂停、停止和音量等控制按钮。使用 <embed> 标签在网页中插入普通视频的语法格式如下。

```
<embed src=" 视频文件地址 " width=" 视频宽度 " height=" 视频高度 " autostart=" 是否自动播放 " loop=" 是否循环播放 "></embed>
```

通过嵌入视频的语法可以看出，在网页中嵌入视频文件与在网页中嵌入音频的方法非常相似，都是使用 <embed> 标签，只不过是嵌入视频文件链接的是视频文件，而 width 和 height 属性分别设置的是视频播放器的宽度和高度。

在网页中嵌入视频

最终文件：光盘 \ 最终文件 \ 第 6 章 \6-1-2.html　　视频：光盘 \ 视频 \ 第 6 章 \6-1-2.mp4

01 执行“文件 > 打开”命令，打开页面“光盘 \ 源文件 \ 第 6 章 \6-1-2.html”，可以看到页面效果，如图 6-5 所示。转换到代码视图中，可以看到该页面的 HTML 代码，如图 6-6 所示。

图 6-5

```
<!doctype html>
<html>
<head>
<meta charset="utf-8">
<title>在网页中嵌入视频</title>
<link href="style/6-1-2.css" rel="stylesheet" type=
"text/css">
</head>
<body>
<div id="video">此处显示  id "video" 的内容</div>
</body>
</html>
```

图 6-6

02 将光标移至 <div id="video"> 与 </div> 标签之间，将多余文字删除，添加 <embed> 标签并对属性进行设置，如图 6-7 所示。执行 “文件 > 保存” 命令，保存该页面，在浏览器中预览页面，可以看到播放视频的效果，如图 6-8 所示。

```
<body>
<div id="video">
 <embed src="images/video.avi" width="456" height="287"
autostart="true" loop="true"></embed>
</div>
</body>
```

图 6-7

图 6-8

<embed> 标签可以插入多种音频和视频格式，支持的播放格式取决于浏览者系统中的播放器，确保浏览者系统中的播放器支持网络上相应格式的多媒体资源播放。

6.2 HTML 5 多媒体基础

HTML 5 对多媒体的支持是顺势发展，只是目前规范还不是很完整，对于各种浏览器的支持，差别也很大，如何深入理解 HTML 5 的多媒体内容，有必要对其相关的多媒体技术有一定的了解。

6.2.1 在线多媒体的发展

早在 2000 年，在线视频都是借助第三方工具实现的，如 RealPlayer 和 QuickTime 等，但它们存在隐私保护问题或兼容性问题。

HTML 规范的发展与浏览器息息相关，当 Microsoft 公司赢得了 2001 年的浏览器大战时，即停止了对 IE 浏览器功能的改进。而 W3C 也声明了 HTML 规范已经“过时”，转而关注 XHTML 和 XHTML 2，严谨的数据规范和验证，弱化了 HTML 本身的功能。此时没有人认为，在 HTML 中实现视频播放是个好主意。

然而根据实际的需要，开发人员仍然要在网页上实现多媒体功能，进而转向 Flash 的改进功能。

2002 年，Macromedia 公司为了满足使用 Flash Video 开发人员的需要，引入了 Sorenson Spark。2003 年，该公司使用 VP6 编解码器（codec）引入了外部视频 FLV 格式。在当时，这是高质量、高压缩的。由此使用 Flash 开发的在线视频有了近十年的发展，Flash Player 的安装库也变得越来越大，Flash Video 几乎没有缺点，已经发展成为事实上的 Web 标准。

在 HTML 5 之前，要在网页中添加音频和视频，最简单、最直接的方法就是使用 Flash。这种实现方式的缺点是代码较长，最重要的是需要安装 Flash 插件，并非所有浏览器都拥有同样的插件。

在 HTML 5 中，不但不需要安装其他插件，而且实现还很简单。插放一个视频只需要一行代码，如：

```
<video src= " images\movie.mp4 " autoplay></video>
```

可见，在 HTML 5 中省去了许多不必要的信息。

在 HTML 5 中实现多媒体，不需要知道数据的类型，因为标签已经指明；也不需要设置版本信息，因为不涉及这方面的信息；可以由 CSS 样式表来控制尺寸，因为它们是页面元素。这些原生的优势，是其他任何第三方插件都无法企及的。

6.2.2 音频和视频编解码器

编解码器是一个算法代码，用来处理视频、音频或者其元素数据的编码格式。对音频或视频文件进行编码，可使得文件大大缩小，方便在互联网上传输，因为在网络多媒体发展方面，网络宽带是一个很大的瓶颈。

HTML 5 音频文件格式及其各自的编解码器说明如表 6-2 所示。

表 6-2 HTML 5 音频文件格式及其各自的编解码器说明

音频格式	编解码器
MP3	文件扩展名为 .mp3，使用 ACC 音频
Wav	文件扩展名为 .wav，使用 Wav 音频
Ogg	文件扩展名为 .ogg，使用 OggVorbis 音频

HTML 5 视频文件格式及其各自的编解码器说明如表 6-3 所示。

表 6-3 HTML 5 视频文件格式及其各自的编解码器说明

视频格式	编解码器
MP4	文件扩展名为 .mp4，使用 H.264 视频、ACC 音频
WebM	文件扩展名为 .mkv，使用 VP8 视频、OggVorbis 音频
Ogg	文件扩展名为 .ogg，使用 Theora 视频、OggVorbis 音频

H.264 编解码器被广泛采用，因此读者所使用的大多数编码软件都可以编码一个 MP4 视频。WebM 是新兴的，但是工具都已经可以使用。Ogg 是开源的，但是还没有广泛使用，因此只有少数几个工具可供其使用。

MP4 容器、H.264 视频、AAC 视频编解码器及 ACC 音频编解码器都是 MPEG LA Group 专利的专有格式。对于个人网站或者仅有少量视频的公司，这不是问题。然而对于那些有大量视频的公司要非常注意许可证和费用，因为这可能会影响他们盈亏的底线，MP4 容器及其编解码器对终端用户通常是免费的。

6.2.3 功能缺陷及未来趋势

直到现在，仍然不存在完整的音频和视频标准。尽管 HTML 5 提供了音频和视频的规范，但其中所涉及的内容还不够完善。

- 流式音频和视频

在目前的 HTML 5 视频规范中，还没有比特率切换标准，所以对视频的支持仅限于先全部加载完毕再播放的方式。但流式媒体格式是比较理想的格式，在未来的设计中，肯定会在这方面进行规范。

- 跨源资源的共享

HTML 5 的媒体受到 HTTP 跨源资源共享的限制。HTML 5 针对跨源资源的共享，提供了专门的规范，这种规范不仅仅局限于音频和视频。

- 全屏控制

从安全角度讲，浏览器中的脚本控制范围不会超出浏览器之外。如果需要控制全屏操作，可能还需要浏览器提供相关的控制功能。

- 字幕支持

如果在 HTML 5 中对音频和视频进行编程，可能还需要对字幕的控制。基于流行的字幕格式 SRT 的字幕支持规范 (WebSRT) 仍在编写中，尚未完全纳入规范。

- 编解码支持

使用 HTML 5 媒体标签的最大确定在于缺少通用编解码的支持。随着时间的推移，最终会形成一个通用的、高效的编解码器，到时候多媒体的应用形式会比现在更加丰富。未来的发展趋势，一定是我们所期待的那样，或许还会给我们意外的惊喜。

6.3　在网页中使用 HTML 5 音频

网络上有许多不同格式的音频文件，但 HTML 标签所支持的音乐格式并不是很多，并且不同的浏览器支持的格式也不相同。HTML 5 针对这种情况，新增了 <audio> 标签来统一网页音频格式，可以直接使用该标签在网页中添加相应格式的音乐。

6.3.1　<audio> 标签所支持的音频格式

目前，HTML 5 新增的 Audio 元素所支持的音频格式主要是 Wav、MP3 和 Ogg，在各种主要浏览器中的支持情况如表 6-4 所示。

表 6-4　HTML 5 音频在浏览器中的支持情况

格　式	IE11	Firefox 28.0	Opera 20.0	Chrome 34.0	Safari 5.34
Wav	×	√	√	√	√
MP3	√	√	×	√	√
Ogg	×	√	√	√	×

6.3.2　使用 <audio> 标签

在 HTML 5 中新增了 <audio> 标签，通过该标签可以在网页中嵌入音频并播放。在网页中使用 HTML 5 中的 <audio> 标签嵌入音频时，只需要指定 <audio> 标签中的 src 属性值为一个音频源文件的路径就可以了，代码如下所示。

```
<audio src="images/music.mp3">
 你的浏览器不支持 audio 元素
</audio>
```

通过这种方法可以将音频文件嵌入到网页中，如果浏览器不支持 HTML 5 的 <audio> 标签，将会在网页中显示替代文字“你的浏览器不支持 audio 元素”。这种不兼容的提示与 Canvas 标签是一样的，也是 HTML 5 处理不兼容的统一方法。

在网页中嵌入音频播放

最终文件：光盘 \ 最终文件 \ 第 6 章 \6-3-2.html　　视频：光盘 \ 视频 \ 第 6 章 \6-3-2.mp4

01 执行“文件 > 打开”命令，打开页面“光盘 \ 源文件 \ 第 6 章 \6-3-2.html”，可以看到页面效果，如图 6-9 所示。转换到代码视图中，可以看到该页面的 HTML 代码，如图 6-10 所示。

图 6-9

```
<!doctype html>
<html>
<head>
<meta charset="utf-8">
<title>在网页中嵌入音频播放</title>
<link href="style/6-3-2.css" rel="stylesheet" type=
"text/css">
</head>

<body>
<div id="box">此处显示  id "box" 的内容</div>
</body>
</html>
```

图 6-10

02 将光标移至名为 box 的 Div 中，将多余文字删除并加入 <audio> 标签，为其设置相应的属性，如图 6-11 所示。保存页面，在浏览器中预览该页面的效果，可以看到播放器控件并播放音乐，如图 6-12 所示。

```
<div id="box">
  <audio src="images/music.mp3" controls></audio>
</div>
```

图 6-11

图 6-12

提示

在 <audio> 标签中加入 controls 属性设置，可以使嵌入到网页中的音频文件显示音频播放控制条，从而对音频的播放、停止及音量等进行控制。

6.4 在网页中使用 HTML 5 视频

视频标签的出现无疑是 HTML 5 的一大亮点，但是旧的浏览器不支持 HTML 5 Video，并且涉及视频文件的格式问题，Firefox、Safari 和 Chrome 的支持方式并不相同，所以，在现阶段要想使用 HTML 5 的视频功能，浏览器兼容性是一个不得不考虑的问题。

6.4.1 <video> 标签所支持的视频格式

目前，HTML 5 新增的 Video 元素所支持的视频格式主要是 MPEG4、WebM 和 Ogg，在各种主要浏览器中的支持情况如表 6-5 所示。

表 6-5　HTML 5 视频在浏览器中的支持情况

格　式	IE11	Firefox 28.0	Opera 20.0	Chrome 34.0	Safari 5.34
MPEG4	√	√	×	√	√
WebM	×	√	√	√	×
Ogg	×	√	√	√	×

6.4.2 使用 <video> 标签

在网页中可以使用 HTML 5 新增的 Video 元素嵌入视频，其方法与 Audio 元素相似，还可以在 <video> 标签中添加 width 和 height 属性设置，从而控制视频的宽度和高度，代码如下所示。

```
<video src="images/movie.mp4" width="562" height="423">
 你的浏览器不支持 video 元素
</video>
```

通过这种方法即可把视频添加到网页中，浏览器不兼容时，显示替代文字“你的浏览器不支持 video 元素”。对于兼容性的处理方法，也可以增加丰富的标签内容，或者增加 Flash 的替代方案。

实战　在网页中嵌入视频播放

最终文件：光盘 \ 最终文件 \ 第 6 章 \6-4-2.html　　视频：光盘 \ 视频 \ 第 6 章 \6-4-2.mp4

01 执行“文件 > 打开”命令，打开页面“光盘 \ 源文件 \ 第 6 章 \6-4-2.html”，可以看到页面效果，如图 6-13 所示。转换到代码视图中，可以看到该页面的 HTML 代码，如图 6-14 所示。

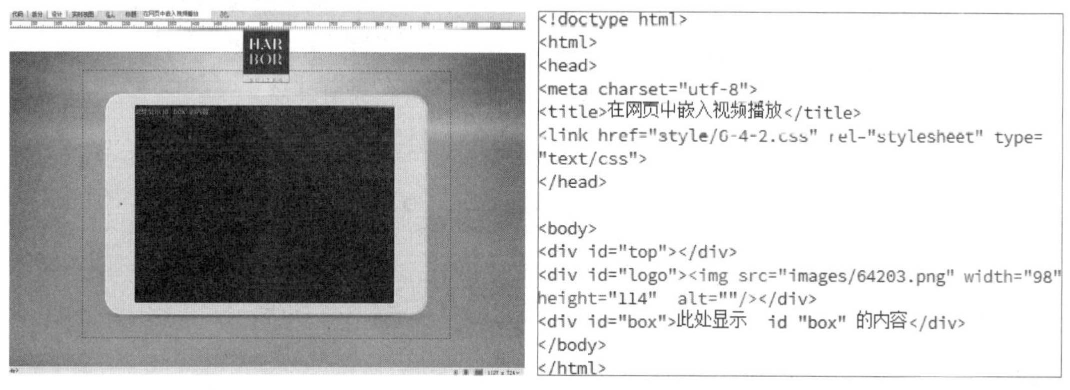

```
<!doctype html>
<html>
<head>
<meta charset="utf-8">
<title>在网页中嵌入视频播放</title>
<link href="style/6-4-2.css" rel="stylesheet" type=
"text/css">
</head>

<body>
<div id="top"></div>
<div id="logo"><img src="images/64203.png" width="98"
height="114"  alt=""/></div>
<div id="box">此处显示  id "box" 的内容</div>
</body>
</html>
```

图 6-13　　　　图 6-14

02 将光标移至名为 box 的 Div 中，将多余文字删除，在该 Div 标签中加入 <video> 标签，并设置相关属性，如图 6-15 所示。在 <video> 标签之间加入 <source> 标签，并设置相关属性，如图 6-16 所示。

```
<div id="box">
 <video controls width="562" height="423"></video>
</div>
```

图 6-15

```
<div id="box">
 <video controls width="562" height="423">
 <source type="video/mp4" src="images/movie.mp4">
 </video>
</div>
```

图 6-16

在 <video> 标签中的 controls 属性是一个布尔值，显示 play/stop 按钮；width 属性用于设置视频所需要的宽度，默认情况下，浏览器会自动检测所提供的视频尺寸；height 属性用于设置视频所需要的高度。

03 返回网页设计视图中，可以看到 <video> 标签在网页中显示为一个灰色区域，如图 6-17 所示。保存页面，在浏览器中预览页面，可以看到使用HTML 5所实现的嵌入视频播放的效果，如图6-18 所示。

图 6-17

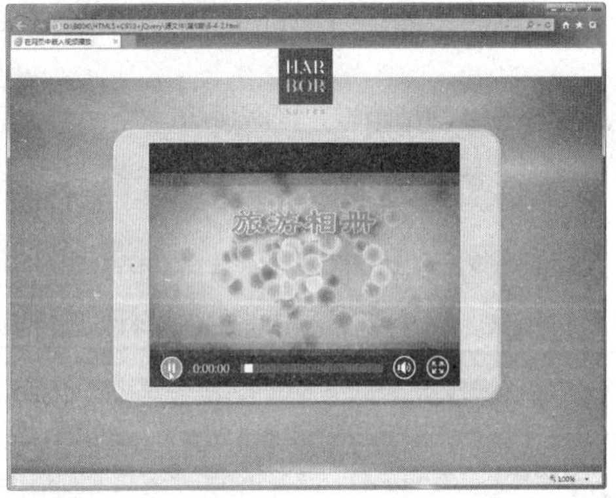

图 6-18

对于 HTML 5 的 <video> 标签，每个浏览器的支持情况不同，Firefox 浏览器只支持 .ogg 格式的视频文件，Safari 和 Chrome 浏览器只支持 .mp4 格式的视频文件，而 IE11 以下版本不支持 <video> 标签，IE11 版本浏览器可以支持 <video> 标签，所以在使用该标签时一定需要注意。

6.4.3 使用 <source> 标签

由于各种浏览器对音频和视频的编解码器的支持不一样，为了能够在各种浏览器中都能正常显示音频和视频效果，可以提供多种不同格式的音频和视频文件。这就需要使用 <source> 标签为 audio

元素或 video 元素提供多个备用多媒体文件，代码如下所示。

```
<audio src="images/music.mp3">
 <source src="images/music.ogg" type="audio/ogg">
 <source src="images/music.mp3" type="audio/mpeg">
 你的浏览器不支持 audio 元素
</audio>
```

或

```
<video src="images/movie.mp4" width="562" height="423" controls>
 <source src="images/movie.ogg" type="video/ogg" codes="theora,vorbis`">
 <source src="images/movie.mp4" type="video/mp4">
 你的浏览器不支持 video 元素
</video>
```

由上面可以看出，使用 source 元素代替了 <audio> 或 <video> 标签中的 src 属性，这样浏览器可以根据自身的播放能力，按照顺序自动选择最佳的源文件进行播放。

<source> 标签中的属性说明如表 6-6 所示。

表 6-6 <source> 标签的属性说明

属　性	说　明
src	用于指定媒体文件的 URL 地址，可以是相对路径地址，也可以是绝对路径地址
type	用于指定媒体文件的类型，属性值为媒体文件的 MIME 类型，该属性值还可以通过 codes 参数指定编码格式。为了提高执行效率，定义详细的 type 属性是非常必要的

6.4.4 检查浏览器是否支持 audio 和 video 元素

可以使用脚本代码来判断浏览器是否支持 audio 元素或者 video 元素，也可以使用脚本代码动态地创建它，并检测是否存在，脚本代码如下。

```
var support = !!document.createElement("audio").canPlayType;
```

这段脚本代码会动态创建 audio 元素，然后检查 canPlayType() 函数是否存在。通过执行两次逻辑非运算符“!”，将其结果转换成布尔值，就可以确定音频对象是否创建成功。同样，video 元素也可以这样去检查。

6.5 <audio> 与 <video> 标签的属性

在 HTML 5 新增的 <audio> 与 <video> 标签中都提供了相应的属性，通过在标签中添加相应的属性设置，可以对页面中的音频和视频进行设置。在 <audio> 与 <video> 标签中所提供的属性可以大致分为标签属性 (attributes) 和接口属性 (properties)。

6.5.1 元素的标签属性

<audio> 与 <video> 标签所提供的元素标签属性基本相同，主要用于为网页标签。元素标签属性的说明如表 6-7 所示。

表 6-7 元素标签属性说明

属　性	说　明
src	用于指定媒体文件的 URL 地址，可以是相对路径地址，也可以是绝对路径地址
autoplay	用于设置媒体文件加载后自动播放。该属性在标签中的使用方法如下 <audio src="images/music.mp3" autoplay></video> 或 <video src="resources/video.mp4" autoplay></video>
controls	用于为视频和音频添加自带的播放控制条，控制条中包括播放 / 暂停、进度条、进度时间和音量控制等。该属性在标签中的使用方法如下。 <audio src="images/music.mp3" controls></video> 或 <video src="resources/video.mp4" controls ></video>
loop	用于设置音频或视频循环播放。该属性在标签中的使用方法如下。 <audio src="images/music.mp3"controls loop></video> 或 <video src="resources/video.mp4" controls loop></video>
preload	表示页面加载完成后，如何加载视频数据。该属性有三个值：none 表示不进行预加载；metadata 表示只加载媒体文件的元数据；auto 表示加载全部视频或音频。默认值为 auto。用法如下。 <audio src="images/music.mp3" controls preload="auto"></video> 或 <video src="resources/video.mp4" controls preload="auto"></video> 如果在标签中设置了 autoplay 属性，则忽略 preload 属性
poster	该属性是 <video> 标签的属性，<audio> 标签没有该属性。该属性用于指定一幅替代图片的 URL 地址，当视频不可用时，会显示该替代图片。用法如下。 <video src="resources/video.mp4" controls poster="images/none.jpg"></video>
Width 和 height	这两个属性是 <video> 标签的属性，<audio> 标签没有这两个属性。用于设置视频的宽度和高度，单位是像素，使用方法如下。 <video src="resources/video.mp4" controls width="800" height="600"></video>

6.5.2 元素的接口属性

<audio> 与 <video> 标签除提供了标签属性外，还提供了一些接口属性，用于音频和视频文件的编程。元素的接口属性说明如表 6-8 所示。

表 6-8　元素的接口属性

属　性	说　明
currentSrc	只读属性，获取当前正在播放或已加载的媒体文件的 URL 地址
videoWidth	只读属性，video 元素特有属性，获取视频原始的宽度
videoHeight	只读属性，video 元素特有属性，获取视频原始的高度
currentTime	获取 / 设置当前媒体播放位置的时间点，单位为 s(秒)
starTime	只读属性，获取当前媒体播放的开始时间，通常是 0
duration	只读属性，获取整个媒体文件的播放时长，单位为 s(秒)。如果无法获取，则返回 NaN
volume	获取 / 设置媒体文件播放时的音量，取值范围在 0.0 ~ 0.1 之间
muted	获取 / 设置媒体文件播放时是否静音。true 表示静音，false 表示消除静音
ended	只读属性，如果媒体文件已经播放完毕，则返回 true，否则返回 false
played	只读属性，获取已播放媒体的 TimesRanges 对象，该对象内容包括已播放部分的开始时间和结束时间
paused	只读属性，如果媒体文件当前是暂停的或未播放，则返回 true，否则返回 false
error	只读属性，读取媒体文件的错误代码。正常情况下，error 属性值为 null；有错误是，返回 MediaError 对象 code。 code 有 4 个错误状态值 ➢ MEDIA_ERR_ABORTED(值为 1)：中止。媒体资源下载过程中，由于用户操作原因而被中止。 ➢ MEDIA_ERR_NETWORK(值为 2)：网络中断。媒体资源可用，但下载出现网络错误而中止。 ➢ MEDIA_ERR_DECODE(值为 3)：解码错误。媒体资源可用，但解码时发生了错误。 ➢ MEDIA_ERR_SRC_NOT_SUPPORTED(值为 4)：不支持格式。媒体格式不被支持
seeking	只读属性，获取浏览器是否正在请求媒体数据。true 表示正在请求，false 表示停止请求
seekable	只读属性，获取媒体资源已请求的 TimesRanges 对象，该对象内容包括已请求部分的开始时间和结束时间
networkState	只读属性，获取媒体资源的加载状态。该状态有如下 4 个值。 ➢ NETWORK_EMPTY(值为 0)：加载的初始状态。 ➢ NETWORK_idLE(值为 1)：已确定编码格式，但尚未建立网络连接。 ➢ NETWORK_LOADING(值为 2)：媒体文件加载中。 ➢ NETWORK_NO_SOURCE(值为 3)：没有支持的编码格式，不加载
buffered	只读属性，获取本地缓存的媒体数据的 TimesRanges 对象。TimesRanges 对象可以是个数组
readyState	只读属性，获取当前媒体播放的就绪状态，共有如下 5 个值。 ➢ HAVE_NOTHING(值为 0)：还没有获取到媒体文件的任何信息。 ➢ HAVE_METADATA(值为 1)：已获取到媒体文件的元数据。 ➢ HAVE_CURRENT_DATA(值为 2)：已获取到当前播放位置的数据，但没有下一帧数据。 ➢ HAVE_FUTURE_DATA(值为 3)：已获取到当前播放位置的数据，且包含下一帧的数据。 ➢ HAVE_ENOUGH_DATA(值为 4)：已获取足够的媒体数据，可以正常播放
playbackRate	获取 / 设置媒体当前的播放速率
defaultPlaybackRate	获取 / 设置媒体默认的播放速率

实现视频的快进

最终文件：光盘\最终文件\第 6 章\6-5-2.html　　视频：光盘\视频\第 6 章\6-5-2.mp4

01 执行“文件 > 打开”命令，打开页面“光盘\源文件\第 6 章\6-5-2.html”，可以看到页面效果，如图 6-19 所示。转换到代码视图中，可以看到该页面的 HTML 代码，如图 6-20 所示。

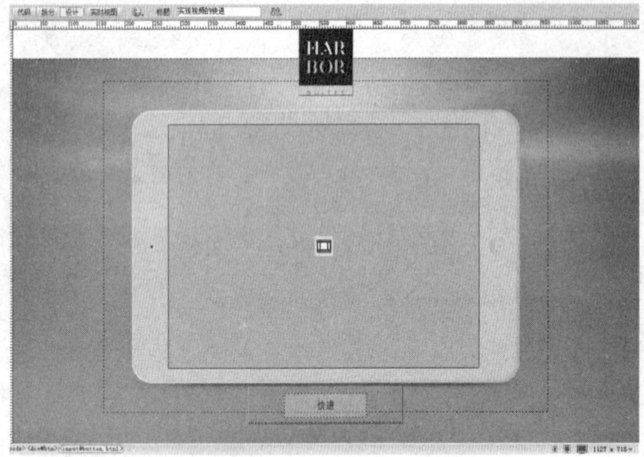

图 6-19

```
<body>
<div id="top"></div>
<div id="logo"><img src="images/64203.png" width="98"
height="114"  alt=""/></div>
<div id="box">
  <video id="myplayer" src="images/movie.mp4" width=
"562" height="423" controls>
  </video>
</div>
<div id="btn">
  <input type="button" name="button" id="button" value
="快进" class="btn1">
</div>
</body>
```

图 6-20

02 在网页的 <head> 与 </head> 之间添加 JavaScript 脚本代码，如图 6-21 所示。在 id 名为 button 的按钮中添加触发事件 onClick，调用 JavaScript 脚本代码，如图 6-22 所示。

```
<script type="text/javascript">
function Forward() {
    var el=document.getElementById("myplayer");
    var time=el.currentTime;
    el.currentTime=time+6;
}
</script>
```

图 6-21

```
<div id="btn">
  <input type="button" name="button" id="button" value="快
进" class="btn1" onClick="Forward()">
```

图 6-22

首先通过脚本获取 video 对象的 currentTime，加上 6s 后再赋值给对象的 currentTime 属性，即可实现每次快进 6s 的效果。由于 currentTime 属性是可读可写的，因此可以给该属性赋值。

03 保存页面，在浏览器中预览页面，可以看到页面中的视频效果，如图 6-23 所示。单击“快进“按钮，可以看到视频快进 6s 的效果，如图 6-24 所示。

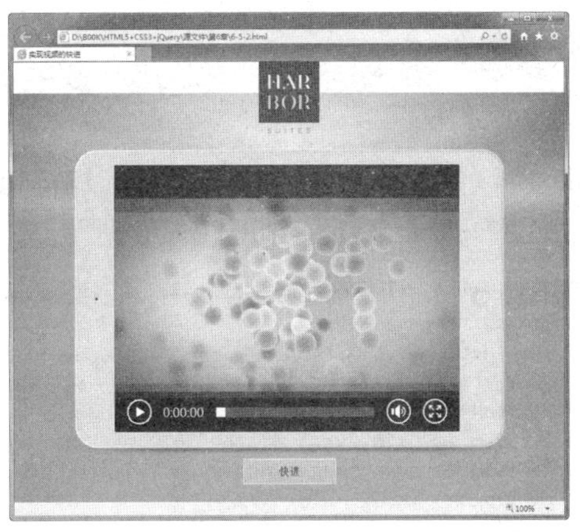
图 6-23

图 6-24

如果接口属性是只读属性，则只能获取该属性的值，不能给该属性赋值。接口属性不能用于 <video> 标签中，只能通过脚本访问。

6.6 <audio> 与 <video> 标签的方法和事件

HTML 5 为 audio 与 video 元素还提供了接口方法和一系列接口事件，方便通过脚本代码对嵌入到网页中的音频和视频进行控制，本节将向读者介绍 audio 和 video 元素的接口方法和接口事件。

6.6.1 <audio> 与 <video> 标签的接口方法

audio 和 video 元素的接口方法说明如表 6-9 所示。

表 6-9　audio 和 video 元素的接口方法

接口方法	说　明
Load()	加载媒体文件，为播放做准备。通常用于播放前的预加载，还会用于重新加载媒体文件
Play()	播放媒体文件。如果媒体文件没有加载，则加载并播放；如果是暂停的，则变为播放，自动改变 paused 属性为 false
Pause()	暂停播放媒体文件，自动改变 paused 属性为 true
canPlayType()	测试浏览器是否支持指定的媒体类型。该方法的语法格式如下。 canPlayType(<type>) <type> 用于指定的媒体类型，与 source 元素的 type 参数的指定方法相同。指定方式如 “video/mp4”，指定媒体文件的 MIME 类型，该属性值还可以通过 codes 参数指定编码格式。 该方法可以有如下 3 个返回值。 ➢ 空字符串：表示浏览器不支持指定的媒体类型。 ➢ maybe：表示浏览器可能支持指定的媒体类型。 ➢ probably：表示浏览器确定支持指定的媒体类型

实战 控制视频的播放和暂停

最终文件：光盘 \ 最终文件 \ 第 6 章 \6-6-1.html　　视频：光盘 \ 视频 \ 第 6 章 \6-6-1.mp4

01 执行“文件 > 打开”命令，打开页面“光盘 \ 源文件 \ 第 6 章 \6-6-1.html”，可以看到页面效果，如图 6-25 所示。转换到代码视图中，可以看到该页面的 HTML 代码，如图 6-26 所示。

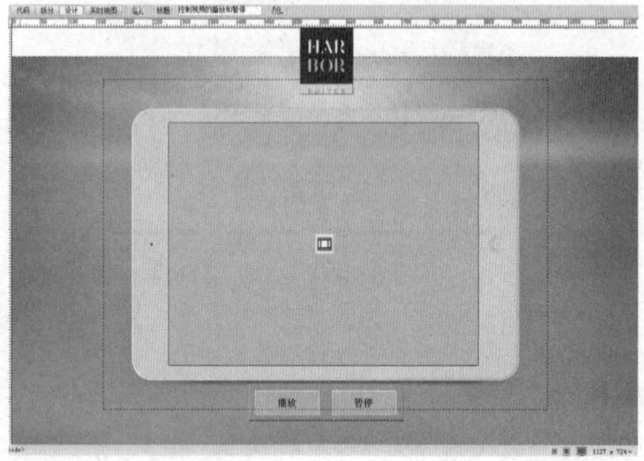

图 6-25

```
<body>
<div id="top"></div>
<div id="logo"><img src="images/64203.png" width="98"
height="114"  alt=""/></div>
<div id="box">
  <video id="myplayer" width="562" height="423" >
    <source src="images/movie.mp4" type="video/mp4">
  </video>
</div>
<div id="btn">
  <input type="button" name="button" id="button" value
="播放" class="btnl">
  <input type="button" name="button2" id="button2"
value="暂停" class="btnl">
</div>
</body>
```

图 6-26

02 在 <head> 与 </head> 标签之间添加 JavaScript 脚本代码，如图 6-27 所示。分别在 id 名为 button 和 button2 的按钮中添加触发事件，调用 JavaScript 脚本代码，如图 6-28 所示。

```
<script type="text/javascript">
 var videoEl=null;
 function play() {
     videoEl.play();
 }
 function pause() {
     videoEl.pause();
 }
 window.onload=function() {
     videoEl=document.getElementById("myplayer");
 }
</script>
```

图 6-27

```
<div id="btn">
  <input type="button" name="button" id="button"
value="播放" class="btnl" onclick="play()">
  <input type="button" name="button2" id="button2"
value="暂停" class="btnl" onclick="pause()">
</div>
```

图 6-28

提示

设置了两个按钮，分别控制视频的播放与暂停。“播放”按钮通过定义的 play() 函数执行视频的接口方法 play()；“暂停”按钮通过定义的 pause() 函数执行视频的接口方法 pause()。

03 保存页面，在浏览器中预览页面，单击“播放”按钮，可以看到页面中视频开始播放，如图 6-29 所示。单击“暂停”按钮，可以看到页面中视频暂停播放，如图 6-30 所示。

图 6-29

图 6-30

6.6.2 <audio> 与 <video> 标签的事件

HTML 5 还为 audio 和 video 元素提供了一系列的接口事件。在使用 audio 和 video 元素读取或播放媒体文件的时候，会触发一系列的事件，可以用 JavaScript 脚本来捕获这些事件，并进行相应的处理。

捕获事件有两种方法：一种是添加事件句柄；一种是监听。

在网页的 audio 和 video 标签中添加事件句柄，如下所示。

```
<video id="myplayer" src="images/movie.mp4" onplay="video_playing()"></video>
```

然后就可以在函数 video_playing() 中添加需要的代码。监听方式如下。

```
var videoEl=document.getElementByid("myPlayer");
vidcoEl.addEventListener("play",video_playing); /* 添加监听事件 */
```

audio 和 video 元素的接口事件说明如表 6-10 所示。

表 6-10　audio 和 video 元素的接口事件

接口事件	说　明
play	当执行方法 play() 时触发
playing	正在播放时触发
pause	当执行方法 pause() 时触发
timeupdate	当播放位置被改变时触发，可能是播放过程中的自然改变，也可能是认为改变
ended	当播放结束后停止播放时触发
waiting	在等待加载下一帧时触发
ratechange	在当前播放速率改变时触发
volumechange	在音量改变时触发
canplay	以当前播放速率，需要缓冲时触发
canplaythrough	以当前播放速率，不需要缓冲时触发

（续表）

接口事件	说　明
durationchange	当播放时长改变时触发
loadstart	当浏览器开始在网上寻找数据时触发
progress	当浏览器正在获取媒体文件时触发
suspend	当浏览器暂停获取媒体文件，且文件获取并没有正常结束时触发
abort	当中止获取媒体数据时触发，但这种中止不是由错误引起的
error	当获取媒体过程中出错时触发
emptied	当所在网络变为初始化状态时触发
stalled	浏览器尝试获取媒体数据失败时触发
loadedmetadata	在加载完媒体元数据时触发
loadeddata	在加载完当前位置的媒体播放数据时触发
seeking	浏览器正在请求数据时触发
seeked	浏览器停止请求数据时触发

在网页中通过 <audio> 或 <video> 标签嵌入视频时，如果在标签中设置 controls 属性，则会在网页中显示音频或视频的播放控制条，使用起来非常方便，但对于设计者来说，播放控制条的外观风格千篇一律，没有太大的新意。通过对 <audio> 和 <video> 标签的接口方法和接口事件的设置，可以自定义出不同风格的播放控制条，使元素在网页中的应用更加个性化。

自定义视频播放控制组件

最终文件：光盘 \ 最终文件 \ 第 6 章 \6-6-2.html　视频：光盘 \ 视频 \ 第 6 章 \6-6-2.mp4

01 执行“文件 > 打开”命令，打开页面“光盘 \ 源文件 \ 第 6 章 \6-6-2.html”，可以看到页面效果，如图 6-31 所示。转换到代码视图中，可以看到该页面的 HTML 代码，如图 6-32 所示。

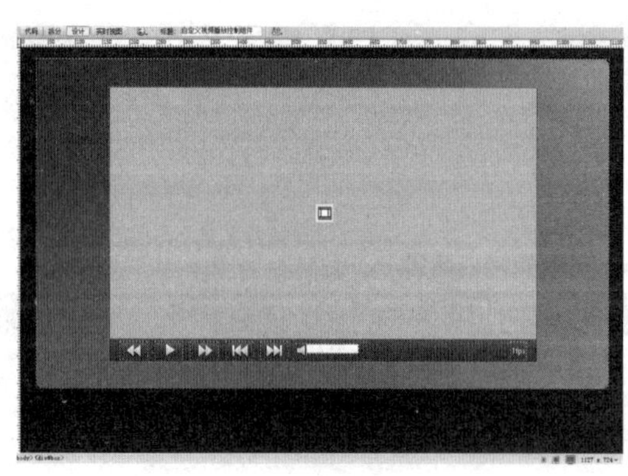

图 6-31

```
<body>
<div id="box">
  <div id="main">
    <div id="movie">
      <video width="800" height="450" id="myplayer" src="images/movie.mp4" loop ></video>
    </div>
    <div id="controls">
      <div id="slow"><img src="images/66202.png" width="50" height="31"  alt=""/></div>
      <div id="play"><img src="images/66203.png" width="50" height="31"  alt=""/></div>
      <div id="fast"><img src="images/66205.png" width="50" height="31"  alt=""/></div>
      <div id="prev"><img src="images/66206.png" width="50" height="31"  alt=""/></div>
      <div id="next"><img src="images/66207.png" width="50" height="31"  alt=""/></div>
      <div id="muted"><img src="images/66208.png" width="20" height="24"  alt=""/></div>
      <div class="volume">
        <input id="volume" type="range" min="0" max="1" step="0.1">
      </div>
      <div id="time">
        <span id="rate">1</span>fps <span id="info"></span>
      </div>
    </div>
  </div>
  </div>
</div>
</body>
```

图 6-32

02 为方便调用视频对象，把视频对象定义为全局变量，在 <head> 与 </head> 标签之间添加 JavaScript 脚本代码，代码如下。

```
<script type="text/javascript">
/* 定义全局视频对象 */
var videoEl=null;
/* 网页加载完毕后，读取视频对象 */
window.addEventListener("load",function() {
   videoEl=document.getElementByid("myplayer")
});
</script>
```

03 继续在 JavaScript 脚本代码中添加实现视频播放和暂停功能的 JavaScript 脚本代码，代码如下。

```
/* 播放 / 暂停 */
function play(e) {
   if(videoEl.paused) {
    videoEl.play();
    document.getElementByid("play").innerHTML="<img src='images/66204.png'>"
  }else {
    videoEl.pause();
    document.getElementByid("play").innerHTML="<img src='images/66203.png'>"
  }
}
```

04 在 id 名称为 play 的 <div> 标签中添加触发事件，输入相应的脚本代码，如图 6-33 所示。保存页面，在 Firefox 浏览器中预览页面，单击播放按钮开始播放视频，并且播放按钮变为暂停按钮，单击可以暂停视频的播放，如图 6-34 所示。

```
      <div id="play" onClick="play(this)"><img
src="images/66203.png" width="50" height="31"
alt=""/></div>
```

图 6-33

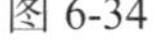
图 6-34

提示

此处播放和暂停使用同一个按钮，使用 if 语句来实现，暂停时，播放功能有效，可点击播放视频；播放时，暂停功能有效，可点击暂停播放。

05 继续在 JavaScript 脚本代码中添加实现视频前进和后退功能的 JavaScript 脚本代码，代码如下。

```
/* 后退：后退 20s*/
function prev() {
   videoEl.currentTime-=20;
}
/* 前进：前进 20s*/
function next() {
   videoEl.currentTime+=20;
}
```

06 分别在id名称为prev和next的<div>标签中添加触发事件，输入相应的脚本代码，如图6-35所示。保存页面，在 Firefox 浏览器中预览页面，在视频播放过程中，每单击前进或后退按钮一次，则会向前或向后跳 20s，如图 6-36 所示。

```
      <div id="prev" onClick="prev()"><img
src="images/66206.png" width="50" height="31"
  alt=""/></div>
      <div id="next" onClick="next()"><img
src="images/66207.png" width="50" height="31"
  alt=""/></div>
```

图 6-35

图 6-36

07 继续添加实现视频慢放和快放功能的 JavaScript 脚本代码，代码如下。

```
/* 慢放：小于等于 1 时，每次只减慢 0.2 的速率；大于 1 时，每次减 1*/
function slow() {
   if(videoEl.playbackRate<=1)
     videoEl.playbackRate-=0.2;
   else {
           videoEl.playbackRate-=1;
   }
   document.getElementByid("rate").innerHTML=fps2fps(videoEl.playbackRate);
}
/* 快放：小于 1 时，每次只加快 0.2 的速率；大于 1 时，每次加 1*/
function fast() {
   if(videoEl.playbackRate<1)
     videoEl.playbackRate+=0.2;
```

```
    else {
            videoEl.playbackRate+=1;
    }
    document.getElementByid("rate").innerHTML=fps2fps(videoEl.playbackRate);
}
/* 速率数值处理 */
function fps2fps(fps) {
    if(fps<1)
      return fps.toFixed(1);
    else
      return fps
}
```

08 分别在 id 名称为 slow 和 fast 的 <div> 标签中添加触发事件，输入相应的脚本代码，如图 6-37 所示。保存页面，在 Firefox 浏览器中预览页面，在视频播放过程中，可以单击慢放或快放按钮，查看慢放和快放的效果，如图 6-38 所示。

```
        <div id="slow" onClick="slow()"><img
src="images/66202.png" width="50" height="31"
  alt=""/></div>
        <div id="play" onClick="play(this)">
<img src="images/66203.png" width="50" height
="31"  alt=""/></div>
        <div id="fast" onClick="fast()"><img
src="images/66205.png" width="50" height="31"
  alt=""/></div>
```

图 6-37

图 6-38

此处慢放和快放是通过改变速率来实现的。默认速率为 1。当速率小于 1 时，每次改变 0.2 的速率；当速率大于 1 时，每次改变的速率为 1。速率改变后，会在播放工具条中显示出来。

09 继续在 JavaScript 脚本代码中添加实现视频静音和音量功能的 JavaScript 脚本代码，代码如下。

```
/* 静音 */
function muted(e) {
    if(videoEl.muted) {
            videoEl.muted=false;
            e.innerHTML="<img src='images/66208.png'>";
            document.getElementByid("volume").value=videoEl.volume;
    }else {
            videoEl.muted=true;
```

```
            e.innerHTML="<img src='images/66209.png'>";
            document.getElementByid("volume").value=0;
        }
    }
    /* 调整音量 */
    function volume(e) {
        video.volume=e.value;/* 修改音量的值 */
    }
```

10 分别在 id 名称为 muted 的 <div> 标签和 id 名称为 volume 的 <input> 标签中添加触发事件，输入相应的脚本代码，如图 6-39 所示。保存页面，在 Firefox 浏览器中预览页面，在视频播放过程中，单击静音按钮，可以实现静音效果，再次单击该按钮，消除静音，如图 6-40 所示。

```
    <div id="muted" onClick="muted(this)">
<img src="images/66208.png" width="20" height
="24"  alt=""/></div>
    <div class="volume">
      <input id="volume" type="range" min=
"0" max="1" step="0.1" onChange=
"volume(this)">
    </div>
```

图 6-39

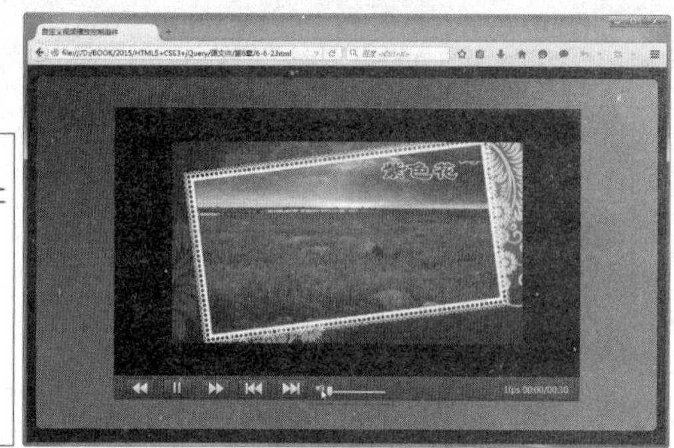

图 6-40

11 继续在 JavaScript 脚本代码中添加显示视频时长功能的 JavaScript 脚本代码，代码如下。

```
    function progresss() {
    document.getElementByid("info").innerHTML=s2time(videoEl.currentTime)+"/"+s2time
(videoEl.duration);
    }
    /* 把秒处理为时间格式 */
    function s2time(s) {
        var m=parseFloat(s/60).toFixed(0);
        s=parseFloat(s%60).toFixed(0);
        return (m<10?"0"+m:m) +":"+ (s<10?"0"+s:s);
    }
    window.addEventListener("load",function(){videoEl.addEvenListener("timeupdate
",progress)});
    window.addEventListener("load",progress);
```

12 保存页面，在 Firefox 浏览器中预览页面，通过自定义的播放控制按钮，可以对视频的播放、暂停、前进、后退、音量等进行控制，效果如图 6-41 所示。

图 6-41

6.7 本章小结

本章主要讲解 HTML 5 的音频和视频在互联网方面的发展，以及接口中的属性、方法和事件，重点介绍了音频和视频的基础知识，还有 HTML 5 提供的音频和视频的接口及如何使用这些接口。其中音频和视频都包含两类属性，容易混淆，所以读者一定要特别注意，认真地阅读本章，准确地理解和掌握使用 HTML 5 在网页中嵌入视频和音频的方法和技巧。

第 7 章　HTML 5 中的表单

一直以来，表单都是 Web 的核心技术之一，多数在线应用都是通过表单来交互完成的。作为交互的数据载体，有必要为用户提供更加友好的操作和严谨的表单验证，这对于大多数 Web 开发人员来说，是一直在做的事情。如今，HTML 5 正在努力地简化设计师的工作。为此，HTML 5 不但增加了一系列功能性的表单、表单元素、表单属性，还增加了自动验证表单的功能。

本章知识点

- 了解表单的作用以及 <form> 标签
- 掌握传统表单元素的使用和设置方法
- 了解 HTML 5 表单的发展以及作用
- 认识并掌握 HTML 5 新增的表单输入类型
- 理解 HTML 5 中新增的表单属性和表单元素
- 掌握 HTML 5 中表单的验证方法

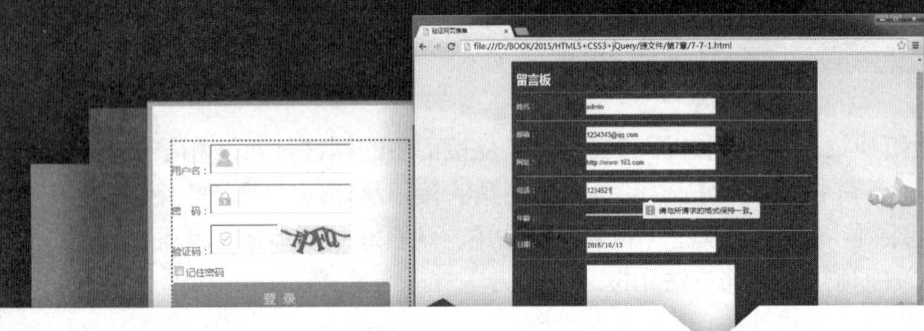

7.1 网页表单概述

网站所具有的功能不仅仅是给浏览者展示信息，同时还能接收用户信息。网络上常见的留言本、注册系统等都是能够实现交互功能的动态网页，可以使浏览者充分参与到网页中。可以实现交互功能最重要的 HTML 元素就是表单，掌握表单的相关内容对于以后学习动态网页有很大帮助。

7.1.1 表单的作用

表单不是表格，既不用来显示数据，也不用来布局网页。表单提供一个界面，一个入口，便于用户把数据提交给后台程序进行处理。

网页中的 <form></form> 标签用来创建表单，定义了表单的开始和结束位置，在标签之间的内容都在一个表单当中。表单子元素的作用是提供不同类型的容器，记录用户的数据。

用户完成表单数据输入之后，表单将把数据提交到后台程序页面。页面中可以有多个表单，但要确保一个表单只能提交一次数据。

7.1.2 表单 <form> 标签

网页中的 <form></form> 标签用来插入一个表单，在表单中可以插入相应的表单元素。<form> 表单的基本语法格式如下。

```
<form name=" 表单名称 " action=" 表单处理程序 " method=" 数据传送方式 ">
……
</form>
```

在表单的 <form> 标签中，可以设置表单的基本属性，包括表单的名称、处理程序和传送方法等。一般情况下，表单的处理程序 action 属性和传送方法 method 属性是必不可少的参数。action 属性用于指定表单数据提交到哪个地址进行处理，name 属性用于给表单命名，这一属性不是表单所必需的属性，下面一节具体介绍表单的传送方法 method 属性。

7.1.3　表单的数据传递方式 method 属性

表单的 method 属性用于指定在数据提交到服务器时使用哪种 HTTP 提交方法，其值有两种，get 和 post。默认是 get 方法，而 post 是最常用的方法。

- get

get 方法是通过 URL 传递给程序的，数据容量小，并且数据暴露在 URL 中，非常不安全。get 将表单中的数据按照“变量 = 值”的形式，添加到 action 所指向的 URL 后面，并且两者使用了“? ”连接，而各个变量使用“&”连接。

- post

post 是将表单中的数据放在 form 的数据体中，按照变量和值相对应的方式，传递到 action 所指向的程序。post 方法能传输大容量的数据，并且所有操作对用户来说都是不可见，非常安全。

通常情况下，在选择表单数据的传递方式时，简单、少量和安全的数据可以使用 get 方法进行传递，大量的数据内容或者需要保密的内容则使用 post 方法进行传递。

7.2　传统表单元素

只有一个表单是无法实现其功能的，表单标签只有和它所包含的具体表单元素相结合才能真正实现表单收集信息的功能。属于表单内部的元素比较多，适用于不同类型的数据记录。大部分的表单元素都采用单标签 <input>，不同的表单元素 <input> 标签的 type 属性取值不同。

7.2.1　文本域

文本域属于表单中使用比较频繁的表单元素，在网页中很常见。文本域又分为单行文本字段、密码框和多行文本框，此处所说的文本域就是单行文本框。

文本域的基本语法如下。

```
<input type="text" value=" 初始内容 " size=" 字符宽度 " maxlength=" 最多字符数 ">
```

该语法将生成一个空的单行文本框，value 属性可以设置其文字的初始内容；size 属性可以设置字符宽度；maxlength 可以设置最多容纳的字符数量。

如果只需要单行文本框显示相应的内容，而不允许浏览者输入内容，可以在单行文本框的 <input> 标签中添加 readonly 属性，并设置该属性的值为 true。

7.2.2 密码域

密码域用于输入密码，在浏览者填入内容时，密码框内将以星号或其他系统定义的密码符号显示，以保证信息安全。

密码域的基本语法如下。

```
<input type="password">
```

该语法将生成一个空的密码框，除了显示不同的内容外，密码框的其他属性和单行文本框一样。

7.2.3 文本区域

如果用户需要输入大量的内容，单行文本框显然无法完成，需要用到文本区域。

文本区域的基本语法如下。

```
<textarea cols=" 宽度 " rows=" 行数 "></textarea>
```

<textarea> 与 </textarea> 之间的内容为文本区域中显示的初始文本内容。文本区域的常用属性有 cols(列) 和 rows(行)，cols 属性设定文本区域的宽度，rows 属性设定文本区域的具体行数。

在文本区域 <textarea> 标签中可以通过 wrap 属性控制文本的换行方法。该属性的值有 off、virtual 和 physical。off 值代表字符输入超过文本框宽度时不会自动换行；virtual 值和 physical 值都是自动换行，不同的是 virtual 值输出的数据在自动换行处没有换行符号，physical 值输出的数据在自动换行处有换行符号。

7.2.4 隐藏域

隐藏域在网页中起着非常重要的作用，它可以存储用户输入的信息，如姓名、电子邮件地址或常用的查看方式，在用户下次访问该网站的时候使用这些数据，但是隐藏域在浏览页面的过程中是看不到的，只有在页面的 HTML 代码才可以看到。

很多时候传给程序的数据不需要浏览者填写，这种情况下通常采用隐藏域传递数据。

隐藏域的基本语法如下。

```
<input type="hidden" value=" 数据 ">
```

隐藏域在页面中不可见，但是可以装载和传输数据。

7.2.5　复选框

为了让浏览者更快捷地在表单中填写数据，表单提供了复选框元素，浏览者可以在复选框中勾选一个或多个选项。

复选框的基本语法如下。

```
<input type="checkbox">
```

在网页中，通过 <input type="checkbox"> 插入到网页中的复选框，默认状态下是没有被选中的，如果希望复选框默认就是选中状态，可以在复选框的 <input> 标签中添加 checked 属性设置。

7.2.6　单选按钮

单选按钮和复选框一样，可以快捷地让浏览者在表单中写数据。

单选按钮的基本语法如下。

```
<input type="radio">
```

为了保证多个单选按钮属于同一组，所以一组中每个单选按钮都需要具有相同的 name 属性值，操作时在单选按钮组中只能选定一个单选按钮。

7.2.7　选择域

通过选择域标签 <select> 和 <option> 可以在网页中建立一个列表或者菜单。在网页中，菜单可以节省页面的空间，正常状态下只能看到一个选项，单击下拉按钮打开菜单后，才可以看到全部的选项；列表可以显示一定数量的选项，如果超出这个数值，则会出现滚动条，浏览者便可以通过拖动滚动条来查看各个选项。

选择域标签 <select> 和 <option> 语法格式如下。

```
<form id="form1" name="form1" method="post" action="">
 <select name="name" id="name">
  <option> 选项一 </option>
  <option> 选项二 </option>
  <option> 选项三 </option>
 </select>
</form>
```

<select> 和 <option> 标签的相关属性说明如表 7-1 所示。

表 7-1　<select> 和 <option> 标签的相关属性说明

属　性	说　明
name	name 属性用于设置选择域的名称
size	size 属性用于设置列表的行数
value	value 属性用于设置菜单的选项值
multiple	multiple 属性表示以菜单的方式显示信息，省略则以列表的方式显示信息

7.2.8 文件域

文件域可以让用户在域的内部填写文件路径，然后通过表单上传，这是文件域的基本功能。如在线发送 E-mail 时常见的附件功能。有的时候要求用户将文件提交给网站，例如 Office 文档、浏览者的个人照片或者其他类型的文件，这时候就要用到文件域。

文件域的基本语法如下。

```
<input type="file">
```

文件域是由一个文本框和一个“浏览”按钮组成。浏览者可以通过表单的文件域来上传指定的文件，浏览者既可以在文件域的文本框中输入一个文件的路径，也可以单击文件域的“浏览”按钮来选择一个文件，当访问者提交表单时，这个文件将被上传。

7.2.9 按钮

HTML 中的按钮有着广泛的应用，根据 type 属性的不同可以分为 3 种类型。

按钮表单元素的基本语法如下。

```
普通按钮：<input type="button">
重置按钮：<input type="reset">
提交按钮：<input type="submit">
```

普通按钮需要 JavaScript 技术进行动态行为的编程；重置按钮即当浏览者单击该按钮，表单中所有表单元素将恢复初始值；提交按钮即当浏览者单击该按钮，所属表单提交数据。

对于表单而言，按钮是非常重要的，其能够控制对表单内容的操作，如“提交”或“重置”。如果要将表单内容发送到远端服务器上，可使用“提交”按钮；如果要清除现有的表单内容，可使用“重置”按钮。如果需要修改按钮上的文字，可以在按钮的 <input> 标签中修改 value 属性值。

7.2.10 图像域

使用默认的按钮形式往往会让人觉得单调，如果网页使用了较为丰富的色彩，或稍微复杂的设计，再使用表单默认的按钮形式甚至会破坏整体的美感。这时，可以使用图像域创建和网页整体效果相统一的图像提交按钮。

表单提供的图像域元素可以替代提交按钮，实现提交表单的功能。

图像域的基本语法如下。

```
<input type="image" src=" 图片路径 ">
```

默认情况下，图像域只能起到提交表单数据的作用，不能起到其他的作用，如果想要改变其用途，则需要在图像域标签中添加特殊的代码来实现。

制作登录表单

最终文件：光盘 \ 最终文件 \ 第 7 章 \7-2-10.html　　视频：光盘 \ 视频 \ 第 7 章 \7-2-10.mp4

01 打开页面“光盘 \ 源文件 \ 第 7 章 \7-2-10.html”，可以看到页面效果，如图 7-1 所示。转换到代码视图中，可以看到该网页的 HTML 代码，如图 7-2 所示。

图 7-1

```
<!doctype html>
<html>
<head>
<meta charset="utf-8">
<title>制作登录表单</title>
<link href="style/7-2-10.css" rel="stylesheet" type="text/css">
</head>

<body>
<div id="box">
  <div id="login">此处显示  id "login" 的内容</div>
</div>
</body>
</html>
```

图 7-2

02 在 <div id="login"> 与 </div> 标签之间，将多余的文字删除，输入表单域 <form> 标签，如图 7-3 所示。在表单域 <form> 与 </form> 标签之间输入文字并添加文本域代码，如图 7-4 所示。

```
<body>
<div id="box">
  <div id="login">
    <form id="form1" name="form1" method="post">
    </form>
  </div>
</div>
</body>
```

图 7-3

```
<body>
<div id="box">
  <div id="login">
    <form id="form1" name="form1" method="post">
    用户名：<input type="text" name="uname" id="uname">
    </form>
  </div>
</div>
</body>
```

图 7-4

在表单域 <form> 与 </form> 之外插入的所有表单元素并不会起到任意的作用，表单域是表单中必不可少的元素之一，所有的表单元素只有在表单域中才会生效。

03 返回网页设计视图中，可以看到页面中文本域的显示效果，如图 7-5 所示。保存页面，在浏览器中预览页面，可以看到文本域默认的显示效果，如图 7-6 所示。

图 7-5

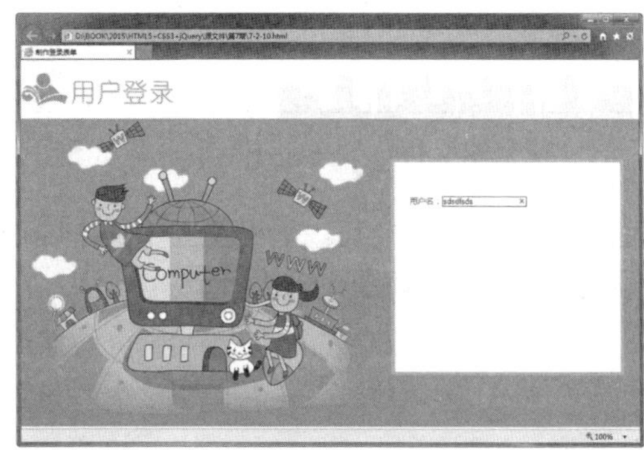

图 7-6

04 返回网页的 HTML 代码中，在刚添加的文本域代码后输入换行符标签
，如图 7-7 所示。在
 标签之后输入文字并添加密码域代码，如图 7-8 所示。

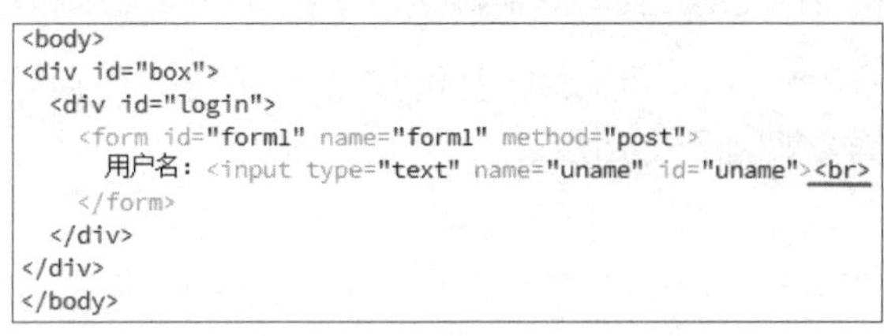

```
<body>
<div id="box">
  <div id="login">
    <form id="form1" name="form1" method="post">
      用户名：<input type="text" name="uname" id="uname"><br>
    </form>
  </div>
</div>
</body>
```

图 7-7

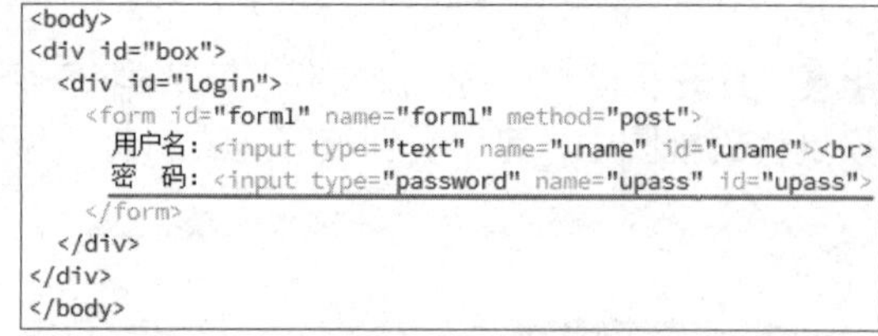

```
<body>
<div id="box">
  <div id="login">
    <form id="form1" name="form1" method="post">
      用户名：<input type="text" name="uname" id="uname"><br>
      密  码：<input type="password" name="upass" id="upass">
    </form>
  </div>
</div>
</body>
```

图 7-8

05 返回网页设计视图中，可以看到页面中密码域的显示效果，如图 7-9 所示。保存页面，在浏览器中预览页面，可以看到密码域默认的显示效果，如图 7-10 所示。

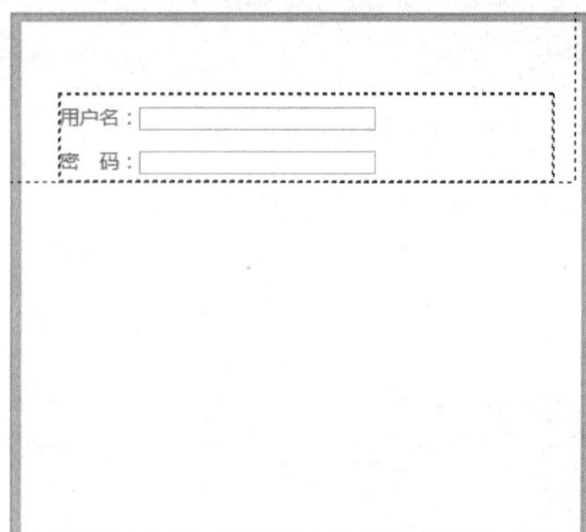

图 7-9

图 7-10

06 返回网页的 HTML 代码中，在刚添加的密码域代码后输入换行符标签
，在
 标签之后输入文字并添加文本域代码，如图 7-11 所示。在刚添加的文本域代码后插入图像，如图 7-12 所示。

```
<body>
<div id="box">
  <div id="login">
    <form id="form1" name="form1" method="post">
      用户名：<input type="text" name="uname" id="uname"><br>
      密  码：<input type="password" name="upass" id="upass"><br>
      验证码：<input type="text" name="yz" id="yz">
    </form>
  </div>
</div>
</body>
```

图 7-11

```
<body>
<div id="box">
  <div id="login">
    <form id="form1" name="form1" method="post">
      用户名：<input type="text" name="uname" id="uname"><br>
      密  码：<input type="password" name="upass" id="upass"><br>
      验证码：<input type="text" name="yz" id="yz">
      <img src="images/7205.png" width="102" height="42" alt="">
    </form>
  </div>
</div>
</body>
```

图 7-12

07 返回网页设计视图中，可以看到页面中文本域和图像的显示效果，如图 7-13 所示。保存页面，在浏览器中预览页面，效果如图 7-14 所示。

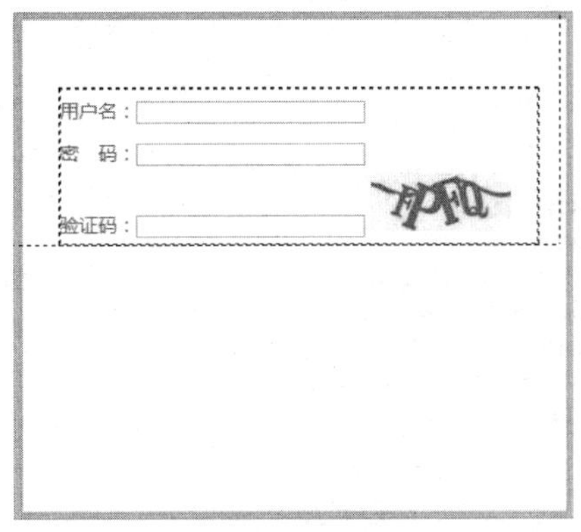

图 7-13

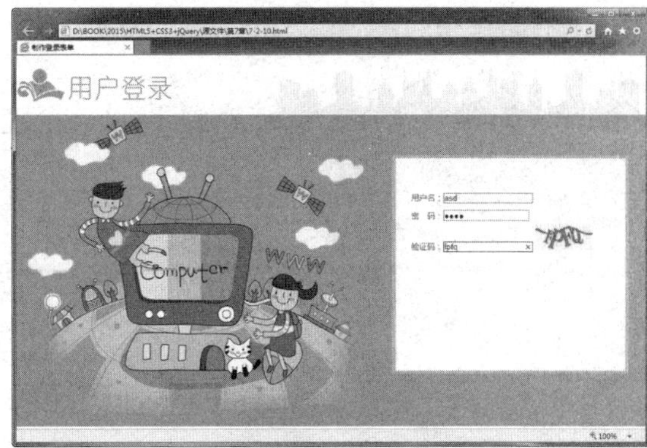

图 7-14

08 返回网页的 HTML 代码中，在刚添加的验证码图像代码后输入换行符标签
，在
 标签之后输入复选框代码和文字，如图 7-15 所示。返回网页设计视图中，可以看到页面中复选框的显示效果，如图 7-16 所示。

```
<body>
<div id="box">
  <div id="login">
    <form id="form1" name="form1" method="post">
      用户名: <input type="text" name="uname" id="uname"><br>
      密　码: <input type="password" name="upass" id="upass"><br>
      验证码: <input type="text" name="yz" id="yz">
      <img src="images/7205.png" width="102" height="42" alt=""><br>
      <input type="checkbox" name="checkbox" id="checkbox">记住密码
    </form>
  </div>
</div>
</body>
```

图 7-15

图 7-16

09 返回网页的 HTML 代码中，在"记住密码"文字之后输入换行符标签
，在
 标签之后输入图像域代码，如图 7-17 所示。返回网页设计视图中，可以看到页面中图像域的显示效果，如图 7-18 所示。

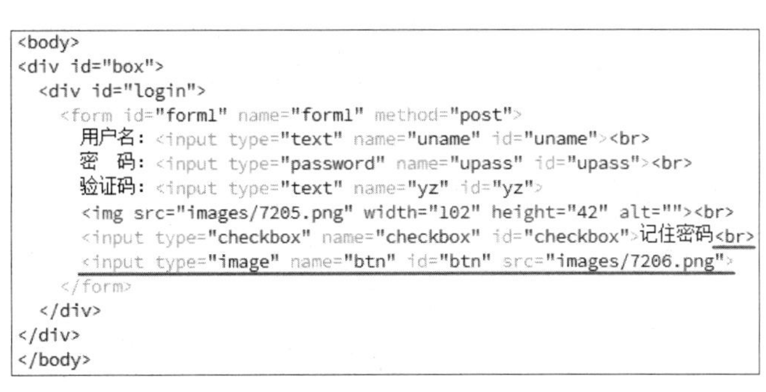

```
<body>
<div id="box">
  <div id="login">
    <form id="form1" name="form1" method="post">
      用户名: <input type="text" name="uname" id="uname"><br>
      密　码: <input type="password" name="upass" id="upass"><br>
      验证码: <input type="text" name="yz" id="yz">
      <img src="images/7205.png" width="102" height="42" alt=""><br>
      <input type="checkbox" name="checkbox" id="checkbox">记住密码<br>
      <input type="image" name="btn" id="btn" src="images/7206.png">
    </form>
  </div>
</div>
</body>
```

图 7-17

图 7-18

10 保存页面，在浏览器中预览页面，可以看到各表单元素默认的显示效果，如图 7-19 所示。转换到该网页所链接的外部 CSS 样式表文件中，创建名为 #uname 的 CSS 样式，如图 7-20 所示。

图 7-19

```
#uname {
    width: 205px;
    height: 42px;
    border: none;
    background-image: url(../images/7202.png);
    background-repeat: no-repeat;
    padding-left: 52px;
    margin: 5px 0px 5px 0px;
}
```

图 7-20

在“用户名”文字后的文本域代码 <input> 标签中设置了 id 属性为 uname，所以此处创建 id CSS 样式对指定 id 名称的网页元素进行设置。关于 CSS 样式将在后面的章节中进行详细介绍。

11 返回网页设计视图中，可以看到页面中“用户名”文字后的文本域的效果，如图 7-21 所示。转换到外部 CSS 样式表文件中，创建名为 #upass 和名为 #yz 的 CSS 样式，如图 7-22 所示。

图 7-21

```
#upass {
    width: 205px;
    height: 42px;
    border: none;
    background-image: url(../images/7203.png);
    background-repeat: no-repeat;
    padding-left: 52px;
    margin: 5px 0px 5px 0px;
}
#yz {
    width: 98px;
    height: 42px;
    border: none;
    background-image: url(../images/7204.png);
    background-repeat: no-repeat;
    padding-left: 52px;
    margin: 5px 0px 5px 0px;
}
```

图 7-22

12 返回网页设计视图中，可以看到页面中密码域和文本域的效果，如图 7-23 所示。转换到外部 CSS 样式表文件中，创建名为 .pic01 的类 CSS 样式和名为 #checkbox 的 CSS 样式，如图 7-24 所示。

图 7-23

```
.pic01 {
    vertical-align: middle;
}
#checkbox {
    margin: 10px 10px 20px 0px;
}
```

图 7-24

13 返回网页 HTML 代码中，在“验证码”文本后的图像中添加 class 属性，应用名为 pic01 的类 CSS 样式，如图 7-25 所示。保存页面，并保存外部 CSS 样式表文件，在浏览器中预览页面，可以看到所制作的登录表单页面的效果，如图 7-26 所示。

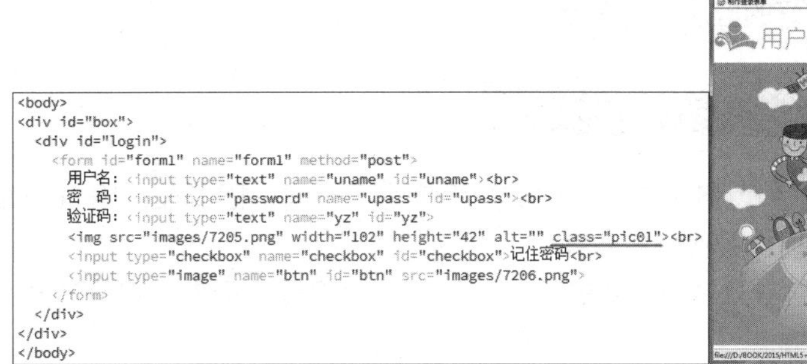

```
<body>
<div id="box">
  <div id="login">
    <form id="form1" name="form1" method="post">
      用户名：<input type="text" name="uname" id="uname"><br>
      密　码：<input type="password" name="upass" id="upass"><br>
      验证码：<input type="text" name="yz" id="yz">
      <img src="images/7205.png" width="102" height="42" alt="" class="pic01"><br>
      <input type="checkbox" name="checkbox" id="checkbox">记住密码<br>
      <input type="image" name="btn" id="btn" src="images/7206.png">
    </form>
  </div>
</div>
</body>
```

图 7-25

图 7-26

7.3 了解 HTML 5 表单

HTML 5 对表单的改进，是适应互联网发展的需要，也是在适应开发者的需要。相比以前，HTML 5 的表单功能有了革命性的改变。

7.3.1 HTML 表单的发展

早在 20 世纪 90 年代的 HTML 4 的规范中，表单功能已经发展得非常完善。HTML 4 的表单很单纯，支持最基本的数据输入，所有的表单应用都可以使用，时至今日，我们仍然在使用它。

随着 Web 应用的发展，表单功能太过简单，在处理复杂业务的过程中，显得能力有限，而且还受到网络设备的限制。基于这个原因，出现了基于 XML 的 XHTML 规范，与此同时出现了 XForms 表单，基于 HTML 4 的表单也停止了发展。

XForms 试图突破当前 HTML Forms 模型的一些限制，而且 XForms 的最大特色是包含了客户端验证的功能，避免使用大量的 JavaScript 脚本验证。在当时，XForms 被称为“下一代 Web 表单”。

由于 XForms 是基于 XML 的，在一定程度上弱化了标签本身的功能；由于其比较灵活，表单也跟着复杂了。这在实际的使用过程中，并没有得到广泛的发展。

7.3.2 HTML 5 新增表单元素的作用

在实际的表单应用中，一些特殊的数据输入需要一个独立的规则，如邮件、网址等，都会提供一个特定的格式限定和验证。

由于移动互联网的快速发展，在面向移动设备的时候，通过识别表单类型，可以提供更友好的用户体验，如可以呈现不同的屏幕键盘等。

HTML 5 的表单，在原有表单的基础上，参照 XForms 的一些验证功能，再结合实际发展的需要，制定了新型的功能性表单，并且支持表单验证。

在进行表单处理的时候，最常用的就是表单验证了。一般的验证会写很多冗长的 JavaScript 代码，或者借助一些基于 JavaScript 的验证框架，如目前比较流行的 jQuery 的验证框架。HTML 5 发展了这些表单，把具有特定规则意义的表单扩展一些特有的特性，作为表单的原始功能；验证表单的功能也作为表单本身应具备的功能，原生地被支持。

HTML 5 的表单，无论是在表现方面还是在功能方面都非常优越，开发起来可以不用那么复杂。HTML 5 的表单的目的就是让这一切友好的应用变得简单。

7.3.3 浏览器对 HTML 5 表单的支持情况

由于 HTML 5 的规范还在渐进发展中，各个浏览器的支持程度也不一样，因此在使用 HTML 5 表单功能时，应尽量避免滥用，最好再提供替代解决方案。

根据 HTML 5 的设计原则，在旧的浏览器中，新的表单空间会平滑降级，不需要判断浏览器的支持情况。

虽然 HTML 5 表单的一些规范还没有获得浏览器的支持，但仍然可以借鉴表单规范的设计思想，如果浏览器不支持，还可以通过其他方式帮助实现。

7.4 HTML 5 新增表单输入类型

HTML 5 大幅度地改进了 <input> 标签的类型。不同类型的表单元素所附加的功能也不相同。到目前为止，对 HTML 5 新增表单元素支持最多、最全面的浏览器是 Opera 浏览器。对于不支持新增表单类型的浏览器来说，会默认识别为 text 类型，即显示为普通文本域。

7.4.1 url 类型

url 类型的 input 元素，是专门为输入 url 地址定义的文本框。在验证输入文本的格式时，如果该文本框中的内容不符合 url 地址的格式，会提示验证错误。

url 表单类型的使用方法如下。

```
<input type="url" name="weburl" id="weburl" value="http://www.baidu.com">
```

7.4.2 email 类型

email 类型的 input 元素，是专门为输入 E-mail 地址定义的文本框。在验证输入文本的格式时，如果该文本框中的内容不符合 E-mail 地址的格式时，会提示验证错误。

email 表单类型的使用方法如下。

```
<input type="email" name="myEmail" id=" myEmail" value="xxxxxx@163.com">
```

此外，email 类型的 input 元素还有一个 multiple 属性，表示在该文本框中可输入用逗号隔开的多个邮件地址。

7.4.3 range 类型

range 类型的 input 元素把输入框显示为滑动条，为某一特定范围内的数值选择器。它还具有

min 和 max 属性，表示选择范围的最小值（默认为 0）和最大值（默认为 100）；还有 step 属性，表示拖动步长（默认为 1）。

range 表单类型的使用方法如下。

```
<input type="range" name="volume" id="volume" min="0" max="10" step="2">
```

range 表单类型的显示效果如图 7-27 所示。

7.4.4　number 类型

number 类型的 input 元素是专门为输入特定的数字而定义的文本框。与 range 类型类似，都具有 min、max 和 step 属性，表示允许范围的最小值、最大值和调整步长。

number 表单类型的使用方法如下。

```
<input type="number" name="score" id="score" min="0" max="10" step="0.5">
```

number 表单类型的显示效果如图 7-28 所示。

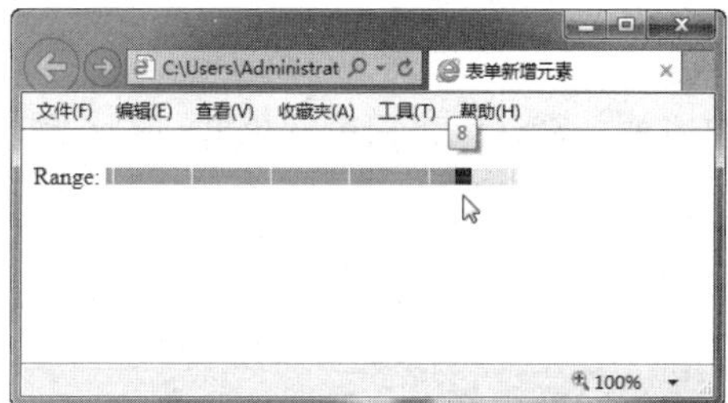

图 7-27

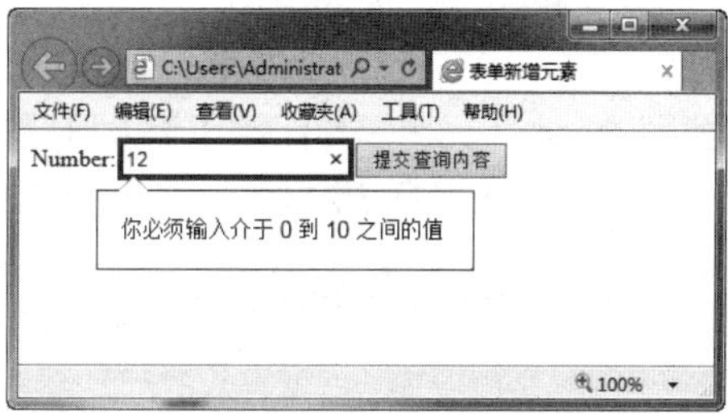

图 7-28

7.4.5　tel 类型

tel 类型的 input 元素是专门为输入电话号码而定义的文本框，没有特殊的验证规则。

tel 表单类型的使用方法如下。

```
<input type="tel" name="tel" id="tel">
```

7.4.6　search 类型

search 类型的 input 元素是专门为输入搜索引擎关键词定义的文本框，没有特殊的验证规则。

search 表单类型的使用方法如下。

```
<input type="search" name="search" id="search">
```

7.4.7　color 类型

color 类型的 input 元素，默认会提供一个颜色选择器，主流浏览器还没有支持它。

color 表单类型的使用方法如下。

```
<input type="color" name="color" id="color">
```

在 Chrome 浏览器中预览页面，可以看到颜色表单元素的效果，如图 7-29 所示。单击颜色表单元素的颜色块，弹出“颜色”对话框，可以选择颜色，如图 7-30 所示。选中颜色后，单击“确定”按钮，如图 7-31 所示。

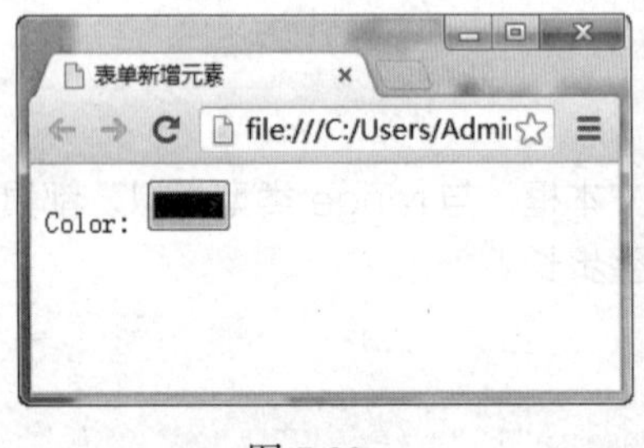

图 7-29

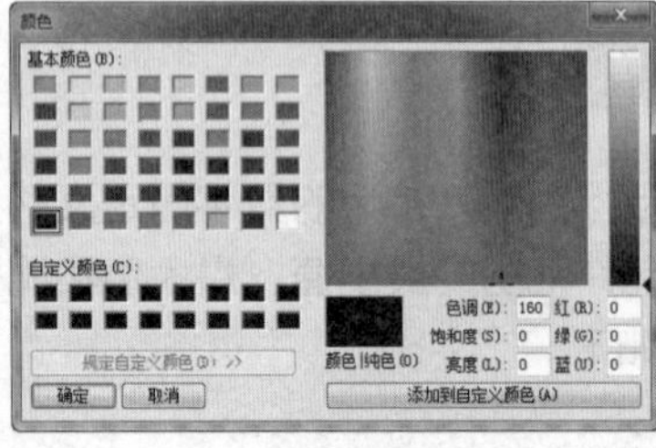

图 7-30

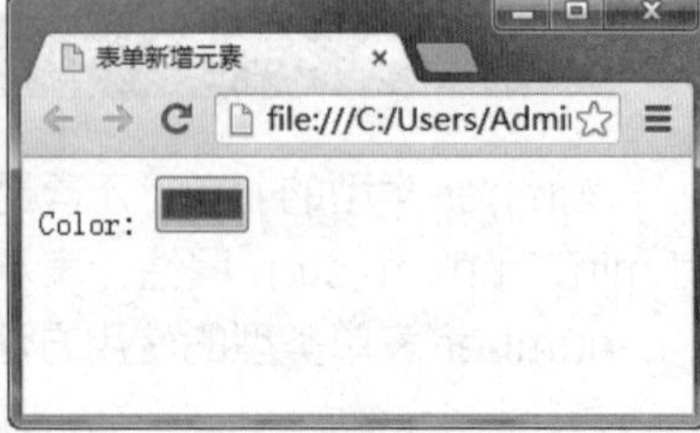

图 7-31

7.4.8 date 类型

date 类型的 input 元素是专门用于输入日期的文本框，默认为带日期选择器的输入框。

date 表单类型的使用方法如下。

```
<input type="date" name="date" id="date">
```

在 Chrome 浏览器中预览页面，可以看到 date 表单类型的显示效果，如图 7-32 所示。可以通过在文本框右侧的向下箭头图标，在弹出的面板中选择相应的日期，如图 7-33 所示。

图 7-32

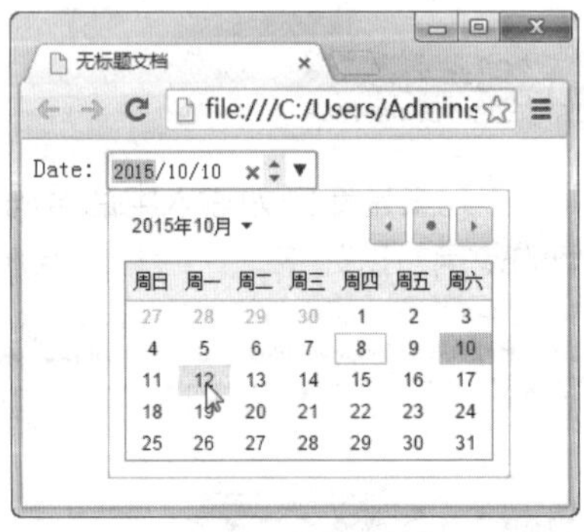

图 7-33

7.4.9 month、week、time、datetime、datetime-local 类型

month、week、time、datetime、datetime-local 类型的 input 元素与 date 类型的 input 元素类似，都会提供一个相应的选择器。其中，month 会提供一个月选择器；week 会提供一个周选择器；time 会提供时间选择器；datetime 会提供完整的日期和时间（包含时区）的选择器；datetime-local 也会提供完整的日期和时间（不包含时区）选择器。

month、week、time、datetime、datetime-local 表单类型的使用方法如下。

```
<input type="month" name="month" id="month">
<input type="week" name="week" id="week">
<input type="time" name="time" id="time">
<input type="datetime" name="datetime" id="datetime">
<input type="datetime-local" name="datetime-local" id="datetime-local">
```

在 Chrome 浏览器中预览页面，可以看到 HTML 5 中时间和日期表单元素的效果，如图 7-34 所示。可以通过在文本框中输入时间和日期，或者在不同类型的时间和日期选择器中选择时间和日期，如图 7-35 所示。

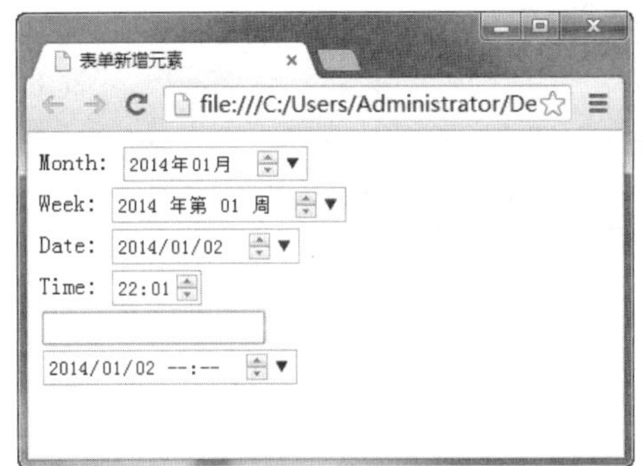

图 7-34

图 7-35

制作留言表单页面

最终文件：光盘 \ 最终文件 \ 第 7 章 \7-4-9.html　　视频：光盘 \ 视频 \ 第 7 章 \7-4-9.mp4

01 执行“文件 > 打开”命令，打开页面“光盘 \ 源文件 \ 第 7 章 \7-4-9.html”，页面效果如图 7-36 所示。转换到代码视图中，可以看到页面的 HTML 代码，如图 7-37 所示。

图 7-36

```
<!doctype html>
<html>
<head>
<meta charset="utf-8">
<title>制作留言表单页面</title>
<link href="style/7-4-9.css" rel="stylesheet" type="text/css">
</head>

<body>
<div id="form1">
  <form method="post" id="myform">
    <p class="head">留言板</p>
    <p>这是布局 P 标签的内容</p>
  </form>
</div>
</body>
</html>
```

图 7-37

02 将光标移至 <p> 与 </p> 标签之间，将多余文字删除，输入相应的文字并添加 <input> 标签插入文本域，如图 7-38 所示。返回网页设计视图中，可以看到所插入的文本域的显示效果，如图 7-39 所示。

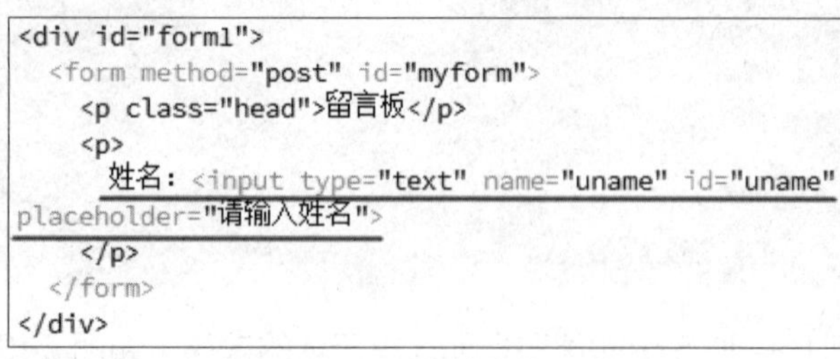

```
<div id="form1">
  <form method="post" id="myform">
    <p class="head">留言板</p>
    <p>
      姓名：<input type="text" name="uname" id="uname"
placeholder="请输入姓名">
    </p>
  </form>
</div>
```

图 7-38

图 7-39

03 转换到该网页所链接的外部 CSS 样式表文件中，创建名为 .input01 的类 CSS 样式，如图 7-40 所示。返回网页 HTML 代码中，在刚添加的文本域 <input> 标签中添加 class 属性，应用名为 input01 的类 CSS 样式，如图 7-41 所示。

```
.input01 {
    margin-left: 100px;
    width: 260px;
    height: 30px;
    border: solid 2px #960;
    border-radius: 3px;
}
```

图 7-40

```
<div id="form1">
  <form method="post" id="myform">
    <p class="head">留言板</p>
    <p>
      姓名：<input type="text" name="uname" id="uname"
placeholder="请输入姓名" class="input01">
    </p>
  </form>
</div>
```

图 7-41

04 返回网页设计视图中，可以看到文本域的显示效果，如图 7-42 所示。转换到网页 HTML 代码中，在文本域所在的段落之后添加段落标签，输入相应的文字并添加 <input> 标签插入电子邮件表单元素，如图 7-43 所示。

图 7-42

```
<div id="form1">
  <form method="post" id="myform">
    <p class="head">留言板</p>
    <p>
      姓名：<input type="text" name="uname" id="uname"
placeholder="请输入姓名" class="input01">
    </p>
    <p>
      邮箱：<input type="email" name="umail" id="umail"
placeholder="请输入EMail地址" class="input01">
    </p>
  </form>
</div>
```

图 7-43

05 返回网页设计视图中，可以看到电子邮件表单元素的显示效果，如图 7-44 所示。转换到网页 HTML 代码中，在电子邮件表单元素所在的段落之后添加段落标签，分别添加 url 表单元素和 tel 表单元素，如图 7-45 所示。

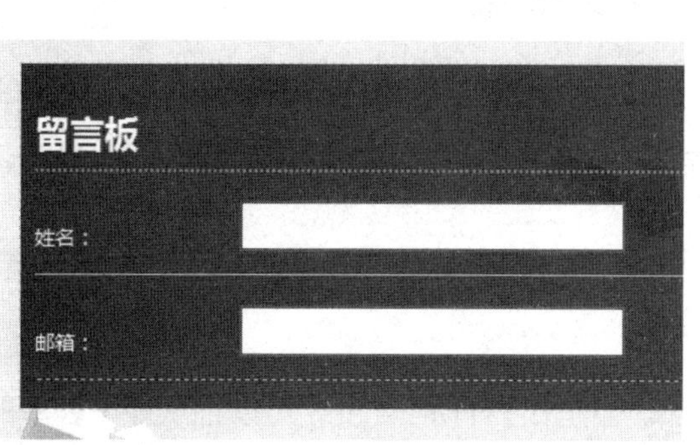

图 7-44

```
<div id="form1">
  <form method="post" id="myform">
    <p class="head">留言板</p>
    <p>
      姓名：<input type="text" name="uname" id="uname"
placeholder="请输入姓名" class="input01">
    </p>
    <p>
      邮箱：<input type="email" name="umail" id="umail"
placeholder="请输入EMail地址" class="input01">
    </p>
    <p>
      网址：<input type="url" name="myurl" id="myurl"
placeholder="请输入您的网址" class="input01">
    </p>
    <p>
      电话：<input type="tel" name="utel" id="utel"
placeholder="请输入您的电话" class="input01">
    </p>
  </form>
</div>
```

图 7-45

06 使用相同的制作方法，编写其他的表单元素代码，并创建相应的CSS样式为其应用，如图7-46所示。保存页面，在Chrome浏览器中预览页面，可以看到页面中HTML 5表单元素的效果，如图7-47所示。

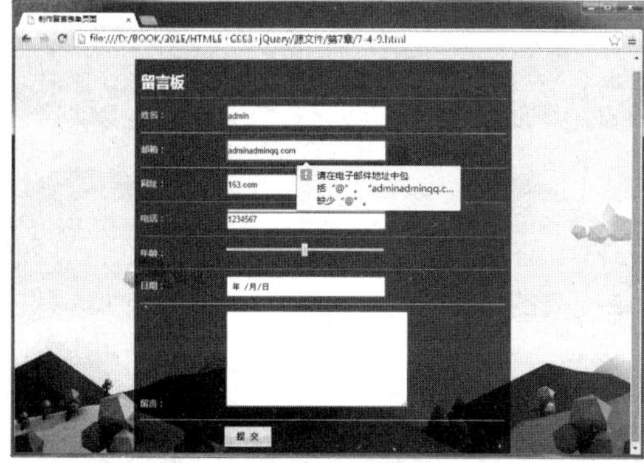

```
    <p>
      年龄：<input name="range" type="range" id="range" max=
"40" min="20" step="1" class="input02">
    </p>
    <p>
      日期：<input type="date" name="udate" id="udate" class=
"input01">
    </p>
    <p>
      留言：<textarea name="textarea" id="textarea" cols="40"
 rows="10" class="input03"></textarea>
    </p>
    <input id="submit" name="submit" type="image" src=
"images/74902.gif" >
  </form>
</div>
```

图 7-46

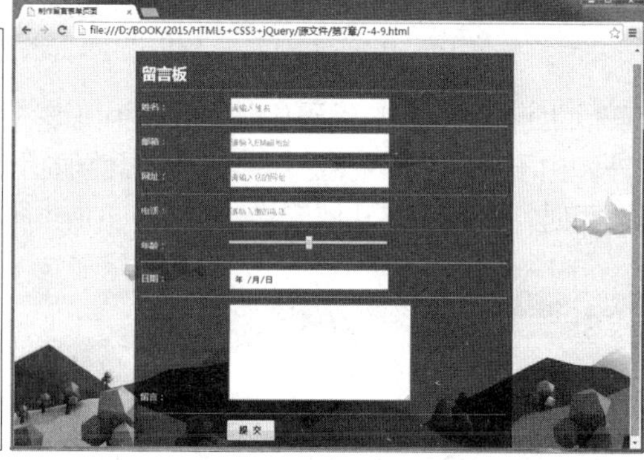

图 7-47

07 当在电子邮件表单元素中填写的电子邮箱格式不正确时，单击“提交”按钮，网页会弹出相应的提示信息，如图 7-48 所示。可以在日期表单元素的选择器中选择需要的日期，如图 7-49 所示。

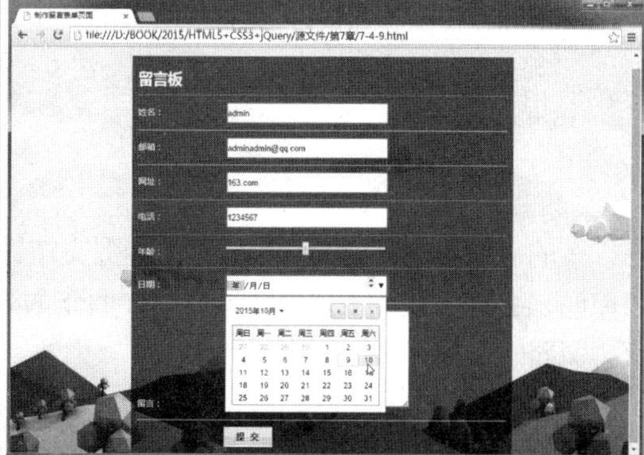

图 7-48

图 7-49

7.5 HTML 5 新增表单属性

如果开发一个用户体验非常好的页面，需要编写大量的代码，而且还需要考虑兼容性问题。使用 HTML 5 表单的某些特性，可以开发出前所未有的页面效果，可以写更少的代码，并能解决传统开发中碰到的一些问题。

7.5.1 form 属性

通常，从属于表单的元素必须放在表单内部。但是在 HTML 5 中，可以把从属于表单的元素放在任何地方，然后指定该元素的 form 属性值为表单的 id，这样该元素就从属于表单了。例如下面的 HTML 代码。

```
<input type="text" id="uname" name="uname" form="form1">
<form id="form1" name="form1" method="post">
 <input type="submit" value=" 提交 ">
</form>
```

在以上这段 HTML 代码中，使用 <input> 标签实现的文本域放置在表单 <form> 与 </form> 标签之外，由于 <input> 标签中的 form 属性值指定了表单的 id，说明该表单元素从属于表单。当单击提交按钮时，会验证该从属元素。目前，form 属性已获得主流浏览器的支持。

7.5.2 formaction 属性

每个表单都会通过 action 属性把表单内容提交到另一个页面。在 HTML 5 中，为不同的提交按钮分别添加 formaction 属性，该属性会覆盖表单的 action 属性，将表单提交至不同的页面。例如下面的 HTML 代码。

```
<form id="form1" name="form1" method="post">
 <input type="text" id="uname" name="uname" form="form1">
 <input type="submit" value=" 提交到页面 1" formaction="?page=1">
 <input type="submit" value=" 提交到页面 2" formaction="?page=2">
 <input type="submit" value=" 提交到页面 3" formaction="?page=3">
 <input type="submit" value=" 提交 ">
</form>
```

在以上的 HTML 代码中，添加了 4 个提交按钮，其中前 3 个提交按钮设置了 formaction 属性，提交表单时，会优先使用 formaction 属性值作为表单提交的目标页面。目前，formaction 属性已获得主流浏览器的支持。

7.5.3 formmethod、formenctype、formnovalidate、formtarget 属性

这 4 个属性的使用方法与 formaction 属性一致，设置在提交按钮上，可以覆盖表单的相关属性。formmethod 属性可覆盖表单的 method 属性；formenctype 属性可覆盖表单的 enctype 属性；formnovalidate 属性可覆盖表单的 novalidate 属性；formtarget 属性可覆盖表单的 target 属性。

7.5.4 placeholder 属性

当用户还没有把焦点定位到输入文本框的时候，可以使用 placeholder 属性向用户提示描述的信息，当该输入文本框获取焦点时，该提示信息就会消失。

placeholder 属性的使用方法如下。

```
<input type="text" id="uname" name="uname" placeholder=" 请输入用户名 ">
```

placeholder 属性还可用于其他输入类型的 input 元素，如 url、email、number、search、tel 和 password 等。目前，placeholder 属性已获得主流浏览器的支持。

为表单元素设置默认提示内容

最终文件：光盘 \ 最终文件 \ 第 7 章 \7-5-4.html　　视频：光盘 \ 视频 \ 第 7 章 \7-5-4.mp4

01 打开页面“光盘 \ 源文件 \ 第 7 章 \7-5-4.html”，可以看到页面效果，如图 7-50 所示。转换到代码视图，可以看到页面中表单部分的 HTML 代码，如图 7-51 所示。

图 7-50

```
<body>
<div id="box">
  <div id="login">
    <form id="form1" name="form1" method="post">
      用户名：<input type="text" name="uname" id="uname"><br>
      密　码：<input type="password" name="upass" id="upass"><br>
      验证码：<input type="text" name="yz" id="yz">
      <img src="images/7205.png" width="102" height="42" alt=""
class="pic01"><br>
      <input type="checkbox" name="checkbox" id="checkbox">记住
密码<br>
      <input type="image" name="btn" id="btn" src=
"images/7206.png">
    </form>
  </div>
</div>
</body>
```

图 7-51

02 在“用户名”文字后的 <input> 标签中添加 placeholder 属性设置，如图 7-52 所示。保存页面，在浏览器中预览页面，可以看到为该文本域所设置的默认提示内容，如图 7-53 所示。

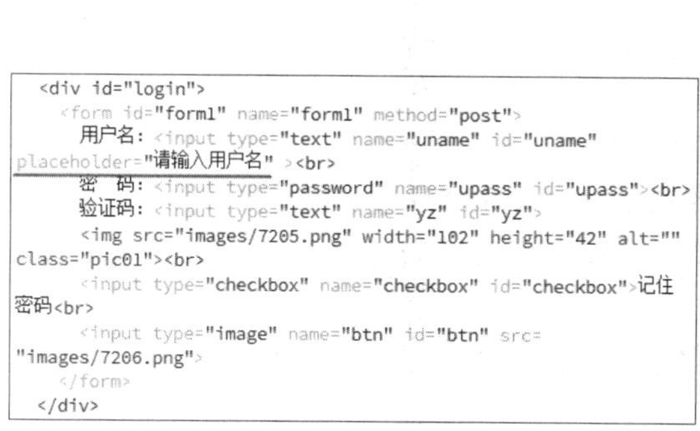

```
  <div id="login">
    <form id="form1" name="form1" method="post">
      用户名：<input type="text" name="uname" id="uname"
placeholder="请输入用户名" ><br>
      密　码：<input type="password" name="upass" id="upass"><br>
      验证码：<input type="text" name="yz" id="yz">
      <img src="images/7205.png" width="102" height="42" alt=""
class="pic01"><br>
      <input type="checkbox" name="checkbox" id="checkbox">记住
密码<br>
      <input type="image" name="btn" id="btn" src=
"images/7206.png">
    </form>
  </div>
```

图 7-52

图 7-53

03 返回网页 HTML 代码中，分别在“密码”和“验证码”文字后的 <input> 标签中添加 placeholder 属性设置，如图 7-54 所示。保存页面，在浏览器中预览页面，可以看到为表单元素设置默认提示内容的效果，如图 7-55 所示。

```
<div id="login">
  <form id="form1" name="form1" method="post">
    用户名：<input type="text" name="uname" id="uname"
placeholder="请输入用户名" ><br>
    密　码：<input type="password" name="upass" id="upass"
placeholder="请输入密码" ><br>
    验证码：<input type="text" name="yz" id="yz" placeholder="
请输入验证码" >
    <img src="images/7205.png" width="102" height="42" alt=""
class="pic01"><br>
    <input type="checkbox" name="checkbox" id="checkbox">记住
密码<br>
    <input type="image" name="btn" id="btn" src=
"images/7206.png">
  </form>
</div>
```

图 7-54

图 7-55

7.5.5 autofocus 属性

使用 autofocus 属性可用于所有类型的 input 元素，当页面加载完成时，可自动获取焦点。每个页面只允许出现一个有 autofocus 属性的 input 元素。如果为多个 input 元素设置了 autofocus 属性，则相当于未指定该行为。

autofocus 属性的使用方法如下。

```
<input type="text" id="key" name="key" autofocus>
```

自动获取焦点的功能也要防止滥用。如果页面加载缓慢，用户又做了一部分操作，这时如果焦点发生莫名其妙的转移，用户体验是非常不好的。目前，autofocus 属性已获得主流浏览器的支持。

7.5.6 autocomplete 属性

IE 早期版本就已经支持 autocomplete 属性。autocomplete 属性可应用于 form 元素和输入型的 input 元素，用于表单的自动完成。autocomplete 属性会把输入的历史记录下来，当再次输入的时候，会把输入的历史记录显示在一个下拉列表中，以实现自动完成输入。

autocomplete 属性的使用方法如下。

```
<input type="text" id="uname" name="uname" autocomplete="on">
```

autocomplete 属性有 3 个属性值，分别是 on、off 和“”（不指定值）。不指定值时，使用浏览器的默认设置。由于不同的浏览器默认值不相同，因此当需要使用自动完成的功能时，最好指定该属性值。目前，autofocus 属性已获得主流浏览器的支持。

7.6 HTML 5 新增表单元素

HTML 5 中新增了 3 种表单元素，分别是 datalist 元素、keygen 元素和 output 元素，通过使用这些元素，在传统的基础上可以开发出更加精美、精致的页面效果。

7.6.1　<datalist> 标签和 list 属性

通过组合使用 list 属性和 <datalist> 标签，可以为某个可输入的 input 元素定义一个可选值列表。使用 <datalist> 标签构造选值列表；设置 input 元素的 list 属性值为 <datalist> 标签的 id 值，即可实现二者的绑定。例如下面的 HTML 代码。

```
<input type="email" id="umail" name="umail" list="emaillist">
<datalist id="emaillist">
 <option value="test1@test.com">test1@test.com</option>
 <option value="test2@test.com">test2@test.com</option>
</datalist>
```

在以上的 HTML 代码中，使用 <datalist> 标签构造了一个可选值列表，id 为 emaillist；在 <input> 标签中通过将 list 属性值设置为 emaillist，绑定了该选值列表，运行结果如图 7-56 所示。

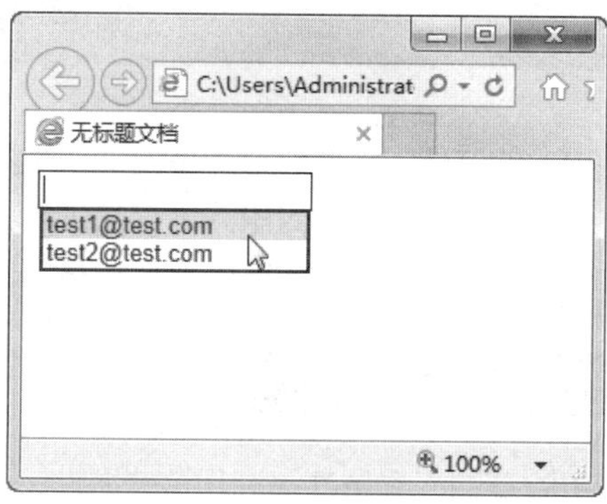

图 7-56

7.6.2　<keygen> 标签

<keygen> 标签提供了一种安全的方式来验证用户。该标签有密钥生成的功能，当提交表单时，会分别生成一个私人密钥和公共密钥。其中私人密钥保存在客户端，公共密钥则通过网络传输至服务器。这种非对称加密的方式，为网页的数据安全提供了更大的保障。

<keygen> 标签的使用方法如下。

```
<form id="form1" name="form1" method="post">
 <input type="text" id="uname" name="uname"><br>
 Encryption:
 <keygen name="security"><!-- 加入密钥安全 -->
 <br>
 <input type="submit" value=" 提交 ">
</form>
```

<keygen> 标签提供了中级和高级的加密算法，显示的是一个类似 <select> 标签的下拉框，可以选择加密等级。目前，<keygen> 标签已获得主流浏览器的支持。

7.6.3 <output> 标签

<output> 标签用于不同类型的输出，如用于计算结果或脚本的输出等。<output> 标签必须从属于某个表单，即写在表单的内部。

<output> 标签的使用方法如下。

```
<form oninput="x.value=volume.value">
 <input type="range" id="volume" name="volume" value="50">
 <output name="x"></output>
</form>
```

由于 range 类型的 input 元素表现为一个滑块，不显示数值，因此这时使用 <output> 标签协助显示其值。目前，<output> 标签已获得主流浏览器的支持。

7.7 HTML 5 提供的表单验证方法

HTML 5 为表单验证提供了极大的方便，在验证表单的方式上显得更加灵活。表单验证，首先基于前面讲解的表单类型的规则进行验证；其次是为表单元素提供了一些用于辅助表单验证的属性；更重要的是，HTML 5 还提供了专门用于表单验证的属性、方法和事件。

7.7.1 与验证有关的表单元素属性

HTML 5 提供了用于辅助表单验证的元素属性。利用这些属性，可以为后续的表单自动验证提供验证依据。下面就对这些新的属性进行讲解。

1. required 属性

一旦在某个表单元素标签中添加了 required 属性，则该表单元素的值不能为空，否则无法提交表单。以文本域为例，只需要添加 required 属性即可。使用方法如下。

```
<input type="text" id="uname" name="uname" placeholder=" 请输入用户名 " required>
```

如果该文本域为空，则无法提交。required 属性可用于大多数输入或选择元素，隐藏的元素除外。

2. pattern 属性

pattern 属性用于为 input 元素定义一个验证模式。该属性值是一个正则表达式，提交时，会检查输入的内容是否符合给定的格式，如果输入内容不符合格式，则不能提交。使用方法如下。

```
<input type="text" id="code" name="code" value="" placeholder="6 位邮政编码 " pattern= "[0-9]{6}" >
```

使用 pattern 属性验证表单非常灵活。例如，前面讲到的 email 类型的 input 元素，使用 pattern 属性完全可以实现相同的验证功能。

3. min、max 和 step 属性

min、max 和 step 属性专门用于指定针对数字或日期限制。min 属性表示允许的最小值；max 属性表示允许的最大值；step 属性表示合法数据的间隔步长。使用方法如下。

```
<input type="range" name="volume" id="volume" min="0" max="1" step="0.2">
```

在该 HTML 代码中，最小值是 0，最大值是 1，步长为 0.2，合法的取值有 0、0.2、0.4、0.6、0.8 和 1。

4. novalidate 属性

novalidate 属性用于指定表单或表单内的元素在提交时不验证。如果在 <form> 标签中应用 novalidate 属性，则表单中的所有元素在提交时都不再验证。使用方法如下。

```
<form id="form1" name="form1" method="post" novalidate="novalidate">
 <input type="email" id="umail" name="umail" placeholder=" 请输入电子邮箱 ">
 <input type="submit" value=" 提交 ">
</form>
```

则提交该表单时，不会对表单中的表单元素进行验证。

验证网页表单

最终文件：光盘 \ 最终文件 \ 第 7 章 \7-7-1.html　　视频：光盘 \ 视频 \ 第 7 章 \7-7-1.mp4

01 打开页面“光盘 \ 源文件 \ 第 7 章 \7-7-1.html”，可以看到页面效果，如图 7-57 所示。转换到代码视图，可以看到页面中表单部分的 HTML 代码，如图 7-58 所示。

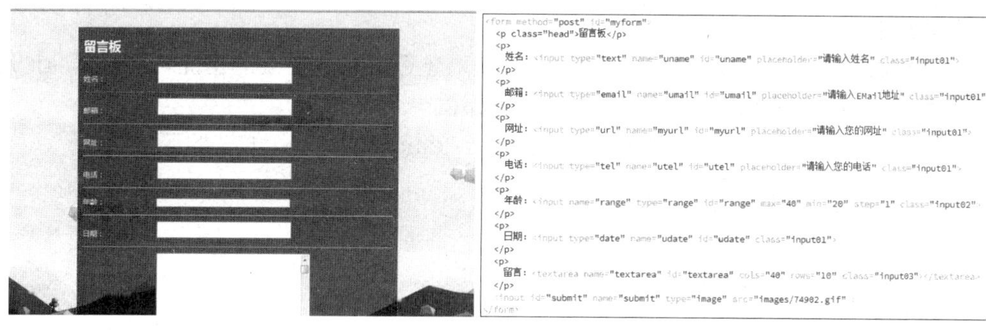

```
<form method="post" id="myform">
  <p class="head">留言板</p>
  <p>
   姓名：<input type="text" name="uname" id="uname" placeholder="请输入姓名" class="input01">
  </p>
  <p>
   邮箱：<input type="email" name="umail" id="umail" placeholder="请输入EMail地址" class="input01">
  </p>
  <p>
   网址：<input type="url" name="myurl" id="myurl" placeholder="请输入您的网址" class="input01">
  </p>
  <p>
   电话：<input type="tel" name="utel" id="utel" placeholder="请输入您的电话" class="input01">
  </p>
  <p>
   年龄：<input name="range" type="range" id="range" max="40" min="20" step="1" class="input02">
  </p>
  <p>
   日期：<input type="date" name="udate" id="udate" class="input01">
  </p>
  <p>
   留言：<textarea name="textarea" id="textarea" cols="40" rows="10" class="input03"></textarea>
  </p>
  <input id="submit" name="submit" type="image" src="images/74902.gif">
</form>
```

图 7-57　　图 7-58

02 在“姓名”文字后的 <input> 标签中添加 required 属性设置，如图 7-59 所示。设置该表单元素为必填项，保存页面，在 Chrome 浏览器中预览页面，没有在文本域中填写内容直接单击“提交”按钮，将显示错误提示，如图 7-60 所示。

```
<p>
  姓名：<input type="text" name="uname" id="uname"
placeholder="请输入姓名" class="input01" required>
</p>
```

图 7-59

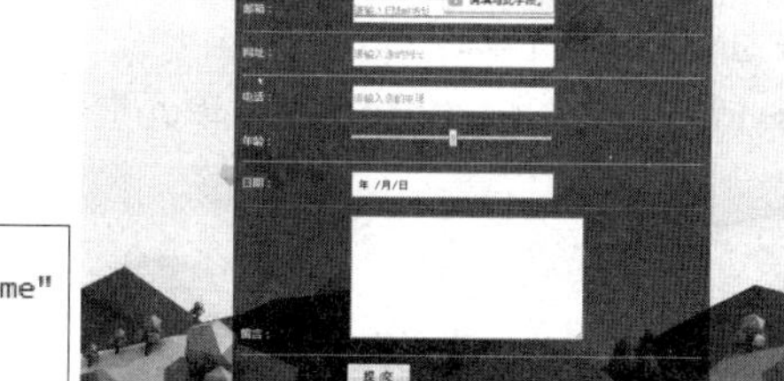

图 7-60

03 返回网页HTML代码中，在“电话”文字后的<input>标签中添加pattern属性设置，如图7-61所示。设置该表单元素中填写的内容必须为11位的数字，保存页面，在Chrome浏览器中预览页面，当在电话表单元素中填写的并非11位数字时，单击“提交”按钮，将显示错误提示，如图7-62所示。

```
    <p>
      电话：<input type="tel" name="utel" id="utel"
placeholder="请输入您的电话" class="input01" pattern=
"[0-9]{11}">
    </p>
```

图 7-61

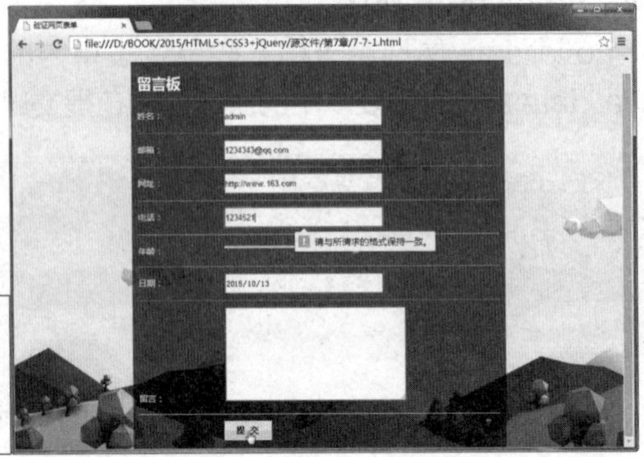

图 7-62

7.7.2 表单验证属性

表单验证的属性均是只读属性，用于获取表单验证的信息。

1. validity 属性

该属性获取表单元素的ValiditysState对象，该对象包含8个方面的验证结果。ValiditysState对象会持续存在，每次获取validity属性时，返回的是同一个ValiditysState对象。

以一个id属性为username的表单元素为例，validity属性的使用方法如下。

```
var validitystate=document.getElementByid("username").validity;
```

关于ValiditysState对象将在下一节讲解。

2. willValidate 属性

该属性获取一个布尔值，表示表单元素是否需要验证。如果表单元素设置了required属性或pattern属性，则willValidate属性的值为true，即表单的验证将会执行。

以一个id属性为username的表单元素为例，willValidate属性的使用方法如下。

```
var willValidate=document.getElementByid("username").willValidate;
```

3. validationMessage 属性

该属性获取当前表单元素的错误提示信息。一般设置required属性的表单元素，其validationMessage属性值一般为“请填写此字段”。

以一个id属性为username的表单元素为例，validationMessage属性的使用方法如下。

```
var validationMessage=document.getElementByid("username").validationMessage;
```

该属性为只读属性，不能直接更改。不过可以使用setCustomValidity()方法来改变该值。

7.7.3　ValidityState 对象

ValidityState 对象是通过 validity 属性获取的，该对象有 8 个属性，分别针对 8 个方面的错误验证，属性值均为布尔值。

1. valueMissing 属性

必填的表单元素的值为空。

如果表单元素设置了 required 属性，则为必填项。如果必填项的值为空，就无法通过表单验证，valueMissing 属性会返回 true，否则返回 false。

2. typeMismatch 属性

输入的值与 type 类型不匹配。

HTML 5 新增的表单类型如 email、number、url 等，都包含一个原始的类型验证。如果用户输入的内容与表单类型不符合，则 typeMismatch 属性将返回 true，否则返回 false。

3. patternMismatch 属性

输入值与 pattern 属性的正则不匹配。

表单元素可通过 pattern 属性设置正则表达式的验证模式。如果输入的内容不符合验证模式的规则，则 patternMismatch 属性将返回 true，否则返回 false。

4. tooLong 属性

输入的内容超过了表单元素的 maxLength 属性限定的字符长度。

表单元素可使用 maxLength 属性设置输入内容的最大长度。虽然在输入的时候会限制表单内容的长度，但在某种情况下，如通过程序设置，还是会超出最大长度限制。如果输入的内容超过了最大长度限制，则 tooLong 属性将返回 true，否则返回 false。

5. rangeUnderflow 属性

输入的值小于 min 属性的值。

一般用于填写数值的表单元素，都可能会使用 min 属性设置数值范围的最小值。如果输入的数值小于最小值，则 rangeUnderflow 属性返回 true，否则返回 false。

6. rangeOverflow 属性

输入的值大于 max 属性的值。

一般用于填写数值的表单元素，也可能会使用 max 属性设置数值范围二代最大值。如果输入的数值大于最大值，则 rangeOverflow 属性返回 true，否则返回 false。

7. stepMismatch 属性

输入的值不符合 step 属性所推算出的规则。

用于填写数值的表单元素，可能需要同时设置 min、max 和 step 属性，这就限制了输入额值必须是最小值与 step 属性值的倍数之和。如范围为 0 ~ 10，step 属性值为 2，因为合法值为该范围内的偶数，其他数值均无法通过验证。如果输入值不符合要求，则 stepMismatch 属返回 true，否则返回 false。

8. customError 属性

使用自定义的验证错误提示信息。

有时候，不太适合使用浏览器内置的验证错误提示信息，需要自己定义。当输入值不符合语义规则时，会提示自定义的错误提示信息。

通常使用 setCustomValidity() 方法自定义错误提示信息：setCustomValidity(message) 会把错误提示信息自定义为 message，此时 customError 数值值为 true；setCustomValidity("") 会清除自定义的错误信息，此时 customError 属性值为 false。

7.7.4 表单验证方法

HTML 5 为用户提供了两个用于表单验证的方法。

1. checkValidity() 方法

显示验证方法。每个表单元素都可以调用 checkValidity() 方法 (包括 form)，它返回一个布尔值，表示是否通过验证。在默认情况下，表单的验证发生在表单提交时，如果使用 checkValidity() 方法，可以在需要的任何地方验证表单。一旦表单没有通过验证，则会触发 invalid 事件。

如下面的 HTML 代码，是使用 checkValidity() 方法显式验证表单。

```
<!doctype html>
<html>
<head>
<meta charset="utf-8">
<title> 无标题文档 </title>
<script type="text/javascript">
function CheckForm(frm) {
    if(frm.umail.checkValidity()) {
            alert(" 电子邮件格式正确！ ");
    } else {
            alert(" 电子邮件格式错误！ ");
    }
}
</script>
</head>
<body>
<form id="form1" name="form1" method="post" >
 <input type="email" id="umail" name="umail" value="xxxxx@163.com" >
 <br>
 <input type="submit" value=" 提交 " onClick="return CheckForm(this.form)" >
</form>
</body>
</html>
```

单击“提交”按钮时，会先调用 CheckForm() 函数进行验证，再使用浏览器内置的验证功能进行验证。CheckForm() 函数包含了 checkValidity() 方法的显式验证。在使用 checkValidity() 进行显式的验证时，还会触发所有的结果事件和 UI 触发器，就好像表单提交了一样。

2. setCustomValidity() 方法

自定义错误提示信息的方法。当默认的提示错误满足不了需求时，可以通过该方法自定义错误提示。当通过该方法自定义错误提示信息时，元素的 validationMessage 属性值会更改为定义的错误提示信息，同时 ValiditysState 对象的 customError 属性值变成 true。

如下面的 HTML 代码，是使用 setCustomValidity() 方法自定义错误提示信息。

```
<!doctype html>
<html>
<head>
<meta charset="utf-8">
<title>无标题文档</title>
<script type="text/javascript">
function CheckForm(frm) {
   var uname=frm.uname;
   if(uname.value=="") {
          uname.setCustomValidity("请填写您的姓名！ "); /*自定义错误提示*/
   } else {
          uname.setCustomValidity("");          /*取消自定义错误提示*/
   }
}
</script>
</head>
<body>
<form id="form1" name="form1" method="post" >
 <input type="text" id="uname" name="uname" placeholder="请输入姓名" required>
 <br>
 <input type="submit" value="提交" onClick="return CheckForm(this.form)" >
</form>
</body>
</html>
```

在提交表单时，如果姓名为空，则自定义一个提示信息；如果姓名不为空，则取消自定义错误信息。

7.7.5　表单验证事件

invalid 事件是 HTML 5 为用户提供的表单验证事件。表单元素为通过验证时触发。无论是提交表单还是直接调用 checkValidity 方法，只要有表单元素没有通过验证，就会触发 invalid 事件。invalid 事件本身不处理任何事情，我们可以监听该事件，自定义事件处理。

如下面的 HTML 代码，监听 invalid 事件。

```
<!doctype html>
<html>
<head>
<meta charset="utf-8">
<title>无标题文档</title>
<script type="text/javascript">
function invalidHandler(evt) {
```

```
        //获取当前被验证的对象
        var validity=evt.srcElement.validity;
        //检测 ValidityState 对象的 valueMissing 属性
        if(validity.valueMissing) {
                alert("姓名是必填项，不能为空")
        }
        //如果不希望看到浏览器默认的错误提示方式，可以使用下面的方式取消
        evt.preventDefault();
    }
    window.onload=function() {
        var uname=document.getElementByid("uname");
        //注册监听 invalid 事件
        uname.addEventListener("invalid",invalidHandler,false);
    }
    </script>
    </head>
    <body>
    <form id="form1" name="form1" method="post">
     <input type="text" id="uname" name="uname" placeholder="请输入姓名"
      required>
     <br>
     <input type="submit" value="提交">
    </form>
    </body>
    </html>
```

页面初始化时，为姓名输入框添加了一个监听的 invalid 事件。当表单验证没有通过时，会触发 invalid 事件，invalid 事件会调用注册到事件中的函数 invalidHandler()。这样就可以在自定义的函数 invalidHandler() 中做任何事情了。

一般情况下，在 invalid 事件处理完成后，还是会触发浏览器默认的错误提示。必要的时候，可以屏蔽浏览器后续的错误提示，可以使用事件的 preventDefault() 方法，阻止浏览器的默认行为，并自行处理错误提示信息。

通过使用 invalid 事件使得表单开发更加灵活。如果需要取消验证，可以使用前面介绍的 novalidate 属性。

7.8 本章小结

本章主要讲解了 HTML 5 的表单技术，重点讲解了新增的表单类型、表单属性和元素以及表单验证方法，其中分别对表单验证的属性、方法和事件进行了讲解，对涉及的 ValiditysState 对象也做了逐一的剖析。本章的难点在于表单验证方式的思维转变，需要对表单验证的整个过程有非常充分的理解。希望读者在学习了相关知识后，能够掌握并理解。

第 8 章　HTML 5 本地存储

本章知识点

- 了解 Web Storage 的优势
- 理解 localStorage 与 session Storage 的区别
- 掌握设置和获取 Storage 数据的方法
- 掌握 Storage API 的属性和方法
- 了解本地数据库 Web SQL

随着 Web 应用的发展，需要在用户本地浏览器上存储更多的应用数据，传统的 cookie 存储的方案已经不能满足发展的需求，而使用服务器端存储的方案则是一种无奈的选择。HTML 5 的 Web Storage API 是一个理想的解决方案。如果是存储复杂的数据，则可以借助 Web SQL Database API 来实现，可以使用 SQL 语句完成复杂数据的存储与查询。本章将向读者介绍 HTML 5 中的本地存储功能。

8.1　本地存储 Web Storage

使用 HTML 5 的 Web Storage 功能，可以在客户端存储更多的数据，而且可以实现数据在多个页面中共享甚至是同步。

8.1.1　cookie 存储数据的不足

cookie 可用于在程序间传递少量的数据，对于 Web 应用来说，它是一个在服务器和客户端之间来回传送文本值的内置机制，服务器可以根据 cookie 来追踪用户在不同页面的访问信息。正因其卓越的表现，在目前的 Web 应用中，cookie 得到了最为广泛的应用。

尽管如此，cookie 仍然有很多不尽人意的地方，主要表现在以下方面。

- **大小的限制**

cookie 的大小被限制在 4KB。在 Web 的富应用环境中，不能接受文件或邮件那样的大数据。

- **带宽的限制**

只要有涉及 cookie 的请求，cookie 数据都会在服务器和浏览器间来回传送。这样无论访问哪个页面，cookie 数据都会消耗网络的带宽。

- **安全风险**

由于 cookie 会频繁地在网络中传送，而且数据在网络上是可见的，因此在不加密的情况下，是有安全风险的。

- 操作复杂

在客户端的浏览器中，使用 JavaScript 操作 cookie 数据是比较复杂的。但是服务器可以很方便地操作 cookie 数据。

8.1.2 使用 Web Storage 存储的优势

Web Storage 可以在客户端保存大量的数据，而且通过其提供的接口，访问数据也非常方便。然而，Web Storage 的诞生并不是为了替代 cookie，相反，是为了弥补 cookie 在本地存储中表现的不足。

Web Storage 本地存储的优势主要表现在以下几个方面。

- 存储容量

提供更大的存储容量。在 Firefox、Chrome、Safari 和 Opera 中，每个网域为 5MB；在 IE8 及以上则每个网域为 10MB。

- 零带宽

Web Storage 中的数据仅仅是存储在本地，不会与服务器发生任何交互行为，所以不存在网络带宽的占用问题。

- 编程接口

Web Storage 提供了一套丰富的编程接口，使得数据操作更加方便。

- 独立的存储空间

每个域（包括子域）都有独立的存储空间，各个存储空间是完全独立的，因此不会造成数据的混乱。

由此可见，Web Storage 并不能完全替代 cookie，cookie 能做的事情，Web Storage 并不一定能做到，如服务器可以访问 cookie 数据，但是不能访问 Web Storage 数据。所以 Web Storage 和 cookie 是相互补充的，会在各自不同的方面发挥作用。

随着移动互联网的发展，浏览器端的富应用是一种必然的趋势，而 Web Storage 作为完全的浏览器客户端的本地存储，将发挥越来越重要的作用。

8.1.3 会话存储（sessionStorage）与本地存储（localStorage）的区别

Web Storage 本地存储包括 sessionStorage（会话存储）和 localStorage（本地存储）。熟悉 Web 编程的人员第一次接触 Web Storage 时，会很自然地与 session 和 cookie 去对应。不同的是，cookie 和 session 完全是服务器端可以操作的数据，但是 sessionStorage 和 localStorage 则完全是浏览器客户端操作的数据。

sessionStorage 和 localStorage 完全继承同一个 Storage API，所以 sessionStorage 和 localStorage 的编程接口是一样的。sessionStorage 和 localStorage 的主要区别在于数据存在的时间范围和页面范围。

sessionStorage 和 localStorage 的区别介绍如表 8-1 所示。

表 8-1 sessionStorage 和 localStorage 的区别

sessionStorage	localStorage
数据会保存到存储它的窗口或标签关闭时	数据的生命周期比窗口或浏览器的生命周期长
数据只在构建它们的窗口或标签页内可见	数据可被同源的每个窗口或标签页共享

8.2 使用 Web Storage

了解 Web Storage 的相关知识后，接下来将向读者介绍如何设置和获取 Storage 数据、Web Storage 的属性、方法和事件等相关知识。

8.2.1 检查浏览器是否支持 Web Storage

在 HTML 5 的各项特性中，Web Storage 的浏览器支持度是比较好的。目前，所有的主流浏览器都在一定程度上支持 Web Storage。因而，Web Storage 成为 Web 应用中最安全的 API 之一。尽管如此，还是需要检查浏览器是否支持 Web Storage，因为在某种情况可能会导致浏览器不能使用 Web Storage 的功能。

实战　检查浏览器是否支持 Web Storage

最终文件：光盘 \ 最终文件 \ 第 8 章 \8-2-1.html　　视频：光盘 \ 视频 \ 第 8 章 \8-2-1.mp4

01 执行“文件 > 新建”命令，新建一个 HTML 5 文档，将其保存为“光盘 \ 源文件 \ 第 8 章 \8-2-1.html”，如图 8-1 所示。转换到该网页的 HTML 代码中，输入页面标题和正文内容，如图 8-2 所示。

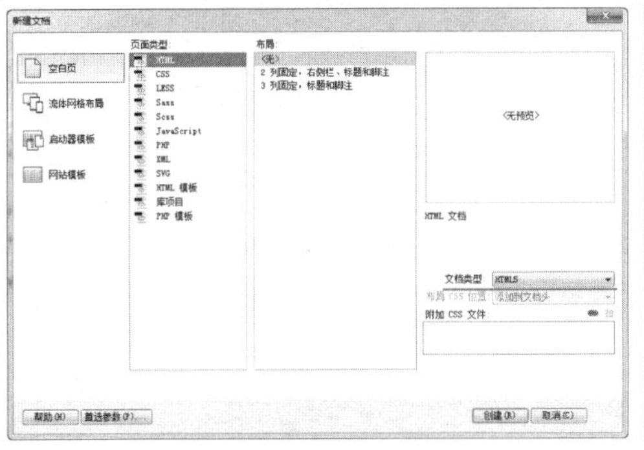

图 8-1

```
<!doctype html>
<html>
<head>
<meta charset="utf-8">
<title>检查浏览器是否支持Web Storage</title>
</head>

<body>
检查浏览器是否支持Web Storage
</body>
</html>
```

图 8-2

02 在 <head> 与 </head> 标签之间输入相应的 JavaScript 脚本代码。

```
<script type="text/javascript">
function CheckStorageSupport(){
    if(window.sessionStorage){
            console.log(" 浏览器支持 sessionStorage 特性 !");
    }else{
            console.log(" 浏览器不支持 sessionStorage 特性 !");
    }
    if(window.localStorage){
            console.log(" 浏览器支持 localStorage 特性 !");
    }else{
            console.log(" 浏览器不支持 localStorage 特性 !");
    }
}
```

```
window.addEventListener("load",CheckStorageSupport,false);
</script>
```

使用 JavaScript 代码来检测浏览器是否支持 Web Storage 功能，在 JavaScript 脚本代码中使用 console.log() 方法，将 JavaScript 代码的调试内容输出到浏览器的控制台。

03 保存页面，在 Chrome 浏览器中预览页面，按快捷键 F12，打开浏览器控制台，可以看到 JavaScript 脚本调试的结果，如图 8-3 所示。

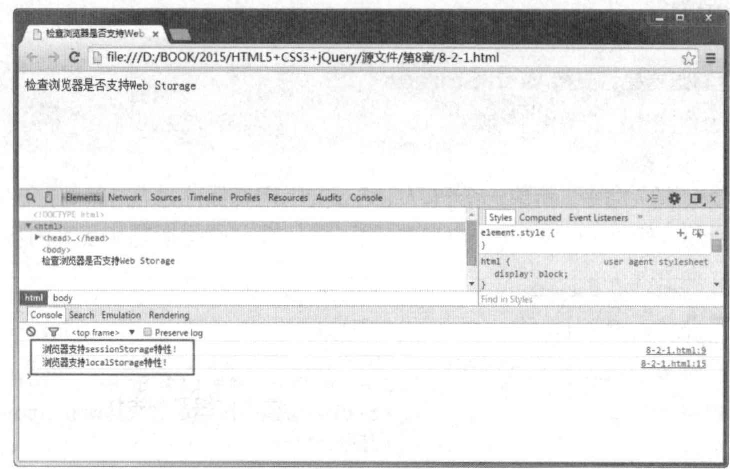

图 8-3

8.2.2 设置和获取 Storage 数据

sessionStorage 和 localStorage 作为 window 的属性，完全继承 Storage API，它们提供的操作数据的方法完全相同。下面以 sessionStorage 属性为例进行讲解。

1. 保存数据到 sessionStorage

sessionStorage 保存数据的基本语法如下。

```
window.sessionStorage.setItem("key","value");
```

key 为字符串表示的“键”，value 为字符串表示的“值”，setItem() 表示保存数据的方法。

2. 从 sessionStorage 中获取数据

如果知道保存到 sessionStorage 中的“键”，就可以取到对应的“值”。sessionStorage 获取数据的基本语法如下。

```
value = window.sessionStorage.getIem("key");
```

key 和 value 分别表示“键”和“值”，与保存数据的“键”和“值”对应。getItem() 为获取数据的方法。

3. 设置和获取数据的其他写法

对于访问 Storage 对象还有更简单的方法，根据“键”和“值”的配对关系，直接在 sessionStorage 对象上设置和获取数据，可完全避免调用 setItem() 和 getItem() 方法。

保存数据的方法也可写为如下的形式。

```
window.sessionStorage.key="value";
```

或

```
window.sessionStorage["key"] ="value";
```

获取数据的方法更加直接，可写为如下的形式。

```
value = window.sessionStorage.key;
```

或

```
value = window.sessionStorage["key"];
```

这种灵活的使用方法，给编程带来极大的灵活性。当然，对于 localStorage 来说，同样具有上述设置数据和获取数据的方法。

实战　使用 sessionStorage 和 localStorage

最终文件：光盘 \ 最终文件 \ 第 8 章 \8-2-2.html　　视频：光盘 \ 视频 \ 第 8 章 \8-2-2.mp4

01 新建 HTML 5 文档，将其保存为“光盘 \ 源文件 \ 第 8 章 \8-2-2.html”。

02 在 <head> 与 </head> 标签之间输入相应的 JavaScript 脚本代码。

```
<script type="text/javascript">
function Test(){
    // 在 localStorage 存储 localKey 的值为 "localValue"
    window.localStorage.setItem("localKey","localValue");
    // 获取存储在 localStorage 中的 localKey 的值，并输出到控制台
    console.log(window.localStorage.getItem("localKey"));
    // 在 sessionStorage 存储 sessionKey 的值为 "sessionValue"
    window.sessionStorage.setItem("sessionKey","sessionValue");
    // 获取存储在 sessionStorage 中的 sessionKey 的值，并输出到控制台
    console.log(window.sessionStorage.getItem("sessionKey"));
}
window.addEventListener("load",Test,false);
</script>
```

03 保存页面，在 Chrome 浏览器中预览页面，按快捷键 F12，打开浏览器控制台，可以看到 JavaScript 脚本调试的结果，如图 8-4 所示。关于在 localStorage 和 sessionStorage 中存储和数据，可以借助浏览器本身的功能进行查看，如在 Chrome 浏览器中，可以在 Resources 面板中查看存储的数据，如图 8-5 所示。

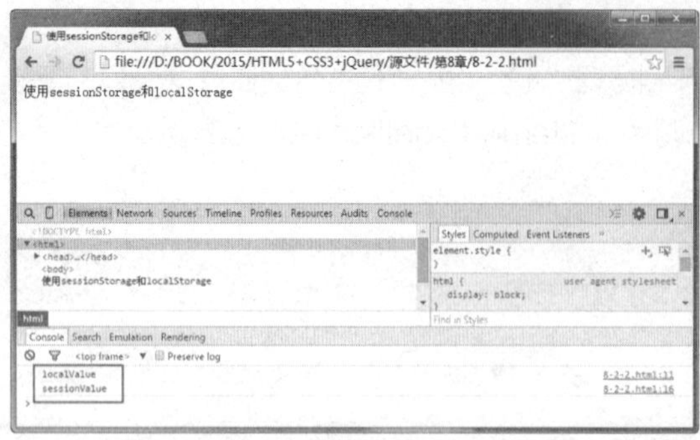

图 8-4

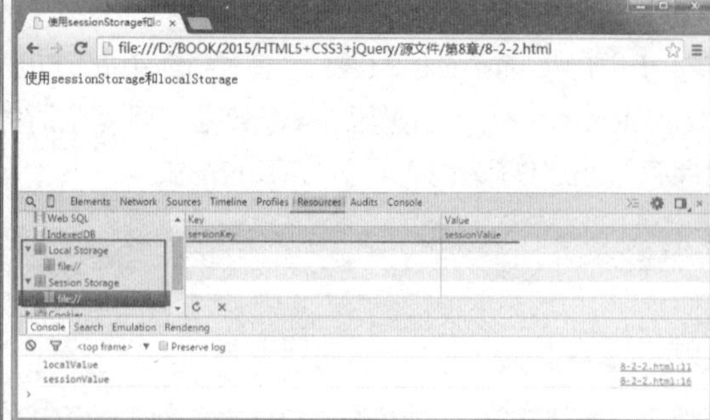

图 8-5

8.2.3　Storage API 的属性和方法

在上节中学习了如何使用 setItem() 方法存储数据，使用 getItem() 方法获取数据。这些方法都来源于它们所继承的 Storage API 提供的方法。

如下代码中显示了接口中所有的属性和方法。

```
interface Storage {
   readonly attribute unsigned long length;
   DOMString? key(unsigned long index);
   getter DOMString getItem(DOMString key);
   setter creator void setItem(DOMString key,DOMString value);
   deleter void removeItem(DOMString key);
   void clear();
};
```

接口中的属性和方法说明如表 8-2 所示。

表 8-2　接口中的属性和方法说明

属性 / 方法	说　明
length 属性	表示当前 Storage 对象中存储的键 / 值对的数量。Storage 对象是同源的，length 属性只能反映同源的键 / 值对数量
key(index) 方法	获取指定位置的键。一般用于遍历某个 Storage 对象中所有的键，然后再通过键来取相应的值
getItem(key) 方法	根据键返回相应的数据。如果该键值存在，则返回值，否则返回 null
setItem(key，value) 方法	将数据存入指定键对应的位置。如果对应的键值已经存在，则更新它
removeItem(key) 方法	从存储对象中移除指定的键 / 值对。如果该键 / 值对存在，则移除它，否则不执行任何操作
clear() 方法	清空 Storage 对象中所有的数据。如果 Storage 对象是空的，则不执行任何操作

在使用 sessionStorage 和 localStorage 时，以上的属性和方法都可以使用，但需要注意其影响的范围。

使用 Storage 对象保存页面内容

最终文件：光盘 \ 最终文件 \ 第 8 章 \8-2-3.html　　视频：光盘 \ 视频 \ 第 8 章 \8-2-3.mp4

01 执行“文件 > 打开”命令，打开页面“光盘 \ 源文件 \ 第 8 章 \8-2-3.html”，页面效果如图 8-6 所示。转换到代码视图中，可以看到页面的 HTML 代码，如图 8-7 所示。

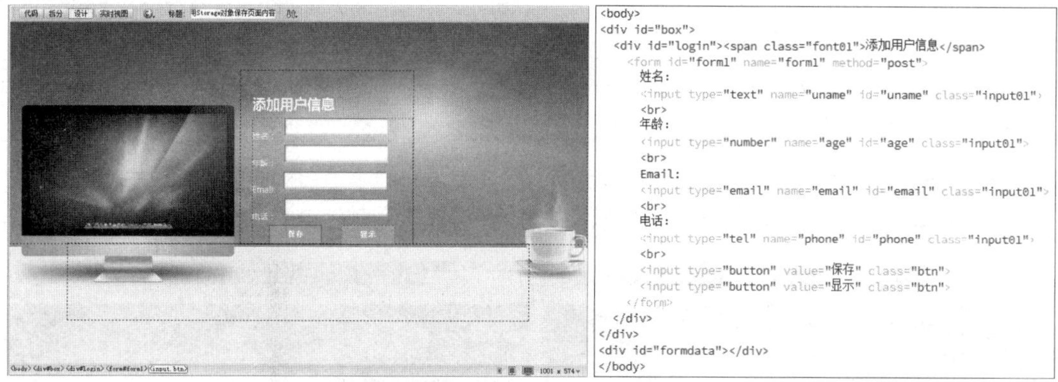

```
<body>
<div id="box">
  <div id="login"><span class="font01">添加用户信息</span>
    <form id="form1" name="form1" method="post">
      姓名:
      <input type="text" name="uname" id="uname" class="input01">
      <br>
      年龄:
      <input type="number" name="age" id="age" class="input01">
      <br>
      Email:
      <input type="email" name="email" id="email" class="input01">
      <br>
      电话:
      <input type="tel" name="phone" id="phone" class="input01">
      <br>
      <input type="button" value="保存" class="btn">
      <input type="button" value="显示" class="btn">
    </form>
  </div>
</div>
<div id="formdata"></div>
</body>
```

图 8-6　　　　图 8-7

02 在页面的 <head> 与 </head> 标签之间编写 JavaScript 脚本代码。

```
<script type="text/javascript">
// 保存数据到 sessionStorage
function SaveStorage(frm){
   var storage = window.sessionStorage;
   storage.setItem("uname",frm.uname.value);
   storage.setItem("age",frm.age.value);
   storage.setItem("email",frm.email.value);
   storage.setItem("phone",frm.phone.value);
}
// 遍历并显示 sessionStorage 中的数据
function Show(){
   var storage = window.sessionStorage;
   var result="";
   for(var i=0;i<storage.length;i++){
          var key = storage.key(i);       /* 获取键 key */
          var value = storage.getItem(key);  /* 通过键 key 获取值 value */
          result += key + ":" + value + "; ";
   }
   /* 在指定的地方显示获取的存储内容 */
   document.getElementByid("formdata").innerHTML = result;
}
</script>
```

在编写的 JavaScript 脚本代码中，有两个脚本处理函数 SaveStorage() 和 Show()，分别用于保存数据和显示数据。其中保存数据仅使用了 setItem() 方法，显示数据则根据索引遍历“键”，并根据“键”获取对应的“值”，使用了 key() 方法和 getItem() 方法。

03 为表单中相应的按钮表单元素添加脚本代码，调用 JavaScript 函数，如图 8-8 所示。

```
<br>
<input type="button" value="保存" class="btn" onClick="SaveStorage(this.form)">
<input type="button" value="显示" class="btn" onClick="Show()">
</form>
```

图 8-8

04 保存页面，在 Chrome 浏览器中预览页面，在各表单元素中填写相应的值，单击“保存”按钮，即可保存本地数据，如图 8-9 所示。单击“显示”按钮，即可显示刚刚保存的本地数据，如图 8-10 所示。

图 8-9

图 8-10

8.2.4 存储 JSON 对象的数据

虽然使用 Web Storage 可以保持任意的“键 / 值”对数据，但是一些浏览器把数据限定为字符串类型，而且对于一些复杂结构的数据，管理起来比较混乱。例如 8.2.3 节的案例，如果要保存多个人的数据，就会变得不易于管理。

不过对于复杂结构的数据，可以使用现代浏览器都支持的 JSON 对象来处理，这也为开发人员提供了一种可行的解决方案。

1. 序列化 JSON 格式的数据

由于 Storage 是以字符串保存数据的，因此在保存 JSON 格式的数据之前，需要把 JSON 格式的数据转换为字符串，称为序列化。可以使用 JSON.stringify() 序列化 JSON 格式的数据为字符串数据。使用方法如下。

```
var stringData = JSON.stringify(jsonObject);
```

以上代码把 JSON 格式的数据对象 jsonObject 序列化为字符串数据 stringData。

2. 把数据反序列化为 JSON 格式

如果把存储的 Storage 中的数据以 JSON 格式对象的方式去访问，需要把字符串数据转换为 JSON 格式的数据，称为反序列化。可以使用 JSON.parse() 反序列化字符串数据为 JSON 格式的数据。使用方法如下。

```
var jsonObject = JSON.parse(stringData);
```

以上代码把字符串数据 stringData 反序列化为 JSON 格式的数据对象 jsonObject。

反序列化字符串为 JSON 格式的数据，也可以使用 eval() 函数，但 eval() 函数是把任意的字符串转换为脚本，有很大的安全隐患，但是 JSON.parse() 只反序列化 JSON 格式的字符串数据，如果字符串数据不符合 JSON 数据格式，则会产生错误，同时也减少了安全隐患，但是执行效率方面 eval() 函数要快很多。

使用 Storage 对象存储 JOSN 数据

最终文件：光盘 \ 最终文件 \ 第 8 章 \8-2-4.html　　视频：光盘 \ 视频 \ 第 8 章 \8-2-4.mp4

01 执行“文件 > 打开”命令，打开页面“光盘 \ 源文件 \ 第 8 章 \8-2-4.html”，页面效果如图 8-11 所示。转换到代码视图中，可以看到页面的 HTML 代码，如图 8-12 所示。

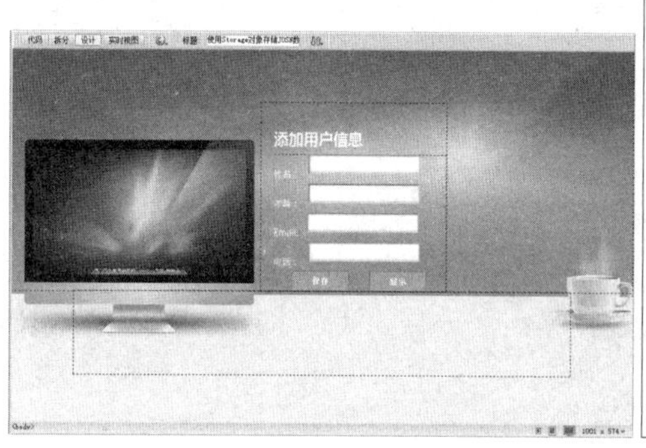

图 8-11

```
<body>
<div id="box">
  <div id="login"><span class="font01">添加用户信息</span>
    <form id="form1" name="form1" method="post" action="">
      姓名:
      <input type="text" name="uname" id="uname" class="input01">
      <br>
      年龄:
      <input type="number" name="age" id="age" class="input01">
      <br>
      Email:
      <input type="email" name="email" id="email" class="input01">
      <br>
      电话:
      <input type="tel" name="phone" id="phone" class="input01">
      <br>
      <input type="button" value="保存" class="btn" onClick="SaveStorage(this.form)">
      <input type="button" value="显示" class="btn" onClick="Show()">
    </form>
  </div>
</div>
<div id="formdata"></div>
</body>
```

图 8-12

02 在页面的 <head> 与 </head> 标签之间编写 JavaScript 脚本代码。

```
<script type="text/javascript">
var flag = 1;
window.sessionStorage.clear();
  // 保存数据到 sessionStorage
function SaveStorage(frm){
  // 使用表单数据建立 json 对象
  var jsonObject = new Object();
  jsonObject.uname = frm.uname.value;
  jsonObject.age = frm.age.value;
  jsonObject.email = frm.email.value;
  jsonObject.phone = frm.phone.value;
  // 序列化 json 对象为字符串数据
  var stringData = JSON.stringify(jsonObject);
  var storage = window.sessionStorage;
  storage.setItem("key"+flag,stringData);
  flag++;
}
```

```
    //遍历并显示 sessionStorage 中的数据
    function Show(){
        var storage = window.sessionStorage;
        var result = "";
        for(var i=0;i<storage.length;i++){
              var key = storage.key(i);       /* 获取键 key */
              var stringData = storage.getItem(key);  /* 通过键 key 获取值 value */
              var jsonObject = JSON.parse(stringData);
              result += "姓名: " + jsonObject.uname + "; 年龄: " + jsonObject.age + "; 邮件:
" + jsonObject.email + "; 电话: " + jsonObject.phone +"; <br>";
        }
        /* 在指定的地方显示获取的存储内容 */
        document.getElementByid("formdata").innerHTML = result;
    }
    </script>
```

在编写的 JavaScript 脚本代码中，保存数据时，先使用表单内容建立一个 JSON 对象，然后序列化 JSON 对象为字符串数据，保存至 Storage。显示数据时，会遍历所有存储的数据，并把读取的数据反序列化一个 JSON 对象，然后再对该对象进行操作。

03 保存页面，在 Chrome 浏览器中预览页面，添加多条数据并进行保存，即可保存本地数据，如图 8-13 所示。单击“显示”按钮，即可显示刚刚保存的多条本地数据，如图 8-14 所示。

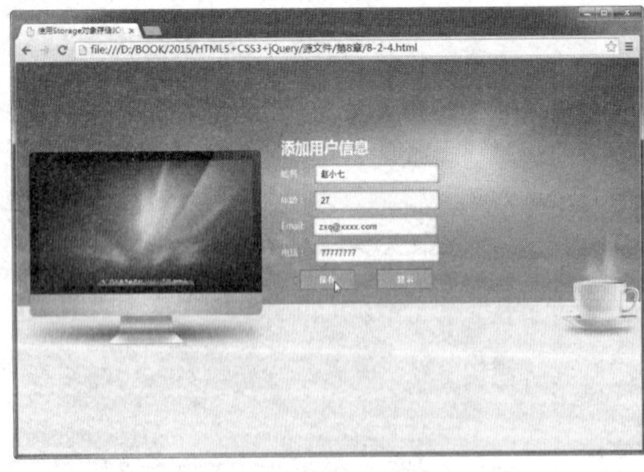

图 8-13

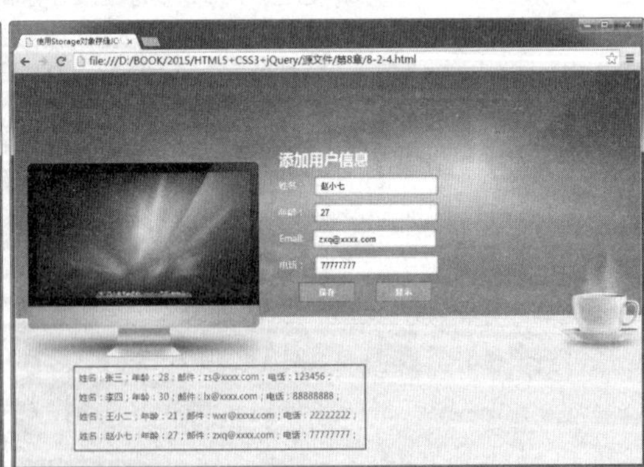

图 8-14

8.2.5 Storage API 的事件

有时候，会存在多个网页或标签页同时访问存储数据的情况。为保证修改的数据能够及时反馈到另一个页面，HTML 5 的 Web Storage 内建立一套事件通知机制，会在数据更新时触发。无论监听的窗口是否存储过该数据，只要与执行存储的窗口是同源的，都会触发 Web Storage 事件。

例如下面的代码，添加监听事件后，即可接收同源窗口的 Storage 事件。

```
window.addEventListener("storage",EventHandle,true);
```

Storage 是添加的监听事件，只要是同源的 Storage 事件发生（包括 sessionStorage 和 localStorage），都能够因数据更新而触发事件。

Storage 事件的接口如下所示。

```
interface StorageEvent  : Event {
    readonly attribute DOMString key;
    readonly attribute DOMString? oldValue;
    readonly attribute DOMString? newValue;
    readonly attribute DOMString url;
    readonly attribute Storage? storageArea;
};
```

StorageEvent 对象在事件触发时，会传递给事件处理程序，它包含了存储变化有关的所有必要的信息。

Storage 事件的相关属性的说明如表 8-3 所示。

表 8-3　Storage 事件的相关属性说明

属　性	说　明
key	包含了存储中被更新或删除的键
oldValue	包含了更新前键对应的数据。如果是新添加的数据，则 oldValue 属性值为 null
newValue	包含了更新后的数据。如果是被删除的数据，则 newValue 属性值为 null
url	指向 Storage 事件的发生源
storageArea	指向值发生变化的 localStorage 或 sessionStorage。这样，处理程序可以方便地查询到 Storage 中的当前值，或者基于其他的 Storage 执行其他操作

8.3　本地数据库 Web SQL

为了进一步加强客户端的存储能力，HTML 5 引入了本地数据库的概念。但 HIML 5 的数据库 API 的具体细节仍在完善，其中 Web SQL Database 就是数据库方案之一。实际上，Web SQL Database 并不包含在 HTML 5 规范之中，它是一个独立的规范，引入了使用 SQL 操作客户端数据库的 API。最新版本的 Chrome、Safari 和 Opera 浏览器都已经实现了它。

8.3.1　了解 Web SQL 数据库

Web SQL Database 的规范使用的是 SQLite 数据库，它允许应用程序通过一个异步的 JavaScript 接口访问数据库。虽然 Web SQL 不属于 HTML 5 规范，而且 HTML 5 最终也不会选择它，但是对于移动领域是非常有用的，因为在任何情况下，SQL API 在数据库中的数据处理能力都是无法比拟的。

SQLite 是一款轻型的数据库，遵循 ACid 的关系型数据库管理系统，它的优势是嵌入式的，且占用资源非常低，只需要几百 KB 的内存就可以了。在跨平台方面，它能够支持 Windows、Linux 等主流操作系统，同时能够与很多程序语言如 C#、PHP、Java、JavaScript 等结合。它包含 ODBC 接口，在处理速度方面也非常可观。

Web SQL Database 规范中定义了 3 个核心方法，如表 8-4 所示。

表 8-4　Web SQL Database 的 3 个核心方法

方　法	说　明
openDatabase()	使用现有的数据库或新建数据库来创建数据库对象
transaction	允许我们控制事务的提交或回滚
executeSql()	用于执行真实的 SQL 查询

8.3.2　Web SQL 数据库的基本操作

1. 打开数据库

openDatabase() 方法可以打开一个已经存在的数据库，如果数据库不存在，它可以创建数据库。创建并打开数据库的语法如下。

```
var db = openDatabase("TestDB","1.0"," 测试数据库 ",2*1024*1024, creation Callback);
```

该方式有 5 个必需的参数，第 1 个参数表示数据库名；第 2 个参数表示版本号；第 3 个参数表示数据库的描述；第 4 个参数表示数据库的大小；第 5 个参数表示创建回调函数，其中第 5 个参数是可选的。

2. 创建数据表

transaction() 方法可以进行事务处理；executeSql() 方法可以执行 SQL 语句。可以同时使用这两个方法，在事务中处理 SQL 语句，创建数据表的方法如下。

```
db.transaction(function (tx){
   tx.executeSql('CREATE TABLE IF NOT EXISTS UserName(id unique,Name)');
});
```

使用 transaction() 方法传递给回调函数的 tx 是一个 transaction 对象，然后使用 transaction 对象的 executeSql() 方法，可以执行 SQL 语句，这里的 SQL 语句就是创建数据表的命令。

3. 添加数据至数据库表

与创建数据表一样，也可以使用 transaction() 方法和 executeSql() 方法，仅仅是 SQL 语句不同。使用插入数据的 SQL 语句执行数据的插入操作，添加数据至数据库表的方法如下。

```
db.transaction(function (tx) {
  tx.executeSql('INSERT INTO UserName (id,Name) VALUES (1, " 张三 ")');
    tx.executeSql('INSERT INTO UserName (id,Name) VALUES (2, " 李四 ")');
});
```

两个包含 Insert INTO 命令的 SQL 语句，表示插入数据，将会在本地数据库 TestDB 中的 UserName 表中添加两条数据。

4. 读取数据库中的数据

仍然使用 transaction() 方法和 executeSql() 方法，使用查询 SQL 语句，并在 executeSql() 方法中添加匿名的回调处理函数，使用方法如下。

```
db.transaction(function (tx) {
  tx.executeSql( 'SELECT * FROM UserName' ,[ ],function(tx,results) {
     var len = results.rows.length;
for (var i=0;i<len;i++) {
  console.log(results.rows.item(i).Name);
}
          },null);
});
```

executeSql() 方法中执行了包含 Select 命令的 SQL 语句，表示查询，将从本地数据库 TestDB 中的 UserName 表中查询信息。查询出来的结果会传递给匿名的回调函数，可以在回调函数中处理查询的结果，如控制台输出结果。

Web SQL 数据库涉及 SQL 相关知识，感兴趣的读者可以查询 SQL 相关的学习资料和书籍，在本书中仅对 Web SQL 数据库进行简单介绍。

8.4 本章小结

本章主要向读者介绍了 HTML 5 中的本地存储功能，包括 HTML 5 的 Web Storage 和 Web SQL 数据库，其中重点介绍了 Web Storage 接口的方法和事件，另外还介绍了 JSON 对象，以扩展 Storage 对象存储的复杂性。完成本章内容的学习，读者需要掌握 Web Storage 本地存储的基本使用方法，并对 Web SQL 数据库有一定的了解。

第 9 章　CSS 样式基础

对于网页而言，如果没有 CSS 样式的辅助是做不出优秀的网页的，所以除了熟悉 HTML 代码，还需要掌握 CSS 样式。CSS 样式是一种对 Web 文档添加样式的简单机制，是一种表现 HTML 或 XML 等文件外观样式的计算机语言，用来作为网页的排版与布局设计，是网页制作过程中不可缺少的重要内容。本章将介绍 CSS 样式的相关基础知识。

本章知识点

- ✔ 了解 CSS 样式的基础知识
- ✔ 掌握各类 CSS 选择器
- ✔ 了解 CSS 3 新增的选择器
- ✔ 掌握在网页中如何运用 CSS 样式

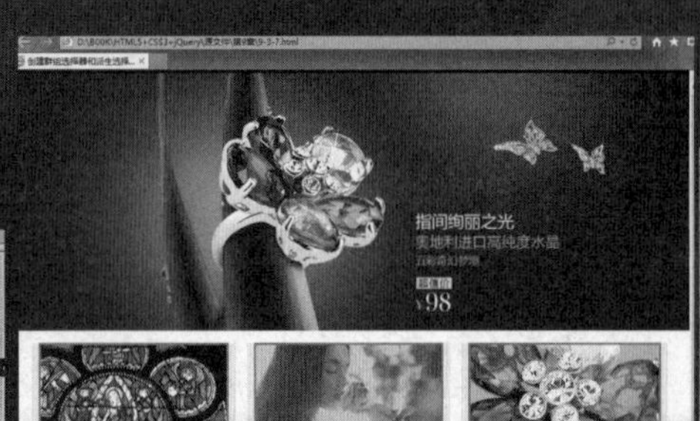

9.1　了解 CSS 样式

CSS 样式是对 HTML 语言的有效补充，通过使用 CSS 样式，能够节省许多重复性的格式设置，例如网页文字的大小和颜色等。通过 CSS 样式可以轻松地设置网页元素的显示位置和格式，还可以使用 CSS 3 新增的样式属性，在网页中实现动态的交互效果，大大提升网页的美观性。

9.1.1　为什么要使用 CSS 样式

在 HTML 中，虽然有 <b>、<u>、<i> 和 <p> 等标签可以控制文本或图像等内容的显示效果，但这些标签的功能非常有限，而且对有些特定的网站需求，用这些标签是不能够完成的，所以需要引入 CSS 样式。

CSS 样式称为层叠样式表，即多重样式定义被层叠在一起成为一个整体，在网页中是标准的布局语言，用来控制元素的尺寸、颜色和排版等属性。CSS 样式是由 W3C 发布的，用来取代基于表格布局、框架布局以及其他非标准的表现方法。

引用 CSS 样式的目的是将“网页结构代码”和“网页格式风格代码”分离开，从而使设计者可以对网页的布局进行更多的控制。利用 CSS 样式，可以将站点上的所有网页都指向某个 CSS 文件，设计者只需要修改 CSS 样式中的代码，整个网页上对应的样式都会随之发生改变。

CSS 样式是一组格式设置规则，用于控制 Web 页面的外观。通过使用 CSS 样式设置页面的格式，可以将页面的内容与表现形式分离。页面内容存放在 HTML 文档中，而用于定义表现形式的 CSS 规则存放在另一个文件中。将内容与表现形式分离，不仅可以使维护站点的外观更加容易，而且还可以使 HTML 文档代码更加简练，缩短浏览器的加载时间。

9.1.2　CSS 样式的版本发展

随着 CSS 的广泛应用，CSS 技术也越来越成熟。CSS 现在有 3 个不同层次的标准，即 CSS 1、CSS 2 和 CSS 3。CSS 1 主要定义了网页的基本属性，如字体、颜色和空白边等。CSS 2 在此基础上添加了一些高级功能，如浮动和定位，以及一些高级选择器，如子选择器和相邻选择器等。CSS 3 开始遵循模块化开发，这将有助于理清模块化规范之间的不同关系，减少完整文件的大小。

- CSS 1

CSS 1 是 CSS 的第一层次标准，它正式发布于 1996 年 12 月，在 1999 年 1 月进行了修改。该标准提供简单的 CSS 样式表机制，使得网页的编写者可以通过附属的样式对 HTML 文档的表现进行描述。

- CSS 2

CSS 2 是 1998 年 5 月正式作为标准发布的，CSS 2 基于 CSS1，包含了 CSS 1 的所有特点和功能，并在多个领域进行完善，将样式文档与文档内容相分离。CSS 2 支持多媒体样式表，使得网页设计者能够根据不同的输出设备为文档制订不同的表现形式。

- CSS 3

CSS 3 随着互联网的发展，网页的表现方式更加多样化，需要新的 CSS 规则来适应网页的发展，所以在最近几年 W3C 已经开始着手 CSS 3 标准的制订。CSS 3 目前还处于工作草案阶段，在该工作草案中制订了 CSS 3 的发展路线，详细列出了所有模块，并在逐步进行规范。目前许多 CSS 3 属性已经得到了浏览器的广泛支持，让我们已经可以领略到 CSS 3 的强大功能和效果。

9.1.3　CSS 3 的发展

目前 CSS 3 规范尚处于完善之中，因此浏览器的支持程度各有不同。为了让用户能够体验到 CSS 3 的好处，各主流浏览器都定义了自己的私有属性。

CSS 3 开始遵循模块化的开发。以前的规范作为一个模块实在是太庞大而且比较复杂，所以，CSS 3 把它分解为多个小的模块，这样有助于理清各个模块规范之间的关系。

CSS 3 的模块化规范，显得非常灵活。一个 CSS 规范如果要完整地获得浏览器的支持，是非常困难的，但是浏览器选择完整支持某个模块的规范是比较容易实现的。反过来，如果要衡量一个浏览器对 CSS 3 的支持程度，可以对各个模块分别衡量。

CSS 3 模块化的发展有利于未来的扩展。当 CSS 需要增加新的规范时，非常不希望其他规范也跟着变动。模块化的发展，使得每个独立的模块都能根据需要进行独立地更新。当增加新的特性或模块时，不会影响已经存在的特性。

9.1.4　浏览器对 CSS 3 的支持情况

尽管 CSS 3 的很多新的特性很受开发者的欢迎，但并不是所有的浏览器都支持它。各个主流浏览器都定义了各自的私有属性，以便能够让用户体验 CSS 3 的新特性。

私有属性固然可以避免不同浏览器中解析同一个属性时出现冲突，但是也给设计师们带来诸多不便，需要编写更多的 CSS 代码，而且也没有解决同一页面在不同浏览器中表现不一致的问题。

尽管私有属性有很多弊端，但是也为设计师们提供了较大的选择空间，至少在 CSS 3 规范发布以前，能表现一些特定的 CSS 3 的效果。

采用 Webkit 内核浏览器（如 Safari、Chrome）的私有属性的前缀是 -webkit-；采用 Gecko 内核浏览器（如 Firefox）的私有属性的前缀是 -moz-；Opera 浏览器的私有属性的前缀是 -o-；

IE 浏览器（限于 IE8+）的私有属性的前缀是 -ms-。

9.1.5 了解 CSS 3 的全新功能

与之前的版本相比，CSS 3 的改进是非常大的。CSS 3 不仅仅进行了修订和完善，更增加了很多新的特性，把样式表的功能发挥得淋漓尽致。之前的很多效果都借助图片和脚本来实现，现在只需要几行代码就能搞定了。这不仅简化了设计师的工作，页面代码也更加简洁和清晰。

CSS 3 的全新功能简介如表 9-1 所示。

表 9-1 CSS 3 的全新功能简介

功　能	说　明
功能强大的选择器	CSS 3 增加了更多的 CSS 选择器，可以实现更简单但是更强大的功能
文字效果	在 CSS 3 中，可以给文字添加阴影、描边和发光等效果，还可以自定义特殊的字体
边框	在 CSS 3 中，可以直接给边框设计圆角、阴影、边框背景灯，其中边框背景会自动把背景图切割显示
背景	背景图片的设计更加灵活，不但可以改变背景图片的大小、裁剪背景图片，还可以设置多重背景
色彩模式	CSS 3 的色彩模式，除了支持 RGB 颜色外，还支持 HSL（色调、饱和度、亮度），并且针对这两种色彩模式，又增加了可以控制透明度的色彩模式
盒布局和多列布局	这两种布局，可以弥补现有布局中的不足，为页面布局提供了更多的手段，并大幅度地缩减了代码
渐变	CSS 3 已经支持渐变的设计。这样，不但告别切图的时代，而且设计也更加灵活，后期的维护也极为方便
动画	有了 CSS 3 的动画，设计师们不用编写脚本，直接就可以让页面元素动起来，并且不会影响整体的页面布局
媒体查询	CSS 3 提供了丰富的媒体查询功能，可以根据不同的设备、不同的屏幕尺寸来自动调整页面的布局

9.2 CSS 样式语法

CSS 样式是纯文本格式文件，在编辑 CSS 时，可以使用一些简单的纯文本编辑工具，例如记事本，同样也可以使用专业的 CSS 编辑工具，例如 Dreamweaver。CSS 样式是由若干条样式规则组成的，这些样式规则可以应用到不同的元素或文档中来定义它们所显示的外观。

9.2.1 CSS 样式基本语法

CSS 样式由选择器和属性构成，CSS 样式的基本语法如下。

```
CSS 选择器 {
属性 1: 属性值 1;
属性 2: 属性值 2;
属性 3: 属性值 3;
……
}
```

下面是在 HTML 页面内直接引用 CSS 样式，这个方法必须把 CSS 样式信息包括在 <style> 和 </style> 标签中，为了使样式在整个页面中产生作用，应把该组标签及内容放到 <head> 和 </head> 标签中去。

例如，需要设置 HTML 页面中所有 <p> 标签中的文字都显示为红色，其代码如下。

```
<!doctype html>
<html>
<head>
<meta charset="utf-8">
<title>CSS 基本语法 </title>
<style type="text/css">
p {color: red;}
</style>
</head>
<body>
<p> 这里是页面的正文内容 </p>
</body>
</html>
```

<style> 标签中包括了 type="text/css"，这是让浏览器知道是使用 CSS 样式规则。

在使用 CSS 样式过程中，经常会有几个选择器用到同一个属性，例如规定页面中凡是粗体字、斜体字和 1 号标题字都显示为蓝色，按照上面介绍的写法应该将 CSS 样式写为如下的形式。

```
B { color: blue; }
I { color: blue; }
H1 { color: blue; }
```

这样书写十分麻烦，在 CSS 样式中引进了分组的概念，可以将相同属性的样式写在一起，CSS 样式的代码就会简洁很多，其代码形式如下。

```
B,I,H1 {color: blue ;}
```

用逗号分隔各个 CSS 样式选择器，将 3 行代码合并写在一起。

9.2.2　CSS 规则构成

所有 CSS 样式的基础就是 CSS 规则，每一条规则都是一条单独的语句，确定应该如何设计样式，以及应该如何应用这些样式。因此，CSS 样式由规则列表组成，浏览器用它来确定页面的显示效果。

CSS 由两部分组成：选择器和声明，其中声明由属性和属性值组成，所以简单的 CSS 规则形式如下。

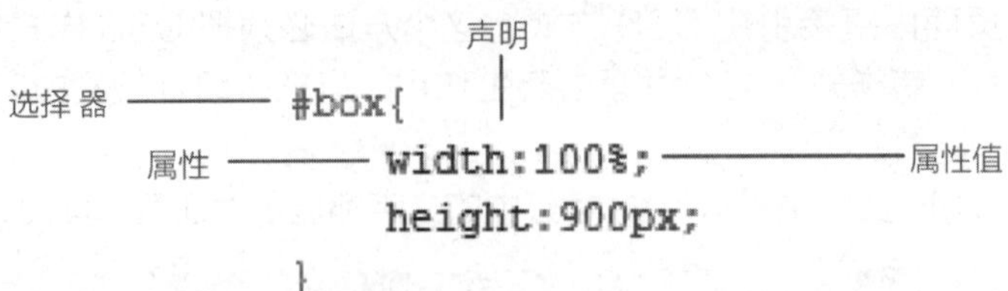

- **选择器**

选择器部分指定对文档中的哪个对象进行定义，选择器最简单的类型是“标签选择器”，它可以直接输入 HTML 标签的名称，便可以对其进行定义，例如定义 HTML 中的 <p> 标签，只要给出 < > 尖括号内的标签名称，用户就可以编写标签选择器了。

- **声明**

声明包含在 {} 大括号内，在大括号中首先给出属性名，接着是冒号，然后是属性值，结尾分号是可选项，推荐使用结尾分号，整条规则以结尾大括号结束。

- **属性**

属性由官方 CSS 规范定义。用户可以定义特有的样式效果，与 CSS 兼容的浏览器会支持这些效果，尽管有些浏览器识别不是正式语言规范部分的非标准属性，但是大多数浏览器很可能会忽略一些非 CSS 规范部分的属性，最好不要依赖这些专有的扩展属性，不识别它们的浏览器只是简单地忽略他们。

- **属性值**

声明的值放置在属性名和冒号之后。它确切定义应该如何设置属性。每个属性值的范围也在 CSS 规范中定义。

9.3 CSS 选择器

在 CSS 样式中提供了多种类型的 CSS 选择器，包括通配符选择器、标签选择器、类选择器、id 选择器和伪类选择器等，还有一些特殊的选择器，在创建 CSS 样式时，首先需要了解各种选择器类型的作用。

9.3.1 通配选择器

如果接触过 Dos 命令或是 Word 中的替换功能，对于通配操作应该不会陌生，通配是指使用字符替代不确定的字，如在 Dos 命令中，使用 *.* 表示所有文件，使用 *.bat 表示所有扩展名为 bat 的文件。因此，所谓的通配符选择器，也是指对对象可以使用模糊指定的方式进行选择。CSS 的通配符选择器可以使用 * 作为关键字，使用方法如下。

```
*{
 属性：属性值；
}
```

* 号表示所有对象，包含所有不同 id 不同 class 的 HTML 的所有标签。使用如上的选择器进行样式定义，页面中所有对象都会使用相同的属性设置。

9.3.2　标签选择器

HTML 文档是由多个不同的标签组成，CSS 标签选择器可以用来控制标签的应用样式。例如 p 选择器是用来控制页面中的所有 <p> 标签的样式风格。

标签选择器的语法格式如下。

```
标签名 {
属性 : 属性值 ;
… …
}
```

如果在整个网站中经常会出现一些基本样式，可以采用具体的标签来命名，从而达到对文档中标签出现的地方应用标签样式，使用方法如下所示。

```
body{
font-family: 宋体 ;
font-size:12px;
color:#999999;
}
```

实战　**创建通配选择器和标签选择器**

最终文件：光盘 \ 最终文件 \ 第 9 章 \9-3-2.html　　视频：光盘 \ 视频 \ 第 9 章 \9-3-2.mp4

01 执行“文件 > 打开”命令，打开页面“光盘 \ 源文件 \ 第 9 章 \9-3-2.html”，可以看到页面效果，如图 9-1 所示。在浏览器中预览该页面，可以看到预览效果，如图 9-2 所示。

图 9-1

图 9-2

提示

通过在页面的设计视图和在浏览器中预览，可以看出页面内容并没有顶到浏览器的四边边界，这是因为网页中许多元素默认的边界和填充属性值并不为 0，包括 <body> 标签，所在页面内容并没有沿着浏览器窗口的四边边界显示。

02 转换到该网页所链接的外部 CSS 样式表文件中，创建通配符 * 的 CSS 样式，如图 9-3 所示。

保存外部 CSS 样式表文件，在浏览器中预览页面，可以看到页面效果，如图 9-4 所示。

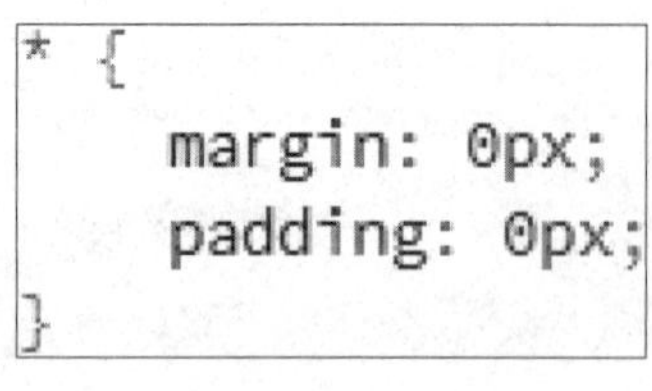

图 9-3

图 9-4

在该网页中因为没有定义 body 标签的 CSS 样式，所以页面的背景显示为默认的白色背景，页面中的字体和字体大小也都显示为默认的效果。

03 转换到外部 CSS 样式表文件中，创建 body 标签的 CSS 样式，如图 9-5 所示。保存外部 CSS 样式表文件，在浏览器中预览页面，可以看到页面效果，如图 9-6 所示。

```
body {
    font-family: 微软雅黑;
    font-size: 18px;
    line-height: 30px;
    font-weight: bold;
    color: #FFF;
    background-color: #2B4346;
}
```

图 9-5

图 9-6

HTML 标签在网页中都是具有特定作用的，并且有些标签在一个网页中只能出现一次，例如 <body> 标签，如果定义了两次 <body> 标签的 CSS 样式，则两个 CSS 样式中相同属性设置会出现覆盖的情况。

9.3.3 id 选择器

id 选择器是根据 DOM 文档对象模型原理所出现的选择器类型，对于一个网页而言，其中的每一个标签（或其他对象），均可以使用一个 id=" " 的形式，对 id 属性进行一个名称的指派，id 可以理解为一个标识，在网页中每个 id 名称只能使用一次。

```
<div id="top"></div>
```

如本例所示，HTML 中的一个 div 标签被指定了 id 名称为 top。

在 CSS 样式中，id 选择器使用 # 进行标识，如果需要对 id 名为 top 的标签设置样式，应当使用如下格式。

```
#top {
属性：属性值；
……
}
```

id 的基本作用是对每一个页面中的唯一出现的元素进行定义，如可以对导航条命名为 nav，对网页头部和底部命名为 header 和 footer，对于类似于此的元素在页面中均出现一次，使用 id 命名具有进行唯一性的指派含义，有助于代码阅读及使用。

9.3.4　类选择器

在网页中通过使用标签选择器，可以控制网页所有该标签显示的样式，但是，根据网页设计过程中的实际需要，标签选择器对设置个别标签的样式还是力不能及的，因此，就需要使用类（class）选择器，来达到特殊效果的设置。

类选择器用来为一系列的标签定义相同的显示样式，其基本语法如下。

```
.类名称 {
属性：属性值；
……
}
```

类名称表示类选择器的名称，其具体名称由 CSS 定义者自己命名。在定义类选择器时，需要在类名称前面加一个英文句点（.）。

```
.font01 { color: black;}
.font02 { font-size: 12px;}
```

以上定义了两个类选择器，分别是 font01 和 font02。类的名称可以是任意英文字符串，也可以是以英文字母开头与数字组合的名称，通常情况下，这些名称都是其效果与功能的简要缩写。

可以使用 HTML 标签的 class 属性来引用类选择器。

```
<p class="font01">class 属性是被用来引用类选择器的属性 </p>
```

以上所定义的类选择器被应用于指定的 HTML 标签中（如 <p> 标签），同时它还可以应用于不同的 HTML 标签中，使其显示出相同的样式。

```
<p class="font01"> 段落样式 </p>
<h1 class="font01"> 标题样式 </h1>
```

创建 id 选择器和类选择器

最终文件：光盘 \ 最终文件 \ 第 9 章 \9-3-4.html　　视频：光盘 \ 视频 \ 第 9 章 \9-3-4.mp4

01 执行“文件 > 打开”命令，打开页面“光盘 \ 源文件 \ 第 9 章 \9-3-4.html”，可以看到页面效果，如图 9-7 所示。转换到代码视图中，可以看到页面的 HTML 代码，如图 9-8 所示。

图 9-7

```
<body>
<div id="text"> Welcome<br>
欢迎来到奇异网页设计工作室（简称奇异工作室）<br>
工作领域：网页设计、平面广告设计等。<br>
  <br>
  <br>
  <img src="images/93402.png" width="257" height="213" alt=
"" />
</div>
</body>
```

图 9-8

在该网页中因为没有定义 id 名称为 text 的 Div 的 CSS 样式，所以其内容在网页中显示的是默认的效果，并不符合页面整体风格的需要。

02 转换到该网页所链接的外部 CSS 样式表文件中，创建名称为 #text 的 id CSS 样式，如图 9-9 所示。保存外部 CSS 样式表文件，在浏览器中预览页面，可以看到页面效果，如图 9-10 所示。

```
#text{
    width: 360px;
    height: auto;
    overflow: hidden;
    line-height: 30px;
    text-align: center;
    margin: 180px auto 60px auto;
}
```

图 9-9

图 9-10

id 选择器与类选择器有一定的区别，它并不像类选择器那样可以给任意数量的标签定义样式，它在页面的标签中只能使用一次；同时，id 选择器比类选择器还具有更高的优先级，当 id 选择器与类选择器发生冲突时，将会优先使用 id 选择器。

03 转换到外部 CSS 样式表文件中，创建名称为 .font01 的类 CSS 样式，如图 9-11 所示。返回设计页面中，选中页面中相应的文字，在“属性”面板上的“类”下拉列表中选择刚定义的 font01 类 CSS 样式应用，如图 9-12 所示。

```
.font01 {
    font-family: "Arial Black";
    font-size: 36px;
    line-height: 50px;
}
```

图 9-11

图 9-12

04 完成类 CSS 样式应用，可以看到文字效果，如图 9-13 所示。转换到外部 CSS 样式表文件中，创建名称为 .font02 的类 CSS 样式，如图 9-14 所示。

Welcome

欢迎来到奇异网页设计工作室（简称奇异工作室）

工作领域：网页设计、平面广告设计等。

图 9-13

```
.font02 {
    font-weight: bold;
    color: #DF4C2A;
}
```

图 9-14

05 返回设计页面中，选中页面中相应的文字，为其应用名为 font02 的类 CSS 样式，效果如图 9-15 所示。保存页面并保存外部 CSS 样式表文件，在浏览器中预览页面，可以看到页面效果，如图 9-16 所示。

Welcome

欢迎来到奇异网页设计工作室（简称奇异工作室）

工作领域：网页设计、平面广告设计等。

图 9-15

图 9-16

新建类 CSS 样式时，默认在类 CSS 样式名称前有一个“.”。这个“.”说明了此 CSS 样式是一个类 CSS 样式（class），根据 CSS 规则，类 CSS 样式（class）必须为网页中的元素应用才会生效，类 CSS 样式可以在一个 HTML 元素中被多次调用。

9.3.5 伪类和伪对象选择器

伪类及伪对象是一种特殊的类和对象，由 CSS 样式自动支持，属 CSS 的一种扩展类型和对象，名称不能被用户自定义，使用时只能够按标准格式进行应用。使用形式如下。

```
a:hover {
background-color:#ffffff;
}
```

伪类和伪对象由以下两种形式组成。

```
选择器 : 伪类
选择器 : 伪对象
```

上面说到的 hover 便是一个伪类，用于指定对象的鼠标经过状态。CSS 样式中内置了几个标准的伪类用于用户的样式定义。

CSS 样式内置伪类的介绍如表 9-2 所示。

表 9-2 CSS 样式中内置的伪类

伪　类	用　途
:link	a 链接标签的未被访问前的样式
:hover	对象在鼠标移动时的样式
:active	对象被用户点击及被点击释放之间的样式
:visited	a 链接对象被访问后的样式
:focus	对象成为输入焦点时的样式
:first-child	对象的第一个子对象的样式
:first	对于页面的第一页使用的样式

同样 CSS 样式中内置了几个标准伪对象用于用户的样式定义，CSS 样式中内置伪对象的介绍如表 9-3 所示。

表 9-3 CSS 样式中内置的伪对象

伪 对 象	用　途
:after	设置某一个对象之后的内容
:first-letter	对象内的第一个字符的样式设置
:first-line	对象内第一行的样式设置
:before	设置某一个对象之前的内容

实际上，除了对链接样式控制的 :hover、:active 几个伪类之外，大多数伪类及伪对象在实际使用上并不常见。设计者所接触到的 CSS 布局中，大部分是关于排版的样式，对于伪类及伪对象所支持的多类属性基本上很少用到，但是不排除使用的可能，由此也可看到 CSS 对样式及样式中对象的逻辑关系、对象组织提供了很多便利的接口。

伪类 CSS 样式在网页中应用最广泛的是在网页的超链接中，但是也可以为其他的网页元素应用伪类 CSS 样式，特别是 :hover 伪类，该伪类是当鼠标移至元素上时的状态，通过该伪类 CSS 样式的应用可以在网页中实现许多交互效果。

创建超链接伪类选择器

最终文件：光盘 \ 最终文件 \ 第 9 章 \9-3-5.html　　视频：光盘 \ 视频 \ 第 9 章 \9-3-5.mp4

01 执行“文件 > 打开”命令，打开页面“光盘 \ 源文件 \ 第 9 章 \9-3-5.html”，可以看到页面效果，如图 9-17 所示。选中页面中相应的文字，并为该文字创建空链接，如图 9-18 所示。

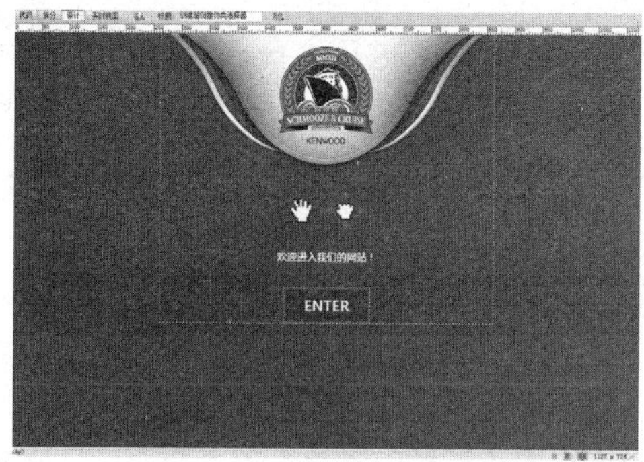

图 9-17

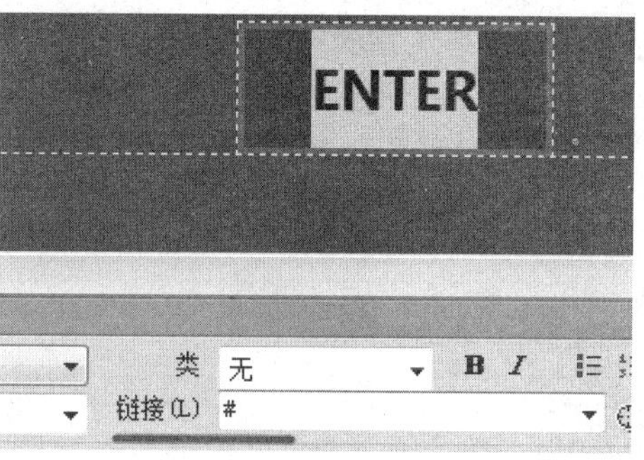

图 9-18

02 在浏览器中预览该页面，可以看到网页中默认的超链接文字的效果，如图 9-19 所示。转换到该文件所链接的外部 CSS 样式表文件中，创建超链接标签 a 的 4 种伪类 CSS 样式，如图 9-20 所示。

图 9-19

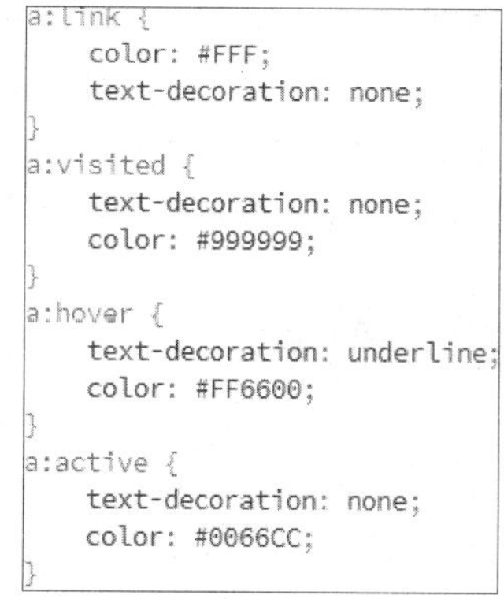

```css
a:link {
    color: #FFF;
    text-decoration: none;
}
a:visited {
    text-decoration: none;
    color: #999999;
}
a:hover {
    text-decoration: underline;
    color: #FF6600;
}
a:active {
    text-decoration: none;
    color: #0066CC;
}
```

图 9-20

03 返回设计视图中，可以看见链接文字的效果，如图 9-21 所示。保存页面，并保存外部 CSS 样式表文件，在浏览器中预览页面，可以看到页面中超链接文字的效果，如图 9-22 所示。

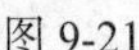

图 9-21

图 9-22

提示　通过对超链接 <a> 标签的 4 种伪类 CSS 样式进行设置，可以控制网页中所有的超链接文字的样式，如果需要在网页中实现不同的超链接样式，则可以定义类 CSS 样式的 4 种伪类或 id CSS 样式的 4 种伪类来实现。

9.3.6 群组选择器

可以对单个 HTML 对象进行 CSS 样式设置，同样可以对一组对象进行相同的 CSS 样式设置。

```
h1,h2,h3,p,span{
font-size: 12px;
font-family: 宋体;
}
```

使用逗号对选择器进行分隔，使得页面中所有的 <h1>、<h2>、<h3>、<p> 和 <span> 标签都将具有相同的样式定义，这样做的好处是对页面中需要使用相同样式的地方只需要书写一次 CSS 样式即可实现，减少代码量，改善 CSS 代码的结构。

9.3.7 派生选择器

例如下面的 CSS 样式代码。

```
h1 span{
font-weight: bold;
}
```

当仅仅想对某一个对象中的“子”对象进行样式设置时，派生选择器就被派上了用场，派生选择器指选择器组合中前一个对象包含后一个对象，对象之间使用空格作为分隔符，如本例所示，对 h1 下的 span 进行样式设置，最后应用到 HTML 是如下格式。

```
<h1> 这是一段文本 <span> 这是 span 内的文本 </span></h1>
<h1> 单独的 h1</h1>
<span> 单独的 span</span>
<h2> 被 h2 标签套用的文本 <span> 这是 h2 下的 span</span></h2>
```

h1 标签之中的 span 标签将被应用 font-weight:bold 的样式设置，注意，仅仅对有此结构的标签有效，对于单独存在的 h1 或是单独存在的 span 及其他非 h1 标签下属的 span 均不会应用此样式。

这样做能帮助避免过多的 id 及 class 的设置，直接对所需要设置的元素进行设置，派生选择器除了可以二者包含，也可以多级包含，例如以下选择器样式同样能够使用。

```
body h1 span {
font-weight: bold;
}
```

实战

创建群组选择器和派生选择器

最终文件：光盘 \ 最终文件 \ 第 9 章 \9-3-7.html　　视频：光盘 \ 视频 \ 第 9 章 \9-3-7.mp4

01 执行“文件 > 打开”命令，打开页面“光盘 \ 源文件 \ 第 9 章 \9-3-7.html”，可以看到页面效果，如图 9-23 所示。在浏览器中预览该页面，可以看到网页的效果，如图 9-24 所示。

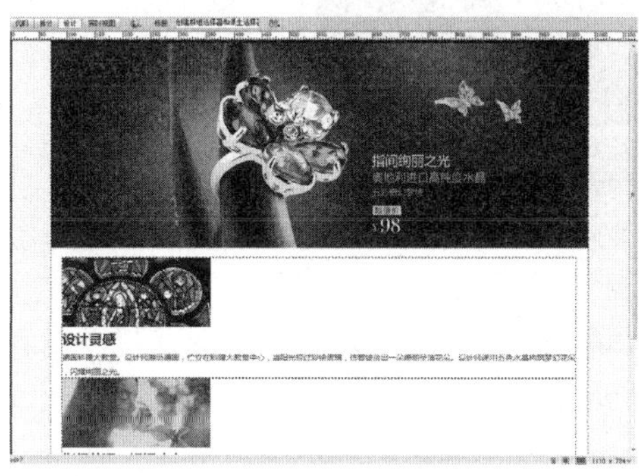

图 9-23

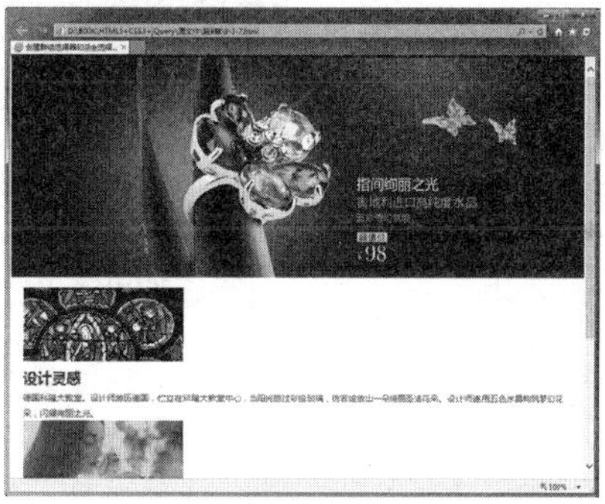

图 9-24

02 转换到代码视图中，可以看到该网页的 HTML 代码，如图 9-25 所示。转换到外部 CSS 样式表文件中，创建名称为 #pic1,#pic2,#pic3 的群组选择器 CSS 样式，如图 9-26 所示。

```
<div id="box">
  <div id="pic1"><img src="images/93702.jpg" width="266"
height="121"  alt=""/><br>
    <span class="font01">设计灵感</span><br>
  德国科隆大教堂。设计师游历德国，伫立在科隆大教堂中心，当
阳光掠过彩绘玻璃，仿若绽放出一朵绮丽圣洁花朵。设计师遂用五
色水晶构筑梦幻花朵，闪耀绚丽之光。</div>
  <div id="pic2"><img src="images/93703.jpg" width="266"
height="121"  alt=""/><br>
    <span class="font01">指间花语，妩媚动人</span><br>
  没有女人会拒绝花朵。经典五瓣花朵造型，简约而国际，给指间
平添了无限靓丽光彩，是女性妩媚气质的极佳流露。</div>
  <div id="pic3"><img src="images/93704.jpg" width="266"
height="121"  alt=""/><br>
    <span class="font01">奥地利进口水晶</span><br>
  臻选奥地利进口彩晶精心雕琢，绽放出不同寻常的绮丽光芒。五
种不同色泽的特色水晶，如同阳光掠过教堂彩绘玻璃绽放的圣洁亮
彩，尽量不凡格调。</div>
</div>
```

图 9-25

```
#pic1,#pic2,#pic3 {
    width: 272px;
    height: 305px;
    background-color: #F3F3F3;
    margin: 0px 8px;
    padding: 0px 10px 10px 10px;
    float: left;
}
```

图 9-26

03 保存页面并保存外部 CSS 样式表文件，在浏览器中预览页面，可以看到页面的效果，如图 9-27 所示。转换到外部 CSS 样式表文件中，创建名称为 #pic1 img,#pic2 img,#pic3 img 的派生选择器 CSS 样式，如图 9-28 所示。

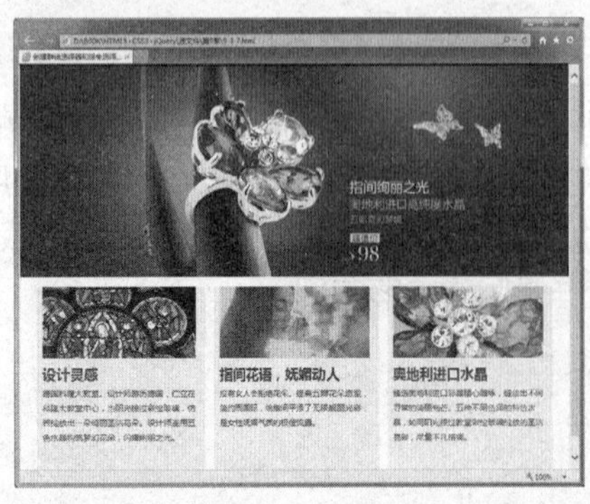

图 9-27

```
#pic1 img,#pic2 img,#pic3 img {
    border: solid 3px #669933;
}
```

图 9-28

04 保存页面并保存外部 CSS 样式表文件，在浏览器中预览页面，可以看到页面的效果，如图 9-29 所示。

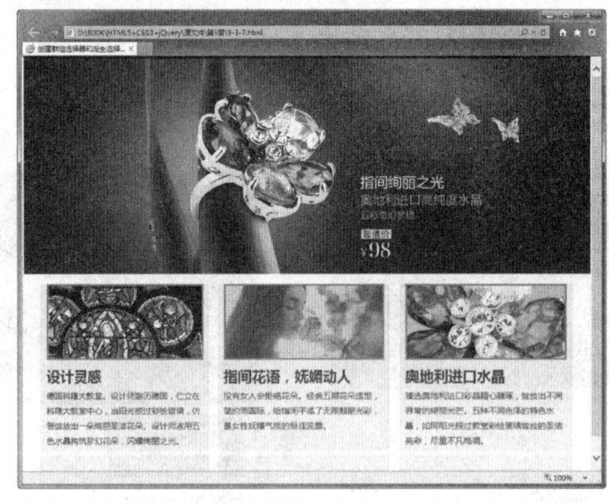

图 9-29

派生选择器是指选择器组合中的前一个对象包含后一个对象，对象之间使用空格作为分隔符。这样做能够避免定义过多的 id 和类 CSS 样式，直接对需要设置的元素进行设置。派生选择器除了可以二级包含，也可以多级包含。

9.4 CSS 3 新增选择器

在 CSS 样式表中，选择器是一个非常重要的功能。伴随着 CSS 3 和 HTML 5 的发展，选择器的功能已经超出了 CSS 的应用范围，发展成为一个独立的选择器规范。针对 CSS 样式表选择器，在 CSS 3 中新增了 4 种选择器类型，分别是属性选择器、结构伪类选择器、UI 元素状态伪类选择器和伪元素选择器。本节将详细介绍这 4 种新增的选择器。

9.4.1　属性选择器

属性选择器是指直接使用属性控制 HTML 标签样式，它可以根据某个属性是否存在或者通过属性值来查找元素，具有很强大的效果。与使用 CSS 样式对 HTML 标签进行修饰有很大的不同，它避免了通过使用 HTML 标签名称或自定义名称指向具体的 HTML 元素，来达到控制 HTML 标签样式的目的，因此具有很大的方便性。

常见的属性选择器说明如表 9-4 所示。

表 9-4　常见的属性选择器

<table>
<tr><th>选　择　器</th><th>说　　明</th></tr>
<tr><td>E[foo]</td><td>选择匹配 E 的元素，且该元素定义了 foo 属性。注意，E 选择器可以省略，表示选择定义了 foo 属性的任意类型元素</td></tr>
<tr><td>E[foo="bar"]</td><td>选择匹配 E 的元素，且该元素将 foo 属性值定义为 "bar"。注意，E 选择器可以省略，用法与上一个选择器类似</td></tr>
<tr><td>E[foo~="bar"]</td><td>选择匹配 E 的元素，且该元素定义了 foo 属性，foo 属性值是一个以空格符分割的列表，其中一个列表的值为 "bar"。注意，E 选择器可以省略，表示可以匹配任意类型的元素。例如，a[title~="b1"] 匹配 <a title="b1 b2 b3"></a>，而不匹配 <a title="b2 b3 b5"></a></td></tr>
<tr><td>E[foo|="en"]</td><td>选择匹配 E 的元素，且该元素定义了 foo 属性，foo 属性值是一个用连字符（-）分割的列表，值开头的字符为 "en"。例如，[lang|="en"] 匹配 <body lang="en-us"></body>，而不是匹配 <body lang="f-ag"></body></td></tr>
<tr><td>E[foo^="bar"]</td><td>选择匹配 E 的元素，且该元素定义了 foo 属性，foo 属性值包含前缀为 "bar" 的子字串符。注意，E 选择器可以省略，表示可以匹配任意类型的元素。例如，body[lang^="en"] 匹配 <body lang="en-us"></body>, 而不匹配 <body lang="f-ag"></body></td></tr>
<tr><td>E[foo$="bar"</td><td>选择匹配 E 的元素，且该元素定义了 foo 属性，foo 属性值包含后缀为” bar” 的子字符串。注意 ,E 选择器可以省略，表示可以匹配任意类型的元素。例如，img[src$="jpg"] 匹配 <img src="p.jpg"/>，而不匹配 <img src="p.gif"/></td></tr>
<tr><td>E[foo*="bar"]</td><td>选择匹配 E 的元素，且该元素定义了 foo 属性，foo 属性值包含 "b" 的子字符串。注意，E 选择器可以省略，表示可以匹配任意类型的元素。例如，img[src$="jpg"] 匹配 <img src="p.jpg"/>, 而不匹配 <img src="p.gif"/></td></tr>
</table>

在网页中使用属性选择器

最终文件：光盘 \ 最终文件 \ 第 9 章 \9-4-1.html　　视频：光盘 \ 视频 \ 第 9 章 \9-4-1.mp4

01 执行“文件 > 打开”命令，打开页面“光盘 \ 源文件 \ 第 9 章 \9-4-1.html”，可以看到页面效果，如图 9-30 所示。转换到代码视图中，可以看到界面代码，如图 9-31 所示。

图 9-30

```
<body>
<div id="box">
  <div id="text">
    <ul>
      <li dc="Apple">Apple苹果 (pingguo) </li>
      <li dc="Apricot">Apricot: 杏子 (xingzi) </li>
      <li dc="Arbutus">Arbutus: 杨梅 (yangmei) </li>
      <li dc="Banana">Banana: 香蕉 (xiangjiao) </li>
      <li dc="Blueberry">Blueberry: 蓝莓 (lanmei) </li>
      <li dc="Cumquat">Cumquat: 金桔 (jinju) </li>
      <li dc="Durian">Durian: 榴莲 (liulian) </li>
      <li dc="Lemon">Lemon: 柠檬 (ningmeng) </li>
      <li>...... </li>
    </ul>
  </div>
  <div id="enter"><a href="images/94103.jpg">
    <p>进入儿童英语网站</p></a></div>
</div>
</body>
```

图 9-31

02 转换到外部 CSS 样式表文件中，创建属性选择器，如图 9-32 所示。返回设计视图中，可以看到列表中以字母 A 开始的行背景变化，如图 9-33 所示。

```
/*属性选择符E[attr^="val"]*/
li[dc^="A"] {
    background-color:#FC0;
}
```

图 9-32

- Apple苹果（pingguo）
- Apricot：杏子（xingzi）
- Arbutus：杨梅（yangmei）
- Banana：香蕉（xiangjiao）
- Blueberry：蓝莓（lanmei）
- Cumquat：金桔（jinju）
- Durian：榴莲（liulian）
- Lemon：柠檬（ningmeng）
- ......

图 9-33

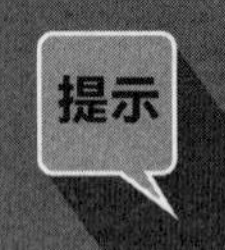

> **提示**
> 此处 li[dc^="A"] 匹配了属性 dc 的值是以 "A" 开头的 li 元素。

03 转换到外部 CSS 样式表文件中，修改属性选择器设置代码，如图 9-34 所示。返回设计视图中，可以看到列表中以字母 t 结束的行背景变化，如图 9-35 所示。

```
/*属性选择符E[attr$="val"]*/
li[dc$="t"] {
    background-color:#FC0;
}
```

图 9-34

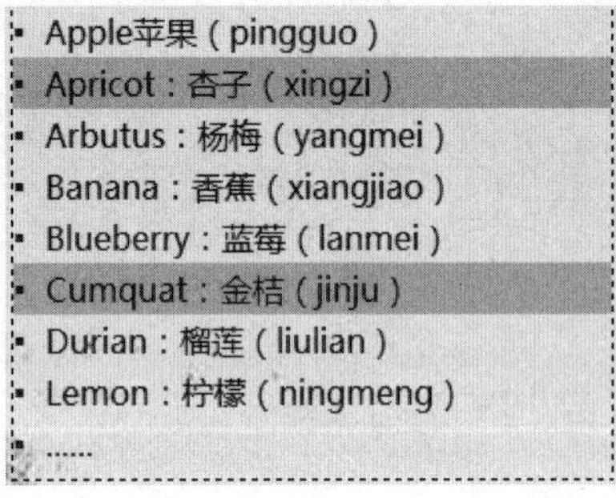

- Apple苹果（pingguo）
- Apricot：杏子（xingzi）
- Arbutus：杨梅（yangmei）
- Banana：香蕉（xiangjiao）
- Blueberry：蓝莓（lanmei）
- Cumquat：金桔（jinju）
- Durian：榴莲（liulian）
- Lemon：柠檬（ningmeng）
- ......

图 9-35

> **提示**
> 此处 li[dc$="t"] 匹配了属性 dc 的值时以 "t" 结尾的 li 元素。

04 转换到外部CSS样式表文件中，修改属性选择器设置代码，如图9-36 所示。返回设计视图中，可以看到列表中含有字母 e 的行背景变化，如图 9-37 所示。

```
/*属性选择符E[attr*="val"]*/
li[dc*="e"] {
    background-color:#FC0;
}
```

图 9-36

- Apple苹果（pingguo）
- Apricot：杏子（xingzi）
- Arbutus：杨梅（yangmei）
- Banana：香蕉（xiangjiao）
- Blueberry：蓝莓（lanmei）
- Cumquat：金桔（jinju）
- Durian：榴莲（liulian）
- Lemon：柠檬（ningmeng）
- ......

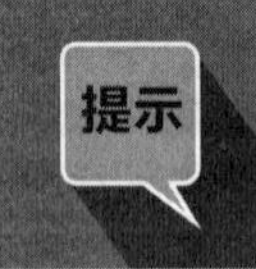

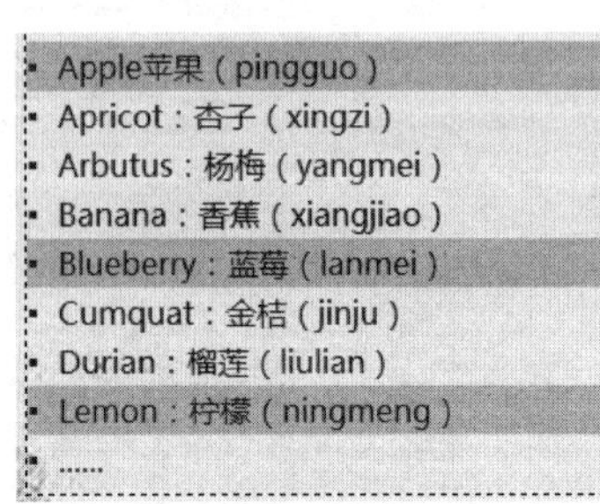

图 9-37

此处 li[dc*="e"] 匹配了属性 dc 的值含有字符 "e" 的 li 元素。

9.4.2　结构伪类选择器

结构伪类选择器是指运用文档结构树来实现元素过滤，简单来说，就是利用文档结构之间的相互关系来匹配指定的元素，用来减少文档内对 class 属性以及 id 属性的定义，从而可以使整个文档更加简练。

常见的结构伪类选择器说明如表 9-5 所示。

表 9-5　常见的结构伪类选择器

选　择　器	说　　明
E:root	选择匹配 E 所在文档的根元素。所谓根元素就是位于文档结构中的顶层元素。在 HTML 页面中，根元素就是 html 元素，此时该选择器与 html 类型选择器匹配的内容相同
E:not(s)	选择匹配所有不匹配简单选择器 s 的 E 元素
E:empty	选择匹配 E 的元素，且该元素不包含子节点。文本也属于节点
E:target	选择匹配当前链接地址指向的 E 元素
E:first-child	匹配父元素的第一个子元素
E:last-child	匹配父元素的最后一个子元素，等同于 :nth-last-child(1)
E:nth-child(n)	匹配父元素中第 n 个位置的子元素。其中，参数 n 可以是一个数字、关键字（odd、event）、公式（2n、2n+1 等）。参数 n 的索引起始值为 1，而不是 0。使用方法例如：tr:nth-child(3) 匹配表格中的第三个 tr 元素；tr:nth-child(2n) 和 tr:nth-child(event) 匹配表格中的第偶数个 tr 元素；tr:nth-child(2n+1) 和 tr:nth-child(odd) 匹配表格中第奇数个 tr 元素
E:nth-last-child(n)	匹配父元素的倒数第 n 个子元素 E
E:only-child	匹配父元素下仅有的一个子元素 E
E:first-of-type	匹配父元素下使用同种标签的第一个同级兄弟元素 E
E:last-of-type	匹配父元素下使用同种标签的最后一个同级兄弟元素 E
E:only-of-type	匹配父元素下使用同种标签的唯一一个同级兄弟元素 E
E:nth-of-type(n)	匹配父元素下使用同种标签的第 n 个同级兄弟元素 E
E:nth-last-of-type(n)	匹配父元素下使用同种标签的倒数第 n 个同级兄弟元素 E

9.4.3　UI 元素状态伪类选择器

UI 元素状态包括可用、不可用、选中、未选中、获取焦点、失去焦点、锁定和待机等。在 CSS 3 中提供了 UI 元素状态伪类选择器，可以设置元素处在某种状态下的样式，在人机交互过程中，只要元素的状态发生了变化，选择器就有可能会匹配成功。

常用的 UI 元素状态伪类选择器说明如表 9-6 所示。

表 9-6　常见的 UI 元素状态伪类选择器

选　择　器	说　　明
E:enabled	选择匹配 E 的所有可用 UI 元素。注意，在网页中，UI 元素一般是指包含在 form 元素内的表单元素。例如 input:enabled 匹配 <form><input type=text/><input type=button disabled="disabled"/></form> 代码中的文本框，而不匹配代码中的按钮
E:disabled	选择匹配 E 的所有不可用元素。注意，在网页中，UI 元素一般是指包含在 form 元素内的表单元素。例如 input:disabled 匹配 <form><input type=text><input type=button disabled="disabled"></form> 代码中的按钮，而不匹配代码中的文本框
E:checked	选择匹配 E 的所有可用 UI 元素。注意，在网页中，UI 元素一般是指包含在 from 元素内的表单元素。例如 input:checked 匹配 <form><input type=checkbox><input type=radio checked="checked"></form> 代码中的单选按钮，但不匹配该代码中的复选框

CSS 3 中新增的这 3 个 UI 元素状态伪类选择器主要应用于表单的设计，可以设计出交互性更强、更具有人性化的表单 UI 界面。

9.4.4　伪元素选择器

在 CSS 3 中，还有一种伪元素选择器，它并不是针对真正的元素使用的选择器，而是针对 CSS 已经定义好的伪元素使用的选择器。

CSS 伪元素选择器的说明如表 9-7 所示。

表 9-7　CSS 伪元素选择器的说明

选　择　器	说　　明
E:first-letter/E::first-letter	设置对象内的第一个字符的样式
E:first-line/E::first-line	设置对象内的第一行的样式
E:before/E::before	设置在对象前（依据对象树的逻辑结构）发生的内容，用来和 content 属性一起使用
E:after/E::after	设置在对象后（依据对象树的逻辑结构）发生的内容，用来和 content 属性一起使用
E::selection	设置对象被选中时的颜色

在网页中使用伪元素选择器

最终文件：光盘\最终文件\第 9 章\9-4-4.html　　视频：光盘\视频\第 9 章\9-4-4.mp4

01 执行“文件 > 打开”命令，打开页面“光盘\源文件\第 9 章\9-4-4.html”，可以看到页面效果，如图 9-38 所示。转换到代码视图中，可以看到界面代码，如图 9-39 所示。

图 9-38

```
<body>
<div id="box">
  <div id="text">
    <ul>
      <li dc="Apple">Apple苹果 (pingguo) </li>
      <li dc="Apricot">Apricot: 杏子 (xingzi) </li>
      <li dc="Arbutus">Arbutus: 杨梅 (yangmei) </li>
      <li dc="Banana">Banana: 香蕉 (xiangjiao) </li>
      <li dc="Blueberry">Blueberry: 蓝莓 (lanmei) </li>
      <li dc="Cumquat">Cumquat: 金桔 (jinju) </li>
      <li dc="Durian">Durian: 榴莲 (liulian) </li>
      <li dc="Lemon">Lemon: 柠檬 (ningmeng) </li>
      <li>...... </li>
    </ul>
  </div>
  <div id="enter"><a href="images/94103.jpg">
    <p>进入儿童英语网站</p></a></div>
</div>
</body>
```

图 9-39

02 转换到外部 CSS 样式表文件中，创建伪元素选择器，如图 9–40 所示。返回设计视图中，可以看到段落首字符发生变化，如图 9–41 所示。

```
/*突出第一个字*/
p:first-letter {
    font-size:18px;
    font-weight:bold;
}
```

图 9-40

图 9-41

03 转换到外部 CSS 样式表文件中，创建伪元素选择器，如图 9–42 所示。保存页面并保存外部 CSS 样式表文件，在 Firefox 浏览器中预览页面，可以看到链接文字前添加的图片效果，如图 9–43 所示。

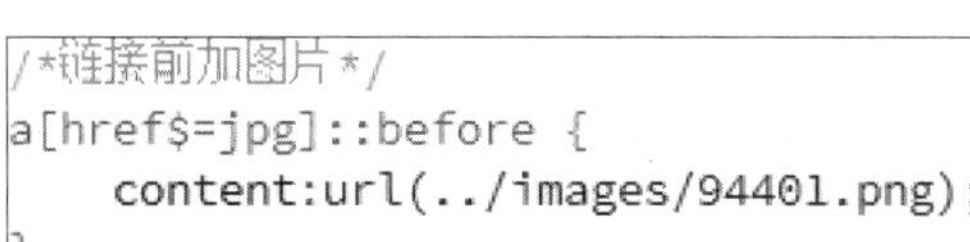

```
/*链接前加图片*/
a[href$=jpg]::before {
    content:url(../images/94401.png);
}
```

图 9-42

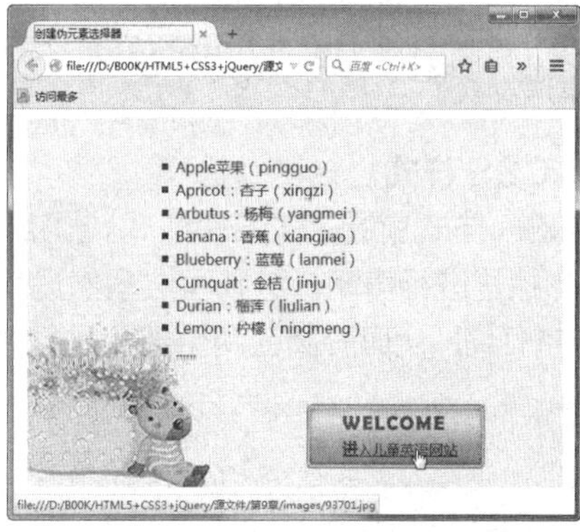

图 9-43

由此可以看出，链接前面的图片也可以通过伪元素 before 来实现，首个字符的设置也可以使用伪元素 first–letter 来实现，其他伪元素的使用方法是一致的。

9.5 应用 CSS 样式

CSS 样式能够很好地控制页面的显示，以分离网页内容和样式代码。CSS 样式可以用来改变从文本样式到页面布局的一切，并且能够与 JavaScript 结合产生动态显示效果。

9.5.1 应用 CSS 样式的 4 种方式

在网页中应用 CSS 样式表有 4 种方式：内联 CSS 样式、内部 CSS 样式、链接外部 CSS 样式表文件和导入外部 CSS 样式表文件。

1. 内联 CSS 样式

内联 CSS 样式是所有 CSS 样式中比较简单和直观的方法，就是直接把 CSS 样式代码添加到 HTML 的标签中，即作为 HTML 标签的属性存在。通过这种方法，可以很简单地对某个元素单独定义样式。

使用内联样式方法是直接在 HTML 标签中使用 style 属性，该属性的内容就是 CSS 的属性和值，其应用格式如下。

```
<p style="font-family: 宋体 ; font-size:12px; color:#CCCCCC;"> 内联样式 </p>
```

内联 CSS 样式由 HTML 文件中元素的 style 属性所支持，只需要将 CSS 代码用“;”分号隔开输入在 style=“ ”中，便可以完成对当前标签的样式定义，是 CSS 样式定义的一种基本形式。

内联 CSS 样式仅仅是 HTML 标签对于 style 属性的支持所产生的一种 CSS 样式表编写方式，并不符合表现与内容分离的设计模式，采用内联 CSS 样式与表格布局从代码结构上来说完全相同，仅仅利用了 CSS 对元素的精确控制优势，并没有很好地实现表现与内容的分离，所以这种书写方式应当尽量少用。

2. 内部 CSS 样式

内部 CSS 样式就是将 CSS 样式代码添加到 <head> 与 </head> 标签之间，并且用 <style> 与 </style> 标签进行声明。这种写法虽然没有完全实现页面内容与 CSS 样式表现的完全分离，但可以将内容与 HTML 代码分离在两个部分进行统一的管理。代码如下。

```
<html>
<head>
<title> 内部样式表 </title>
<style type="text/css">
body{
   font-family: " 宋体 ";
   font-size: 12px;
   color: #333333;
}
</style>
</head>
<body>
```

```
内部css样式
</body>
</html>
```

内部CSS样式是CSS样式的初级应用形式，它只针对当前页面有效，不能跨页面执行，因此达不到CSS代码多用的目的，在实际的大型网站开发中，很少会用到内部CSS样式。

在内部CSS样式中，所有的CSS代码都编写在<style>与</style>标签之间，方便了后期对页面的维护，页面相对于内部CSS样式的方式大大瘦身了。但是如果一个网站拥有很多页面，对于不同页面中的<p>标签都希望采用同样的CSS样式设置时，内部CSS样式的方法都显得有点麻烦了。该方法只适合于单一页面设置单独的CSS样式。

3. 链接外部CSS样式表文件

外部CSS样式表文件是CSS样式中较为理想的一种形式。将CSS样式代码单独编写在一个独立文件之中，由网页进行调用，多个网页可以调用同一个外部CSS样式表文件，因此能够实现代码的最大化重用及网站文件的最优化配置。

链接外部CSS样式是指在外部定义CSS样式并形成以.css为扩展名的文件，在网页中通过<link>标签将外部的CSS样式文件链接到网页中，而且该语句必须放在页面的<head>与</head>标签之间，其语法格式如下。

```
<link rel="stylesheet" type="text/css" href="CSS样式表文件 ">
```

rel属性指定链接到CSS样式，其值为stylesheet，type属性指定链接的文件类型为CSS样式表，href属性指定所定义链接的外部CSS样式文件的路径，可以使用相对路径和绝对路径。

推荐使用链接外部CSS样式文件的方式在网页中应用CSS样式，其优势主要有：1.独立于HTML文件，便于修改；2.多个文件可以引用同一个CSS样式文件；3.CSS样式文件只需要下载一次，就可以在其他链接了该文件的页面内使用；4.浏览器会先显示HTML内容，然后再根据CSS样式文件进行渲染，从而使访问者可以更快地看到内容。

4. 导入外部CSS样式表文件

导入外部CSS样式表文件与链接外部CSS样式表文件基本相同，都是创建一个独立的CSS样式表文件，然后再引入到HTML文件中，只不过在语法和运作方式上有所区别。采用导入的CSS样式，在HTML文件初始化时，会被导入到HTML文件内，成为文件的一部分，类似于内部CSS样式。链接CSS样式表是在HTML标签需要CSS样式风格时才以链接方式引入。

导入的外部CSS样式表文件是指在嵌入样式的<style>与</style>标签中，使用@import命令导入一个外部CSS样式表文件。

导入外部 CSS 样式与链接外部 CSS 样式相比较，最大的优点就是可以一次导入多个外部 CSS 样式文件。导入外部 CSS 样式文件相当于将 CSS 样式文件导入到内部 CSS 样式中，其方式更有优势。导入外部 CSS 样式文件必须在内部 CSS 样式开始部分，即其他内部 CSS 样式代码之前。

创建并链接外部 CSS 样式表文件

最终文件：光盘\最终文件\第 9 章\9-5-1.html　　视频：光盘\视频\第 9 章\9-5-1.mp4

01 执行“文件 > 打开”命令，打开页面“光盘\源文件\第 9 章\9-5-1.html”，可以看到页面效果，如图 9-44 所示。执行“文件 > 新建”命令，新建一个 CSS 样式表文件，并保存名为“光盘\源文件\第 9 章\style\9-5-1.css”文件，如图 9-45 所示。

图 9-44

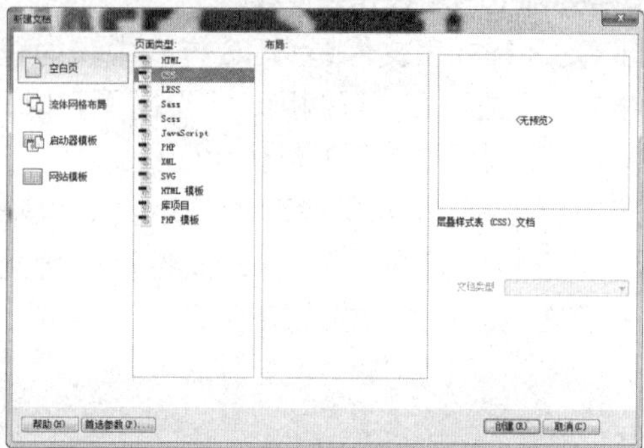

图 9-45

02 返回页面的设计视图中，打开“CSS 设计器”面板，单击“源”选项中的“附加现有的 CSS 文件”按钮，在弹出菜单中选择“附加现有的 CSS 文件”选项，如图 9-46 所示。弹出“使用现有的 CSS 文件”对话框，单击“浏览”按钮，选择需要链接的外部 CSS 样式文件，如图 9-47 所示。

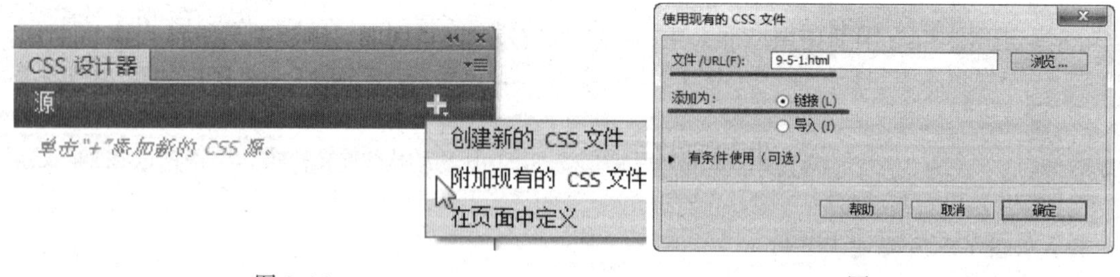

图 9-46　　　　图 9-47

03 单击“确定”按钮，链接刚创建的外部 CSS 样式表文件，转换到代码视图中，可以看见刚链接外部样式表文件的 html 代码，如图 9-48 所示。转换到外部样式表文件中，创建通配选择器 * 和 body 标签选择器的 CSS 样式，如图 9-49 所示。

```
<head>
<meta charset="utf-8">
<title>创建并链接外部CSS样式表文件</title>
<link href="style/9-5-1.css" rel="stylesheet" type=
"text/css">
</head>
```

图 9-48

```
* {
    margin: 0px;
    padding: 0px;
}
body {
    font-family: 微软雅黑;
    font-size: 14px;
    color: #FFF;
    line-height: 30px;
    font-weight: bold;
    background-color: #1D1D1D;
    background-image: url(../images/95101.jpg);
    background-repeat: repeat-x;
}
```

图 9-49

CSS 样式在页面中的应用主要目的在于实现良好的网站文件管理及样式管理，分离式的结构有助于合理分配表现与内容。

04 返回设计视图中，可以看到页面效果，如图 9-50 所示。转换到外部样式表文件中，创建名为 #box 的 CSS 样式，如图 9-51 所示。

图 9-50

```
#box {
    width: 853px;
    height: auto;
    overflow: hidden;
    margin: 0px auto;
    padding-top: 40px;
    text-align: center;
}
```

图 9-51

05 返回设计视图中，可以看到页面效果，如图 9-52 所示。转换到外部样式表文件中，创建名为 .font01 的类 CSS 样式，如图 9-53 所示。

图 9-52

```
.font01 {
    font-size: 28px;
    color: #1FABBA;
    line-height: 60px;
}
```

图 9-53

06 返回设计页面中，选中页面中相应的文字，应用刚定义的名为 font01 的类 CSS 样式，如图 9-54

所示。保存页面并保存外部CSS样式表文件，在浏览器中预览页面，可以看到页面的效果，如图9-55所示。

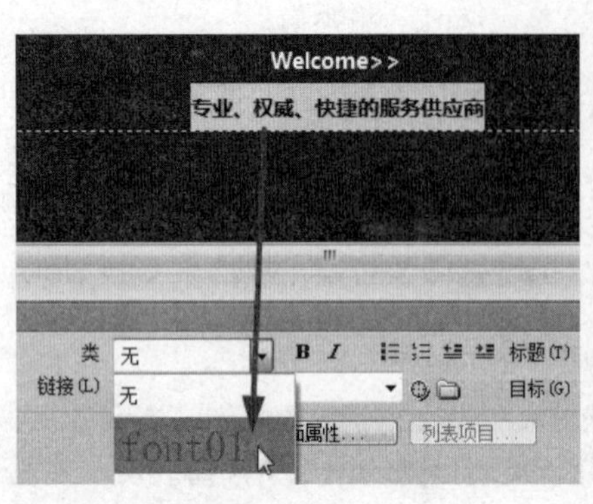

图 9-54

图 9-55

9.5.2 CSS 样式的特性

CSS 通过与 HTML 的文档结构相对应的选择器来达到控制页面表现的目的，在 CSS 样式的应用过程中，还需要注意 CSS 样式的一些特性，包括继承性、特殊性、层叠性和重要性。

1. 继承性

在 CSS 语言中继承并不那么复杂，简单地说就是将各个 HTML 标签看作一个个大容器，其中被包含的小容器会继承所包含它的大容器的风格样式。子标签还可以在父标签样式风格的基础上再加以修改，产生新的样式，而子标签的样式风格完全不会影响父标签。

2. 特殊性

特殊性规定了不同的 CSS 规则的权重，当多个规则都应用在同一元素时，权重越高的 CSS 样式会被优先采用，例如，下面的 CSS 样式设置。

```
.font01 {
color: red;
}
p {
color: blue;
}

<p class="font01"> 内容 </p>
```

那么，<p> 标签中的文字颜色究竟应该是什么颜色？根据规范，标签选择器（例如 <p>）具有特殊性 1，而类选择器具有特殊性 10，id 选择器具有特殊性 100。因此，此例中 p 中的颜色应该为红色。而继承的属性，具有特殊性 0，因此后面任何的定义都会覆盖掉元素继承来的样式。

特殊性还可以叠加，例如下面的 CSS 样式设置。

```
h1 {
    color: blue;            /* 特殊性 =1*/
}
p i {
    color: yellow;          /* 特殊性 =2*/
}
.font01 {
    color: red;             /* 特殊性 =10*/
}
#main {
    color: black;           /* 特殊性 =100*/
}
```

当多个 CSS 样式都可应用同一元素时，权重越高的 CSS 样式会被优先采用。

3. 层叠性

层叠就是指在同一个网页中可以有多个 CSS 样式的存在，当拥有相同特殊性的 CSS 样式应用在同一个元素时，根据前后顺序，后定义的 CSS 样式会被应用，它是 W3C 组织批准的一个辅助 HTML 设计的新特性，它能够保持整个 HTML 的统一外观，可以由设计者在设置文本之前，就指定整个文本的属性，例如颜色、字体大小等，CSS 样式为设计和制作网页带来了很大的灵活性。

由此可以推出一般情况下，内联 CSS 样式（写在标签内的）> 内部 CSS 样式（写在文档头部的）> 外部 CSS 样式（写在外部样式表文件中的）。

4. 重要性

不同的CSS样式具有不同的权重，对于同一元素，后定义的CSS样式会替代先定义的CSS样式，但有时候制作者需要某个 CSS 样式拥有最高的权重，此时就需要标出此 CSS 样式为“重要规则”，例如下面的 CSS 样式设置。

```
.font01 {
color: red;
}
p {
color: blue; !important
}
<p class="font01"> 内容 </p>
```

此时，<p> 标签 CSS 样式中的 color: blue 将具有最高权重，<p> 标签中的文字颜色就为蓝色。

当制作者不指定 CSS 样式的时候，浏览器也可以按照一定的样式显示出 HTML 文档，这时浏览器使用自身内定的样式来显示文档。同时，访问者还有可能设定自己的样式表，例如视力不好的访问者会希望页面内的文字显示得大一些，因此设定一个属于自己的样式表保存在本机内。此时，浏览器的样式表权重最低，制作者的样式表会取代浏览器的样式表来渲染页面，而访问者的样式表则会优先于制作者的样式定义。

而用“!important”声明的规则将高于访问者本地样式的定义，因此需要谨慎使用。

9.6 本章小结

CSS 样式是网页设计制作的必备技能，本章主要介绍了有关 CSS 样式的基础知识，包括 CSS 样式的版本、CSS 样式语法、CSS 选择器和在网页中应用 CSS 样式的方式等内容。通过本章的学习，使读者对 CSS 样式的理解更加深入，以便熟练地掌握并使用 CSS 样式。

第 10 章　文字与背景设置

文字作为传递信息的主要手段，一直都是网页中必不可少的一个元素，背景也是网页中非常重要的元素之一。使用 CSS 样式可以轻松地控制网页的文字、背景图像和背景颜色，本章将详细介绍如何使用 CSS 样式设置网页的文字和背景元素，并且还将介绍 CSS 3 中新增的文本和背景的相关控制属性。

本章知识点

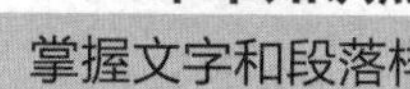

- ✔ 掌握文字和段落样式 CSS 属性的设置方法
- ✔ 理解并掌握 CSS 3 新增的文本控制属性的设置和使用方法
- ✔ 掌握列表样式 CSS 属性的设置方法
- ✔ 掌握背景样式 CSS 属性的设置方法
- ✔ 理解并掌握 CSS 3 新增的颜色设置方式
- ✔ 理解并掌握 CSS 3 新增的背景设置属性的设置和使用方法

10.1　文字样式 CSS 属性

在制作网站页面时，可以通过 CSS 控制文字样式，对文字的字体、大小、颜色、粗细、斜体、下划线、顶划线和删除线等属性进行设置。使用 CSS 控制文字样式的最大好处是，可以同时为多段文字赋予同一 CSS 样式，在修改时只需修改某一个 CSS 样式，即可同时修改应用该 CSS 样式的所有文字。

10.1.1　font-family 属性——字体

在 HTML 中提供了字体样式设置的功能，在 HTML 语言中文字样式是通过 <font face=" 字体名称 "> 来设置的，而在 CSS 样式中则是通过 font-family 属性来进行设置的。font-family 属性的语法格式如下。

```
font-family: name1,name2,name3…;
```

通过 font-family 属性的语法格式可以看出，可以为 font-family 属性定义多个字体，按优先顺序，用逗号隔开，当系统中没有第一种字体时会自动应用第二种字体，以此类推。需要注意的是如果字体名称中包含空格，则字体名称需要用双引号括起来。

10.1.2　font-size 属性——字体大小

在网页应用中，字体大小的区别可以起到突出网站主题的作用。字体大小可以是相对大小也可以是绝对大小。在 CSS 样式中，可以通过设置 font-size 属性来控制字体的大小。font-size 属性的基本语法如下。

```
font-size: 字体大小；
```

在设置字体大小时，可以使用绝对大小单位，也可以使用相对大小单位。

在 CSS 样式中，绝对单位用于设置绝对值，主要有 5 种绝对单位，如表 10-1 所示。

表 10-1　CSS 样式中的绝对单位

单　位	说　明
in（英寸）	in（英寸）是国外常用的量度单位，对于国内设计而言，使用较少。1in（英寸）等于 2.54cm（厘米），而 1cm（厘米）等于 0.394in（英寸）
cm（厘米）	cm（厘米）是常用的长度单位。它可以用来设定距离比较大的页面元素框
mm（毫米）	mm（毫米）可以用来精确地设定页面元素距离或大小。10mm（毫米）等于 1cm（厘米）
pt（磅）	pt（磅）是标准的印刷量度，一般用来设定文字的大小。它广泛应用于打印机、文字程序等。72pt（磅）等于 1in（英寸），也就是等于 2.54cm（厘米）。另外，in（英寸）、cm（厘米）和 mm（毫米）也可以用来设定文字的大小
pc（派卡）	pc（派卡）是另一种印刷量度，1pc（派卡）等于 12pt（磅），该单位并不经常使用

相对单位是指在度量时需要参照其他页面元素的单位值。使用相对单位所度量的实际距离可能会随着这些单位值的变化而变化。CSS 样式中提供了 3 种相对单位，说明如表 10-2 所示。

表 10-2　CSS 样式中的相对单位

单　位	说　明
em	em 用于给定字体的 font-size 值。1em 总是字体的大小值，它随着字体大小的变化而变化，如一个元素的字体大小为 12pt，那么 1em 就是 12pt；若该元素字体大小改为 15pt，则 1em 就是 15pt
ex	ex 是以给定字体的小写字母"x"高度作为基准，对于不同的字体来说，小写字母"x"高度是不同的，因而，ex 的基准也不同
px	px 也叫像素，是目前广泛应用的一种量度单位，1px 就是屏幕上的一个小方格，这个通常是看不出来的，由于显示器的大小不同，它的每个小方格是有所差异的，因而，以像素为单位的基准也是不同的

10.1.3　color 属性——字体颜色

在 HTML 页面中，通常在页面的标题部分或者需要浏览者注意的部分使用不同的颜色，使其与其他文字有所区别，从而能够吸引浏览者的注意。在 CSS 样式中，文字的颜色是通过 color 属性进行设置的。color 属性的基本语法如下。

```
color: 颜色值；
```

在 CSS 样式中颜色值的表示方法有多种，可以使用颜色英文名称、RGB 和 HEX 等多种方式设置颜色值。

实战　设置网页文字基本效果

最终文件：光盘 \ 最终文件 \ 第 10 章 \10-1-3.html　　视频：光盘 \ 视频 \ 第 10 章 \10-1-3.mp4

01 执行“文件 > 打开”命令，打开页面“光盘 \ 源文件 \ 第 10 章 \10-1-3.html”，可以看到页面效果，如图 10-1 所示。转换到该网页链接的外部样式表文件中，创建名为 .font01 的类 CSS 样式，如图 10-2 所示。

图 10-1

```css
.font01 {
    font-family: 微软雅黑;
    font-size: 30px;
    color: #FFF;
}
```

图 10-2

提示

此处设置字体、字体大小和字体颜色。在默认情况下，中文操作系统中默认的中文字体有宋体、黑体、幼圆和微软雅黑，其他的字体都不是系统默认支持的字体。在网页中，默认的颜色表现方式是十六进制的表现方式，如 #000000，以 # 号开头，前面两位代表红色的分量，中间两位代表绿色的分量，最后两位代表蓝色的分量。

02 返回设计界面中，选中页面中相应的文字，在“类”下拉列表中选择刚定义的 CSS 样式 font01 应用，如图 10-3 所示。完成类 CSS 样式的应用后，可以看到页面中字体的效果，如图 10-4 所示。

图 10-3

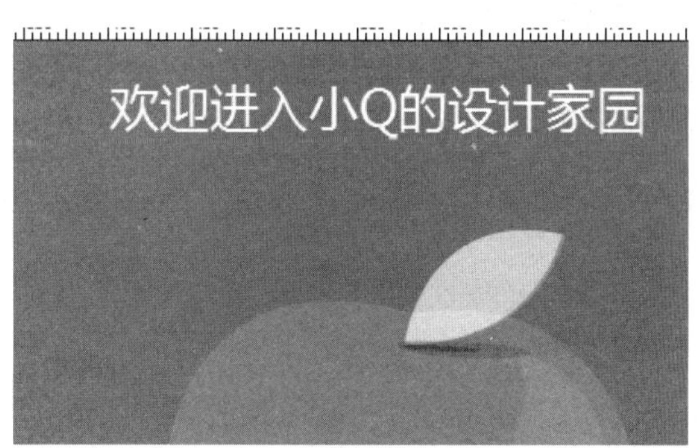

图 10-4

03 转换到外部样式表文件中，创建名为 .font02 的类 CSS 样式，如图 10-5 所示。返回设计视图中，选中相应的文字，在“类”下拉列表中选择刚定义的 CSS 样式 font02 应用，如图 10-6 所示。

```
.font02 {
    font-family: 幼圆;
    font-size: 16px;
    color: #FC0;
}
```

图 10-5

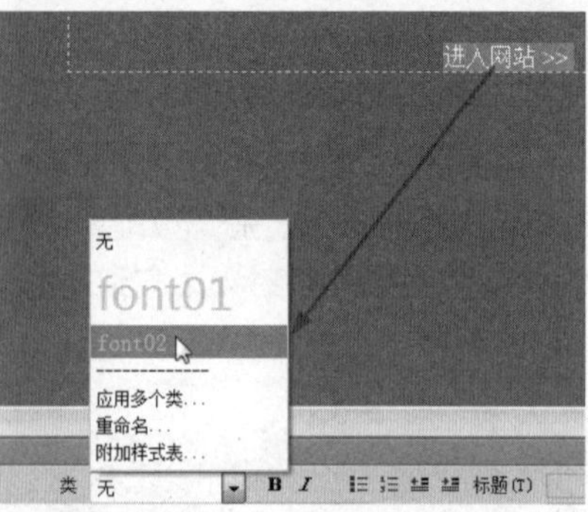

图 10-6

04 完成类 CSS 样式的应用后，可以看到文字的效果，如图 10-7 所示。保存页面并保存外部 CSS 样式文件，在浏览器中预览页面，效果如图 10-8 所示。

图 10-7

图 10-8

10.1.4 font-weight 属性——字体粗细

在 HTML 页面中，将字体加粗或是变细是吸引浏览者注意的另一种方式，同时还可以使网页的表现形式更加多样。在 CSS 样式中通过 font-weight 属性对字体的粗细进行控制。定义字体粗细 font-weight 属性的基本语法如下。

```
font-weight: normal | bold | bolder | lighter | inherit | 100~900;
```

font-weight 属性的属性值说明如表 10-3 所示。

表 10-3 font-weight 属性的属性值说明

属 性 值	说 明
normal	该属性值设置字体为正常的字体，相当于参数为 400
bold	该属性值设置字体为粗体，相当于参数为 700
bolder	该属性值设置的字体为特粗体
lighter	该属性值设置的字体为细体
inherit	该属性设置字体的粗细为继承上级元素的 font-weight 属性设置
100~900	font-weight 属性值还可以通过 100~900 之间的数值来设置字体的粗细

提示　使用 font-weight 属性设置网页中文字的粗细时，将该属性设置为 bold 和 bolder，对于中文字体而言，在视觉效果上几乎是一样的，没有什么区别，但对于部分英文字体会有区别。

10.1.5　font-style 属性——字体样式

所谓字体样式，也就是平常所说的字体风格，在 Dreamweaver 中有 3 种不同的字体样式，分别是正常、斜体和偏斜体。在 CSS 中，字体的样式是通过 font-style 属性进行定义的。定义字体样式 font-style 属性的基本语法如下。

```
font-style: normal | italic | oblique;
```

font-style 属性的属性值说明如表 10-4 所示。

表 10-4　font-style 属性的属性值说明

属　性　值	说　　明
normal	该属性值是默认值，显示的是标准字体样式
italic	设置 font-weight 属性为该属性值，则显示的是斜体的字体样式
oblique	设置 font-weight 属性为该属性值，则显示的是倾斜的字体样式

实战　**设置网页文字的加粗和倾斜效果**

最终文件：光盘 \ 最终文件 \ 第 10 章 \10-1-5.html　　视频：光盘 \ 视频 \ 第 10 章 \10-1-5.mp4

01 执行“文件 > 打开”命令，打开页面“光盘 \ 源文件 \ 第 10 章 \10-1-5.html”，可以看到页面效果，如图 10-9 所示。转换到该网页链接的外部样式表文件中，找到名为 .font01 的类 CSS 样式，如图 10-10 所示。

图 10-9

```
.font01 {
    font-family: 微软雅黑;
    font-size: 30px;
    color: #FFF;
}
```

图 10-10

02 在 .font01 的类 CSS 样式中添加 font-weight 属性设置代码，如图 10-11 所示。返回设计界面，可以看到应用了该类 CSS 样式的文字会显示为加粗的效果，如图 10-12 所示。

```
.font01 {
    font-family: 微软雅黑;
    font-size: 30px;
    color: #FFF;
    font-weight: bold;
}
```

图 10-11

图 10-12

03 转换到外部样式表文件中，找到名为 .font02 的类 CSS 样式，添加 font-style 属性设置代码，如图 10-13 所示。返回设计界面，可以看到应用了该类 CSS 样式的文字会显示为斜体效果，如图 10-14 所示。

```
.font02 {
    font-family: 幼圆;
    font-size: 16px;
    color: #FC0;
    font-style: italic;
}
```

图 10-13

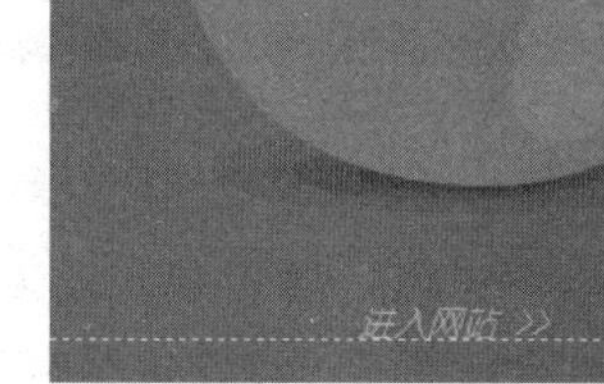

图 10-14

04 保存页面并保存外部 CSS 样式文件，在浏览器中预览页面，可以看到页面效果，如图 10-15 所示。

图 10-15

斜体是指斜体字，也可以理解为使用文字的斜体；偏斜体可以理解为强制文字进行斜体，并不是所有的文字都具有斜体属性，一般只有英文才具有这个属性，如果想对一些不具备斜体属性的文字进行斜体设置，则需要通过设置偏斜体强行对其进行斜体设置。

10.1.6　text-transform 属性——英文字体大小写

text-transform 属性可以实现转换页面中英文字体的大小写格式，是非常实用的功能之一。text-transform 属性的基本语法如下。

```
text-transform: capitalize | uppercase | lowercase;
```

text-transform 属性的属性值说明如表 10-5 所示。

表 10-5　text-transform 属性的属性值说明

属 性 值	说　明
capitalize	该属性值表示单词首字母大写
uppercase	该属性值表示单词所有字母全部大写
lowercase	该属性值表示单词所有字母全部小写

实战　**设置网页中英文字体大小写**

最终文件：光盘 \ 最终文件 \ 第 10 章 \10-1-6.html　　视频：光盘 \ 视频 \ 第 10 章 \10-1-6.mp4

01 执行“文件 > 打开”命令，打开页面“光盘 \ 源文件 \ 第 10 章 \10-1-6.html”，可以看到页面效果，如图 10-16 所示。转换到该网页链接的外部样式表文件中，创建名为 .font01 的类 CSS 样式，如图 10-17 所示。

图 10-16

```
.font01{
    text-transform:lowercase;
}
```

图 10-17

02 返回设计页面中，选择页面中相应的文字，在“类”下拉列表中选择刚定义的类 CSS 样式 font01 应用，如图 10-18 所示。完成类 CSS 样式的应用后，可以看到应用该类 CSS 样式的英文字母全部小写，如图 10-19 所示。

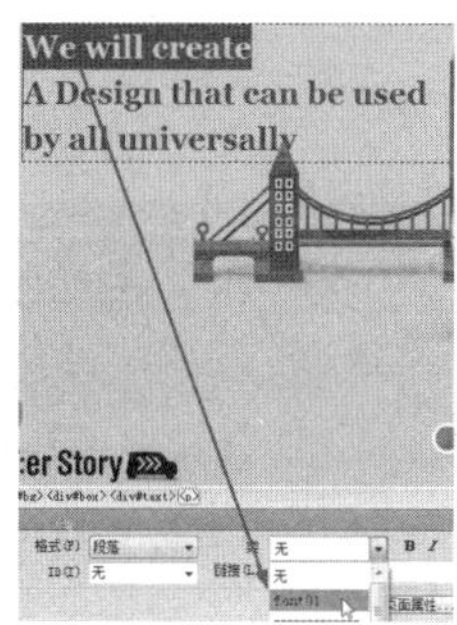

图 10-18

图 10-19

03 转换到外部样式表文件中，创建名为 .font02 的类 CSS 样式，如图 10-20 所示。返回设计页面中，为相应的文字应用名为 font02 的类 CSS 样式，可以看到英文单词首字母大写效果，如图 10-21 所示。

```
.font02 {
    text-transform: capitalize;
}
```

图 10-20

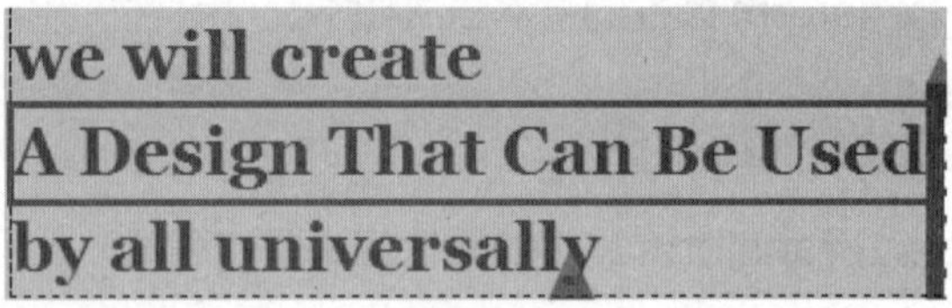

we will create
A Design That Can Be Used
by all universally

图 10-21

04 转换到外部样式表文件中，创建名为 .font03 的类 CSS 样式，如图 10-22 所示。返回设计页面中，为相应的文字应用名为 font03 的类 CSS 样式，可以看到所有英文字母大写的效果，如图 10-23 所示。

```
.font03 {
    text-transform: uppercase;
}
```

图 10-22

we will create
A Design That Can Be Used
BY ALL UNIVERSALLY

图 10-23

在 CSS 样式中，设置 text-transform 属性值为 capitalize，便可定义英文单词的首字母大写。但是需要注意的是，如果单词之间有逗号和句号等标点符号隔开，那么标点符号后的英文单词便不能实现首字母大写的效果，解决的办法是，在该单词前面加上一个空格，便能实现首字母大写的样式。

10.1.7 text-decoration 属性——文字修饰

在网站页面的设计中，为文字添加下划线、顶划线和删除线是美化和装饰网页的一种方法。在 CSS 样式中，可以通过 text-decoration 属性来实现这些效果。text-decoration 属性的基本语法如下。

```
text-decoration: underline | overline | line-through;
```

text-decoration 属性的属性值说明如表 10-6 所示。

表 10-6 text-decoration 属性的属性值说明

属 性 值	说 明
underline	该属性值可以为文字添加下划线效果
overline	该属性值可以为文字添加顶划线效果
line-through	该属性值可以为文字添加删除线效果

实战　为网页文字添加修饰

最终文件：光盘 \ 最终文件 \ 第 10 章 \10-1-7.html　　视频：光盘 \ 视频 \ 第 10 章 \10-1-7.mp4

01 执行“文件 > 打开”命令，打开页面“光盘 \ 源文件 \ 第 10 章 \10-1-7.html”，可以看到页面效果，如图 10-24 所示。转换到该网页链接的外部样式表文件中，创建名为 .font01 的类 CSS 样式，如图 10-25 所示。

图 10-24

```
.font01{
    text-decoration:underline;
}
```

图 10-25

02 返回设计页面中，为相应的文字应用名为 font01 的类 CSS 样式，可以看到为文字添加下划线的效果，如图 10-26 所示。转换到外部样式表文件中，创建名为 .font02 的类 CSS 样式，如图 10-27 所示。

图 10-26

```
.font02{
    text-decoration:line-through;
}
```

图 10-27

03 返回设计页面中，为相应的文字应用名为 font02 的类 CSS 样式，可以看到为文字添加删除线的效果，如图 10-28 所示。转换到外部样式表文件中，创建名为 .font03 的类 CSS 样式，如图 10-29 所示。

图 10-28

```
.font03{
    text-decoration:overline;
}
```

图 10-29

04 返回设计页面中，为相应的文字应用名为 font03 的类 CSS 样式，在实时视图中预览页面，可以看到为文字添加顶划线的效果，如图 10-30 所示。保存页面并保存外部 CSS 样式文件，在浏览器中预览页面，效果如图 10-31 所示。

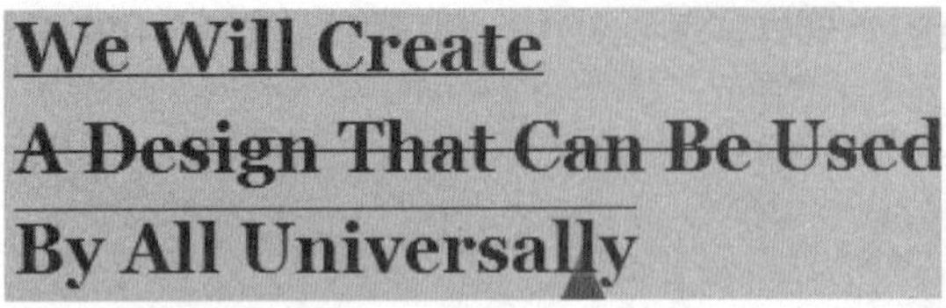

We Will Create

A Design That Can Be Used

By All Universally

图 10-30

图 10-31

在对 Web 页面进行设计时，如果希望文字既有下划线，同时也有顶划线和删除线，在 CSS 样式中，可以将下划线、顶划线或者删除线的值同时赋予到 text-decoration 属性上。

10.1.8 letter-spacing 属性——字符间距

在 CSS 样式中，字符间距的控制是通过 letter-spacing 属性来进行调整的，该属性既可以设置相对数值，也可以设置绝对数值，但在大多数情况下使用相对数值进行设置。letter-spacing 属性的语法格式如下。

```
letter-spacing: 字符间距 ;
```

设置中文字符间距

最终文件：光盘 \ 最终文件 \ 第 10 章 \10-1-8.html　　视频：光盘 \ 视频 \ 第 10 章 \10-1-8.mp4

01 执行“文件 > 打开”命令，打开页面“光盘 \ 源文件 \ 第 10 章 \10-1-8.html”，可以看到页面效果，如图 10-32 所示。转换到该网页链接的外部样式表文件中，创建名为 .font01 的类 CSS 样式，如图 10-33 所示。

图 10-32

```
.font01 {
    font-size: 20px;
    font-weight: bold;
    letter-spacing: 10px;
}
```

图 10-33

02 返回设计视图中，为相应的文字应用名为 font01 的类 CSS 样式，可以看到所设置的文字间距的效果，如图 10-34 所示。保存页面并保存外部 CSS 样式文件，在浏览器中预览页面，效果如图 10-35 所示。

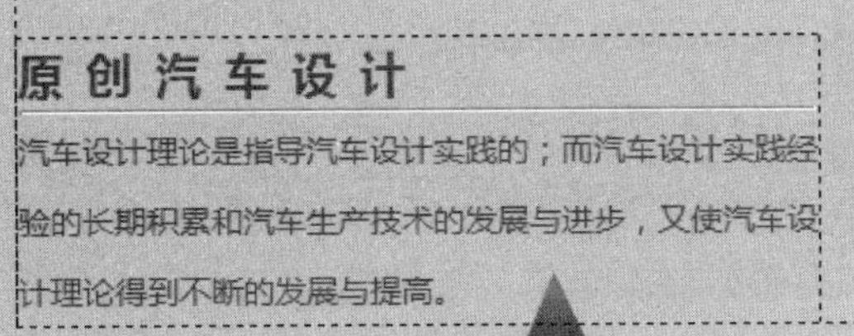

图 10-34

图 10-35

10.2　段落样式 CSS 属性

在设计网页时，CSS 样式可以控制字体样式，同时也可以控制字间距和段落样式。在一般情况下，设置字体样式只能对少数文字起作用，对于文字段落来说，还是需要通过设置段落样式来加以控制。

10.2.1　line-height 属性——行间距

在 CSS 中，可以通过 line-height 属性对段落的行间距进行设置。line-height 的值表示两行文字基线之间的距离，既可以设置相对数值，也可以设置绝对数值。line-height 属性的基本语法格式如下。

```
line-height: 行间距 ;
```

通常在静态页面中，字体的大小使用的是绝对数值，从而达到页面整体的统　，但在一些论坛或者博客等用户可以自由定义字体大小的网页中，使用的则是相对数值，从而便于用户通过设置字体大小来改变相应行距。

10.2.2　text-indent 属性——段落首行缩进

段落首行缩进在一些文章开头通常都会用到。段落首行缩进是对一个段落的第 1 行文字缩进两个字符进行显示。在CSS样式中是通过text-indent属性进行设置的。text-indent属性的基本语法如下。

```
text-indent: 首行缩进量 ;
```

美化网页中的段落文本

最终文件：光盘 \ 最终文件 \ 第 10 章 \10-2-2.html　　视频：光盘 \ 视频 \ 第 10 章 \10-2-2.mp4

01 执行“文件 > 打开”命令，打开页面“光盘 \ 源文件 \ 第 10 章 \10-2-2.html”，可以看到页面效果，如图 10-36 所示。转换到该网页链接的外部样式表 10-2-2.css 文件中，创建名为 .font01

的类 CSS 样式，如图 10-37 所示。

图 10-36

```
.font01 {
    line-height: 30px;
}
```

图 10-37

02 返回设计页面中，选中相应的段落文本，为其应用名为 font01 的类 CSS 样式，可以看到设置行间距后的效果，如图 10-38 所示。切换到外部样式表文件中，在名为 .font01 的类 CSS 样式中添加 text-indent 属性设置代码，如图 10-39 所示。

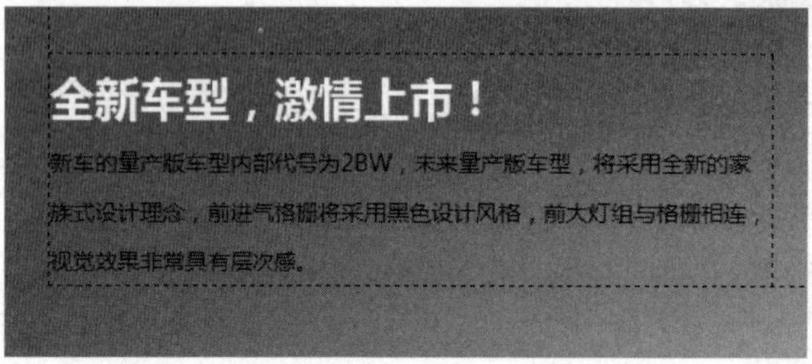

图 10-38

```
.font01 {
    line-height: 30px;
    text-indent: 28px;
}
```

图 10-39

提示：通常，一般文章段落的首行缩进在两个字符的位置，因此在使用 CSS 样式对段落设置首行缩进时，首先需要明白该段落字体的大小，然后再根据字体的大小设置首行缩进的数值。

03 返回设计视图中，可以看到页面中段落首行缩进的效果，如图 10-40 所示。保存页面并保存外部 CSS 样式文件，在浏览器中预览页面，效果如图 10-41 所示。

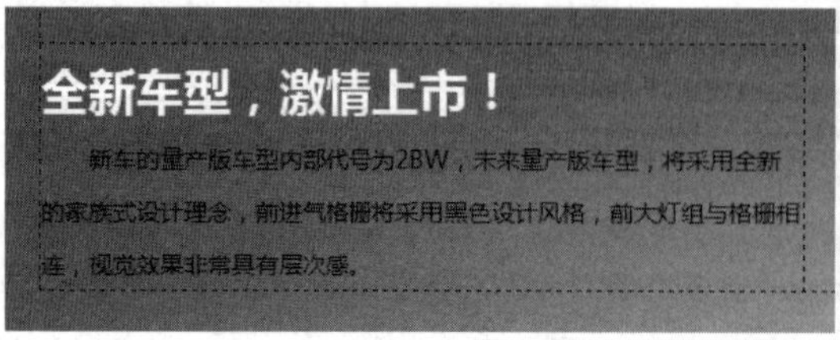

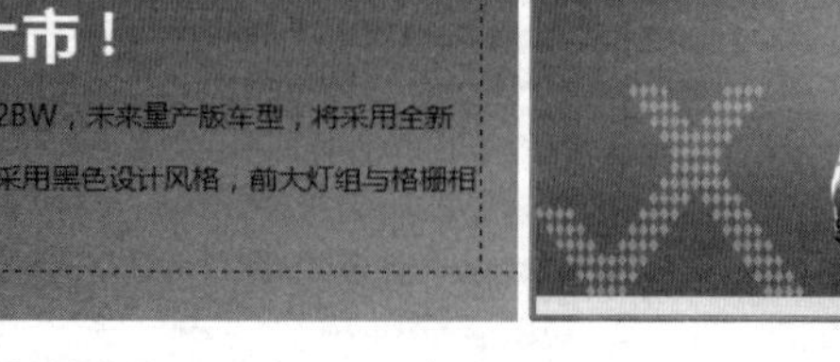

图 10-40

图 10-41

10.2.3　text-align 属性——文本水平对齐

在 CSS 样式中，段落的水平对齐是通过 text-align 属性进行控制的，水平对齐有 4 种方式，分别为左对齐、水平居中对齐、右对齐和两端对齐。text-align 属性的基本语法如下。

```
text-align: left | center | right | justify;
```

text-align 属性的属性值说明如表 10-7 所示。

表 10-7　text-align 属性的属性值说明

属　性　值	说　　明
left	该属性值表示段落的水平对齐方式为左对齐
center	该属性值表示段落的水平对齐方式为居中对齐
right	该属性值表示段落的水平对齐方式为右对齐
justify	该属性值表示段落的水平对齐方式为两端对齐

两端对齐是美化段落文本的一种方法，可以使段落的两端与边界对齐。但两端对齐的方式只对整段的英文起作用，对于中文来说没有什么作用。这是因为英文段落在换行时为保留单词的完整性，整个单词会一起换行，所以会出现段落两端不对齐的情况。两端对齐只能对这种两端不对齐的段落起作用，而中文段落由于每一个文字与符号的宽度相同，在换行时段落是对齐的，因此自然不需要使用两端对齐。

设置文本水平对齐

最终文件：光盘 \ 最终文件 \ 第 10 章 \10-2-3.html　　视频：光盘 \ 视频 \ 第 10 章 \10-2-3.mp4

01 执行“文件 > 打开”命令，打开页面“光盘 \ 源文件 \ 第 10 章 \10-2-3.html”，可以看到页面效果，如图 10-42 所示。转换到该网页链接的外部样式表文件中，找到名为 #text 的 CSS 样式，如图 10-43 所示。

图 10-42

```
#text {
    width: 450px;
    height: auto;
    overflow: hidden;
}
```

图 10-43

02 在名为 #text 的 CSS 样式中添加 text-align 属性设置代码，如图 10-44 所示。返回设计界面中，可以看到 id 名为 text 的 Div 中的内容水平居中显示，效果如图 10-45 所示。

```
#text {
    width: 450px;
    height: auto;
    overflow: hidden;
    text-align: center;
}
```

图 10-44

图 10-45

03 转换到外部样式表文件中，在名为 #text 的 CSS 样式中修改 text-align 属性设置代码，如图 10-46 所示。返回设计视图中，可以看到 id 名为 text 的 Div 中的内容水平右对齐显示，效果如图 10-47 所示。

```
#text {
    width: 450px;
    height: auto;
    overflow: hidden;
    text-align: right;
}
```

图 10-46

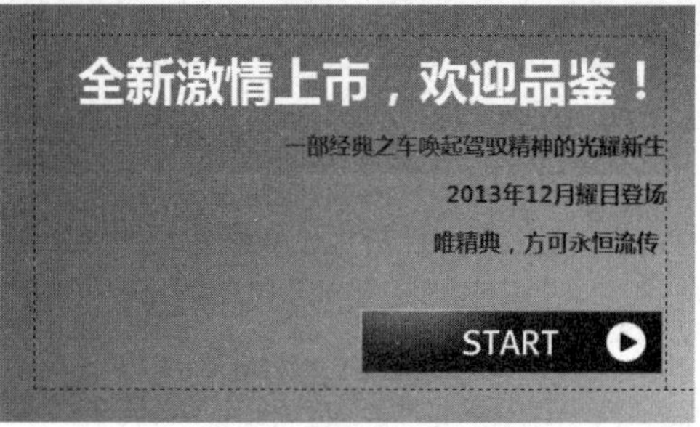

图 10-47

在设置文字的水平对齐时，如果需要设置对齐的段落不只一段，根据不同的文字，页面的变化也会有所不同。如果是英文，那么段落中每一个单词的位置都会相对于整体而发生一些变化；如果是中文，那么段落中除了最后一行文字的位置会发生变化外，其他段落中文字的位置相对于整体则不会发生变化。

10.2.4 vertical-align 属性——文本垂直对齐

在 CSS 样式中，文本垂直对齐是通过 vertical-align 属性进行设置的，常见的文本垂直对齐方式有 3 种，分别为顶端对齐、垂直居中对齐和底端对齐。vertical-align 属性的语法格式如下。

```
vertical-align: baseline | sub | super | top | text-top | middle | bottom | text-bottom | length;
```

vertical-align 属性的属性值说明如表 10-8 所示。

表 10-8　vertical-align 属性的属性值说明

属 性 值	说　明
baseline	该属性值表示与对象基线对齐
sub	该属性值表示垂直对齐文本的下标
super	该属性值表示垂直对齐文本的上标
top	该属性值表示与对象的顶部对齐
text-top	该属性值表示对齐文本顶部
middle	该属性值表示与对象中部对齐
bottom	该属性值表示与对象底部对齐
text-bottom	该属性值表示对齐文本底部
length	设置具体的长度值或百分比数值，可以使用正值或负值，定义由基线算起的偏移量。基线对于数值来说为 0，对于百分比数来说是 0%

段落垂直对齐只对行内元素起作用，行内元素也称为内联元素，在没有任何布局属性作用时，默认排列方式是同行排列，直到宽度超出包含的容器宽度时才会自动换行。段落垂直对齐需要在行内元素中进行，如 <span></span>、<p></p> 以及图片等，否则段落垂直对齐不会起作用。

设置文本垂直对齐

最终文件：光盘 \ 最终文件 \ 第 10 章 \10-2-4.html　　视频：光盘 \ 视频 \ 第 10 章 \10-2-4.mp4

01 执行“文件 > 打开”命令，打开页面“光盘 \ 源文件 \ 第 10 章 \10-2-4.html”，可以看到页面效果，如图 10-48 所示。转换到该网页链接的外部样式表文件中，创建名为 .font01 的类 CSS 样式，如图 10-49 所示。

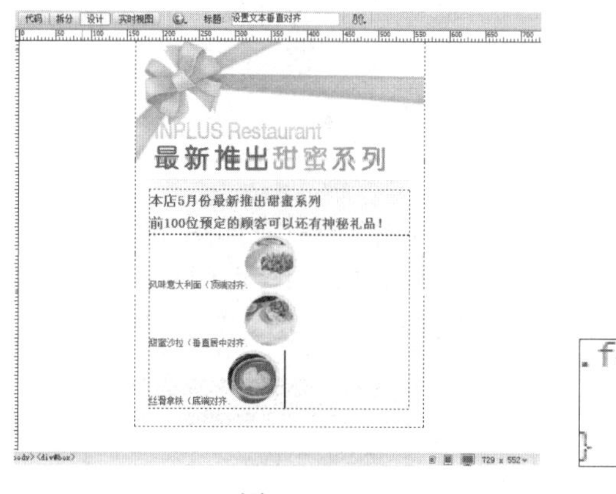

图 10-48

```
.font01 {
    vertical-align: top;
}
```

图 10-49

02 返回设计页面中，选中相应的图片，在“类”下拉列表中选择刚定义的类 CSS 样式应用，如图 10-50 所示。完成类 CSS 样式的应用，可以看到页面中文本相对于图像顶端对齐的效果，如图 10-51 所示。

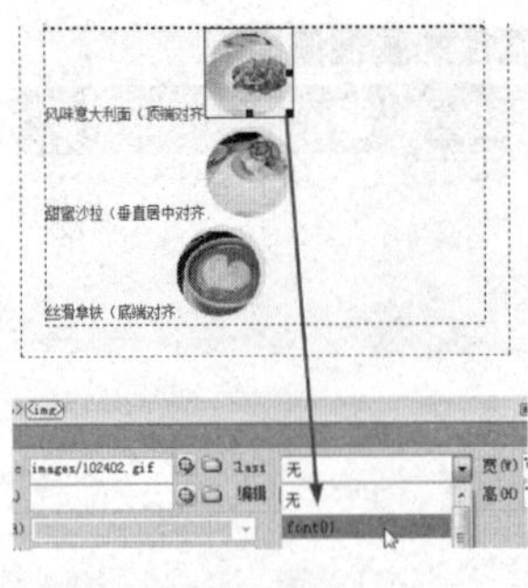

图 10-50

图 10-51

在使用 CSS 样式为文字设置垂直对齐时，首先必须要选择一个参照物，也就是行内元素。但是在设置时，由于文字并不属于行内元素，因此，在 Div 中不能直接对文字进行垂直对齐的设置，只能对元素中的图片进行垂直对齐设置，从而达到文字的对齐效果。

03 转换到外部样式表文件中，创建名为 .font02 的类 CSS 样式，如图 10-52 所示。返回设计页面中，为相应的文字旁的图片应用名为 font02 的类 CSS 样式，可以看到页面中文本相对于图像垂直居中对齐的效果，如图 10-53 所示。

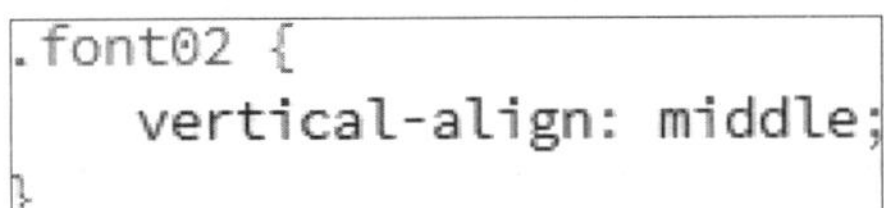

```
.font02 {
    vertical-align: middle;
}
```

图 10-52

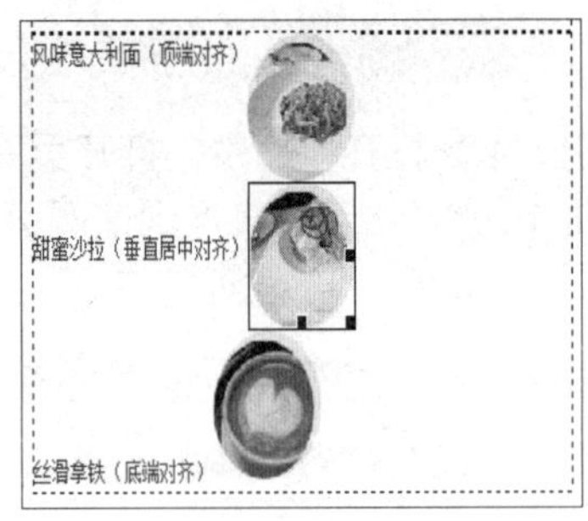

图 10-53

04 转换到外部样式表文件中，创建名为 .font03 的类 CSS 样式，如图 10-54 所示。返回设计页面中，为相应的文字旁的图片应用名为 font03 的类 CSS 样式，保存页面并保存外部 CSS 样式文件，在浏览器中预览页面，可以看到界面中文本垂直对齐的效果，如图 10-55 所示。

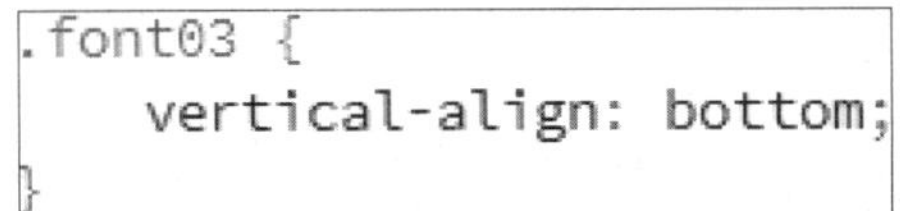

```
.font03 {
    vertical-align: bottom;
}
```

图 10-54

图 10-55

10.3 CSS 3 新增文本样式属性

对于网页而言，文字永远都是不可缺少的重要元素，也是传递信息的主要手段。在 CSS 3 中新增了几种有关网页文字控制的属性，下面分别对这几种新增的文字控制属性进行介绍。

10.3.1 text-overflow 属性——文本溢出处理

在网页中显示信息时，如果指定显示信息过长，超过了显示区域的宽度，其结果就是信息撑破指定的信息区域，从而破坏了整个网页布局。如果设置的信息显示区域过长，就会影响整体页面的效果。以前遇到这种情况，需要使用 JavaScript 将超出的信息省略。现在，只需要使用 CSS 3 中新增的 text-overflow 属性，就可以解决这个问题。

text-overflow 属性用于设置是否使用一个省略标记（…）表示对象内文本的溢出。该属性仅是注解，当文本溢出时是否显示省略标记，并不具备其他的样式属性定义。要实现溢出时产生省略号的效果还需要定义：强制文本在一行内显示（white-space: nowrap）及溢出内容为隐藏（overflow: hidden），只有这样才能实现溢出文本显示省略号的效果。text-overflow 属性的语法格式如下。

```
text-overflow: clip | ellipsis;
```

text-overflow 属性的属性值说明如表 10-9 所示。

表 10-9　text-overflow 属性值说明

属性值	说明
clip	不显示省略标记（…），而是简单的裁切
ellipsis	当对象内文本溢出时显示省略标记（…）

实战　控制文本溢出效果

最终文件：光盘 \ 最终文件 \ 第 10 章 \10-3-1.html　　视频：光盘 \ 视频 \ 第 10 章 \10-3-1.mp4

01 执行“文件 > 打开”命令，打开页面“光盘 \ 源文件 \ 第 10 章 \10-3-1.html”，可以看到页面效果，如图 10-56 所示。转换到网页 HTML 代码中，可以看到名称为 text1 和 text2 的两个 Div 中的文字内容，如图 10-57 所示。

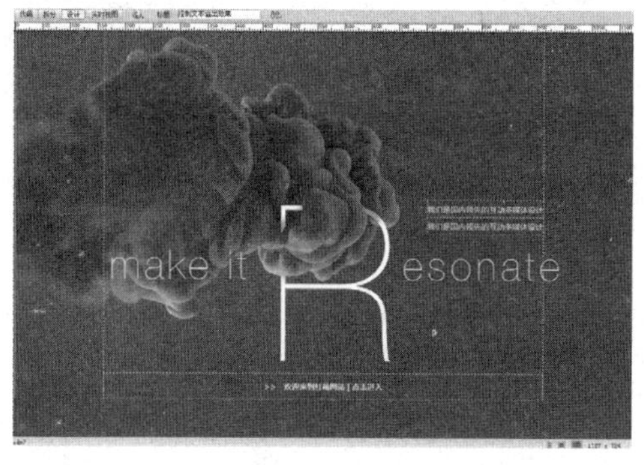

图 10-56

```
<body>
<div id="box">
  <div id="text1">我们是国内领先的互动多媒体设计公司</div>
  <div id="text2">我们是国内领先的互动多媒体设计公司</div>
  <div id="welcome">&gt;&gt;  欢迎来到红袖网站 | 点击进入</div>
</div>
</body>
```

图 10-57

02 转换到该网页链接的外部样式表文件中，找到名为 #text1 的 CSS 样式，如图 10-58 所示。在名为 #text1 的 CSS 样式中添加 white-space 和 text-overflow 属性设置代码，如图 10-59 所示。

```
#text1 {
    width: 210px;
    height: 30px;
    line-height: 30px;
    margin-left: 590px;
    overflow: hidden;
}
```

图 10-58

```
#text1 {
    width: 210px;
    height: 30px;
    line-height: 30px;
    margin-left: 590px;
    overflow: hidden;
    white-space: nowrap;
    text-overflow: clip;
}
```

图 10-59

在 CSS 样式代码中 white-space: nowrap; 是强制文本在一行内显示，overflow: hidden; 是设置溢出内容为隐藏，要想通过 text-overflow 属性实现溢出文本显示省略号，就必须添加这两个属性定义，否则无法实现。

03 在名为 #text2 的 CSS 样式中添加 white-space 和 text-overflow 属性设置代码，如图 10-60 所示。返回设计视图中，保存页面并保存外部样式表文件，在浏览器中预览页面，可以看到通过 text-overflow 属性实现的溢出文本显示为省略号的效果，如图 10-61 所示。

```
#text2 {
    width: 210px;
    height: 30px;
    line-height: 30px;
    margin-left: 590px;
    overflow: hidden;
    white-space: nowrap;
    text-overflow: ellipsis;
}
```

图 10-60

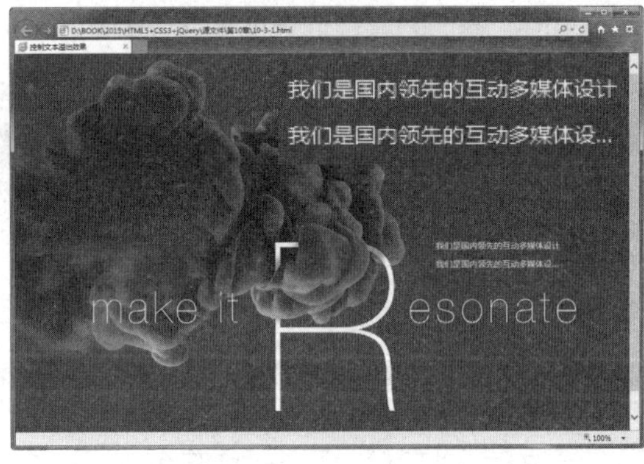

图 10-61

需要特殊说明的是，text-overflow 属性非常特殊，当设置的属性值不同时，其浏览器对 text-overflow 属性支持也不相同。当 text-overflow 属性值为 clip 时，主流的浏览器都能够支持；如果 text-overflow 属性值为 ellipsis 时，除了 Firefox 浏览器不支持，其他主流的浏览器都能够支持。

10.3.2 word-wrap 和 word-break 属性——文本换行控制

word-wrap 属性用于设置当文本行超过指定容器的边界时是否断开转行，该属性的语法格式如下。

```
word-wrap: normal | break-word;
```

word-wrap 属性的属性值说明如表 10-10 所示。

表 10-10　word-wrap 属性值说明

属　性　值	说　　明
normal	控制连续文本换行
break-word	内容将在边界内换行。如果需要，词内换行（word-break）也会发生

word-break 属性用于设置指定容器内文本的字内换行行为，尤其在出现多种语言时。word-break 属性的语法格式如下。

```
word-break: normal | break-all | keep-all;
```

word-break 属性的属性值与使用的文本语言有关系，属性值说明如表 10-11 所示。

表 10-11　word-break 属性值说明

属　性　值	说　　明
normal	根据亚洲语言和非亚洲语言的文本规则，允许在字内换行
break-all	与亚洲语言的 normal 相同，也允许非亚洲语言文本行的行意字内断开，该值适合包含一些非亚洲文本的亚洲文本
keep-all	与所有非亚洲语言的 normal 相同，对于中文、韩文、日文，不允许字断开，适合包含少量亚洲文本的非亚洲文本

实战　控制英文内容强制换行

最终文件：光盘 \ 最终文件 \ 第 10 章 \10-3-2.html　　视频：光盘 \ 视频 \ 第 10 章 \10-3-2.mp4

01 执行“文件 > 打开”命令，打开页面“光盘 \ 源文件 \ 第 10 章 \10-3-2.html”，可以看到页面效果，如图 10-62 所示。转换到 HTML 代码中，可以看到 id 名为 text1 和 text2 中的内容是相同的，不同的是 text1 中的英文单词与单词之间没有空格和标点符号，如图 10-63 所示。

图 10-62

```
<body>
<div id="bg">
  <div id="box">
    <p class="font01">KEEP<br>
      PORTLAND<br>
      WEIRD
    </p>
    <div id="text1">
AFTERTHECASCADIASUBDUCTIONZONERUPTURESANDPORTLANDISREDUCEDTOTOASTHOWWI
LLWEKEEPTHEPORTLANDSPIRITALIVEPREPARATIONSTOCKTHESEMUSTHAVESNEXTTOYOUR
WATERANDNUTSTOGETHERWEWILLKEEPPORTLANDWEIRD!</div>
    <div id="text2">AFTER THE CASCADIA SUBDUCTION ZONE RUPTURES AND
PORTLAND IS REDUCED TO &quot;TOAST&quot; HOW WILL WE KEEP THE PORTLAND
 SPIRIT ALIVE? PREPARATION. STOCK THESE MUST-HAVES NEXT TO YOUR WATER
AND NUTS. TOGETHER,WE WILL KEEP PORTLAND WEIRD!</div>
   <img src="images/103203.png" width="219" height="41"  alt=""/>  </
div>
</div>
</body>
```

图 10-63

02 在浏览器中预览，可以看到 id 名为 text1 中的英文内容显示到该 Div 的右边界后，超出部分内容被隐藏了，并没有自动换行显示，而 id 名为 text2 中的英文内容正常显示，如图 10-64 所示。转换到外部样式表文件中，可以看到名为 #text1 和名为 #text2 的 CSS 样式完全一样，如图 10-65 所示。

图 10-64

```
#text1 {
    background-color: rgba(0,0,0,0.2);
    border: solid 1px #336;
    margin-top: 10px;
}
#text2 {
    background-color: rgba(0,0,0,0.2);
    border: solid 1px #336;
    margin-top: 10px;
}
```

图 10-65

03 在名为 #text1 的 CSS 样式中添加 word-wrap 属性设置代码，如图 10-66 所示。保存页面并保存外部 CSS 样式文件，在浏览器中预览页面，可以看到强制换行的效果，如图 10-67 所示。

```
#text1 {
    background-color: rgba(0,0,0,0.2);
    border: solid 1px #336;
    margin-top: 10px;
    word-wrap: break-word;
}
```

图 10-66

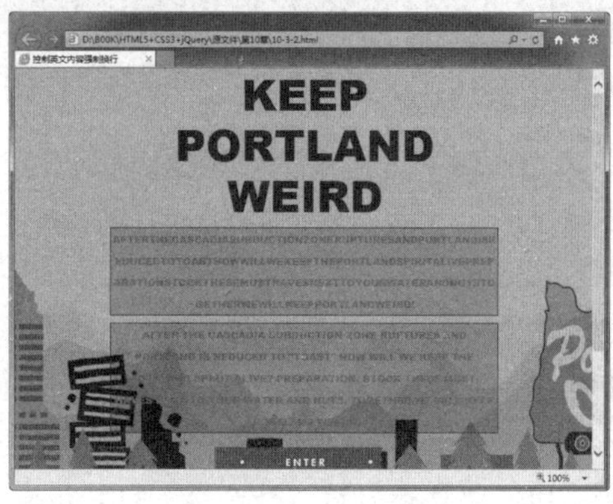

图 10-67

word-wrap 属性主要是针对英文或阿拉伯数字进行强制换行，而中文内容本身具有遇到容器边界后自动换行的功能，所以将该属性应用于中文起不到什么效果。

10.3.3 text-shadow 属性——文本阴影

在显示文字时有时需要制作出文字的阴影效果，从而增强文字的瞩目性。通过 CSS 3 中新增的 text-shadow 属性就可以轻松地实现为文字添加阴影的效果，text-shadow 属性的语法格式如下。

```
text-shadow: length | length |opacity | color;
```

text-shadow 属性的属性值说明如表 10-12 所示。

表 10-12　text-shadow 属性的属性值说明

属 性 值	说　　明
length	由浮点数字和单位标识符组成的长度值，可以为负值，用于指定阴影的水平延伸距离
opacity	由浮点数字和单位标识符组成的长度值，不可以为负值，用于指定模糊效果的作用距离。如果仅仅需要模糊效果，将前两个 length 属性全部设置为 0
color	指定阴影颜色

为网页文本添加阴影效果

最终文件：光盘 \ 最终文件 \ 第 10 章 \10-3-3.html　　视频：光盘 \ 视频 \ 第 10 章 \10-3-3.mp4

01 执行“文件 > 打开”命令，打开页面“光盘 \ 源文件 \ 第 10 章 \10-3-3.html”，可以看到页面效果，如图 10-68 所示。在浏览器中预览页面，可以看到页面中的文字效果，如图 10-69 所示。

图 10-68

图 10-69

02 转换到该网页链接的外部样式表文件中，创建名为 .font01 的类 CSS 样式，如图 10-70 所示。返回设计视图中，为相应的文字应用名为 font01 的类 CSS 样式，保存页面，并保存外部 CSS 样式文件，在浏览器中预览页面，可以看到文字阴影的效果，如图 10-71 所示。

```
.font01 {
    text-shadow: 5px 2px 6px #666;
}
```

图 10-70

图 10-71

10.3.4　@font-face 规则——使用服务器端字体

在 CSS 的字体样式中，通常会受到客户端的限制，只有在客户端安装了该字体后，样式才能正确显示。如果使用的不是常用的字体，对于没有安装该字体的用户而言，是看不到真正的文字样式的。

因此，设计师会避免使用不常用的字体，更不敢使用艺术字体。

为了弥补这一缺陷，CSS 3 新增了字体自定义功能，通过 @font-face 规则来引用互联网任意服务器中存在的字体。这样在设计页面时，就不会因为字体稀缺而受限制。

通过 @font-face 规则可以加载服务器端的字体文件，让客户端显示客户端所没有安装的字体，@font-face 规则的语法格式如下。

```
@font-face: {font-family: 取值 ; font-style: 取值 ; font-variant: 取值 ; font-weight: 取值 ; font-stretch: 取值 ; font-size: 取值 ; src: 取值 ; }
```

@font-face 规则的相关属性说明如表 10-13 所示。

表 10-13　@font-face 规则的相关属性说明

属　　性	说　　明
font-family	设置文本的字体名称
font-style	设置文本样式
font-variant	设置文本是否大小写
font-weight	设置文本的粗细
font-stretch	设置文本是否横向的拉伸变形
font-size	设置文本字体大小
src	设置自定义字体的相对路径或者绝对路径，可以包含 format 信息。注意，此属性只能在 @font-face 规则中使用

提示

对于 @font-face 规则的兼容，主要是字体 format 的问题。因为不同的浏览器对字体格式的支持是不一致的，各种版本的浏览器支持的字体格式有所区别。TrueType（.ttf）格式的字体对应的 format 属性为 truetype；OpenType（.otf）格式的字体对应的 format 属性为 opentype；Embedded Open Type（.eot）格式的字体对应的 format 属性为 eot。

实战

在网页中使用特殊字体

最终文件：光盘 \ 最终文件 \ 第 10 章 \10-3-4.html　　视频：光盘 \ 视频 \ 第 10 章 \10-3-4.mp4

01 执行“文件 > 打开”命令，打开页面“光盘 \ 源文件 \ 第 10 章 \10-3-4.html”，可以看到页面效果，如图 10-72 所示。在 Chrome 浏览器中预览该页面，可以看到页面中默认的字体显示效果，如图 10-73 所示。

图 10-72

图 10-73

02 转换到该网页链接的外部样式表文件中，创建 @font-face 规则和名为 .font01 的类 CSS 样式，如图 10-74 所示。返回设计视图中，为相应的文字应用名为 font01 的类 CSS 样式，保存页面，并保存外部 CSS 样式文件，在 Chrome 浏览器中预览页面，可以看到特殊的字体效果，如图 10-75 所示。

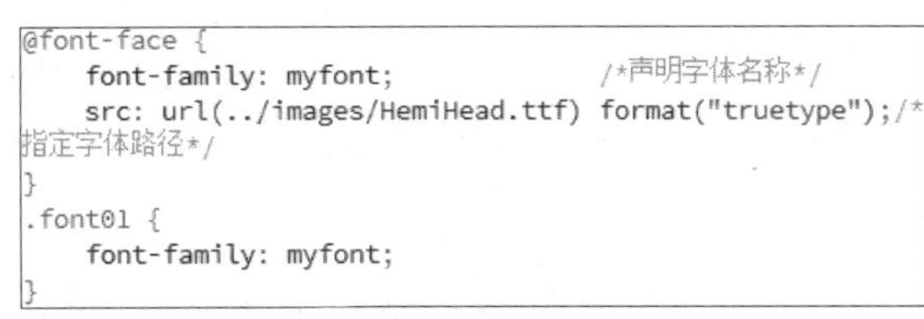

```
@font-face {
    font-family: myfont;            /*声明字体名称*/
    src: url(../images/HemiHead.ttf) format("truetype");/*
指定字体路径*/
}
.font01 {
    font-family: myfont;
}
```

图 10-74

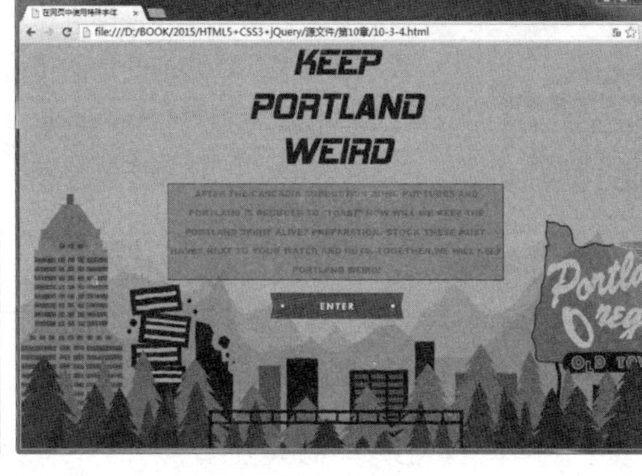

图 10-75

在 @font-face 规则中，通过 font-family 属性声明了字体名称 myfont，并通过 src 属性指定了字体文件的 url 相对地址。在接下来名称为 font01 的类 CSS 样式中，就可以通过名称 myfont 来引用字体定义的规则了。

通过 @font-face 规则使用服务器字体，不建议应用于中文网站。因为中文的字体文件都是几 MB 到十几 MB，字体文件的容量较大，会严重影响页面的加载速度。如果是少量的特殊字体，还是建议使用图片来代替。而英文的字体文件只有几十 KB，非常适合使用 @font-face 规则。

10.4 列表样式 CSS 属性

通过 CSS 属性来控制列表，能够从更多方面控制列表的外观，使列表看起来更加整齐和美观，使网站实用性更强。在 CSS 样式中专门提供了控制列表样式的属性，下面就不同类型的列表分别进行介绍。

10.4.1 list-style-type 属性——设置列表符号

列表可分为无序项目列表和有序编号列表，所以在两种列表中 list-style-type 属性的属性值也是有很大区别的，下面依次进行介绍。

无序项目列表是网页中运用得非常多的一种列表形式，用于将一组相关的列表项目排列在一起，并且列表中的项目没有特别的先后顺序。无序列表使用 <li> 标签来罗列各个项目，并且每个项目前面都带有特殊符号。在 CSS 样式中，list-style-type 属性用于控制无序列表项目前面的符号，list-style-type 属性的语法格式如下。

```
list-style-type: disc | circle | square | none;
```

在设置无序列表时，list-style-type 属性的属性值说明如表 10-14 所示。

表 10-14 list-style-type 属性的无序列表属性值说明

属 性 值	说 明
disc	该属性值表示项目列表前的符号为实心圆
circle	该属性值表示项目列表前的符号为空心圆
square	该属性值表示项目列表前的符号为实心方块
none	该属性值表示项目列表前不使用任何符号

有序列表与无序列表相反，有序列表即具有明确先后顺序的列表，默认情况下，创建的有序列表在每条信息前加上序号 1、2、3…通过 CSS 样式中的 list-style-type 属性可以对有序列表进行控制。list-style-type 属性的基本语法格式如下。

```
list-style-type: decimal | decimal-leading-zero | lower-roman | upper-roman | lower-alpha | upper-alpha | none | inherit;
```

在设置有序列表时，list-style-type 属性的属性值说明如表 10-15 所示。

表 10-15 list-style-type 属性的有序列表属性值说明

属 性 值	说 明
decimal	该属性值表示有序列表前使用十进制数字标记（1、2、3……）
decimal-leading-zero	该属性值表示有序列表前使用有前导零的十进制数字标记（01、02、03……）
lower-roman	该属性值表示有序列表前使用有前导零的十进制数字标记（01、02、03……）
upper-roman	该属性值表示有序列表前使用大写罗马数字标记（I、II、III……）
lower-alpha	该属性值表示有序列表前使用小写英文字母标记（a、b、c……）
upper-alpha	该属性值表示有序列表前使用大写英文字母标记（A、B、C……）
none	该属性值表示有序列表前不使用任何形式的符号
inherit	该属性值表示有序列表继承父元素的 list-style-type 属性设置

实战 **设置新闻列表效果**

最终文件：光盘 \ 最终文件 \ 第 10 章 \10-4-11.html　　视频：光盘 \ 视频 \ 第 10 章 \10-4-11.mp4

01 执行“文件 > 打开”命令，打开页面“光盘 \ 源文件 \ 第 10 章 \10-4-11.html”，可以看到页面效果，如图 10-76 所示。转换到代码视图中，可以看到页面中项目列表的代码，如图 10-77 所示。

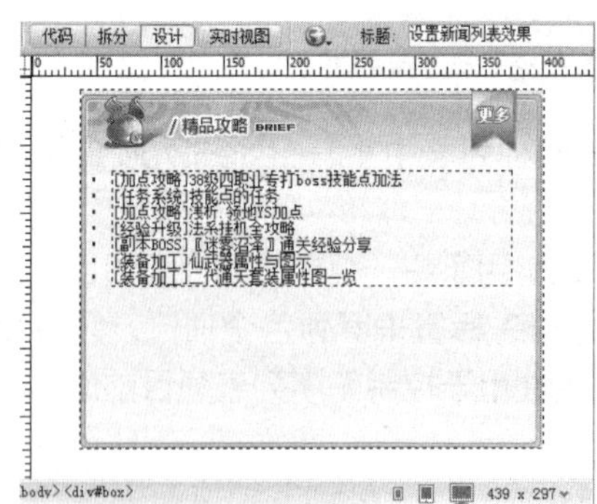

图 10-76

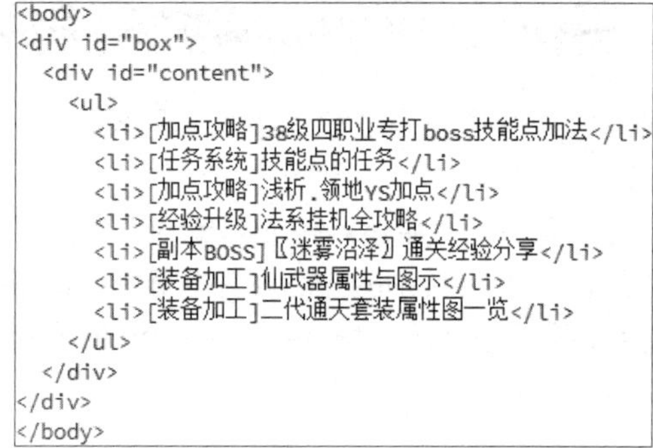

```
<body>
<div id="box">
  <div id="content">
    <ul>
      <li>[加点攻略]38级四职业专打boss技能点加法</li>
      <li>[任务系统]技能点的任务</li>
      <li>[加点攻略]浅析.领地YS加点</li>
      <li>[经验升级]法系挂机全攻略</li>
      <li>[副本BOSS]【迷雾沼泽】通关经验分享</li>
      <li>[装备加工]仙武器属性与图示</li>
      <li>[装备加工]二代通天套装属性图一览</li>
    </ul>
  </div>
</div>
</body>
```

图 10-77

02 转换到该网页所链接的外部CSS样式文件中，创建名为#content li的CSS样式，如图10-78所示。保存外部 CSS 样式文件，在浏览器中预览页面，可以看到页面中无序列表的效果，如图 10-79 所示。

```
#content li{
    list-style-type: square;
    list-style-position: inside;
    line-height: 25px;
    border-bottom: dashed 1px #7cb8c2;
}
```

图 10-78

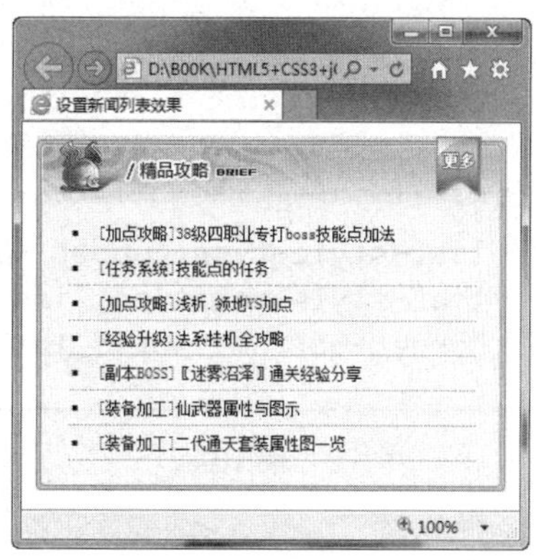

图 10-79

提示

list-style-position 属性用于设置列表符号的位置，该属性有 3 个属性值。属性值为 inside，则列表符号放置在文本以内，且环绕文本根据标记对齐；属性值为 outside，则列表符号放置在文本以外，且环绕文本不根据标记对齐；属性值为 inherit，则从父元素继承 list-style-position 属性的值。

实战

设置编号列表效果

最终文件：光盘 \ 最终文件 \ 第 10 章 \10-4-12.html　　视频：光盘 \ 视频 \ 第 10 章 \10-4-12.mp4

01 执行“文件 > 打开”命令，打开页面“光盘 \ 源文件 \ 第 10 章 \10-4-12.html”，可以看到页面效果，如图 10-80 所示。转换到代码视图中，可以看到页面中编号列表的 HTML 代码，如图 10-81 所示。

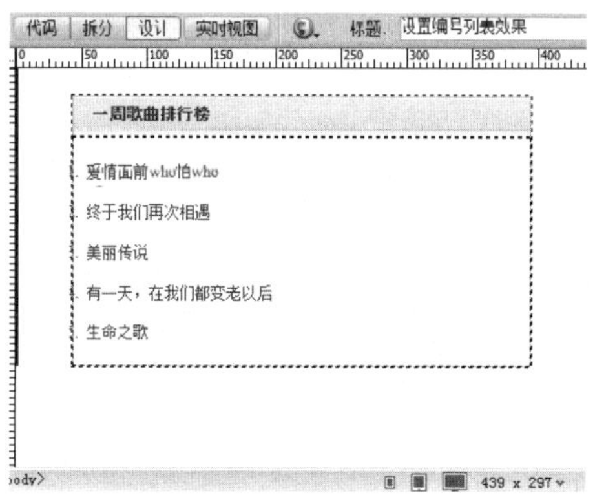

图 10-80

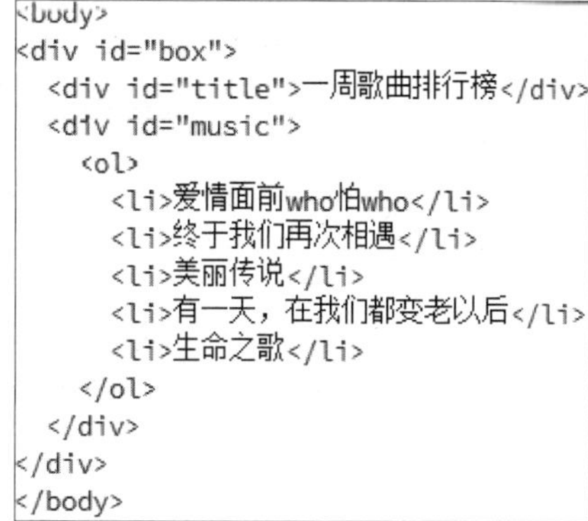

```
<body>
<div id="box">
  <div id="title">一周歌曲排行榜</div>
  <div id="music">
    <ol>
      <li>爱情面前who怕who</li>
      <li>终于我们再次相遇</li>
      <li>美丽传说</li>
      <li>有一天，在我们都变老以后</li>
      <li>生命之歌</li>
    </ol>
  </div>
</div>
</body>
```

图 10-81

02 转换到该网页所链接的外部 CSS 样式文件中，创建名为 #music li 的 CSS 样式，如图 10-82 所示。保存外部 CSS 样式文件，在浏览器中预览页面，可以看到页面中有序列表的效果，如图 10-83 所示。

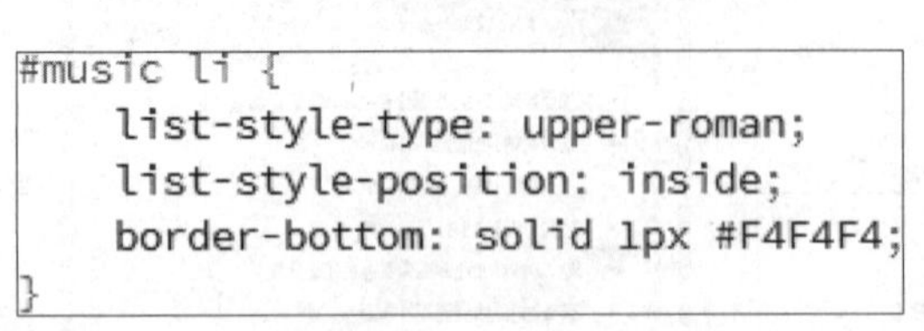

```
#music li {
    list-style-type: upper-roman;
    list-style-position: inside;
    border-bottom: solid 1px #F4F4F4;
}
```

图 10-82

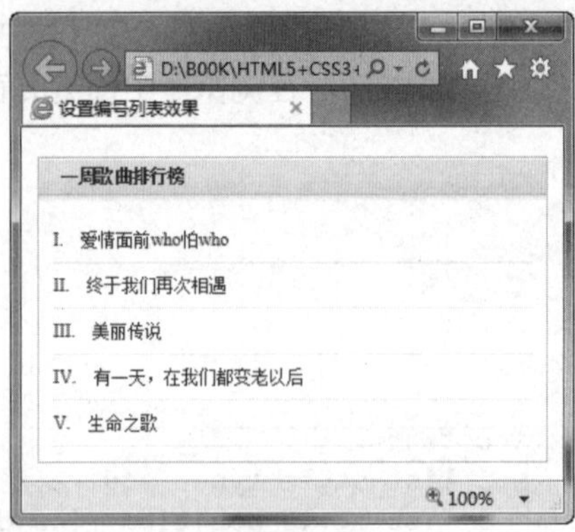

图 10-83

10.4.2 list-style-image 属性——自定义列表符号

除了可以使用 CSS 样式中的列表符号，还可以使用 list-style-image 属性自定义列表符号，list-style-image 属性的基本语法如下。

```
list-style-image: 图片地址 ;
```

在 CSS 样式中，list-style-image 属性用于设置图片作为列表样式，只需输入图片的路径作为属性值即可。

实战　自定义新闻列表符号

最终文件：光盘 \ 最终文件 \ 第 10 章 \10-4-2.html　　视频：光盘 \ 视频 \ 第 10 章 \10-4-2.mp4

01 执行“文件 > 打开”命令，打开页面“光盘 \ 源文件 \ 第 10 章 \10-4-2.html”，可以看到页面效果，如图 10-84 所示。转换到代码视图中，可以看到页面中项目列表的 HTML 代码，如图 10-85 所示。

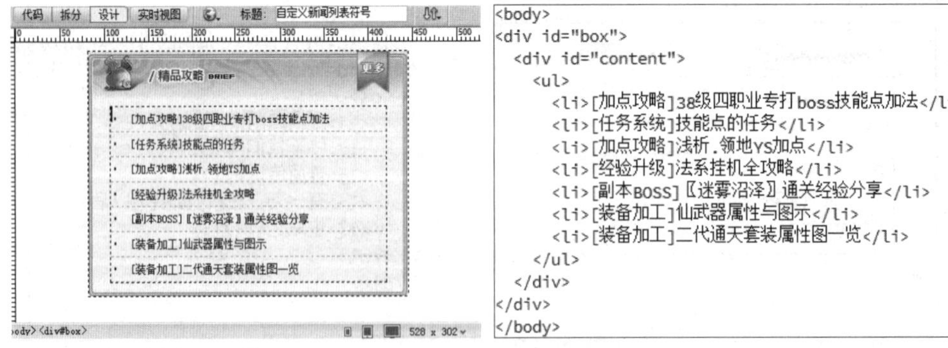


```
<body>
<div id="box">
  <div id="content">
    <ul>
      <li>[加点攻略]38级四职业专打boss技能点加法</li>
      <li>[任务系统]技能点的任务</li>
      <li>[加点攻略]浅析.领地ys加点</li>
      <li>[经验升级]法系挂机全攻略</li>
      <li>[副本BOSS]【迷雾沼泽】通关经验分享</li>
      <li>[装备加工]仙武器属性与图示</li>
      <li>[装备加工]二代通天套装属性图一览</li>
    </ul>
  </div>
</div>
</body>
```

图 10-84　　图 10-85

02 转换到该网页所链接的外部 CSS 样式文件中，找到名为 #content li 的 CSS 样式，修改 list-style-type 属性设置代码，如图 10-86 所示。返回设计视图中，可以看到列表前没有任何形式的符号，如图 10-87 所示。

```
#content li{
    list-style-type:none;
    list-style-position: inside;
    line-height: 16px;
    padding: 5px 0px 5px 2px;
    border-bottom: dashed 1px #7cb8c2;
}
```

图 10-86

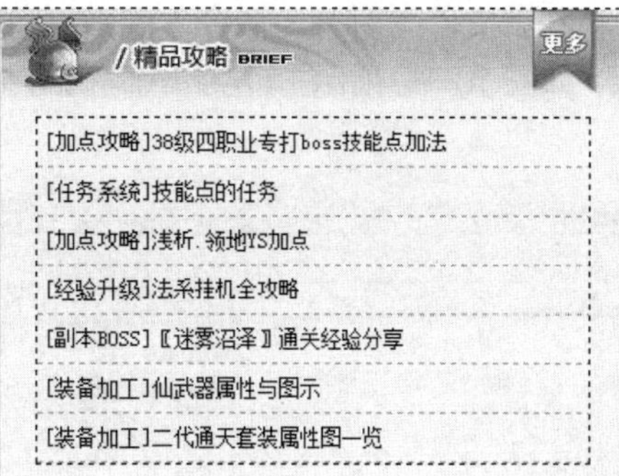

图 10-87

03 转换到外部 CSS 样式文件中，在名为 #content li 的 CSS 样式中添加 list-style-image 属性设置代码，如图 10-88 所示。保存外部 CSS 样式表文件，在浏览器中预览页面，可以看到自定义列表符号的效果，如图 10-89 所示。

```
#content li{
    list-style-type:none;
    list-style-position: inside;
    list-style-image: url(../images/104201.gif);
    line-height: 16px;
    padding: 5px 0px 5px 2px;
    border-bottom: dashed 1px #7cb8c2;
}
```

图 10-88

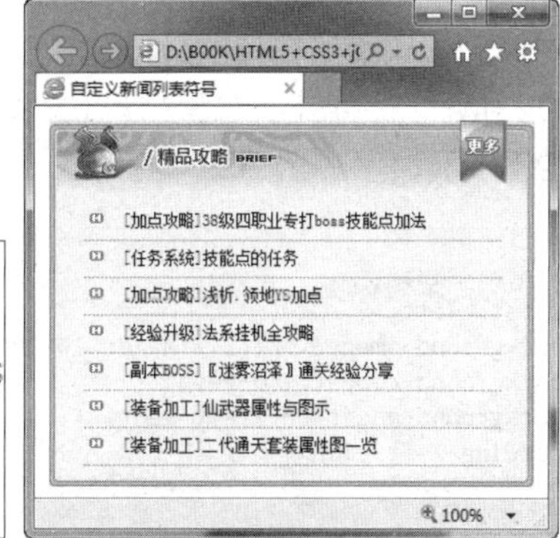

图 10-89

提示

除了可以使用 CSS 样式中的 list-style-image 属性定义列表符号，还可以使用 background-image 属性来实现，首先在列表项左边添加填充，为图像符号预留出需要占用的空间，然后将图像符号作为背景图像应用于列表项即可。在网页页面中，经常将图片作为列表样式，用来美化网页界面、提升网页整体视觉效果。

10.4.3　设置定义列表

定义列表是一种比较特殊的列表形式，相对于有序列表和无序列表来说，应用得比较少。定义列表的 <dl> 标签是成对出现的，并且需要在代码视图手动添加代码。从 <dl> 开始到 </dl> 结束，列表中每个元素的标题使用 <dt></dt> 标签，后跟随 <dd></dd> 标签，用于描述列表中元素的内容。

实战

制作复杂新闻列表

最终文件：光盘 \ 最终文件 \ 第 10 章 \10-4-3.html　　视频：光盘 \ 视频 \ 第 10 章 \10-4-3.mp4

01 执行“文件 > 打开”命令，打开页面“光盘 \ 源文件 \ 第 10 章 \10-4-3.html”，可以看到页面效果，如图 10-90 所示。转换到代码视图中，可以看到页面中定义列表的 HTML 代码，如图 10-91 所示。

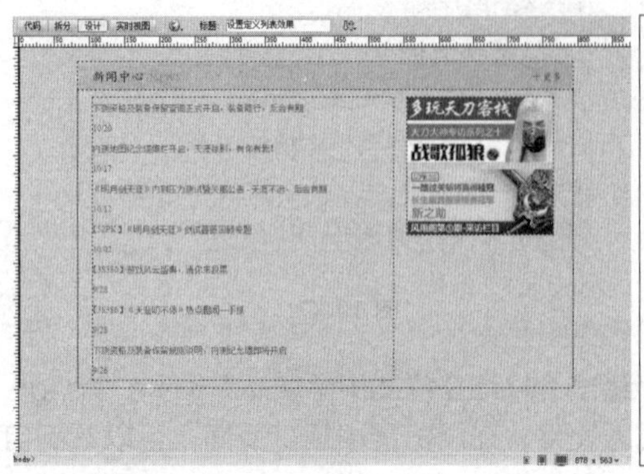

图 10-90

```
<div id="list">
  <dl>
    <dt>下测资格及装备保留查询正式开启，装备随行，后会有期</dt>
<dd>10/20</dd>
    <dt>内测地图纪念墙绚烂开启，天涯掠影，有你有我！</dt><dd>
10/17</dd>
    <dt>《明月剑天涯》内测压力测试暨关服公告 - 天涯不远，后会有期
</dt><dd>10/12</dd>
    <dt>【52PK】《明月剑天涯》剑试蔷薇回顾专题</dt><dd>10/02</
dd>
    <dt>【38386】游戏风云盛典，请你来投票</dt><dd>9/28</dd>
    <dt>【38386】《天涯叨不停》热点趣闻一手抓</dt><dd>9/28</dd
>
    <dt>下测资格及装备保留规则说明，内测纪念墙即将开启</dt><dd>
9/26</dd>
  </dl>
</div>
```

图 10-91

02 转换到该网页所链接的外部 CSS 样式文件中，创建名为 #list dt 和 #list dd 的 CSS 样式，如图 10-92 所示。保存外部 CSS 样式文件，在浏览器中预览页面，可以看到页面中定义列表的效果，如图 10-93 所示。

```
#list dt {
    width: 365px;
    float: left;
    background-image: url(../images/104305.png);
    background-repeat: no-repeat;
    background-position: left center;
    padding-left: 15px;
    border-bottom: dashed 1px #BDC8C4;
}
#list dd {
    width: 50px;
    float: left;
    border-bottom: dashed 1px #BDC8C4;
}
```

图 10-92

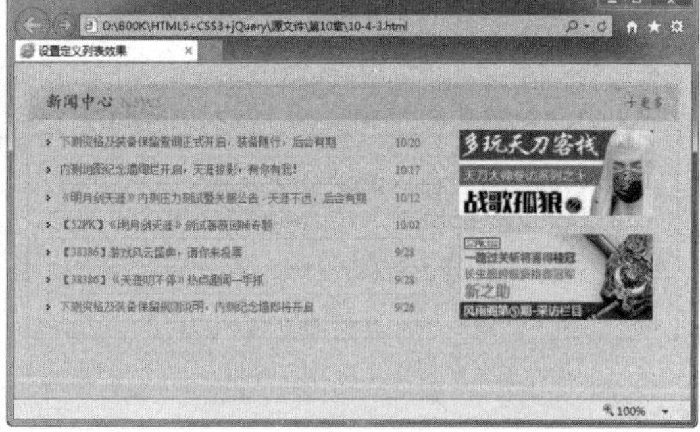

图 10-93

提示 定义列表是一种比较特殊的列表形式，设计者必须手动添加相关的 <dl>、<dt> 和 <dd> 标签来创建定义列表，注意，<dl>、<dt> 和 <dd> 标签都是成对出现的。

10.5 背景样式 CSS 属性

通过为网页设置一个合理的背景能够烘托网页的视觉效果，给人一种协调和统一的视觉感，达到美化页面的效果。不同的背景给人的心理感受并不相同，因此为网页选择一个合适的背景非常重要。

10.5.1 background-color 属性——背景颜色

只需在 CSS 样式中添加 background-color 属性，即可设置网页的背景颜色，它接受任何有效的颜色值，但是如果对背景颜色没有进行相应的定义，将默认背景颜色为透明。background-color 的语法格式如下。

```
background-color: color | transparent;
```

background-color 属性的属性值说明如表 10-16 所示。

表 10-16　background-color 属性的属性值说明

属　性	说　明
color	设置背景的颜色，它可以采用英文单词、十六进制、RGB、HSL、HSLA 和 RGBA 格式
transparent	默认值，表明透明

background-color 属性还可以使用 transparent 和 inherit 值。transparent 值实际上是所有元素的默认值，其意味着显示已经存在的背景；如果确实需要继承 background-color 属性，则可以使用 inherit 值。

background-color 属性类似于 HTML 中的 bgcolor 属性。CSS 样式中的 background-color 属性更加实用，不仅仅是因为它可以用于页面中的任何元素，bgcolor 属性只能对 <body>、<table>、<tr>、<th> 和 <td> 标签进行设置。通过 CSS 样式中的 background-color 属性可以设置页面中任意特定部分的背景颜色。

10.5.2 background-image 属性——背景图像

在 CSS 样式中，可以通过 background-image 属性设置背景图像。background-image 属性的语法格式如下。

```
background-image: none | url;
```

background-image 属性的属性值说明如表 10-17 所示。

表 10-17　background-image 属性的属性值说明

属 性 值	说　明
none	该属性值是默认属性，表示无背景图片
url	该属性值定义了所需使用的背景图片地址，图片地址可以是相对路径地址，也可以是绝对路径地址

10.5.3 background-repeat 属性——背景图像平铺方式

使用 background-image 属性设置的背景图像默认会以平铺的方式显示，在 CSS 中可以通过 background-repeat 属性设置背景图像重复或不重复的样式，以及背景图像的重复方式。background-repeat 属性的语法格式如下。

```
background-repeat: no-repeat | repeat-x | repeat-y | repeat;
```

background-repeat 属性的属性值说明如表 10-18 所示。

表 10-18　background-repeat 属性的属性值说明

属 性 值	说　明
no-repeat	表示背景图像不重复平铺，只显示一次
repeat-x	表示背景图像在水平方向重复平铺
repeat-y	表示背景图像在垂直方向重复平铺
repeat	表示背景图像在水平和垂直方向都重复平铺，该属性值为默认值

实战　设置网页背景效果

最终文件：光盘 \ 最终文件 \ 第 10 章 \10-5-3.html　　视频：光盘 \ 视频 \ 第 10 章 \10-5-3.mp4

01 执行“文件 > 打开”命令，打开页面“光盘 \ 源文件 \ 第 10 章 \10-5-3.html”，可以看到页面效果，如图 10-94 所示。转换到外部 CSS 样式表文件中，找到名为 body 的 CSS 样式代码，如图 10-95 所示。

图 10-94

```
body{
    font-family: Arial;
    font-size: 14px;
    color: #CCC;
    line-height: 25px;
}
```

图 10-95

02 在 body 标签的 CSS 样式中添加 background-color 属性设置代码，如图 10-96 所示。保存外部样式表文件，在浏览器中预览页面，可以看到为网页设置背景颜色的效果，如图 10-97 所示。

```
body{
    font-family: Arial;
    font-size: 14px;
    color: #CCC;
    line-height: 25px;
    background-color: #333333;
}
```

图 10-96

图 10-97

03 转换到外部样式表文件中，在名为 body 的 CSS 样式代码中添加 background-image 属性设置代码，如图 10-98 所示。保存外部样式表文件，在浏览器中预览页面，可以看到为网页设置背景图像的效果，如图 10-99 所示。

```
body{
    font-family: Arial;
    font-size: 14px;
    color: #CCC;
    line-height: 25px;
    background-color: #333333;
    background-image: url(../images/105308.jpg);
}
```

图 10-98

图 10-99

使用 background-image 属性设置背景图像，背景图像默认在网页中是以左上角为原点显示的，并且背景图像在网页中会重复平铺显示。

04 转换到外部 CSS 样式表文件中，在名为 body 的 CSS 样式代码中添加 background-repeat 属性设置代码，如图 10-100 所示。保存外部样式表文件，在浏览器中预览页面，可以看到背景图像不平铺，只显示一次的效果，如图 10-101 所示。

```
body{
    font-family: Arial;
    font-size: 14px;
    color: #CCC;
    line-height: 25px;
    background-color: #333333;
    background-image: url(../images/105308.jpg);
    background-repeat: no-repeat;
}
```

图 10-100

图 10-101

05 转换到外部 CSS 样式表文件中，在名为 body 的 CSS 样式代码中修改 background-repeat 属性的属性值，如图 10-102 所示。保存外部样式表文件，在浏览器中预览页面，可以看到背景图像只在水平方向平铺的效果，如图 10-103 所示。

```
body{
    font-family: Arial;
    font-size: 14px;
    color: #CCC;
    line-height: 25px;
    background-color: #333333;
    background-image: url(../images/105308.jpg);
    background-repeat: repeat-x;
}
```

图 10-102

图 10-103

06 转换到外部 CSS 样式表文件中，在名为 body 的 CSS 样式代码中修改 background-repeat 属性的属性值，如图 10-104 所示。保存外部样式表文件，在浏览器中预览页面，可以看到背景图像只在垂直方向上平铺的效果，如图 10-105 所示。

```
body{
    font-family: Arial;
    font-size: 14px;
    color: #CCC;
    line-height: 25px;
    background-color: #333333;
    background-image: url(../images/105308.jpg);
    background-repeat: repeat-y;
}
```

图 10-104

图 10-105

07 转换到外部 CSS 样式表文件中，在名为 body 的 CSS 样式代码中修改 background-repeat 属性的属性值，如图 10-106 所示。保存外部样式文件，在浏览器中预览页面，可以看到背景图像在水平和垂直方向上都平铺的效果，如图 10-107 所示。

```
body{
    font-family: Arial;
    font-size: 14px;
    color: #CCC;
    line-height: 25px;
    background-color: #333333;
    background-image: url(../images/105308.jpg);
    background-repeat: repeat;
}
```

图 10-106

图 10-107

为背景图像设置重复方式，背景图像就会沿 x 或 y 轴进行平铺。在网页设计中，这是一种很常见的方式。该方法一般用于设置渐变类背景图像，通过这种方法，可以使渐变图像沿设定的方向进行平铺，形成渐变背景、渐变网格等效果，从而达到减小背景图片大小，加快网页下载速度的目的。

10.5.4 background-position 属性——背景图像位置

在传统的网页布局方式中，还没有办法实现精确到像素单位的背景图像定位。CSS 样式打破了这种局限，通过 CSS 样式中的 background-position 属性，能够在页面中精确定位背景图像，更改初始背景图像的位置。该属性值可以分为 4 种类型：绝对定义位置（length）、百分比定义位置（percentage）、垂直对齐值和水平对齐值。background-position 属性的语法格式如下。

```
background-position: length | percentage | top | center | bottom | left | right;
```

background-position 属性的属性值说明如表 10-19 所示。

表 10-19　background-position 属性的属性值说明

属性值	说明
length	该属性值用于设置背景图像与边距水平和垂直方向的距离长度，长度单位为 cm（厘米）、mm（毫米）、和 px（像素）等
percentage	该属性值用于根据页面元素的宽度或高度的百分比放置背景图像
top	该属性用于设置背景图像顶部显示
center	该属性用于设置背景图像居中显示
bottom	该属性用于设置背景图像底部显示
left	该属性用于设置背景图像居左显示
right	该属性用于设置背景图像居右显示

实战　定位网页中的背景图像

最终文件：光盘 \ 最终文件 \ 第 10 章 \10-5-4.html　　视频：光盘 \ 视频 \ 第 10 章 \10-5-4.mp4

01 执行“文件 > 打开”命令，打开页面“光盘 \ 源文件 \ 第 10 章 \10-5-4.html”，可以看到页面效果，如图 10-108 所示。在浏览器中预览页面，可以看到网页的效果，如图 10-109 所示。

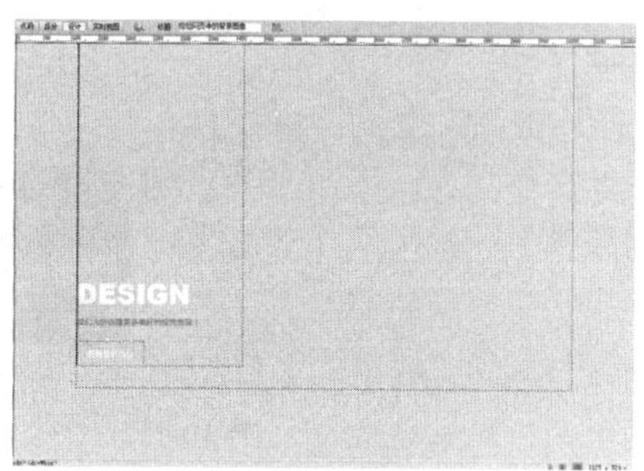

图 10-108

图 10-109

02 转换到外部 CSS 样式表文件中，找到名为 #box 的 CSS 样式，添加背景图像和背景图像平铺的设置代码，如图 10-110 所示。保存外部样式表文件，在浏览器中预览页面，可以看到为该网页元素设置背景图像的效果，如图 10-111 所示。

```
#box {
    width: 900px;
    height: 600px;
    margin: 0px auto;
    background-image: url(../images/105401.jpg);
    background-repeat: no-repeat;
}
```

图 10-110

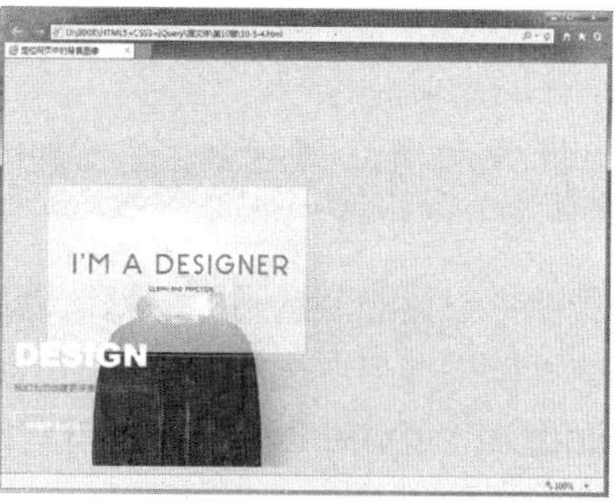

图 10-111

03 转换到外部样式表文件中，在名为 #box 的 CSS 样式中添加 background-position 属性设置代码，如图 10-112 所示。保存外部样式表文件，在浏览器中预览页面，可以看到使用绝对值对背景图像进行定位的效果，如图 10-113 所示。

```
#box {
    width: 900px;
    height: 600px;
    margin: 0px auto;
    background-image: url(../images/105401.jpg);
    background-repeat: no-repeat;
    background-position: 300px 0px;
}
```

图 10-112

图 10-113

04 转换到外部样式表文件中，在名为 #box 的 CSS 样式中修改 background-position 属性值，如图 10-114 所示。保存外部样式表文件，在浏览器中预览页面，可以看到所设置的背景图像定位效果，如图 10-115 所示。

```
#box {
    width: 900px;
    height: 600px;
    margin: 0px auto;
    background-image: url(../images/105401.jpg);
    background-repeat: no-repeat;
    background-position: right bottom;
}
```

图 10-114

图 10-115

background-position 属性的默认值为 top left，它与 0% 0% 是一样的。与 background-repeat 属性相似，该属性的值不从包含的块继承。background-position 属性可以与 background-repeat 属性一起使用，在页面上水平或者垂直放置重复的图像。

10.5.5 background-attachment 属性——背景图像固定

对于页面中设置的背景图像，默认情况下在浏览器中预览时，当拖动滚动条，页面背景会自动跟随滚动条的下拉操作与页面的其余部分一起滚动。在 CSS 样式表中，针对背景元素的控制，提供了 background-attachment 属性，通过对该属性的设置可以使页面的背景不受滚动条的限制，始终保持在固定位置。background-attachment 属性的语法格式如下。

```
background-attachment: scroll | fixed;
```

background-attachment 属性的属性值说明如表 10-20 所示。

表 10-20　background-attachment 属性的属性值说明

属 性 值	说　明
scroll	该属性是默认值，当页面滚动时，页面背景图像会自动跟随滚动条的下拉操作与页面的其余部分一起滚动
fixed	该属性值用于设置背景图像在页面的可见区域，也就是背景图像固定不动

实战　**固定网页中的背景图像**

最终文件：光盘 \ 最终文件 \ 第 10 章 \10-5-5.html　　视频：光盘 \ 视频 \ 第 10 章 \10-5-5.mp4

01 执行“文件 > 打开”命令，打开页面“光盘 \ 源文件 \ 第 10 章 \10-5-5.html”，可以看到页面效果，如图 10-116 所示。在浏览器中预览页面，可以看到鼠标拖动滚动条时，背景图像会跟着滚动，如图 10-117 所示。

图 10-116

图 10-117

02 转换到外部 CSS 样式表文件中，在名为 body 的 CSS 样式中添加 background-attachment 属性设置代码，如图 10-118 所示。保存外部样式表文件，在浏览器中预览页面，可以看到无论如何拖动滚动条，背景图像的位置始终是固定的，如图 10-119 所示。

```
body{
    font-family: Arial;
    font-size: 14px;
    color: #CCC;
    line-height: 25px;
    background-color: #000;
    background-image: url(../images/105501.jpg);
    background-repeat: repeat-x;
    background-attachment: fixed;
}
```

图 10-118

图 10-119

10.6 CSS 3 新增颜色设置样式

网页中的颜色搭配可以更好地吸引浏览者的目光，在 CSS 3 中新增了几种网页中定义颜色的方法，下面依次进行介绍。

10.6.1 RGBA 颜色值

RGBA 是在 RGB 的基础上多了控制 Alpha 透明度的参数，RGBA 颜色定义语法如下。

```
rgba (r,g,b,<opacity>);
```

R、G和B分别表示红色、绿色和蓝色3种原色所占的比重，R、G和B的值可以是正整数或百分数，正整数值的取值范围为 0~255，百分比数值的取值范围为 0%~100%，超出范围的数值将被截至其最近的取值极限。注意，并非所有浏览器都支持百分数值。第 4 个属性值 <opacity> 表示不透明度，取值范围为 0~1。

实战　使用 RGBA 方式设置背景颜色

最终文件：光盘 \ 最终文件 \ 第 10 章 \10-6-1.html　　视频：光盘 \ 视频 \ 第 10 章 \10-6-1.mp4

01 执行“文件 > 打开”命令，打开页面“光盘 \ 源文件 \ 第 10 章 \10-6-1.html”，可以看到页面效果，如图 10-120 所示。转换到该网页所链接的外部 CSS 样式表文件中，找到名为 #box 的 CSS 样式，如图 10-121 所示。

图 10-120

```
#box {
    position: absolute;
    width: 241px;
    height: 279px;
    right: 80px;
    top: 100px;
    padding: 30px;
    background-color: #000;
}
```

图 10-121

02 在名为 #box 的 CSS 样式代码中修改背景颜色的设置，并使用 RGBA 颜色定义方法，如图 10-122 所示。保存页面并保存外部样式表文件，在浏览器中预览页面，可以看到元素半透明背景色效果，如图 10-123 所示。

```
#box {
    position: absolute;
    width: 241px;
    height: 279px;
    right: 80px;
    top: 100px;
    padding: 30px;
    background-color: rgba(0,0,0,0.4);
}
```

图 10-122

图 10-123

10.6.2　HSL 颜色值

HSL 是一种工业界内广泛使用的颜色标准，通过对色调（H）、饱和度（S）和亮度（L）3 个颜色通道的改变，以及它们相互之间的叠加来获得各种颜色。CSS 3 中新增了 HSL 颜色设置方式，在使用 HSL 方法设置颜色时，需要定义 3 个值，分别是色调（H）、饱和度（S）和亮度（L）。HSL 颜色定义语法如下。

```
hsl (<length>,<percentage>,<percentage>);
```

HSL 的相关属性值说明如表 10-21 所示。

表 10-21　HSL 的相关属性值说明

属　性　值	说　　明
length	表示 Hue（色调），0（或 360）表示红色，120 表示绿色，240 表示蓝色，当然也可以取其他的数值来确定其他颜色
percentage	表示 Saturation（饱和度），取值为 0% ~ 100% 之间的值
percentage	表示 Lightness（亮度），取值为 0% ~ 100% 之间的值

10.6.3　HSLA 颜色值

HSLA 是 HSL 颜色定义方法的扩展，在色相、饱和度、亮度三要素的基础上增加了不透明度的设置。使用 HSLA 颜色定义方法，能够灵活地设置各种不同的透明效果。HSLA 颜色定义的语法如下。

```
hsla (<length>,<percentage>,<percentage>,<opacity>);
```

前 3 个属性与 HSL 颜色定义方法的属性相同，第 4 个参数即用于设置颜色的不透明度，取值范围为 0~1 之间，如果值为 0，表示颜色完全透明；如果值为 1，则表示颜色完全不透明。

实战　使用 HSLA 方式设置背景颜色

最终文件：光盘 \ 最终文件 \ 第 10 章 \10-6-3.html　　视频：光盘 \ 视频 \ 第 10 章 \10-6-3.mp4

01 执行“文件 > 打开”命令，打开页面“光盘 \ 源文件 \ 第 10 章 \10-6-3.html”，可以看到

页面效果，如图 10-124 所示。转换到该网页所链接的外部 CSS 样式表文件中，找到名为 #box 的 CSS 样式，如图 10-125 所示。

图 10-124

```
#box {
    position: absolute;
    width: 241px;
    height: 279px;
    right: 80px;
    top: 100px;
    padding: 30px;
    background-color: #09111A;
}
```

图 10-125

02 在名为 #box 的 CSS 样式中修改背景颜色的设置，使用 HSL 颜色定义方法，如图 10-126 所示。保存页面并保存外部样式表文件，在浏览器中预览页面，可以看到所设置的背景色效果，如图 10-127 所示。

```
#box {
    position: absolute;
    width: 241px;
    height: 279px;
    right: 80px;
    top: 100px;
    padding: 30px;
    background-color: hsl(210,65%,10%);
}
```

图 10-126

图 10-127

03 转换到外部样式表文件中，在名称为 #box 的 CSS 样式中修改背景颜色的设置，如图 10-128 所示。保存外部样式表文件，在浏览器中预览页面，可以看到所设置的透明背景色效果，如图 10-129 所示。

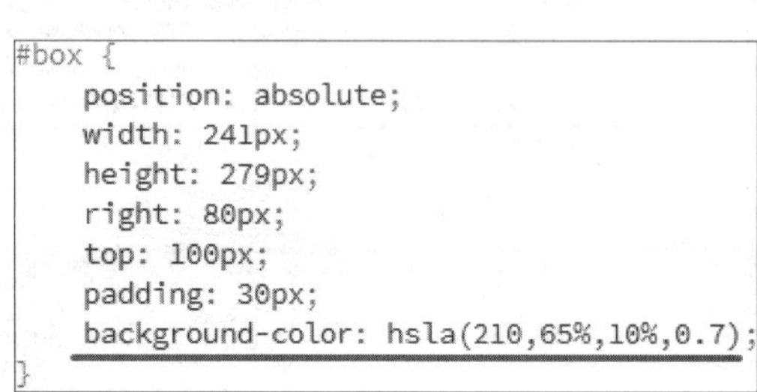

```
#box {
    position: absolute;
    width: 241px;
    height: 279px;
    right: 80px;
    top: 100px;
    padding: 30px;
    background-color: hsla(210,65%,10%,0.7);
}
```

图 10-128

图 10-129

10.6.4　opacity 属性——元素不透明度

opacity 属性用来设置一个元素的透明度，能够使页面元素呈现透明效果，并且可以通过具体的数值设置透明的程度。opacity 属性的语法格式如下。

```
opacity: <length> | inherit;
```

opacity 属性的属性值说明如表 10-22 所示。

表 10-22　opacity 属性的属性值说明

属　性　值	说　　明
length	由浮点数字和单位标识符组成的长度值，不可以为负值，默认值为 1
inherit	默认继承，继承父级元素的 opacity 属性设置

opacity 属性取值为 1 的元素完全不透明，反之，取值为 0 是完全透明的，0~1 之间的任何值都表示该元素的透明度。

设置网页元素的半透明效果

最终文件：光盘 \ 最终文件 \ 第 10 章 \10-6-4.html　　视频：光盘 \ 视频 \ 第 10 章 \10-6-4.mp4

01 执行“文件 > 打开”命令，打开页面“光盘 \ 源文件 \ 第 10 章 \10-6-4.html”，可以看到页面效果，如图 10-130 所示。转换到该网页所链接的外部 CSS 样式表文件中，创建名为 .pic01 的类 CSS 样式，如图 10-131 所示。

图 10-130

```
.pic01 {
    opacity: 0.3;
}
```

图 10-131

02 返回设计视图，选中页面中插入的图像，在“属性”面板的“类”下拉列表框中选择刚定义的 pic01 样式应用，如图 10-132 所示。保存页面并保存外部样式表文件，在浏览器中预览页面，可以看到半透明图像的效果，如图 10-133 所示。

图 10-132

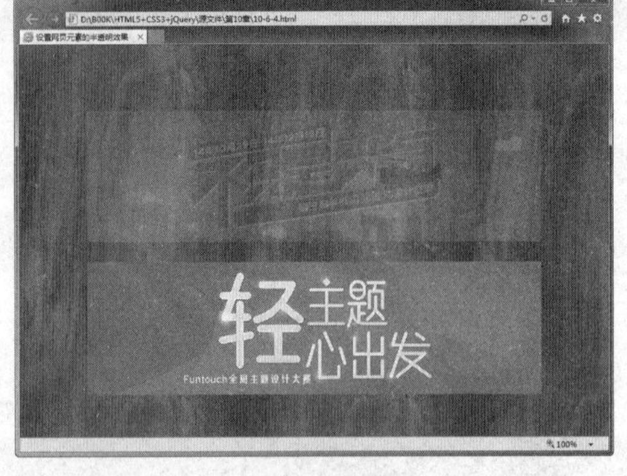

图 10-133

03 转换到外部样式表文件中，创建名为 .pic02 的类 CSS 样式，如图 10-134 所示。返回设计视图，为页面中相应的图像应用名为 pic02 的类 CSS 样式，保存页面并保存外部样式表文件，在浏览器中预览页面，可以看到半透明图像的效果，如图 10-135 所示。

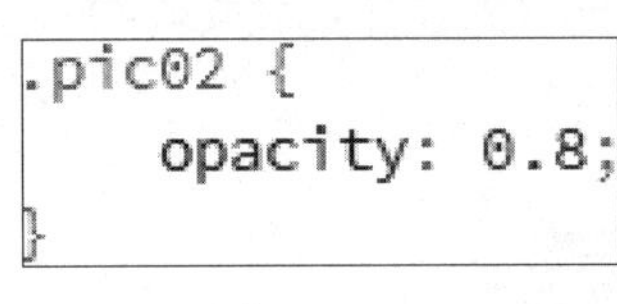

```
.pic02 {
    opacity: 0.8;
}
```

图 10-134

图 10-135

10.6.5 transparent 颜色值

如果在 CSS 样式中设置颜色值为 transparent，则会使背景颜色、文字颜色或边框颜色等设置为完全透明。在 CSS 1 中，只能在 background-color 属性中设置 transparent 属性值。在 CSS 2 中，可以在 background-color 和 border-color 属性中设置 transparent 属性值。在 CSS 3 中，可以在一切指定颜色值的属性中设置 transparent 属性值。现在，transparent 属性值已经得到 Firefox、Chrome、Safari、Opera 和 IE 等浏览器的支持。

10.7 CSS 3 新增渐变背景

在以前，必须使用图像来实现渐变效果。但是在 CSS 3 中新增了渐变设置属性 gradients，通过该属性可以在网页中实现渐变颜色填充的效果，避免了过多地使用渐变图片所带来的麻烦，而且在放大页面的情况下一样过渡自然。

在网页中可以实现线性渐变和径向渐变两种方式的渐变填充效果，但目前浏览器还没有统一的标准对渐变 gradients 属性提供支持，所以目前还只能使用浏览器提供的私有化属性来实现渐变颜色填充效果。

10.7.1　线性渐变背景

1. 基于 Webkit 内核的实现

基于 Webkit 内核的线性渐变，语法如下。

```
    -webkit-gradient ( linear,<point>,<point>,from(<color>),to(<color>) [ , color-
stop(<percent>, <color>)]*)
```

基于 Webkit 内核线性渐变属性值说明如表 10-23 所示。

表 10-23　基于 Webkit 内核线性渐变属性值说明

属　性　值	说　　明
linear	表示线性渐变类型
<point>	定义渐变的起始点和结束点：第一个表示起始点，第二个表示结束点。该坐标点的取值，支持数值、百分比和关键字，如（0.5，0.5）、（50%，50%）、（left，top）等。关键字包括：定义横坐标的 left 和 right，定义纵坐标的 top 和 bottom
<color>	表示任意 CSS 颜色值
<percent>	表示百分比值，用于确定起始点和结束点之间的某个位置
from()	定义起始点的颜色
to()	定义结束点的颜色
color-stop()	可选函数，在渐变中多次添加过滤颜色，可以实现多种颜色的渐变

2. 基于 Gecko 内核的实现

基于 Gecko 内核的线性渐变，语法如下。

```
    -moz-linear-gradient ( [ <point> || <angle>,] ? <color> [, (<color>)
[<percent>]?]*,<color>)
```

基于 Gccko 内核线性渐变属性值说明如表 10-24 所示。

表 10-24　基于 Gecko 内核线性渐变属性值说明

属　性　值	说　　明
<point>	定义渐变的起始点，该坐标的取值支持数值、百分比和关键字，关键字包括：定义横坐标的 left、center 和 right，定义纵坐标的 top、center 和 bottom。默认坐标为（top center）。当指定一个值时，另一个值默认为 center
<color>	表示渐变使用的 CSS 颜色值
<angle>	定义线性渐变的角度，单位可以是 deg（角度）、grad（梯度）、rad（弧度）
<percent>	表示百分比值，用于确定起始点和结束点之间的某个位置

这里没有函数作为参数，可以直接在某个百分比位置添加过渡颜色。第一个颜色值为渐变开始的颜色，最后一个颜色值为渐变结束的颜色。基于 Gecko 内核的线性渐变的实现，比较符合 W3C 语法标准。

为网页设置线性渐变背景颜色

最终文件：光盘 \ 最终文件 \ 第 10 章 \10-7-1.html　　视频：光盘 \ 视频 \ 第 10 章 \10-7-1.mp4

01 执行“文件 > 打开”命令，打开页面“光盘 \ 源文件 \ 第 10 章 \10-7-1.html”，可以看到页面效果，如图 10-136 所示。转换到该网页所链接的外部 CSS 样式表文件中，找到名为 body 的 CSS 样式，如图 10-137 所示。

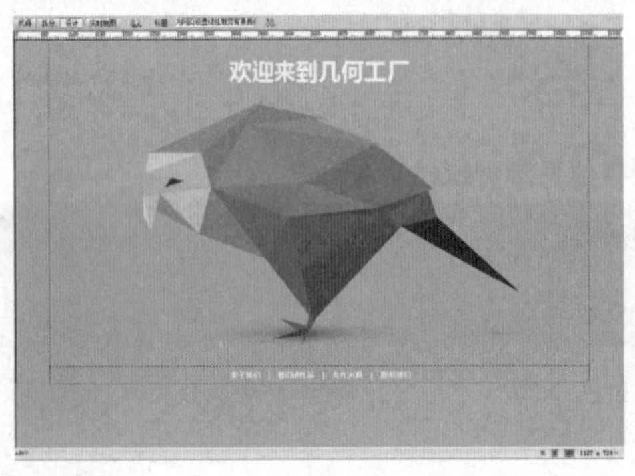

图 10-136

```
body {
    font-family: 微软雅黑;
    font-size: 14px;
    color: #FFF;
    line-height: 30px;
    background-color: rgb(219,190,57);
}
```

图 10-137

02 删除 background-color 属性设置代码，并添加线性渐变设置代码，如图 10-138 所示。保存外部 CSS 样式文件，在 Chrome 浏览器中预览页面，可以看到所设置的从上至下的线性渐变背景效果，如图 10-139 所示。

```
body {
    font-family: 微软雅黑;
    font-size: 14px;
    color: #FFF;
    line-height: 30px;
    /*基于Webkit内核的实现*/
    background:-webkit-gradient(linear,left top,left
bottom, from(#f90),to(#0f0));
    /*基于Gecko内核的实现*/
    background:-moz-linear-gradient(top,#f90,#0f0);
}
```

图 10-138

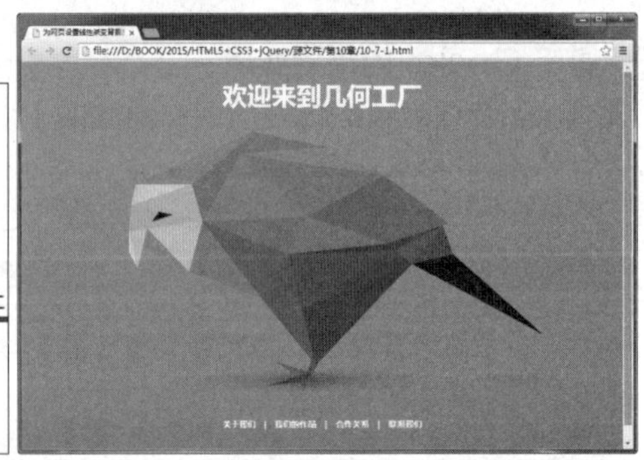

图 10-139

此处是实现了基于 Webkit 和 Gecko 两种内核浏览器的线性渐变，其中基于 Gecko 内核的渐变实现，应用了其默认的设置：当不设置起点和弧度方向时，默认的是从上至下的渐变，IE 浏览器显示不出效果，在 Chrome 或 Firefox 浏览器中可以显示效果。

03 转换到外部样式表文件中，修改刚刚所设置的渐变颜色代码，如图 10-140 所示。保存外部样式表文件，在 Chrome 浏览器中预览页面，可以看到所设置的从左至右的线性渐变背景效果，如图 10-141 所示。

```
body {
    font-family: 微软雅黑;
    font-size: 14px;
    color: #FFF;
    line-height: 30px;
    /*基于Webkit内核的实现*/
    background:-webkit-gradient(linear,left top,right top,
from(#f90),to(#0f0));
    /*基于Gecko内核的实现*/
    background:-moz-linear-gradient(left,#f90,#0f0);
}
```

图 10-140

图 10-141

04 转换到外部样式表文件中，修改刚刚所设置的渐变颜色代码，如图 10-142 所示。保存外部 CSS 样式文件，在 Chrome 浏览器中预览页面，可以看到所设置的从左上角至右下角的线性渐变背景效果，如图 10-143 所示。

```
body {
    font-family: 微软雅黑;
    font-size: 14px;
    color: #FFF;
    line-height: 30px;
    /*基于Webkit内核的实现*/
    background:-webkit-gradient(linear,left top,right
bottom, from(#f90),to(#0f0));
    /*基于Gecko内核的实现*/
    background:-moz-linear-gradient(left top,#f90,#0f0);
}
```

图 10-142

图 10-143

05 转换到外部样式表文件中，修改刚刚所设置的渐变颜色代码，如图 10-144 所示。保存外部 CSS 样式文件，在 Chrome 浏览器中预览页面，可以看到所设置的多种颜色的线性渐变背景效果，如图 10-145 所示。

```
body {
    font-family: 微软雅黑;
    font-size: 14px;
    color: #FFF;
    line-height: 30px;
    /*基于Webkit内核的实现*/
    background:-webkit-gradient(linear,left top,right top,
from(#f90),to(#0f0),color-stop(50%,yellow));
    /*基于Gecko内核的实现*/
    background:-moz-linear-gradient(left,#f90,yellow,#0f0);
}
```

图 10-144

图 10-145

从此案例可以看出，基于 Gecko 内核的渐变实现比较容易，但不易理解；基于 Webkit 内核的渐变实现代码较长，但逻辑层次比较清晰。

10.7.2 径向渐变背景

1. 基于 Webkit 内核的实现

基于 Webkit 内核的径向渐变，语法如下。

```
-webkit-gradient ( radial [,<point>,<radius>]{2},from(<color>),to(<color>) [,
color-stop(<percent>, <color>)]*)
```

基于 Webkit 内核径向渐变属性值说明如表 10-25 所示。

表 10-25 基于 Webkit 内核径向渐变属性值说明

属性	说明
radial	表示径向渐变类型
<point>	定义渐变的起始圆的圆心坐标和结束圆的圆心坐标。该坐标点的取值，支持数值、百分比和关键字，如（0.5，0.5）、（50%，50%）、（left，top）等。关键字包括：定义横坐标的 left 和 right，定义纵坐标的 top 和 bottom
<radius>	表示圆的半径，定义起始圆的半径和结束圆的半径。默认为元素尺寸的一半
<color>	表示任意 CSS 颜色值
<percent>	表示百分比值，用于确定起始点和结束点之间的某个位置
from()	定义起始圆的颜色
to()	定义结束圆的颜色
color-stop()	可选函数，在渐变中多次添加过滤颜色，可以实现多种颜色的渐变

2. 基于 Gecko 内核的实现

基于 Gecko 内核的径向渐变，语法如下。

```
-moz-linear-gradient ( [ <point> || <angle>,] ? <shape> || <radius>] ? <color> [,
(<color>) [<percent>]?]*,<color> )
```

基于 Gecko 内核径向渐变属性值说明如表 10-26 所示。

表 10-26 基于 Gecko 内核径向渐变属性值说明

属性	说明
<point>	定义渐变的起始点，该坐标的取值支持数值、百分比和关键字，关键字包括：定义横坐标的 left、center 和 right，定义纵坐标的 top、center 和 bottom。默认坐标为（top center）。当指定一个值时，另一个值默认为 center
<angle>	定义径向渐变的角度，单位可以是 deg（角度）、grad（梯度）、rad（弧度）
<shape>	定义径向渐变的形状，包括 circle（圆形）和 ellipse（椭圆形），默认为 ellipse
<radius>	定义圆的半径或者椭圆的轴长度
<color>	表示渐变使用的 CSS 颜色值
<percent>	表示百分比值，用于确定起始点和结束点之间的某个位置

这里没有函数作为参数，可以直接在某个百分比位置添加过渡颜色。第一个颜色值为渐变开始的颜色，最后一个颜色值为渐变结束的颜色。基于 Gecko 内核的径向渐变的实现，比较符合 W3C 语法标准。

实战　为网页设置径向渐变背景颜色

最终文件：光盘 \ 最终文件 \ 第 10 章 \10-7-2.html　　视频：光盘 \ 视频 \ 第 10 章 \10-7-2.mp4

01 执行“文件 > 打开”命令，打开页面“光盘 \ 源文件 \ 第 10 章 \10-7-2.html”，可以看到页面效果，如图 10-146 所示。转换到该网页所链接的外部 CSS 样式表文件中，找到名为 body 的 CSS 样式，如图 10-147 所示。

图 10-146

```
body {
    font-family: 微软雅黑;
    font-size: 14px;
    color: #FFF;
    line-height: 30px;
    background-color: rgb(253,172,180);
}
```

图 10-147

02 删除 background-color 属性设置代码，并添加径向渐变设置代码，如图 10-148 所示。保存外部 CSS 样式文件，在 Chrome 浏览器中预览页面，可以看到所设置的径向渐变背景效果，如图 10-149 所示。

```
body {
    font-family: 微软雅黑;
    font-size: 14px;
    color: #FFF;
    line-height: 30px;
    /*基于Webkit内核的实现*/
    background:-webkit-gradient(radial,500 400,50,500
400,300,from(#faecee),to(#fdacb4),color-stop(50%,#fbdadd));
    /*基于Gecko内核的实现*/
    background:-moz-radial-gradient(500px
400px,circle,#faecee 10px,#fbdadd,#fdacb4 300px);
}
```

图 10-148

图 10-149

提示

由于基于 Webkit 和 Gecko 的径向渐变实现方法不同，复杂的渐变很难同时实现。例如，使用基于 Webkit 的 -webkit-gradient()，可以轻松实现放射效果；基于 Gecko 的 -moz-radial-gradient()，则可以轻松实现椭圆效果。正因为这些无法统一的问题存在，径向渐变在实际使用过程中比较受限制。

10.8 CSS 3 新增背景样式属性

在 CSS 3 中新增加了有关网页背景控制的几种属性，下面分别对这几种新增的背景设置属性进行介绍。

10.8.1 background 属性——设置多背景图像

在 CSS 3 中，可以通过 background 属性为一个元素应用一个或多个图片作为背景。代码和 CSS 2 中一样，只需要用逗号来区分各个图片。第一个声明的图片定位在元素顶部，其他的图片依次在其下排列。设置多背景图像的语法如下。

```
background: [background-image] | [background-origin] | [background-clip] |
[background-repeat] | [background-size] | [background-position];
```

设置多背景图像的属性值说明如表 10-27 所示。

表 10-27 设置多背景图像的属性值说明

属　性	说　明
<background-image>	指定对象的背景图像
<background-origin>	指定背景的原点位置，属于 CSS 3 新增的属性
<background-clip>	指定背景的显示区域，属于 CSS 3 新增的属性
<background-repeat>	设置对象的背景图像是否及如何重复铺排
<background-size>	指定背景图片的大小，属于 CSS 3 新增的属性
<background-position>	设置背景图像位置

如果定义多重背景图像，则需要使用逗号隔开各个背景图像设置，如果使用子属性直接定义，那么各个子属性也用逗号对应依次隔开。

实战　为网页设置多个背景图像

最终文件：光盘 \ 最终文件 \ 第 10 章 \10-8-1.html　　视频：光盘 \ 视频 \ 第 10 章 \10-8-1.mp4

01 执行“文件 > 打开”命令，打开页面“光盘 \ 源文件 \ 第 10 章 \10-8-1.html”，可以看到页面效果，如图 10-150 所示。转换到该网页所链接的外部 CSS 样式表文件中，找到名为 body 的 CSS 样式，如图 10-151 所示。

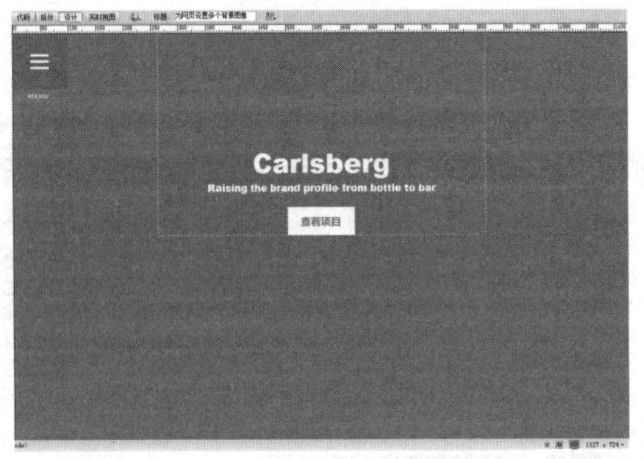

图 10-150

```
body {
    font-family: 微软雅黑;
    font-size: 14px;
    color: #FFF;
    line-height: 30px;
    background-color: #767676;
}
```

图 10-151

02 添加 background 属性设置代码，设置多个背景图像，如图 10-152 所示。保存外部 CSS 样式表文件，在浏览器中预览页面，可以看到为页面同时设置多个背景图像的效果，如图 10-153 所示。

```
body {
    font-family: 微软雅黑;
    font-size: 14px;
    color: #FFF;
    line-height: 30px;
    background-color: #767676;
    background: url(../images/108103.png) repeat,
                url(../images/108102.png) no-repeat center top,
                url(../images/108101.jpg) no-repeat center top;
}
```

图 10-152

图 10-153

此处同时设置了 3 个背景图像，中间使用逗号隔开，设置了不同的平铺方式，写在前面的背景图像会显示在上面，写在后面的背景图像则显示在下面。

10.8.2　background-size 属性——背景图像大小

以前在网页中背景图像的大小是无法控制的，如果想让背景图像填充整个页面背景，则需要事先设计一个较大的背景图像，只能让背景图像以平铺的方式来填充页面元素。在 CSS 3 中新增了一个 background-size 属性，通过该属性可以自由控制背景图像的大小。background-size 属性的语法格式如下。

```
background-size: [<length> | <percentage> | auto] {1,2} | cover | contain ;
```

background-size 的相关属性值说明如表 10-28 所示。

表 10-28　background-size 的属性值说明

属　性　值	说　　明
length	由浮点数字和单位标识符组成的长度值，不可以为负值
percentage	取值为 0% ~ 100% 之间的值，不可以为负值
cover	保持背景图像本身的宽高比，将背景图像缩放到正好完全覆盖所定义的背景区域
contain	保持背景图像本身的宽高比，将图片缩放到宽度和高度正好适应所定义的背景区域

background-size 属性可以使用 <length> 和 <percentage> 来设置背景图像的宽度和高度，第一个值设置宽度，第二个值设置高度，如果只给出一个值，则第二个值为 auto。

控制背景图像的大小

最终文件：光盘 \ 最终文件 \ 第 10 章 \10-8-2.html　　视频：光盘 \ 视频 \ 第 10 章 \10-8-2.mp4

01 执行“文件 > 打开”命令，打开页面“光盘 \ 源文件 \ 第 10 章 \10-8-2.html”，可以看到页面效果，如图 10-154 所示。转换到该网页所链接的外部 CSS 样式表文件中，找到名为 #bg 的 CSS 样式，如图 10-155 所示。

图 10-154

```
#bg {
    width: 938px;
    height: 397px;
}
```

图 10-155

02 添加背景图像和背景图像平铺方式的设置代码，如图 10-156 所示。保存外部样式表文件，在浏览器中预览页面，可以看到为该 Div 设置背景图像的效果，如图 10-157 所示。

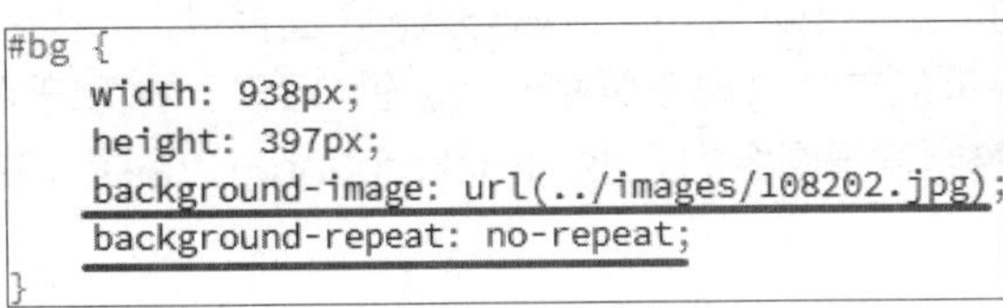

```
#bg {
    width: 938px;
    height: 397px;
    background-image: url(../images/108202.jpg);
    background-repeat: no-repeat;
}
```

图 10-156

图 10-157

03 转换到外部 CSS 样式表文件中，在名为 #bg 的 CSS 样式代码中添加 background-size 属性，如图 10-158 所示。保存外部样式表文件，在浏览器中预览页面，可以看到控制背景图像显示大小的效果，如图 10-159 所示。

```
#bg {
    width: 938px;
    height: 397px;
    background-image: url(../images/108202.jpg);
    background-repeat: no-repeat;
    background-size: 900px 95%;
}
```

图 10-158

图 10-159

使用 background-size 属性设置背景图像的大小，可以使用像素或百分比的方式指定背景图像有大小。当使用百分比值时，大小会由所在区域的宽度和高度所决定。

10.8.3　background-origin 属性——背景图像原点

默认情况下，background-position 属性总是以元素左上角原点作为背景图像定位，使用 CSS 3 中新增的 background-origin 属性可以改变这种背景图像定位方式，通过该属性可以大大改善背景图像的定位方式，能够更加灵活地对背景图像进行定位。background-origin 属性的语法格式如下。

```
background-origin: border-box | padding-box | content-box;
```

background-origin 的相关属性值说明如表 10-29 所示。

表 10-29　background-origin 的属性值说明

属　性　值	说　　明
border-box	从元素的 border 区域开始显示背景图像
padding-box	从元素的 padding 区域开始显示背景图像
content-box	从元素的 center 区域开始显示背景图像

在之前的部分浏览器中，background-origin 属性的取值可以为：border、padding 和 content，但是不建议使用，因为不符合最新的 CSS 3 规范，而且主流浏览器对符合规范的取值的支持更加良好。

控制背景图像开始显示的原点位置

最终文件：光盘 \ 最终文件 \ 第 10 章 \10-8-3.html　　视频：光盘 \ 视频 \ 第 10 章 \10-8-3.mp4

01 执行“文件 > 打开”命令，打开页面“光盘 \ 源文件 \ 第 10 章 \10-8-3.html”，可以看到页面效果，如图 10-160 所示。转换到该网页所链接的外部 CSS 样式表文件中，找到名为 #bg 的 CSS 样式，如图 10-161 所示。

图 10-160

```
#bg {
    width: 858px;
    height: 317px;
    padding: 20px;
    border: dashed 20px #FFF;
    background-image: url(../images/108202.jpg);
    background-repeat: no-repeat;
}
```

图 10-161

02 添加 background-origin 属性设置代码，如图 10-162 所示。保存外部样式表文件，在浏览器中预览页面，可以看到控制背景图像开始显示的原点位置的效果，如图 10-163 所示。

```
#bg {
    width: 858px;
    height: 317px;
    padding: 20px;
    border: dashed 20px #FFF;
    background-image: url(../images/108202.jpg);
    background-repeat: no-repeat;
    background-origin: content-box;
}
```

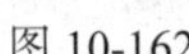

图 10-162

图 10-163

提示

background-origin 属性用于控制背景图像的显示区域，默认情况下，在网页中设置的背景图像都是以元素左上角的原点位置的定位点进行显示，对于背景图像显示区域的控制并不是很灵活，通过 background-origin 属性，可以灵活地控制背景图像是从 border 区域开始显示，或从 padding 区域开始显示，还是从 content 区域开始显示。

10.8.4 background-clip 属性——背景图像显示区域

在 CSS 3 中新增了背景图像裁剪区域属性 background-clip，通过该属性可以定义背景图像的裁剪区域。background-clip 属性与 background-origin 属性类似，background-clip 属性用来判断背景图像是否包含边框区域，而 background-origin 属性用来决定 background-position 属性定位的参考位置。

background-clip 属性的语法格式如下。

```
background-clip: border-box | padding-box | content-box | no-clip;
```

background-clip 的相关属性值说明如表 10-30 所示。

表 10-30 background-clip 的属性值说明

属 性 值	说 明
border-box	从元素的 border 区域向外裁剪背景图像
padding-box	从元素的 padding 区域向外裁剪背景图像
content-box	从元素的 center 区域向外裁剪背景图像
no-clip	与 border-box 属性值相同，从 border 区域向外裁剪背景图像

实战 **控制背景图像的显示区域**

最终文件：光盘 \ 最终文件 \ 第 10 章 \10-8-4.html　　视频：光盘 \ 视频 \ 第 10 章 \10-8-4.mp4

01 执行“文件 > 打开”命令，打开页面“光盘 \ 源文件 \ 第 10 章 \10-8-4.html”，可以看到页面效果，如图 10-164 所示。转换到该网页所链接的外部 CSS 样式 10-8-4.css 文件中，找到名为 #bg 的 CSS 样式，如图 10-165 所示。

图 10-164

```
#bg {
    width: 858px;
    height: 317px;
    padding: 20px;
    border: dashed 20px #FFF;
    background-image: url(../images/108202.jpg);
    background-repeat: no-repeat;
}
```

图 10-165

02 添加 background-clip 属性设置代码，如图 10-166 所示。保存外部样式表文件，在浏览器中预览页面，可以看到对背景图像进行裁剪的效果，如图 10-167 所示。

```
#bg {
    width: 858px;
    height: 317px;
    padding: 20px;
    border: dashed 20px #FFF;
    background-image: url(../images/108202.jpg);
    background-repeat: no-repeat;
    background-clip: content-box;
}
```

图 10-166

图 10-167

background-clip 属性使用方法和 background-origin 属性一样，其值也是根据盒模型的结构来确定的，这两个属性常常会结合起来使用，以达到对背景的灵活控制。

10.9 本章小结

本章详细地介绍了 CSS 样式中对网页中文字和背景相关元素进行控制的各种 CSS 样式属性的设置和使用方法，并通过实例制作使读者能够快速地理解和掌握使用 CSS 样式对网页中文字和背景相关元素的控制，还介绍了 CSS 3 中新增对文本和背景的设置属性，通过本章的学习，读者能够灵活地运用 CSS 样式来控制网页中的文字和背景相关元素。

第 11 章　边框与超链接设置

超链接在网页中是必不可少的部分，在浏览网页时，单击一张图片或者一段文字就可以跳转到相应的网页中，这些功能都是通过超链接来实现的。在网页中，超链接的创建是很简单的，但是默认的超链接效果并不能符合所有网页外观的需要，本章通过 CSS 样式可以对网页中的超链接和图片边框样式进行设置，使边框效果和超链接表现出的效果更加美观和精致。

本章知识点

- 掌握边框样式 CSS 属性的设置和使用方法
- 了解 CSS 3 新增边框 CSS 属性的设置和使用
- 掌握超链接 4 种伪类样式的设置方法
- 掌握如何通过 CSS 样式设置网页中的超链接效果
- 掌握光标 CSS 样式属性的设置和使用方法

11.1　边框样式 CSS 属性

通过 HTML 定义的元素边框风格较为单一，只能改变边框的粗细，边框显示的都是黑色，无法设置边框的其他样式。在 CSS 样式中，通过对 border 属性进行定义，可以使网页元素的边框有更加丰富的样式，从而使元素的效果更加美观。

border 属性的基本语法格式如下。

```
border: border-style | border-color | border-width;
```

11.1.1　border-width 属性——边框宽度

可以通过 CSS 样式中的 border-width 属性来设置元素边框的宽度，以增强边框的效果。border-width 的语法格式如下。

```
border-width: medium | thin | thick | length;
```

border-width 属性的相关属性值说明如表 11-1 所示。

表 11-1　border-width 的相关属性值

属 性 值	说　明
medium	该值为默认值，中等宽度
thin	比 medium 细
t hick	比 medium 粗
length	自定义宽度

border-top-width、border-right-width、border-bottom-width 和 border-left-width 是 border-width 的综合性属性，同样可以根据设计的需要，利用这几种属性，可以对边框的 4 条边进行粗细不等的设置。表 11-2 所示为各边框的宽度属性。

表 11-2　各边框宽度属性

属　性	说　明
border-top-width	设置元素上边框的宽度
border-right-width	设置元素右边框的宽度
border-bottom-width	设置元素下边框的宽度
border-left-width	设置元素左边框的宽度

11.1.2　border-style 属性——边框样式

border-style 属性用于设置元素边框的样式，即定义图片边框的风格。border-style 的语法格式如下。

```
border-style: none | hidden | dotted | dashed | solid | double | groove | ridge | inset
| outset;
```

border-style 属性的相关属性值说明如表 11-3 所示。

表 11-3　border-style 属性的相关属性值说明

属 性 值	说　明
none	设置元素无边框
hidden	与 none 相同，对于表格，可以用来解决边框的冲突
dotted	设置点状边框效果
dashed	设置虚线边框效果
solid	设置实线边框效果
double	设置双线边框效果，双线宽度等于 border-width 的值
groove	设置 3D 凹槽边框效果，其效果取决于 border-color 的值
ridge	设置脊线式边框效果
inset	设置内嵌效果的边框
outset	设置突起效果的边框

以上所介绍的边框样式属性还可以定义在一个元素边框中，它是按照顺时针的方向分别对边框的上、右、下、左进行边框样式定义的，可以形成样式多样化的边框。

例如下面所定义的边框样式。

```
img{
border-style: dashed solid double dotted;
}
```

此外，根据网页页面设计的需要，可以通过如表 11-4 所示的属性，单独地对某一边的样式进行定义。

表 11-4　各边框样式属性

属　性	说　明
border-top-style	用于设置元素上边框的样式
border-right-style	用于设置元素右边框的样式
border-bottom-style	用于设置元素下边框的样式
border-left-style	用于设置元素左边框的样式

11.1.3　border-color 属性——边框颜色

在定义页面元素的边框时，不仅可以对边框的样式进行设置，为了突出显示边框的效果，还可以通过 CSS 样式中的 border-color 属性来定义边框的颜色。border-color 的语法格式如下。

```
border-color: 颜色值;
```

border-color 属性的颜色值设置，可以使用十六进制和 RGB 等各种方式进行设置。

border-color 与 border-style 的属性相似，它可以在为边框设置一种颜色的同时，也可以通过如表 11-5 所示的属性为边框的 4 条边分别设定不同的颜色。

表 11-5　各边框颜色属性

属　性	说　明
border-top-color	用于设置元素上边框的颜色
border-right-color	用于设置元素右边框的颜色
border-bottom-color	用于设置元素下边框的颜色
border-left-color	用于设置元素左边框的颜色

实战　为网页元素添加边框效果

最终文件：光盘 \ 最终文件 \ 第 11 章 \11-1-3.html　　视频：光盘 \ 视频 \ 第 11 章 \11-1-3.mp4

01 执行"文件 > 打开"命令，打开页面"光盘 \ 源文件 \ 第 11 章 \11-1-3.html"，效果如图 11-1 所示。转换到该网页所链接的外部 CSS 样式表文件中，创建名为 .pic01 的类 CSS 样式，如图 11-2 所示。

图 11-1

```
.pic01 {
    border: 5px solid #FFF;
}
```

图 11-2

02 返回设计视图中，选中相应的图片，为其应用名为 pic01 的类 CSS 样式，如图 11-3 所示。完成该 CSS 样式的应用，可以看到图片的边框效果，如图 11-4 所示。

图 11-3

图 11-4

03 转换到外部 CSS 样式表文件中，创建名为 .pic02 的类 CSS 样式，如图 11-5 所示。返回设计视图中，选中相应的图片，为其应用名为 pic02 的类 CSS 样式，效果如图 11-6 所示。

```
.pic02 {
    border-top: solid 5px #FFF;
    border-right: dashed 5px #333;
    border-bottom: dashed 5px #333;
    border-left: solid 5px #FFF;
}
```

图 11-5

图 11-6

04 使用相同的制作方法，为网页中其他相同的图片应用相应的类 CSS 样式，效果如图 11-7 所示。保存页面并保存外部 CSS 样式表文件，在浏览器中预览页面，可以看到为图片添加边框的效果，如图 11-8 所示。

图 11-7

图 11-8

图片的边框属性可以不完全定义，仅单独定义宽度与样式，不定义边框的颜色，通过这种方法设置的边框，默认颜色是黑色。如果单独定义宽度与样式，图片边框也会有效果，但是如果单独定义颜色，图片边框不会有任何效果。

11.2 CSS 3 新增边框样式属性

在 CSS 3 之前，页面边框效果比较单调，通过 border 属性只能设置边框的粗细、样式和颜色，如果想实现更加丰富的边框效果，只能事先设计好边框图片，然后通过使用背景或直接插入图片的方式来实现。在 CSS 3 中新增了 3 个有关边框设置的属性，分别是 border-colors、order-radius 和 border-image，通过这 3 个新增的边框属性能够实现更加丰富的边框效果。

11.2.1 border-colors 属性——多重边框颜色

border-colors 属性可以用来设置对象边框的颜色，在 CSS 3 中增强了该属性的功能。如果设置了 border 的宽度为 Npx，那么就可以在这个 border 上使用 N 种颜色，每种颜色显示 1px 的宽度。如果所设置的 border 的宽度为 10 像素，但只声明了 5 或 6 种颜色，那么最后一个颜色将被添加到剩下的宽度。

border-colors 语法格式如下。

```
border-colors: [<color> | transparent] {1,4}
```

border-colors 属性的属性值说明如表 11-6 所示。

表 11-6 border-colors 属性的属性值说明

属 性 值	说 明
<color>	颜色值，可以是半透明颜色
transparent	透明值，不设置边框颜色时，默认为该值

border-colors 属性在设置时遵循 CSS 赋值的方位规则，可以分别为元素的 4 个边框设置颜色。

border-colors 属性本身可以定义 1~4 种颜色，用于设置各个边框的颜色，但无法同时为边框指定多种颜色，因为这会导致歧义。border-colors 属性派生出 4 个子属性，分别用于 4 个边框颜色的设置。border-colors 属性派生的子属性如表 11-7 所示。

表 11-7　border-colors 属性派生的子属性

子　属　性	说　　明
border-top-colors	该属性用于设置元素顶部边框的颜色
border-right-colors	该属性用于设置元素右侧边框的颜色
border-bottom-colors	该属性用于设置元素底部边框的颜色
border-left-colors	该属性用于设置元素左侧边框的颜色

这 4 个子属性可分别为各个边框指定颜色，可以指定多种颜色。只是指定多种颜色的功能目前仅 Firefox 浏览器的私有属性支持，其他浏览器目前都不支持。

实现网页元素多色彩边框效果

最终文件：光盘 \ 最终文件 \ 第 11 章 \11-2-1.html　　视频：光盘 \ 视频 \ 第 11 章 \11-2-1.mp4

01 执行“文件 > 打开”命令，打开页面“光盘 \ 源文件 \ 第 11 章 \11-2-1.html”，效果如图 11-9 所示。转换到外部 CSS 样式表文件中，找到名为 #pic img 的 CSS 样式设置代码，如图 11-10 所示。

图 11-9

```
#pic img {
    border: solid 10px #FFF;
}
```

图 11-10

02 在该 CSS 样式代码中添加 border-colors 属性设置，如图 11-11 所示。保存页面，在 Firefox 浏览器中预览页面，可以看到为元素添加多彩边框的效果，如图 11-12 所示。

```
#pic img {
    border: solid 10px #FFF;
    -moz-border-top-colors: #F30 #06C #FC3
#690 #939 #063 #C93 #FFF;
    -moz-border-right-colors: #F30 #06C #FC3
#690 #939 #063 #C93 #FFF;
    -moz-border-bottom-colors: #F30 #06C #FC3
#690 #939 #063 #C93 #FFF;
    -moz-border-left-colors: #F30 #06C #FC3
#690 #939 #063 #C93 #FFF;
}
```

图 11-11

图 11-12

在该 CSS 样式设置中，设置边框的宽度为 10 像素，在边框颜色设置中设置了 9 个颜色值，颜色从外到内显示，每种颜色只占有 1 像素的宽度，最后一种颜色将被用于剩下的宽度。

11.2.2 border-image 属性——图像边框

在CSS 3之前，图像不能直接应用于边框，设计师通常把边框的每个角或每条边单独做成一张图，使用背景图像的方式来模拟实现图像边框的效果。为了增强边框效果，CSS 3 中新增了 border-image 属性，专门用于图像边框的处理，它的强大之处在于能够灵活地分割图像，并应用于边框。

border-image 属性的语法格式如下。

```
border-image: none | <image> [ <number> | <percentage>]{1,4}[ / <border-width>{1,4} ]? [stretch | repeat | round] {0,2}
```

border-image 属性的属性值说明如表 11-8 所示。

表 11-8　border-image 属性值说明

属 性 值	说　　明
none	none 为默认值，表示无图像
<image>	用于设置边框图像，可以使用绝对地址或相对地址
<number>	裁切边框图像大小，该属性值没有单位，默认单位为像素
<percentage>	裁切边框图像大小，使用百分比表示
<border-width>	由浮点数字和单位标识符组成的长度值，不可以为负值，用于设置边框宽度
stretch | repeat | round	分别表示拉伸、重复、平铺，其中 stretch 是默认值

为了能够更加方便、灵活地定义边框图像，CSS 3允许从border-image 属性派生出众多子属性。border-image 的派生子属性如表 11-9 所示。

表 11-9　border-image 派生子属性

子 属 性	说　　明
border-top-image	定义上边框图像
border-right-image	定义右边框图像
border-bottom-image	定义下边框图像
border-left-image	定义左边框图像
border-top-left-image	定义边框左上角图像
border-top-right-image	定义边框右上角图像
border-bottom-left-image	定义边框左下角图像
border-bottom-right-image	定义边框右下角图像
border-image-source	定义边框图像源，即图像的地址，可以使用相对地址或绝对地址
border-image-slice	定义边框图像的切片，设置图像的边界向内的偏移长度
border-image-repeat	定义边框图像的重复方式，包括拉伸、重复和平铺
border-image-width	定义边框图像的宽度，也可以使用 border-width 属性实现相同的功能
border-image-outset	定义边框图像的偏移位置

border-image 属性语法中的 <number> 或 <percentage> 都可以用于定义边框图像的切片，也可以使用子属性 border-image-slice 来定义边框图像的切片，但子属性 border-image-slice 没有获得任何主流浏览器的支持。

实现网页元素添加图像边框效果

最终文件：光盘 \ 最终文件 \ 第 11 章 \11-2-2.html　　视频：光盘 \ 视频 \ 第 11 章 \11-2-2.mp4

01 执行“文件 > 打开”命令，打开页面“光盘 \ 源文件 \ 第 11 章 \11-2-2.html”，可以看到页面效果，如图 11-13 所示。转换到该网页所链接的外部 CSS 样式表文件中，找到名为 #title 的 CSS 样式，如图 11-14 所示。

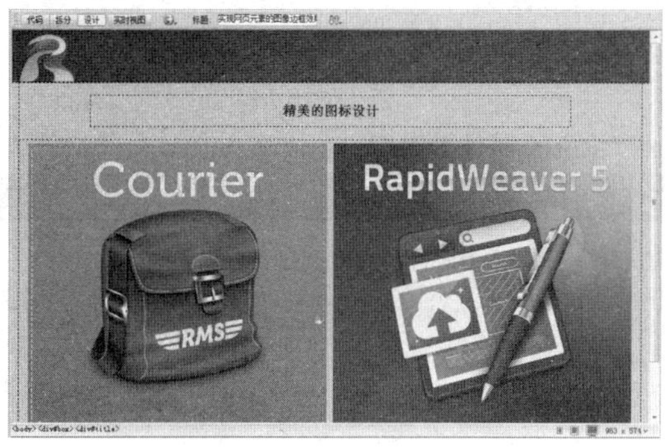

图 11-13

```
#title {
    width: 700px;
    height: 45px;
    line-height: 45px;
    text-align: center;
    margin: 20px auto 20px auto;
}
```

图 11-14

02 在该 CSS 样式代码中添加 border-width 属性和 border-image 属性的设置代码，如图 11-15 所示。在这里所设置的边框图像是一个比较小的图像，效果如图 11-16 所示。

```
#title {
    width: 700px;
    height: 45px;
    line-height: 45px;
    text-align: center;
    margin: 20px auto 20px auto;
    border-width: 0 12px;
    -webkit-border-image: url(../images/112208.gif)
0 12 0 12 stretch stretch;
}
```

图 11-15

图 11 16

03 保存页面，并保存外部 CSS 样式文件，在 Chrome 浏览器中预览页面，可以看到所实现的图像边框效果，如图 11-17 所示。

图 11-17

11.2.3 border-radius 属性——圆角边框

在 CSS 3 之前，如果需要在网页中实现圆角边框的效果，通常都是使用图像来实现，而在 CSS 3 中新增了圆角边框的定义属性 border-radius，通过该属性，可以轻松地在网页中实现圆角边框效果。

border-radius 属性的语法格式如下。

```
border-radius: none | <length>{1,4} [ / <length>{1,4} ]?
```

border-radius 属性的属性值说明如图 11-10 所示。

表 11-10 border-radius 属性值说明

属 性 值	说 明
none	none 为默认值，表示不设置圆角效果
length	用于设置圆角度数值，由浮点数字和单位标识符组成，不可以设置为负值。该值分为两组，每组可以有 1 ~ 4 个值。第一组为水平半径，第二组为垂直半径，如果第二组省略，则默认等于第一组的值

border-radius 属性又针对边框的 4 个角，派生出 4 个子属性，如表 11-11 所示。

表 11-11 border-radius 派生子属性

子 属 性	说 明
border-top-left-radius	该子属性用于设置元素左上角的圆角
border-top-right-radius	该子属性用于设置元素右上角的圆角
border-bottom-left-radius	该子属性用于设置元素左下角的圆角
border-bottom-right-radius	该子属性用于设置元素右下角的圆角

如果元素边框的 4 个圆角的半径各不相同，使用子属性分别单独设置每个圆角，是一种直接而有效的方法。

在网页中实现圆角边框效果

最终文件：光盘 \ 最终文件 \ 第 11 章 \11-2-3.html　　视频：光盘 \ 视频 \ 第 11 章 \11-2-3.mp4

01 执行“文件 > 打开”命令，打开页面“光盘 \ 源文件 \ 第 11 章 \11-2-3.html”，效果如图 11-18 所示。转换到该网页所链接的外部 CSS 样式表文件中，找到名为 #menu 的 CSS 样式设置代码，如图 11-19 所示。

图 11-18

```
#menu {
    margin-top: 40px;
    width: 636px;
    height: 34px;
    font-size: 14px;
    font-weight: bold;
    line-height: 34px;
    background-color: #F2F2F2;
    border: solid 2px #FFF;
    float: left;
}
```

图 11-19

02 在该 CSS 样式代码中添加圆角边框的 CSS 样式设置代码，如图 11-20 所示。保存页面，并保存外部CSS样式文件，在浏览器中预览页面，可以看到所实现的圆角边框效果，如图11-21所示。

```
#menu {
    margin-top: 40px;
    width: 636px;
    height: 34px;
    font-size: 14px;
    font-weight: bold;
    line-height: 34px;
    background-color: #F2F2F2;
    border: solid 2px #FFF;
    float: left;
    border-radius: 10px;
}
```

图 11-20

图 11-21

提示　border-radius 属性本身又包含 4 个子属性，当为该属性赋一组值的时候，将遵循 CSS 的赋值规则。从 border-radius 属性语法可以看出，其值也可以同时包含 2 个值、3 个值或 4 个值，多个值的情况使用空格进行分隔。

03 返回外部 CSS 样式表文件中，找到名为 #pic 的 CSS 样式，在该 CSS 样式中添加圆角边框的 CSS 样式设置代码，如图 11-22 所示。保存页面，并保存外部 CSS 样式文件，在浏览器中预览页面，可以看到所实现的圆角边框效果，如图 11-23 所示。

```
#pic {
    background-color: #FFF;
    padding: 20px;
    border-radius: 30px 0px 30px 0px;
}
```

图 11-22

图 11-23

提示　第 1 个值是水平半径值。如果第 2 个值省略，则它等于第 1 个值，这时这个角就是一个 1/4 圆角。如果 4 个角中任意 1 个角的属性值为 0，则该角为矩形，而不会是圆角。该属性所设置的属性值不允许为负值。

11.3 超链接 CSS 样式伪类

对于网页中超链接文本的修饰，通常可以采用 CSS 样式伪类。伪类是一种特殊的选择器，能被浏览器自动识别。其最大的用处是在不同状态下可以对超链接定义不同的样式效果，是 CSS 本身定义的一种类。CSS 样式中用于超链接的伪类有如下 4 种。

- :link 伪类：用于定义超链接对象在没有访问前的样式。
- :hover 伪类：用于定义当鼠标移至超链接对象上时的样式。
- :active 伪类：用于定义当鼠标单击超链接对象时的样式。
- :visited 伪类：用于定义超链接对象已经被访问过后的样式。

11.3.1 :link 伪类

:link 伪类用于设置超链接对象在没有被访问时的样式。在很多的超链接应用中，可能会直接定义 <a> 标签的 CSS 样式，这种方法与定义 a:link 的 CSS 样式有什么不同呢?

HTML 代码如下。

```
<a> 超链接文字样式 </a>
<a href="#"> 超链接文字样式 </a>
```

CSS 样式代码如下。

```
a {
color: black;
}
a:link {
color: red;
}
```

预览效果中 <a> 标签的样式表显示为黑色，使用 a:link 显示为红色。也就是说 a:link 只对拥有 href 属性的 <a> 标签产生影响，即拥有实际链接地址的对象，而对直接使用 <a> 标签嵌套的内容不会发生实际效果，如图 11-24 所示。

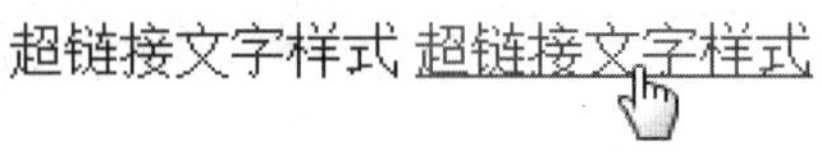

超链接文字样式 超链接文字样式

图 11-24

11.3.2 :hover 伪类

:hover 伪类用来设置对象在其鼠标悬停时的样式表属性。该状态是非常实用的状态之一，当鼠标移动到链接对象上时，改变其颜色或是改变下划线状态 ，这些都可以通过 a:hover 状态控制实现。对于无 href 属性的 <a> 标签，该伪类不发生作用。在 CSS 样式中该伪类可以应用于任何对象。

CSS 样式代码如下。

```
a {
color: #ffffff;
background-color: #CCCCCC;
text-decoration: none;
display: block;
float:left;
padding: 20px;
margin-right: 1px;
}
a:hover {
background-color: #FF9900
}
```

在浏览器中预览，当鼠标没有移至超链接对象上时，初始背景为灰色，当鼠标经过链接区域时，背景色由灰色变成橙色，效果如图 11-25 所示。

超链接文字样式	超链接文字样式	超链接文字样式	超链接文字样式

图 11-25

11.3.3　:active 伪类

:active 伪类用于设置链接对象在被用户激活（在被点击与释放之间发生的事件）时的样式。在实际应用中，本状态很少使用。对于无 href 属性的 <a> 标签，该伪类不发生作用。在 CSS 样式中该伪类可以应用于任何对象，并且 :active 状态可以和 :link 以及 :visited 状态同时发生。

CSS 样式代码如下。

```
a:active {
background-color:#0099FF;
}
```

在浏览器中预览，当鼠标没有移至超链接对象上时，初始背景为灰色，当鼠标点击链接而且还没有释放之前，链接块呈现出 a:active 中定义的蓝色背景，效果如图 11-26 所示。

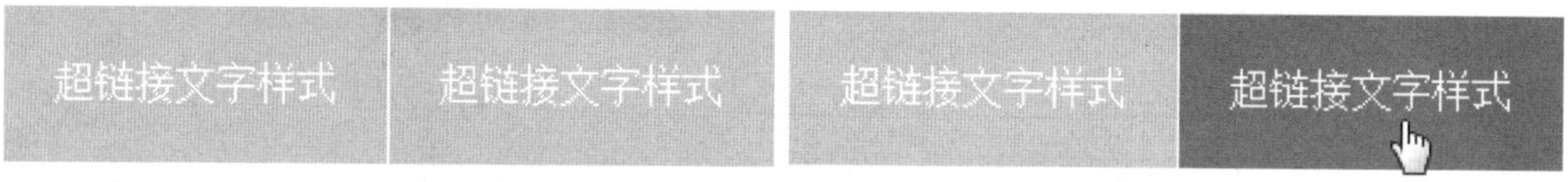

超链接文字样式	超链接文字样式	超链接文字样式	超链接文字样式

图 11-26

11.3.4 :visited 伪类

:visited 伪类用于设置超链接对象在其链接地址已被访问过后的样式属性。页面中每一个链接被访问过之后在浏览器内部都会做一个特定的标记，这个标记能够被 CSS 所识别，a:visited 就是能够针对浏览器检测已经被访问过的链接进行样式设置。通过 a:visited 的样式设置，能够设置访问过的链接呈现为另外一种颜色，或删除线的效果。定义网页过期时间或用户清空历史记录将影响该伪类的作用，对于无 href 属性的 <a> 标签，该伪类不发生作用。

CSS 样式代码如下。

```
a:link {
color: #FFFFFF;
text-decoration: none;
}
a:visited {
color: #FF0000;
}
```

在浏览器中预览，当鼠标没有移至超链接对象上时，初始背景为灰色，当单击设置了超链接的文本并释放鼠标左键后，被访问过后的链接文本会由白色变为红色，如图 11-27 所示。

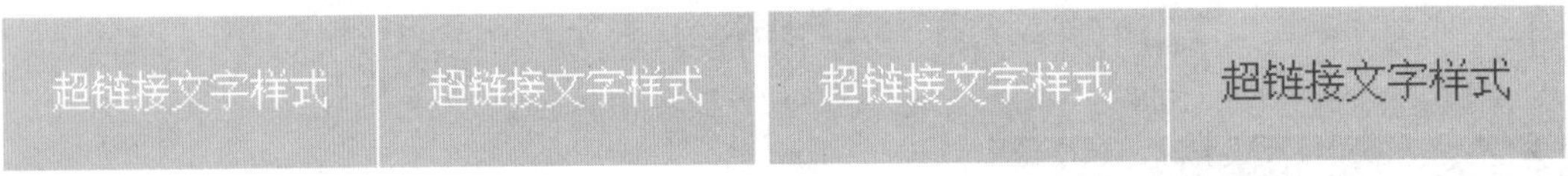

超链接文字样式 超链接文字样式 超链接文字样式 超链接文字样式

图 11-27

设置网页中超链接文字效果

最终文件：光盘\最终文件\第 11 章\11-3-4.html　　视频：光盘\视频\第 11 章\11-3-4.mp4

01 执行“文件>打开”命令，打开页面“光盘\源文件\第 11 章\11-3-4.html”，效果如图 11-28 所示。选中页面中的新闻标题文字，分别为各新闻标题设置空链接，效果如图 11-29 所示。

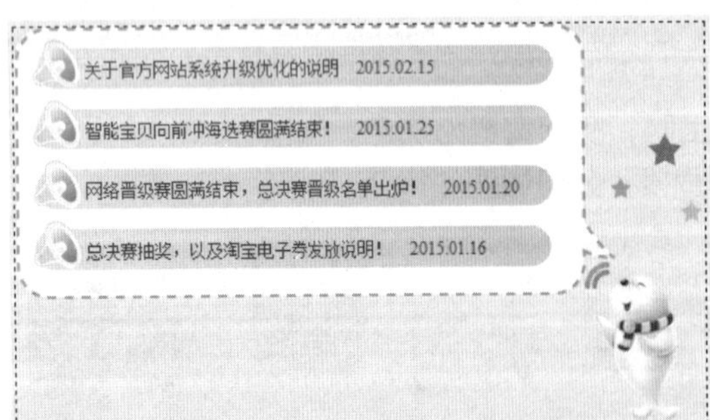

图 11-28

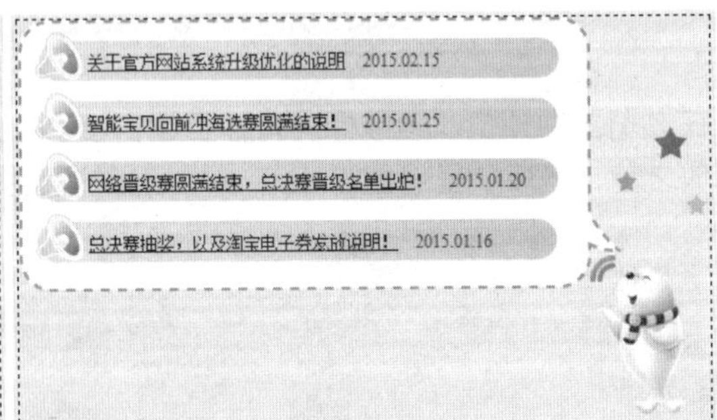

图 11-29

02 转换到代码视图中，可以看到所设置的链接代码，如图 11-30 所示。保存页面，在浏览器中预览页面，可以看到默认的超链接文字效果，如图 11-31 所示。

```
<div id="box">
  <ul>
    <li><a href="#">关于官方网站系统升级优化的说明</a>
2015.02.15</li>
    <li><a href="#">智能宝贝向前冲海选赛圆满结束! </a>
2015.01.25</li>
    <li><a href="#">网络晋级赛圆满结束，总决赛晋级名单出炉</a>
!  2015.01.20</li>
    <li><a href="#">总决赛抽奖，以及淘宝电子券发放说明! </a>
2015.01.16</li>
  </ul>
</div>
```

图 11-30

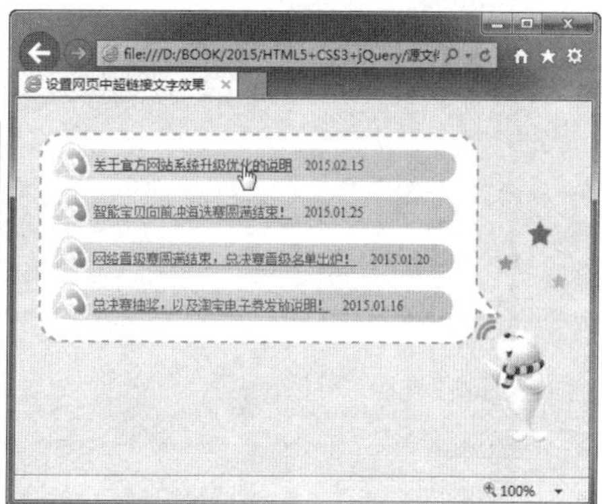

图 11-31

03 转换到该网页所链接的外部 CSS 样式表文件中，创建名为 .link1 的类 CSS 样式的 4 种伪类 CSS 样式，如图 11-32 所示。返回设计视图中，选中第 1 条新闻标题，在“类”下拉列表框中选择刚定义的 CSS 样式 link1 应用，如图 11-33 所示。

```
.link1:link {
    color: #1C3B00;
    text-decoration: none;
}
.link1:hover {
    color: #F30;
    text-decoration: underline;
}
.link1:active {
    color: #F00;
    text-decoration: underline;
}
.link1:visited {
    color: #999;
    text-decoration: line-through;
}
```

图 11-32

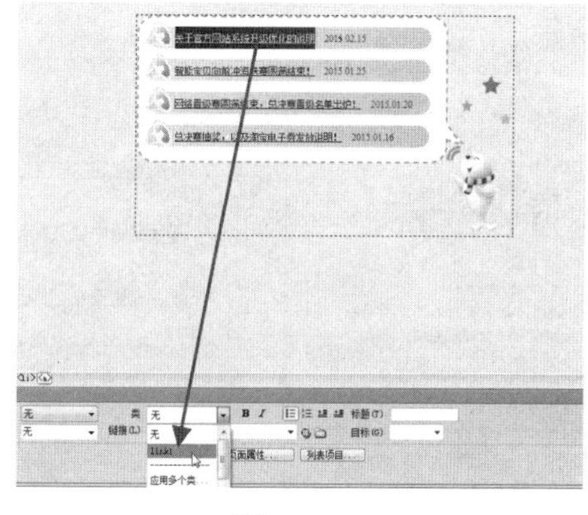

图 11-33

04 在页面中可以看到应用超链接文本的效果，如图 11-34 所示。转换到代码视图中，可以看到名为 link1 的类 CSS 样式是直接应用在 <a> 标签中的，如图 11-35 所示。

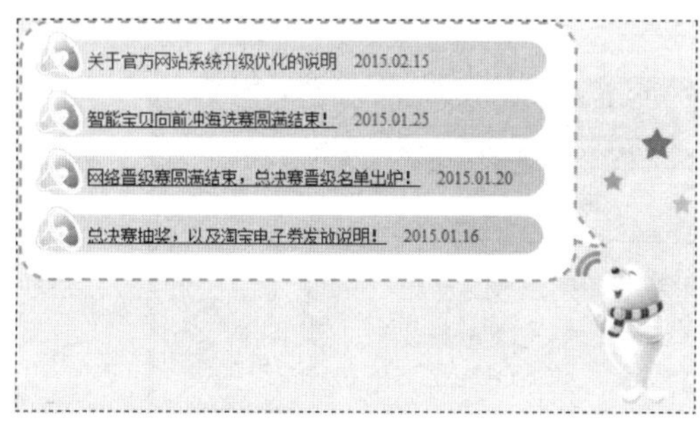

图 11-34

```
<div id="box">
  <ul>
    <li><a href="#" class="link1">关于官方网站系统升级优
化的说明</a>  2015.02.15</li>
    <li><a href="#">智能宝贝向前冲海选赛圆满结束! </a>
2015.01.25</li>
    <li><a href="#">网络晋级赛圆满结束，总决赛晋级名单出炉!
</a>  2015.01.20</li>
    <li><a href="#">总决赛抽奖，以及淘宝电子券发放说明! </a>
  2015.01.16</li>
  </ul>
</div>
```

图 11-35

05 保存页面，并保存外部 CSS 样式表文件，在浏览器中预览页面，将鼠标移至超链接文本上时，可以看到超链接文本显示为蓝色有下划线的效果，如图 11-36 所示。当鼠标单击超链接文本过后，可以看到超链接文本显示为灰色的效果，如图 11-37 所示。

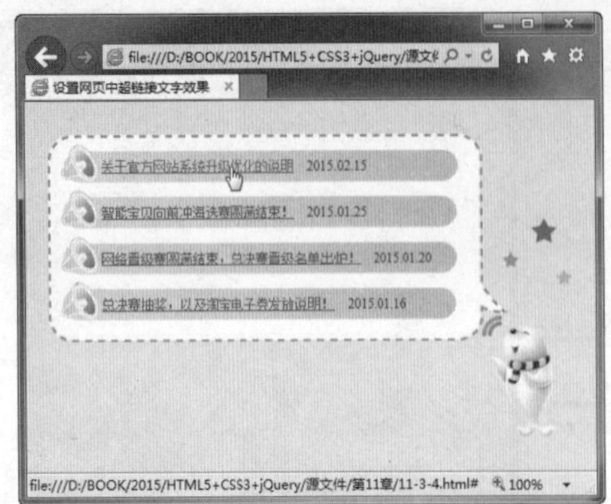

图 11-36

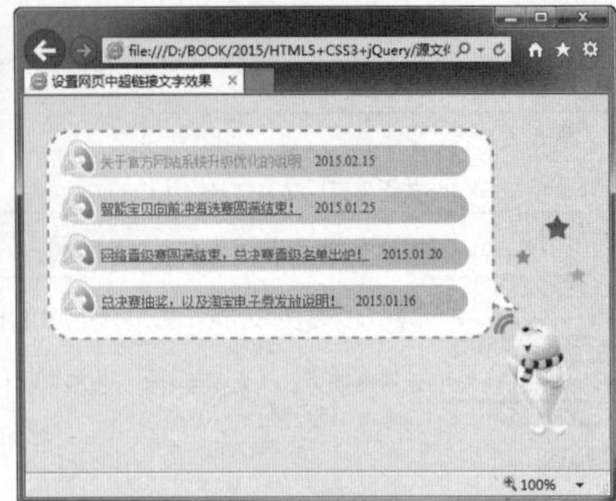

图 11-37

06 返回外部 CSS 样式表文件中，创建名为 .link2 的类 CSS 样式的 4 种伪类 CSS 样式，如图 11-38 所示。返回设计视图中，选中第 2 条新闻标题，在“类”下拉列表中选择刚定义的 CSS 样式 link2 应用，采用相同的方法，可以为其他新闻标题应用超链接样式，如图 11-39 所示。

```
.link2:link {
    color: #1C3B00;
    text-decoration: underline;
}
.link2:hover {
    color: #03F;
    text-decoration: none;
    margin-top: 1px;
    margin-left: 1px;
}
.link2:active {
    color: #333;
    text-decoration: none;
    margin-top: 1px;
    margin-left: 1px;
}
.link2:visited {
    color: #606;
    text-decoration: overline;
}
```

图 11-38

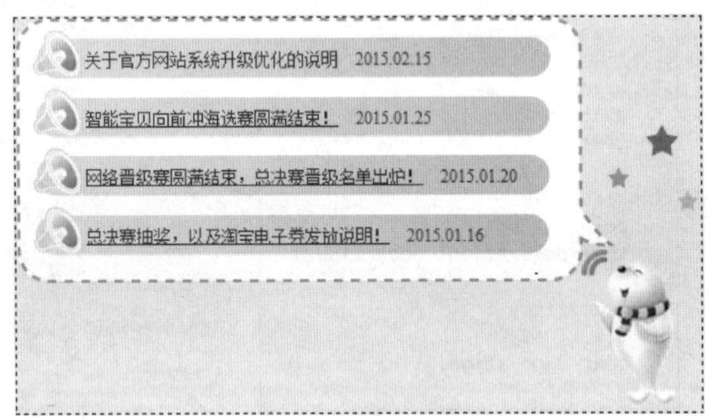

图 11-39

07 保存页面，并保存外部 CSS 样式表文件，在浏览器中预览页面，可以看到网页中超链接文字的效果，如图 11-40 所示。将光标移至某个超链接文本上，可以看到鼠标经过状态下的超链接文字效果，如图 11-41 所示。

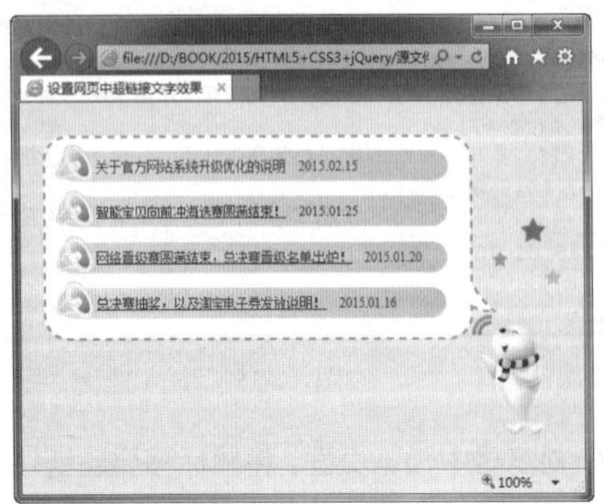

图 11-40

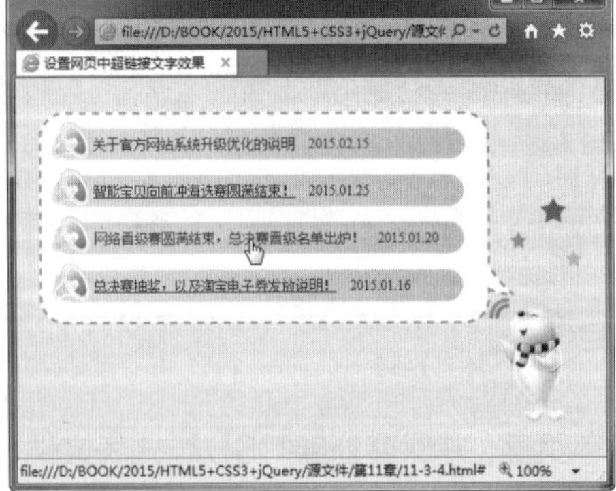

图 11-41

在本实例中，定义了类 CSS 样式的 4 种伪类，再将该类 CSS 样式应用于 <a> 标签，同样可以实现超链接文本样式的设置。如果直接定义 <a> 标签的 4 种伪类，则对页面中的所有 <a> 标签起作用，这样页面中的所有链接文本的样式效果都是一样的。通过定义类 CSS 样式的 4 种伪类，就可以在页面中实现多种不同的文本超链接效果。

11.3.5　按钮式超链接

在很多网页中，超链接制作成各种按钮的效果，这些效果大多采用图像的方式来实现。通过 CSS 样式的设置，同样可以制作出类似于按钮效果的导航菜单超链接。

制作网站导航菜单

最终文件：光盘 \ 最终文件 \ 第 11 章 \11-3-5.html　　视频：光盘 \ 视频 \ 第 11 章 \11-3-5.mp4

01 执行“文件 > 打开”命令，打开页面“光盘 \ 源文件 \ 第 11 章 \11-3-5.html”，可以看到页面效果，如图 11-42 所示。将光标移至名为 menu 的 Div 中，将多余文字删除，输入相应的段落文本，并将段落文本创建为项目列表，如图 11-43 所示。

图 11-42

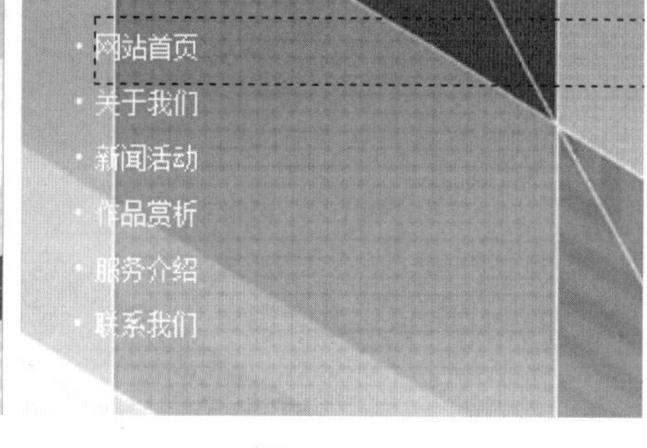

图 11-43

02 转换到该网页所链接的外部 CSS 样式文件中，创建名为 #menu li 的 CSS 样式，如图 11-44 所示。返回网页设计视图中，可以看到页面的效果，如图 11-45 所示。

```
#menu li {
    list-style-type: none;
    float: left;
}
```

图 11-44

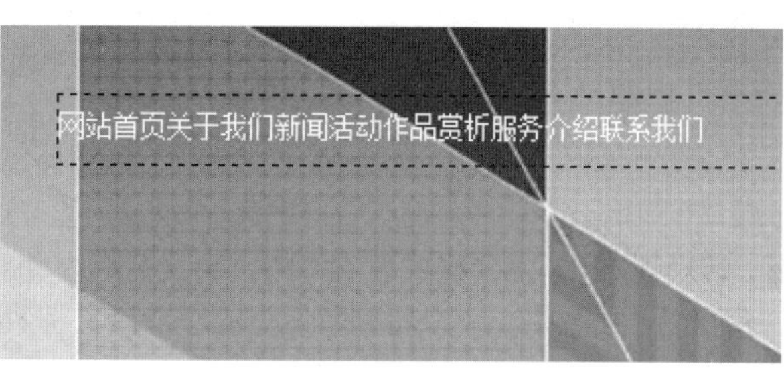

图 11-45

03 分别为各导航菜单项设置空链接，可以看到超链接文字效果，如图 11-46 所示。转换到代码视图中，可以看到该部分页面代码，如图 11-47 所示。

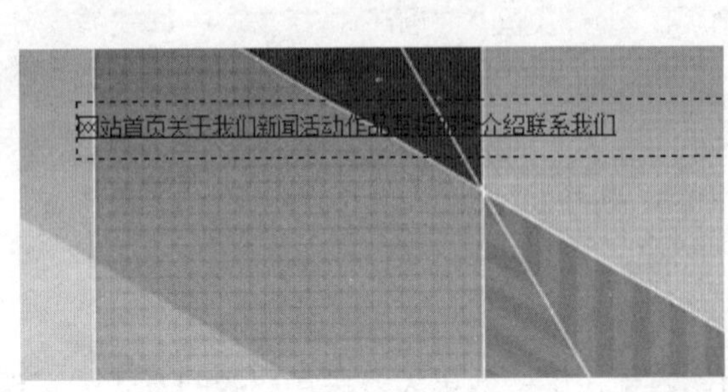

图 11-46

```
<body>
<div id="menu">
  <ul>
    <li><a href="#">网站首页</a></li>
    <li><a href="#">关于我们</a></li>
    <li><a href="#">新闻活动</a></li>
    <li><a href="#">作品赏析</a></li>
    <li><a href="#">服务介绍</a></li>
    <li><a href="#">联系我们</a></li>
  </ul>
</div>
</body>
```

图 11-47

04 转换到外部 CSS 样式文件中，定义名称为 #menu li a 的 CSS 样式，如图 11-48 所示。返回设计视图中，可以看到所设置的超链接文字效果，如图 11-49 所示。

```
#menu li a {
    width: 130px;
    height: 25px;
    line-height: 25px;
    font-weight: bold;
    color: #FFF;
    text-align: center;
    margin-left: 4px;
    margin-right: 4px;
    float: left;
}
```

图 11-48

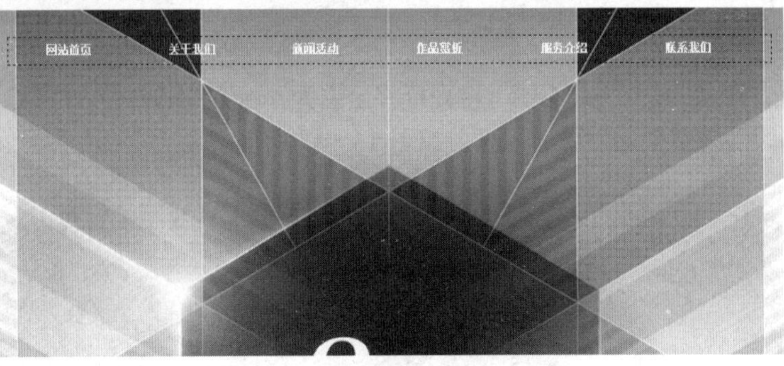

图 11-49

05 转换到外部 CSS 样式表文件中，定义名称为 #menu li a:link,#menu li a:visited 的 CSS 样式，如图 11-50 所示。返回设计视图中，可以看到所设置的超链接文字效果，如图 11-51 所示。

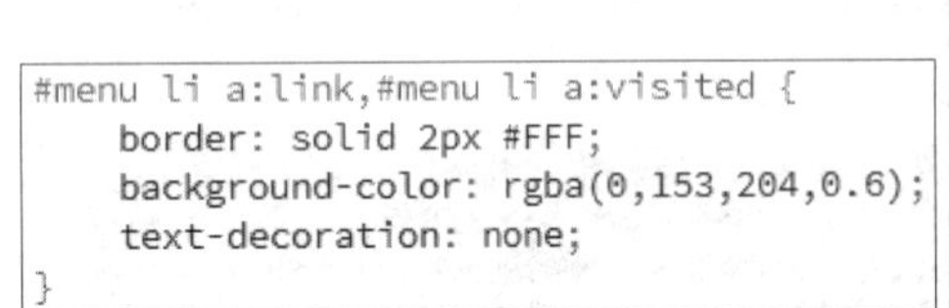

```
#menu li a:link,#menu li a:visited {
    border: solid 2px #FFF;
    background-color: rgba(0,153,204,0.6);
    text-decoration: none;
}
```

图 11-50

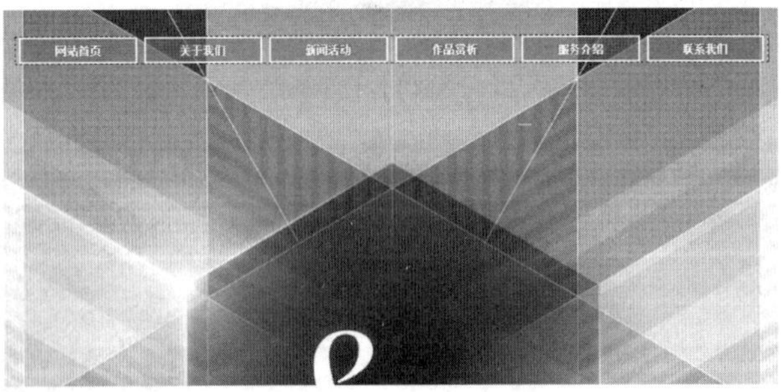

图 11-51

06 转换到外部 CSS 样式表文件中，定义名称为 #menu li a:hover 的 CSS 样式，如图 11-52 所示。返回设计视图中，可以看到所设置的超链接文字效果，如图 11-53 所示。

```
#menu li a:hover {
    border: solid 2px #006699;
    background-color: rgba(255,102,0,0.5);
    color: #333;
    text-decoration: none;
}
```

图 11-52

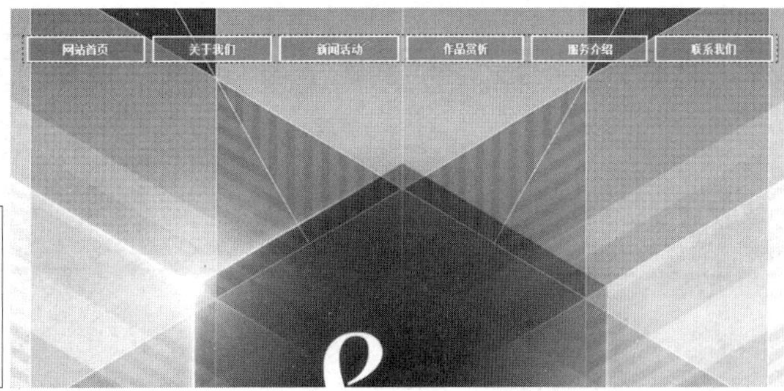

图 11-53

07 完成导航菜单的制作，保存页面，并保存外部 CSS 样式表文件，在浏览器中预览页面，如图 11-54 所示。将光标移至导航菜单项上，可以看到使用 CSS 样式实现的按钮式导航菜单效果，如图 11-55 所示。

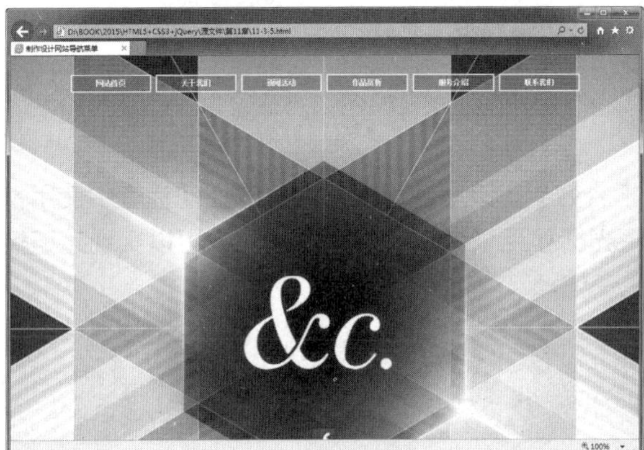

图 11-54

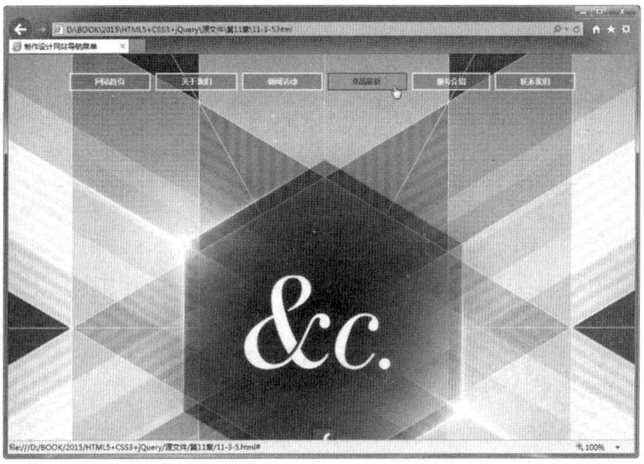

图 11-55

11.4 光标指针样式

在浏览网页时，通常看到的鼠标指针形状有箭头、手形和 I 字形，而在 Windows 环境下实际看到的鼠标指针种类要比这个多得多。CSS 弥补了 HTML 语言在这方面的不足，通过 cursor 属性可以设置各种鼠标指针样式。

11.4.1 cursor 属性——光标效果

通过在 CSS 样式中设置 cursor 属性，可以在网页中实现各种不同的光标指针效果，有效地丰富网页表现效果，使网页更加个性化。

cursor 属性包含 17 个属性值，对应光标的 17 种样式，而且还可以通过 url 链接地址自定义光标指针，cursor 属性的相关属性值如表 11-12 所示。

表 11-12 cursor 属性值说明

属 性 值	说 明	属 性 值	说 明
auto	浏览器默认设置	nw-resize	
crosshair		pointer	
default		se-resize	
e-resize		s-resize	
help		sw-resize	
inherit	继承	text	
move		wait	
ne-resize		w-resize	
n-resize			

11.4.2 设置网页中光标指针效果

在 CSS 样式中可以通过 cursor 属性设置光标指针效果，该属性可以在网页的任何标签中使用，从而可以改变各种页面元素的光标效果。在网页中将光标移至某个超链接对象上时，可以实现超链接颜色变化和背景图像变化，并且光标指针也可以发生变化。

在网页中实现多种光标指针效果

最终文件：光盘 \ 最终文件 \ 第 11 章 \11-4-2.html　　视频：光盘 \ 视频 \ 第 11 章 \11-4-2.mp4

01 执行“文件 > 打开”命令，打开页面“光盘 \ 源文件 \ 第 11 章 \11-4-2.html”，效果如图 11-56 所示。转换到该网页所链接的外部 CSS 样式表文件中，找到名为 body 的标签 CSS 样式设置代码，如图 11-57 所示。

图 11-56

```
body {
    font-size: 12px;
    color: #525047;
    background-color: #E0DDCE;
    background-image: url(../images/111301.jpg);
    background-repeat: repeat-x;
}
```

图 11-57

02 在名为 body 的标签 CSS 样式设置代码中添加 cursor 属性设置，如图 11-58 所示。保存页面，并保存 CSS 样式文件，在浏览器中预览页面，可以看到网页中的光标指针效果，如图 11-59 所示。

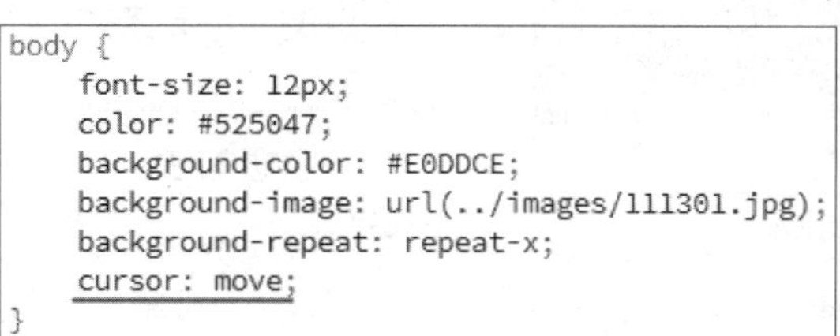

```
body {
    font-size: 12px;
    color: #525047;
    background-color: #E0DDCE;
    background-image: url(../images/111301.jpg);
    background-repeat: repeat-x;
    cursor: move;
}
```

图 11-58

图 11-59

03 返回外部CSS样式表文件中，在名为#menu img的CSS样式代码中添加cursor属性设置，如图 11-60 所示。保存页面，并保存 CSS 样式文件，在浏览器中预览页面，可以看到当光标移至页面左侧相应的图像按钮上方时，光标指针会发生变化，如图 11-61 所示。

```
#menu img {
    margin-top: 5px;
    margin-bottom: 5px;
    cursor: help;
}
```

图 11-60

图 11-61

CSS 样式不仅能够准确地控制及美化页面，而且还能定义鼠标指针的样式。当鼠标移至不同的 HTML 元素对象上时，鼠标会以不同形状显示。很多时候，浏览器调用的鼠标是操作系统的鼠标效果，因此同一浏览器之间的差别很小，但不同操作系统的用户之间还是存在差异的。

11.5 本章小结

超链接是网页中非常重要的功能，通过 CSS 样式不但可以设置超链接标签 <a> 的样式，还可以对超链接 4 种伪类的样式分别进行设置，从而实现更加美观的网页超链接效果，本章主要介绍使用 CSS 设置边框和超链接，以及新增的 CSS 3 属性，并通过实战练习的方式介绍了各种 CSS 样式属性的使用方法和技巧，读者需要掌握 CSS 样式属性的设置方法，并能够将其应用到实际的工作中。

第 12 章　CSS 3 盒模型和界面设计

在设计和制作网站页面时，能否控制好各个元素在页面中的位置是非常关键的。在前面的章节中，已经对 CSS 样式控制网页中各种元素的方法和技巧进行了详细的讲解，本章将在此基础上对 CSS 定位和界面设计进行详细介绍，不但如此，CSS 样式在原有的基础上还在不断完善，CSS 3 有很多新增属性，实现了以前无法实现或难以实现的功能。

本章知识点

- 了解传统的 CSS 盒模型
- 认识 CSS 3 弹性和增强的盒模型
- 掌握定位网页元素的相关知识和语法
- 认识并掌握 CSS 3 新增用户界面设计属性
- 掌握 CSS 3 新增多列布局属性相关知识和语法

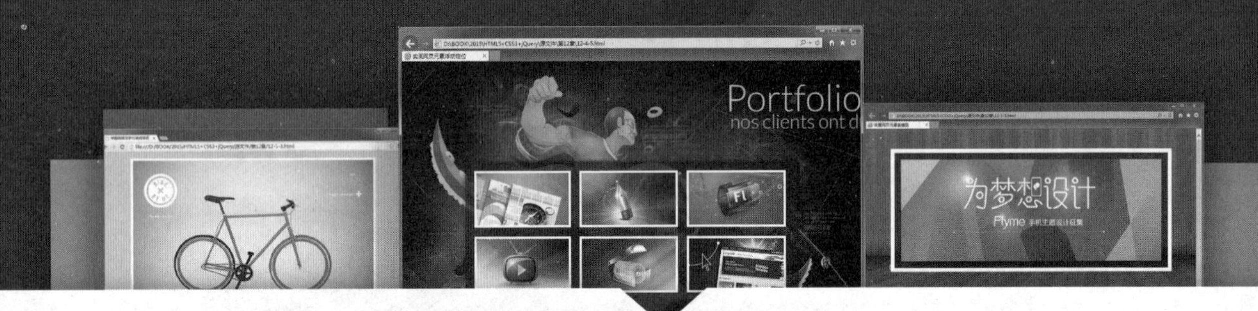

12.1　传统 CSS 盒模型

盒模型是使用 Div+CSS 对网页元素进行控制时一个非常重要的概念，只有很好地理解和掌握盒模型以及其中每个元素的用法，才能真正地控制页面中各元素的位置。

12.1.1　什么是 CSS 盒模型

在 CSS 中，所有的页面元素都包含在一个矩形框内，这个矩形框就称为盒模型。盒模型描述了元素及其属性在页面布局中所占的空间大小，因此盒模型可以影响其他元素的位置及大小。一般来说这些被占据的空间往往都比单纯的内容要大。换句话说，可以通过整个盒子的边框和距离等参数，来调节盒子的位置。

盒模型是由 margin（边界）、border（边框）、padding（填充）和 content（内容）几个部分组成的。此外，在盒模型中，还具备高度和宽度两个辅助属性，如图 12-1 所示。

从图中可以看出，盒模型包含 4 个部分的内容。

- margin 属性

margin 属性称为边界或外边距，用来设置内容与内容之间的距离。

- border 属性

border 属性称为边框或内容边框线，可以设置边框的粗细、颜色和样式等。

- padding 属性

padding 属性称为填充或内边距，用来设置内容与边框之间的距离。

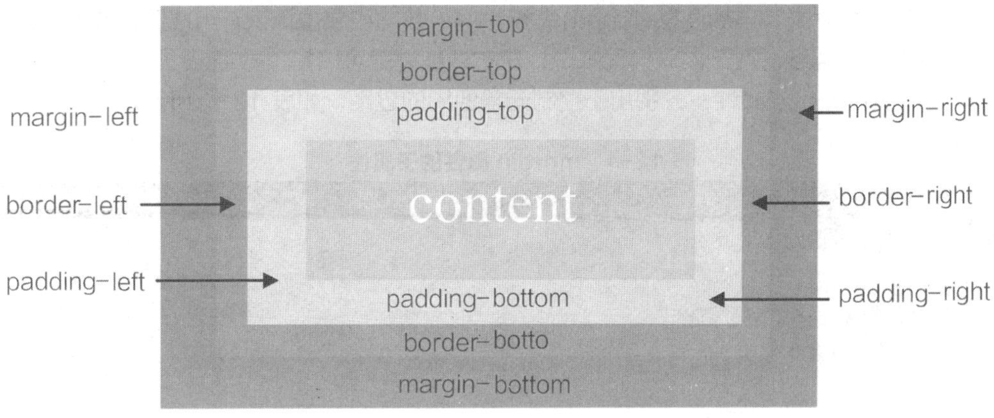

图 12-1

● content

称为内容，是盒模型中必需的一部分，可以放置文字、图像等内容。

一个盒子的实际高度或宽度是由 content+padding+border+margin 组成的。在 CSS 中，可以通过设置 width 或 height 属性来控制 content 部分的大小，并且对于任何一个盒子，可以分别设置四边的 border、margin 和 padding。

12.1.2　CSS 盒模型的要点

关于 CSS 盒模型，有以下几个要点是在使用过程中需要注意的。

- 边框默认的样式 (border-style) 可设置为不显示 (none)。
- 填充值 (padding) 不可为负。
- 边界值 (margin) 可以为负，其显示效果在各浏览器中可能不同。
- 内联元素，例如 <a>，定义上下边界不会影响到行高。
- 对于块级元素，未浮动的垂直相邻元素的上边界和下边界会被压缩。例如有上下两个元素，上面元素的下边界为 10px，下面元素的上边界为 5px，则实际两个元素的间距为 10px(两个边界值中较大的值)，这就是盒模型的垂直空白边叠加的问题。
- 浮动元素 (无论是左还是右浮动) 边界不压缩，并且如果浮动元素不声明宽度，则其宽度趋向于 0，即压缩到其内容能承受的最小宽度。
- 如果盒中没有内容，则即使定义了宽度和高度都为 100%，实际上只占 0%，因此不会被显示，此处在使用 Div+CSS 布局的时候需要特别注意。

12.1.3　margin 属性——边距

margin 属性用于设置页面中元素和元素之间的距离，即定义元素周围的空间范围，是页面排版中一个比较重要的概念。

margin 属性的语法格式如下。

```
margin: auto | length;
```

其中，auto 表示根据内容自动调整，length 表示由浮点数字和单位标识符组成的长度值或百分数，百分数是基于父对象的高度。对于内联元素来说，左右外延边距可以是负数值。

margin 属性包含 4 个子属性，分别用于控制元素四周的边距，如表 12-1 所示。

表 12-1　margin 属性的子属性

属　性	说　明
margin-top	设置元素上边距
margin-right	设置元素右边距
margin-bottom	设置元素下边距
margin-left	设置元素左边距

在给 margin 设置值时，如果提供 4 个参数值，将按顺时针的顺序作用于上、右、下、左四边；如果只提供 1 个参数值，则将作用于四边；如果提供 2 个参数值，则第 1 个参数值作用于上、下两边，第 2 个参数值作用于左、右两边；如果提供 3 个参数值，第 1 个参数值作用于上边，第 2 个参数值作用于左、右两边，第 3 个参数值作用于下边。

12.1.4　border 属性——边框

border 属性是内边距和外边距的分界线，可以分离不同的 HTML 元素，border 的外边是元素的最外围。在网页设计中，如果计算元素的宽和高，则需要把 border 属性值计算在内。

border 属性的语法格式如下。

```
border : border-style | border-color | border-width;
```

border 属性有 3 个子属性，分别是 border-style(边框样式)、border-width(边框宽度) 和 border-color(边框颜色)。

12.1.5　padding 属性——填充

在 CSS 中，可以通过设置 padding 属性定义内容与边框之间的距离，即内边距。

padding 属性的语法格式如下。

```
padding: length;
```

padding 属性值可以是一个具体的长度，也可以是一个相对于上级元素的百分比，但不可以使用负值。

padding 属性包括 4 个子属性，如表 12-2 所示。

表 12-2　padding 属性的子属性

属　性	说　明
padding-top	设置元素上填充
padding-right	设置元素右填充
padding-bottom	设置元素下填充
padding-left	设置元素左填充

在为 padding 设置值时，如果提供 4 个参数值，将按顺时针的顺序作用于上、右、下、左四边；如果只提供 1 个参数值，则将作用于四边；如果提供 2 个参数值，则第 1 个参数值作用于上、下两边，第 2 个参数值作用于左、右两边；如果提供 3 个参数值，第 1 个参数值作用于上边，第 2 个参数值作用于左、右两边，第 3 个参数值作用于下边。

设置网页元素盒模型

最终文件：光盘 \ 最终文件 \ 第 12 章 \12-1-5.html　　视频：光盘 \ 视频 \ 第 12 章 \12-1-5.mp4

01 执行“文件 > 打开”命令，打开页面“光盘 \ 源文件 \ 第 12 章 \12-1-5.html”，效果如图 12-2 所示。将光标移至名为 pic 的 Div 中，将多余的文字删除，插入图像“光盘 \ 源文件 \ 第 12 章 \images\121503.jpg”，效果如图 12-3 所示。

图 12-2　　图 12-3

02 转换到该网页所链接的外部 CSS 样式表文件中，创建名称为 #pic 的 CSS 样式，在该 CSS 样式中添加 margin 外边距属性设置，如图 12-4 所示。返回网页设计视图中，选中页面中 id 名称为 pic 的 Div，可以看到设置的外边距的效果，如图 12-5 所示。

```
#pic {
    width: 851px;
    height: 342px;
    background-color: rgba(0,0,0,0.5);
    margin: 60px auto 0px auto;
}
```

图 12-4　　图 12-5

在网页中如果希望元素水平居中显示，可以通过 margin 属性设置左边距和右边距均为 auto，则该元素在网页中会自动水平居中显示。

03 返回到外部 CSS 样式表文件中，在名为 #pic 的 CSS 样式中添加 border 属性设置，如图 12-6 所示。返回网页设计视图中，可以看到为页面中 id 名称为 pic 的 Div 设置边框的效果，如图 12-7 所示。

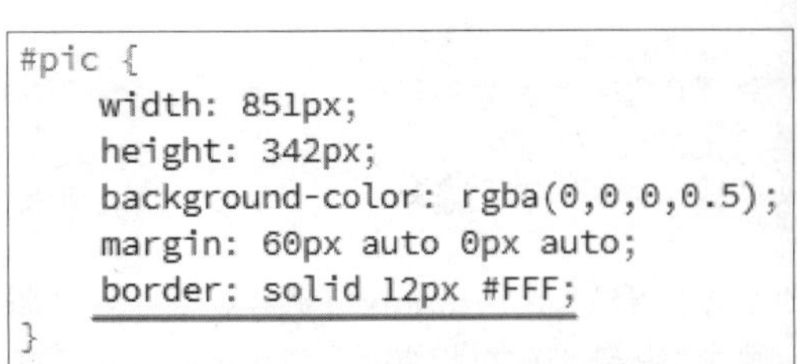

```
#pic {
    width: 851px;
    height: 342px;
    background-color: rgba(0,0,0,0.5);
    margin: 60px auto 0px auto;
    border: solid 12px #FFF;
}
```

图 12-6

图 12-7

border 属性不仅可以设置图像的边框，还可以为其他元素设置边框，如文字、Div 等。在本实例中，主要讲解的是使用 border 属性为 Div 元素添加边框。

04 返回到外部 CSS 样式表文件中，在名为 #pic 的 CSS 样式中添加 padding 属性设置，如图 12-8 所示。返回网页设计视图中，选中页面中 id 名称为 pic 的 Div，可以看到设置的填充效果，如图 12-9 所示。

```
#pic {
    width: 811px;
    height: 302px;
    background-color: rgba(0,0,0,0.5);
    margin: 60px auto 0px auto;
    border: solid 12px #FFF;
    padding: 20px;
}
```

图 12-8

图 12-9

在 CSS 样式代码中，width 和 height 属性分别定义的是 Div 的内容区域的宽度和高度，并不包括 margin、border 和 padding，此处在 CSS 样式中添加了 padding 属性，设置四边的填充均为 20 像素，则需要在高度值上减去 40 像素，在宽度值上同样减去 40 像素，这样才能够保证 Div 的整体宽度和高度不变。

05 保存页面，并保存外部 CSS 样式表文件，在浏览器中预览页面，效果如图 12-10 所示。

图 12-10

提示

从盒模型中可以看出中间部分就是 content(内容)，它主要用来显示内容，这也是整个盒模型的主要部分，其他的如 margin、border、padding 所做的操作都是对 content 部分所做的修饰。对于内容部分的操作，也就是对文字、图像等页面元素的操作。

12.2 CSS 3 弹性盒模型

弹性盒模型是 CSS 3 最新引进的盒模型处理机制，使用弹性盒模型，可以实现盒元素内部的多种布局，包括排列方向、排列顺序、空间分配和对齐方式等，大大增强了布局的灵活性，可以轻松地设计出自适应浏览器窗口的流动布局或者自适应大小的弹性布局。

CSS 3 为弹性盒模型新增了 8 个属性，分别介绍如表 12-3 所示。

表 12-3　新增的盒子模型的相关属性

属　性	说　明
box-orient	用于定义盒子分布的坐标轴
box-align	用于定义子元素在盒子内垂直方向上的空间分配方式
box-direction	用于定义盒子的显示顺序
box-flex	用于定义子元素在盒子内的自适应尺寸
box-flex-group	用于定义自适应子元素群组
box-lines	用于定义子元素分布显示
box-ordinal-group	用于定义子元素在盒子内的显示位置
box-pack	用于定义子元素在盒子内水平方向上的空间分配方式

12.2.1 开启弹性盒模型

弹性盒模型是 CSS 3 新增的一种布局方式，它比传统的浮动布局方式更加完善、更加灵活，而使用方法却非常简单。

开启弹性盒模型的方法，就是把 display 属性值设置为 box 或 inline-box。目前还没有浏览器支持 box 属性值，为了能兼容 webkit 内核和 gecko 内核的浏览器，可以分别使用 -webkit-box 和 -moz-box 属性。开启弹性盒模型后，文档就会按照弹性盒模型默认的方式来布局子元素。

例如下面的页面代码。

```
<!doctype html>
<html>
<head>
<meta charset="utf-8">
<title>CSS 3 弹性盒模型 </title>
<style type="text/css">
body {
   display: box;                          /* 标准声明显示盒子 */
   display: -moz-box;                     /* 兼容 gecko 核心浏览器 */
   display: -webkit-box;                  /* 兼容 webkit 核心浏览器 */
}
#left {
   width: 160px;
   height: 500px;
   background-color: #09F;
   text-align: center;
   padding: 20px;
}
#main {
   width: 560px;
   height: 500px;
   background-color: #F90;
   text-align: center;
   padding: 20px;
}
#right {
   width: 160px;
   height: 500px;
   background-color: #9C0;
   text-align: center;
   padding: 20px;
}
</style>
</head>
<body>
<div id="left"> 左侧盒子 </div>
<div id="main"> 中间盒子 </div>
<div id="right"> 右侧盒子 </div>
</body>
</html>
```

在以上的代码中，在 body 标签的 CSS 样式中设置了 display 属性为 box，并针对 webkit 内核和 gecko 内核设置了各自的私有属性值，则 body 标签中的内部元素将改变原有的文档流动方式，使用弹性盒模型默认的文档流动方式布局。

在 Chrome 浏览器中预览该页面，可以看到在页面中显示了 3 个盒子，并且这 3 个盒子是并列在一行中显示的，而在 CSS 样式代码中并没有设置任何的定位属性。效果如图 12-11 所示。

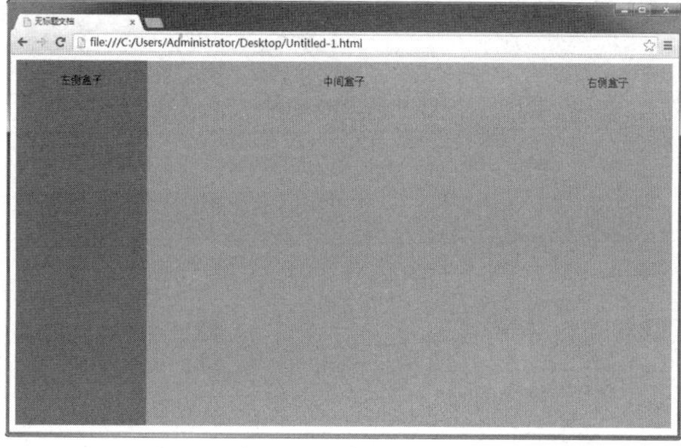

图 12-11

12.2.2　box-orient 属性——元素布局方向

元素布局方向是指弹性盒模型内部的元素流动布局方向，包括横排和竖排两种。在 CSS 中，元素布局方向可以通过 CSS 3 新增的 box-orient 属性进行控制。基于 webkit 内核的替代私有属性是 -webkit-box-orient，基于 gecko 内核的替代私有属性是 -moz-box-orient。

box-orient 属性的语法格式如下。

```
box-orient: horizontal | vertical | inline-axis | block-axis | inherit;
```

box-orient 的相关属性值说明如表 12-4 所示。

表 12-4　box-orient 属性值说明

属 性 值	说　明
horizontal	设置 box-orient 属性为 horizontal，可以将盒子元素从左到右在一条水平线上显示它的子元素
vertical	设置 box-orient 属性为 vertical，可以将盒子元素从上到下在一条垂直线上显示它的子元素
inline-axis	设置 box-orient 属性为 inline-axis，可以将盒子元素沿着内联轴显示它的子元素
block-axis	设置 box-orient 属性为 block-axis，可以将盒子元素沿着块轴显示它的子元素
inherit	设置 box-orient 属性为 inherit，表示盒子继承父元素的相关属性

例如，修改 CSS 样式代码如下。在开启弹性盒模型布局的基础上，改变 3 个 Div 的布局方向为竖向显示。

```
<style type="text/css">
body {
   display: box;                          /* 标准声明显示盒子 */
   display: -moz-box;                     /* 兼容 gecko 核心浏览器 */
   display: -webkit-box;                  /* 兼容 webkit 核心浏览器 */
   box-orient: vertical;                  /* 设置为竖向布局方式 */
   -webkit-box-orient: vertical;          /* 兼容 webkit 核心浏览器 */
   -moz-box-orient: vertical;             /* 兼容 gecko 核心浏览器 */
}
#left {
   width: 960px;
   height: 200px;
   background-color: #09F;
   text-align: center;
   padding: 20px;
}
#main {
   width: 960px;
   height: 200px;
   background-color: #F90;
   text-align: center;
   padding: 20px;
}
#right {
   width: 960px;
   height: 200px;
   background-color: #9C0;
   text-align: center;
   padding: 20px;
}
</style>
```

添加 box-orient 属性，将该属性设置为 vertical，表示弹性盒模型内部按垂直方向布局，并设置了兼容样式。为了显示整齐，同时也修改了 3 个 div 的宽度和高度。在 Chrome 浏览器中预览页面，可以看到 3 个盒子垂直布局的效果，如图 12-12 所示。

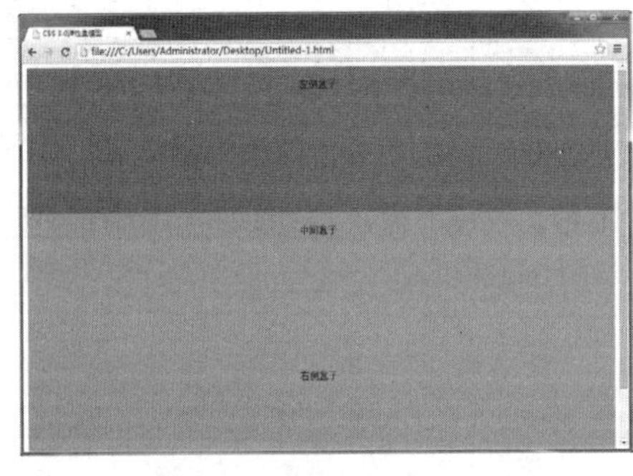

图 12-12

12.2.3 box-direction 属性——元素布局顺序

元素布局顺序是用来控制弹性盒模型中子元素的排列顺序，也可以说是控制弹性盒模型内部元素的流动顺序。在 CSS 样式中，元素布局顺序可以通过 CSS 3 新增的 box-direction 属性进行设置。基于 webkit 内核的替代私有属性是 -webkit-box-direction，基于 gecko 内核的替代私有属性是 -moz-box-direction。

box-direction 属性的语法格式如下。

```
box-direction: normal | reverse | inherit;
```

box-direction 的相关属性值说明如表 12-5 所示。

表 12-5　box-direction 属性值说明

属 性 值	说　明
normal	设置 box-direction 属性为 normal，表示盒子顺序为正常显示顺序，即当盒子元素的 box-orient 属性值为 horizontal 时，其包含的子元素按照从左到右的顺序进行显示，也就是说每个子元素的左边总是靠着前一个子元素的右边；当盒子元素的 box-orient 属性值为 vertical 时，则其包含的子元素按照从上到下的顺序进行显示
reverse	设置 box-direction 属性为 reverse，表示盒子所包含的子元素的显示顺序将与 normal 相反
inherit	设置 box-direction 属性为 inherit，表示继承上级元素的显示顺序

例如，修改 CSS 样式代码如下。在开启弹性盒模型布局的基础上，改变 3 个 Div 的布局方向为反向显示。

```
<style type="text/css">
body {
   display: box;                        /* 标准声明显示盒子 */
   display: -moz-box;                   /* 兼容 gecko 核心浏览器 */
   display: -webkit-box;                /* 兼容 webkit 核心浏览器 */
   box-direction: reverse;              /* 设置为反向布局顺序 */
   -webkit-box-direction: reverse;      /* 兼容 webkit 核心浏览器 */
   -moz-box-direction: reverse;         /* 兼容 gecko 核心浏览器 */
}
#left {
   width: 160px;
   height: 500px;
   background-color: #09F;
   text-align: center;
   padding: 20px;
}
#main {
   width: 560px;
   height: 500px;
```

```
    background-color: #F90;
    text-align: center;
    padding: 20px;
}
#right {
    width: 160px;
    height: 500px;
    background-color: #9C0;
    text-align: center;
    padding: 20px;
}
</style>
```

添加 box-direction 属性，将该属性值设置为 reverse，表示弹性盒模型内部的子元素按反向顺序布局，并设置了兼容样式。弹性盒模型内默认的布局方式为水平方向布局，在 Chrome 浏览器中预览页面，可以看到 3 个盒子在水平方向上反向显示的效果，如图 12-13 所示。

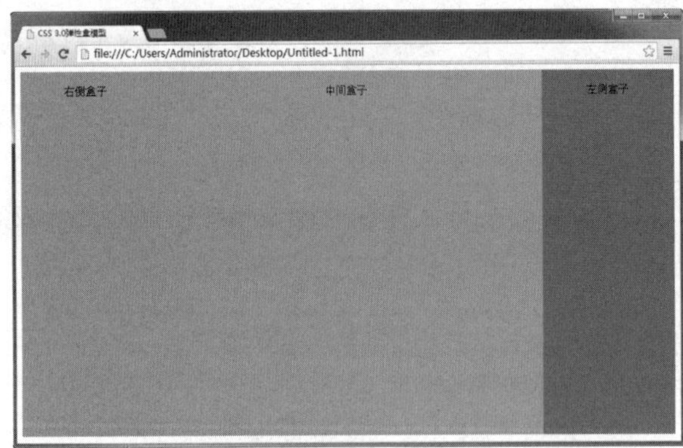

图 12-13

12.2.4　box-ordinal-group 属性——元素位置

元素位置指的是元素在弹性盒模型中的具体位置。在 CSS 样式中，元素位置可以通过 CSS 3 新增的 box-ordinal-group 属性进行设置。基于 webkit 内核的替代私有属性是 -webkit-box-ordinal-group，基于 gecko 内核的替代私有属性是 -moz-box-ordinal-group。

box-ordinal-group 属性的语法格式如下。

```
box-ordinal-group: <integer>;
```

参数值 <integer> 代表的是一个自然数，从 1 开始，用来设置子元素的位置序号，子元素会根据该属性的参数值从小到大进行排列。当不确定子元素的 box-ordinal-group 属性值时，其序号全部默认为 1，并且相同序号的元素会按照其在文档中加载的顺序进行排列。

例如，修改 CSS 样式代码如下。在开启弹性盒模型布局的基础上，修改左侧 Div 和中间 Div 的显示位置。

```
<style type="text/css">
body {
   display: box;                          /* 标准声明显示盒子 */
   display: -moz-box;                     /* 兼容 gecko 核心浏览器 */
   display: -webkit-box;                  /* 兼容 webkit 核心浏览器 */
}
#left {
   width: 160px;
   height: 500px;
   background-color: #09F;
   text-align: center;
   padding: 20px;
   box-ordinal-group: 2;                  /* 标准设置元素位置用法 */
   -webkit-box-ordinal-group: 2;          /* 兼容 webkit 核心浏览器 */
   -moz-box-ordinal-group: 2;             /* 兼容 gecko 核心浏览器 */
}
#main {
   width: 560px;
   height: 500px;
   background-color: #F90;
   text-align: center;
   padding: 20px;
}
#right {
   width: 160px;
   height: 500px;
   background-color: #9C0;
   text-align: center;
   padding: 20px;
   box-ordinal-group: 3;                  /* 标准设置元素位置用法 */
   -webkit-box-ordinal-group: 3;          /* 兼容 webkit 核心浏览器 */
   -moz-box-ordinal-group: 3;             /* 兼容 gecko 核心浏览器 */
}
</style>
```

在名为 #left 的 CSS 样式设置中添加 box-ordinal-group 属性设置，设置值为 2，在名为 #right 的 CSS 样式设置中添加 box-ordinal-group 属性设置，设置值为 3，从而改变 3 个 Div 的显示顺序。在 Chrome 浏览器中预览页面，可以看到 3 个盒子在水平方向上改变显示顺序的效果，如图 12-14 所示。

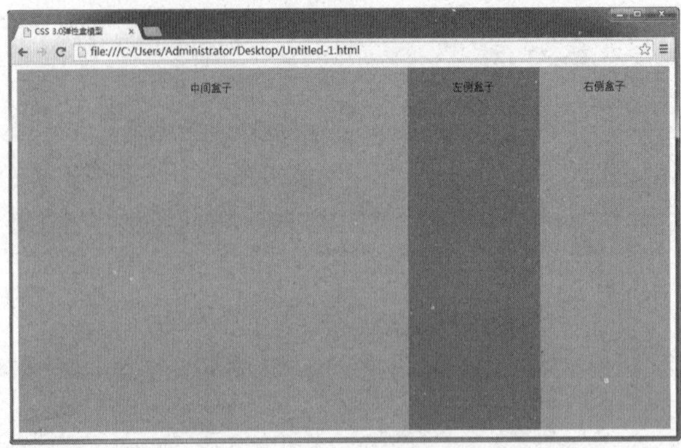

图 12-14

12.2.5 box-flex 属性——元素空间分配

CSS 3 中新增的 box-flex 属性，用于定义弹性盒模型内部子元素是否具有空间弹性。当盒元素的尺寸缩小（或扩大）时，被定义为有空间弹性的子元素的尺寸也会缩小（或扩大）。每当盒元素有额外的空间时，具有空间弹性的子元素会扩大自身大小来填补这一空间。基于 webkit 内核的替代私有属性是 -webkit-box-flex，基于 gecko 内核的替代私有属性是 -moz-box-flex。

box-flex 属性的语法格式如下。

```
box-flex: <value>;
```

参数值 <value> 代表的是一个整数或者小数，不可以为负值，默认值为 0.0。使用空间弹性属性设置，使得盒元素的内部元素的总宽度和总高度始终等于盒元素的宽度与高度。不过只有当盒元素具有确定的宽度或高度时，才能表现出子元素的空间弹性。

例如，修改 CSS 样式代码如下。在开启弹性盒模型布局的基础上，设置 3 个 Div 的宽度相同，并在左侧的 Div 中添加 box-flex 属性，使其具有空间弹性。

```
<style type="text/css">
body {
    display: box;                          /* 标准声明显示盒子 */
    display: -moz-box;                     /* 兼容 gecko 核心浏览器 */
    display: -webkit-box;                  /* 兼容 webkit 核心浏览器 */
}
div {
    width: 160px;                          /* 设置 3 个 div 的固定宽度为 160px*/
    height: 500px;
    padding: 20px;
}
#left {
    background-color: #09F;
    text-align: center;
    box-flex: 1;                           /* 标准用法 */
```

```
    -webkit-box-flex: 1;            /* 兼容 webkit 核心浏览器 */
    -moz-box-flex: 1;               /* 兼容 gecko 核心浏览器 */
}
#main {
    background-color: #F90;
    text-align: center;
}
#right {
    background-color: #9C0;
    text-align: center;
}
</style>
```

在弹性盒模型中左侧的 Div 的 CSS 样式设置中添加 box-flex 属性设置，设置其属性值为 1，使其具有空间弹性以分配弹性盒模型中的剩余空间。在 Chrome 浏览器中预览页面，可以看到 3 个盒子中左侧盒子的弹性空间效果，如图 12-15 所示。在本实例中，当浏览器窗口的宽度改变时，左侧 Div 的宽度也会跟着变化。

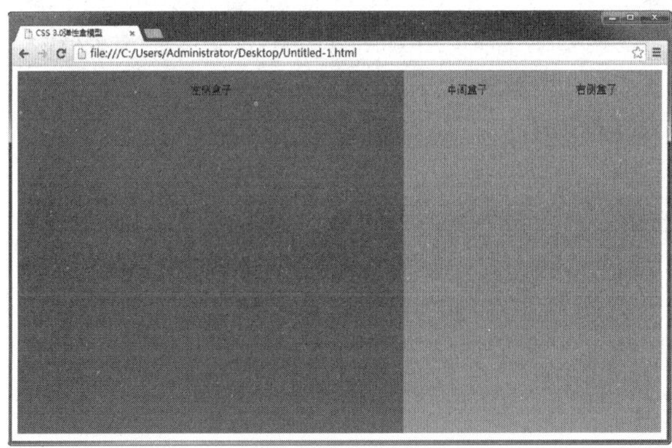

图 12-15

12.2.6 box-pack 和 box-align 属性——元素对齐方式

CSS 3 中新增的 box-pack 和 box-align 属性，分别用于设置弹性盒模型内部元素的水平对齐方式和垂直对齐方式。这种对齐方式对盒元素内部的文字、图像及子元素都是有效的。基于 webkit 内核的替代私有属性是 -webkit-box-pack 和 -webkit-box-align，基于 gecko 内核的替代私有属性是 -moz-box-pack 和 -moz-box-align。

box-pack 属性可能设置子元素在水平方向上的对齐方式，box-pack 属性的语法格式如下。

```
box-pack:start|end|center|justify;
```

box-pack 的相关属性值说明如表 12-6 所示。

表 12-6　box-pack 属性值说明

属性值	说　明
start	设置 box-pack 属性为 start，表示所有子容器都分布在父容器的左侧，右侧留空
end	设置 box-pack 属性为 end，表示所有子容器都分布在父容器的右侧，左侧留空
center	设置 box-pack 属性为 center，表示所有子容器平均分布（默认值）
justify	设置 box-pack 属性为 justify，表示平均分配父容器中的剩余空间（能压缩子容器的大小，并且具有全局居中的效果）

box-align 属性可以设置子元素在垂直方向上的对齐方向，box-align 属性的语法格式如下。

```
box-align: start | end | center | baseline | stretch;
```

box-align 的相关属性值说明如表 12-7 所示。

表 12-7　box-align 属性值说明

属性值	说　明
start	设置 box-align 属性为 start，表示子容器从父容器的顶部开始排列，富余空间将显示在盒子的底部
end	设置 box-align 属性为 end，表示子容器从父容器的底部开始排列，富余空间将显示在盒子的顶部
center	设置 box-align 属性为 center，表示子容器横向居中，富余空间在子容器的两侧分配，上下各一半
baseline	设置 box-align 属性为 baseline，表示所有盒子沿着它们的基线排列，富余空间可以前后显示
stretch	设置 box-align 属性为 stretch，表示每个子元素的高度被调整到适合盒子的高度显示，即所有子容器和父容器将保持同一高度

12.2.7　实现元素水平和垂直居中显示

在以前很难实现页面元素在网页中的水平和垂直方向同时居中显示的效果，通常需要借助于其他的脚本代码来实现，需要编写大量的代码，还会遇到兼容性的问题。而在 CSS 3 中，通过新增的 box-pack 属性和 box-align 属性，可以轻松地将元素放置在页面中水平居中和垂直居中的位置。

实战　实现元素水平垂直居中显示

最终文件：光盘 \ 最终文件 \ 第 12 章 \12-2-7.html　　视频：光盘 \ 视频 \ 第 12 章 \12-2-7.mp4

01 打开页面“光盘 \ 源文件 \ 第 12 章 \12-2-7.html”，页面效果如图 12-16 所示。转换到代码视图中，可以看到该页面的 HTML 代码，如图 12-17 所示。

图 12-16

```
<!doctype html>
<html>
<head>
<meta charset="utf-8">
<title>实现元素水平垂直居中显示</title>
<link href="style/12-2-7.css" rel="stylesheet" type=
"text/css">
</head>

<body>
<div id="box">
  <div id="logo"><img src="images/122703.png" width="341"
height="126"  alt=""/></div>
</div>
</body>
</html>
```

图 12-17

02 转换到该网页所链接的外部 CSS 样式表文件中，可以看到页面的 CSS 样式代码，如图 12-18 所示。在 Chrome 浏览器中预览页面，页面中名称为 logo 的 Div 中的图像默认显示在页面的左上角位置，如图 12-19 所示。

```
* {
    margin: 0px;
    padding: 0px;
}
html,body {
    height: 100%;
}
body {
    background-image: url(../images/122701.jpg);
    background-repeat: no-repeat;
    background-position: center top;
}
#box {
    width: 100%;
    height: 100%;
    background-image: url(../images/122702.png);
    background-repeat: repeat;
}
#logo {
    width: 341px;
    height: 126px;
}
```

图 12-18

图 12-19

03 返回外部 CSS 样式表文件中，在名为 #box 的 CSS 样式设置代码中添加相应的 CSS 样式设置，如图 12-20 所示。保存外部 CSS 样式表文件，在 Chrome 浏览器中预览页面，可以看到页面中名称为 logo 的 Div 中的图像显示在页面水平和垂直居中的位置，如图 12-21 所示。

```
#box {
    width: 100%;
    height: 100%;
    background-image: url(../images/122702.png);
    background-repeat: repeat;
    /*开启弹性盒模型*/
    display: box;
    display: -webkit-box;
    display: -moz-box;
    /*水平居中*/
    box-pack: center;
    -webkit-box-pack: center;
    -moz-box-pack: center;
    /*垂直居中*/
    box-align: center;
    -webkit-box-align: center;
    -moz-box-align: center;
}
```

图 12-20

图 12-21

在名为 #box 的 CSS 样式中首先添加 display:box 设置代码，将该 Div 设置为弹性盒模型，接着设置 box-pack 属性为 center，使弹性盒模型中的元素水平居中，设置 box-align 属性为 center，使弹性盒模型中的元素垂直居中。

12.2.8 实现元素底部对齐

在 CSS 3 出现之前，很难实现将元素与页面的底部对齐，而通过 CSS 3 中新增的 box-pack 属性和 box-align 属性，能够轻松地实现元素底部对齐效果。

实现元素底部对齐

最终文件：光盘 \ 最终文件 \ 第 12 章 \12-2-8.html　　视频：光盘 \ 视频 \ 第 12 章 \12-2-8.mp4

01 打开页面“光盘\源文件\第 12 章\12-2-8.html”，页面效果如图 12-22 所示。在 Chrome 浏览器中预览页面，可以看到所实现的元素在页面中水平和垂直居中对齐的效果，如图 12-23 所示。

图 12-22

图 12-23

02 返回网页所链接的外部 CSS 样式表文件中，找到名为 #box 的 CSS 样式设置代码，如图 12-24 所示。对该 CSS 样式设置代码中的 box-align 属性设置进行修改，如图 12-25 所示。

```
#box {
    width: 100%;
    height: 100%;
    background-image: url(../images/122702.png);
    background-repeat: repeat;
    /*开启弹性盒模型*/
    display: box;
    display: -webkit-box;
    display: -moz-box;
    /*水平居中*/
    box-pack: center;
    -webkit-box-pack: center;
    -moz-box-pack: center;
    /*垂直居中*/
    box-align: center;
    -webkit-box-align: center;
    -moz-box-align: center;
}
```

图 12-24

```
#box {
    width: 100%;
    height: 100%;
    background-image: url(../images/122702.png);
    background-repeat: repeat;
    /*开启弹性盒模型*/
    display: box;
    display: -webkit-box;
    display: -moz-box;
    /*水平居中*/
    box-pack: center;
    -webkit-box-pack: center;
    -moz-box-pack: center;
    /*底部对齐*/
    box-align: end;
    -webkit-box-align: end;
    -moz-box-align: end;
}
```

图 12-25

03 保存外部 CSS 样式表文件，在 Chrome 浏览器中预览页面，可以看到元素在页面中水平居中和垂直居底的显示效果，如图 12-26 所示。无论如何修改浏览器窗口的大小，元素始终与底部对齐，如图 12-27 所示。

图 12-26

图 12-27

在名为 #box 的 CSS 样式中设置 box-pack 属性为 center，使弹性盒模型中的元素水平居中，设置 box-align 属性为 end，使弹性盒模型中的元素紧贴底部对齐。

12.3 增强的 CSS 3 盒模型

盒模型是网页设计中最基本、最重要的模型。CSS 3 新增的与盒模型有关的属性如盒子阴影、盒子尺寸和溢出处理等，为前端设计师带来更多的便利及人性化设计。

12.3.1 box-shadow 属性——元素阴影

在 CSS 3 中新增了为元素添加阴影的新属性 box-shadow，通过该属性可以轻松地实现网页中元素的阴影效果。

box-shadow 属性的语法格式如下。

```
box-shadow: none | [inset]? [<length>]{2,4} [<color>]?;
```

box-shadow 的相关属性值说明如表 12-8 所示。

表 12-8　box-shadow 属性值说明

属 性 值	说　明
none	默认值，表示没有阴影
inset	可选值，表示设置阴影的类型为内阴影，默认为外阴影
length	是由浮点数字和单位标识符组成的长度值，可以取负值。4 个 length 分别表示阴影的水平偏移、垂直偏移、模糊距离和阴影大小，其中水平偏移和垂直偏移是必需的值，模糊半径和阴影大小可选
color	可选值，该属性值用于设置阴影的颜色

完整的阴影属性值包含 6 个参数值：阴影类型、水平偏移长度、垂直偏移长度、模糊半径、阴影大小和阴影颜色，其中水平偏移长度和垂直偏移长度是必需的，其他的参数都可以有选择地省略。

元素阴影 box-shadow 属性和文本阴影 text-shadow 属性看起来很相像，但是它们的语法是有所区别的，元素阴影主要应用于页面元素，而文本阴影则应用于文字。

为网页元素添加阴影效果

最终文件：光盘 \ 最终文件 \ 第 12 章 \12-3-1.html　　视频：光盘 \ 视频 \ 第 12 章 \12-3-1.mp4

01 执行“文件 > 打开”命令，打开页面“光盘 \ 源文件 \ 第 12 章 \12-3-1.html”，效果如图 12-28 所示。转换到外部 CSS 样式表文件中，找到名为 #pic 的 CSS 样式设置代码，如图 12-29 所示。

图 12-28

```
#pic {
    height: 553px;
    width: 820px;
    margin: 50px auto 0px auto;
    border: solid 8px #FFF;
}
```

图 12-29

02 在该样式代码中添加定义元素阴影的box-shadow属性设置代码，如图12-30所示。保存页面，并保存外部CSS样式表文件，在浏览器中预览页面，可以看到页面中元素阴影的效果，如图12-31所示。

```
#pic {
    height: 553px;
    width: 820px;
    margin: 50px auto 0px auto;
    border: solid 8px #FFF;
    box-shadow: 12px 12px 20px #666;
}
```

图 12-30

图 12-31

此处在 box-shadow 属性中设置了阴影的水平偏移值、垂直偏移值、模糊半径和阴影颜色，没有设置阴影的类型，所以默认的阴影类型为外部阴影。

12.3.2 box-sizing 属性——元素尺寸大小

当为一个盒元素同时设置 border、padding 和 width 或 height 属性时，在不同的浏览器下，会有不同的尺寸。特别是在 IE 浏览器中，width 和 height 是包含 border 和 padding 的，标准的width 和 height 是不包含 border 和 padding 的。为此，要写大量的 hack，以满足不同浏览器的需要。

CSS 3 对盒模型进行了改善，新增的 box-sizing 属性可用于定义 width 和 height 的计算方法，可自由定义是否包含 border 和 padding。

box-sizing 属性的语法格式如下。

```
box-sizing: content-box | padding-box | border-box | inherit;
```

box-sizing 的属性值说明如表 12-9 所示。

表 12-9　box-sizing 属性值说明

属　性　值	说　　明
content-box	默认值，计算方法为 width/height=content，表示指定的宽度和高度仅限内容区域，边框和内边框的宽度不包含在内
padding-box	计算方法为 width/height=content+padding，表示指定的宽度和高度包含内边距和内容区域，边框宽度不包含在内
border-box	计算方法为 width/height=content+padding+border，表示指定的宽度和高度包含边框、内边距和内容区域
inherit	表示继承父元素中 box-sizing 属性的值

设置网页元素尺寸大小

最终文件：光盘 \ 最终文件 \ 第 12 章 \12-3-2.html　　视频：光盘 \ 视频 \ 第 12 章 \12-3-2.mp4

01 执行“文件 > 打开”命令，打开页面“光盘 \ 源文件 \ 第 12 章 \12-3-2.html”，效果如图 12-32 所示。在 Firefox 浏览器中预览页面，可以看到页面中两个元素的宽度是相同的，效果如图 12-33 所示。

图 12-32

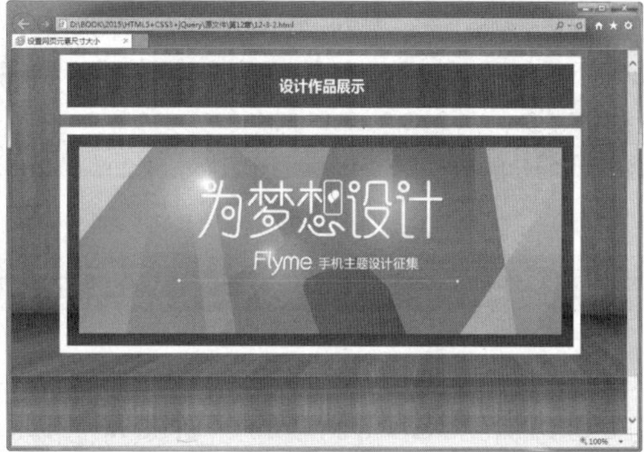

图 12-33

02 转换到该网页所链接的外部 CSS 样式表文件中，代到名为 #title 的 CSS 样式设置代码，在该 CSS 样式代码中添加 box-sizing 属性设置，如图 12-34 所示。保存外部样式表文件，在 Firefox 浏览器中预览该页面，可以看到页面中该元素的宽度效果，如图 12-35 所示。

```
#title {
    width: 811px;
    height: auto;
    overflow: hidden;
    background-color: rgba(0,0,0,0.5);
    text-align: center;
    font-size: 24px;
    font-weight: bold;
    margin: 10px auto;
    border: solid 12px #FFF;
    padding: 20px;
    box-sizing: border-box;
    -webkit-box-sizing: border-box;
    -moz-box-sizing: border-box;
}
```

图 12-34

图 12-35

03 返回外部 CSS 样式表文件中，在名为 #title 的 CSS 样式设置代码中修改 box-sizing 属性的属性值，如图 12-36 所示。保存外部样式表文件，在 Firefox 浏览器中预览该页面，可以看到页面中该元素的宽度效果，如图 12-37 所示。

```
#title {
    width: 811px;
    height: auto;
    overflow: hidden;
    background-color: rgba(0,0,0,0.5);
    text-align: center;
    font-size: 24px;
    font-weight: bold;
    margin: 10px auto;
    border: solid 12px #FFF;
    padding: 20px;
    box-sizing: padding-box;
    -webkit-box-sizing: padding-box;
    -moz-box-sizing: padding-box;
}
```

图 12-36

图 12-37

添加 box-sizing 属性设置，由于元素尺寸的计算方式不同，元素的总尺寸也不相同。因为 IE 浏览器与 webkit 内核的 Chrome 浏览器都不支持 padding-box 属性值，所以在这两个浏览器中属性值为 padding-box 的效果与属性值为 content-box 的效果相同。

12.3.3 overflow-x 和 overflow-y 属性——元素溢出内容处理

在 CSS 2 规范中，就已经有处理溢出的 overflow 属性，该属性定义当盒子的内容超出盒子边界时的处理方法。CSS 3 新增的 overflow-x 和 overflow-y 属性，是对 overflow 属性的补充，分别表示水平方向上的溢出处理和垂直方向上的溢出处理。

overflow-x 和 overflow-y 属性的语法格式如下。

```
overflow-x: visible | auto | hidden | scroll | no-display | no-content;
overflow-y: visible | auto | hidden | scroll | no-display | no-content;
```

overflow-x 和 overflow-y 的属性值说明如表 12-10 所示。

表 12-10　overflow-x 和 overflow-y 属性值说明

属 性 值	说　明
visible	默认值，盒子内容溢出时，不裁剪溢出的内容，超出盒子边界的部分将显示在盒元素之外
auto	盒子溢出时，显示滚动条
hidden	盒子溢出时，溢出的内容将被裁剪，并且不显示滚动条
scroll	始终显示滚动条
no-display	当盒子溢出时，不显示元素，该属性值是新增的
no-content	当盒子溢出时，不显示内容，该属性值是新增的

12.4 定位网页元素

CSS 的排版是一种比较新的排版理念，完全有别于传统的排版方式。它将页面首先在整体上进行 <div> 标签的分块，然后对各个块进行 CSS 定位，最后再在各个块中添加相应的内容。通过 CSS 排版的页面，更新十分容易，甚至是页面的拓扑结构，都可以通过修改 CSS 属性来重新定位。

12.4.1 position 属性——元素定位

在使用 Div+CSS 布局制作页面的过程中，都是通过 CSS 的定位属性对元素完成位置和大小的控制的。定位就是精确地定义 HTML 元素在页面中的位置，可以是页面中的绝对位置，也可以是相对于父级元素或另一个元素的相对位置。

position 属性是最主要的定位属性，position 属性既可以定义元素的绝对位置，又可以定义元素的相对位置。

position 属性的语法格式如下。

```
position: static | absolute | fixed | relative;
```

position 的相关属性值说明如表 12-11 所示。

表 12-11　position 属性值说明

属　性　值	说　　明
static	设置 position 属性值为 static，表示无特殊定位，元素定位的默认值，对象遵循 HTML 元素定位规则，不能通过 z-index 属性进行层次分级
absolute	设置 position 属性值为 absolute，表示绝对定位，相对于其父级元素进行定位，元素的位置可以通过 top、right、bottom 和 left 等属性进行设置
fixed	设置 position 属性为 fixed，表示悬浮，使元素固定在屏幕的某个位置，其包含块是可视区域本身，因此它不随滚动条的滚动而滚动，IE5.5+ 及以下版本浏览器不支持该属性
relative	设置 position 属性为 relative，表示相对定位，对象不可以重叠，可以通过 top、right、bottom 和 left 等属性在页面中偏移位置，可以通过 z-index 属性进行层次分级

在 CSS 样式中设置了 position 属性后，还可以对其他的定位属性进行设置，包括 width、height、z-index、top、right、bottom、left、overflow 和 clip，其中 top、right、bottom 和 left 只有在 position 属性中使用才会起到作用。

其他定位相关属性如表 12-12 所示。

表 12-12　其他定位相关属性说明

属　　性	说　　明
top、right、bottom 和 left	top 属性用于设置元素垂直距顶部的距离；right 属性用于设置元素水平距右部的距离；bottom 属性用于设置元素垂直距底部的距离；left 属性用于设置元素水平距左部的距离
z-index	z-index 属性用于设置元素的层叠顺序
width 和 height	width 属性用于设置元素的宽度；height 属性用于设置元素的高度
overflow	overflow 属性用于设置元素内容溢出的处理方法
clip	clip 属性设置元素剪切方式

12.4.2 relative——相对定位

设置 position 属性为 relative，即可将元素的定位方式设置为相对定位。对一个元素进行相对定位，首先它将出现在它所在的位置上。然后通过设置垂直或水平位置，让这个元素相对于它的原始起点进行移动。另外，在相对定位时，无论是否进行移动，元素仍然占据原来的空间。因此，移动元素会导致它覆盖其他元素。

实战 **实现网页元素的叠加显示**

最终文件：光盘\最终文件\第 12 章\12-4-2.html　　视频：光盘\视频\第 12 章\12-4-2.mp4

01 执行“文件>打开”命令，打开页面“光盘\源文件\第 12 章\12-4-2.html”，效果如图 12-38 所示。将光标移至名为 pic 的 Div 中，将多余的文字删除，插入图像“光盘\源文件\第 12 章\images\124203.jpg”，效果如图 12-39 所示。

图 12-38

图 12-39

02 转换到外部 CSS 样式表文件中，创建名为 #pic 的 CSS 样式，在该 CSS 样式中添加相应的相对定位代码，如图 12-40 所示。保存页面，并保存外部 CSS 样式文件，在浏览器中预览页面，可以看到网页元素相对定位的效果，如图 12-41 所示。

```
#pic {
    position: relative;
    width: 88px;
    height: 89px;
    left: 235px;
    top: -203px;
}
```

图 12-40

图 12-41

此处在 CSS 样式代码中设置元素的定位方式为相对定位，使元素相对于原位置向右移动了 235 像素，向上移动了 203 像素。

在使用相对定位时，无论是否进行移动，元素仍然占据原来的空间。因此，移动元素会导致它覆盖其他框。

12.4.3　absolute——绝对定位

设置 position 属性为 absolute，即可将元素的定位方式设置为绝对定位。绝对定位是参照浏览器的左上角，配合 top、right、bottom 和 left 进行定位的，如果没有设置上述的 4 个值，则默认的依据父级元素的坐标原点为原始点。

在父级元素的 position 属性为默认值时，top、right、bottom 和 left 的坐标原点以 body 的坐标原点为起始位置。

网页元素固定在右侧显示

最终文件：光盘 \ 最终文件 \ 第 12 章 \12-4-3.html　　视频：光盘 \ 视频 \ 第 12 章 \12-4-3.mp4

01 执行“文件 > 打开”命令，打开页面“光盘 \ 源文件 \ 第 12 章 \12-4-3.html”，效果如图 12-42 所示。将光标移至名为 link 的 Div 中，将多余的文字删除，插入图像“光盘 \ 源文件 \ 第 12 章 \images\124301.jpg”，效果如图 12-43 所示。

图 12-42

图 12-43

02 转换到该网页所链接的外部 CSS 样式表文件中，创建名为 #link 的 CSS 样式，在该 CSS 样式中添加相应的绝对定位代码，如图 12-44 所示。保存页面，并保存外部 CSS 样式表文件，在浏览器中预览页面，可以看到网页中元素绝对定位的效果，如图 12-45 所示。

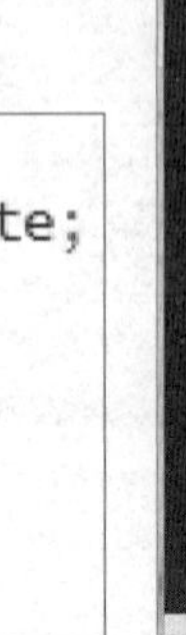

```
#link {
    position: absolute;
    width: 50px;
    height: 203px;
    right: 10px;
    top: 200px;
}
```

图 12-44

图 12-45

在名为 #link 的 CSS 样式设置中，通过设置 position 属性为 absolute，将 id 名为 link 的 Div 设置为绝对定位，通过设置 right 属性为 10 像素，将 id 名为 link 的 Div 显示在距离浏览器右边界 10 像素的位置，通过设置 top 属性为 200 像素，将 id 名为 link 的 Div 显示在距离浏览器上边界 200 像素的位置。

对于定位的主要问题是要记住每种定位的意义。相对定位时相对于元素在文档流中的初始位置，而绝对定位时相对于最近的已定位的父元素，如果不存在已定位的父元素，就相对于最初的包含块。因为绝对定位的框与文档流无关，所以它们可以覆盖页面上的其他元素。可以通过设置 z-index 属性来控制这些框的堆放次序。z-index 属性的值越大，框在堆中的位置就越高。

12.4.4 fixed——固定定位

设置 position 属性为 fixed，即可将元素的定位方式设置为固定定位。固定定位和绝对定位比较相似，它是绝对定位的一种特殊形式，固定定位的容器不会随着滚动条的拖动而变化位置。在视线中，固定定位的容器位置是不会改变的。固定定位可以把一些特殊效果固定在浏览器的视线位置。

实现固定位置的导航菜单

最终文件：光盘 \ 最终文件 \ 第 12 章 \12-4-4.html　　视频：光盘 \ 视频 \ 第 12 章 \12-4-4.mp4

01 执行“文件 > 打开”命令，打开页面“光盘 \ 源文件 \ 第 12 章 \12-4-4.html”，效果如图 12-46 所示。在浏览器中预览页面，发现顶部的导航菜单会跟着滚动条一起滚动，如图 12-47 所示。

图 12-46

图 12-47

02 转换到该网页所链接的外部 CSS 样式表文件中，找到名为 #top 的 CSS 样式，如图 12-48 所示。在该 CSS 样式代码中添加相应的固定定位代码，如图 12-49 所示。

```
#top {
    width: 100%;
    height: 40px;
    background-color: #333;
    border-bottom: solid 1px #000;
    line-height: 40px;
}
```

图 12-48

```
#top {
    position: fixed;
    width: 100%;
    height: 40px;
    background-color: #333;
    border-bottom: solid 1px #000;
    line-height: 40px;
}
```

图 12-49

03 保存页面，并保存外部 CSS 样式文件，在浏览器中预览页面，可以看到页面效果，如图 12-50 所示。拖动浏览器滚动条，发现顶部导航菜单始终固定在浏览器顶部不动，如图 12-51 所示。

图 12-50

图 12-51

固定定位的参照位置不是上级元素块而是浏览器窗口。所以可以使用固定定位来设定类似传统框架样式布局，以及广告框架或导航框架等。使用固定定位的元素可以脱离页面，无论页面如何滚动，始终处在页面的同一位置上。

12.4.5 float 属性——浮动定位

除了使用 position 属性进行定位外，还可以使用 float 属性定位。float 定位只能在水平方向上定位，而不能在垂直方向上定位。float 属性表示浮动属性，它用来改变元素块的显示方式。

浮动定位是 CSS 排版中非常重要的手段。浮动的框可以左右移动，直到它外边缘碰到包含框或另一个浮动框的边缘。

float 属性语法格式如下。

```
float: none | left | right;
```

float 的相关属性值说明如表 12-13 所示。

表 12-13 float 属性值说明

属 性 值	说 明
none	设置 float 属性为 none，表示元素不浮动
left	设置 float 属性为 left，表示元素向左浮动
right	设置 float 属性为 right，表示元素向右浮动

浮动定位是在网页布局制作过程中使用最多的定位方式，通过设置浮动定位可以将网页中的块状元素在一行中显示。

实战 制作顺序排列的图像列表

最终文件：光盘 \ 最终文件 \ 第 12 章 \12-4-5.html　视频：光盘 \ 视频 \ 第 12 章 \12-4-5.mp4

01 执行“文件 > 打开”命令，打开页面“光盘 \ 源文件 \ 第 12 章 \12-4-5.html”，效果如图 12-52 所示。转换到外部 CSS 样式表文件中，分别创建名为 #pic1、#pic2 和 #pic3 的 CSS 样式代码，如图 12-53 所示。

图 12-52

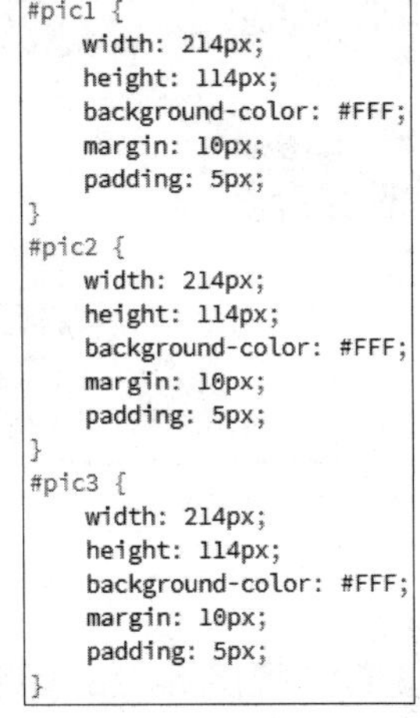

```
#pic1 {
    width: 214px;
    height: 114px;
    background-color: #FFF;
    margin: 10px;
    padding: 5px;
}
#pic2 {
    width: 214px;
    height: 114px;
    background-color: #FFF;
    margin: 10px;
    padding: 5px;
}
#pic3 {
    width: 214px;
    height: 114px;
    background-color: #FFF;
    margin: 10px;
    padding: 5px;
}
```

图 12-53

02 将 id 名为 pic1 的 Div 向右浮动，在名为 #pic1 的 CSS 样式代码中添加右浮动代码，如图 12-54 所示。返回设计视图中，可以看到 id 名为 pic1 的 Div 脱离文档流并向右浮动，直到该 Div 的边缘碰到包含框 box 的右边框，如图 12-55 所示。

```
#pic1 {
    width: 214px;
    height: 114px;
    background-color: #FFF;
    margin: 10px;
    padding: 5px;
    float: right;
}
```

图 12-54

图 12-55

03 转换到外部样式表文件中，将 id 名为 pic1 的 Div 向左浮动，在名为 #pic1 的 CSS 样式代码中添加左浮动代码，如图 12-56 所示。返回网页设计视图，将 id 名为 pic1 的 Div 向左浮动，id 名为 pic2 的 Div 被遮盖了，如图 12-57 所示。

```
#pic1 {
    width: 214px;
    height: 114px;
    background-color: #FFF;
    margin: 10px;
    padding: 5px;
    float: left;
}
```

图 12-56

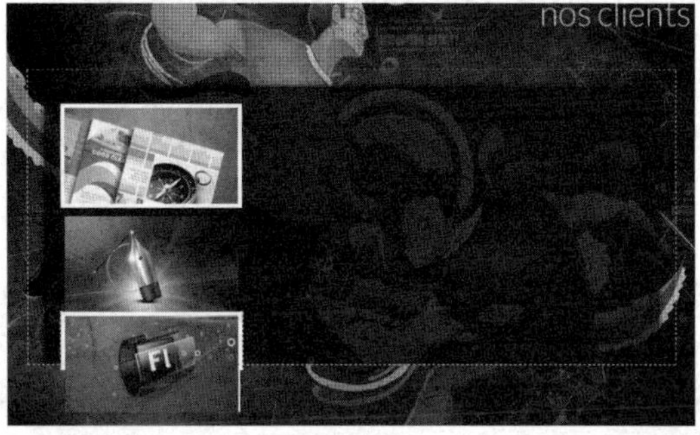

图 12-57

提示

当 id 名为 pic1 的 Div 脱离文档流并向左浮动时，直到它的边缘碰到包含 box 的左边缘。因为它不再处于文档流中，所以它不占据空间，实际上覆盖住了 id 名为 pic2 的 Div，使 pic2 的 Div 从视图中消失，但是该 Div 中的内容还占据着原来的空间。

04 转换到外部 CSS 样式表文件中，分别在 #pic2 和 #pic3 的 CSS 样式中添加向左浮动代码，如图 12-58 所示。将这 3 个 Div 都向左浮动，返回网页设计视图，可以看到页面效果，如图 12-59 所示。

```
#pic2 {
    width: 214px;
    height: 114px;
    background-color: #FFF;
    margin: 10px;
    padding: 5px;
    float: left;
}
#pic3 {
    width: 214px;
    height: 114px;
    background-color: #FFF;
    margin: 10px;
    padding: 5px;
    float: left;
}
```

图 12-58

图 12-59

将 3 个 Div 都向左浮动，那么 id 名为 pic1 的 Div 向左浮动直到碰到包含 box 的左边缘，另两个 Div 向左浮动直到碰到前一个浮动 Div。

05 返回网页设计视图，在 id 名为 pic3 的 Div 之后分别插入 id 名为 pic4 至 pic6 的 Div，并在各 Div 中插入相应的图像，如图 12-60 所示。转换到代码视图中，可以看到页面代码，如图 12-61 所示。

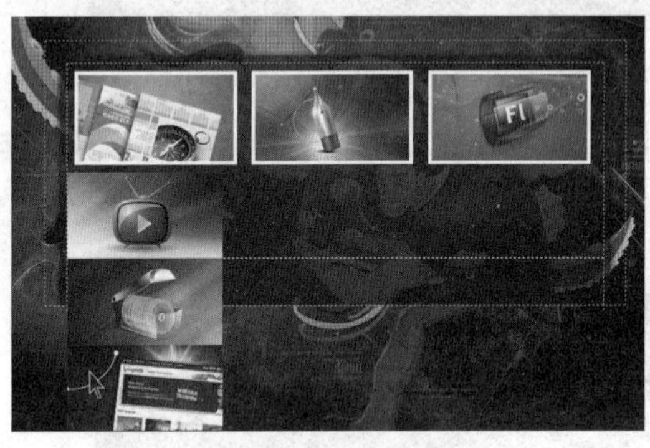

图 12-60

```
<body>
<div id="box">
  <div id="pic1"><img src="images/124503.jpg" width="214" height="114" alt="" /></div>
  <div id="pic2"><img src="images/124504.jpg" width="214" height="114" alt="" /></div>
  <div id="pic3"><img src="images/124505.jpg" width="214" height="114" alt="" /></div>
  <div id="pic4"><img src="images/124506.jpg" width="214" height="114" alt="" /></div>
  <div id="pic5"><img src="images/124507.jpg" width="214" height="114" alt="" /></div>
  <div id="pic6"><img src="images/124508.jpg" width="214" height="114" alt="" /></div>
</div>
</body>
```

图 12-61

在网页中分为行内元素和块元素，行内元素是可以显示在同一行上的元素，例如 <span>；块元素是占据整行空间的元素，例如 <div>。如果需要将两个 <div> 显示在同一行上，就需要使用 float 属性。

06 转换到 12-5-5.css 文件中，定义名为 #pic4,#pic5,#pic6 的 CSS 样式，如图 12-62 所示。保存页面，并保存外部 CSS 样式文件，在浏览器中预览页面，可以看到页面效果，如图 12-63 所示。

```
#pic4,#pic5,#pic6 {
    width: 214px;
    height: 114px;
    background-color: #FFF;
    margin: 10px;
    padding: 5px;
    float: left;
}
```

图 12-62

图 12-63

如果包含框太窄，无法容纳水平排列的多个浮动元素，那么其他浮动元素将向下移动，直到有足够空间的地方。如果浮动元素的高度不同，那么当它们向下移动时可能会被其他浮动元素卡住。

12.5 CSS 3 新增用户界面设计属性

在界面设计方面，为了增强用户体验，设计师会想尽办法来实现理想的页面效果，也因此增加了许多工作量。CSS 3 在用户界面设计方面有很大的改进，允许改变元素尺寸、设置元素外轮廓线、改变焦点导航顺序、让元素变身，以及给元素添加内容等。

12.5.1 resize 属性——改变元素尺寸

在 CSS 3 中新增了区域缩放调节的功能设置，通过新增的 resize 属性，就可以实现页面中元素的区域缩放操作，调节元素的尺寸大小。

resize 属性的语法格式如下。

```
resize: none | both | horizontal | vertical | inherit;
```

resize 的相关属性值说明如表 12-14 所示。

表 12-14　resize 属性值说明

属 性 值	说　明
none	不提供元素尺寸调整机制，用户不能操纵调节元素的尺寸
both	提供元素尺寸的双向调整机制，让用户可以调节元素的宽度和高度
horizontal	提供元素尺寸的单向水平方向调整机制，让用户可以调节元素的宽度
vertical	提供元素尺寸的单向垂直方向调整机制，让用户可以调节元素的高度
inherit	默认继承

resize 属性需要和溢出处理属性 overflow、overflow-x 或 overflow-y 一起使用，才能把元素定义成可以调整大小的效果，且溢出属性值不能为 visible。

实现网页元素尺寸任意缩放

最终文件：光盘 \ 最终文件 \ 第 12 章 \12-5-1.html　　视频：光盘 \ 视频 \ 第 12 章 \12-5-1.mp4

01 执行“文件 > 打开”命令，打开页面“光盘 \ 源文件 \ 第 12 章 \12-5-1.html”，效果如图 12-64 所示。转换到该网页所链接的外部 CSS 样式表文件中，在名为 #text 的 CSS 样式中添加 resize 属性设置，如图 12-65 所示。

图 12-64

```
#text {
    position: absolute;
    width: 400px;
    height: auto;
    overflow: hidden;
    top: 150px;
    left: 50%;
    margin-left: -200px;
    padding: 15px;
    background-color: rgba(0,0,0,0.4);
    resize: both;
}
```

图 12-65

02 保存外部 CSS 样式文件，在 Chrome 浏览器中预览页面，可以看到页面的效果，如图 12-66 所示。在网页中可以使用鼠标拖动 id 名为 text 的 Div，从而调整该 Div 的大小，如图 12-67 所示。

图 12-66

图 12-67

在本实例的 CSS 样式中设置 resize 属性为 both，并且设置 overflow 属性为 hidden，这样在浏览器中预览页面时，可以在网页中任意调整该元素的大小。

CSS 3 中新增的 resize 属性，可以为页面中其他元素应用，同样可以起到调整大小的效果。

12.5.2 outline 属性——轮廓外边框

CSS 3 中新增的 outline 属性可以为元素添加外轮廓线，以突出显示元素。外轮廓线看起来很像元素边框，而且语法也与边框非常类似，但是外轮廓线不点用元素的尺寸。

outline 属性的语法格式如下。

```
outline: [outline-color] || [outline-style] || [outline-width] | inherit;
```

outline 的相关属性值说明如表 12-15 所示。

表 12-15 outline 属性值说明

属 性 值	说 明
outline-color	该属性值用于指定轮廓边框的颜色
outline-style	该属性值用于指定轮廓边框的样式
outline-width	该属性值用于指定轮廓边框的宽度
inherit	默认继承

outline 属性与 border 属性有很多相似的地方，但也有很大的不同。outline 属性定义的外轮廓线总是封闭的、完全闭合的；外轮廓线也可能不是矩形，如果元素的 display 属性值为 inline，外轮廓就可能变得不规则。

outline 属性是一个复合属性，它包含了 4 个子属性：outline-width 属性、outline-style 属性、outline-color 属性和 outline-offset 属性。

1. 轮廓宽度属性 outline-width

outline-width 属性用于定义元素轮廓的宽度，语法格式如下。

```
outline-width: thin | medium | thick | <length> | inherit;
```

outline-width 的相关属性值说明如表 12-16 所示。

表 12-16　outline-width 属性值说明

属 性 值	说　明
thin	该属性值表示较细的轮廓宽度
medium	该属性值为默认值，表示中等的轮廓宽度
thick	该属性值表示较粗的轮廓宽度
<length>	该属性值用于自定义轮廓的宽度值，宽度值包含长度单位，不允许为负值
inherit	该属性值表示继承父元素

2. 轮廓样式属性 outline-style

outline-style 属性用于定义元素轮廓外边框的轮廓样式，语法格式如下。

```
outline-style: none | dotted | dashed | solid | double | groove | ridge | inset |
outset | inherit;
```

outline-style 的相关属性值说明如表 12-17 所示。

表 12-17　outline-style 属性值说明

属 性 值	说　明
none	该属性值表示没有轮廓
dotted	该属性值表示轮廓为点状
dashed	该属性值表示轮廓为虚线
solid	该属性值表示轮廓为实线
double	该属性值表示轮廓为双线条，双线条的宽度等于 outline-width 属性的值
groove	该属性值表示轮廓为 3D 凹槽，显示效果取决于 outline-color 属性的值
ridge	该属性值表示轮廓为 3D 凸槽，显示效果取决于 outline-color 属性的值
inset	该属性值表示轮廓为 3D 凹边，显示效果取决于 outline-color 属性的值
outset	该属性值表示轮廓为 3D 凸边，显示效果取决于 outline-color 属性的值
inherit	该属性值表示继承父元素

3. 轮廓颜色 outline-color

outline-color 属性用于定义元素外轮廓边框的颜色，语法格式如下。

```
outline-color: <color> | invert | inherit;
```

outline-color 的相关属性值说明如表 12-18 所示。

表 12-18　outline-color 属性值说明

属 性 值	说　明
<color>	该属性值用于自定义颜色值，CSS 中可以使用任何颜色，也可以是半透明颜色
invert	该属性值为默认值，执行颜色反转，以保证轮廓在任何背景下都是可见的
inherit	该属性值表示继承父元素

4. 轮廓偏移 outline-offset

outline-offset 属性用于定义元素外轮廓边框与元素边界的距离，语法格式如下。

```
outline-offset: <length> | inherit;
```

outline-offset 的相关属性值说明如表 12-19 所示。

表 12-19　outline-offset 属性值说明

属 性 值	说　明
<length>	该属性值用于自定义轮廓偏移的距离值，包含长度单位，可以为负值
inherit	该属性值表示继承父元素

提示

在复合 outline 的语法中没有包含 outline-offset 子属性，因为这样会造成长度值指定不明确，无法正确解析。

实战

为网页元素添加轮廓外边框

最终文件：光盘 \ 最终文件 \ 第 12 章 \12-5-2.html　　视频：光盘 \ 视频 \ 第 12 章 \12-5-2.mp4

01 执行“文件 > 打开”命令，打开页面“光盘 \ 源文件 \ 第 12 章 \12-5-2.html”，效果如图 12-68 所示。转换到该网页所链接的外部 CSS 样式表文件中，找到名为 #pic 的 CSS 样式设置代码，如图 12-69 所示。

图 12-68

```
#pic {
    height: 553px;
    width: 820px;
    margin: 50px auto 0px auto;
}
```

图 12-69

02 在该 CSS 样式代码中添加 outline-width、outline-style 和 outline-color 属性设置代码，如图 12-70 所示。保存页面，并保存外部 CSS 样式表文件，在 Chrome 浏览器中预览页面，可以看到为网页元素添加的轮廓外边框的效果，如图 12-71 所示。

```
#pic {
    height: 553px;
    width: 820px;
    margin: 50px auto 0px auto;
    outline-color: #333;
    outline-style: groove;
    outline-width: 10px;
}
```

图 12-70

图 12-71

03 返回外部 CSS 样式表文件中，在名为 #pic 的 CSS 样式中添加轮廓偏移 outline-offset 属性设置代码，如图 12-72 所示。保存页面，并保存外部 CSS 样式表文件，在 Chrome 浏览器中预览页面，可以看到为网页元素所添加的轮廓外边框的效果，如图 12-73 所示。

```
#pic {
    height: 553px;
    width: 820px;
    margin: 50px auto 0px auto;
    outline-color: #333;
    outline-style: groove;
    outline-width: 10px;
    outline-offset: 10px;/*IE不支持该属性*/
}
```

图 12-72

图 12-73

12.5.3　appearance 属性——伪装的元素

CSS 3 中新增 appearance 属性，通过该属性可以方便地把元素伪装成其他类型的元素，给网页界面设计带来极大的灵活性。基于 webkit 内核的替代私有属性是 -webkit-appearance，基于 gecko 内核的替代私有属性是 -moz-appearance。

appearance 属性的语法格式如下。

```
appearance: normal | icon | window | button | menu | field;
```

appearance 的相关属性值说明如表 12-20 所示。

表 12-20　appearance 属性值说明

属　性　值	说　　明
normal	该属性值表示正常的修饰元素
icon	该属性值表示把元素修饰得像一个图标
window	该属性值表示把元素修饰得像一个视窗

（续表）

属 性 值	说 明
button	该属性值表示把元素修饰得像一个按钮
menu	该属性值表示把元素修饰得像菜单
field	该属性值表示把元素修饰得像一个输入框

需要说明的是，使用 appearance 属性定义的元素，仍然保留元素的功能，仅在外观上做了改变。由于受到元素本身功能的局限，不是每一个元素都可以任意被修饰，但是恰当的修饰大部分是可行的。

将超链接文字伪装成按钮

最终文件：光盘 \ 最终文件 \ 第 12 章 \12-5-3.html　　视频：光盘 \ 视频 \ 第 12 章 \12-5-3.mp4

01 执行“文件 > 打开”命令，打开页面“光盘 \ 源文件 \ 第 12 章 \12-5-3.html”，效果如图 12-74 所示。为页面中相应的文字创建空链接，可以看到默认的文字超链接效果，如图 12-75 所示。

图 12-74

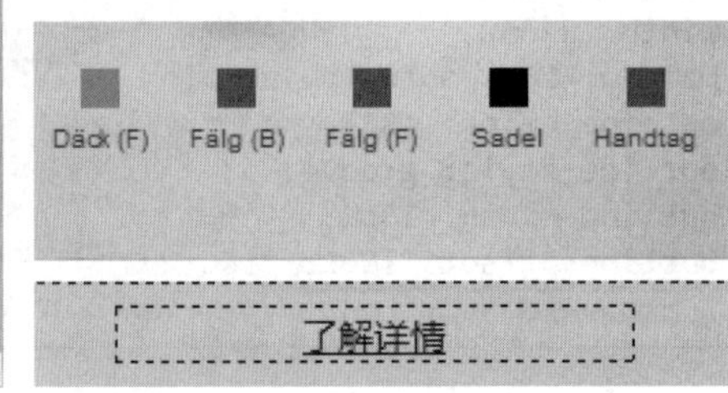

图 12-75

02 转换到该网页所链接的外部 CSS 样式表文件中，创建名为 #text a 的 CSS 样式，如图 12-76 所示。保存页面，并保存外部 CSS 样式表文件，在 Chrome 浏览器中预览页面，可以看到超链接文字的效果，如图 12-77 所示。

```
#text a {
    padding: 0px 15px;
    line-height: 30px;
    text-decoration: none;
    color: #F60;
}
```

图 12-76

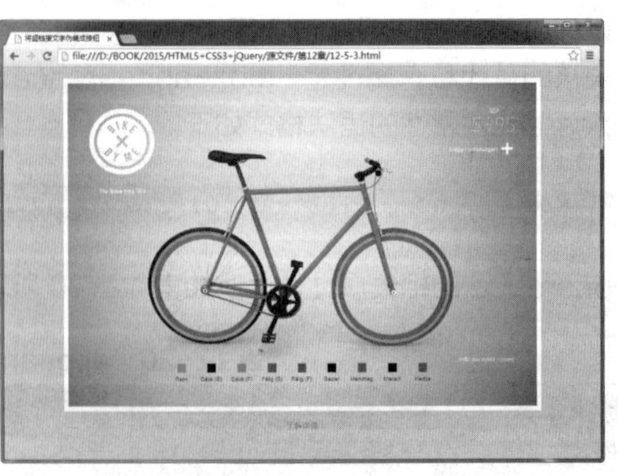

图 12-77

03 返回外部 CSS 样式表文件中，在名为 #text a 的 CSS 样式中添加伪装元素 appearance

属性的设置，如图 12-78 所示。保存页面，并保存外部 CSS 样式表文件，在 Chrome 浏览器中预览页面，可以看到超链接文字显示为按钮的外观，效果如图 12-79 所示。

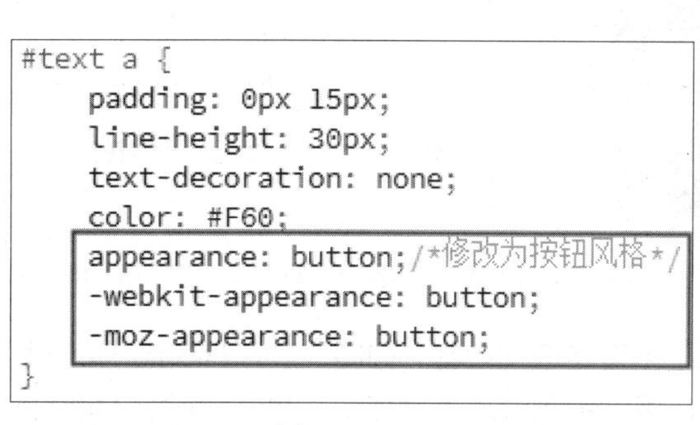

```
#text a {
    padding: 0px 15px;
    line-height: 30px;
    text-decoration: none;
    color: #F60;
    appearance: button;/*修改为按钮风格*/
    -webkit-appearance: button;
    -moz-appearance: button;
}
```

图 12-78

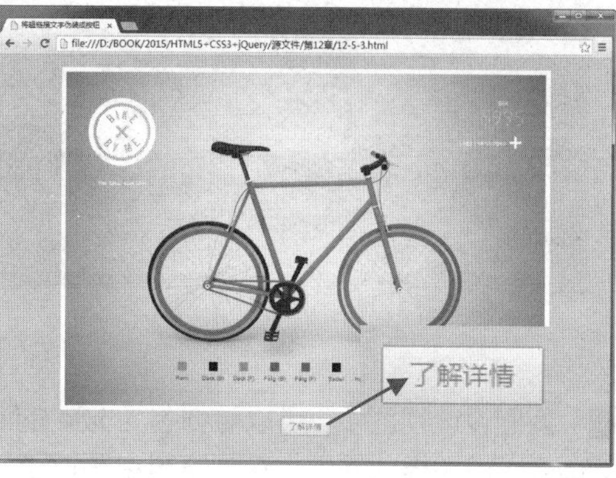

图 12-79

12.5.4　content 属性——为元素添加内容

如果需要为网页中的元素插入内容，很少有人会想到使用 CSS 样式来实现。在 CSS 样式中，可以使用 content 属性为元素添加内容，通过该属性可以替代 JavaScript 的部分功能。content 属性与 :before 及 :after 伪元素配合使用，可以将生成的内容放在一个元素内容的前面或后面。

content 属性的语法格式如下。

```
content: none | normal | <string> | counter(<counter>) | attr(<attribute>) | url(<url>) | inherit;
```

content 属性的各属性值介绍如表 12-21 所示。

表 12-21　content 属性值说明

属　性　值	说　　明
none	如果有指定的添加内容，则设置为空
normal	默认值，表示不赋予内容
string	该属性值用于赋予指定的文本内容
counter(<counter>)	该属性值用于指定一个计数器作为添加内容
attr(<attribute>)	把选择的元素的属性值作为添加内容，<attribute> 为元素的属性
url(<url>)	指定一个外部资源（图像、声音、视频或浏览器支持的其他任何资源）作为添加内容，<url> 为一个网络地址
inherit	该属性值表示继承父元素

实战　**为网页元素赋予内容**

最终文件：光盘 \ 最终文件 \ 第 12 章 \12-5-4.html　　视频：光盘 \ 视频 \ 第 12 章 \12-5-4.mp4

01 执行“文件 > 打开”命令，打开页面“光盘 \ 源文件 \ 第 12 章 \12-5-4.html”，效果如图 12-80 所示。将光标移至名为 title 的 Div 中，将多余的文字删除，转换到该网页所链接的外部 CSS 样式表文件中，创建名为 #title before 的 CSS 样式，如图 12-81 所示。

图 12-80

```
#title:before {
    content: "关于小熊乐园";
}
```

图 12-81

02 返回设计视图中，可以看到名为 title 的 Div 中没有任何内容，如图 12-82 所示。保存页面，并保存外部 CSS 样式文件，在浏览器中预览页面，可以看到通过 content 属性为 id 名为 title 的 Div 赋予文字内容的效果，如图 12-83 所示。

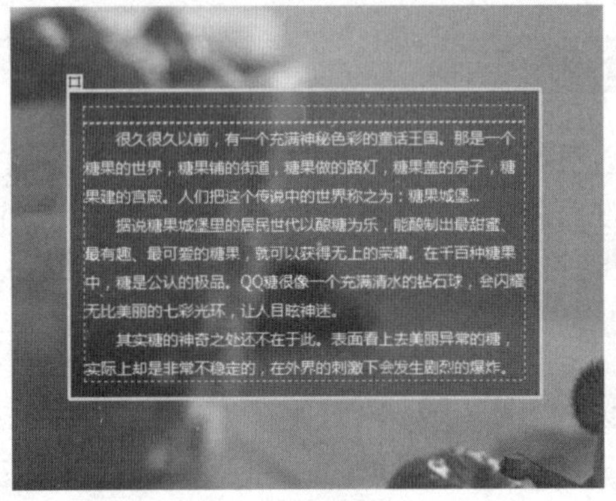

图 12-82

图 12-83

提示

可以使用 content 属性为网页中的容器赋予相应的内容，但是 content 属性必须与 :after 或者 :before 伪类元素结合使用。

12.6 CSS 3 新增多列布局属性

网页设计者如果要设计多列布局，有两种方法，一种是浮动布局，另一种是定位布局。浮动布局比较灵活，但容易发生错位，需要添加大量的附加代码或无用的换行符，增加了不必要的工作量。定位布局可以精确地确定位置，不会发生错位，但是无法满足模块的适应能力。在 CSS 3 中新增了多列布局相关属性，可以从多个方面去设置：多列的列数、每列的宽度、列与列之间的距离、列与列之间的分隔线、跨多列设置等，本节将详细进行介绍。

12.6.1　columns 属性——多列布局

CSS 3 新增了 columns 属性，该属性用于快速定义多列布局的列数目和每列的宽度。基于 webkit 内核的替代私有属性是 -webkit-columns，gecko 内核的浏览器暂不支持。

columns 属性的语法格式如下。

```
columns: <column-width> || <column-count>;
```

columns 属性的属性值介绍如表 12-22 所示。

表 12-22　columns 属性值说明

属 性 值	说　明
<column-width>	该属性值用于设置每列的宽度
<column-count>	该属性值用于设置多列的列数

在实际布局的时候，所定义的多列的列数是最大列数。当外围宽度不足时，多列的列数会适当减少，而每列的宽度会自适应宽度，填满整个范围区域。

快速将网页内容分为多列

最终文件：光盘\最终文件\第 12 章\12-6-1.html　　视频：光盘\视频\第 12 章\12-6-1.mp4

01 执行“文件 > 打开”命令，打开页面“光盘\源文件\第 12 章\12-6-1.html”，效果如图 12-84 所示。在浏览器中预览该页面，可以看到页面的默认显示效果，如图 12-85 所示。

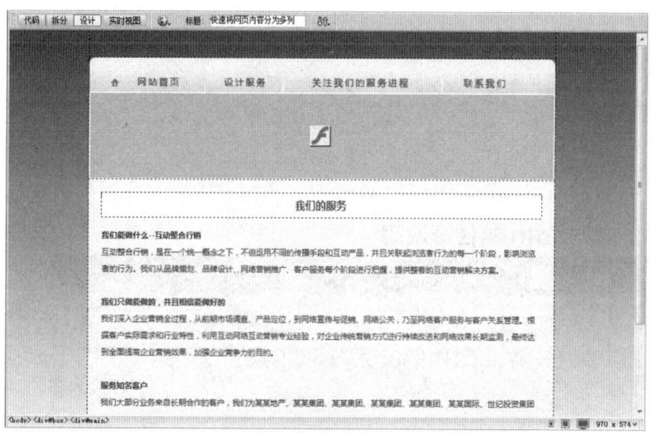

图 12-84

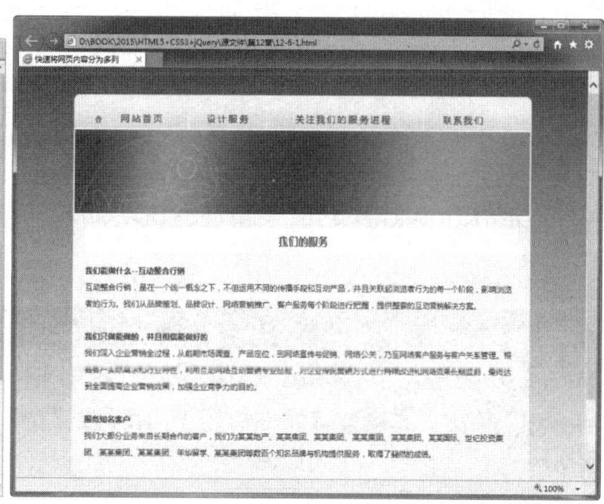

图 12-85

02 转换到该网页所链接的外部 CSS 样式表文件中，找到名为 #main 的 CSS 样式设置代码，添加 columns 属性设置代码，如图 12-86 所示。保存页面，并保存外部 CSS 样式文件，在浏览器中预览页面，可以看到页面元素被分为 3 列的显示效果，如图 12-87 所示。

```
#main {
    background-color: #F7F6F6;
    padding: 20px;
    columns: 200px 3; /*设计为3列，每列宽度为200px*/
}
```

图 12-86

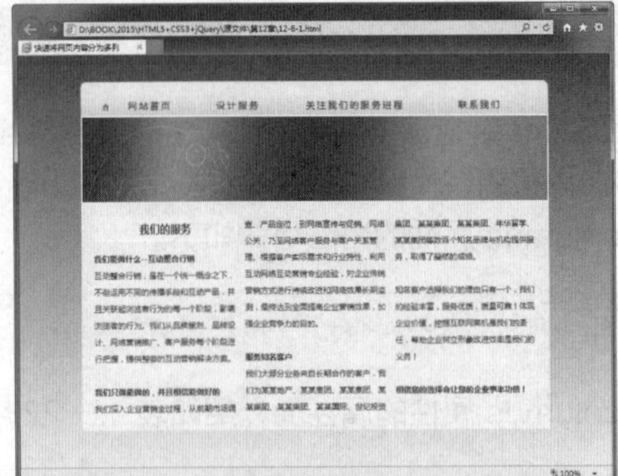

图 12-87

提示

如果该页面元素采用百分比设置的宽度，当缩小浏览器窗口时，则文章将变成 2 列或者 1 列，每列的高度尽可能保持一致，而每列的宽色会自适应分配，不一定是 200 像素。

12.6.2 column-width 属性——列宽度

CSS 3 新增 column-width 属性，该属性可以定义多列布局中每列的宽度，可以单独使用，也可以和其他多列布局属性组合使用。基于 webkit 内核的替代私有属性是 -webkit-column-width，基于 gecko 内核的替代私有属性是 -moz-column-width。

column-width 属性的语法格式如下。

```
column-width: auto | <length>;
```

column-width 的相关属性值说明如表 12-23 所示。

表 12-23 column-width 属性值说明

属 性 值	说 明
auto	该属性值表示列的宽度由浏览器决定
<length>	该属性值用于指定列的宽度，该值是由浮点数和单位标识符组成的长度值，不可以为负值

12.6.3 column-count 属性——列数

CSS 3 新增了 column-count 属性，该属性可以设置多列布局的列数，而不需要通过列宽度自动调整列数。基于 webkit 内核的替代私有属性是 -webkit-column-count，基于 gecko 内核的替代私有属性是 -moz-column-count。

column-count 属性的语法格式如下。

```
column-count: auto | <number>;
```

column-count 的相关属性值说明如表 12-24 所示。

表 12-24　column-count 属性值说明

属性值	说明
auto	该属性值表示列的数目由其他属性决定，如 column-width
<number>	该属性值用于指定列的数目，取值为大于 0 的整数，决定了多列的最大列数

12.6.4　column-gap 属性——列间距

CSS 3 新增了 column-gap 属性，通过该属性可以设置列与列之间的距离，从而可以更好地控制多列布局中的内容和版式。基于 webkit 内核的替代私有属性是 -webkit-column-gap，基于 gecko 内核的替代私有属性是 -moz-column-gap。

column-gap 属性的语法格式如下。

```
column-gap: normal | <length>;
```

column-gap 的相关属性值说明如表 12-25 所示。

表 12-25　column-gap 属性值说明

属性值	说明
normal	该属性值为默认值，显示浏览器默认的列间距，一般为 1em
<length>	该属性值用于指定列与列之间的距离，由浮点数字和单位标识符组成，不可以为负值

column-gap 属性不能单独设置，只有通过 column-width 或 column-count 属性为元素进行分栏后，才可以使用 column-gap 属性设置列间距。

12.6.5　column-rule 属性——列分隔线

边框是非常重要的 CSS 属性之一，通过边框可以划分不同的区域。CSS 3 新增了 column-rule 属性，在多列布局中，通过该属性设置多列布局的边框，用于区分不同的列。基于 webkit 内核的替代私有属性是 -webkit-column-rule，基于 gecko 内核的替代私有属性是 -moz-column-rule。

column-rule 属性的语法格式如下。

```
column-rule: [column-rule-width] || [column-rule-style] || [column-rule-color];
```

column-rule 属性的相关属性值说明如表 12-26 所示。

表 12-26　column-rule 属性值说明

属性值	说明
<column-rule-width>	该属性值用于设置分隔线的宽度，由浮点数和单位标识符组成的长度值，不可以为负值
<column-rule-style>	该属性值用于设置分隔线的样式
<column-rule-color>	该属性值用于设置分隔线的颜色

column-rule 属性及其子属性的使用方法与 border 属性及其子属性的相同。对于 webkit 内核的浏览器，column-rule 属性及其子属性前需要增加前缀“-webkit-”；对于 gecko 内核的浏览器，column-rule 属性及其子属性前需要增加前缀 “-moz-”

12.6.6 column-span 属性——横跨所有列

CSS 3 新增了 column-span 属性，在多列布局中，该属性用于定义元素跨列显示。基于 webkit 内核的替代私有属性是 -webkit-column-span，gecko 内核的浏览器暂不支持该属性。

column-span 属性的语法格式如下。

```
column-span: 1 | all;
```

column-span 属性的相关属性值说明如表 12-27 所示。

表 12-27 column-span 属性值说明

属 性 值	说 明
1	该属性值为默认值，表示元素在一列中显示
all	该属性值表示元素横跨所有列显示

实战 实现网页内容的分栏显示效果

最终文件：光盘\最终文件\第 12 章\12-6-6.html　　视频：光盘\视频\第 12 章\12-6-6.mp4

01 执行“文件>打开”命令，打开页面“光盘\源文件\第 12 章\12-6-6.html”，效果如图 12-88 所示。转换到该网页所链接的外部 CSS 样式表文件中，找到名为 #main 的 CSS 样式，如图 12-89 所示。

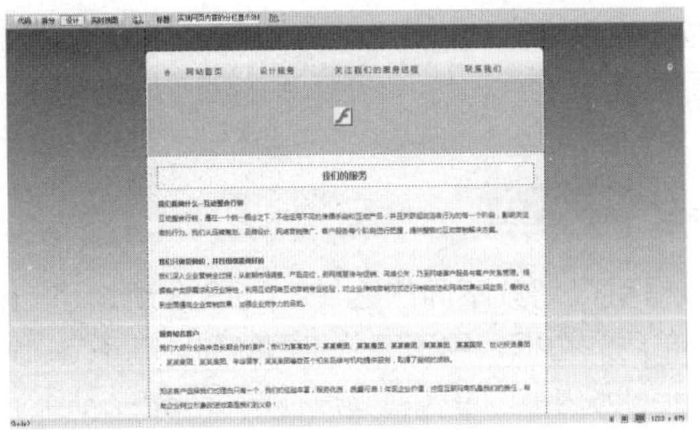

图 12-88

```
#main {
    background-color: #F7F6F6;
    padding: 20px;
}
```

图 12-89

02 在该 CSS 样式中添加列宽度 column-width 属性设置代码，如图 12-90 所示。保存页面，并保存外部 CSS 样式表文件，在浏览器中预览页面，可以看到网页元素被分为多栏，并且第一栏的宽度为 100 像素，效果如图 12-91 所示。

```
#main {
    background-color: #F7F6F6;
    padding: 20px;
    column-width: 100px;
}
```

图 12-90

图 12-91

03 返回外部 CSS 样式表文件中，在名为 #main 的 CSS 样式中，将刚添加的 column-width

属性设置删除，添加定义栏目列数 column-count 属性设置代码，如图 12-92 所示。保存页面，并保存外部 CSS 样式表文件，在浏览器中预览页面，可以看到网页元素被分为 3 栏，如图 12-93 所示。

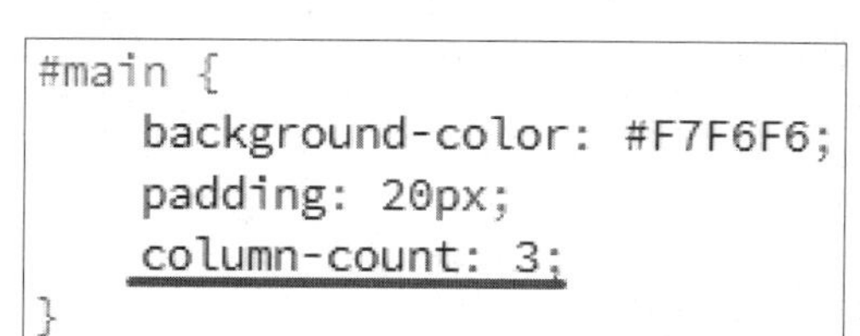

```
#main {
    background-color: #F7F6F6;
    padding: 20px;
    column-count: 3;
}
```

图 12-92

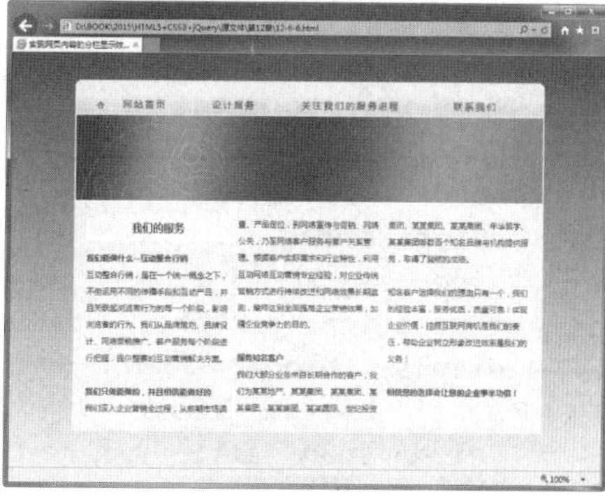

图 12-93

04 返回外部 CSS 样式表文件中，在名为 #main 的 CSS 样式中添加列间距 column-gap 属性设置代码，如图 12-94 所示。保存页面，并保存外部 CSS 样式表文件，在浏览器中预览页面，可以看到所设置的列间距效果，如图 12-95 所示。

```
#main {
    background-color: #F7F6F6;
    padding: 20px;
    column-count: 3;
    column-gap: 20px;
}
```

图 12-94

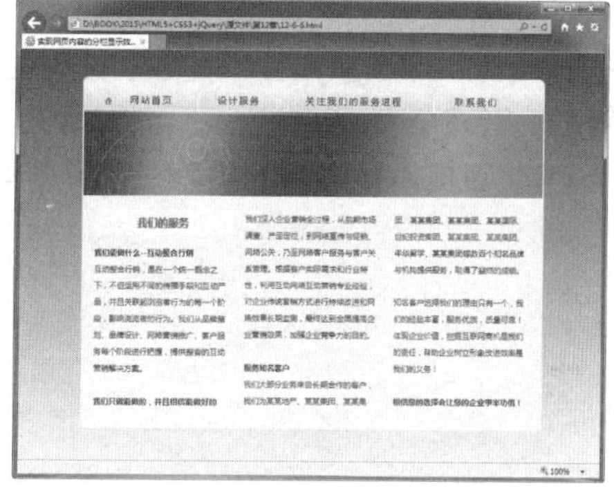

图 12-95

05 返回外部 CSS 样式表文件中，在名为 #main 的 CSS 样式中添加列分隔线 column-rule 属性设置代码，如图 12-96 所示。保存页面，并保存外部 CSS 样式表文件，在浏览器中预览页面，可以看到所设置的列分隔线效果，如图 12-97 所示。

```
#main {
    background-color: #F7F6F6;
    padding: 20px;
    column-count: 3;
    column-gap: 20px;
    column-rule: dashed 1px #999;
}
```

图 12-96

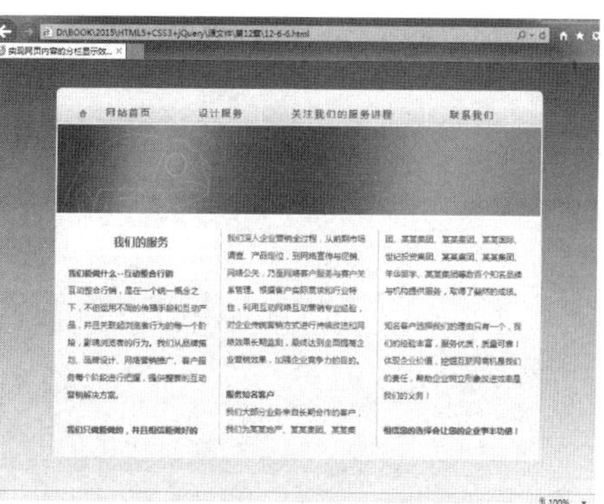

图 12-97

06 返回外部 CSS 样式表文件中，找到名为 .font01 的类 CSS 样式，在该 CSS 样式中添加横跨所有列 column-span 属性设置代码，如图 12-98 所示。保存页面，并保存外部 CSS 样式表文件，在浏览器中预览页面，可以看到文章标题横跨所有列的效果，如图 12-99 所示。

```
.font01 {
    font-size: 16px;
    font-weight: bold;
    background-color: #F9F9F9;
    border: solid 1px #FFF;
    color: #069;
    line-height: 35px;
    text-align: center;
    display: block;
    margin-bottom: 15px;
    column-span: all;
}
```

图 12-98

图 12-99

12.7 本章小结

本章主要介绍了 CSS 盒模型和界面设计内容的相关知识，通过本章的学习能够使读者了解 CSS 盒模型和新增的 CSS 3 功能属性，不可否认这些功能的确强大，一个网页布局的好坏，直接影响到网页加载的速度。完成本章内容的学习，希望读者能够掌握这些相关知识，并对网页有进一步的认识和了解。

第 13 章　CSS 3 动画效果

在网页中适当地使用动画效果，可以使页面更加生动和友好。CSS 3 为设计师带来了革命性的改变，不但可以实现元素的变形操作，还能够在网页中实现动画效果。本章将带领读者详细学习 CSS 3 中新增的 2D 和 3D 变形动画属性，从而掌握通过 CSS 样式实现动画的方法。

本章知识点

- ✔ 了解元素变换 transform 属性
- ✔ 掌握 transform 属性各变换函数的设置和使用方法
- ✔ 掌握定义变形中心点 transform-origin 的设置方法
- ✔ 掌握元素过渡效果 transition 属性的设置和使用方法
- ✔ 理解实现网页动画的 @keyframes 规则和 animation 属性

13.1　CSS 3 实现元素变换效果

在网页中如果需要使一些元素产生倾斜等变换效果，则需要通过将图像制作成倾斜的效果来实现，而在 CSS 3 中，新增了 transform 属性，通过该属性的设置可以使网页中的元素产生各种变换效果。

13.1.1　transform 属性

CSS 3 新增的 transform 属性可以在网页中实现元素的旋转、缩放、移动、倾斜等变换效果。transform 属性的语法如下。

```
transform: none | <transform-function>;
```

transform 属性的属性值说明如表 13-1 所示。

表 13-1　transform 属性值说明

属　性　值	说　　明
none	默认值，不设置元素变换效果
<transform-function>	设置一个或多个变形函数。变形函数包括旋转 rotate()、缩放 scale()、移动 translate()、倾斜 skew()、矩阵变形 matrix() 等。设置多个变形函数时，使用空格进行分隔

基于 webkit 内核的替代私有属性是 -webkit-transform；基于 gecko 内核的替代私有属性是 -moz-transform；基于 presto 内核的替代私有属性是 -o-transform；IE 浏览器的替代私有属性是 -ms-transform。

元素在变换过程中，仅元素的显示效果变换，实际尺寸并不会因为变换而改变。所以元素变换后，可能会超出原有的限定边界，但不会影响自身尺寸及其他元素的布局。

13.1.2 旋转变形

设置 transform 属性值为 rotate() 函数，即可实现网页元素的旋转变换。rotate() 函数用于定义网页元素在二维空间中的旋转变换效果。rotate() 函数的语法如下。

```
transform: rotate(<angle>);
```

<angle> 参数表示元素旋转角度，为带有角度单位标识符的数值，角度单位是 deg。该值为正数时，表示顺时针旋转；该值为负数时，表示逆时针旋转。

实现网页元素的缩放和翻转

最终文件：光盘 \ 最终文件 \ 第 13 章 \13-1-2.html　　视频：光盘 \ 视频 \ 第 13 章 \13-1-2.mp4

01 打开页面“光盘 \ 源文件 \ 第 13 章 \13-1-2.html”，页面效果如图 13-1 所示。转换到代码视图中，可以看到该网页的 HTML 代码，如图 13-2 所示。

图 13-1

```
<body>
<div id="box"><img src="images/131202.png" width=
"590" height="235"  alt=""/><br>
勇敢者的地牢冒险<br>
<br>
<br>
<br>
<br>
<br>
<br>
<br>
<br>
<a href="#"><img src="images/131203.png" width="330"
 height="101"  alt=""/></a></div>
</body>
```

图 13-2

02 转换到该网页所链接的外部 CSS 样式表文件中，创建名为 #box a:hover 的 CSS 样式，如图 13-3 所示。保存外部 CSS 样式表文件，在浏览器中预览页面，效果如图 13-4 所示。

```
#box a:hover {
    transform: rotate(-15deg);              /*标准写法*/
    -webkit-transform: rotate(-15deg); /*标准webkit内核写法*/
    -moz-transform: rotate(-15deg);      /*标准gecko内核写法*/
    -o-transform: rotate(-15deg);         /*标准presto内核写法*/
    -ms-transform: rotate(-15deg);       /*标准IE9写法*/
}
```

图 13-3

图 13-4

03 当光标移至设置了超链接的按钮图像上时，可以看到按钮图像产生了旋转，如图 13-5 所示。

图 13-5

提示

在 id 名称为 box 的网页元素的鼠标经过状态中，设置 transform 属性值为缩放变形函数 scale()，缩放值为 1.5，实现当鼠标经过该超链接元素时，元素放大至 1.5 倍。

13.1.3　缩放和翻转变形

设置 transform 属性值为 scale() 函数，即可实现网页元素的缩放和翻转效果。scale() 函数用于定义网页元素在二维空间的缩放和翻转效果。scale() 函数的语法如下。

```
transform: scale(<x>,<y>);
```

scale() 函数的参数说明如表 13-2 所示。

表 13-2　scale() 函数的参数说明

参　数	说　明
<x>	表示元素在水平方向上的缩放倍数
<y>	表示元素在垂直方向上的缩放倍数

<x> 和 <y> 参数的值可以为整数、负数和小数。当取值的绝对值大于 1 时，表示放大；绝对值小于 1 时，表示缩小；当取值为负数时，元素会被翻转。如果 <y> 参数值省略，则说明垂直方向上的缩放倍数与水平方向上的缩放倍数相同。

实战

实现网页元素的缩放和翻转

最终文件：光盘 \ 最终文件 \ 第 13 章 \13-1-3.html　　视频：光盘 \ 视频 \ 第 13 章 \13-1-3.mp4

01 打开页面“光盘 \ 源文件 \ 第 13 章 \13-1-3.html”，页面效果如图 13-6 所示。转换到代码视图中，可以看到该网页的 HTML 代码，如图 13-7 所示。

图 13-6

```
<body>
<div id="box"><img src="images/131202.png" width=
"590" height="235"  alt=""/><br>
勇敢者的地牢冒险<br>
<br>
<br>
<br>
<br>
<br>
<br>
<br>
<br>
<a href="#"><img src="images/131203.png" width="330"
 height="101"  alt=""/></a></div>
</body>
```

图 13-7

02 转换到该网页所链接的外部 CSS 样式表文件中，创建名为 .pic01 的类 CSS 样式，如图 13-8 所示。返回设计视图，选中页面中相应的图像，为该图像应用名为 pic01 的类 CSS 样式，如图 13-9 所示。

```
.pic01 {
    transform: scale(-0.8);              /*标准写法*/
    -webkit-transform: scale(-0.8);  /*标准webkit内核写法*/
    -moz-transform: scale(-0.8);      /*标准gecko内核写法*/
    -o-transform: scale(-0.8);         /*标准presto内核写法*/
    -ms-transform: scale(-0.8);       /*标准IE9写法*/
}
```

图 13-8

图 13-9

03 保存页面并保存外部 CSS 样式表文件，在浏览器中预览页面，可以看到应用该类 CSS 样式的图片实现了缩小并翻转效果，如图 13-10 所示。返回外部 CSS 样式表文件中，创建名为 #box a:hover 的 CSS 样式，如图 13-11 所示。

图 13-10

```
#box a:hover {
    transform: scale(1.5);              /*标准写法*/
    -webkit-transform: scale(1.5);  /*标准webkit内核写法*/
    -moz-transform: scale(1.5);      /*标准gecko内核写法*/
    -o-transform: scale(1.5);         /*标准presto内核写法*/
    -ms-transform: scale(1.5);       /*标准IE9写法*/
}
```

图 13-11

在 id 名称为 box 的网页元素的鼠标经过状态中，设置 transform 属性值为缩放变形函数 scale()，缩放值为 1.5，实现当鼠标经过该超链接元素时，元素放大至 1.5 倍。

04 保存页面并保存 CSS 样式表文件，在浏览器中预览页面，效果如图 13-12 所示。当光标移至设置了超链接的按钮图像上时，可以看到按钮图像产生放大效果，如图 13-13 所示。

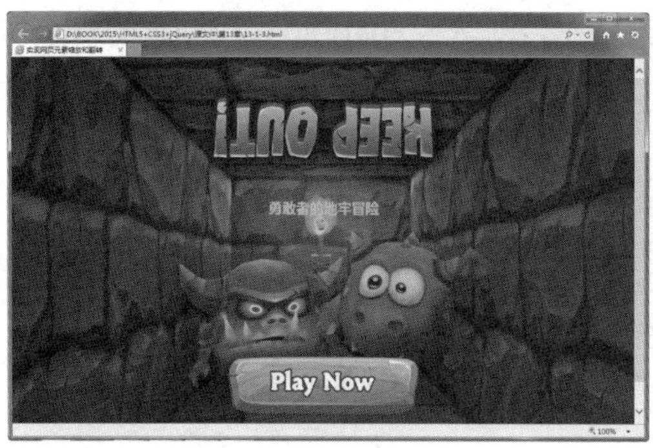

图 13-12

图 13-13

13.1.4　移动变形

设置 transform 属性值为 translate() 函数，即可实现网页元素的移动。translate() 函数用于定义网页元素在二维空间的偏移效果。translate() 函数的语法如下。

```
transform: translate(<x>,<y>);
```

translate() 函数的参数说明如表 13-3 所示。

表 13-3　translate() 函数的参数说明

参　数	说　明
<x>	表示网页元素在水平方向上的偏移距离
<y>	表示网页元素在垂直方向上的偏移距离

<x> 和 <y> 参数的值是带有长度单位标识符的数值，可以为负数和带有小数的值。如果取值大于 0，表示元素向右或向下偏移；如果取值小于 0，则表示元素向左或向上偏移。如果 <y> 值省略，则说明垂直方向上偏移距离默认为 0。

实战　实现网页元素的移动

最终文件：光盘 \ 最终文件 \ 第 13 章 \13-1-4.html　　视频：光盘 \ 视频 \ 第 13 章 \13-1-4.mp4

01 打开页面“光盘 \ 源文件 \ 第 13 章 \13-1-4.html”，页面效果如图 13-14 所示。转换到代码视图中，可以看到该网页的 HTML 代码，如图 13-15 所示。

图 13-14

```
<body>
<div id="box"><img src="images/131202.png" width=
"590" height="235"  alt=""/><br>
  勇敢者的地牢冒险<br>
  <br>
  <br>
  <br>
  <br>
  <br>
  <br>
  <br>
  <br>
  <a href="#"><img src="images/131203.png" width=
"330" height="101"  alt=""/></a></div>
<div id="help"><a href="#"><img src=
"images/mobile-ribbon.png" width="210" height="69"
alt=""/></a></div>
</body>
```

图 13-15

02 转换到该网页所链接的外部 CSS 样式表文件中，创建名为 #help a:hover 的 CSS 样式，如图 13-16 所示。

```
#help a:hover {
    transform: translate(-130px);            /*标准写法*/
    -webkit-transform: translate(-130px);  /*标准webkit内核写法*/
    -moz-transform: translate(-130px);      /*标准gecko内核写法*/
    -o-transform: translate(-130px);        /*标准presto内核写法*/
    -ms-transform: translate(-130px);       /*标准IE9写法*/
}
```

图 13-16

在 id 名称为 box 的网页元素的鼠标经过状态中，设置 transform 属性值为移动变形函数 translate()，仅设置了一个负值参数，表示元素在水平方向上向左偏移，垂直方向上没有设置参数，则默认为 0，即不在垂直方向上发生偏移。

03 保存外部 CSS 样式表文件，在浏览器中预览页面，效果如图 13-17 所示。当光标移至页面右上角设置了超链接的图像上时，可以看到该图像产生水平向左移动的效果，如图 13-18 所示。

图 13-17

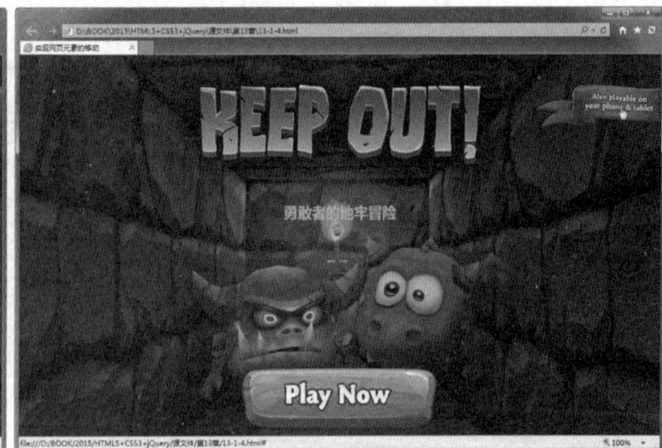

图 13-18

13.1.5 倾斜变形

设置 transform 属性值为 skew() 函数，即可实现网页元素的倾斜效果。skew() 函数用于定义网页元素在二维空间中的倾斜变换。skew() 函数的语法如下。

```
transform: skew(<angleX>,<angleY>);
```

skew() 函数的参数说明如表 13-4 所示。

表 13-4 skew() 函数的参数说明

参　数	说　明
<angleX>	表示网页元素在空间 x 轴上的倾斜角度
<angleY>	表示网页元素在空间 y 轴上的倾斜角度

<angleX> 和 <angleY> 参数的值是带有角度单位标识符的数值，角度单位是 deg。取值为正数时，表示顺时针旋转；取值为负数时，表示逆时针旋转。如果 <angleY> 参数值省略，则说明垂直方向上的倾斜角度默认为 0deg。

实战　实现网页元素的倾斜效果

最终文件：光盘 \ 最终文件 \ 第 13 章 \13-1-5.html　　视频：光盘 \ 视频 \ 第 13 章 \13-1-5.mp4

01 打开页面“光盘 \ 源文件 \ 第 13 章 \13-1-5.html”，页面效果如图 13-19 所示。转换到代码视图中，可以看到该网页的 HTML 代码，如图 13-20 所示。

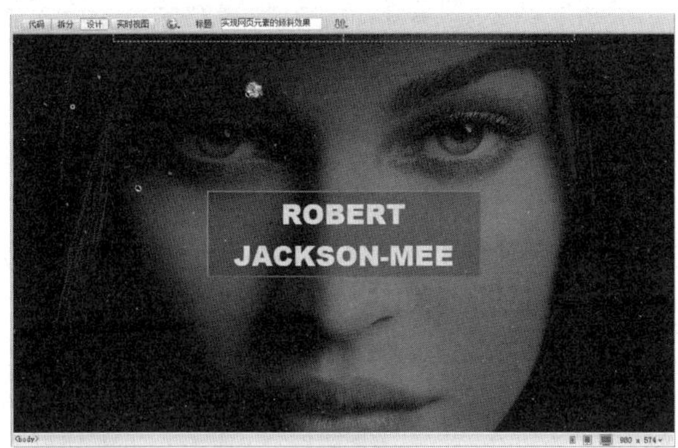

图 13-19

```
<body>
<div id="box">
  <div id="left"></div>
</div>
<div id="btn">ROBERT<br>
JACKSON-MEE</div>
</body>
```

图 13-20

02 转换到该网页所链接的外部 CSS 样式表文件中，创建名为 #btn:hover 的 CSS 样式，如图 13-21 所示。

```
#btn:hover {
    cursor: pointer;
    transform: skew(-30deg);            /*标准写法*/
    -webkit-transform: skew(-30deg);  /*标准webkit内核写法*/
    -moz-transform: skew(-30deg);     /*标准gecko内核写法*/
    -o-transform: skew(-30deg);       /*标准presto内核写法*/
    -ms-transform: skew(-30deg);      /*标准IE9写法*/
}
```

图 13-21

提示　在 id 名称为 btn 的网页元素的鼠标经过状态中，设置 transform 属性值为倾斜变形函数 skew()，仅设置了水平方向倾斜角度为 30deg，没有设置垂直方向上的倾斜角度，则默认垂直方向上的倾斜角度为 0deg。

03 保存外部 CSS 样式表文件，在浏览器中预览页面，效果如图 13-22 所示。当光标移至页面中相应的元素上方时，可以看到该元素产生的倾斜效果，如图 13-23 所示。

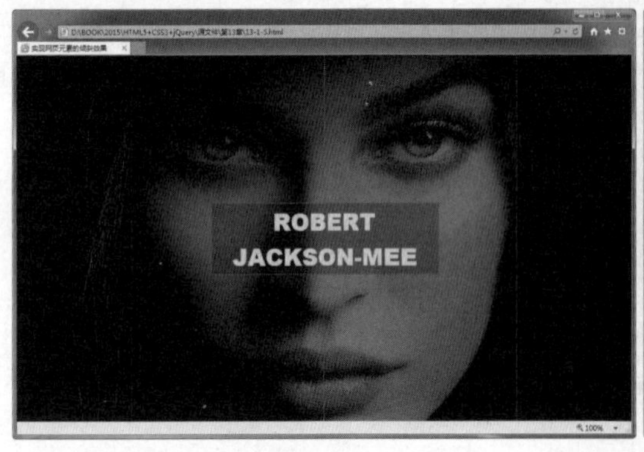

图 13-22

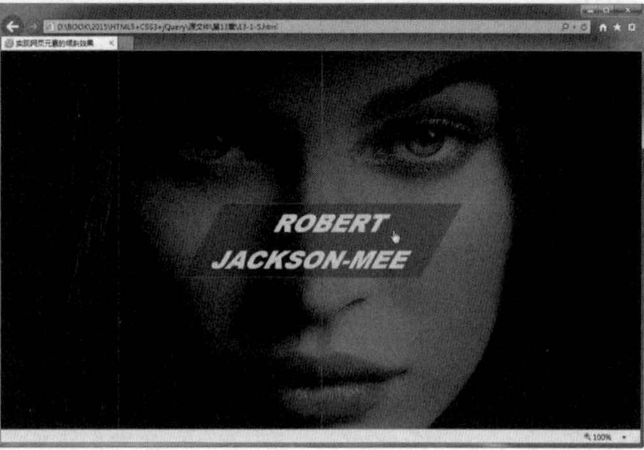

图 13-23

13.1.6 矩阵变形

设置 transform 属性值为 matrix() 函数，即可实现网页元素的矩阵变形。matrix() 函数用于定义网页元素在二维空间的矩阵变形效果。matrix() 函数的语法如下。

```
transform: matrix(<m11>,<m12>,<m21>,<m22>,<x>,<y>);
```

matrix() 函数中的 6 个参数均为可计算的数值，组成一个变形矩阵，与当前网页元素旧的参数组成的矩阵进行乘法运算，形成新的矩阵，元素的参数被改变。该变形矩阵的形式如下。

```
|m11  m21   x|
|m12  m22   y|
|0    0     1|
```

关于详细的矩阵变形原理，需要掌握矩阵的相关知识，具体可以参考数学及图形学相关的资料，这里不做过多的说明。不过这里可以先通过几个特例了解其大概的使用方法。前面已经讲解了移动、缩放和旋转这些变换操作，其实都可以看作是矩阵变形的特例。

- 旋转 rotate(A)：相当于矩阵变形 matrix(cosA,sinA,-sinA,cosA,0,0)。
- 缩放 scale(sx,sy)：相当于矩阵变形 matrix(sx,0,0,sy,0,0)。
- 移动 translate(dx,dy)：相当于矩阵变形 translate(1,0,0,1,dx,dy)。

可见，通过矩形变形可以使网页元素的变形更加灵活。

实战 **实现网页元素的矩阵变形效果**

最终文件：光盘 \ 最终文件 \ 第 13 章 \13-1-6.html　　视频：光盘 \ 视频 \ 第 13 章 \13-1-6.mp4

01 打开页面“光盘 \ 源文件 \ 第 13 章 \13-1-6.html”，页面效果如图 13-24 所示。转换到代码视图中，可以看到该网页的 HTML 代码，如图 13-25 所示。

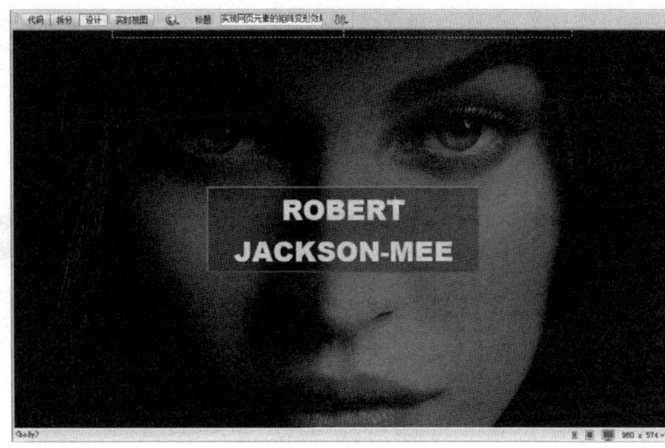

图 13-24

```
<body>
<div id="box">
  <div id="left"></div>
</div>
<div id="btn">ROBERT<br>
JACKSON-MEE</div>
</body>
```

图 13-25

02 转换到该网页所链接的外部 CSS 样式表文件中，创建名为 #btn:hover 的 CSS 样式，如图 13-26 所示。

```
#btn:hover {
    cursor: pointer;
    transform: matrix(0.86,0.5,0.5,-0.86,10,10);           /*标准写法*/
    -webkit-transform: matrix(0.86,0.5,0.5,-0.86,10,10);  /*标准webkit内核写法*/
    -moz-transform: matrix(0.86,0.5,0.5,-0.86,10,10);     /*标准gecko内核写法*/
    -o-transform: matrix(0.86,0.5,0.5,-0.86,10,10);       /*标准presto内核写法*/
    -ms-transform: matrix(0.45,0.8,0.8,-0.45,20,20);      /*标准IE9写法*/
}
```

图 13-26

03 保存外部 CSS 样式表文件，在浏览器中预览页面，效果如图 13-27 所示。当光标移至页面中相应的元素上方时，可以看到该元素产生的矩阵变形效果，如图 13-28 所示。

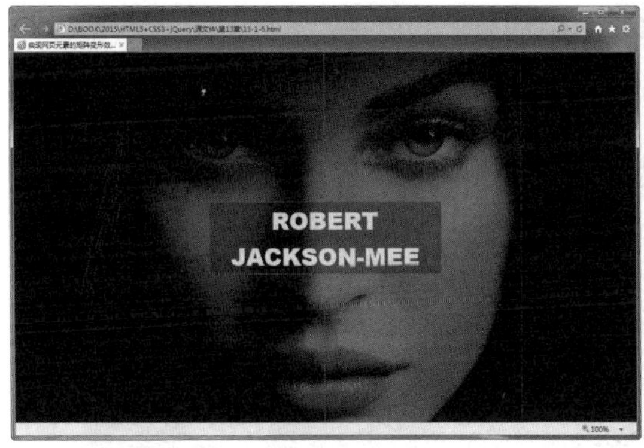

图 13-27

图 13-28

13.1.7　定义变形中心点

transform 属性可以实现对网页元素的变换，默认的变换原点是元素对象的中心点。在 CSS 3 中新增了 transform-origin 属性，通过该属性可以设置元素变换的中心点位置，这个位置可以是元素对象的中心点以外的任意位置，这样就使得使用 transform 属性对网页元素进行变换操作时更加灵活。

transform-origin 属性的语法如下。

```
transform-origin: <x-axis> <y-axis>;
```

transform-origin 属性的属性值说明如表 13-5 所示。

表 13-5　transform-origin 属性值说明

属 性 值	说　明
<x-axis>	定义变形原点的横坐标位置，默认值为 50%，取值包括 left、center、right、百分比值、长度值
<y-axis>	定义变形原点的纵坐标位置，默认值为 50%，取值包括 top、middle、bottom、百分比值、长度值

基于 webkit 内核的替代私有属性是 -webkit-transform-origin；基于 gecko 内核的替代私有属性是 -moz-transform-origin；基于 presto 内核的替代私有属性是 -o-transform-origin；IE 浏览器的替代私有属性是 -ms-transform-origin。

实战　设置网页元素的变形中心点

最终文件：光盘 \ 最终文件 \ 第 13 章 \13-1-7.html　　视频：光盘 \ 视频 \ 第 13 章 \13-1-7.mp4

01 打开页面“光盘 \ 源文件 \ 第 13 章 \13-1-7.html”，页面效果如图 13-29 所示。转换到该网页所链接的外部样式表文件中，找到名为 #pic 的 CSS 样式设置代码，如图 13-30 所示。

图 13-29

```
#pic {
    position: absolute;
    width: 419px;
    height: 700px;
    right: 0px;
    top: 0px;
}
```

图 13-30

02 在该 CSS 样式代码中添加 transform 属性设置，对该网页元素进行旋转操作，如图 13-31 所示。保存页面并保存外部 CSS 样式表文件，在浏览器中预览页面，可以看到网页元素旋转的效果，默认情况下，以元素的中心点位置进行旋转，效果如图 13-32 所示。

```
#pic {
    position: absolute;
    width: 419px;
    height: 700px;
    right: 0px;
    top: 0px;
    transform: rotate(30deg);
    -webkit-transform: rotate(30deg);
    -moz-transform: rotate(30deg);
    -o-transform: rotate(30deg);
    -ms-transform: rotate(30deg);
}
```

图 13-31

图 13-32

03 返回到外部 CSS 样式表中，在名为 #pic 的 CSS 样式中添加 transform-origin 属性设置，如图 13-33 所示。保存页面并保存外部 CSS 样式表文件，在浏览器中预览页面，可以看到设置变换中心点后元素旋转变形的效果，如图 13-34 所示。

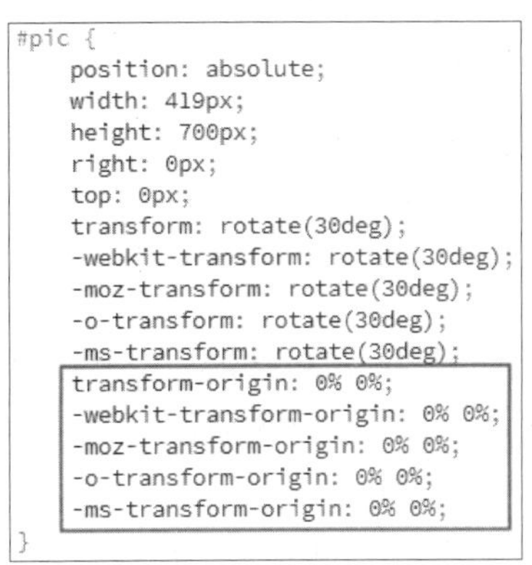

```
#pic {
    position: absolute;
    width: 419px;
    height: 700px;
    right: 0px;
    top: 0px;
    transform: rotate(30deg);
    -webkit-transform: rotate(30deg);
    -moz-transform: rotate(30deg);
    -o-transform: rotate(30deg);
    -ms-transform: rotate(30deg);
    transform-origin: 0% 0%;
    -webkit-transform-origin: 0% 0%;
    -moz-transform-origin: 0% 0%;
    -o-transform-origin: 0% 0%;
    -ms-transform-origin: 0% 0%;
}
```

图 13-33

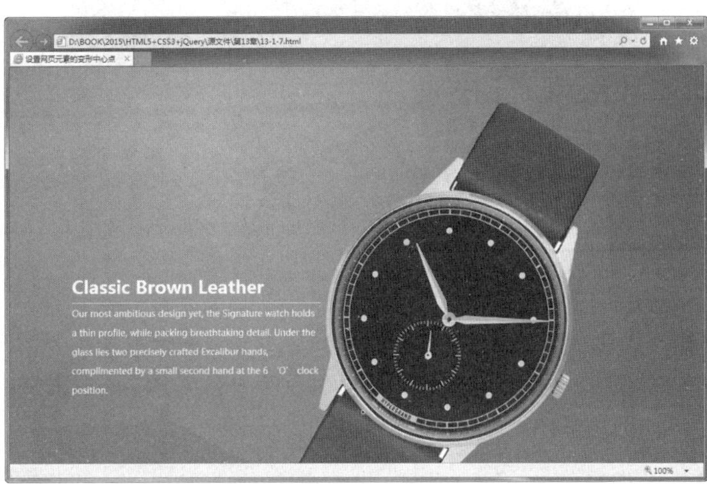

图 13-34

提示

设置 transform 属性值为移动 translate() 函数、旋转 rotate() 函数和缩放 scale() 函数，各函数之间以空格进行分隔，在执行 CSS 样式代码时，按顺序对该元素进行多个变换操作。

13.1.8 同时使用多个变形函数

矩阵变形虽然非常灵活，但是并不容易理解，也不是很直观。transform 属性允许同时设置多个变形函数，这使得元素变形更加灵活。在为 transform 属性设置多个函数时，各函数之间使用空格进行分隔，表现形式如下所示。

```
transform: rotate(<angle>) scale(<x>,<y>) translate(<x>,<y>) skew(<angleX>,<angleY>) matrix(<m11>,<m12>,<m21>,<m22>,<x>,<y>);
```

实战 **为网页元素同时应用多个变形效果**

最终文件：光盘 \ 最终文件 \ 第 13 章 \13-1-8.html　　视频：光盘 \ 视频 \ 第 13 章 \13-1-8.mp4

01 打开页面“光盘 \ 源文件 \ 第 13 章 \13-1-8.html”，页面效果如图 13-35 所示。转换到该网页所链接的外部样式表文件中，找到名为 #pic 的 CSS 样式设置代码，如图 13-36 所示。

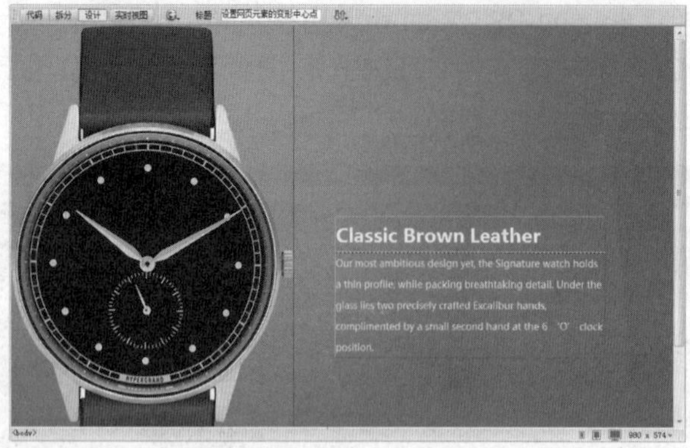

图 13-35

```
#pic {
    position: absolute;
    width: 419px;
    height: 700px;
    left: 0px;
    top: 0px;
}
```

图 13-36

02 在该 CSS 样式代码中添加 transform 属性设置，对该网页元素同时进行移动、旋转和缩放操作，如图 13-37 所示。保存页面并保存外部 CSS 样式表文件，在浏览器中预览页面，可以看到元素同时应用多种变形的效果，如图 13-38 所示。

```
#pic {
    position: absolute;
    width: 419px;
    height: 700px;
    left: 0px;
    top: 0px;
    transform: translate(100px,0px) rotate(-30deg) scale(0.8);
    -webkit-transform: translate(100px,0px) rotate(-30deg) scale(0.8);
    -moz-transform: translate(100px,0px) rotate(-30deg) scale(0.8);
    -o-transform: translate(100px,0px) rotate(-30deg) scale(0.8);
    -ms-transform: translate(100px,0px) rotate(-30deg) scale(0.8);
}
```

图 13-37

图 13-38

设置 transform 属性值为移动 translate() 函数、旋转 rotate() 函数和缩放 scale() 函数，各函数之间以空格进行分隔，在执行 CSS 样式代码时，按顺序对该元素进行多个变换操作。

03 返回外部CSS样式表文件中，对刚刚添加的transform属性中多个变形函数的顺序进行调整，如图 13-39 所示。保存页面并保存外部CSS样式表文件，在浏览器中预览页面，可以看到元素的效果，如图 13-40 所示。

```
#pic {
    position: absolute;
    width: 419px;
    height: 700px;
    left: 0px;
    top: 0px;
    transform: rotate(-30deg) translate(100px,0px) scale(0.8);
    -webkit-transform: rotate(-30deg) translate(100px,0px) scale(0.8);
    -moz-transform: rotate(-30deg) translate(100px,0px) scale(0.8);
    -o-transform: rotate(-30deg) translate(100px,0px) scale(0.8);
    -ms-transform: rotate(-30deg) translate(100px,0px) scale(0.8);
}
```

图 13-39

图 13-40

当为元素同时应用多个变形函数进行变形操作时，其执行的顺序是按照排列的先后顺序进行的，如果调整了函数的先后顺序，则得到的变形效果也会有所不同。

13.2　CSS 3 实现元素过渡效果

在上一节中所介绍的 transform 属性所实现的是网页元素的变换效果，仅仅呈现的是元素变换的结果。在 CSS 3 中还新增了 transition 属性，通过该属性可以设置元素的变换过渡效果，可以让元素的变换过程看起来更加平滑。

13.2.1　transition 属性

CSS 3 新增了 transition 属性，通过该属性可以实现网页元素变换过程中的过渡效果，即在网页中实现了基本的动画效果。与实现元素变换的 transform 属性一起使用，可以展现出网页元素的变形过程，丰富动画的效果。

transition 属性的语法如下。

```
transition: transition-property || transition-duration || transition-timing-function || transition-delay;
```

transition 属性是一个复合属性，可以同时定义过渡效果所需要的参数信息。其中包含 4 个方面的信息，就是 4 个子属性：transition-property、transition-duration、transition-timing-function 和 transition-delay。

transition 属性所包含的子属性说明如表 13-6 所示。

表 13-6　transition 子属性说明

子　属　性	说　　明
transition-property	用于设置过渡效果
transition-duration	用于设置过渡过程的时间长度
transition-timing-function	用于设置过渡方式
transition-delay	用于设置开始过渡的延迟时间

基于 webkit 内核的浏览器需要在属性名称前增加前缀“-webkit-”，基于 gecko 内核的浏览器需要在属性名称前增加前缀“-moz-”，基于 presto 内核的浏览器需要在属性名称前增加前缀“-o-”，以使用各种内核的私有属性。

13.2.2　transition-property 属性——实现过渡效果

transition-property 属性用于设置元素的动画过渡效果，该属性的语法如下。

```
transition-property: none | all | <property>;
```

transition-property 属性的属性值说明如表 13-7 所示。

表 13-7　transition-property 属性值说明

属　性　值	说　　明
none	表示没有任何 CSS 属性有过渡效果
all	该属性值为默认值，表示所有的 CSS 属性都有过渡效果
<property>	指定一个用逗号分隔的多个属性，针对指定的这些属性有过渡效果

实现网页元素变形过渡效果

最终文件：光盘 \ 最终文件 \ 第 13 章 \13-2-2.html　　视频：光盘 \ 视频 \ 第 13 章 \13-2-2.mp4

01 打开页面“光盘 \ 源文件 \ 第 13 章 \13-2-2.html”，页面效果如图 13-41 所示。转换到该网页所链接的外部样式表文件中，找到名为 #logo 的 CSS 样式设置代码，如图 13-42 所示。

图 13-41

```
#logo {
    width: 313px;
    height: 313px;
    background-color: #E92269;
    text-align: center;
    margin: 0px auto;
    padding: 20px;
}
```

图 13-42

02 在该 CSS 样式代码中添加 transition-property 属性 transition-duration 属性设置，设置元素过渡效果和过渡时间，如图 13-43 所示。创建名为 #logo:hover 的 CSS 样式，在该 CSS 样式中设置元素在鼠标经过状态下的变形效果，如图 13-44 所示。

```
#logo {
    width: 313px;
    height: 313px;
    background-color: #E92269;
    text-align: center;
    margin: 0px auto;
    padding: 20px;
    transition-property: transform;/*实现过渡*/
    -moz-transition-property: -moz-transform;
    -webkit-transition-property: -webkit-transform;
    -o-transition-property: -o-transform;
    transition-duration: 1s;/*设置过渡时间*/
    -moz-transition-duration: 1s;
    -webkit-transition-duration: 1s;
    -o-transition-duration: 1s;
}
```

图 13-43

```
#logo:hover {
    cursor: pointer;
    background-color: #FC6;
    transform: rotate(90deg);/*设置元素旋转变形*/
    -moz-transform: rotate(90deg);
    -webkit-transform: rotate(90deg);
    -o-transform: rotate(90deg);
}
```

图 13-44

通过 transition-property 属性指定了 transform 属性为需要显示过渡效果的属性，所以在元素变换过程中的过渡效果只有元素变形的过渡，而没有背景颜色变化的过渡。

03 保存页面并保存外部 CSS 样式表文件，在浏览器中预览页面，效果如图 13-45 所示。当光标移至页面中的 logo 元素上方时，可以看到该元素的旋转过渡效果，如图 13-46 所示。

图 13-45

图 13-46

13.2.3　transition-duration 属性——设置过渡时间

transition-duration 属性用于设置动画过渡过程中需要的时间，该属性的语法如下。

```
transition-duration: <time>;
```

<time> 参数用于指定一个用逗号分隔的多个时间值，时间的单位可以是 s（秒）或 ms（毫秒）。默认情况下为 0，即看不到过渡效果，看到的直接是变换后的结果。

设置网页元素变形过渡时间

最终文件：光盘 \ 最终文件 \ 第 13 章 \13-2-3.html　　视频：光盘 \ 视频 \ 第 13 章 \13-2-3.mp4

01 打开页面“光盘 \ 源文件 \ 第 13 章 \13-2-3.html”，页面效果如图 13-47 所示。转换到该网页所链接的外部样式表文件中，找到名为 #logo 的 CSS 样式设置代码，如图 13-48 所示。

图 13-47

```
#logo {
    width: 313px;
    height: 313px;
    background-color: #E92269;
    text-align: center;
    margin: 0px auto;
    padding: 20px;
    transition-property: transform;/*实现过渡*/
    -moz-transition-property: -moz-transform;
    -webkit-transition-property: -webkit-transform;
    -o-transition-property: -o-transform;
    transition-duration: 1s;/*设置过渡时间*/
    -moz-transition-duration: 1s;
    -webkit-transition-duration: 1s;
    -o-transition-duration: 1s;
}
```

图 13-48

02 在该 CSS 样式代码中的 transition-property 属性中添加背景颜色的过渡效果并修改变形过渡时间为 3s，如图 13-49 所示。保存页面并保存外部 CSS 样式表文件，在浏览器中预览页面，当光标移至页面中的 logo 元素上方时，可以看到元素变形过渡效果，过渡持续时间为 3s，如图 13-50 所示。

```
#logo {
    width: 313px;
    height: 313px;
    background-color: #E92269;
    text-align: center;
    margin: 0px auto;
    padding: 20px;
    transition-property: background-color,transform;/*实现过渡*/
    -moz-transition-property: background-color,-moz-transform;
    -webkit-transition-property: background-color,-webkit-transform;
    -o-transition-property: background-color,-o-transform;
    transition-duration: 3s;/*设置过渡时间*/
    -moz-transition-duration: 3s;
    -webkit-transition-duration: 3s;
    -o-transition-duration: 3s;
}
```

图 13-49

图 13-50

03 返回外部 CSS 样式表文件中，在名为 #logo 的 CSS 样式中修改两种过渡效果分别为不同的持续时间，如图 13-51 所示。保存页面并保存外部 CSS 样式表文件，在浏览器中预览页面，当光标移至页面中的 logo 元素上方时，可以看到元素两种属性不同过渡持续时间的效果，如图 13-52 所示。

```
#logo {
    width: 313px;
    height: 313px;
    background-color: #E92269;
    text-align: center;
    margin: 0px auto;
    padding: 20px;
    transition-property: background-color,transform;/*实现过渡*/
    -moz-transition-property: background-color,-moz-transform;
    -webkit-transition-property: background-color,-webkit-transform;
    -o-transition-property: background-color,-o-transform;
    transition-duration: 1s,3s;/*设置过渡时间*/
    -moz-transition-duration: 1s,3s;
    -webkit-transition-duration: 1s,3s;
    -o-transition-duration: 1s,3s;
}
```

图 13-51

图 13-52

通过 transition-duration 属性设置两个过渡持续时间 1s 和 4s，分别应用于背景颜色和变形属性。在预览过程中可以发现，背景颜色过渡效果已经结束了，变形的过渡效果还在持续，直至变形的过渡完成。

13.2.4 transition-delay 属性——设置过渡延迟效果

transition-delay 属性用于设置动画过渡的延迟时间，该属性的语法如下。

```
transition-delay: <time>;
```

<time> 参数用于指定一个用逗号分隔的多个时间值，时间的单位可以是 s(秒) 或 ms(毫秒)。默认情况下为 0，即没有时间延迟，立即开始过渡效果。

<time> 参数的取值可以为负值，但过渡的效果会从该时间点开始，之前的过渡效果将会被截断。

设置网页元素变形过渡延迟时间

最终文件：光盘 \ 最终文件 \ 第 13 章 \13-2-4.html　　视频：光盘 \ 视频 \ 第 13 章 \13-2-4.mp4

01 打开页面“光盘 \ 源文件 \ 第 13 章 \13-2-4.html”，页面效果如图 13-53 所示。转换到该网页所链接的外部样式表文件中，找到名为 #logo 的 CSS 样式设置代码，如图 13-54 所示。

图 13-53

```
#logo {
    width: 313px;
    height: 313px;
    background-color: #E92269;
    text-align: center;
    margin: 0px auto;
    padding: 20px;
    transition-property: background-color,transform;/*实现过渡*/
    -moz-transition-property: background-color,-moz-transform;
    -webkit-transition-property: background-color,-webkit-transform;
    -o-transition-property: background-color,-o-transform;
    transition-duration: 3s;/*设置过渡时间*/
    -moz-transition-duration: 3s;
    -webkit-transition-duration: 3s;
    -o-transition-duration: 3s;
}
```

图 13-54

02 在该 CSS 样式代码中修改 transition-property 属性值为 all，并添加 transition-delay 属性设置，如图 13-55 所示。保存页面并保存外部 CSS 样式表文件，在浏览器中预览页面，当光标移至页面中的 logo 元素上方时，需要等待延迟时间后才开始显示过渡效果，如图 13-56 所示。

```
#logo {
    width: 313px;
    height: 313px;
    background-color: #E92269;
    text-align: center;
    margin: 0px auto;
    padding: 20px;
    transition-property: all;/*实现过渡*/
    -moz-transition-property: all;
    -webkit-transition-property: all;
    -o-transition-property: all;
    transition-duration: 3s;/*设置过渡时间*/
    -moz-transition-duration: 3s;
    -webkit-transition-duration: 3s;
    -o-transition-duration: 3s;
    transition-delay: 500ms;/*设置过渡延迟时间*/
    -moz-transition-delay: 500ms;
    -webkit-transition-delay: 500ms;
    -o-transition-delay: 500ms;
}
```

图 13-55

图 13-56

设置 transition-property 属性为 all，表示元素的所有属性都显示过渡效果。此处设置延迟过渡时间 transition-delay 属性为 500ms，表示当鼠标经过该元素时，需要等待 500ms 后才产生过渡效果。

13.2.5　transition-timing-function 属性——设置过渡方式

transition-timing-function 属性用于设置动画过渡的速度曲线，即过渡方式。该属性的语法如下。

```
    transition-timing-function: linear | ease | ease-in | ease-out | ease-in-out |
cubic-bezier(n,n,n,n);
```

transition-timing-function 属性的属性值说明如表 13-8 所示。

表 13-8　transition-timing-function 属性值说明

属 性 值	说　明
linear	表示过渡动画一直保持同一速度，相当于 cubic-bezier(0,0,1,1)
ease	该属性值为 transition-timing-function 属性的默认值，表示过渡的速度先慢、再快、最后非常慢，相当于 cubic-bezier(0.25,0.1,0.25,1)
ease-in	表示过渡的速度先慢，后来越来越快，直到动画过渡结束，相当于 cubic-bezier(0.42,0,1,1)
ease-out	表示过渡的速度先快，后来越来越慢，直到动画过渡结束，相当于 cubic-bezier(0,0,0.58,1)
ease-in-out	表示过渡的速度在开始和结速的时候都比较慢，相当于 cubic-bezier(0.42,0,0.58,1)
cubic-bezier(n,n,n,n)	自定义贝赛尔曲线效果，其中的 4 个参数为从 0 到 1 的数字

实战　设置网页元素变形过渡方式

最终文件：光盘 \ 最终文件 \ 第 13 章 \13-2-5.html　　视频：光盘 \ 视频 \ 第 13 章 \13-2-5.mp4

01 打开页面“光盘 \ 源文件 \ 第 13 章 \13-2-5.html”，页面效果如图 13-57 所示。转换到该网页所链接的外部样式表文件中，找到名为 #logo 的 CSS 样式设置代码，如图 13-58 所示。

图 13-57

```
#logo {
    width: 313px;
    height: 313px;
    background-color: #E92269;
    text-align: center;
    margin: 0px auto;
    padding: 20px;
    transition-property: all;/*实现过渡*/
    -moz-transition-property: all;
    -webkit-transition-property: all;
    -o-transition-property: all;
    transition-duration: 3s;/*设置过渡时间*/
    -moz-transition-duration: 3s;
    -webkit-transition-duration: 3s;
    -o-transition-duration: 3s;
}
```

图 13-58

02 在该 CSS 样式代码中添加 transition-timing-function 属性设置，如图 13-59 所示。保存页面并保存外部 CSS 样式表文件，在浏览器中预览页面，当光标移至页面中的 logo 元素上方时，可以看到元素的变形过渡方式，如图 13-60 所示。

```
#logo {
    width: 313px;
    height: 313px;
    background-color: #E92269;
    text-align: center;
    margin: 0px auto;
    padding: 20px;
    transition-property: all;/*实现过渡*/
    -moz-transition-property: all;
    -webkit-transition-property: all;
    -o-transition-property: all;
    transition-duration: 3s;/*设置过渡时间*/
    -moz-transition-duration: 3s;
    -webkit-transition-duration: 3s;
    -o-transition-duration: 3s;
    transition-timing-function: ease-out;/*设置过渡方式*/
    -moz-transition-timing-function: ease-out;
    -webkit-transition-timing-function: ease-out;
    -o-transition-timing-function: ease-out;
}
```

图 13-59

图 13-60

设置 transition-timing-function 属性为 ease-out，表示过渡效果的速度越来越慢。当鼠标经过该元素时，快速产生过渡效果，然后缓慢地结束。

13.2.6　制作动态选项卡

在前面学习了 CSS 3 的变换属性 transform 和过渡属性 transition，通过将这两种属性相结合，在网页中能够轻松地实现元素变换过渡的动画效果，从而有效地增加网页的交互性。本节将带领读者完成一个动态选项卡效果的制作，注意学习 transform 属性和 transition 属性的结合使用。

制作动态选项卡

最终文件：光盘 \ 最终文件 \ 第 13 章 \13-2-6.html　　视频：光盘 \ 视频 \ 第 13 章 \13-2-6.mp4

01 执行“文件 > 打开”命令，打开页面“光盘 \ 源文件 \ 第 13 章 \13-2-6.html”，可以看到页面的效果，如图 13-61 所示。将光标移至名为 card 的 Div 中，将多余文字删除，转换到代码视图中，在该 Div 中添加项目列表标签并输入相应文字，如图 13-62 所示。

图 13-61

```
<div id="card">
  <ul>
    <li><h1>网站首页</h1><img src=
"images/132603.png" width="130" height="130"
alt="" /><P>我们是一家专业互联网设计机构，为您
提供专业的、全方位的互联网解决方案！</P></li>
  </ul>
</div>
```

图 13-62

02 转换到该网页链接的外部 CSS 样式文件中，创建名为 #card li 的 CSS 样式，如图 13-63 所示。返回网页设计视图中，可以看到页面的效果，如图 13-64 所示。

```
#card li {
    display: block;
    position: relative;
    list-style-type: none;
    width: 130px;
    height: 350px;
    background-image: url(../images/132608.jpg);
    border: 2px solid #E8F4F7;
    padding: 25px 9px;
    margin-bottom: 60px;
    float: left;
    border-radius: 10px;
    box-shadow: 2px 2px 10px #000;
    transition: all 1s ease-in-out;
}
```

图 13-63

图 13-64

在该 CSS 样式中，通过 CSS 3 中新增的 border-radius 属性定义元素的圆角半径值，通过新增的 box-shadow 属性定义元素的阴影效果，通过新增的 transition 属性定义元素的过渡效果。

03 转换到外部样式表文件中，创建名为 #card h1 和名为 #card p 的 CSS 样式，如图 13-65 所示。返回网页设计视图中，可以看到页面的效果，如图 13-66 所示。

```
#card h1 {
    font-size: 24px;
    font-weight: bold;
    line-height: 40px;
}
#card p {
    margin-top: 20px;
    font-size: 14px;
    text-align: left;
}
```

图 13-65

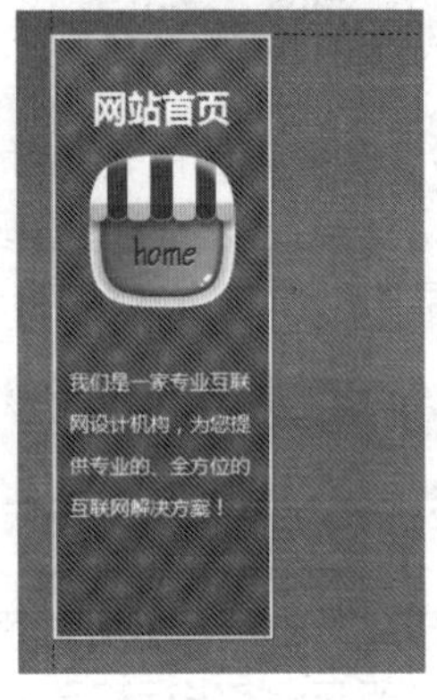

图 13-66

04 转换到代码视图中，在名为 card 的 Div 中的 <ul> 标签中添加多个 <li> 标签，并分别在每个 <li> 标签中添加相应的内容，如图 13-67 所示。返回设计视图中，可以看到制作的页面效果，如图 13-68 所示。

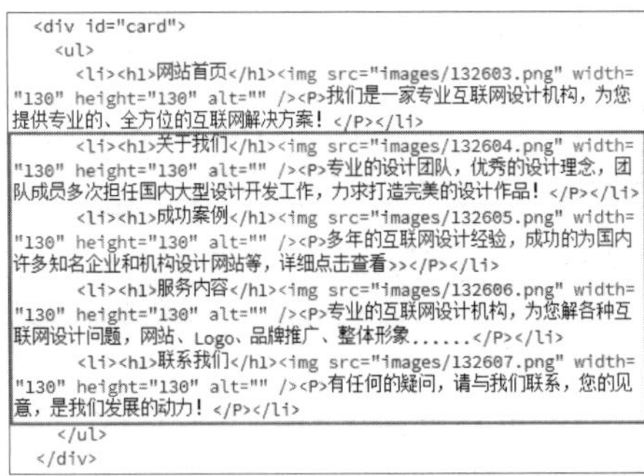

```
<div id="card">
  <ul>
    <li><h1>网站首页</h1><img src="images/132603.png" width="130" height="130" alt="" /><P>我们是一家专业互联网设计机构，为您提供专业的、全方位的互联网解决方案！</P></li>
    <li><h1>关于我们</h1><img src="images/132604.png" width="130" height="130" alt="" /><P>专业的设计团队，优秀的设计理念，团队成员多次担任国内大型设计开发工作，力求打造完美的设计作品！</P></li>
    <li><h1>成功案例</h1><img src="images/132605.png" width="130" height="130" alt="" /><P>多年的互联网设计经验，成功的为国内许多知名企业和机构设计网站等，详细点击查看>></P></li>
    <li><h1>服务内容</h1><img src="images/132606.png" width="130" height="130" alt="" /><P>专业的互联网设计机构，为您解各种互联网设计问题，网站、Logo、品牌推广、整体形象......</P></li>
    <li><h1>联系我们</h1><img src="images/132607.png" width="130" height="130" alt="" /><P>有任何的疑问，请与我们联系，您的见意，是我们发展的动力！</P></li>
  </ul>
</div>
```

图 13-67

图 13-68

05 转换到代码视图中，为每一个 <li> 标签添加 id 属性设置，如图 13-69 所示。转换到外部 CSS 样式表文件中，创建名为 #card-1 和 #card-2 的 CSS 样式，如图 13-70 所示。

```
<div id="card">
  <ul>
    <li id="card-1"><h1>网站首页</h1><img src=
"images/132603.png" width="130" height="130" alt="" /><P>我们是一
家专业互联网设计机构，为您提供专业的、全方位的互联网解决方案！</P></li>
    <li id="card-2"><h1>关于我们</h1><img src=
"images/132604.png" width="130" height="130" alt="" /><P>专业的设
计团队，优秀的设计理念，团队成员多次担任国内大型设计开发工作，力
求打造完美的设计作品！</P></li>
    <li id="card-3"><h1>成功案例</h1><img src=
"images/132605.png" width="130" height="130" alt="" /><P>多年的互
联网设计经验，成功的为国内许多知名企业和机构设计网站等，详细点击查看>></P
></li>
    <li id="card-4"><h1>服务内容</h1><img src=
"images/132606.png" width="130" height="130" alt="" /><P>专业的互
联网设计机构，为您解答各种互联网设计问题，网站、Logo、品牌推广、整
体形象......</P></li>
    <li id="card-5"><h1>联系我们</h1><img src=
"images/132607.png" width="130" height="130" alt="" /><P>有任何的
疑问，请与我们联系，您的见意，是我们发展的动力！</P></li>
  </ul>
</div>
```

图 13-69

```
#card-1 {
    z-index:1;
    left:150px;
    top:40px;
    transform: rotate(-20deg);
}
#card-2 {
    z-index:2;
    left:70px;
    top:10px;
    transform: rotate(-10deg);
}
```

图 13-70

提示　通过 z-index 属性来设置网页元素的叠加顺序，通过 CSS 3 新增的 transform 属性设置 rotate() 函数，从而实现元素旋转相应的角度。

06 保存页面并保存外部 CSS 样式表文件，在浏览器中预览页面，可以看到前两个选项卡旋转和相互叠加的效果，如图 13-71 所示。返回外部 CSS 样式表文件中，创建名为 #card-3、#card-4 和 #card-5 的 CSS 样式，如图 13-72 所示。

图 13-71

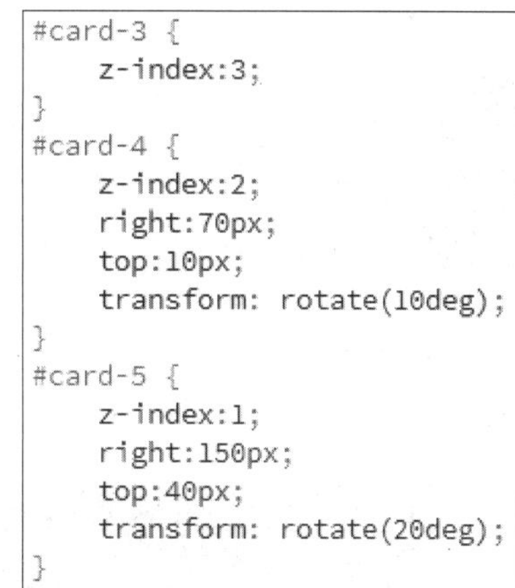

```
#card-3 {
    z-index:3;
}
#card-4 {
    z-index:2;
    right:70px;
    top:10px;
    transform: rotate(10deg);
}
#card-5 {
    z-index:1;
    right:150px;
    top:40px;
    transform: rotate(20deg);
}
```

图 13-72

07 返回到网页设计视图，可以看到页面的效果，如图 13-73 所示。保存页面并保存外部 CSS 样式表文件，在浏览器中预览页面，可以看到选项卡旋转和相互叠加的效果，如图 13-74 所示。

图 13-73

图 13-74

08 接下来实现鼠标经过时的变形过渡效果。返回外部 CSS 样式表文件中，创建名为 #card-1:hover 和名为 #card-2:hover 的 CSS 样式，如图 13-75 所示。接着创建名为 #card-3:hover、#card-4:hover 和 #card-5:hover 的 CSS 样式，如图 13-76 所示。

```
#card-1:hover {
    cursor: pointer;
    z-index: 4;
    transform: scale(1.2) rotate(-18deg);
}
#card-2:hover {
    cursor: pointer;
    z-index: 4;
    transform: scale(1.2) rotate(-8deg);
}
```

图 13-75

```
#card-3:hover {
    cursor: pointer;
    z-index: 4;
    transform: scale(1.2) rotate(2deg);
}
#card-4:hover {
    cursor: pointer;
    z-index: 4;
    transform: scale(1.2) rotate(12deg);
}
#card-5:hover {
    cursor: pointer;
    z-index: 4;
    transform: scale(1.1) rotate(22deg);
}
```

图 13-76

在各元素的 hover 状态 CSS 样式中，通过 cursor 属性设置光标指针效果，通过 z-index 属性设置元素的层叠顺序在其他元素的上方，通过 transform 属性同时设置 scale() 和 rotate() 函数，同时实现缩放和旋转变形操作。

09 保存页面并保存外部 CSS 样式文件，在浏览器中预览页面，可以看到页面的效果，如图 13-77 所示。如果将光标移至某个选项卡上时，可以看到变形过渡的动画效果，如图 13-78 所示。

图 13-77

图 13-78

13.3 CSS 3 实现元素动画效果

在前两节中介绍的元素变换和过渡效果是使用 CSS 样式制作动画效果的基础，但还不是真正的动画。本节将介绍完整的 CSS 3 动画效果实现方法，不但可以创建动画关键帧，还可以对关键帧动画设置播放时间、播放次数、播放方向等，从而实现更加复杂、灵活的网页动画效果。

13.3.1 @keyframes 规则——关键帧动画

在 CSS 动画设计中，关键帧动画是非常重要的功能，它所包含的是一段连续的动画。

CSS 样式所实现的动画效果，是通过从一种样式逐步转变到另一种样式来创建的。@keyframes 规则的语法如下。

```
@keyframes<animationname> {
 <keyframes-selector> {
 <css-styles>
}
}
```

@keyframes 规则的参数说明如表 13-9 所示。

表 13-9　@keyframes 规则的参数说明

参　　数	说　　明
<animationname>	动画的名称。必须定义一个动画名称，方便与动画属性 animation 绑定
<keyframes-selector>	动画持续时间的百分比，也可以是 from 和 to。from 对应的是 0%，to 对应的是 100%，建议使用百分比。该参数必须定义，才能实现动画
<css-styles>	设置的一个或多个合法的样式属性。该参数必须定义，才能实现动画

关键帧动画是通过名称与动画绑定的，使用动画属性来控制动画的呈现。在指定 CSS 样式变化时，可以从 0% 至 100%，逐步设计样式的变化。

实战　制作简单的关键帧动画

最终文件：光盘 \ 最终文件 \ 第 13 章 \13-3-1.html　　视频：光盘 \ 视频 \ 第 13 章 \13-3-1.mp4

01 打开页面“光盘 \ 源文件 \ 第 13 章 \13-3-1.html”，页面效果如图 13-79 所示。转换到该网页所链接的外部样式表文件中，找到名为 #fish 的 CSS 样式设置代码，如图 13-80 所示。

图 13-79

```
#fish {
    position: absolute;
    width: 256px;
    height: 195px;
}
```

图 13-80

02 在该CSS样式代码中添加animation属性设置，绑定动画，如图13-81所示。在外部CSS样式表中创建@keyframes规则，创建关键帧动画，如图13-82所示。

```
#fish {
    position: absolute;
    width: 256px;
    height: 195px;
    /*针对gecko内核，mymove绑定到动画*/
    -moz-animation: mymove 15s infinite;
    /*针对webkit内核，mymove绑定到动画*/
    -webkit-animation: mymove 15s infinite;
}
```

图13-81

```
/*针对gecko内核，创建关键帧动画*/
@-moz-keyframes mymove {
    0% {top:90px; left:-256px;}
    25% {top:300px; left:200px;}
    50% {top: 400px; left:400px;}
    75% {top:500px; left:600px;}
    100% {top:250px; left:900px;}
}
/*针对webkit内核，创建关键帧动画*/
@-webkit-keyframes-mymove {
    0% {top:90px; left:-256px;}
    25% {top:300px; left:200px;}
    50% {top: 400px; left:400px;}
    75% {top:500px; left:600px;}
    100% {top:250px; left:900px;}
}
```

图13-82

通过@keyframes规则创建了名为mymove的关键帧动画，并将该关键帧动画绑定到相应的元素中。在浏览器中预览页面时，可以看到鱼在网页中游动的关键帧动画效果。

03 保存页面并保存外部CSS样式表文件，在Firefox浏览器中预览页面，可以看到鱼在网页中游动的动画效果，如图13-83所示。

图13-83

13.3.2 animation属性——实现元素动画效果

在CSS 3中新增了专门用于实现动画效果的animation属性，通过该属性可以把一个或多个关键帧动画绑定到元素上，从而实现更加复杂的动画和效果。

animation属性用于同时定义动画所需要的完整信息，该属性的语法如下。

```
animation:<name><duration><timing-function><delay><iteration-count><direction>;
```

animation属性的属性值说明如表13-10所示。

表 13-10　animation 属性值说明

属　性　值	说　　明
<name>	用于设置动画的名称，绑定指定的关键帧动画
<duration>	用于设置动画播放的周期时间
<timing-function>	用于设置动画播放的方式，即速度曲线
<delay>	用于设置动画的延迟时间
<iteration-count>	用于设置动画播放的次数
<direction>	用于设置动画播放的顺序方向

animation 属性可能定义一个动画的 6 个方面的参数信息，还可以同时定义多个动画，每个动画的参数信息为一组，使用逗号进行分隔。

animation 属性是一个复合属性，根据其语法定义，animation 属性包含 6 个子属性：animation-name（指定动画名称）、animation-duration（指定动画播放时间）、animation-timing-function（延迟动画播放方式）、animation-delay（指定动画延迟时间）、animation-iteration-count（指定动画播放次数）和 animation-direction（指定动画播放方向）。

基于 webkit 内核的浏览器需要在属性名称前增加前缀“-webkit-”，基于 gecko 内核的浏览器需要在属性名称前增加前缀“-moz-”，基于 presto 内核的浏览器需要在属性名称前增加前缀“-o-”，以使用各种内核的私有属性。

1. animation-name 属性

animation-name 属性用来定义动画的名称，它是一个动画关键帧的名称，是由 @keyframes 规则定义的。animation-name 属性的语法如下。

```
animation-name: <keyframename> | none;
```

animation-name 属性的属性值说明如表 13-11 所示。

表 13-11　animation-name 属性值说明

属　性　值	说　　明
<keyframename>	用于指定动画名称，即指定名称对应的动画关键帧
nonc	默认值，表示没有动画效果

如果动画关键帧的名称为 none，则不会显示动画；可以同时指定多个动画名称，多个名称之间使用逗号进行分隔；如果需要，可以使用 none，取消任何动画效果。

2. animation-duration 属性

animation-duration 属性用来定义动画播放的周期时间，语法如下。

```
animation-duration: <time>;
```

<time> 参数值用于指定播放动画的时间长度，单位为 m（秒）或 ms（毫秒）。默认值为 0，表示没有动画。

3. animation-timing-function 属性

animation-timing-function 属性用来定义动画的播放方式，语法如下。

```
    animation-timing-function: linear | ease | ease-in | ease-out | ease-in-out |
cubic-bezier(n,n,n,n);
```

animation-timing-function 属性的属性值与 transition-timing-function 属性的属性值相同，其作用也是相同的。

4. animation-delay 属性

animation-delay 属性用来定义动画播放的延迟时间，可以定义一个动画延迟一段时间再开始播放。animation-delay 属性的语法如下。

```
    animation-delay: <time>;
```

<time> 参数值用于指定延迟的时间长度，单位为 m(秒) 或 ms(毫秒)，默认值为 0，表示没有时间延迟，直接播放动画。

5. animation-iteration-count 属性

animation-iteration-count 属性用来定义动画循环播放的次数，语法如下。

```
    animation-iteration-count: infinite | <n>;
```

animation-iteration-count 属性的属性值说明如表 13-12 所示。

表 13-12　animation-iteration-count 属性值说明

属 性 值	说　明
infinite	表示无限循环进行播放
<n>	该值为数字，表示循环播放的次数。animation-iteration-count 属性的默认值为 1，表示动画只播放一次

6. animation-direction 属性

animation-direction 属性用来定义动画循环播放的方向，语法如下。

```
    animation-direction: normal | alternate;
```

animation-direction 属性的属性值说明如表 13-13 所示。

表 13-13　animation-direction 属性值说明

属 性 值	说　明
normal	该属性值为默认值，表示按照关键帧所设置的动画方向播放
alternate	表示动画的播放方向与上一播放周期相反，第一播放周期还是正常的播放方向

实战 **为元素绑定多个关键帧动画**

最终文件：光盘 \ 最终文件 \ 第 13 章 \13-3-2.html　　视频：光盘 \ 视频 \ 第 13 章 \13-3-2.mp4

01 打开页面“光盘 \ 源文件 \ 第 13 章 \13-3-2.html”，页面效果如图 13-84 所示。转换到该网页所链接的外部样式表文件中，找到名为 #fish 的 CSS 样式设置代码，在该 CSS 样式中添加 animation-name、animation-iteration-count 和 animation-duration 属性设置，如图 13-85 所示。

图 13-84

```
#fish {
    position: absolute;
    width: 256px;
    height: 195px;
    /*绑定两个关键帧动画*/
    -moz-animation-name: mymove,myrotate;
    -webkit-animation-name: mymove,myrotate;
    /*设置关键帧动画无限循环*/
    -moz-animation-iteration-count: infinite;
    -webkit-animation-iteration-count: infinite;
    /*设置关键帧动画播放时间*/
    -moz-animation-duration: 15s;
    -webkit-animation-duration: 15s;
}
```

图 13-85

02 在外部 CSS 样式表中通过 @keyframes 规则，创建名称为 mymove 的关键帧动画，如图 13-86 所示。通过 @keyframes 规则，创建名称为 myrotate 的关键帧动画，如图 13-87 所示。

```
/*创建关键帧动画mymove*/
@-moz-keyframes mymove {
    0% {top:90px; left:-256px;}
    50% {top: 400px; left:500px;}
    100% {top:120px; left:1000px;}
}
@-webkit-keyframes mymove {
    0% {top:90px; left:-256px;}
    50% {top: 400px; left:500px;}
    100% {top:120px; left:1000px;}
}
```

图 13-86

```
/*创建关键帧动画myrotate*/
@-moz-keyframes myrotate {
    50% {-moz-transform: rotate(30deg);}
    100% {-moz-transform: rotate(-30deg);}
}
@-webkit-keyframes myrotate {
    50% {-webkit-transform: rotate(30deg);}
    100% {-webkit-transform: rotate(-30deg);}
}
```

图 13-87

03 保存页面并保存外部 CSS 样式表文件，在 Firefox 浏览器中预览页面，可以看到为网页元素绑定多个关键帧动画的效果，如图 13-88 所示。

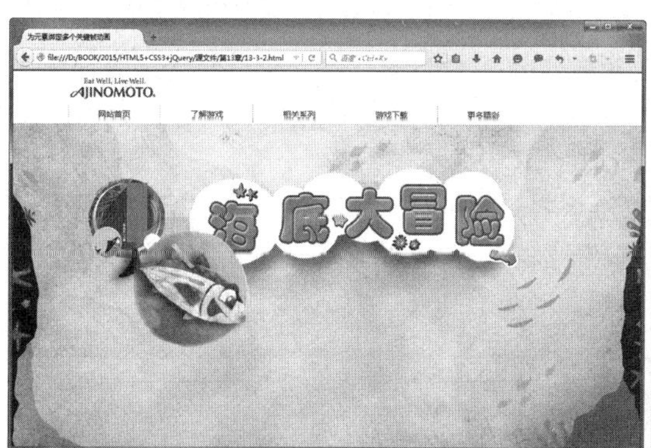

图 13-88

通过 @keyframes 规则创建了两个关键帧动画，分别是移动动画 mymove 和旋转变形动画 myrotate。在 animation-name 属性中，同时指定了这两个关键帧动画，并在 animation-duration 属性中设置了相同的动画播放周期时间。在浏览器中预览时，页面元素会同时执行所设置的两个关键帧动画效果。

13.3.3 制作交互导航菜单动画效果

CSS 3 中新增的用于创建关键帧动画的 @keyframes 和 animation 属性虽然目前还没有得到浏览器的广泛支持，但是其所能实现的动画效果能够让我们领略到 CSS 3 的强大功能。在本节中将综合使用本章中所介绍的 transition 属性、animation 属性和 @keyframes 规则制作交互导航菜单动画效果。

制作交互导航菜单动画效果

最终文件：光盘 \ 最终文件 \ 第 13 章 \13-3-3.html　　视频：光盘 \ 视频 \ 第 13 章 \13-3-3.mp4

01 执行“文件 > 打开”命令，打开页面“光盘 \ 源文件 \ 第 13 章 \13-3-3.html”，可以看到页面效果，如图 13-89 所示。转换到该网页链接的外部 CSS 样式表文件中，创建名为 @font-face 的 CSS 规则，加载外部字体，如图 13-90 所示。

图 13-89

```
@font-face {
    font-family: "Webfont";
    src:url("../images/websymbols.woff") format("woff"),
        url("../images/websymbols.ttf") format("truetype");
}
```

图 13-90

此处使用 CSS 3 新增的 @font-face 规则加载外部字体，加载的两个外部字体是 websymbols.ttf 和 websymbols.woff，这两个字体文件被放置在 images 目录中，在本实例中使用这种特殊的字体可以将英文字母转换为相应的图形。

02 返回网页设计视图，将光标移至名为 box 的 Div 中，将多余文字删除，输入相应的段落文本，并将段落文本创建为项目列表，如图 13-91 所示。转换到代码视图中，可以看到该部分项目列表的代码，如图 13-92 所示。

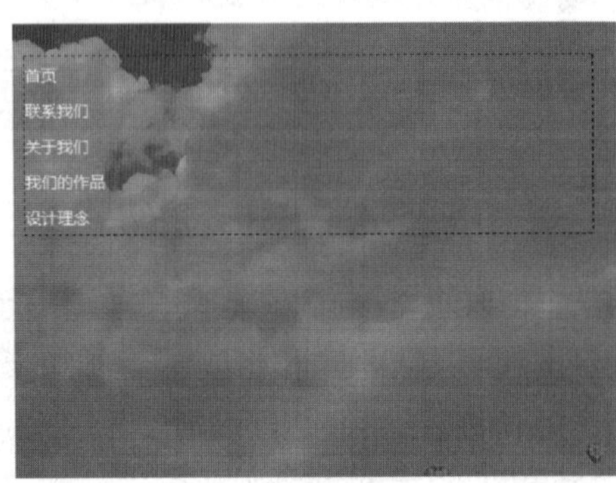

图 13-91

```
<body>
<div id="box">
  <ul>
    <li>首页</li>
    <li>联系我们</li>
    <li>关于我们</li>
    <li>我们的作品</li>
    <li>设计理念</li>
  </ul>
</div>
</body>
```

图 13-92

03 转换到外部 CSS 样式表文件中，创建名为 #box li 的 CSS 样式，如图 13-93 所示。返回网页设计视图中，可以看到页面的效果，如图 13-94 所示。

```
#box li{
    position: relative;
    width: 500px;
    height: 100px;
    overflow: hidden;
    margin-bottom: 10px;
    background-color: #FFF;
    color: #333;
    list-style-type: none;
    box-shadow: 2px 2px 4px rgba(0, 0, 0, 0.2);
    transition: all 0.8s ease;
}
```

图 13-93

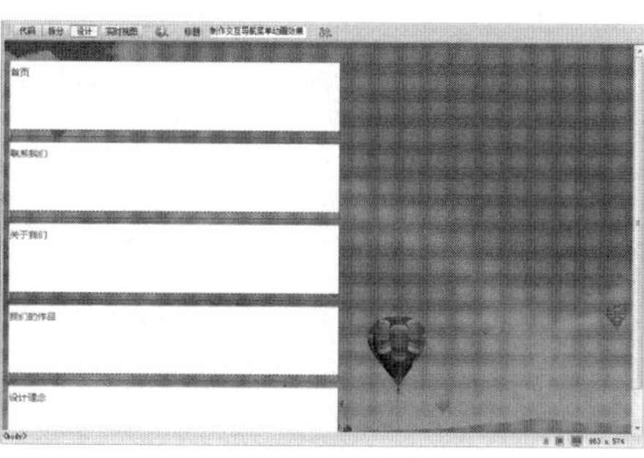

图 13-94

在名为 #box li 的 CSS 样式代码中，使用 CSS 3 新增的 box-shadow 属性为元素添加阴影效果。transition 属性允许元素属性在一定的时间区间内平滑地过渡，这种效果可以在鼠标单击、获得焦点、被点击或对元素任何改变中触发，并平滑地显示元素属性改变过程的动画效果。

04 将光标移至“首页”文字之前，在光标所在位置插入一个无 id 名称的 Div，如图 13-95 所示。转换到外部 CSS 样式表文件中，创建名为 .border01 的类 CSS 样式，如图 13-96 所示。

图 13-95

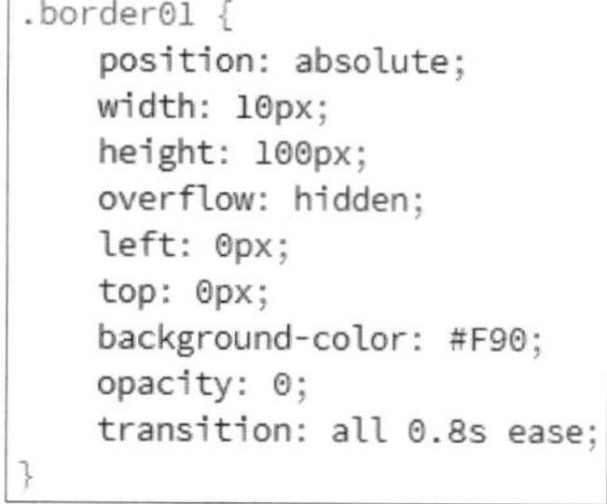

```
.border01 {
    position: absolute;
    width: 10px;
    height: 100px;
    overflow: hidden;
    left: 0px;
    top: 0px;
    background-color: #F90;
    opacity: 0;
    transition: all 0.8s ease;
}
```

图 13-96

05 返回网页代码视图中，为刚插入的 Div 应用刚定义的名为 border01 的类 CSS 样式，并将该 Div 中多余的文字删除，为“首页”文字添加 <div> 标签，并且添加相应的 <h2> 和 <h3> 标签和文字，如图 13-97 所示。返回设计视图中，可以看到页面的效果，如图 13-98 所示。

```
<div id="box">
  <ul>
    <li>
      <div class="border01"></div>
      <div>
      <h2><a href="#">首页</a></h2>
      <h3>Home</h3>
      </div>
    </li>
    <li>联系我们</li>
    <li>关于我们</li>
    <li>我们的作品</li>
    <li>设计理念</li>
  </ul>
</div>
```

图 13-97

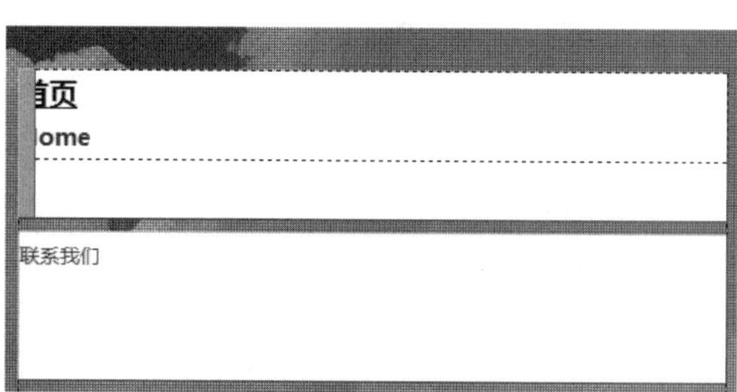

图 13-98

06 转换到外部 CSS 样式表文件中，创建名为 .text 的类 CSS 样式，如图 13-99 所示。返回网页设计视图，为刚添加的 Div 应用名为 text 的类 CSS 样式，效果如图 13-100 所示。

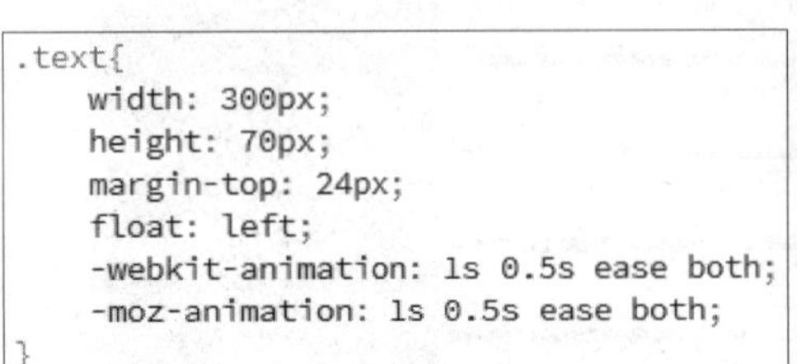

```
.text{
    width: 300px;
    height: 70px;
    margin-top: 24px;
    float: left;
    -webkit-animation: 1s 0.5s ease both;
    -moz-animation: 1s 0.5s ease both;
}
```

图 13-99

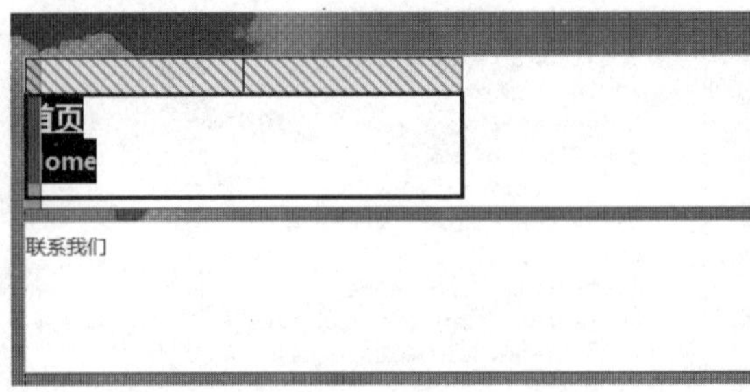

图 13-100

在名为 .text 的类 CSS 样式代码中，使用 CSS 3 新增的 animation 属性为元素添加动画效果，目前 IE11 还不支持该属性，在这里使用针对 webkit 和 gecko 内核的私有属性进行设置。

07 转换到外部 CSS 样式表文件中，创建名为 .text h2,.text a 和名为 .text h3 的 CSS 样式，如图 13-101 所示。返回设计视图，可以看到页面的效果，如图 13-102 所示。

```
.text h2,.text a{
    text-shadow: 1px 2px 4px #999;
    font-size: 30px;
    color: #333;
    text-decoration: none;
    transition: all 0.8s ease;
}
.text h3{
    font-family: Verdana;
    font-size: 14px;
    color: #666;
    transition: all 0.8s ease;
}
```

图 13-101

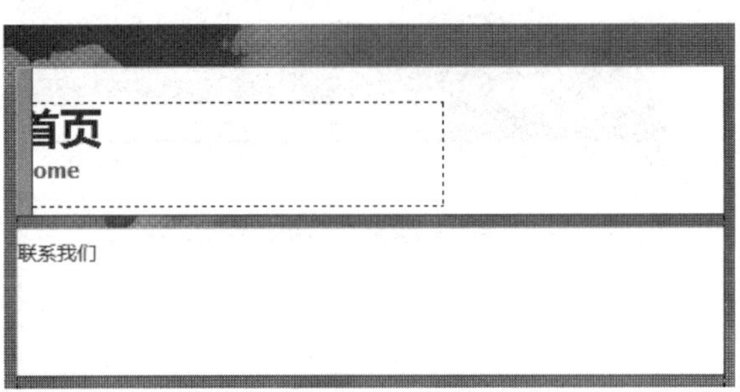

图 13-102

08 转换到代码视图中，在相应的位置添加 <span> 标签和文字，如图 13-103 所示。转换到外部 CSS 样式表文件中，创建名为 .icon 的类 CSS 样式，如图 13-104 所示。

```
<div id="box">
  <ul>
    <li>
      <div class="border01"></div>
      <span>Z</span>
      <div class="text">
      <h2><a href="#">首页</a></h2>
      <h3>Home</h3>
      </div>
    </li>
    <li>联系我们</li>
    <li>关于我们</li>
    <li>我们的作品</li>
    <li>设计理念</li>
  </ul>
</div>
```

图 13-103

```
.icon {
    width: 90px;
    height: 90px;
    margin: 5px 20px 0px 20px;
    float: left;
    font-family: "Webfont";
    font-size: 30px;
    line-height: 90px;
    text-align: center;
    text-shadow:0 0 3px #CCCCCC;
    transition: all 0.8s ease;
}
```

图 13-104

09 返回网页代码视图中，在刚添加的 <span> 标签中应用刚创建的名为 icon 的类 CSS 样式，如图 13-105 所示。返回网页设计视图，可以看到页面的效果，如图 13-106 所示。

```
<div id="box">
  <ul>
    <li>
      <div class="border01"></div>
      <span class="icon">Z</span>
      <div class="text">
      <h2><a href="#">首页</a></h2>
      <h3>Home</h3>
      </div>
    </li>
    <li>联系我们</li>
    <li>关于我们</li>
    <li>我们的作品</li>
    <li>设计理念</li>
  </ul>
</div>
```

图 13-105

图 13-106

10 使用相同的制作方法，可以完成其他 <li> 标签中内容的制作，如图 13-107 所示。返回到网页设计视图，可以看到页面的效果，如图 13-108 所示。

```
<li>
  <div class="border01"></div>
  <span class="icon">N</span>
  <div class="text">
  <h2><a href="#">联系我们</a></h2>
  <h3>Contact US</h3>
  </div>
</li>
<li>
  <div class="border01"></div>
  <span class="icon">S</span>
  <div class="text">
  <h2><a href="#">关于我们</a></h2>
  <h3>About US</h3>
  </div>
</li>
```

```
<li>
  <div class="border01"></div>
  <span class="icon">F</span>
  <div class="text">
  <h2><a href="#">我们的作品</a></h2>
  <h3>Our Work</h3>
  </div>
</li>
<li>
  <div class="border01"></div>
  <span class="icon">B</span>
  <div class="text">
    <h2><a href="#">设计理念</a></h2>
    <h3>Design idea</h3>
  </div>
</li>
```

图 13-107

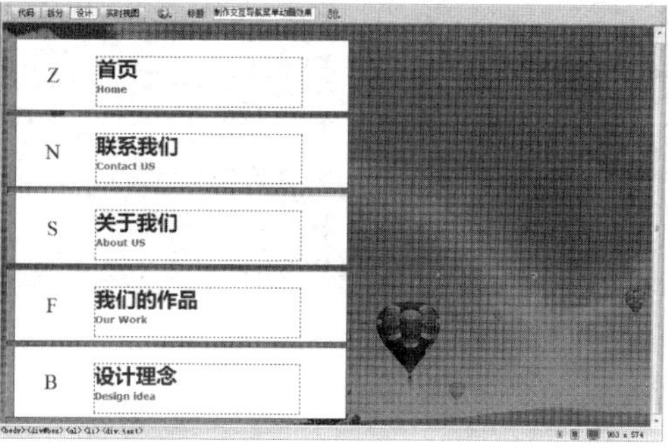

图 13-108

11 转换到外部 CSS 样式表文件中，创建名为 #box li:hover 和名为 #box li:hover .border01 的 CSS 样式，如图 13-109 所示。接着创建名为 #box li:hover h2,#box li:hover a 和名为 #box li:hover .text h3 的 CSS 样式，如图 13-110 所示。

```
#box li:hover {
    background-color: #000;
    box-shadow: 2px 2px 4px rgba(0, 0, 0, 0.4);
}
#box li:hover .border01 {
    opacity: 1;
    left: 490px;
}
```

图 13-109

```
#box li:hover h2,#box li:hover a{
    color: #FFF;
    font-size: 18px;
    text-shadow: 1px 2px 4px #333;
}
#box li:hover .text h3{
    color: #F60;
    font-size: 18px;
    margin-top: 10px;
}
```

图 13-110

12 在外部 CSS 样式表文件中创建名为 #box li:hover .icon 和名为 #box li:hover .text 的 CSS 样式，如图 13-111 所示。接着通过 keyframes 规则创建动画，如图 13-112 所示。

```
#box li:hover .icon{
    color: #F90;
    font-size: 50px;
}
#box li:hover .text{
    -webkit-animation-name: mymove;
    -moz-animation-name: mymove;
}
```

图 13-111

```
@-webkit-keyframes mymove{
0%,100%{-webkit-transform: translate(0px,0px);}
20%,60%{-webkit-transform: translate(-10px,0px);}
40%,80%{-webkit-transform:translate(10px,0px);}
}
@-moz-keyframes mymove{
0%,100%{-moz-transform:translate(0px,0px);}
20%,60%{-moz-transform:translate(-10px,0px);}
40%,80%{-moz-transform:translate(10px,0px);}
}
```

图 13-112

13 保存页面并保存外部 CSS 样式文件，在 Firefox 浏览器中预览页面，可以看到导航菜单的效果，如图 13-113 所示。将光标移至各导航菜单项上时，可以看到导航菜单的交互动画效果，如图 13-114 所示。

图 13-113　　图 13-114

13.4 本章小结

本章向读者介绍了实现元素变换的 transform 属性、实现元素过渡效果的 transition 属性和实现动画设计的 @keyframes 规则和 animation 属性。读者需要重点掌握元素的各种变换方法和过渡效果的实现，从而能够在网页中实现简单的动画效果。

第 14 章 jQuery 和 jQuery Mobile 基础

jQuery Mobile 是专门针对移动终端设备的浏览器开发的 Web 脚本框架，它基于强悍的 jQuery 和 jQuery UI 基础之上，统一用户系统接口，能够无缝运行于所有流行的移动平台之上。本章将向读者介绍 JavaScript 和 jQuery 的相关基础知识，这些都是 jQuery Mobile 的基础，并且重点介绍了 jQuery Mobile 的基础。

本章知识点

- 了解 JavaScript 基础知识
- 了解什么是 jQuery 以及在网页中引用 jQuery 函数库的方法
- 理解 jQuery 基础语法以及选择器的使用
- 了解 jQuery Mobile 以及 jQuery Mobile 的功能特点
- 理解 jQuery Mobile 的操作流程
- 掌握创建基础的 jQuery Mobile 页面的方法

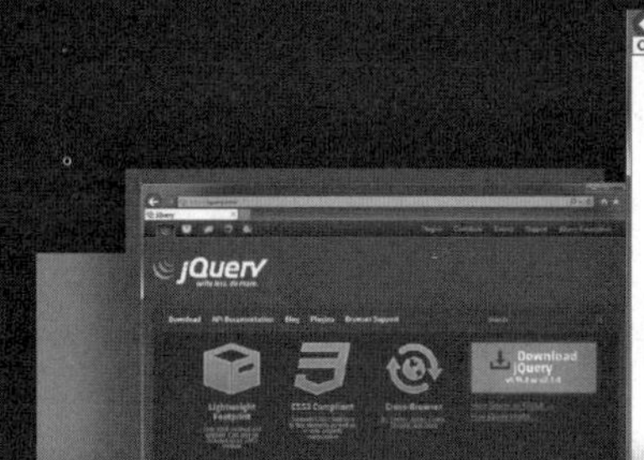

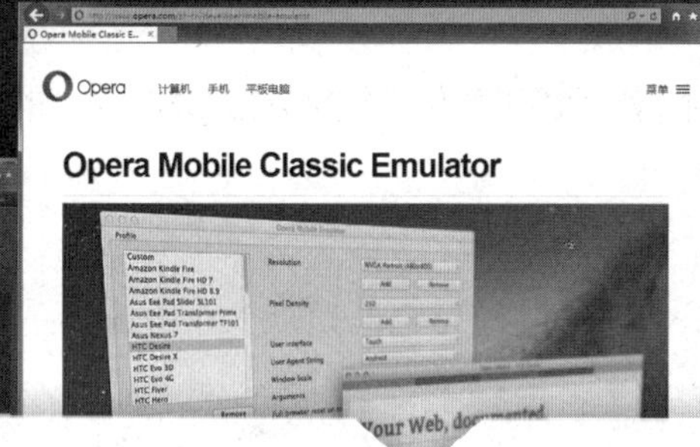

14.1 JavaScript 基础

JavaScript 是最常见的脚本语言，它可以嵌入到 HTML 中，在客户端执行，是网页特效制作的最佳选择，同时也是浏览器普遍支持的网页脚本语言。

14.1.1 JavaScript 简介

JavaScript 是一种基于对象并且通过事件进行驱动的脚本编程语言。其程序代码嵌在 HTML 网页文件中，需要浏览者的浏览器进行解释运行。前面所学习的 HTML 属于一种标记语言，是用某种结构储存数据并在设备上显示的手段，两者属于完全不同的概念。在一个完整的网页中是离不开 JavaScript 程序的，因为有太多的功能需要它来实现。如果只是想单纯地显示网页的基本内容，那么就没有必要再使用 JavaScript 程序了。

jQuery 是 JavaScript 函数库，简化了 HTML 与 JavaScript 之间复杂的处理过程，重点是不再烦恼关于跨浏览器的问题，因为 jQuery 已经帮我们写好了。

在介绍 jQuery 之前，希望读者先了解一些 JavaScript 的基础语法，这样学习 jQuery 时事半功倍。

14.1.2 在网页中使用 JavaScript 的方法

JavaScript 有着非常严格的编写规范，在前面的 HTML 学习中了解到 JavaScript 包含在网页的 <script> 与 </script> 标签中。由于 JavaScript 程序代码嵌入在 HTML 代码中，为了使页面代码结构清晰，设计者经常把 JavaScript 部分的代码放置在头部信息区。当然，也可以在 HTML 文档中多处嵌入 JavaScript 代码，但并不倡导这样的做法。因为浏览器解析 HTML 文档时是自上而下的顺序，设计者需要确保 JavaScript 代码被优先解析。

在前面的 HTML 学习过程中，接触了部分的 JavaScript 程序嵌入方法，第一种是将程序代码直接放入 <script></script> 中。

```
<html>
<head>
<script type="text/javascript">
javascript 程序代码
</script>
</head>
…
</html>
```

第二种是编写在外部的 js 文件中，然后通过类似于链接外部 CSS 文件的方式链接到 HTML 文档中。

```
<html>
<head>
<script type="text/javascript" src="JavaScript 文件路径 ">
</script>
</head>
```

编写 JavaScript 程序代码与网页代码类似，推荐使用 Dreamweaver 来编写 JavaScript 程序代码。

14.1.3 JavaScript 运算符

JavaScript 的运算符是一些特定符号的集合，这些符号用来操作数据按特定的规则进行运算，并生成结果。运算符所操作的数据被称为操作数，运算符和操作数连接并可运算出结果的式子就是表达式。

1. 算术运算符

算术运算符中包含加法 (+)、减法 (-)、乘法 (*)、除法 (/) 和取余 (%) 运算符。加减乘除和数学中的加减乘除一样，都是二元运算符，乘法和除法的优先级高于加法和减法。而取余运算符也是二元运算符，可以用于求两个操作数相除后的余数。

2. 赋值运算符

JavaScript 中的赋值运算符“=”并不是等于符号，而是将右边操作数的值赋值给左边的操作数 (一般为变量)，称之为赋值表达式。

等于符号在 JavaScript 中为“==”，判断两边的操作数的值是否相等。如果相等则返回 true，反之则返回 false，只含有等于表达式的程序语句是没有任何意义的。

赋值运算符和基本运算符结合形成多种赋值运算符，如以下语句。

```
x1= x1+x2;
```

以上代码可以用加赋值符号的语句代替，编写方法如下。

```
x1+=x2;
```

类似的方法可得出减赋值符号“-=”、乘赋值符号“*=”、除赋值符号“/=”和取余赋值符号“%=”。

3. 递增和递减运算符

为了简化代码的编写，JavaScript 提供了递增运算符“++”和递减运算符“--”。递增和递减运算符都是一元运算符，递增运算符可使操作数加 1，递减运算符可使操作数减 1。递增运算符“++”位于操作数左边时，称为前增，即操作数先加 1，然后参与其他运算；反之称为后增，即操作数先参加其他运算，然后增加 1。递减运算符“--”位于操作数左边时，称为前减，即操作数先减 1，然后参与其他运算；反之称为后减，即操作数先参加其他运算，然后减 1。

4. 关系运算符

JavaScript 中的关系运算符用于测试操作数之间的关系，如大小比较、是否相等，依据这些关系存在与否返回一个布尔型数据值，即 true(真)或者 false(假)。比较运算符是关系运算符中最常用的一种运算符。常用的关系运算符如表 14-1 所示。

表 14-1 常用的关系运算符

运 算 符	说 明
<	如果左边的操作数小于右边的操作数，则返回 true(真)，反之，则返回 false(假)
<=	如果左边的操作数小于等于右边的操数，则返回 true(真)，反之，则返回 false(假)
>	如果左边的操作数大于右边的操作数，则返回 true(真)，反之，则返回 false(假)
>=	如果左边的操作数大于等于右边的操作数，则返回 true(真)，反之，则返回 false(假)
==	如果左边操作数等于右边的操作数，则返回 true(真)，反之，则返回 false(假)
!=	如果左边操作数不等于右边的操作数，则返回 true(真)，反之，则返回 false(假)
===	如果左边操作数全等于右边的操作数，则返回 true(真)，反之，则返回 false(假)
!==	如果左边操作数没有全等于右边的操作数，则返回 true(真)，反之，则返回 false(假)

等于“==”和全等于“===”运算符都是用于测试两个操作数的值是否相等，操作数可以使用任意数据类型。等于“==”对操作数一致性要求比较宽松，可以通过数据类型转换后进行比较，而全等于“===”对操作数要求就比较严格。

5. 逻辑运算符

在 JavaScript 中，逻辑运算符一般用于执行布尔型数据，因为关系运算符的返回值(结果)为布尔型数据，所以逻辑运算符常和比较运算符配合使用。通常情况下，逻辑运算符的返回值也是布尔型数据，不过操作数都是数字型时，逻辑运算符的返回值也为数字型。逻辑运算符包括逻辑与运算符、逻辑或运算符和逻辑非运算符等，说明如表 14-2 所示。

表 14-2 常用的逻辑运算符

运 算 符	说 明
逻辑与运算符“&&”	该运算符是二元运算符，当且仅当两个操作数的值都为 true 时，逻辑与运算符运算返回的值为 true，反之为 false
逻辑或运算符“||”	该运算符是二元运算符，当两个操作数的值至少有一个为 true 时，逻辑或运算符运算返回的值为 true。当两个操作数的值全部为 false 时，逻辑或运算符运算返回的值为 false
逻辑非运算符“!”	该运算符是一元运算符，其位置在操作数前面。运算时对操作数的布尔值取反，即当操作数值 false 时，逻辑运算符运算返回的值为 true，反之为 false

6. 条件运算符

JavaScript 中为了便于程序编写，另外还提供了条件运算符“?:”。它是 JavaScript 中唯一的三元运算符，编写使用“?”和“:”连接 3 个操作数。条件运算符的编写格式如下。

```
表达式 1? 表达式 2: 表达式 3
```

“表达式 1”返回值为布尔值（或被转换为布尔值），当“表达式 1”的值为 true 时，条件运算符返回“表达式 2”的值；当“表达式 1”的值为 false 时，条件运算符返回“表达式 3”的值。

使用 JavaScript 中的算术运算符

最终文件：光盘 \ 最终文件 \ 第 14 章 \14-1-3.html　　视频：光盘 \ 视频 \ 第 14 章 \14-1-3.mp4

01 新建 HTML 页面，将页面保存为“光盘 \ 源文件 \ 第 14 章 \14-1-3.html”，如图 14-1 所示。转换到代码视图中，在 <head> 与 </head> 标签之间加入 JavaScript 程序代码，定义变量并为变量赋值，如图 14-2 所示。

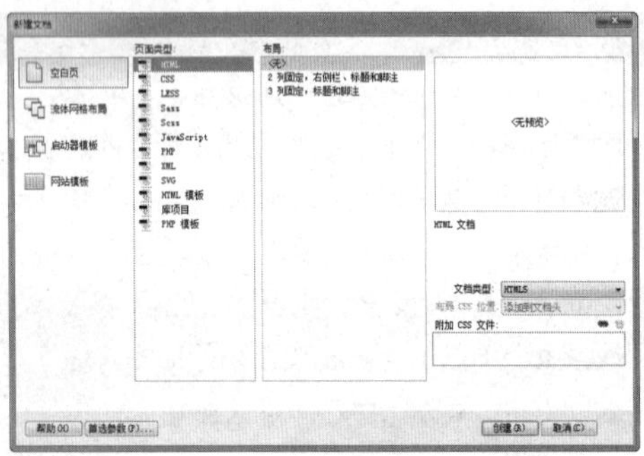

图 14-1

```
<!doctype html>
<html>
<head>
<meta charset="utf-8">
<title>使用JavaScript中的算术运算符</title>
<script type="text/javascript">
    var x1=5;
    var x2=8;
    var num;
</script>
</head>
```

图 14-2

02 在 <body> 与 </body> 标签之间添加 JavaScript 程序代码，对变量进行简单运算并输出结果，如图 14-3 所示。保存页面，在浏览器中预览该页面，可以看到程序输出结果，如图 14-4 所示。

```
<body>
<script type="text/javascript">
num=x1+x2;
document.write(x1+"和"+x2+"相加的值为："+num+"<br>");
num=x1-x2;
document.write(x1+"和"+x2+"相减的值为："+num+"<br>");
num=x1*x2;
document.write(x1+"和"+x2+"相乘的值为："+num+"<br>");
num=x1/x2;
document.write(x1+"和"+x2+"相除的值为："+num+"<br />");
num=x1%x2;
document.write(x1+"和"+x2+"取余数的值为："+num+"<br>");
</script>
</body>
```

图 14-3

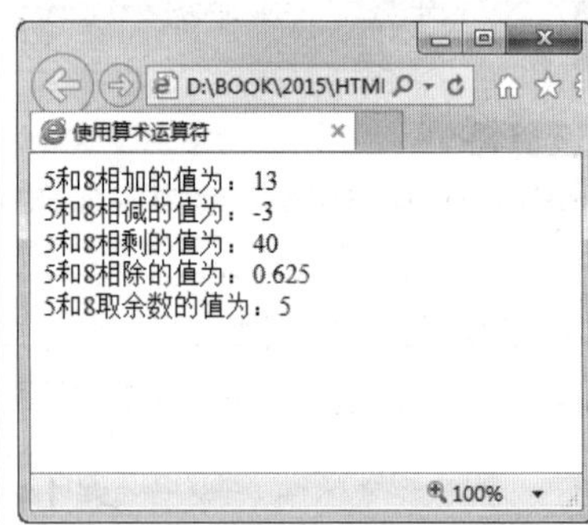

图 14-4

14.1.4 JavaScript 条件和循环语句

JavaScript 中提供了多种用于程序流程控制的语句，这些语句可以分为条件和循环两大类。条件语句包括 if、switch 等，循环语句包括 while、for 等。

1. if 条件语句

if 条件语句在执行程序的时候，条件分支语句可以完成程序不同执行路线的判断选择，选择的依据则取决于条件表达式的值（布尔值）。

if 语句常用于某种条件在两种或三种情况下的判断，if 条件语句在某种条件有两种情况时的编写格式如下。

```
if（条件表达式）{
  代码段 1
}else{
  代码段 2}
```

条件语句首先对括号内的条件表达式的值进行判断，如果条件表达式的值为 true，则程序将执行“代码段 1”，否则程序将跳过“代码段 1”，直接执行“代码段 2”。在有两个条件表达的情况下，if 条件语句的编写格式如下。

```
if（条件表达式 1）{
  代码段 1
}else if（条件表达式 2）{
  代码段 2
}else{
  代码段 3
}
```

通过 if(如果) 和 else(否则) 的组合可以对多个条件进行判断，以选择不同的程序执行路线。根据所设立的条件不同，程序将执行不同的代码，在网页中可用于判断不同情况下网页产生的不同行为。

2. switch 条件语句

switch 语句比起 if 语句更为工整，条理也更为清晰，在编写代码的过程中不易出错，它的编写格式如下。

```
switch（条件表达式）{
  case 值 1:
  代码段 1;
break;
  case 值 2:
  代码段 2;
break;
…
default: 代码段 n;
}
```

switch 语句的执行过程其实并不复杂，同样是判断条件表达式中的值，如果条件表达式的值为 1，则程序将执行“代码段 1”，break 代表其他语句全部跳过，以此类推。最后有一个 default 的情况，类似于 else，即条件表达式和以上值都不相等，则程序将执行“代码段 n”。

3. for 和 for…in 循环语句

JavaScript 中的 for 循环语句结构清晰、循环结构完整。for 循环有一个初始化的变量做计算器，每循环一次计数器自增 1(或自减 1)，并且设立一个终止循环的条件表达式。而初始化、检测循环条件和更新是对计数器变量的 3 个重要操作，for 循环将这 3 个操作作为语法声明的一部分。for 循环语句的编写格式如下。

```
for（初始化变量；设立终止循环条件表达式；更新变量）{
  代码段
}
```

for 循环语句的编写可以避免忘记更新变量（自增或自减）等情况，表达更加明白，也更容易理解。

JavaScript 中还有另外一种 for 循环，即 for…in 循环，用于处理 JavaScript 对象，如对象的属性等。for…in 循环语句的编写格式如下。

```
for（声明变量 in 对象）{
  代码段
}
```

声明的变量用于存储循环运行时对象中的下一个元素。for…in 的执行过程即对对象中每一个元素执行代码段的语句。

4. while 和 do…while 循环语句

while 循环在执行循环体前测试一个条件，如果条件成立则进入循环体；反之，则会跳到循环体后的第一条语句。while 循环语句的编写格式如下。

```
while（条件表达式）{
  代码段
}
```

while 循环语句在工作时，首先判断条件表达式的值，如果值为 true，程序将执行一次代码段的语句，然后再次判断条件表达式。如果值为 false，则跳过循环语句，执行后面的语句。

do…while 循环语句和 while 循环语句非常相似，只是将条件表达式的判断放在了后面。do…while 循环语句的编写格式如下。

```
do {
  代码段
} while（条件表达式）;
```

do…while 循环语句先执行一次代码段，然后再判断条件表达式的值是否为 true。如果表达式的值为 true，则继续循环执行代码段；反之，则跳出循环，执行后面的语句。

使用 JavaScript 中的 if 条件语句

最终文件：光盘 \ 最终文件 \ 第 14 章 \14-1-4.html　　视频：光盘 \ 视频 \ 第 14 章 \14-1-4.mp4

01 新建 HTML 页面，将页面保存为"光盘 \ 源文件 \ 第 14 章 \14-1-4.html"，如图 14-5 所示。转换到代码视图中，在 <body> 与 </body> 标签中输入 JavaScript 程序代码，如图 14-6 所示。

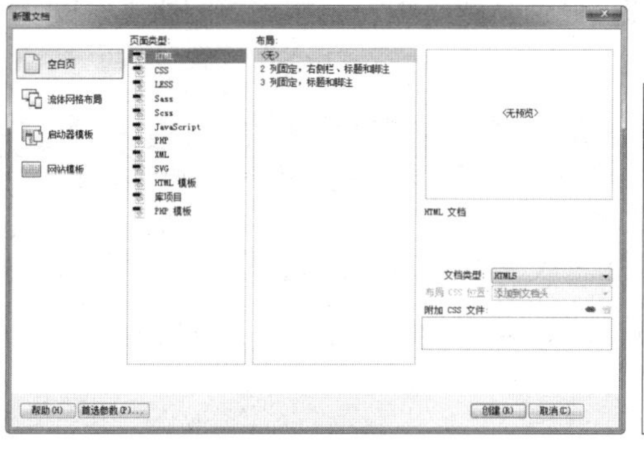

图 14-5

```
<body>
<script type="text/javascript">
 var words=prompt("请输入您最喜欢的宠物,只能填小狗和小猫","");
 if(words=="小狗"){
     document.write("小狗太可爱了，我也喜欢小狗！ ");
 }else if (words=="小猫"){
     document.write("小猫很温顺，也是很不错的小动物！ ");
 }else{
     document.write("这两个都不喜欢，那你喜欢的是什么？");
 }
 </script>
</body>
```

图 14-6

02 保存页面，在浏览器中预览该页面，效果如图 14-7 所示。在文本框中输入提示文字"小狗"，单击"确定"按钮，可以看到页面效果，如图 14-8 所示。如果在文本框中输入"小狗"和"小猫"以外的内容，单击"确定"按钮，可以看到页面效果，如图 14-9 所示。

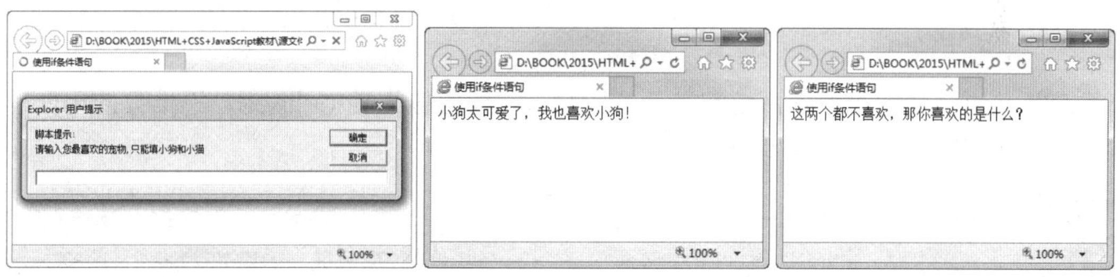

图 14-7　　图 14-8　　图 14-9

14.1.5　JavaScript 函数

JavaScript 中的函数是可以完成某种特定功能的一系列代码的集合，在函数被调用前函数体内的代码并不执行，即独立于主程序。函数的代码执行结果不一定是一成不变的，可以通过向函数传函数，用来解决不同情况下的问题，函数也可以返回一个值。

1. 使用函数

JavaScript 中的函数与其他的语言并不相同，每个函数都是作为一个对象被维护和运行的。通过函数对象的性质，可以极其方便地将一个赋值给一个变量或者将函数作为参数传递。函数的定义语法有多种，分别介绍如下。

```
function func1(….){…}
var func2=function(…){…};
var func3=function func4(…){…};
var func5=new Function();
```

可以用 function 关键字定义一个函数，并为每个函数指定一个函数名，通过函数名来进行调用。在 JavaScript 解释执行时，函数都是被维护为一个对象。

2. 函数传递参数

大多数的 JavaScript 内置函数在使用时，几乎都需要传递参数，如 window 对象的 alert() 方法和 confirm() 方法等。而自定义函数同样可以传递参数，而且个数不限，定义函数时所声明的参数叫作形式参数，定义函数的语法如下。

```
function(x,y…){
  代码段（形式参数参与代码运算）
}
```

x 和 y 为函数的形式参数，在函数体内参与代码的运算，而实际调用函数时需传递相应的数据给形式参数，这些数据称为实际参数。

3. 函数的返回值

函数不仅可以执行代码段，其本身还将返回一个值给调用的程序，类似于表达式的计算。函数返回值需要使用 return 语句，该语句将终止函数的执行，并返回指定表达式的值。return 语句的表现方法如下。

```
return;
return 表达式;
```

第一条 return 语句类似于系统自动添加的情况，返回值为 undefined，不推荐使用。第二条 return 语句将返回表达式的值给程序。

实战　使用 JavaScript 中的函数

最终文件：光盘 \ 最终文件 \ 第 14 章 \14-1-5.html　　视频：光盘 \ 视频 \ 第 14 章 \14-1-5.mp4

01 新建一个 HTML 页面，将新建的页面保存为“光盘 \ 源文件 \ 第 14 章 \14-1-5.html”，如图 14-10 所示。转换到代码视图中，在 <head> 与 </head> 标签之间添加相应的 JavaScript 程序代码，如图 14-11 所示。

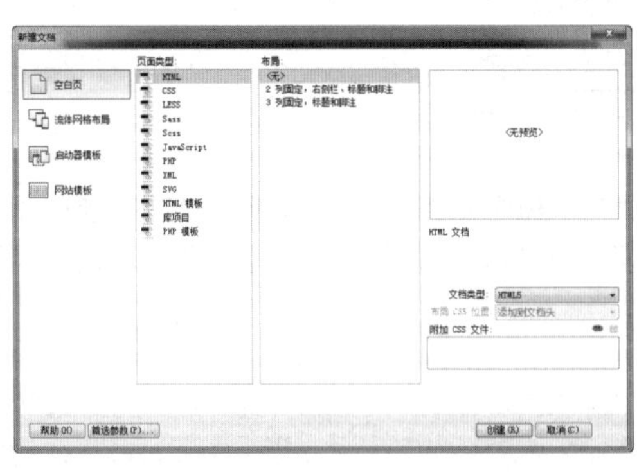

图 14-10

```
<head>
<meta charset="utf-8">
<title>使用JavaScript中的函数</title>
<script type="text/javascript">
function funReturn(){
    var a=10;
    var b=Math.sqrt(a);
    return b/2+a;
}
function funReturn2(){
    var a=10;
    var b=Math.sqrt(a);
    var c=b/2+a;
}
</script>
</head>
```

图 14-11

02 在 <body> 与 </body> 标签之间输入相应的 JavaScript 程序代码，如图 14-12 所示。完成网页程序代码的制作，在浏览器中预览该页面，可以看到输出的结果，如图 14-13 所示。

```
<body>
<script type="text/javascript">
document.write("第一个函数的返回值为： "+funReturn());
document.write("<hr>第二个函数的返回值为： "+funReturn2());
</script>
</body>
```

图 14-12

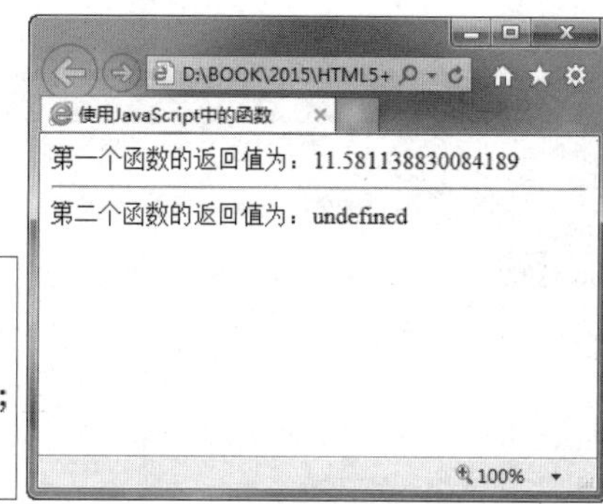

图 14-13

其实所有的函数都有返回值，当函数体内没有 return 语句时，JavaScript 解释器将在末尾加一条 return 语句，返回值为 undefined。

14.1.6　JavaScript 事件

事件是交互的桥梁，用户可以通过多种方式与浏览器载入的页面进行交互。Web 应用程序开发者通过 JavaScript 脚本内置的和自定义的事件来响应用户的动作，就可以开发出更有交互性和动态性的页面。

1. JavaScript 事件处理

在通常情况下，用户在操作页面元素时和网页载入后都会发生很多事件，触发事件后执行一定的程序就是 JavaScript 事件响应编程时的常用模式。只有触发事件才执行的程序被称为事件处理程序，一般调用自定义函数实现。编写格式如下。

```
<HTML 标签 事件属性 =" 事件处理程序 ">
```

这种编写方式避免了程序与 HTML 代码混合编写，有利于维护。事件处理程序一般是调用自定义函数，函数是可以传递很多参数的，最常用的方法是传递 this 函数，this 代表 HTML 标签的相应对象。编写格式如下。

```
<form action="" method="post" onsubmit="return chk(this); "></form>
```

this 参数代表 form 对象，在 chk 函数中可以更方便地引用 form 对象及内含的其他控件对象。编写事件处理程序要特别使用，当外部使用双引号时，内部要使用单引号，反之一样。

2. 常用事件

文档对象模型即 Document Object Model，简称 DOM。事件的使用使 JavaScript 程序变得十分灵活，这种事件是异步事件，即 HTML 元素的事件属性和 HTML 其他属性相同，大小写不敏感，读者可同样小写。但是，在 JavaScript 程序中使用事件是需注意大小写。HTML 元素大多数事件属性是一致的，其常用事件如表 14-3 所示。

表 14-3　常用事件

事　件	说　明
onblur	失去键盘焦点事件，适用于网页中几乎所有可视元素
onfocus	获得键盘焦点事件，适用于网页中几乎所有可视元素
onchange	修改内容并失去焦点后触发的事件，一般用于网页中可视表单元素
onclick	鼠标单击事件，一般用于单击网页中某个元素
ondbclick	鼠标双击事件，一般用于双击网页中某个元素
ondragdrop	用户在窗口中拖曳并放下一个对象时触发的事件
onerror	脚本发生错误事件
onkeydown	键盘按键按下事件，一般用于按下键盘上某个按钮触发
onkeyup	键盘按键按下并松开时触发的事件
onload	载入事件，一般用于 <body>、<frameset> 和 <img> 标签
onunload	关闭或重置触发事件，一般用于 <body>、<frameset> 标签
onmouseout	鼠标滑出事件，一般用于鼠标移开网页中某个元素
onmouseover	鼠标经过事件，一般用于鼠标经过网页中某个元素
onmove	浏览器窗口移动事件，移动浏览器窗口触发
onresize	浏览器窗口改变大小事件，改变浏览器窗口大小触发
onsubmit	表单提交事件，单击提交表单按钮触发
onreset	表单重置事件，单击重置表单按钮触发
onselect	选中了某个表单元素时触发的事件

3. 常用事件方法

之前操作的 JavaScript 事件都是由用户操作所触发，其实在 JavaScript 中，还可以用代码触发部分事件。例如代码中执行 blur() 方法，将使相应对象失去键盘输入焦点，并触发 onblur 事件。这种代码触发事件的编程方式方便了网页中互动程序的制作，让网页更加人性化。常用的事件方法如表 14-4 所示。

表 14-4　常用事件方法

事　件	说　明
click()	该事件方法的作用是模拟单击事件
blur()	该事件方法的作用是对象将自动失去键盘输入焦点
focus()	该事件方法的作用是对象将自动得到键盘输入焦点
reset()	该事件方法的作用是复位表单数据
submit()	该事件方法的作用是提交表单，并不触发 onsubmit 事件
select()	该事件方法的作用是选中表单控件

使用 JavaScript 中的 onLoad 事件

最终文件：光盘 \ 最终文件 \ 第 14 章 \14-1-6.html　　视频：光盘 \ 视频 \ 第 14 章 \14-1-6.mp4

01 打开页面“光盘 \ 源文件 \ 第 14 章 \14-1-6.html”，可以看到页面效果，如图 14-14 所示。转换到代码视图中，在页面中的 <head> 与 </head> 标签之间添加 JavaScript 程序代码，如图 14-15 所示。

图 14-14

```
<head>
<meta charset="utf-8">
<title>使用JavaScript中的onLoad事件</title>
<link href="style/14-1-6.css" rel=
"stylesheet" type="text/css">
<script type="text/JavaScript">
<!--
function MM_popupMsg(msg) {
    alert (msg);
    }
//-->
</script>
</head>
```

图 14-15

02 在页面的 <body> 标签中添加 load 事件，触发自定义函数并传递参数，如图 14-16 所示。保存页面，在浏览器中预览页面，当页面载入完成时可以看到 load 事件的效果，如图 14-17 所示。

```
<body onLoad="MM_popupMsg('欢迎访问我们的网站')">
<div id="box"><img src="images/141601.jpg" alt=""
/></div>
<div id="menu">网站首页<span>|</span>立体展示<span>|
</span>网站店铺<span style="margin-left: 80px;
margin-right: 80px;"></span>相关配件<span>|</span>
单车知识<span>|</span>联系我们</div>
<div id="logo"><img src="images/141602.png" width=
"140" height="141" alt="" /></div>
</body>
```

图 14-16

图 14-17

14.2 jQuery 基础

jQuery 是一套开放原始代码的 JavaScript 函数库，可以说是目前最受欢迎的 JavaScript 函数库，最让人津津乐道的就是它简化了 DOM 文件的操作，让我们可以轻松选择对象，并以简洁的程序完成想做的事情。除此之外，还可以通过 jQuery 指定 CSS 属性值，达到想要的特效与动画效果。另外，jQuery 还强化异步传输以及事件功能，轻松访问远程数据。

14.2.1 jQuery 简介

jQuery 是继 prototype 之后又一个优秀的 JavaScript 函数库，它兼容 CSS 3，还兼容各种浏览器，jQuery 2.0 及后续版本不再支持 IE8 以下版本浏览器。jQuery 使用户能更方便地处理 HTML、events 和实现动画效果，并且方便地为网站提供 AJAX 交互。jQuery 还有一个比较大的优势是，它的文档说明很全，而且各种应用也说得很详细，同时还有许多成熟的插件可供选择。jQuery 能够使用户的 HTML 页面保持代码和 HTML 内容分离，也就是说，不需要在 HTML 代码中插入一堆的 JavaScript 代码来调用命令了，只需要定义 id 名称即可。

jQuery 是一个兼容多浏览器的 JavaScript 库，核心理念是“写得更少，做得更多”。jQuery 是免费的、开源的，使用 MIT 许可协议。jQuery 的语法设计可以使开发者更加便捷，例如操作文档对象、选择 DOM 元素、制作动画效果、事件处理、使用 AJAX 以及其他功能。除此之外，jQuery

提供 API 让开发者编写插件。其模块化的使用方式使开发者可以很轻松地开发出功能强大的静态或动态网页。

14.2.2 在网页中引用 jQuery 函数库

在网页中引用 jQuery 函数库的方法有两种，一种是直接下载 JavaScript 文件引用，另一种是使用 CDN(Content Delivery Network) 来加载链接库。

1. 下载 jQuery 函数库

jQuery 的官方网址是 http://jquery.com，jQuery 的版本为 V2.1.4，如图 14-18 所示。单击页面中的 Download jQuery 按钮，进入 jQuery 下载页面，网页中两种格式可以下载，一种是 Download the compressed, production jQuery 2.1.4，即程序代码已经压缩过的版本，文件比较小，下载后的文件名为 jquery-2.1.4.min.js；另一种是 Download the uncompressed, development jQuery 2.1.4，即程序代码未压缩的开发版本，文件比较大，适合程序开发人员使用，下载后的文件名为 jquery-2.1.4.js，如图 14-19 所示。

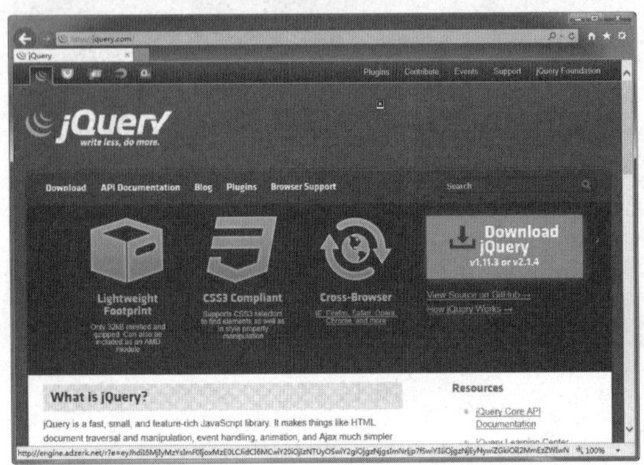

图 14-18

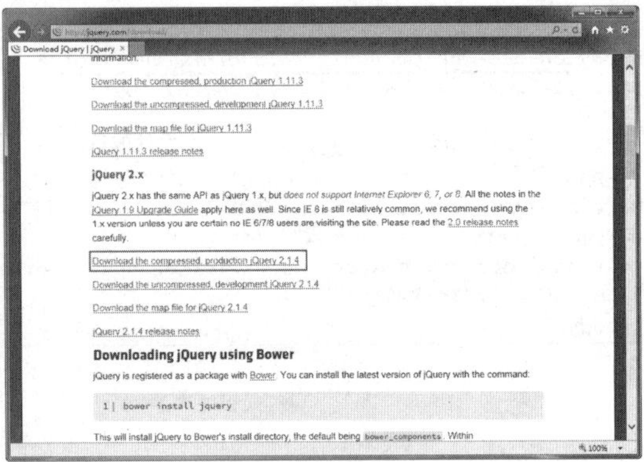

图 14-19

下载完成后，就可以在网页中链接刚刚下载的 jQuery 函数库文件了，链接方法与链接外部 JavaScript 脚本文件相同，在 <head> 与 </head> 标签之间通过 <script> 标签进行链接，代码如下。

```
<script type="text/javascript" src="jQuery 库文件路径 "></script>
```

2. 使用 CDN 加载 jQuery 库函数

CDN(Content Delivery Network) 是内容分发服务网络，也就是将要加载的内容通过这个网络系统进行分发。浏览者在浏览到你的网页之前可能已经在同一个 CDN 下载过 jQuery，浏览器已经缓存过这个文件，此时就不需要再重新下载，浏览速度会快很多。Google、微软等都提供 CDN 服务。

如果需要使用 CDN 加载 jQuery 库函数，只需要将网址加入到 HTML 页面的 <head> 与 </head> 标签之间即可，代码如下。

```
<script type="text/javascript" src="http://code.jquery.com/jquery-2.1.4.min.
js"></script>
```

jQuery V2.x 之后的版本不再支持 IE6、IE7 和 IE8，如果考虑到用户使用的是版本较低的浏览器，建议下载或使用 CDN 加载 V1.10.2 版本的 jQuery 函数库。

14.2.3　jQuery 基本语法

jQuery 必须等浏览器加载 HTML 的 DOM 对象之后才能执行，可以通过 .ready() 方法来确认 DOM 对象是否已经全部加载，代码如下所示。

```
jQuery(document).ready(function(){
//程序代码
});
```

上述 jQuery 程序代码由“jQuery”开始，也可以使用“$”代替，代码如下所示。

```
$(document).ready(function(){
//程序代码
});
```

$() 函数括号内的参数是指定想要选用哪一个对象，接着是想要 jQuery 执行什么方法或者处理什么事件，例如 ready() 方法。ready() 方法括号内是事件处理的函数程序代码，多数情况下，会把事件处理函数定义为匿名函数，也就是上述程序代码中的 function(){}。

由于 document ready 是很常用的方法，jQuery 提供了简洁的写法便于用户使用，简洁的代码写法如下所示。

```
$(function(){
//程序代码
});
```

jQuery 的使用方法非常简单，只需要指定作用的 DOM 对象及执行什么样的操作即可，其基本语法如下。

```
$(选择器).操作();
```

例如，若需要将 HTML 页面中所有的 <p> 标签中的对象全部隐藏，代码可以写为如下的形式。

```
$("p").hide();
```

14.2.4　jQuery 选择器

jQuery 选择器用来选择 HTML 中的元素，可以通过 HTML 标签名称、id 属性以及 class 属性等来选择网页中的元素。

1. 标签名称选择器

标签名称选择器顾名思义是直接使用 HTML 标签，例如想要选择 HTML 页面中的所有 <div> 标签，可以写为如下的形式。

```
$("div")
```

2. id 选择器 (#)

id 选择器通过元素的 id 属性来选择对象，只要在 id 属性前加上“#”即可。例如想要选择 HTML 页面中 id 属性为 box 的对象，可以写为如下的形式。

```
$("#box")
```

注意，在一个 HTML 页面中元素的 id 属性名称不能重复，所以 id 选择器适用于找出 HTML 页面中唯一的对象。

3. class 选择器 (.)

class 选择器通过元素的 class 属性来获取对象，只需要在 class 属性前加上“.”即可。例如想要选择 HTML 页面中 class 属性为 font01 的对象，可以写为如下的形式。

```
$(".font01")
```

还可以将上述 3 种选择器组合使用，例如需要选择 HTML 页面中所有 <p> 标签中 class 属性为 font01 的对象，可以写为如下的形式。

```
$("p.font01")
```

如表 14-5 所示，列出了常用的选择以及搜索方法，供读者参考。

表 14-5　常用的选择和搜索方法

表示方法	说　明
$(“*”)	选择 HTML 页面中的所有元素
$(this)	选择 HTML 页面中当前正在作用中的元素
$(“p:first”)	选择 HTML 页面中第一个 <p> 元素
$(“[href]”)	选择 HTML 页面中包含 href 属性的元素
$(“tr:even”)	选择 HTML 页面中偶数 <tr> 元素
$(“tr:odd”)	选择 HTML 页面中奇数 <tr> 元素
$(“div p”)	选择 HTML 页面 <div> 标签中所包含的 <p> 元素
$(“div”).find(“p”)	在 HTML 页面中搜索 <div> 标签中所包含的 <p> 元素
$(“div”).next(“p”)	在 HTML 页面中搜索 <div> 标签之后的第一个 <p> 元素
$(“li”).eq(2)	在 HTML 页面中搜索第 3 个 <li> 元素。在 eq() 中输入元素的位置，只能输入整数，最小值为 0

14.2.5　使用 jQuery 设置 CSS 样式属性

掌握了 jQuery 选择器的用法之后，除了可以操控 HTML 元素之外，还可以使用 css() 方法来改变网页元素的 CSS 样式。例如，设置 HTML 页面中所有 <p> 元素的文字颜色为红色，可以写为如下的代码。

```
$("p").css("color","red");
```

实战

使用 jQuery 改变列表第一行效果

最终文件：光盘 \ 最终文件 \ 第 14 章 \14-2-5.html　　视频：光盘 \ 视频 \ 第 14 章 \14-2-5.mp4

01 打开页面“光盘 \ 源文件 \ 第 14 章 \14-2-5.html”，效果如图 14-20 所示。转换到 HTML 代码中，在 <head> 与 </head> 标签之间加入链接 jQuery 函数库文件代码，如图 14-21 所示。

图 14-20

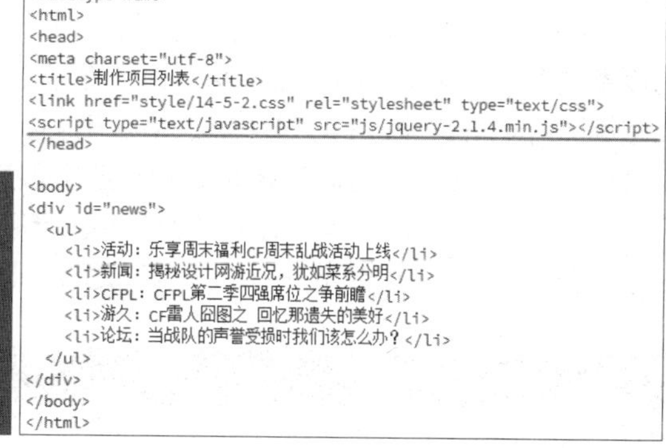

```
<!doctype html>
<html>
<head>
<meta charset="utf-8">
<title>制作项目列表</title>
<link href="style/14-5-2.css" rel="stylesheet" type="text/css">
<script type="text/javascript" src="js/jquery-2.1.4.min.js"></script>
</head>

<body>
<div id="news">
  <ul>
    <li>活动：乐享周末福利CF周末乱战活动上线</li>
    <li>新闻：揭秘设计网游近况，犹如菜系分明</li>
    <li>CFPL：CFPL第二季四强席位之争前瞻</li>
    <li>游久：CF雷人囧图之 回忆那遗失的美好</li>
    <li>论坛：当战队的声誉受损时我们该怎么办？</li>
  </ul>
</div>
</body>
</html>
```

图 14-21

02 在 <head> 与 </head> 标签之间添加相应的 jQuery 脚本代码，如图 14-22 所示。保存页面，在浏览器中预览页面，可以看到页面中列表第一行的项目列表文字被修改为红色，如图 14-23 所示。

```
<head>
<meta charset="utf-8">
<title>使用jQuery改变列表第一行效果</title>
<link href="style/14-5-2.css" rel="stylesheet"
type="text/css">
<script type="text/javascript" src=
"js/jquery-2.1.4.min.js"></script>
<script type="text/javascript">
$(function() {
    $("li").eq(0).css("color","#F00");
})
</script>
</head>
```

图 14-22

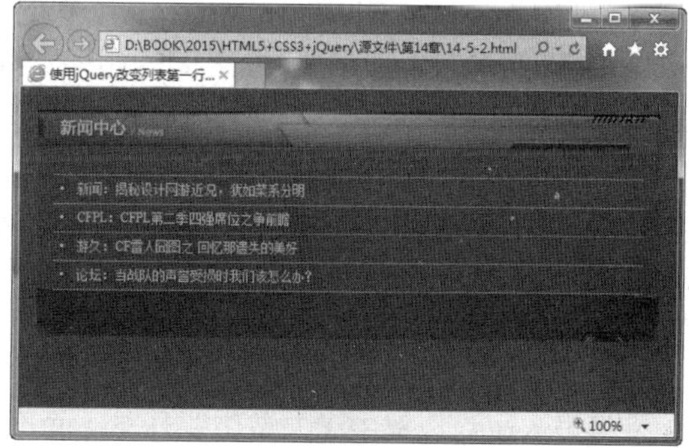

图 14-23

提示

jQuery 语法与 JavaScript 语法一样并不限制使用单引号还是双引号，但是必须是成对出现的，例如 "p" 和 'p' 都是正确的，但 "p' 就是错误的写法。

14.3 jQuery Mobile 基础

jQuery Mobile 是 jQuery 在手机和平板电脑等移动设备上应用的版本。jQuery Mobile 不仅给主流移动平台带来 jQuery Mobile 核心库，而且会发布一个完整、统一的 jQuery 移动 UI 框架。

14.3.1 jQuery Mobile 简介

随着移动互联网的快速发展，适用于移动设备的网页非常需要一个跨浏览器的框架，让开发人员开发出真正的移动 Web 网站。jQuery Mobile 支持全球主流的移动应用平台。

目前，网站中的动态交互效果越来越多，其中大多数都是通过 jQuery 来实现的。随着智能手机和平板电脑的流行，主流移动平面上的浏览器功能已经与传统的桌面浏览器功能相差无几，因此 jQuery 团队开发了 jQuery Mobile。jQuery Mobile 的使命是向所有主流移动设备浏览器提供一种统一的交互体验，使整个互联网上的内容更加丰富。

jQuery Mobile 是一个基于 HTML 5，拥有响应式网站特性，兼容所有主流移动设备平台的统一 UI 接口系统与前端开发框架，可以运行在所有智能手机、平板电脑和桌面设备上。不需要为每一个移动设备或者操作系统单独开发应用，设计者可以通过 jQuery Mobile 框架设计一个高度响应式的网站或应用运行于所有流行的智能手机、平板电脑和桌面系统。

(1) jQuery Mobile 是创建移动 Web 应用程序的框架。

(2) jQuery Mobile 适用于所有流行的智能手机和平板电脑。

(3) jQuery Mobile 使用 HTML 5 和 CSS 3 通过尽可能少的脚本对页面进行布局。

14.3.2 jQuery Mobile 功能特点

jQuery Mobile 是一套以 jQuery 和 jQuery UI 为基础，提供移动设备跨平台的用户界面函数库。通过它制作出来的网页能够支持大多数移动设备的浏览器，并且在浏览网页时，能够拥有操作应用软件一样的触碰及滑动效果。

jQuery Mobile 具有以下几个特点。

- 强大的 AJAX 驱动导航

无论页面数据的调用还是页面之间的切换，都是采用 AJAX 进行驱动的，从而保持了动画转换页面的干净与优雅。

- 以 jQuery 和 jQuery UI 为框架核心

jQuery Mobile 的核心框架是建立在 jQuery 基础之上的，并且利用了 jQuery UI 的代码与运用模式，使熟悉 jQuery 语法的开发者能通过最少量的学习迅速掌握。

- 强大的浏览器兼容性

jQuery Mobile 继承了 jQuery 的兼容性优势，目前所开发的应用兼容于所有主要的移动终端浏览器，使开发人员可以集中精力做功能开发，而不需要考虑复杂的浏览器兼容性问题。

- 丰富的主题和 ThemeRoller 工具

jQuery UI 的 ThemeRoller 在线工具，只要通过下拉菜单进行设置，就能够自制出相当有特色的网页风格，并且可以将代码下载下来应用。另外，jQuery Mobile 还提供了丰富的主题，轻轻松松就能够快速创建高质感的网页。

- 支持触摸与其他鼠标事件

jQuery Mobile 提供了一些自定义的事件，用来侦测用户的移动触摸动作，如 tap(单击)、tap-and-hold(单击并按住)、swipe(滑动) 等事件，极大提高了代码开发的效率。

14.3.3　jQuery Mobile 的工作原理

jQuery Mobile 的工作原理是：提供可触摸的 UI 小部件和 AJAX 导航系统，使页面支持动画式切换效果。以页面中的元素标签为事件驱动对象，当触摸或单击时进行触发，最后在移动终端的浏览器中实现一个个应用程序的动画展示效果。

AJAX 即 Asynchronous JavaScript And XML(异步 JavaScript 和 XML)，是指一种创建交互式网页应用的网页开发技术。通过在后台与服务器进行少量数据交换，AJAX 可以使网页实现异步更新。这意味着可以在不重新加载整个网页的情况下，对网页的某部分进行更新。

14.4　jQuery Mobile 操作流程

jQuery Mobile 的操作流程与编写 HTML 页面相似，编写和开发 jQuery Mobile 页面的工具也与HTML 页面的工具相同，可以通过记事本或专业的 Dreamweaver 来编辑制作 jQuery Mobile 页面，完成 jQuery Mobile 页面的制作后，将其保存为 .html 或 .htm 文件，就可以在浏览器或模拟器中浏览了。jQuery Mobile 的操作流程大致有以下几个步骤。

(1) 新建 HTML 5 页面。

(2) 载入 jQuery、jQuery Mobile 函数库和 jQuery Mobile CSS。

(3) 使用 jQuery Mobile 定义的 HTML 标准编写网页架构及内容。

14.4.1　下载移动设备模拟器

jQuery Mobile 页面主要用于智能手机等移动设备浏览，所以需要使用能够产生移动设备屏幕大小的模拟器来预览所制作的 jQuery Mobile 页面效果。本节将向读者介绍 Opera Mobile Emulator 移动设备模拟器。

在浏览器地址栏中输入 Opera Mobile Emulator 模拟器的下载网址 http://www.opera.com / developer/tools/mobile，打开网站页面，如图 14-24 所示。单击页面中的 Opera Mobile Classic Emulator 12.1 for Windows 链接，下载该模拟器，如图 14-25 所示。

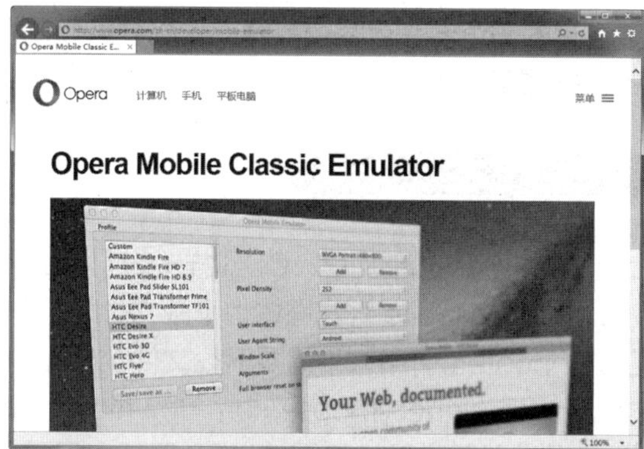

图 14-24

图 14-25

完成该模拟器安装程序的下载后进行安装，完成模拟器的安装后启动模拟器，弹出“选择语言”对话框，在下拉列表中选择“简体中文”选项，单击“确定”按钮，如图 14-26 所示。此时将显示软件界面，可以从中选择需要模拟的移动设备，如图 14-27 所示。

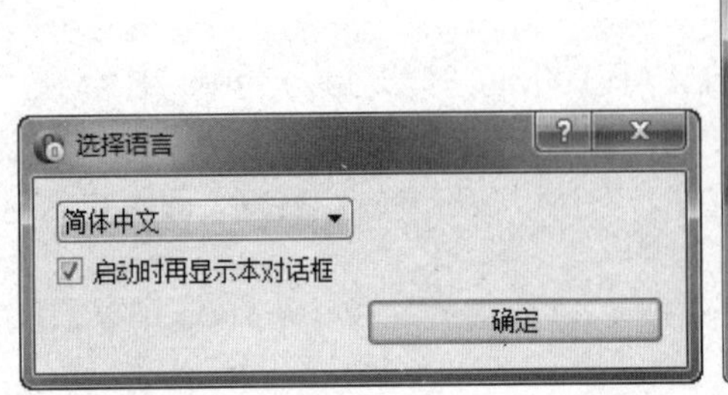

图 14-26

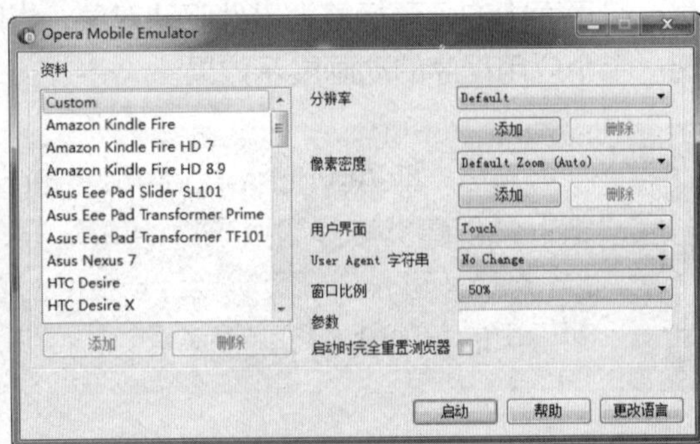

图 14-27

例如从“资料”列表框中选择 Samsung Galaxy Note，单击“启动”按钮，如图 14-28 所示。就会弹出手机模拟窗口，如图 14-29 所示。

图 14-28

图 14-29

虽然 Opera Mobile Emulator 模拟器没有呈现真实的手机外观，但是窗口尺寸与手机屏幕是一样的，它的好处是可以任意调整窗口大小。如果需要浏览 jQuery Mobile 页面在不同屏幕尺寸的效果，这款模拟器就非常方便。

如果无法安装模拟器也没有关系，可以直接使用现有的浏览器来代替模拟器，只需要调整浏览窗口的大小尺寸，同样可以预览 jQuery Mobile 页面的运行结果。

14.4.2 使用 URL 方式加载 jQuery Mobile 函数库

要开发 jQuery Mobile 页面，必须要引用 jQuery Mobile 函数库 (.js)、CSS 样式表 (.css) 和配套的 jQuery 函数库文件。引用方式有两种，一种是到 jQuery Mobile 官方网站上下载文件进行引用，另一种是直接通过 URL 链接到 jQuery Mobile 的 CDN-hosted 引用，不需要下载文件。

在浏览器窗口中打开 jQuery Mobile 官方网站页面 http://jquerymobile.com/download，进入网站后找到 Latest Stable Version 字样，官网上直接提供引用代码，如图 14-30 所示。只需要将其复制并粘贴到 HTML 文档的 <head> 与 </head> 标签之间即可。

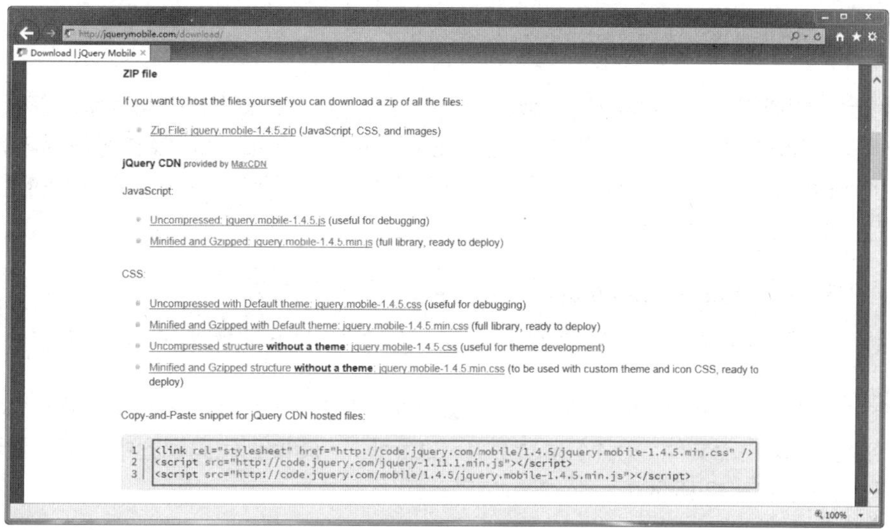

图 14-30

jQuery Mobile 函数库仍然在开发过程中，因此用户看到的版本号可能会与本书有所不同，请使用官网提供的最新版本，只需要将代码复制到 HTML 文档的 <head> 与 </head> 标签之间即可。

将引用代码复制到 HTML 文档的 <head> 与 </head> 标签之间，其位置如下所示。

```
<head>
<meta charset="utf-8">
<title>创建 jQuery Mobile 页面 </title>
<link rel="stylesheet" href="http://code.jquery.com/mobile/1.4.5/jquery.mobile-1.4.5.min.css" />
<script src="http://code.jquery.com/jquery-1.11.1.min.js"></script>
<script src="http://code.jquery.com/mobile/1.4.5/jquery.mobile-1.4.5.min.js"></script>
</head>
```

通过 URL 加载 jQuery Mobile 函数库的方式使版本的更新更加及时，但由于是通过 jQuery CDN 服务器请求的方式进行加载，在执行页面时必须要保证网络的畅通，否则不能实现 jQuery Mobile 移动页面的效果。

CDN 的全称是 Content Delivery Network，用于快速下载跨 Internet 常用的文件，只要在页面的 <head> 与 </head> 标签之间加入引用代码，同样可以执行 jQuery Mobile 移动应用页面。

14.4.3 创建 jQuery Mobile 页面

与开发和制作普通的网站页面相似，创建一个 jQuery Mobile 页面也非常简单。在 jQuery Mobile 页面中通过 <div> 标签来组织页面结构，通过在标签中设置 data-role 属性来设置该标签的作用。每一个设置了 data-role 属性的 <div> 标签就是一个容器，可以在该容器中放置其他的页面元素。接下来一起来制作第一个 jQuery Mobile 页面。

实战　第一个 jQuery Mobile 页面

最终文件：光盘 \ 最终文件 \ 第 14 章 \14-4-3.html　　视频：光盘 \ 视频 \ 第 14 章 \14-4-3.mp4

01 执行"文件 > 新建"命令，弹出"新建文档"对话框，新建一个 HTML 5 页面（如图 14-31 所示），将该文档保存为"光盘 \ 源文件 \ 第 14 章 \14-4-3.html"。转换到代码视图中，可以看到该 HTML 5 文档的代码，如图 14-32 所示。

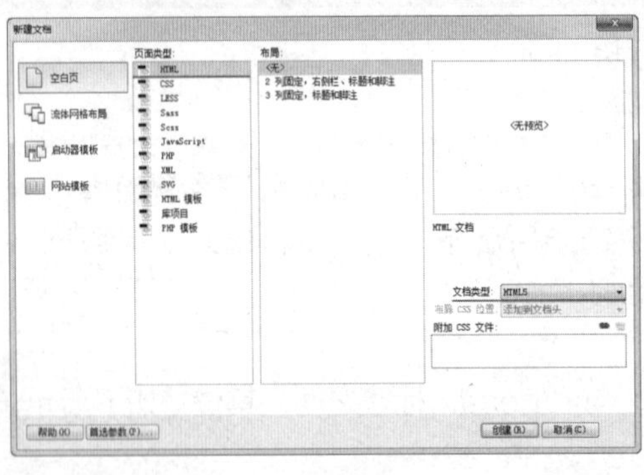

图 14-31

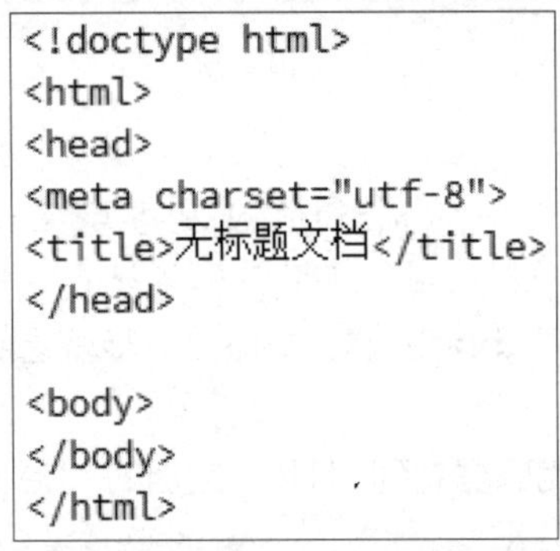

```
<!doctype html>
<html>
<head>
<meta charset="utf-8">
<title>无标题文档</title>
</head>

<body>
</body>
</html>
```

图 14-32

02 在 <head> 与 </head> 标签之间添加 <meta> 标签，设置和加载 jQuery Mobile 函数库代码。

```
<head>
<meta charset="utf-8">
<title>第一个 jQuery Mobile 页面 </title>
<meta name="viewport" content="width=device-width,initial-scale=1">
<link rel="stylesheet" href="http://code.jquery.com/mobile/1.4.5/jquery.mobile-1.4.5.min.css" />
<script src="http://code.jquery.com/jquery-1.11.1.min.js"></script>
<script src="http://code.jquery.com/mobile/1.4.5/jquery.mobile-1.4.5.min.js"></script>
</head>
```

添加 <meta> 标签，在该标签中添加 content 属性，设置页面的宽度与模拟器的宽度一致，以保证页面可以在浏览器中完全填充。

接下来使用 URL 方式加载 jQuery Mobile 函数库文件，注意这 3 个 jQuery Mobile 函数库文件的加载顺序。

03 在 <body> 与 </body> 标签之间编写 jQuery Mobile 页面的正文内容。

```
<body>
<div id="page1" data-role="page">
  <div data-role="header">
  <h1> 页面标题 </h1>
  </div>
  <div data-role="content">
  jQuery Mobile 页面的正文内容部分
  </div>
  <div data-role="footer">
  <h1> 页脚 </h1>
  </div>
</div>
</body>
```

在 <body> 与 </body> 标签之间，通过多个 <div> 标签对 jQuery Mobile 页面的层次进行划分。因为 jQuery Mobile 中每个 <div> 标签都是一个容器，根据每个 <div> 标签中所设置的 data-role 属性值，从而确定该元素的身份。如设置 data-role 属性值为 header，则表示该 <div> 元素为头部区域；设置 data-role 属性值为 content，则表示该 <div> 元素为内容区域；设置 data-role 属性值为 footer，则表示该 <div> 元素为页脚区域。

data-role 属性是 HTML 5 中新增的属性，通过设置该属性，jQuery Mobile 页面就可以很快地定位到指定的元素，并对内容进行相应的处理。

04 完成第一个 jQuery Mobile 页面的制作，保存页面，打开 Opera Mobile 模拟器，直接将所制作的 jQuery Mobile 页面文件拖入到 Opera Mobile 模拟器中，即可看到 jQuery Mobile 页面的效果，如图 14-33 所示。

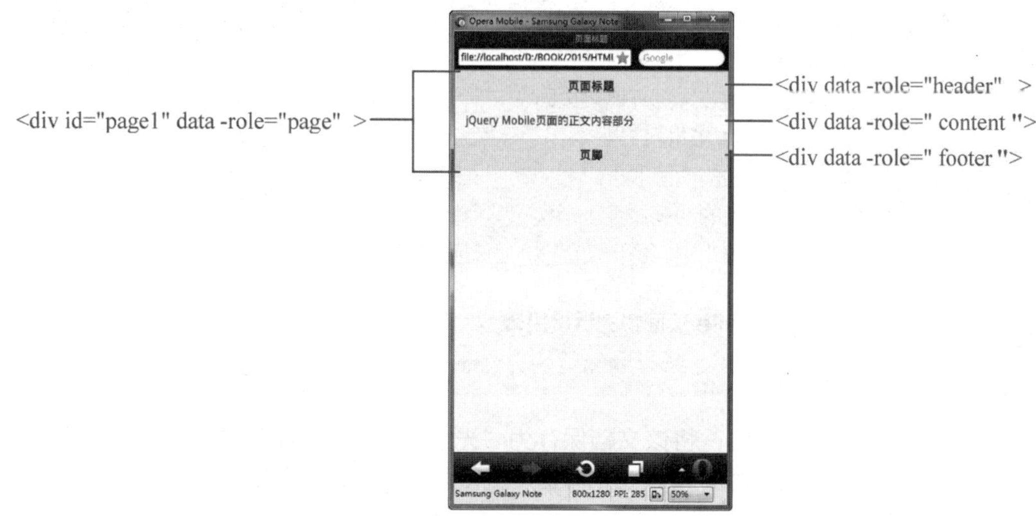

图 14-33

14.4.4 jQuery Mobile 页面链接

在 jQuery Mobile 页面中，如果将页面元素的 data-role 属性值设置为 page，则该元素成为一个容器，即页面中的某块区域。在一个 jQuery Mobile 页面中，可以设置多个元素成为容器，虽然元素的 data-role 属性值都是 page，但是它们对应的 id 名称不允许相同。

1. 内链接

在 jQuery Mobile 页面中，将一个页面中的多个容器当作多个不同的页面，它们之间的跳转是通过 <a> 标签来实现的，在 <a> 标签中设置 href 属性值为 # 加对应页面的 id 名称来实现，这种链接形式也称为内链接，例如下面的链接形式。

```
<a href="#page1">第 1 页 </a>
```

2. 外链接

在 jQuery Mobile 页面中除了可以创建内链接外，还可以创建外链接。所谓外链接是指通过单击页面中的某个链接，跳转到另外一个 jQuery Mobile 页面中，而不是在同一个页面中的不同区域之间跳转。其实现的方式与内链接相似，只需要在 <a> 标签中添加 rel 属性设置，设置该属性的属性值为 external，即可表示该链接是一个外链接，例如下面的链接形式。

```
<a href="x.html" rel="external">详细页面 </a>
```

3. 页面跳转过渡效果

在 jQuery Mobile 页面中无论是创建内链接还是外链接，都支持页面跳转过渡的动画效果，只需要在 <a> 标签中添加 data-transition 属性设置，格式如下所示。

```
<a href=" 链接地址 " data-transition="slide | pop | slideup | slidedown | fade | flip" >对象 </a>
```

data-transition 属性的属性值说明如表 14-6 所示。

表 14-6 data-transition 属性值说明

属 性 值	说 明
slide	该属性值为默认值，表示从右至左的滑动动画效果
pop	表示以弹出的效果打开链接页面
slideup	表示向上滑动的动画效果
slidedown	表示向下滑动的动画效果
fade	表示渐变退色的动画效果
flip	表示当前页面飞出，链接页面飞入的动画效果

实战 实现 jQuery Mobile 页面中的链接跳转

最终文件：光盘 \ 最终文件 \ 第 14 章 \14-4-4.html　　视频：光盘 \ 视频 \ 第 14 章 \14-4-4.mp4

01 新建一个 HTML 5 页面，将该文档保存为“光盘 \ 源文件 \ 第 14 章 \14-4-4.html”。在 <head> 与 </head> 标签之间添加 <meta> 标签设置和加载 jQuery Mobile 函数库代码，代码如下所示。

```
<!doctype html>
<html>
<head>
<meta charset="utf-8">
<title>实现 jQuery Mobile 页面中的链接跳转 </title>
<meta name="viewport" content="width=device-width,initial-scale=1">
<link rel="stylesheet" href="http://code.jquery.com/mobile/1.4.5/jquery.mobile-1.4.5.min.css" />
<script src="http://code.jquery.com/jquery-1.11.1.min.js"></script>
<script src="http://code.jquery.com/mobile/1.4.5/jquery.mobile-1.4.5.min.js"></script>
</head>
<body>
</body>
</html>
```

02 在 <body> 与 </body> 标签之间编写 jQuery Mobile 第一个页面。

```
<body>
<!-- 第 1 个页面开始 -->
<div id="page1" data-role="page">
  <div data-role="header">
  <h1> 第一个页面标题 </h1>
  </div>
  <div data-role="content">
  <p> 第一个页面的正文内容 </p>
  <p><a href="#page2"> 第 2 页 </a></p>
  </div>
  <div data-role="footer">
  <h1> 页脚 </h1>
  </div>
</div>
<!-- 第 1 个页面结束 -->
<body>
```

03 接着编写 jQuery Mobile 第一个页面代码。

```
<!-- 第 2 个页面开始 -->
<div id="page2" data-role=page">
  <div data-role="header">
  <h1> 第二个页面标题 </h1>
  </div>
```

```
    <div data-role="content">
    <p> 第二个页面的正文内容 </p>
    <p><a href="#page1"> 返回第 1 页 </a></p>
    </div>
    <div data-role="footer">
    <h1> 页脚 </h1>
    </div>
</div>
<!-- 第 2 个页面结束 -->
```

在 jQuery Mobile 页面中，一个页面中有多个 page 区域，在 page 区域之间的跳转称为内链接，其链接方式是在 <a> 标签中设置 href 属性为 # 加所链接的 page 区域的 id 名称。

04 保存页面，在 Opera Mobile 模拟器中预览该 jQuery Mobile 页面，效果如图 14-34 所示。单击页面中的“第 2 页”链接文字，将跳转到第 2 页显示，并显示链接跳转的过渡动画效果，如图 14-35 所示。

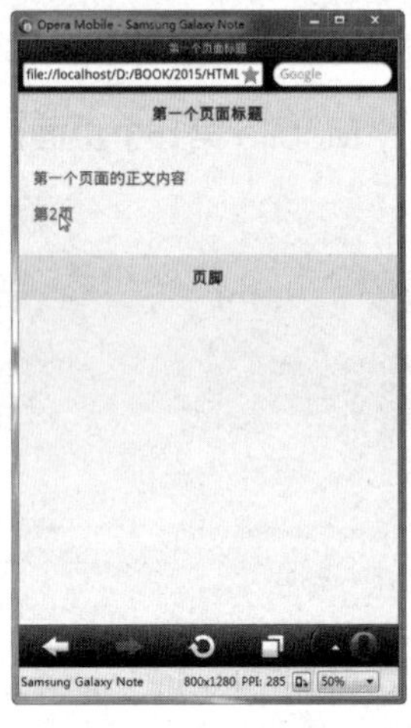

图 14-34

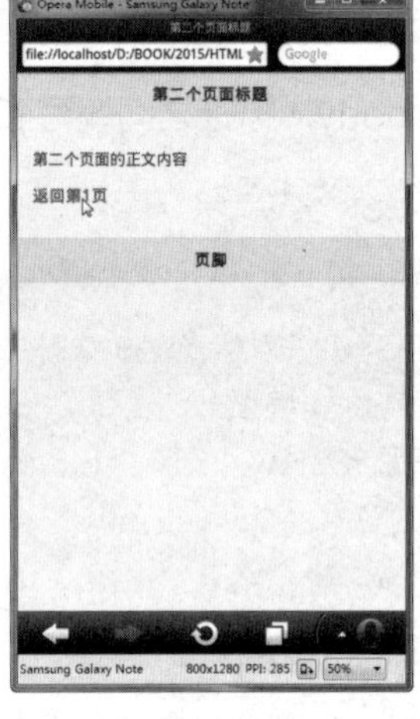

图 14-35

当页面进行跳转时，跳转前的页面将自动隐藏，链接的区域或页面自动展示在当前页面中。如果是内链接，则在当前屏幕中只显示指定 id 名称的区域，其他的区域都会被隐藏。

14.5 本章小结

在本章中向读者介绍了 JavaScript 和 jQuery 的相关基础知识，使读者对 JavaScript 和 jQuery 有所了解，重点介绍了 jQuery Mobile 的功能特点以及操作流程等内容，使读者对 jQuery Mobile 有初步的认识和了解，并通过简单的 jQuery Mobile 页面的制作，讲解了创建 jQuery Mobile 页面的方法，为后面学习 jQuery Mobile 页面打下坚实的基础。

第 15 章　jQuery Mobile 页面

从页面结构上来说，jQuery Mobile 可以支持单个页面和一个页面中的多个容器。另外，在 jQuery Mobile 页面中通过 AJAX 功能可以很方便地自动读取外部页面，支持页面跳转之间的动画过渡效果，也可以通过调用脚本代码实现 jQuery Mobile 页面的预加载和缓存等功能。在本章中将向读者介绍 jQuery Mobile 页面的架构、预载及页面跳转等功能。

本章知识点

- 理解 jQuery Mobile 页面的基本架构以及多容器 jQuery Mobile 页面的结构
- 掌握各种 jQuery Mobile 页面的链接方法
- 掌握 jQuery Mobile 弹出对话框的实现方法
- 理解并掌握预加载和缓存 jQuery Mobile 页面的方法
- 掌握 jQuery Mobile 页面头部栏、导航栏和尾部栏的设置方法
- 掌握 jQuery Mobile 页面网格布局的方法
- 掌握 jQuery Mobile 页面中可折叠区块的创建和使用方法

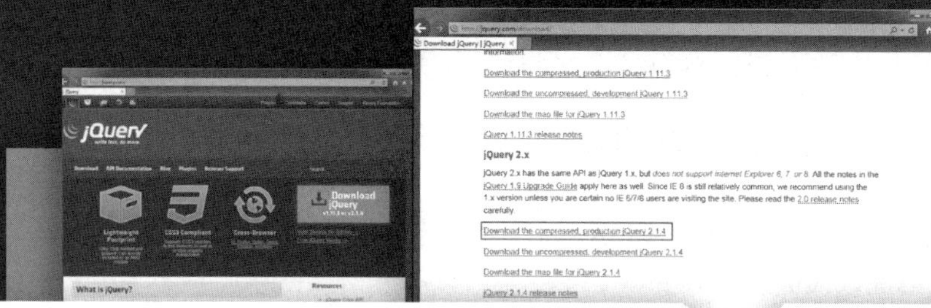

15.1　jQuery Mobile 页面结构

在上一章中已经了解了 jQuery Mobile 页面的工作原理和执行流程，jQuery Mobile 页面的许多功能效果都需要借助于 HTML 5 的新增标签和属性，因此所创建的 HTML 页面必须符合 HTML 5 文档规范，并且在文档的 <head> 与 </head> 标签之间需要依次加载 jQuery Mobile 的 CSS 样式表文件、jQuery 基本框架文件和 jQuery Mobile 插件文件。

15.1.1　jQuery Mobile 页面基本架构

jQuery Mobile 页面拥有一个基本的架构，就是在 HTML 页面中通过在 <div> 标签中添加 data-role 属性，设置该属性的值为 page，使该 Div 形成一个容器，而在该容器中包含 3 个子容器，分别在各子容器的 <div> 标签中设置 data-role 属性值分别为 header、content、footer，这样就形成了“标题”、“内容”和“结构”3 部分组成的标准页面架构。

下面所示的 HTML 代码就是一个 jQuery Mobile 页面的基本架构。

```
<!doctype html>
<html>
<head>
<meta charset="utf-8">
<title>jQuery Mobile 页面基本架构 </title>
<meta name="viewport" content="width=device-width,initial-scale=1">
```

```
<link rel="stylesheet" href="http://code.jquery.com/mobile/1.4.5/jquery.mobile-1.4.5.min.css" />
<script src="http://code.jquery.com/jquery-1.11.1.min.js"></script>
<script src="http://code.jquery.com/mobile/1.4.5/jquery.mobile-1.4.5.min.js"></script>
</head>
<body>
<div id="page1" data-role="page">
  <div data-role="header"><h1> 标题 </h1></div>
  <div data-role="content"> 内容 </div>
  <div data-role="footer"><h4> 页脚 </h4></div>
</div>
</body>
</html>
```

在该 HTML 代码中，第一行以 HTML 5 的文档声明开始，声明该 HTML 文档是一个基于 HTML 5 标准的文档。

在 <head> 与 </head> 标签之间添加 <meta> 标签，在该标签中设置 name 属性为 viewport，并设置该标签的 content 属性，代码如下。

```
<meta name="viewport" content="width=device-width,initial-scale=1">
```

添加这行代码的功能是：设置移动设备中浏览器缩放的宽度与等级。通常情况下，移动设备的浏览器都会以默认的宽度显示页面，默认宽度会导致屏幕缩小，页面放大，不适合浏览。如果在页面中添加该行代码，可以使页面的宽度与移动设备的屏幕宽度相同，更加适合用户浏览。

在页面的 <body> 与 </body> 标签之间，在第一个 <div> 标签中设置 data-role 属性为 page，形成一个页面容器，在该页面容器中分别添加 3 个 <div> 标签，依次设置 data-role 属性为 header、content 和 footer，从而形成一个标准的 jQuery Mobile 页面架构。

15.1.2　多容器 jQuery Mobile 页面

在一个供 jQuery Mobile 使用的 HTML 页面中，可以包含一个元素 data-role 属性值为 page 的容器，也允许包含多个，从而形成多容器的 jQuery Mobile 页面结构。容器之间各自独立，并且每个容器需要拥有唯一的 id 名称。

当浏览器在加载多容器的 jQuery Mobile 页面时，以堆栈的方式同时加载。同一页面中的不同容器之间跳转时，设置超链接 <a> 标签的 href 属性值为 #+ 容器的 id 名称。单击超链接时，jQuery Mobile 将在当前页面中寻找相应 id 名称的容器，以动画效果切换至该容器中，实现容器间内容的访问。

15.1.3　链接外部 jQuery Mobile 页面

虽然在一个页面中，可以借助容器的框架实现多种页面的显示，但是把全部代码写在一个页面中会延缓页面被加载的时间，使代码冗余，且不利于功能的分工与维护的安全性。因此，在 jQuery Mobile 中，可以采用开发多个页面并通过外部链接的方式，实现页面相互切换的效果。

链接外部 jQuery Mobile 页面

最终文件：光盘 \ 最终文件 \ 第 15 章 \15-1-3.html　　视频：光盘 \ 视频 \ 第 15 章 \15-1-3.mp4

01 新建一个 HTML 5 页面，将该文档保存为“光盘 \ 源文件 \ 第 15 章 \15-1-3.html”。在 <head> 与 </head> 标签之间添加 <meta> 标签，设置和加载 jQuery Mobile 函数库代码，代码如下所示。

```
<head>
<meta charset="utf-8">
<title> 链接外部 jQuery Mobile 页面 </title>
<meta name="viewport" content="width=device-width,initial-scale=1">
<link rel="stylesheet" href="http://code.jquery.com/mobile/1.4.5/jquery.mo-
bile-1.4.5.min.css" />
<script src="http://code.jquery.com/jquery-1.11.1.min.js"></script>
<script src="http://code.jquery.com/mobile/1.4.5/jquery.mobile-1.4.5.min.
js"></script>
</head>
```

02 在 <body> 与 </body> 标签之间编写 jQuery Mobile 页面代码。

```
<body>
<div id="page1" data-role="page">
  <div data-role="header"><h1> 网页标题 </h1></div>
  <div data-role="content">
    <p><a href="about.html" rel="external"> 关于我们 </a><p>
    <p> 我们的作品 </p>
    <p> 服务范围 </p>
    <p> 联系我们 </p>
  </div>
  <div data-role="footer"><h4> 页脚 </h4></div>
</div>
</body>
```

03 新建一个 HTML 5 页面，将该文档保存为“光盘 \ 源文件 \ 第 15 章 \about.html”。在 <head> 与 </head> 标签之间添加 <meta> 标签，设置和加载 jQuery Mobile 函数库代码。

04 在 <body> 与 </body> 标签之间编写 jQuery Mobile 页面代码。

```
<body>
<div id="page1" data-role="page">
 <div data-role="header"><h1> 关于我们 </h1></div>
 <div data-role="content">
```

```
        <p>    工作室成立于 2014 年初，在互动设计和互动营销领域有着独特理解。我们一直专注于互联网整合营销传播服务，以客户品牌形象为重，提供精确的策划方案与视觉设计方案，团队整体有着国际化意识与前瞻思想；以视觉设计创意带动客户品牌提升，洞察互联网发展趋势。<p>
        <p><em><a href="15-1-3.html" rel="external">返回首页</a></em></p>
      </div>
      <div data-role="footer"><h4>页脚</h4></div>
    </div>
    </body>
```

05 保存页面，在 Opera Mobile 模拟器中预览该 15-1-3.html 页面，效果如图 15-1 所示。单击页面中的“关于我们”链接文字，将跳转到 about.html 页面显示，如图 15-2 所示。

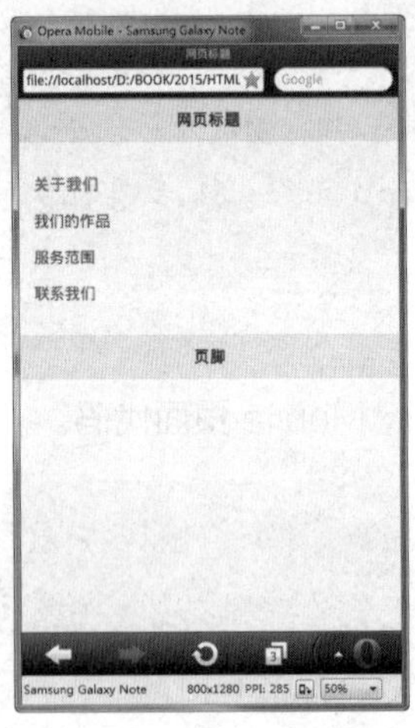

图 15-1

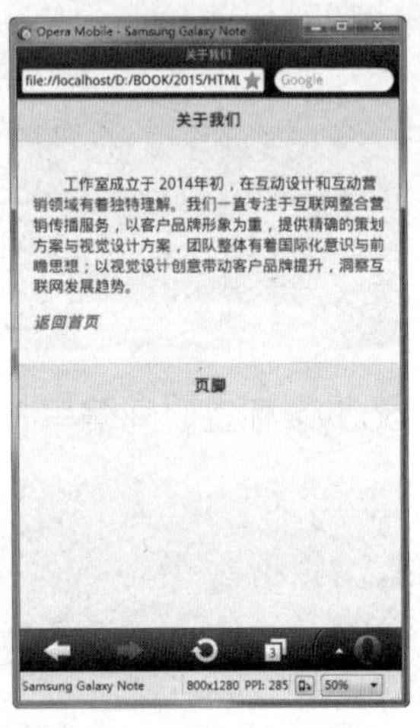

图 15-2

在 jQuery Mobile 页面中，如果单击一个指向外部页面的超链接，jQuery Mobile 将自动分析该 URL 地址，自动产生一个 AJAX 请求。在请求过程中，会弹出一个显示进度的提示框，如果请求成功，jQuery Mobile 将自动构建页面结构，载入主页面的内容，同时初始化全部的 jQuery Mobile 组件，将新添加的页面内容显示在浏览器中；如果请求失败，jQuery Mobile 将弹出一个错误信息提示框，数秒后该提示框自动消失，页面也不会刷新。

如果不想采用 AJAX 请求的方式打开一个外部链接页面，只需要在 <a> 标签加 rel 属性，设置该属性的值为 external，该页面将脱离整个 jQuery Mobile 的主页环境，以独自打开的页面效果在浏览器中显示。

15.1.4 在 jQuery Mobile 页面中实现后退功能

在手机 APP 或移动网页中常常可以看到“返回”按钮，单击该按钮即可后退到上一页面中。在 jQuery Mobile 页面中有两种方法实现后退功能。一种是在容器的标签中设置 data-add-back-btn 属性值为 true，例如下面的代码。

```
<div data-role="header" data-add-back-btn="true"></div>
```

另一种是为后退链接对象添加超链接 <a> 标签，在该标签中设置 data-rel 属性值为 back，例如下面的代码。

```
<a href=" 链接地址 " data-rel="back"> 返回 </a>
```

通过在超链接 <a> 标签中设置 data-rel 属性值为 back，实现后退功能时，单击该超链接将被视为后退行为，并且将忽视 href 属性的 URL 值，直接退回至浏览器历史的上一页面。

在 jQuery Mobile 页面中实现后退功能

最终文件：光盘 \ 最终文件 \ 第 15 章 \15-1-4.html　　视频：光盘 \ 视频 \ 第 15 章 \15-1-4.mp4

01 新建一个 HTML 5 页面，将该文档保存为“光盘 \ 源文件 \ 第 15 章 \15-1-4.html”。在 <head> 与 </head> 标签之间添加 <meta> 标签，设置和加载 jQuery Mobile 函数库代码，与前面案例相同。

02 在 <body> 与 </body> 标签之间编写 jQuery Mobile 页面代码。

```
<body>
<!-- 第 1 个容器开始 -->
<div id="page1" data-role="page">
  <div data-role="header"><h1> 网页标题 </h1></div>
  <div data-role="content">
    <p><a href="#page2"> 关于我们 </a><p>
    <p> 我们的作品 </p>
    <p> 服务范围 </p>
    <p> 联系我们 </p>
  </div>
  <div data-role="footer"><h4> 页脚 </h4></div>
</div>
<!-- 第 1 个容器结束 -->
<!-- 第 2 个容器开始 -->
<div id="page2" data-role="page" >
  <div data-role="header" data-add-back-btn="true"><h1> 关于我们 </h1></div>
  <div data-role="content">
      <p>    工作室成立于 2014 年初，在互动设计和互动营销领域有着独特理解。我们一直专注于互联网整合营销传播服务，以客户品牌形象为重，提供精确的策划方案与视觉设计方案，团队整体有着国际化意识与前瞻思想；以视觉设计创意带动客户品牌提升，洞察互联网发展趋势。<p>
    <p><em><a href="" data-rel="back"> 返回上一页 </a></em></p>
  </div>
  <div data-role="footer"><h4> 页脚 </h4></div>
</div>
<!-- 第 2 个容器结束 -->
</body>
```

此处在一个 jQuery Mobile 页面中添加了两个容器，当单击第一个容器中的“关于我们”链接时跳转到第二个容器显示。在第二个容器中通过两种方式实现 jQuery Mobile 页面的后退功能，一种是在页头的 <div> 标签中添加 data-add-back-btn 属性设置，属性值为 true。另一种是为“返回上一页”

文字添加超链接标签 <a>，并在该标签中添加 data-rel 属性设置，属性值为 back。

03 保存页面，在 Opera Mobile 模拟器中预览该 15-1-4.html 页面，显示第一个容器内容，效果如图 15-3 所示。单击页面中的“关于我们”链接文字，将跳转并显示页面中的第二个容器内容，如图 15-4 所示。单击标题栏上的返回按钮或“返回上一页”链接，都可以返回到第一个容器中。

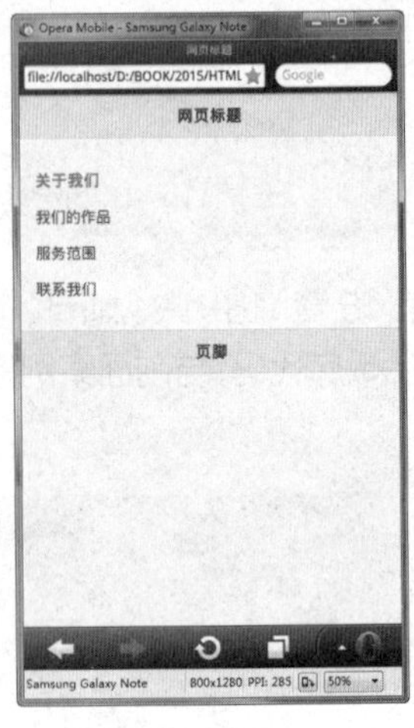

图 15-3

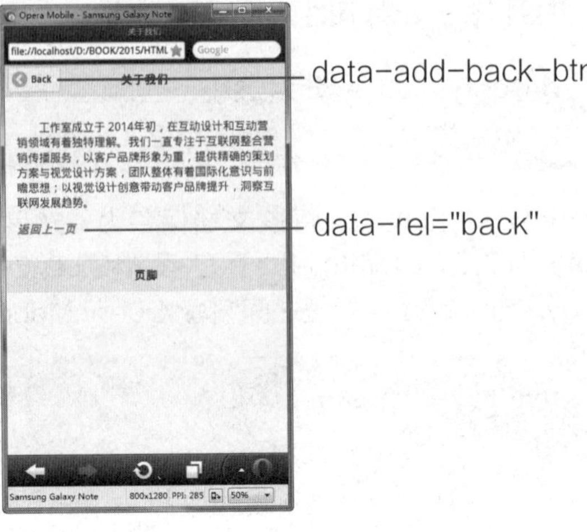

图 15-4

在超链接 <a> 标签中设置 data-rel 属性为 back，表示任何单击该超链接的操作都被视为后退动作，并且忽视 href 属性所设置的 URL 地址，只是直接回退到上一个历史记录页面，这种页面切换的效果可用于关闭一个打开的对话框或页面。

在设置回退链接属性时，除了将 data-rel 属性设置为 back 外，还应该为 href 属性设置一个可以访问的正确 URL 地址，从而确保一些不支持 data-rel 属性的浏览器可以单击该超链接。

15.1.5 弹出对话框

jQuery Mobile 中创建对话框的方式十分方便，只需要在指向页面的链接元素中添加 data-rel 属性，并设置该属性值为 dialog。单击该链接时，打开的页面将以一个对话框的形式展示在浏览器中。单击对话框中的任意链接时，打开的对话框将自动关闭，并以“回退”的形式切换至上一页。

将链接元素的 data-rel 属性值设置为 true，打开的对话框实际上是一个标准的 page 容器。因此，在打开时，也可以通过设置 data-transition 属性值，选择打开对话框时切换页面的动画效果。

实现弹出对话框

最终文件：光盘 \ 最终文件 \ 第 15 章 \15-1-5.html　　视频：光盘 \ 视频 \ 第 15 章 \15-1-5.mp4

01 新建一个 HTML 5 页面，将该文档保存为“光盘 \ 源文件 \ 第 15 章 \15-1-5.html”。在 <head> 与 </head> 标签之间添加 <meta> 标签，设置和加载 jQuery Mobile 函数库代码，与前面案例相同。

02 在 <body> 与 </body> 标签之间编写 jQuery Mobile 页面代码。

```
<!-- 第 1 个容器开始 -->
<div id="page1" data-role="page">
 <div data-role="header"><h1> 网页标题 </h1></div>
 <div data-role="content">
  <p><a href="#page2" data-rel="dialog" data-transition="pop"> 关于我们 </a><p>
  <p> 我们的作品 </p>
  <p> 服务范围 </p>
  <p> 联系我们 </p>
 </div>
 <div data-role="footer"><h4> 页脚 </h4></div>
</div>
<!-- 第 1 个容器结束 -->
<!-- 第 2 个容器开始 -->
<div id="page2" data-role="page">
 <div data-role="header"><h1> 关于我们 </h1></div>
 <div data-role="content">
  <p>    工作室成立于 2014 年初，在互动设计和互动营销领域有着独特理解。我们一直专注于互联网整合营销传播服务，以客户品牌形象为重，提供精确的策划方案与视觉设计方案，团队整体有着国际化意识与前瞻思想；以视觉设计创意带动客户品牌提升，洞察互联网发展趋势。<p>
 </div>
 <div data-role="footer"><h4> 页脚 </h4></div>
</div>
<!-- 第 2 个容器结束 -->
```

03 保存页面，在 Opera Mobile 模拟器中预览该 15-1-5.html 页面，显示第一个容器内容，效果如图 15-5 所示。单击页面中的“关于我们”链接文字，将以弹出窗口的方式显示第 2 个容器内容，如图 15-6 所示。

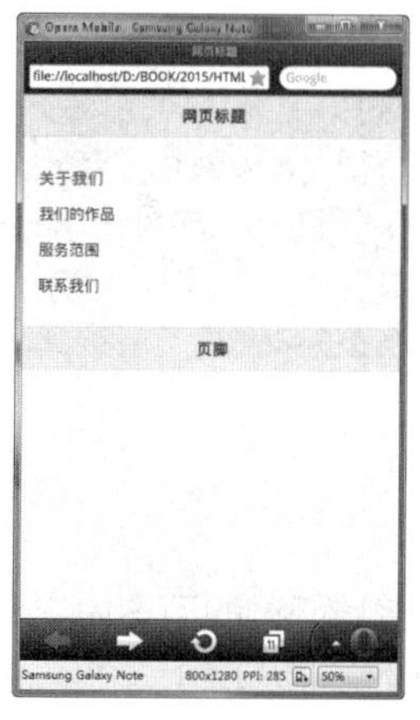

图 15-5

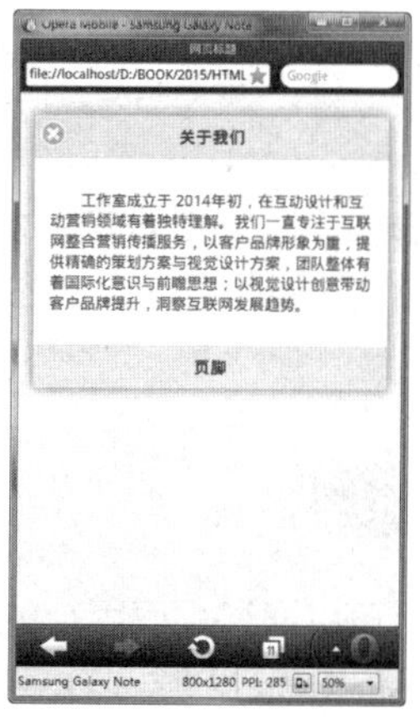

图 15-6

设置链接的 data-rel 属性值为 dialog，通过该链接打开的页面将以对话框的形式展示在当前页面中，对话框左上角自带一个“X”关闭按钮，单击该按钮，可以关闭对话框。此外，在对话框内添加其他链接按钮，设置该链接按钮的 data-rel 属性值为 back，单击该链接按钮同样可以实现关闭对话框的功能。

15.2 预加载和缓存 jQuery Mobile 页面

通常情况下，移动终端设备的系统配置要低于 PC 终端，因此，在开发移动应用程序时，更要注意页面在移动终端浏览器中加载的速度。如果速度过慢，用户的体检将会大打折扣。为了加快页面移动终端访问的速度，在 jQuery Mobile 中，使用预加载和页面缓存都是十分有效的方法。当一个被链接的页面设置好预加载后，jQuery Mobile 将在加载完成当前页面后自动在后台进行预加载设置的目标页面；另外，使用页面缓存的方法，可以将访问过的 page 容器都缓存到当前的页面文档中，下次再访问时，将可以直接从缓存中读取，而无须再重新加载页面。

15.2.1 预加载 jQuery Mobile 页面

在开发移动应用程序时，对需要链接的页面进行预加载是非常有必要的。因为当一个链接的页面设置成预加载方式时，在当前页面加载完成之后，目标页面也被自动加载到当前文档中，用户单击就可以马上打开，大大加快了页面访问的速度。

在 jQuery Mobile 中，想要实现页面的预加载，有以下两种方法。

(1) 在需要预加载的元素超链接标签 <a> 中添加 data-prefetch 属性，设置该属性的属性值为 true 或不设置属性值均可。添加该属性的设置后，jQuery Mobile 将在加载完成当前页面以后，自动加载该链接元素所指的目标页面，即 href 属性所链接的页面。其使用格式如下。

```
<a href=" 链接地址 " data-prefetch="true"> 链接对象 </a>
```

(2) 调用 JavaScript 代码中的全局性方法 $.mobile.loadPage() 来预加载指定的目标 HTML 页面，其最终的效果与在超链接标签 <a> 中设置 data-prefetch 属性一样。

无论是在超链接标签 <a> 中添加 data-prefetch 属性设置，还是使用全局性方法 $.mobile.loadPage() 来实现页面的预加载功能时，都允许同时加载多个页面。但在进行预加载的过程中需要加大页面 HTTP 的访问请求，这可能会延缓页面访问的速度，因此该功能需要有选择性地使用。

15.2.2 页面缓存

在 jQuery Mobile 中，可以通过页面缓存的方式将访问过的历史内容写入页面文档的缓存中；当用户重新访问时，不需要重新加载，只要从缓存中读取就可以。

一般来说，如果需要将页面的内容写入文档缓存中，有以下两种方法。

(1) 在需要被缓存的元素属性中添加 data-dom-cache 属性，设置该属性的属性值为 true 或不设置属性值均可。该属性的功能是将对应的元素内容写入缓存中。其使用格式如下。

```
<div id="page1" data-role="page" data-dom-cache="true">…</div>
```

(2) 通过 JavaScript 代码设置一个全局性的 jQuery Mobile 属性值为 true，即添加代码 $.mobile.page.prototype.options.domCache=true，可以将当前文档写入缓存中。

在 jQuery Mobile 页面中实现预加载和缓存

最终文件：光盘 \ 最终文件 \ 第 15 章 \15-2-2.html　　视频：光盘 \ 视频 \ 第 15 章 \15-2-2.mp4

01 新建一个 HTML 5 页面，将该文档保存为“光盘 \ 源文件 \ 第 15 章 \15-2-2.html”。在 <head> 与 </head> 标签之间添加 <meta> 标签，设置和加载 jQuery Mobile 函数库代码，与前面案例相同。

02 在 <body> 与 </body> 标签之间编写 jQuery Mobile 页面代码。

```
<div id="page1" data-role="page" data-dom-cache="true">
  <div data-role="header"><h1> 网页标题 </h1></div>
  <div data-role="content">
    <p><a href="about.html" rel="external" data-prefetch="true"> 关于我们（已预加载）</a><p>
    <p> 我们的作品 </p>
    <p> 服务范围 </p>
    <p> 联系我们 </p>
  </div>
  <div data-role="footer"><h4> 页脚 </h4></div>
</div>
```

03 保存页面，在 Opera Mobile 模拟器中预览该页面，效果如图 15-7 所示。当打开该页面时会自动缓存该页面，并预加载所链接的 about.html 页面，单击“关于我们（已预加载）”链接文字，将会快速显示已经预加载的 about.html 页面，如图 15-8 所示。

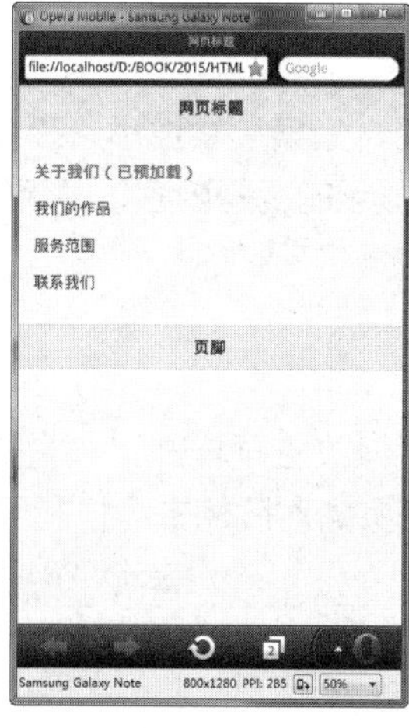

图 15-7

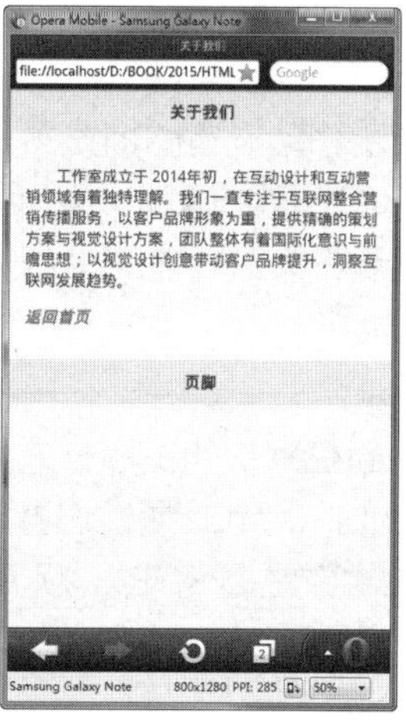

图 15-8

使用页面缓存的功能将会使DOM内容变大，可能导致某些浏览器打开的速度变得缓慢，因此一旦选择了开启使用缓存功能，就要管理好缓存的内容，并做到及时清理。

15.3 jQuery Mobile页面头部栏

头部栏是移动应用中工具栏的组成部分，用来说明该页面的主体内容。头部栏是page容器中的第一个元素，放置的位置十分重要。头部栏由页面标题和按钮（最多两个）组成，其中的按钮可以使用“后退”按钮，也可以添加表单元素中的按钮，并可以通过设置相关属性控制头部按钮的相对位置。

15.3.1 头部栏的基本结构

头部栏由标题文字和左右两边的按钮构成，标题文字通常使用<h1>至<h6>标签进行标记，常用<h1>标签，无论取值是多少，在同一个移动应用项目中都要保持一致。标题文字左右两边可以分别放置一或两个按钮，用于标题中的导航操作。

例如，下面的jQuery Mobile页面结构。

```
<div id="page1" data-role="page">
  <div data-role="header">
<h1>头部栏标题</h1>
</div>
  <div data-role="content">
    <p>内容<p>
  </div>
  <div data-role="footer"><h4>页脚</h4></div>
</div>
```

在jQuery Mobile页面中，在<div>标签中设置data-role属性为header，即可将该元素设置为jQuery Mobile页面的头部栏。

由于移动设备的浏览器分辨率不尽相同，如果尺寸过小，而头部栏的标题内容又很长时，jQuery Mobile会自动调整需要显示的标题内容，隐藏的内容以“…”的形式显示在头部栏中。

头部栏默认的主题样式为a，如果需要修改主题样式，只需要在头部栏标签中添加data-theme属性设置，将其属性值设置为对应的主题样式即可。关于jQuery Mobile中的主题将在第17章中进行介绍。

15.3.2　设置后退按钮的文字

在头部栏标签中添加 data-add-back-btn 属性，可以在头部栏的左侧增加一个默认名为 back 的后退按钮。此外，还可以通过在头部栏标签中添加 data-back-btn-text 属性设置，从而设置后退按钮中显示的文字。

例如，下面的 jQuery Mobile 页面代码。

```
<!-- 第 1 个容器开始 -->
<div id="page1" data-role="page">
  <div data-role="header" data-add-back-btn="true">
    <h1> 第 1 页标题 </h1>
  </div>
  <div data-role="content">
    <p> 第 1 页正文内容 <p>
    <p><em><a href="#page2"> 第 2 页 </a></em></p>
  </div>
  <div data-role="footer"><h4> 页脚 </h4></div>
</div>
<!-- 第 1 个容器结束 -->
<!-- 第 2 个容器开始 -->
<div id="page2" data-role="page">
  <div data-role="header" data-add-back-btn="true">
    <h1> 第 2 页标题 </h1>
  </div>
  <div data-role="content">
    <p> 第 2 页正文内容 <p>
    <p><em><a href="#page3"> 第 3 页 </a></em></p>
  </div>
  <div data-role="footer"><h4> 页脚 </h4></div>
</div>
<!-- 第 2 个容器结束 -->
<!-- 第 3 个容器开始 -->
<div id="page3" data-role="page">
  <div data-role="header" data-add-back-btn="true"data-back-btn-text=" 上一页 ">
    <h1> 第 3 页标题 </h1>
  </div>
  <div data-role="content">
    <p> 第 3 页正文内容 <p>
    <p><em><a href="#page1"> 返回第 1 页 </a></em></p>
  </div>
  <div data-role="footer"><h4> 页脚 </h4></div>
</div>
<!-- 第 3 个容器结束 -->
```

在以上的 jQuery Mobile 页面代码中创建了 3 个容器，并且分别在 3 个容器的头部栏标签中添加了 data-add-back-btn="true" 属性设置，用于在头部栏左侧显示后退按钮。在 Opera Mobile 模拟器中预览该页面，可以看到 3 个容器页面的显示效果，如图 15-9 所示。

图 15-9

第 1 个容器页面，虽然在头部栏中添加了 data-add-back-btn="true" 属性设置，但是该页面并没有可以后退的页面，所以不显示后退按钮。单击第 1 个页面中的链接跳转到第 2 个容器页面，在头部栏中添加了 data-add-back-btn="true" 属性设置，所以在头部栏左侧显示默认的后退按钮。单击第 2 个页面的链接跳转到第 3 个容器页面，在头部栏中添加了 data-add-back-btn="true" 属性设置，并且还添加了 data-back-btn-text 属性设置，可以看到修改后退按钮文字的效果。

15.3.3 添加按钮

在头部栏中，还可以手动编写代码添加按钮，通常使用 <a> 标签来实现其他按钮的效果。由于头部栏空间的局限性，所添加按钮都是内联类型的，即按钮宽度只允许放置图标与文字这两个部分。

实战　在头部栏中添加按钮

最终文件：光盘 \ 最终文件 \ 第 15 章 \15-3-3.html　　视频：光盘 \ 视频 \ 第 15 章 \15-3-3.mp4

01 新建一个 HTML 5 页面，将该文档保存为“光盘 \ 源文件 \ 第 15 章 \15-3-3.html”。在 <head> 与 </head> 标签之间添加 <meta> 标签，设置和加载 jQuery Mobile 函数库代码，与前面案例相同。

02 在 <body> 与 </body> 标签之间编写 jQuery Mobile 页面代码。

```
<!-- 第 1 个容器开始 -->
<div id="page1" data-role="page">
  <div data-role="header" data-position="inline">
    <a href="#" data-icon="arrow-l"> 上一张 </a>
    <h1> 第 1 张图片 </h1>
    <a href="#page2" data-icon="arrow-r"> 下一张 </a>
  </div>
```

```
    <div data-role="content">
      <p align="center"><img src="images/153301.jpg"></p>
    </div>
    <div data-role="footer"><h4> 页脚 </h4></div>
  </div>
  <!-- 第 1 个容器结束 -->
  <!-- 第 2 个容器开始 -->
  <div id="page2" data-role="page">
    <div data-role="header" data-position="inline">
      <a href="#page1" data-icon="arrow-l"> 上一张 </a>
      <h1> 第 2 张图片 </h1>
      <a href="#" data-icon="arrow-r"> 下一张 </a>
    </div>
    <div data-role="content">
      <p align="center"><img src="images/153302.jpg"></p>
    </div>
    <div data-role="footer"><h4> 页脚 </h4></div>
  </div>
  <!-- 第 2 个容器结束 -->
```

在两个容器的头部栏中分别添加两个按钮，左侧为“上一张”，右侧为“下一张”。单击第 1 个容器的“下一张”按钮时，切换到第 2 个容器显示；单击第 2 个容器的“上一张”按钮时，切换到第 1 个容器显示。

03 保存页面，在 Opera Mobile 模拟器中预览该 15-3-3.html 页面，显示第 1 个容器内容，效果如图 15-10 所示。单击第 1 个容器头部栏中的“下一张”按钮，切换到第 2 个容器显示，效果如图 15-11 所示。

图 15-10

图 15-11

在容器元素头部栏中添加 data-position="inline" 属性设置，对容器元素进行定位。使用这种定位模式，无须编写其他 JavaScript 或 CSS 样式代码便可以确保头部栏在更多的浏览器中显示。

提示

头部栏中的按钮链接元素是头部栏的首个元素，默认位置是在标题的左侧，默认按钮个数只有一个。当在标题左侧添加两个链接按钮时，左侧链接按钮会按排列顺序保留第一个，第二个按钮会自动放置在标题的右侧。因此，在头部栏中放置链接按钮时，鉴于内容长度的限制，尽量在标题栏的左右两侧分别放置一个链接按钮。

15.3.4 设置按钮位置

在头部栏中，如果只放置一个链接按钮，不论位置在标题的左侧还是右侧，其最终都会显示在标题的左侧。如果想改变位置，需要添加新的类别属性 ui-btn-left 和 ui-btn-right，ui-btn-left 表示按钮居标题左侧（默认值），ui-btn-right 表示按钮居标题右侧。

例如下面 的 jQuery Mobile 页面代码。

```
<!-- 第 1 个容器开始 -->
<div id="page1" data-role="page">
  <div data-role="header" data-position="inline">
    <h1> 第 1 张图片 </h1>
    <a href="#page2" data-icon="arrow-r" class="ui-btn-right"> 下一张 </a>
  </div>
  <div data-role="content">
    <p align="center"><img src="images/153301.jpg"></p>
  </div>
  <div data-role="footer"><h4> 页脚 </h4></div>
</div>
<!-- 第 1 个容器结束 -->
<!-- 第 2 个容器开始 -->
<div id="page2" data-role="page">
  <div data-role="header" data-position="inline">
    <a href="#page1" data-add-back-btn="false" data-icon="arrow-l" class="ui-
btn-left"> 上一张 </a>
    <h1> 第 2 张图片 </h1>
  </div>
  <div data-role="content">
    <p align="center"><img src="images/153302.jpg"></p>
  </div>
  <div data-role="footer"><h4> 页脚 </h4></div>
</div>
<!-- 第 2 个容器结束 -->
```

保存页面，在 Opera Mobile 模拟器中预览页面，可以看到第 1 个容器的“下一张”按钮显示在头部栏的右侧，第 2 个容器的“上一张”按钮显示在头部栏的左侧，如图 15-12 所示。

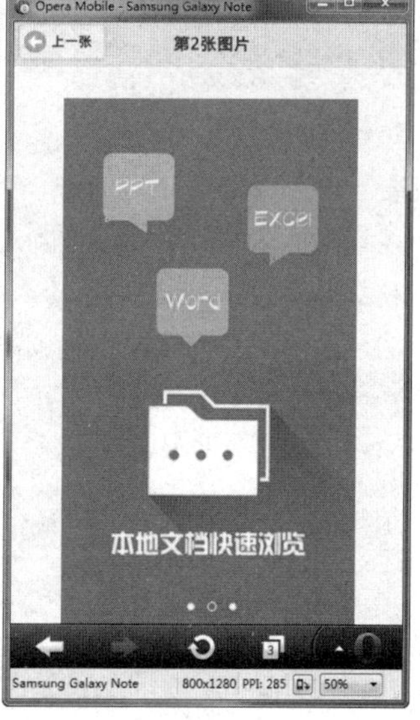

图 15-12

在头部栏中对需要定位的链接按钮添加 ui-btn-left 和 ui-btn-right 两个类别属性，用来设置头部栏中标题两侧的按钮位置，该类别属性在只有一个按钮并且想放置在标题右侧时非常有用。另外，通常情况下，需要将链接按钮的 data-add-back-btn 属性设置为 false，从而确保容器切换时不会出现“后退”按钮，影响标题左侧按钮的显示效果。

15.4　jQuery Mobile 页面导航栏

jQuery Mobile 为导航栏提供了专门的组件，使用时只需要在 <div> 标签中添加 data-role="navbar" 属性设置，即可将该 Div 设置为一个导航栏容器。在该容器内，通过 <ul> 标签设置导航栏的各子类导航按钮，每一行最多可以放置 5 个按钮，超出个数的按钮自动显示在下一行；另外，导航栏中的按钮可以引用系统的图标，也可以自定义图标。

15.4.1　导航栏的基本结构

jQuery Mobile 中的导航栏是一个被 <div> 元素包裹的容器，常常放置在页面的头部或尾部。在容器内，如果需要设置某个子类导航按钮为选中状态，只需在按钮的元素中添加 ui-btn-active 类别属性即可。

实战　**创建头部导航栏**

最终文件：光盘 \ 最终文件 \ 第 15 章 \15-4-1.html　　视频：光盘 \ 视频 \ 第 15 章 \15-4-1.mp4

01 新建一个 HTML 5 页面，将该文档保存为“光盘 \ 源文件 \ 第 15 章 \15-4-1.html”。在 <head> 与 </head> 标签之间添加 <meta> 标签，设置和加载 jQuery Mobile 函数库代码，与前面案例相同。

02 在 <body> 与 </body> 标签之间编写 jQuery Mobile 页面代码。

```
<!-- 第 1 个容器开始 -->
<div id="page1" data-role="page">
  <div data-role="header">
    <h1> 设计书屋 </h1>
    <div data-role="navbar">
      <ul>
        <li><a href="#" class="ui-btn-active"> 网页设计 </a></li>
        <li><a href="#page2"> 平面设计 </a></li>
        <li><a href="#"> 动画设计 </a></li>
      </ul>
    </div>
  </div>
  <div data-role="content">
    <p> 这里显示的是网页设计相关图书内容 </p>
  </div>
  <div data-role="footer"><h4> 页脚 </h4></div>
</div>
<!-- 第 1 个容器结束 -->
<!-- 第 2 个容器开始 -->
<div id="page2" data-role="page">
  <div data-role="header">
    <h1> 设计书屋 </h1>
    <div data-role="navbar">
      <ul>
        <li><a href="#page1"> 网页设计 </a></li>
        <li><a href="#" class="ui-btn-active"> 平面设计 </a></li>
        <li><a href="#"> 动画设计 </a></li>
      </ul>
    </div>
  </div>
  <div data-role="content">
    <p> 这里显示的是平面设计相关图书内容 </p>
  </div>
  <div data-role="footer"><h4> 页脚 </h4></div>
</div>
<!-- 第 2 个容器结束 -->
```

03 保存页面，在 Opera Mobile 模拟器中预览该 15-4-1.html 页面，显示第 1 个容器内容，可以看到头部栏下方的导航栏效果，如图 15-13 所示。单击导航栏中的“平面设计”链接，切换到第 2 个容器显示，导航栏效果如图 15-14 所示。

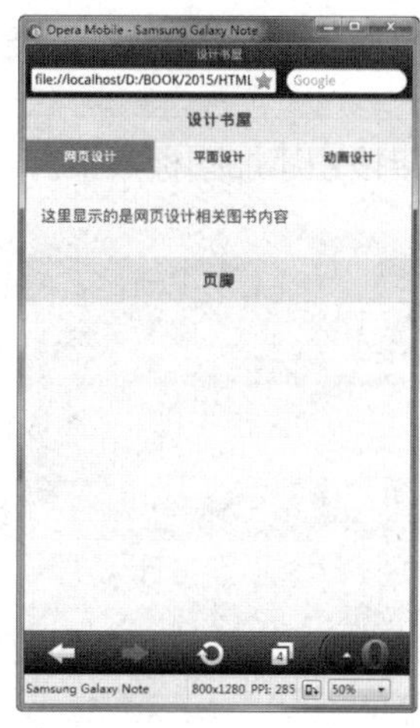

图 15-13

图 15-14

导航栏可以放置在 jQuery Mobile 页面的头部栏中，也可以放置在页面的底部栏 footer 中。

在导航栏的内部容器中，每个子类导航按钮的宽度都是一致的，因此，每增加一个子类按钮，都会将原先按钮的宽度按照等比例的方式进行均分。即如果原来有 2 个按钮，它们的宽度各为浏览器宽度的 1/2，再增加 1 个按钮时，原先的 2 个按钮宽度又变成了 1/3，以此类推。

15.4.2　导航栏的图标

在导航栏中，各子类导航链接按钮是通过 <a> 元素来实现的，如果要想给导航栏中的子类链接按钮添加图标，只需要在对应的 <a> 元素中添加 data-icon 属性，并在 jQuery Mobile 自带的系统图标集合中选择一个图标名作为该属性的值，如 info 表示显示图标，图标的默认位置在按钮链接文字的上方。

data-icon 属性值对应的图标效果如表 15-1 所示。

表 15-1　data-icon 属性值对应的图标效果

属 性 值	图标效果	属 性 值	图标效果
arrow-l		refresh	
arrow-r		forward	
arrow-u		search	
arrow-d		back	
delete		grid	
plus		star	
minus		alert	
check		info	
gear		home	

上表中 data-icon 属性值所对应的图标效果，不仅用于导航栏中的子类链接按钮，也适用于 jQuery Mobile 页面中各类按钮型元素增加图标。

例如下面的 jQuery Mobile 页面代码，可为导航链接按钮添加图标效果。

```
<!-- 第 1 个容器开始 -->
……
    <div data-role="navbar">
      <ul>
        <li><a href="#" class="ui-btn-active" data-icon="info">网页设计</a></li>
        <li><a href="#page2" data-icon="alert">平面设计</a></li>
        <li><a href="#" data-icon="gear">动画设计</a></li>
      </ul>
    </div>
……
<!-- 第 1 个容器结束 -->
<!-- 第 2 个容器开始 -->
……
    <div data-role="navbar">
      <ul>
        <li><a href="#page1" data-icon="info">网页设计</a></li>
        <li><a href="#" class="ui-btn-active" data-icon="alert">平面设计</a></li>
        <li><a href="#" data-icon="gear">动画设计</a></li>
      </ul>
    </div>
……
<!-- 第 2 个容器结束 -->
```

保存页面，在 Opera Mobile 模拟器中预览该页面，可以看到在各导航链接文字上方添加的图标效果，如图 15-15 所示。

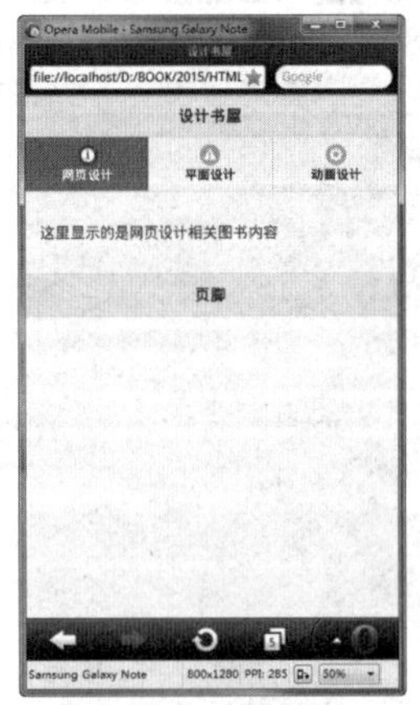

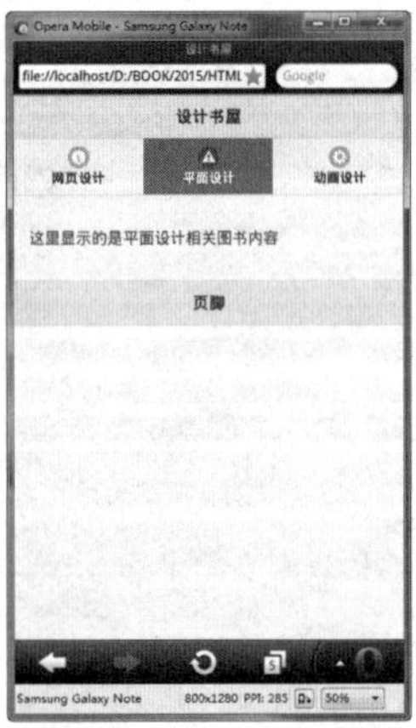

图 15-15

15.4.3 设置导航栏图标位置

导航栏中的图标默认放置在按钮文字的上方，如果需要调整图标的位置，只需要在该导航栏容器元素中添加 data-iconpos 属性。该属性用于控制整个导航栏容器中图标的位置，默认值为 top，表示图标在按钮文字的上方，此外，还可以选择 left、right 和 bottom，分别表示图标在文字的左边、右边和下方。

例如，下面的 jQuery Mobile 页面代码，设置导航图标的位置。

```
<!-- 第 1 个容器开始 -->
……
    <div data-role="navbar" data-iconpos="left">
      <ul>
        <li><a href="#" class="ui-btn-active" data-icon="info">网页设计 </a></li>
        <li><a href="#page2" data-icon="alert">平面设计 </a></li>
        <li><a href="#" data-icon="gear">动画设计 </a></li>
      </ul>
    </div>
……
<!-- 第 1 个容器结束 -->
<!-- 第 2 个容器开始 -->
……
    <div data-role="navbar" data-iconpos="right">
      <ul>
        <li><a href="#page1" data-icon="info">网页设计 </a></li>
        <li><a href="#" class="ui-btn-active" data-icon="alert">平面设计 </a></li>
        <li><a href="#" data-icon="gear">动画设计 </a></li>
      </ul>
    </div>
……
<!-- 第 2 个容器结束 -->
```

保存页面，在 Opera Mobile 模拟器中预览该页面，可以看到在第 1 个容器页面的导航栏中各链接按钮中的图标显示在左侧，在第 2 个容器页面的导航栏中各链接按钮图标显示在右侧，如图 15-16 所示。

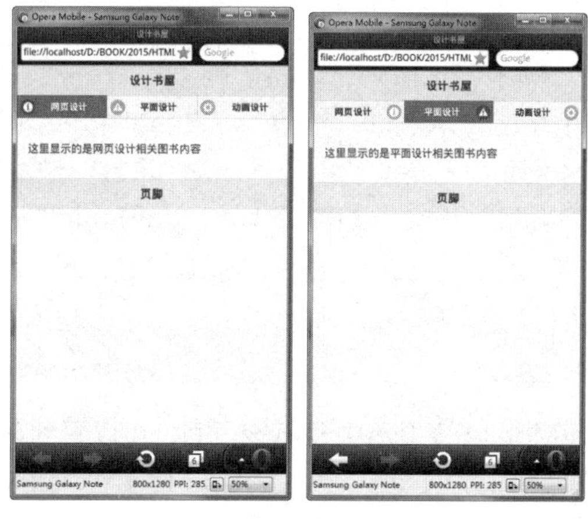

图 15-16

data-iconpos 属性针对的是整个导航栏容器，而不是导航栏内某个导航链接按钮图标的位置。因此，data-iconpos 属性是一个全局性的属性，针对的是整个导航栏内全部的链接按钮。

15.5 jQuery Mobile 页面尾部栏

其实，尾部栏与头部栏的结构差不多，区别是设置的 data-role 属性值不同。相对头部栏来说，尾部栏的代码更加简洁，在尾部栏中可以添加按钮组和各种表单元素，同时还可以对某个尾部栏进行定位处理。

15.5.1 添加按钮

在 jQuery Mobile 页面的尾部栏中添加按钮时，为了减少各按钮的间距，通常需要在按钮的外围添加一个 data-role 属性值为 controlgroup 的容器，形成一个按钮组显示在尾部栏中。同时，在该容器中添加 data-type 属性，并将该属性的值设置为 horizontal，表示容器中的按钮按水平顺序排列。

在尾部栏中添加按钮

最终文件：光盘 \ 最终文件 \ 第 15 章 \15-5-1.html　　视频：光盘 \ 视频 \ 第 15 章 \15-5-1.mp4

01 新建一个 HTML 5 页面，将该文档保存为“光盘 \ 源文件 \ 第 15 章 \15-5-1.html”。在 <head> 与 </head> 标签之间添加 <meta> 标签，设置和加载 jQuery Mobile 函数库代码，与前面案例相同。

02 在 <body> 与 </body> 标签之间编写 jQuery Mobile 页面代码。

```
<div id="page1" data-role="page">
  <div data-role="header"><h1> 网页标题 </h1></div>
  <div data-role="content">
    <p> 页面的正文内容部分 </p>
  </div>
  <div data-role="footer">
    <div data-role="controlgroup" data-type="horizontal">
      <a href="#" data-role="button" data-icon="home"> 网站首页 </a>
      <a href="#" data-role="button" data-icon="star"> 关于我们 </a>
      <a href="#" data-role="button" data-icon="info"> 联系我们 </a>
    </div>
  </div>
</div>
```

03 保存页面，在 Opera Mobile 模拟器中预览该页面，可以看到在该页面底部栏中添加按钮的效果，如图 15-17 所示。

04 由于底部栏中的按钮外围被一个 data-role 属性值为 controlgroup 的容器所包裹，因此，按钮之间没有任何的空隙。如果想要给底部栏中的按钮添加相应的空隙，则不需要使用容器包裹，并且在底部栏容器中添加 ui-bar 类别属性，代码如下所示。

```
……
<div data-role="footer" class="ui-bar">
    <a href="#" data-role="button" data-icon="home">网站首页</a>
    <a href="#" data-role="button" data-icon="star">关于我们</a>
    <a href="#" data-role="button" data-icon="info">联系我们</a>
  </div>
……
```

05 保存页面，在 Opera Mobile 模拟器中预览该页面，可以看到在该页面底部栏中添加按钮的效果，如图 15-18 所示。

图 15-17

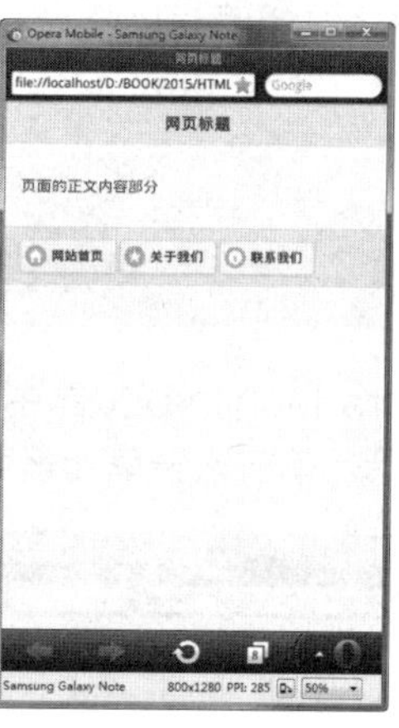

图 15-18

15.5.2 添加表单元素

在底部栏中可以添加按钮组，也可以向容器内增加表单中的元素，如 <select>、<text> 等。为了确保表单元素在底部栏中的正常显示，需要在底部栏容器中添加 ui-bar 类别属性，使新增加的表单元素间保持一定的距离，此外，将 data-position 属性值设置为 inline，用于统一设定各表单元素的显示位置。

实战　在尾部栏中添加下拉列表

最终文件：光盘 \ 最终文件 \ 第 15 章 \15-5-2.html　　视频：光盘 \ 视频 \ 第 15 章 \15-5-2.mp4

01 新建一个 HTML 5 页面，将该文档保存为“光盘 \ 源文件 \ 第 15 章 \15-5-2.html”。在 <head> 与 </head> 标签之间添加 <meta> 标签，设置和加载 jQuery Mobile 函数库代码，与前面案例相同。

02 在 <body> 与 </body> 标签之间编写 jQuery Mobile 页面代码。

```
<div id="page1" data-role="page">
  <div data-role="header"><h1> 网页标题 </h1></div>
  <div data-role="content">
    <p> 页面的正文内容部分 </p>
  </div>
  <div data-role="footer" class="ui-bar" data-position="inline">
    <label for="selLink"> 友情链接 </label>
    <select name="selLink" id="selLink">
      <option value="0"> 请选择 </option>
      <option value="1"> 链接选项 1</option>
      <option value="2"> 链接选项 2</option>
      <option value="3"> 链接选项 3</option>
      <option value="4"> 链接选项 4</option>
      <option value="5"> 链接选项 5</option>
    </select>
  </div>
</div>
```

03 保存页面，在 Opera Mobile 模拟器中预览该页面，可以看到在该页面底部栏中添加表单元素的效果，如图 15-19 所示。单击该表单元素可以选择相应的选项，如图 15-20 所示。

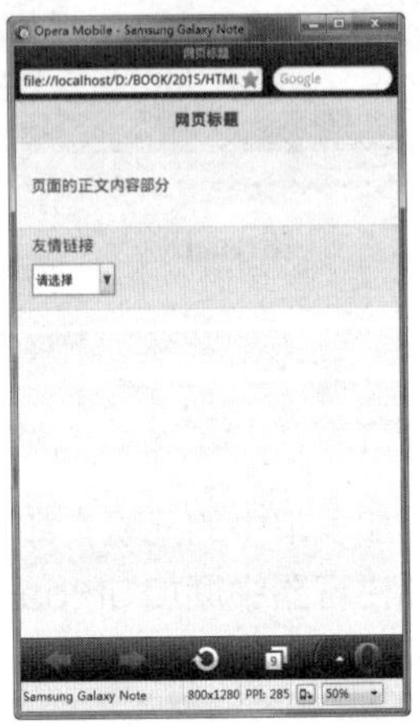

图 15-19

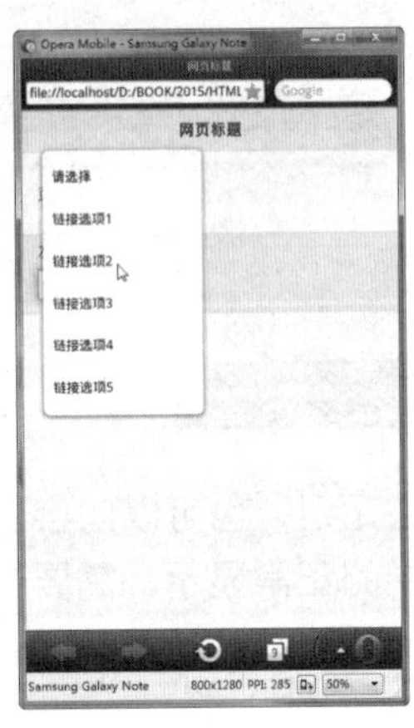

图 15-20

提示

移动终端与 PC 端的浏览器在显示表单元素时存在一些细微的差别，例如 <select> 元素，在 PC 端的浏览器中是以下拉列表框的形式展示，而在移动终端，则是以弹出框的形式展示全部的列表内容。

15.6 结构化 jQuery Mobile 页面内容

jQuery Mobile 中提供了许多非常实用的工具与组件，例如多列的网格布局、折叠的面板控制等，

使用这些工具和组件可以帮助设计者快速对 jQuery Mobile 页面的正文区域进行格式化处理。

15.6.1 jQuery Mobile 布局网格

使用 jQuery Mobile 中提供的名称为 ui-grid 的 CSS 样式可以实现 jQuery Mobile 页面中内容的网格布局。该 CSS 样式有 4 种预设的布局设置：ui-grid-a、ui-grid-b、ui-grid-c 和 ui-grid-d，分别对应两列、三列、四列和五列的网格布局形式，可以最大范围满足页面多列布局的需求。

在 jQuery Mobile 页面中使用网格布局时，整个宽度为 100%，没有任何的边距 (margin)、填充 (padding) 和背景色设置，因此不会影响到元素在网格中的显示位置。

在 jQuery Mobile 页面中创建布局网格

最终文件：光盘 \ 最终文件 \ 第 15 章 \15-6-1.html　　视频：光盘 \ 视频 \ 第 15 章 \15-6-1.mp4

01 新建一个 HTML 5 页面，将该文档保存为“光盘 \ 源文件 \ 第 15 章 \15-6-1.html”。在 <head> 与 </head> 标签之间添加 <meta> 标签，设置和加载 jQuery Mobile 函数库代码。

02 在 <body> 与 </body> 标签之间编写 jQuery Mobile 页面代码。

```
<div id="page1" data-role="page">
  <div data-role="header"><h1> 头部标题 </h1></div>
  <div data-role="content">
    <div class="ui-grid-a">/* 创建两列布局 */
      <div class="ui-block-a">
        <div class="ui-bar ui-bar-a" style="height:60px;"> 两列布局第 1 列 </div>
      </div>
      <div class="ui-block-b">
        <div class="ui-bar ui-bar-a" style="height:60px;"> 两列布局第 2 列 </div>
      </div>
    </div>
    <div class="ui-grid-b">/* 创建三列布局 */
      <div class="ui-block-a">
        <div class="ui-bar ui-bar-b" style="height:60px;"> 三列布局第 1 列 </div>
      </div>
      <div class="ui-block-b">
        <div class="ui-bar ui-bar-b" style="height:60px;"> 三列布局第 2 列 </div>
      </div>
      <div class="ui-block-c">
        <div class="ui-bar ui-bar-b" style="height:60px;"> 三列布局第 3 列 </div>
      </div>
    </div>
    <div class="ui-grid-c">/* 创建四列布局 */
      <div class="ui-block-a">
        <div class="ui-bar ui-bar-c" style="height:60px;"> 四列布局第 1 列 </div>
      </div>
```

```
      <div class="ui-block-b">
        <div class="ui-bar ui-bar-c" style="height:60px;">四列布局第 2 列 </div>
      </div>
      <div class="ui-block-c">
        <div class="ui-bar ui-bar-c" style="height:60px;">四列布局第 3 列 </div>
      </div>
      <div class="ui-block-d">
        <div class="ui-bar ui-bar-c" style="height:60px;">四列布局第 4 列 </div>
      </div>
    </div>
    <div class="ui-grid-d">/* 创建五列布局 */
      <div class="ui-block-a">
        <div class="ui-bar ui-bar-d" style="height:60px;">五列布局第 1 列 </div>
      </div>
      <div class="ui-block-b">
        <div class="ui-bar ui-bar-d" style="height:60px;">五列布局第 2 列 </div>
      </div>
      <div class="ui-block-c">
        <div class="ui-bar ui-bar-d" style="height:60px;">五列布局第 3 列 </div>
      </div>
      <div class="ui-block-d">
        <div class="ui-bar ui-bar-d" style="height:60px;">五列布局第 4 列 </div>
      </div>
      <div class="ui-block-e">
        <div class="ui-bar ui-bar-d" style="height:60px;">五列布局第 5 列 </div>
      </div>
    </div>
  </div>
  <div data-role="footer"><h4>页脚 </h4></div>
</div>
```

需要添加一个多列的网格区域，首先通过 <div> 标签构建一个容器，如果是两列，将为该容器添加 class 属性值为 ui-grid-a；如果是三列，则为该容器添加 class 属性值为 ui-grid-b，依此类推。

在已构建的容器中添加子容器，如果是两列，则给两个子容器分别添加 ui-block-a 和 ui-block-b 的类样式；如果是三列，则给三个子容器分别添加 ui-block-a、ui-block-b 和 ui-block-c 的类样式，其他多列依此类推。

最后，在子容器中放置需要显示的内容。在本实例中，每个子容器都分别放置了一个 <div> 标签，代码如下。

```
<div class="ui-bar ui-bar-a" style="height:60px;">两列布局第 1 列 </div>
```

在上述代码中，在 <div> 标签中通过 class 属性应用名称为 ui-bar 和 ui-bar-a 的 CSS 样式，这两个都是 jQuery Mobile 自带的样式，ui-bar 用于控制各子容器的间距，ui-bar-a 用于设置各子容器的主题样式。在该 <div> 标签中还通过 style 属性设置了内联样式，用于设置该子容器的高度。

03 保存页面，在 Opera Mobile 模拟器中预览该页面，可以看到在该页面内容区域创建的多种类型网格布局，效果如图 15-21 所示。

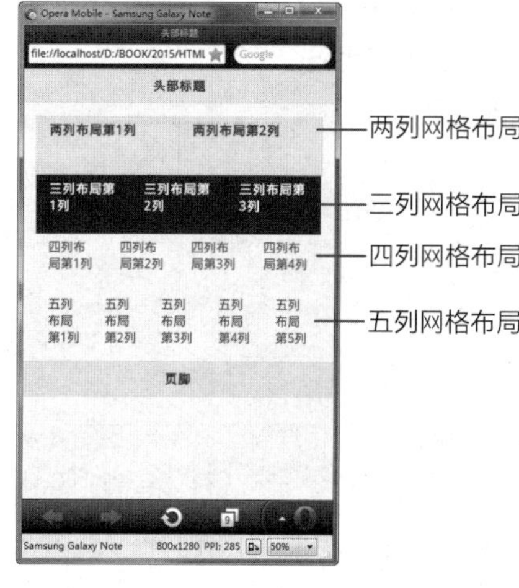

图 15-21

如果容器选择样式为两列，即 class 属性值为 ui-grid-a，而在它的子容器中添加了 3 个子容器，即 class 属性值为 ui-block-c，那么第 3 列将自动被放置在下一行中。

15.6.2 可折叠区块

在 jQuery Mobile 页面中除了可以创建出布局网格，还可以创建可折叠区块。在 jQuery Mobile 页面中创建可折叠区域需要通过以下 3 个步骤。

(1) 创建一个 <div> 容器，将该容器的 data-role 属性值设置为 collapsible，表示该容器是一个可折叠区块，代码如下。

```
<div data-role="collapsible">…</div>
```

(2) 在容器中添加一个 <h3> 标题标签，该标签以按钮的形式展示。按钮的左侧有一个“+”号，表示该标题可以展开。代码如下。

```
<div data-role="collapsible">
<h3> 折叠标题 </h3>
</div>
```

(3) 在标题的下方放置需要折叠显示的内容，通常使用 <p> 段落标签。当用户单击标题中的“+”号时，显示 <p> 标签中的内容，标题左侧的“+”号变成“-”号；再次单击时，隐藏 <p> 标签中的内容，标签左侧的“-”号变为“+”号。

```
<div data-role="collapsible">
<h3> 折叠标题 </h3>
<p> 折叠内容 </p>
</div>
```

在 jQuery Mobile 页面中创建可折叠区块

最终文件：光盘 \ 最终文件 \ 第 15 章 \15-6-2.html　　视频：光盘 \ 视频 \ 第 15 章 \15-6-2.mp4

01 新建一个 HTML 5 页面，将该文档保存为“光盘 \ 源文件 \ 第 15 章 \15-6-2.html”。在 <head> 与 </head> 标签之间添加 <meta> 标签，设置和加载 jQuery Mobile 函数库代码。

02 在 <body> 与 </body> 标签之间编写 jQuery Mobile 页面代码。

```
<div id="page1" data-role="page">
  <div data-role="header"><h1> 头部标题 </h1></div>
  <div data-role="content">
    <div data-role="collapsible">
      <h3> 关于我们 </h3>
      <p>    工作室成立于 2014 年初，在互动设计和互动营销领域有着独特理解。我们一直专注于互联网整合营销传播服务，以客户品牌形象为重，提供精确的策划方案与视觉设计方案，团队整体有着国际化意识与前瞻思想；以视觉设计创意带动客户品牌提升，洞察互联网发展趋势。</p>
    </div>
  </div>
  <div data-role="footer"><h4> 页脚 </h4></div>
</div>
```

03 保存页面，在 Opera Mobile 模拟器中预览该页面，可以看到在该页面内容区域创建的可折叠区块的效果，如图 15-22 所示。单击可折叠区域的标题，展开显示可折叠区域中的内容，如图 15-23 所示。

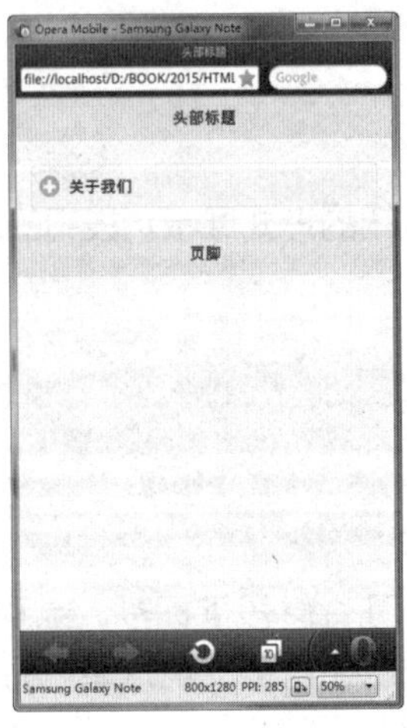

图 15-22

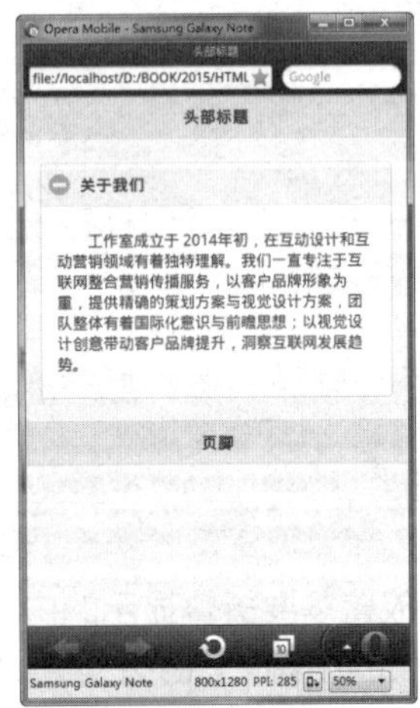

图 15-23

提示：可折叠容器内的标题字体可以在 <h1> 至 <h6> 标签之间选择，根据需要进行设置。另外，在可折叠容器中还可以设置可折叠容器的默认折叠状态。在可折叠容器中设置 data-collapsed 属性值为 true，表示标题下的内容是隐藏的，这也是可折叠区块的默认显示效果；设置 data-collapsed 属性值为 false，表示标题下的内容是显示的，即可折叠区块是展开的。

15.6.3　可折叠区块的嵌套

在 jQuery Mobile 页面中允许对可折叠区块进行嵌套显示，即在一个折叠区块的内容中再添加一个折叠区块，依此类推。但建议这种嵌套最多不要超过 3 层，否则用户体验和页面性能都比较差。

对上一节案例中的选择菜单代码进行相应的修改，代码如下。

```
……
  <div data-role="content">
    <div data-role="collapsible">
      <h3>关于我们</h3>
       <p>    工作室成立于 2014 年初，在互动设计和互动营销领域有着独特理解。我们一直专注于互联网整合营销传播服务，以客户品牌形象为重，提供精确的策划方案与视觉设计方案，团队整体有着国际化意识与前瞻思想；以视觉设计创意带动客户品牌提升，洞察互联网发展趋势。</p>
      <div data-role="collapsible">
        <h4>我们的荣誉</h4>
         <p>    工作室作为互动设计和互动营销领域的领军人物，曾多次获得国内外多个设计大奖，并在国内各大设计网站中开辟有设计专栏，向广大设计爱好者传授设计理念和经验。</p>
      </div>
    </div>
  </div>
……
```

保存页面，在 Opera Mobile 模拟器中预览该页面，单击“关于我们”标题，展开可折叠区块，效果如图 15-24 所示。单击“我们的荣誉”标题，展开嵌套的可折叠区块，效果如图 15-25 所示。

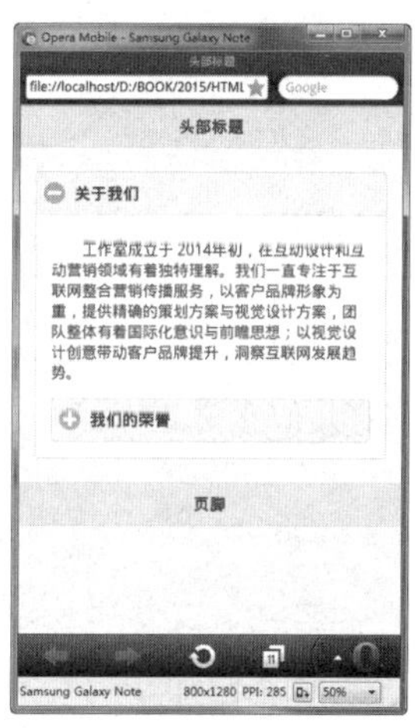

图 15-24

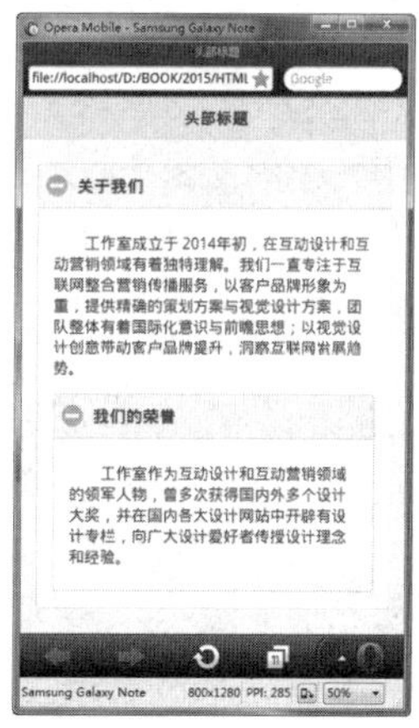

图 15-25

在 jQuery Mobile 中，可折叠区块中的内容区域可以放置任何的 HTML 标签，当然，也允许再添加一个可折叠区块，从而形成嵌套的可折叠区块。虽然是嵌套的可折叠区块，但各自的 data-collapsed 属性是独立的，即每层都可以单独控制自己的内容是展开的还是隐藏的。

15.6.4 可折叠区块组

可折叠区块不但可以嵌套，还可以形成可折叠区块组。在可折叠区块组中可以包含多个可折叠区块，在同一时间内，可折叠区块组中只有一个折叠区块是展开的，当展开组中一个可折叠区块时，其中的其他可折叠区块将自动关闭。

实现可折叠区块组的方法是将多个折叠区块放置在一个 <div> 容器中，并且在该 <div> 标签中添加 data-role="collapsible-set" 属性设置。

在 jQuery Mobile 页面中创建可折叠区块组

最终文件：光盘 \ 最终文件 \ 第 15 章 \15-6-4.html　　视频：光盘 \ 视频 \ 第 15 章 \15-6-4.mp4

01 新建一个 HTML 5 页面，将该文档保存为“光盘 \ 源文件 \ 第 15 章 \15-6-4.html”。在 <head> 与 </head> 标签之间添加 <meta> 标签，设置和加载 jQuery Mobile 函数库代码，与前面案例相同。

02 在 <body> 与 </body> 标签之间编写 jQuery Mobile 页面代码。

```
<div id="page1" data-role="page">
  <div data-role="header"><h1> 头部标题 </h1></div>
  <div data-role="content">
    <div data-role="collapsible-set">
      <div data-role="collapsible" data-collapsed="false" >
        <h3> 网页设计 </h3>
        <p><a href="#">Dreamweaver</a></p>
        <p><a href="#">Div+CSS</a></p>
        <p><a href="#">jQuery Mobile</a></p>
      </div>
      <div data-role="collapsible">
        <h3> 平面设计 </h3>
        <p><a href="#">Photoshop</a></p>
        <p><a href="#">Illustrator</a></p>
        <p><a href="#">CorelDRAW</a></p>
      </div>
      <div data-role="collapsible">
        <h3> 三维动画设计 </h3>
        <p><a href="#">3D Max</a></p>
        <p><a href="#">Maya</a></p>
      </div>
    </div>
  </div>
  <div data-role="footer"><h4> 页脚 </h4></div>
</div>
```

03 保存页面，在 Opera Mobile 模拟器中预览该页面，可以看到在可折叠区块组中标题为“网页设计”的可折叠区块默认为展示的，效果如图 15-26 所示。单击组中其他可折叠区块标题时，将展开该区块并自动隐藏其他可折叠区块内容，如图 15-27 所示。

图 15-26

图 15-27

可折叠区块组中所有的可折叠区块的默认状态都是收缩的，如果想在默认状态下使某个折叠区块为展开状态，只需要将该折叠区块的 data-collapsed 属性值设置为 false，例如在本实例中，将标题为“网页设计”的折叠区块的 data-collapsed 属性值设置为 false。需要注意的是，由于同处于一个可折叠区块组中，展开状态的可折叠区块在同一时间只允许有一个。

15.7 本章小结

在本章中重点向读者介绍了 jQuery Mobile 页面的相关知识，一是 jQuery Mobile 工具栏，包括头部栏、导航栏和尾部栏的创建和使用方法；二是对 jQuery Mobile 页面正文部分进行格式化处理的方法，包括网格布局、可折叠区块等内容。通过对本章内容的学习，读者需要能够熟悉 jQuery Mobile 页面的基本架构以及各部分内容的设置和处理方法。

第 16 章　jQuery Mobile 页面组件

在 jQuery Mobile 中提供了许多常用的组件，例如通过超链接 <a> 标签衍生出的按钮组件、专门针对表单提供的各种类型的表单组件，以及使用列表方式展示更多内容的列表组件等。在 jQuery Mobile 移动应用开发设计中，灵活运用这些组件能够设计开发出更加丰富的页面效果。在本章中将详细向读者介绍 jQuery Mobile 页面中的组件及其使用方法。

本章知识点

- ✔ 理解并掌握 jQuery Mobile 按钮组件的创建和使用方法
- ✔ 认识各种 jQuery Mobile 表单组件
- ✔ 掌握各种表单组件的使用和设置方法
- ✔ 掌握 jQuery Mobile 列表组件的创建方法
- ✔ 掌握各种设置 jQuery Mobile 列表的方法和技巧

16.1 jQuery Mobile 按钮组件

jQuery Mobile 中的按钮由两类元素形成：一类是超链接 <a> 标签元素，在 <a> 标签中添加 data-role="button" 属性设置，jQuery Mobile 便会自动为该元素添加相应的样式外观，形成可单击的按钮形状；另一类是在表单中，在 <input> 标签中设置 type 属性为 sumbit、reset、button 或 image，都会形成相应的按钮表单元素。

16.1.1 内联按钮

在 jQuery Mobile 中，被样式化的按钮元素默认都是块状，并且自动填充页面宽度。如果要取消默认效果，只需要在按钮的元素中添加 data-inline 属性，将该属性值设置为 true，该按钮将会根据其内容中文字和图片的宽度自动进行缩放，形成一个紧凑型的按钮。

如果想要将缩放后的按钮在同一行显示，可以在多个按钮的外层增加一个 <div> 容器，在该容器中将设置 data-inline 属性值为 true，这样就可以使容器中的按钮样式自动缩放至最小宽度，并且以浮动效果在一行中显示。

在内联按钮中，如果想使两个以上的按钮显示在同一行，且自动均分页面宽度，可以使用网格分栏的方式，将多个按钮放置在分栏后的同一行中。

实战　在页面中添加内联按钮

最终文件：光盘 \ 最终文件 \ 第 16 章 \16-1-1.html　　视频：光盘 \ 视频 \ 第 16 章 \16-1-1.mp4

01 新建一个 HTML 5 页面，将该文档保存为“光盘 \ 源文件 \ 第 16 章 \16-1-1.html”。在 <head> 与 </head> 标签之间添加 <meta> 标签，设置和加载 jQuery Mobile 函数库代码，与前面的案例相同。

02 在 <body> 与 </body> 标签之间编写 jQuery Mobile 页面代码。

```
<div id="page1" data-role="page">
  <div data-role="header">
    <h1> 头部标题 </h1>
  </div>
  <div data-role="content">
    <p> 是否继续查看正文内容? <p>
    <div class="ui-grid-a">
      <div class="ui-block-a">
        <a href="#" data-role="button" class="ui-btn-active"> 确定 </a>
      </div>
      <div class="ui-block-b">
      <input type="button" value=" 取消 ">
      </div>
    </div>
  </div>
  <div data-role="footer"><h4> 页脚 </h4></div>
</div>
```

03 保存页面，在 Opera Mobile 模拟器中预览该页面，可以看到使用分栏容器使两个按钮显示在同一行上的效果，如图 16-1 所示。两个按钮的宽度可以与移动终端浏览器的宽度进行自动等比例缩放，因此适应移动终端不同分辨率的浏览器。

04 如果页面中的按钮不与浏览器等比例缩放，且多个按钮也需要在同一行中显示，可以在按钮元素中添加 data-inline 属性设置，设置其属性值为 true，代码如下。

```
……
      <div class="ui-block-a">
        <a href="#" data-role="button" data-inline="true" class="ui-btn-active"> 确定
</a>
      </div>
      <div class="ui-block-b">
      <input type="button" value=" 取消 " data-inline="true">
      </div>
……
```

05 保存页面，在 Opera Mobile 模拟器中预览该页面，同样可以使两个按钮以内联的方式在同一行中显示，只是由于固定了宽度，导致不能与浏览器的宽度进行等比例缩放，如图 16-2 所示。

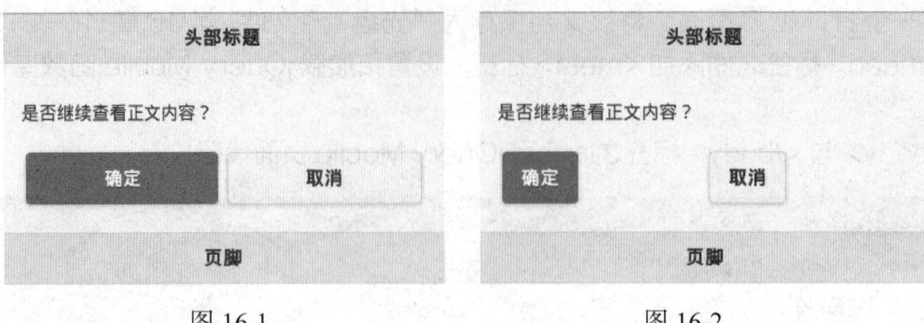

图 16-1　　图 16-2

16.1.2 按钮组

在 jQuery Mobile 中，多个按钮不但能以内联的形式显示，还可以全部放入按钮组，即 controlgroup 容器中，按照垂直或水平方向展现按钮列表。默认情况下，按钮组是以垂直方向展示一组按钮列表，可以通过给按钮组容器添加 data-type 属性来修改按钮组默认的显示方式。

在页面中添加按钮组

最终文件：光盘 \ 最终文件 \ 第 16 章 \16-1-2.html　　视频：光盘 \ 视频 \ 第 16 章 \16-1-2.mp4

01 新建一个 HTML 5 页面，将该文档保存为“光盘 \ 源文件 \ 第 16 章 \16-1-2.html”。在 <head> 与 </head> 标签之间添加 <meta> 标签，设置和加载 jQuery Mobile 函数库代码，与前面的案例相同。

02 在 <body> 与 </body> 标签之间编写 jQuery Mobile 页面代码。在该页面代码中，创建了两种排列方式的按钮组，一种以垂直方向的形式展示两个按钮，另一个以水平方向的形式展示两个按钮。

```
<div id="page1" data-role="page">
  <div data-role="header">
    <h1> 头部标题 </h1>
  </div>
  <div data-role="content">
    <p> 是否继续查看正文内容？ <p>
    <div data-role="controlgroup">
      <a href="#" data-role="button" data-icon="check" class="ui-btn-active">
确定 </a>
      <input type="button" value=" 取消 " data-icon="delete">
    </div>
    <p> 是否继续查看正文内容？ <p>
    <div data-role="controlgroup" data-type="horizontal">
      <a href="#" data-role="button" data-icon="check" class="ui-btn-active">
确定 </a>
      <input type="button" value=" 取消 " data-icon="delete">
    </div>
```

```
    </div>
    <div data-role="footer"><h4> 页脚 </h4></div>
  </div>
```

03 保存页面，在 Opera Mobile 模拟器中预览该页面，可以看到页面中两种形式按钮组的效果，如图 16-3 所示。

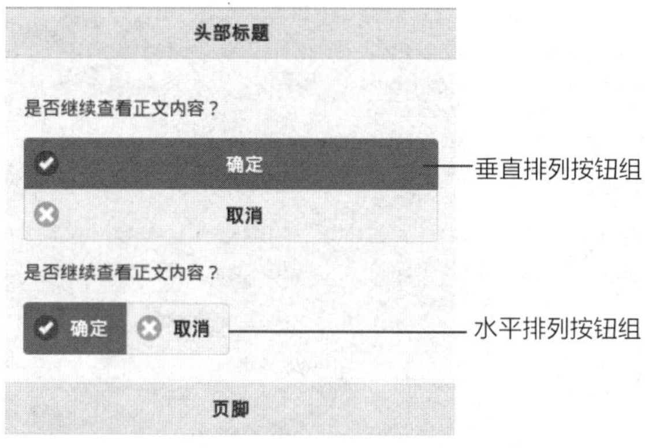

图 16-3

如果按钮组以水平的方式显示按钮列表，默认情况下，所有按钮向左靠拢，自动缩放到各自适合的宽度。如果在按钮组中仅放置一个按钮，那么该按钮仍是以正常的圆角效果显示在页面中。

16.2 jQuery Mobile 表单组件

在 HTML 中表单占有十分重要的地位。针对表单，jQuery Mobile 提供了一套完全基于 HTML 原始代码且适合触摸操作的框架。在该框架下，所有的表单元素先由原始的代码升级为 jQuery Mobile 组件，然后调用各自组件提供的方法与属性，实现在 jQuery Mobile 下表单元素的各种操作。

需要说明的是，在表单中各元素通过原始 HTML 代码升级为 jQuery Mobile 是自动完成的，当然，也可以阻止这种升级行为，只要将该表单元素的 data-role 属性值设置为 none 即可。另外，由于在单个页面中可能会出现多个 page 容器，为了保证表单在提交数据时的唯一性，必须确保同一个 jQuery Mobile 页面中每一个表单元素的 id 名称是唯一的。

16.2.1 文本输入组件

在 jQuery Mobile 中，文本输入组件包括文本域和 HTML 5 中新增的输入类型。文本输入组件使用标准的 HTML 原始元素，借助 jQuery Mobile 的渲染效果，使其更易于触摸型使用。另外，HTML 5 中新增的输入类型（如 number 类型），在 jQuery Mobile 中会被显示成数字输入框，还在输入框的最右端有两个可调节大小的“+”和“-”按钮，方便移动终端的用户修改输入框中的数字。

添加不同类型的文本输入组件

最终文件：光盘 \ 最终文件 \ 第 16 章 \16-2-1.html　　视频：光盘 \ 视频 \ 第 16 章 \16-2-1.mp4

01 新建 HTML 5 页面，将其保存为“光盘 \ 源文件 \ 第 16 章 \16-2-1.html”。在 <head> 与 </head> 标签之间添加 <meta> 标签，设置和加载 jQuery Mobile 函数库代码，与前面的案例相同。

02 在 <body> 与 </body> 标签之间编写 jQuery Mobile 页面代码。

```
<div id="page1" data-role="page">
  <div data-role="header"><h1> 头部标题 </h1></div>
  <div data-role="content">
    搜索：<input type="search" id="search" name="search" value="">
    姓名：<input type="text" id="uname" name="uname" value="">
    邮箱：<input type="email" id="uemail" name="uemail" value="">
    电话：<input type="tel" id="utel" name="utel" value="">
    年龄：<input type="number" id="unumber" name="unumber" value="0">
  </div>
  <div data-role="footer"><h4> 页脚 </h4></div>
</div>
```

03 保存页面，在 Opera Mobile 模拟器中预览该页面，可以看到页面中文本输入组件的效果，如图 16-4 所示。

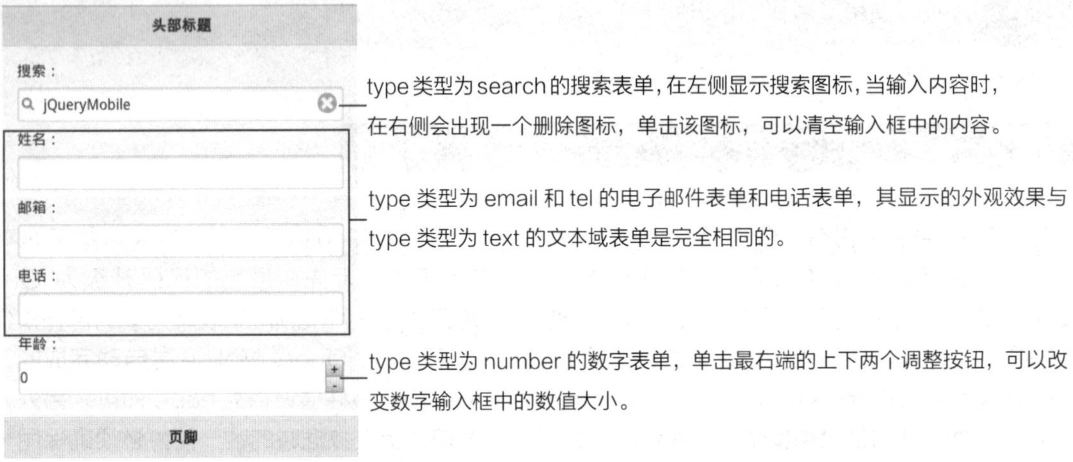

头部标题

搜索：

jQueryMobile

type 类型为 search 的搜索表单，在左侧显示搜索图标，当输入内容时，在右侧会出现一个删除图标，单击该图标，可以清空输入框中的内容。

姓名：

邮箱：

电话：

type 类型为 email 和 tel 的电子邮件表单和电话表单，其显示的外观效果与 type 类型为 text 的文本域表单是完全相同的。

年龄：

0

type 类型为 number 的数字表单，单击最右端的上下两个调整按钮，可以改变数字输入框中的数值大小。

页脚

图 16-4

16.2.2 滑块

如果在 <input> 标签中设置 type 属性值为 range，则可以在页面中创建一个滑块组件。在 jQuery Mobile 中，滑块组件由两部分组成，一部分是可调整大小的数字输入框，另一部分是可拖动修改输入框数字的滑动条。滑块组件可以通过添加 min 和 max 属性来设置滑动条的取值范围，例如 min 属性值为 0，max 属性值为 10，则表示该滑块只能在 0~10 之间进行取值。

实战　添加滑块改变页面元素背景颜色

最终文件：光盘\最终文件\第 16 章\16-2-2.html　　视频：光盘\视频\第 16 章\16-2-2.mp4

01 新建 HTML 5 页面，将其保存为“光盘\源文件\第 16 章\16-2-2.html”。在 <head> 与 </head> 标签之间添加 <meta> 标签，设置和加载 jQuery Mobile 函数库代码，与前面的案例相同。

02 在 <body> 与 </body> 标签之间编写 jQuery Mobile 页面代码。

```
<div id="page1" data-role="page">
  <div data-role="header">
    <h1> 头部标题 </h1>
  </div>
  <div data-role="content" id="content">
    拖动滑块改变背景颜色：
      <input type="range" id="txtR" value="0" min="0" max="255"
onChange="setColor()">
  </div>
  <div data-role="footer"><h4> 页脚 </h4></div>
</div>
```

03 在 <head> 与 </head> 标签之间编写相应的 JavaScript 脚本代码。

```
<script type="text/javascript">
function $$(id) {
   return document.getElementByid(id);
}
function setColor() {
   var set1 = "rgb(" + $("#txtR").val() +",233,244)";
   $$("content").style.backgroundColor = set1;
}
</script>
```

04 保存页面，在 Opera Mobile 模拟器中预览该页面，可以看到页面中滑块组件的效果，如图 16-5 所示。在页面中拖动滑块组件，可以看到页面中相应元素背景颜色变化的效果，如图 16-6 所示。

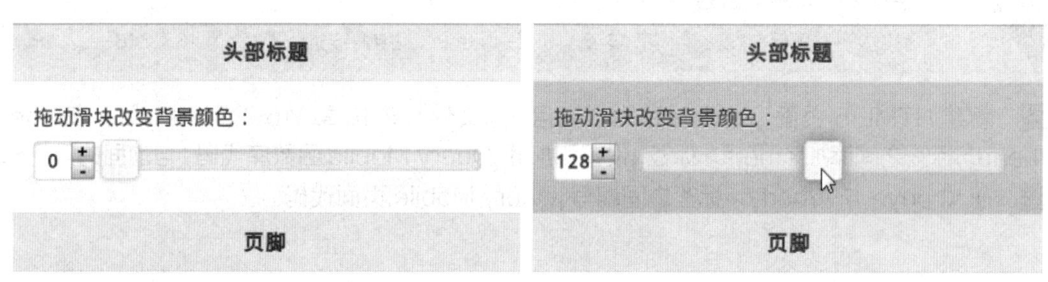

图 16-5　　图 16-6

拖动滑块时改变的值是数字输入框的值，而 min 与 max 属性的值是指定滑动条的取值范围。拖动滑块或单击数字输入框中的“+”或“-”可以修改滑块值。

16.2.3 翻转切换开关

在 jQuery Mobile 中，在 <select> 标签中设置 data-role 属性值为 slider，可以将该下拉列表元素中的两个 <option> 选项转变为一个翻转切换开关。第一个 <option> 选项为“开”，取值为 true 或 1；第二个 <option> 选项为“关”，取值为 false 或 0。它是移动设备上常用的 UI 元素之一，常用于一些系统默认值的设置。

例如下面的 jQuery Mobile 页面代码。

```
<select id="slider" data-role="slider">
  <option value="1">开</option>
  <option value="0">关</option>
</select>
```

在浏览器中所显示的翻转切换开关效果如图 16-7 所示。

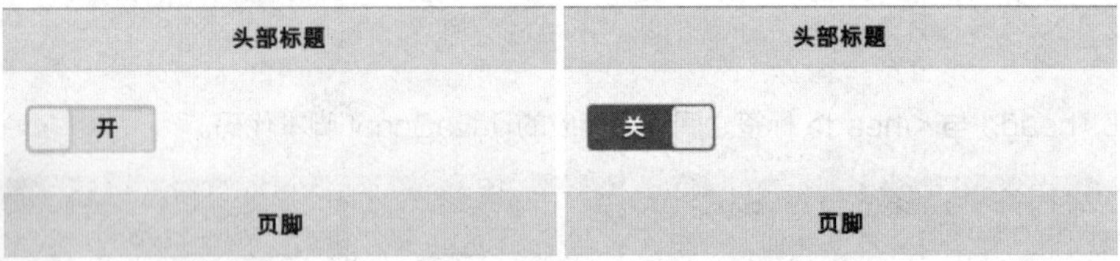

图 16-7

16.2.4 单选按钮

在 jQuery Mobile 中，单选按钮样式化后更加容易被点击和触摸。在通常情况下，使用 <fieldset> 标签，并在该标签中设置 data-role 属性值为 controlgroup，使用该标签包含所有的 <input> 和 <label> 元素，这样可以整个组的形式样式化容器中的全部标签；然后，在组成员结构中，在每个 <label> 标签中添加 for 属性设置，对应一个类型为 radio 的 <input> 元素。为了便于用户触摸，这些 <label> 元素将会被拉长。

使用单选按钮制作投票表单

最终文件：光盘 \ 最终文件 \ 第 16 章 \16-2-4.html　　视频：光盘 \ 视频 \ 第 16 章 \16-2-4.mp4

01 新建 HTML 5 页面，将其保存为“光盘 \ 源文件 \ 第 16 章 \16-2-4.html”。在 <head> 与 </head> 标签之间添加 <meta> 标签，设置和加载 jQuery Mobile 函数库代码，与前面的案例相同。

02 在 <body> 与 </body> 标签之间编写 jQuery Mobile 页面代码。

```
<div id="page1" data-role="page">
  <div data-role="header"><h1> 投票表单 </h1></div>
  <div data-role="content">
    <p> 你最喜欢的节日是什么？ </p>
    <fieldset data-role="controlgroup">
      <input type="radio" name="radioA" id="radio1" value="1" checked>
      <label for="radio1"> 春节 </label>
      <input type="radio" name="radioA" id="radio2" value="2">
      <label for="radio2"> 国庆节 </label>
      <input type="radio" name="radioA" id="radio3" value="3">
      <label for="radio3"> 五一劳动节 </label>
      <input type="radio" name="radioA" id="radio4" value="4">
      <label for="radio4"> 圣诞节 </label>
      <input type="radio" name="radioA" id="radio5" value="5">
      <label for="radio5"> 六一儿童节 </label>
    </fieldset>
    <div class="ui-grid-a">
      <div class="ui-block-a">
        <a href="#" data-role="button" class="ui-btn-active"> 确定 </a>
      </div>
      <div class="ui-block-b">
      <input type="button" value=" 取消 ">
      </div>
    </div>
  </div>
  <div data-role="footer"><h4> 页脚 </h4></div>
</div>
```

03 保存页面，在 Opera Mobile 模拟器中预览该页面，可以看到使用单选按钮制作的投票表单的效果，如图 16-8 所示。

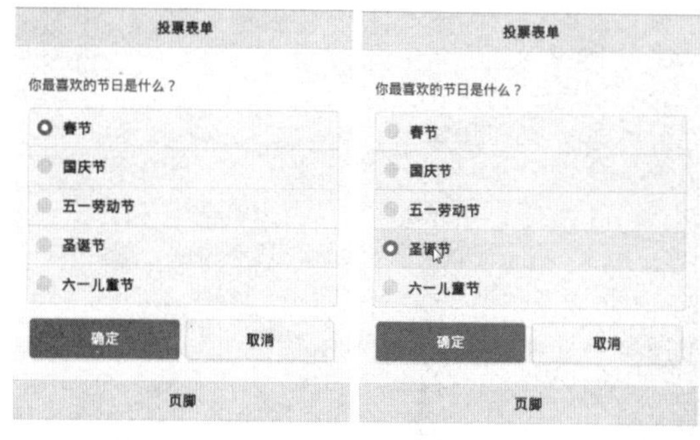

图 16-8

因为在实例中使用 <fieldset> 标签来包含页面中所有的单选按钮选项，所以单选按钮的四周都有圆角的样式，以一个整体组的形式显示在页面中。

默认情况下，<fieldset> 标签中包含的一组单选按钮选项会以垂直方式显示，如果希望单选按钮组中的各单选按钮选项以水平的方式进行排列，可以在 <fieldset> 标签中添加 data-type="horizontal" 属性设置。

16.2.5 复选框

与单选按钮相类似，使用 <fieldset> 标签，并在该标签中添加 data-role="controlgroup" 属性设置，包括多个复选框。通常情况下，多个复选框选项组合成的复选框组放置在标题下面，通过 jQuery Mobile 固有的样式自动删除各个复选框选项间的间距，使其看起来更像一个整体。另外，复选框选项组默认是垂直显示，也可以在 <fieldset> 标签中添加 data-type 属性设置，设置该属性的属性值为 horizon，将其改变为水平显示。如果水平显示复选框组中的各选项，将自动隐藏各个复选框的图标，并浮动成一排显示。

使用复选框制作调查表单

最终文件：光盘 \ 最终文件 \ 第 16 章 \16-2-5.html　　视频：光盘 \ 视频 \ 第 16 章 \16-2-5.mp4

01 新建 HTML 5 页面，将其保存为“光盘 \ 源文件 \ 第 16 章 \16-2-5.html”。在 <head> 与 </head> 标签之间添加 <meta> 标签，设置和加载 jQuery Mobile 函数库代码，与前面的案例相同。

02 在 <body> 与 </body> 标签之间编写 jQuery Mobile 页面代码。

```
<div id="page1" data-role="page">
  <div data-role="header"><h1> 调查表单 </h1></div>
  <div data-role="content">
    <p> 你参加过哪些社会公益活动？ </p>
    <fieldset data-role="controlgroup">
      <input type="checkbox" name="chkA" id="chk1" value="1">
      <label for="chk1"> 环境保护 </label>
      <input type="checkbox" name="chkA" id="chk2" value="2">
      <label for="chk2"> 紧急援助 </label>
      <input type="checkbox" name="chkA" id="chk3" value="3">
      <label for="chk3"> 知识传播 </label>
      <input type="checkbox" name="chkA" id="chk4" value="4">
      <label for="chk4"> 社会治安 </label>
    </fieldset>
    <div class="ui-grid-a">
      <div class="ui-block-a">
        <a href="#" data-role="button" class="ui-btn-active"> 投票 </a>
      </div>
      <div class="ui-block-b">
      <input type="button" value=" 查看结果 ">
      </div>
    </div>
```

```
    </div>
    <div data-role="footer"><h4> 页脚 </h4></div>
  </div>
```

03 保存页面，在 Opera Mobile 模拟器中预览该页面，可以看到使用单选按钮制作的调查表单的效果，如图 16-9 所示。

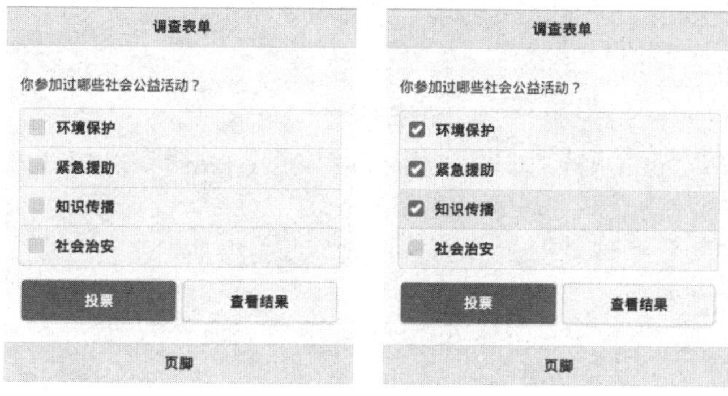

图 16-9

16.2.6　选择菜单

与单选按钮和复选框不同，使用 <select> 标签形成的选择菜单在 jQuery Mobile 中样式发生了很大的变化。它分为两种类别：一种是原生菜单类型，这种类型继续保持了原来 PC 端浏览器的样式，单击右端的向下箭头出现一个下拉列表，选择其中的某一选项；另一种类型是自定义菜单类型，该类型专用于移动设备的浏览器显示，使用该类型时，jQuery Mobile 中提供的自定义菜单样式将取代原始选择菜单的样式，使选择菜单在显示时发生变化。

需要创建自定义菜单类型非常简单，只需要在 <select> 标签中添加 data-native-menu 属性设置，设置该属性的属性值为 false，即可将该选择菜单转换成为自定义菜单类型。

自定义类型的菜单由按钮和菜单两部分组成，当用户单击按钮时，对应的菜单选择器将会自动打开，选其中某一选项后，菜单自动关闭。

使用自定义类型选择菜单

最终文件：光盘 \ 最终文件 \ 第 16 章 \16-2-6.html　　视频：光盘 \ 视频 \ 第 16 章 \16-2-6.mp4

01 新建 HTML 5 页面，将其保存为“光盘 \ 源文件 \ 第 16 章 \16-2-6.html”。在 <head> 与 </head> 标签之间添加 <meta> 标签，设置和加载 jQuery Mobile 函数库代码，与前面的案例相同。

02 在 <body> 与 </body> 标签之间编写 jQuery Mobile 页面代码。

```
<div id="page1" data-role="page">
  <div data-role="header"><h1> 自定义类型选择菜单 </h1></div>
  <div data-role="content">
    <p> 请选择注册时间：</p>
    <fieldset data-role="controlgroup">
      <select name="selY" id="selY" data-native-menu="false">
```

```
            <option>选择年份</option>
            <option value="2014">2014年</option>
            <option value="2015">2015年</option>
          </select>
          <select name="selM" id="selM" data-native-menu="false">
            <option>选择月份</option>
            <option value="1">1月</option>
            <option value="2">2月</option>
            <option value="3">3月</option>
            <option value="4">4月</option>
            <option value="5">5月</option>
            <option value="6">6月</option>
            <option value="7">7月</option>
            <option value="8">8月</option>
            <option value="9">9月</option>
            <option value="10">10月</option>
            <option value="11">11月</option>
            <option value="12">12月</option>
          </select>
        </fieldset>
      </div>
      <div data-role="footer"><h4>页脚</h4></div>
    </div>
```

将两个选择菜单使用 <fieldset> 标签所包含，并且在 <fieldset> 标签中添加 data-role="controlgroup" 属性设置，因此两个选择菜单以一个整体组的形式显示在页面中。在选择菜单 <select> 标签中添加 data-native-menu 属性设置，设置该属性值为 false，即可将选择菜单转变成一个自定义类型的选择菜单。

03 保存页面，在 Opera Mobile 模拟器中预览该页面，可以看到默认垂直排列的自定义选择菜单的效果，如图 16-10 所示。如果希望水平排列自定义选择菜单，可以在 <fieldset> 标签中添加 data-type="horizontal" 属性设置，效果如图 16-11 所示。单击自定义选择菜单元素，可以在弹出的窗口中选择需要的选项，如图 16-12 所示。

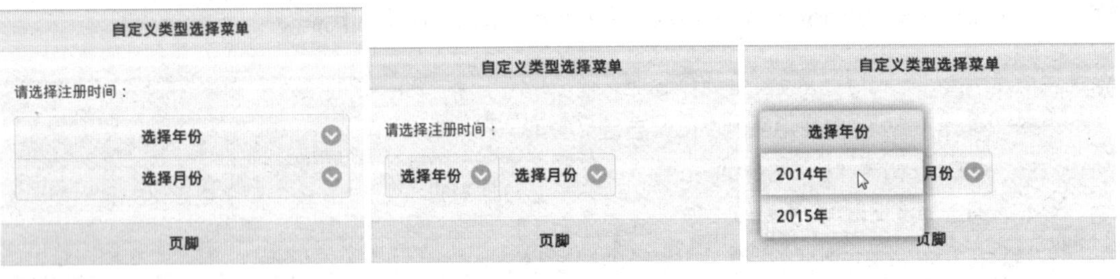

图 16-10　　图 16-11　　图 16-12

16.2.7 多项选择菜单

与原生的页面中的选择菜单不同，jQuery Mobile 中的选择菜单还可以通过设置 multiple 属性，实现菜单的多项选择。如果将某个选择菜单的 multiple 属性值设置为 true，单击该按钮弹出的菜单对话框中，全部菜单选项的右侧将会出现一个可勾选的复选框，用户通过单击该复选框，可以选中任意多个选项。选择完成后，单击左上角的“关闭”按钮，已弹出的对话框关闭，对应的按钮自动更新为用户所选择的多项内容值。

例如，对上一节案例中的选择菜单代码进行相应的修改，代码如下。

```
<fieldset data-role="controlgroup">
 <select name="selY" id="selY" data-native-menu="false" multiple="true">
  <option> 选择年份 </option>
  <option value="2014">2014 年 </option>
  <option value="2015">2015 年 </option>
 </select>
 <select name="selM" id="selM" data-native-menu="false" multiple=" true" >
  <option> 选择月份 </option>
  <option value="1">1 月 </option>
  <option value="2">2 月 </option>
  <option value="3">3 月 </option>
  <option value="4">4 月 </option>
  <option value="5">5 月 </option>
  <option value="6">6 月 </option>
  <option value="7">7 月 </option>
  <option value="8">8 月 </option>
  <option value="9">9 月 </option>
  <option value="10">10 月 </option>
  <option value="11">11 月 </option>
  <option value="12">12 月 </option>
 </select>
</fieldset>
```

保存页面，在 Opera Mobile 模拟器中预览该页面，单击页面中的选择菜单，在弹出的选项对话框中可以选择多个选项，如图 16-13 所示。

图 16-13

在用户选择后，多项选择菜单对应的按钮中不仅会显示所选择的内容值，而且选择超过两个选项时，在下拉图标的左侧还会显示一个圆角矩形框，在该圆角矩形框中显示用户所选择的选项总数。另外，在弹出的选项对话框中，选择某一个选项后，对话框不会自动关闭，必须单击左上角的“关闭”按钮，才算完成一次菜单的选择。

16.3 jQuery Mobile 列表组件

在 jQuery Mobile 中，如果在 <ul> 标签中设置 data-role 属性值为 listview，便可以创建一个无序列表，并且将会使用 jQuery Mobile 的默认样式对列表进行渲染显示。默认情况下，jQuery Mobile 页面中的列表宽度与屏幕进行等比例缩放，在列表选项的最右侧会显示一个带箭头的图标。另外，列表还有许多种类，如基本列表、嵌套列表、编号列表等，同时，还可以对列表中选项的内容进行分割与格式化。

16.3.1 基本列表

在 jQuery Mobile 页面中，一个 <ul> 元素一旦被定义为列表，jQuery Mobile 将会使用默认的样式对该列表进行渲染显示，列表中的选项非常易于触摸。如果单击列表选项，将会通过 AJAX 的方式异步请求一个对应的 URL 地址，并在 DOM 中创建一个新的页面，借助默认的切换效果进入该页面中。

创建 jQuery Mobile 页面基本列表

最终文件：光盘 \ 最终文件 \ 第 16 章 \16-3-1.html　　视频：光盘 \ 视频 \ 第 16 章 \16-3-1.mp4

01 新建 HTML 5 页面，将其保存为“光盘 \ 源文件 \ 第 16 章 \16-3-1.html”。在 <head> 与 </head> 标签之间添加 <meta> 标签，设置和加载 jQuery Mobile 函数库代码，与前面的案例相同。

02 在 <body> 与 </body> 标签之间编写 jQuery Mobile 页面代码。

```
<div id="page1" data-role="page">
  <div data-role="header"><h1> 基本列表 </h1></div>
  <div data-role="content">
    <p> 精彩内容列表 </p>
    <ul data-role="listview">
      <li><a href="#"> 电影大片 </a></li>
      <li><a href="#"> 热播电视剧 </a></li>
      <li><a href="#"> 精彩综艺 </a></li>
      <li><a href="#"> 网络剧 </a></li>
    </ul>
  </div>
  <div data-role="footer"><h4> 页脚 </h4></div>
</div>
```

03 保存页面，在 Opera Mobile 模拟器中预览该页面，可以看到 jQuery Mobile 页面中默认的基本列表效果，如图 16-14 所示。

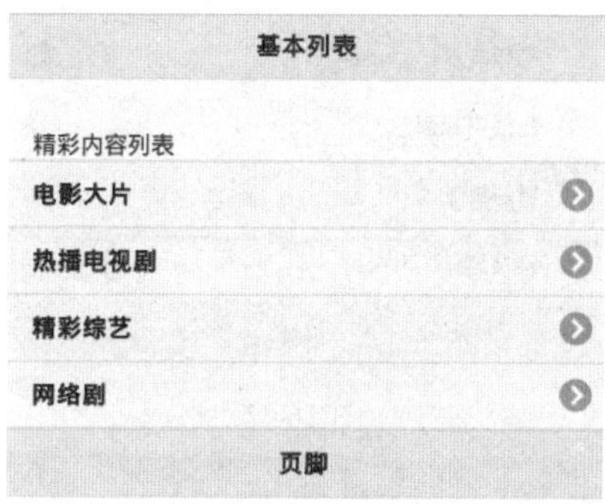

图 16-14

jQuery Mobile 通过自带的样式对 <ul> 元素进行渲染，使列表中的各选项拉长，更加容易触摸。选项右侧的圆形带箭头的图标提示用户该选项有链接。单击时，通过切换页面的方式，跳转到各选项 <a> 标签中 href 属性所设置的链接页面中。

16.3.2 有序列表

与 <ul> 无序列表元素相对应，使用 <ol> 标签可以创建一个有序的列表。在有序列表中，借助排列的编号顺序可以展现一种有序的列表效果。

在有序列表显示时，jQuery Mobile 会优先使用 CSS 样式给列表添加编号。如果浏览器不支持这种 CSS 样式，jQuery Mobile 将会调用 JavaScript 中的方法向列表写入编号，以确保有序列表的效果可以兼容各种浏览器。

例如，对上一节案例中的选择菜单代码进行相应的修改，代码如下。

```
<ol data-role="listview">
  <li><a href="#">电影大片</a></li>
  <li><a href="#">热播电视剧</a></li>
  <li><a href="#">精彩综艺</a></li>
  <li><a href="#">网络剧</a></li>
</ol>
```

保存页面，在 Opera Mobile 模拟器中预览该页面，可以看到 jQuery Mobile 页面中默认的有序列表效果，如图 16-15 所示。

图 16-15

jQuery Mobile 全面支持 HTML 5 的新特征和属性，原则上在 <ol> 标签中可以使用 start 属性设置有序列表的起始数字，但是 jQuery Mobile 考虑到浏览器的兼容性，对该属性暂不支持。此外，<ol> 标签中的 type 和 compact 属性在 HTML 5 中不建议使用，且 jQuery Mobile 对这两个属性也不支持。

16.3.3 分割列表选项

在 jQuery Mobile 的列表中，有时需要对选项内容做两个不同的操作，这时需要对选项中的链接按钮进行分割。实现分割的方法非常简单，只需要在 <li> 标签中再添加一个 <a> 标签，便可以在页面中实现分割的效果。

分割后的两部分之间通常有一条竖直的分割线，分割线左侧为缩短长度后的选项链接按钮，右侧为后来增加的 <a> 元素。该元素的显示效果只是一个带图标的按钮，可以通过设置 <ul> 标签中 data-split-icon 属性的值，来改变该按钮中的图标。

实现列表选项的分割

最终文件：光盘 \ 最终文件 \ 第 16 章 \16-3-3.html　　视频：光盘 \ 视频 \ 第 16 章 \16-3-3.mp4

01 新建 HTML 5 页面，将其保存为“光盘 \ 源文件 \ 第 16 章 \16-3-3.html”。在 <head> 与 </head> 标签之间添加 <meta> 标签，设置和加载 jQuery Mobile 函数库代码，与前面的案例相同。

02 在 <body> 与 </body> 标签之间编写 jQuery Mobile 页面代码。

```
<div id="page1" data-role="page">
  <div data-role="header"><h1> 列表选项分割 </h1></div>
  <div data-role="content">
    <ul data-role="listview" data-split-icon="gear" data-split-theme="d">
      <li>
        <a href="#">
          <img src="images/163301.png">
          <h3> 设计理念 </h3>
          <p> 领先的设计理念，创造前沿思想 </p>
```

```
          </a>
          <a href="#" data-rel="dialog" data-transition="slideup">设计文章</a>
        </li>
        <li>
          <a href="#">
            <img src="images/163302.png">
            <h3>精彩作品</h3>
            <p>精美设计作品，涉取设计精华</p>
          </a>
          <a href="#" data-rel="dialog" data-transition="slideup">设计图片</a>
        </li>
      </ul>
    </div>
    <div data-role="footer"><h4>页脚</h4></div>
  </div>
```

03 保存页面，在Opera Mobile模拟器中预览该页面，可以看到分割列表选项的效果，如图16-16所示。

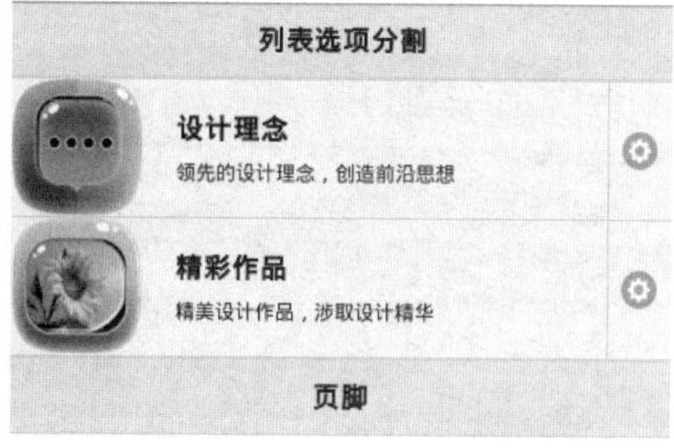

图 16-16

向 <li> 标签中多添加一个 <a> 标签后，便可以通过一条分割线将列表选项中的链接按钮分割成两个部分。其中，分割线左侧区域的宽度可以随着移动终端设备分辨率的不同进行等比例缩放；而右侧区域仅是一个只有图标的链接按钮，它的宽度是自动适应且固定不变的。

目前在jQuery Mobile中，列表中的分割只支持分割成两部分，即在 <li> 元素中，只允许有两个 <a> 标签出现，如果添加两个以上的 <a> 标签，会将最后一个元素作为分割线右侧部分。

16.3.4 对列表项进行分类

在 jQuery Mobile 中，除了可以分割列表项外，还可以对列表进行分类，即在列表中，通过分割项将各类的列表组织起来，形成相互独立的同类列表组，组的下面是一个个列表项。

实现列表项分组的方法很简单，只需要在分组的位置增加一个 <li> 元素，并在该标签中添加 data-role="list-divider" 属性设置，表示该 <li> 标签是一个分组列表项。默认情况下，普通列表项的主题色为“浅灰色”，分组列表项的主题色为“灰色”，两者通过主题颜色的区别，形成层次上的包含效果。

实战 **实现列表选项的分组**

最终文件：光盘 \ 最终文件 \ 第 16 章 \16-3-4.html　　视频：光盘 \ 视频 \ 第 16 章 \16-3-4.mp4

01 新建 HTML 5 页面，将其保存为“光盘 \ 源文件 \ 第 16 章 \16-3-4.html”。在 <head> 与 </head> 标签之间添加 <meta> 标签，设置和加载 jQuery Mobile 函数库代码，与前面的案例相同。

02 在 <body> 与 </body> 标签之间编写 jQuery Mobile 页面代码。

```
<div id="page1" data-role="page">
  <div data-role="header"><h1> 列表项分组 </h1></div>
  <div data-role="content">
    <ul data-role="listview">
      <li data-role="list-divider"> 电影大片 </li>
      <li><a href="#"> 欧美电影 </a></li>
      <li><a href="#"> 日韩电影 </a></li>
      <li><a href="#"> 国产电影 </a></li>
      <li data-role="list-divider"> 热播电视剧 </li>
      <li><a href="#"> 卫视热播 </a></li>
      <li><a href="#"> 国外电视剧 </a></li>
    </ul>
  </div>
  <div data-role="footer"><h4> 页脚 </h4></div>
</div>
```

03 保存页面，在 Opera Mobile 模拟器中预览该页面，可以看到列表选项分组的效果，如图 16-17 所示。如果在 <ul> 标签中添加 data-divider-theme="b" 属性设置，可以改变默认的分组列表项的主题颜色，如图 16-18 所示。

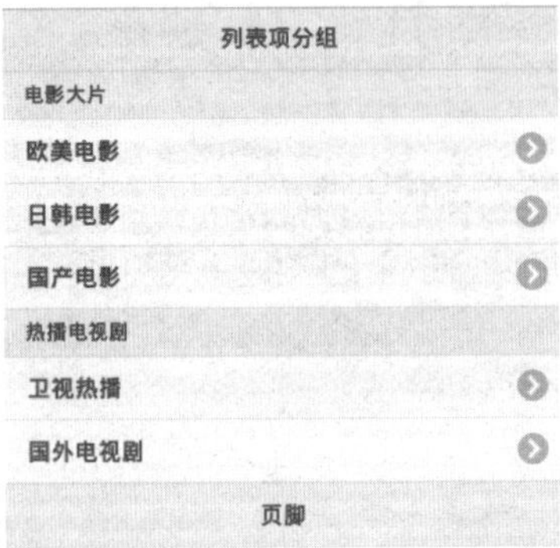

列表项分组
电影大片
欧美电影
日韩电影
国产电影
热播电视剧
卫视热播
国外电视剧
页脚

图 16-17

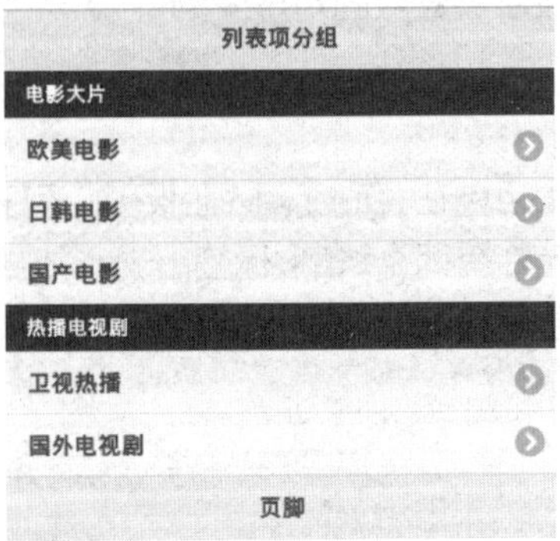

列表项分组
电影大片
欧美电影
日韩电影
国产电影
热播电视剧
卫视热播
国外电视剧
页脚

图 16-18

对列表项进行分组的作用只是将列表中的选项内容进行分类归纳，因此不要滥用，且在一个列表中不宜过多使用列表项分组，每一个列表项分组中的列表数量不要太少。

16.3.5　图标与计数器

在 jQuery Mobile 的列表 <ul> 或 <ol> 标签中，如果将一个图片作为 <li> 元素中的第一个子元素，那么该图片元素将自动缩放成一个边长为 80 像素的正方形作为图片的缩略图。

但是如果将图片作为列表项的图标使用，则需要为该元素添加类别属性 ui-li-icon，才能在列表的最左侧正常显示该图标。另外，如果想在列表项中的最右侧显示一个计数器，只需要添加一个 <span> 标签，并在该标签中添加类别属性 ui-li-count 即可。

为列表项添加图标和计数器

最终文件：光盘 \ 最终文件 \ 第 16 章 \16-3-5.html　　视频：光盘 \ 视频 \ 第 16 章 \16-3-5.mp4

01 新建 HTML 5 页面，将其保存为“光盘 \ 源文件 \ 第 16 章 \16-3-5.html”。在 <head> 与 </head> 标签之间添加 <meta> 标签，设置和加载 jQuery Mobile 函数库代码，与前面的案例相同。

02 在 <body> 与 </body> 标签之间编写 jQuery Mobile 页面代码。

```
<div id="page1" data-role="page">
  <div data-role="header"><h1> 标题 </h1></div>
  <div data-role="content">
    <h2> 人个中心 </h2>
    <ul data-role="listview">
      <li>
        <a href="#">
          <img src="images/163501.gif" class="ui-li-icon">
          收到的留言
          <span class="ui-li-count">5</span>
        </a>
      </li>
      <li>
        <a href="#">
          <img src="images/163502.gif" class="ui-li-icon">
          收到的邮件
          <span class="ui-li-count">12</span>
        </a>
      </li>
    </ul>
  </div>
  <div data-role="footer"><h4> 页脚 </h4></div>
</div>
```

03 保存页面，在 Opera Mobile 模拟器中预览该页面，可以看到为列表选项添加图标和计数器的效果，如图 16-19 所示。

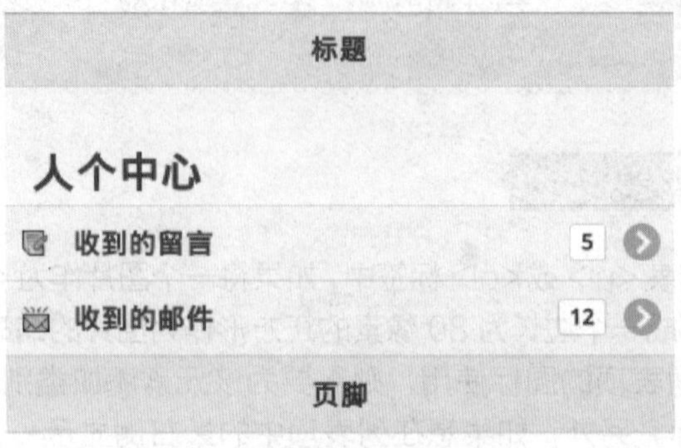

图 16-19

提示

在使用图片作为列表项的图标时，尽量选择尺寸较小的图片，如果图标尺寸过大，虽然也会进行缩放，但可能会与图标右侧的标题部分不协调，从而影响到用户的体验。另外，如果计数器 <span> 标签中显示的内容过长，该元素将会自动向左侧进行拉伸，直到完全显示为止。

16.3.6 列表项内容格式化处理

jQuery Mobile 支持以 HTML 语义化的元素（如 <span>、<h>、<p>）显示列表中所需的内容格式。通常情况下，使用 <h1> 至 <h6> 标签来突显列表项中显示的内容，使用 <p> 标签减弱列表项中显示的内容，两者结合，可以使列表项中显示的内容具有层次关系。如果要增加补充信息，例如日期，可以在显示的 <p> 标签中添加类别属性 ui-li-aside。

实战

格式化列表项内容

最终文件：光盘 \ 最终文件 \ 第 16 章 \16-3-6.html　　视频：光盘 \ 视频 \ 第 16 章 \16-3-6.mp4

01 新建 HTML 5 页面，将其保存为“光盘 \ 源文件 \ 第 16 章 \16-3-6.html”。在 <head> 与 </head> 标签之间添加 <meta> 标签，设置和加载 jQuery Mobile 函数库代码，与前面的案例相同。

02 在 <body> 与 </body> 标签之间编写 jQuery Mobile 页面代码。

03 保存页面，在 Opera Mobile 模拟器中预览该页面，可以看到对列表项内容进行格式化处理的效果，如图 16-20 所示。

```
<div id="page1" data-role="page">
  <div data-role="header"><h1> 摄影作品列表 </h1></div>
  <div data-role="content">
    <ul data-role="listview" data-divider-theme="b">
      <li data-role="list-divider">
        2015 年摄影作品
        <span class="ui-li-count">2</span>
```

```
        </li>
        <li>
          <a href="#">
            <img src="images/163601.jpg">
            <h3> 风景摄影 </h3>
            <p> 带您一起领略世界各地的绝美风景，无限风光尽收眼底 </p>
            <p class="ui-li-aside"><b>2015.10</b> 更新 </p>
          </a>
        </li>
        <li>
          <a href="#">
            <img src="images/163602.jpg">
            <h3> 人像摄影 </h3>
            <p> 捕捉人像精彩瞬间，定格人生美好 </p>
            <p class="ui-li-aside"><b>2015.9</b> 更新 </p>
          </a>
        </li>
        <li data-role="list-divider">
          2014 年摄影作品
          <span class="ui-li-count">2</span>
        </li>
        <li>
          <a href="#">
            <img src="images/163603.jpg">
            <h3> 获奖作品 </h3>
            <p>2014 年度获奖摄影作品，体验摄影魅力 </p>
            <p class="ui-li-aside"><b>2015.2</b> 更新 </p>
          </a>
        </li>
        <li>
          <a href="#">
            <img src="images/163604.jpg">
            <h3> 摄影作品合集 </h3>
            <p> 各种不同类型的摄影作品，带您一次领略各种风情 </p>
            <p class="ui-li-aside"><b>2014.12</b> 更新 </p>
          </a>
        </li>
      </ul>
    </div>
    <div data-role="footer"><h4> 页脚 </h4></div>
  </div>
```

图 16-20

如果想使用搜索方式过滤列表项中的标题内容，可以在 <ul> 标签中添加 data-filter 属性设置，设置该属性的属性值为 true，jQuery Mobile 将会在列表的上方自动添加一个搜索框。当用户在搜索框中输入相应的内容后，jQuery Mobile 将会自动过滤掉不包含搜索字符内容的列表项。

16.4 本章小结

本章重点向读者介绍了 jQuery Mobile 中的按钮组件、表单组件和列表组件的创建和设置方法，结合实例的制作，使读者能够在 jQuery Mobile 页面中灵活地运用各种组件。完成本章内容的学习，读者需要掌握 jQuery Mobile 中各种重要组件的使用方法和技巧。

第17章 使用jQuery Mobile主题

主题是指一个Web站点或应用程序的外观，是最直接面对用户的操作界面，关系到用户的最终体验，其重要性不言而喻。在jQuery Mobile中为用户提供了多种不同风格的主题预设，使用户可以轻松地创建出不同主题的jQuery Mobile页面。本章将向读者介绍有关jQuery Mobile主题的知识。

本章知识点

- ✔ 了解jQuery Mobile主题的特点
- ✔ 掌握应用jQuery Mobile默认主题的方法
- ✔ 掌握修改默认主题的方法
- ✔ 掌握自定义jQuery Mobile页面和工具栏主题的方法
- ✔ 掌握使用ThemeRoller创建主题的方法

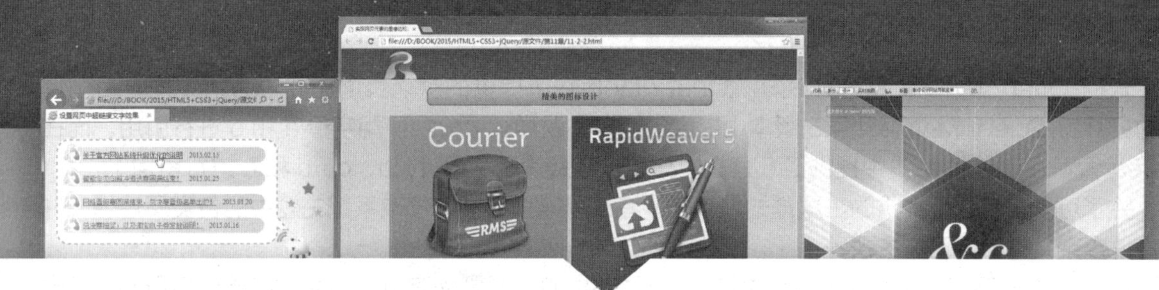

17.1 了解jQuery Mobile主题

在jQuery Mobile中，由于每一个页面中的布局和组件都被设计成一个全新的面向对象的CSS框架，整个站点或应用的视觉风格可以通过这个框架得到统一。统一后的视觉设计主题称为jQuery Mobile主题样式系统，它主要有以下几个特点。

- 轻量级的文件

在jQuery Mobile中全面支持CSS 3和HTML 5，页面中的圆角、阴影、渐变颜色和动画过渡效果等都是通过CSS 3和HTML 5来实现的，而没有使用图片，大大减轻了服务器的负担。

- 轻量级的图标

在整个jQuery Mobile主题框架中，使用了一套简化的图标集，它包含了绝大部分在移动设备中使用的图标，极大减轻了服务器对图标处理的负荷。

- 灵活的主题

jQuery Mobile主题框架系统提供了多套可供选择的主题和色调，并且每套主题之间都可以混搭，丰富jQuery Mobile页面的视觉设计效果。

- 便捷的自定义主题

在jQuery Mobile页面中除了可以使用系统框架提供的主题外，还允许开发者自定义主题框架，从而实现jQuery Mobile页面设计的多样性。

从以上jQuery Mobile页面的主题特点不难看出，jQuery Mobile中每个应用程序或组件都提供了文件轻巧、样式丰富、处理便捷的样式主题，极大方便了开发人员的使用。

17.2 jQuery Mobile 页面主题

在 jQuery Mobile 中，组件和页面布局的主题定义是通过使用一套完整的 CSS 样式来实现的，在这套 CSS 样式中包括两个重要组成部分。

- 结构

用于控制元素的屏幕中显示的位置、填充效果、内外边距等。

- 主题

用于控制元素的颜色、渐变、字体、圆角、阴影等视觉效果，并包含了多套色板，每套色板中都定义了列表项、按钮、表单、工具栏、内容块、页面的全部视觉效果。

在 jQuery Mobile 中，CSS 样式中的结构和主题是分离的，因此只要定义一套 CSS 样式就可以反复与一套或多套主题配合或混合使用，从而实现页面布局和组件主题多样化的效果。

17.2.1 默认主题

根据 jQuery Mobile 版本的不同，jQuery Mobile 所提供的默认页面主题也有所不同，目前提供的最新的 jQuery Mobile 1.4.5 版本中提供了两套主题样式，分别使用字母 a 和 b 进行引用。而在 jQuery Mobile 1.1.1 版本中提供了 5 套主题样式，分别使用字母 a、b、c、d 和 e 进行引用。

除了可以使用系统提供的主题样式外，开发者还可以很方便地修改系统主题中的各类属性值，并快捷地自定义属于自己的主题。

在默认情况下，jQuery Mobile 中头部栏与尾部栏的主题是 a 字母，因为 a 字母代表最高的视觉效果。如果需要改变某组件或容器当前的主题，只需要将它的 data-theme 属性值设置成主题对应的样式字母即可。

jQuery Mobile 页面默认主题

最终文件：光盘 \ 最终文件 \ 第 17 章 \17-2-1.html　　视频：光盘 \ 视频 \ 第 17 章 \17-2-1.mp4

01 新建 HTML 5 页面，将其保存为“光盘 \ 源文件 \ 第 17 章 \17-2-1.html”。在 <head> 与 </head> 标签之间添加 <meta> 标签，设置和加载 jQuery Mobile 1.4.5 函数库代码。

```
<head>
<meta charset="utf-8">
<title>jQuery Mobile 页面默认主题 </title>
<meta name="viewport" content="width=device-width,initial-scale=1">
<link rel="stylesheet" href="http://code.jquery.com/mobile/1.4.5/jquery.mobile-1.4.5.min.css" />
<script src="http://code.jquery.com/jquery-1.11.1.min.js"></script>
<script src="http://code.jquery.com/mobile/1.4.5/jquery.mobile-1.4.5.min.js"></script>
</head>
```

02 在 <body> 与 </body> 标签之间编写 jQuery Mobile 页面代码。

```
<div id="page1" data-role="page" data-theme="a">
  <div data-role="header"><h1> 默认主题 a</h1></div>
  <div data-role="content">
    <p> 正文内容 </p>
    <a href="#" data-role="button"> 按钮 </a>
    <p><a href="#page1"> 查看主题 a 效果 </a></p>
    <p><a href="#page2"> 查看主题 b 效果 </a></p>
  </div>
  <div data-role="footer"><h4> 页脚 </h4></div>
</div>
<div id="page2" data-role="page" data-theme="b">
  <div data-role="header"><h1> 默认主题 b</h1></div>
  <div data-role="content">
    <p> 正文内容 </p>
    <a href="#" data-role="button"> 按钮 </a>
    <p><a href="#page1"> 查看主题 a 效果 </a></p>
    <p><a href="#page2"> 查看主题 b 效果 </a></p>
  </div>
  <div data-role="footer"><h4> 页脚 </h4></div>
</div>
```

03 保存页面，在 Opera Mobile 模拟器中预览该页面，可以看到默认主题 a 的效果，如图 17-1 所示。单击页面中的“查看主题 b 效果”文字链接，跳转到默认主题 b 的效果页面，可以看到默认主题 b 的效果，如图 17-2 所示。

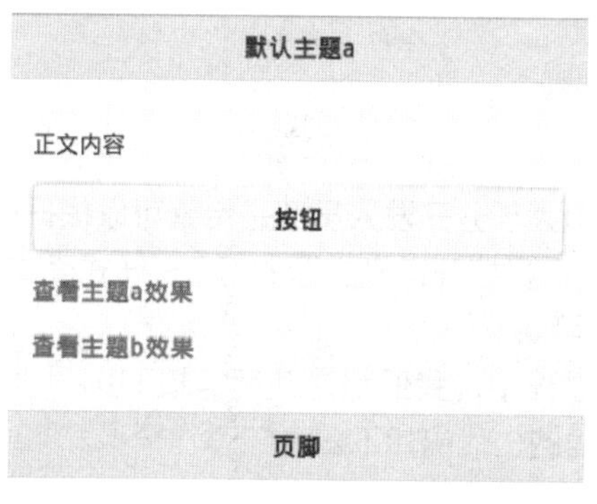

图 17-1

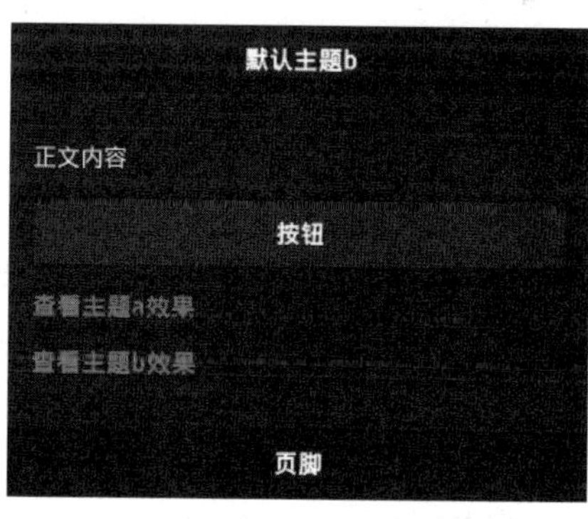

图 17-2

04 在 <head> 与 </head> 标签之间加载 jQuery Mobile 1.1.1 函数库代码。

```
<head>
<meta charset="utf-8">
<title>jQuery Mobile 页面默认主题 </title>
<meta name="viewport" content="width=device-width,initial-scale=1">
<link rel="stylesheet" href="http://code.jquery.com/mobile/1.1.1/jquery.
mobile-1.1.1.min.css" />
```

```
<script src="http://code.jquery.com/jquery-1.7.1.min.js"></script>
<script src="http://code.jquery.com/mobile/1.1.1/jquery.mobile-1.1.1.min.js"></script>
</head>
```

05 在 jQuery Mobile 1.1.1 函数库中提供了 5 种主题样式，如图 17-3 所示。

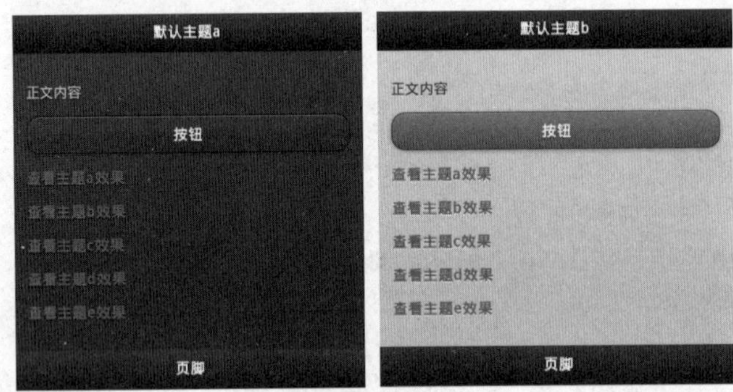

图 17-3

17.2.2 修改默认主题

虽然jQuery Mobile中提供了系统自带的主题，但大部分开发人员还是希望可以根据应用的需求，修改相应的主题结构和色调。实现的方法也很简单，只要打开定义主题的 CSS 样式表文件，找到需要修改的元素，调整对应的属性值，然后保存文件即可。

需要注意的是，在前面讲解 jQuery Mobile 的过程中，我们都是使用链接 URL 地址的 jQuery Mobile 函数库文件的方法来制作 jQuery Mobile 页面的，代码如下。

```
<link rel="stylesheet" href="http://code.jquery.com/mobile/1.4.5/jquery.mobile-1.4.5.min.css" />
<script src="http://code.jquery.com/jquery-1.11.1.min.js"></script>
<script src="http://code.jquery.com/mobile/1.4.5/jquery.mobile-1.4.5.min.js"></script>
```

这种方式所使用的 jQuery Mobile 函数库文件放置在远程服务器中，而并非本地计算机中，所以只能查看而不能修改。如果需要修改 jQuery Mobile 系统主题样式，则需要将 jQuery Mobile 函数库文件下载到本地计算机中，链接本地 jQuery Mobile 函数库文件才可以修改。

修改默认头部栏和尾部栏效果

最终文件：光盘 \ 最终文件 \ 第 17 章 \17-2-2.html　　视频：光盘 \ 视频 \ 第 17 章 \17-2-2.mp4

01 新建 HTML 5 页面，将其保存为“光盘 \ 源文件 \ 第 17 章 \17-2-2.html”。在 <head> 与 </head> 标签之间添加 <meta> 标签，设置和加载 jQuery Mobile 1.4.5 函数库代码。

```
<head>
<meta charset="utf-8">
<title> 修改默认头部栏和尾部栏效果 </title>
<meta name="viewport" content="width=device-width,initial-scale=1">
<link href="17-2-2/jquery.mobile -1.4.5.css" rel="stylesheet" type="text/css">
<script src="17-2-2/jquery-1.11.1.min.js"></script>
<script src="17-2-2/jquery.mobile-1.4.5.min.js"></script>
</head>
```

注意，此处链接的 jQuery Mobile 函数库文件是本地计算机中的文件，并非 URL 服务器上的文件。可以从 jQuery 官方网站中下载到相应的函数库文件。

02 在 <body> 与 </body> 标签之间编写 jQuery Mobile 页面代码。

```
<div id="page1" data-role="page">
 <div data-role="header"><h1> 头部标题 </h1></div>
 <div data-role="content">
  <p> 正文内容 </p>
  <a href="#" data-role="button"> 按钮 </a>
 </div>
 <div data-role="footer"><h4> 页脚 </h4></div>
</div>
```

03 保存页面，在 Opera Mobile 模拟器中预览该页面，可以看到页面默认的外观效果，如图 17-4 所示。转换到 jQuery Mobile 默认的 CSS 样式表文件 jquery.mobile-1.4.5.css 中，找到名为 .ui-bar-a 的类 CSS 样式设置代码，如图 17-5 所示。

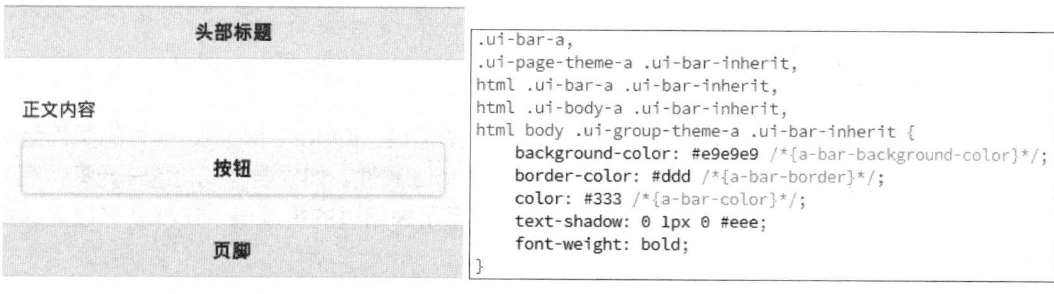

图 17-4　　　　图 17-5

04 对相应的CSS样式设置代码进行修改，例如这里修改背景颜色和文字颜色，如图17-6所示。保存jquery.mobile-1.4.5.css样式表文件，在Opera Mobile模拟器中预览该页面，可以看到修改后的头部栏和尾部栏效果，如图17-7所示。

```
.ui-bar-a,
.ui-page-theme-a .ui-bar-inherit,
html .ui-bar-a .ui-bar-inherit,
html .ui-body-a .ui-bar-inherit,
html body .ui-group-theme-a .ui-bar-inherit {
    background-color: #9C3 /*{a-bar-background-color}*/;
    border-color: #ddd /*{a-bar-border}*/;
    color: #FFF /*{a-bar-color}*/;
    text-shadow: 0 1px 0 #eee;
    font-weight: bold;
}
```

图17-6

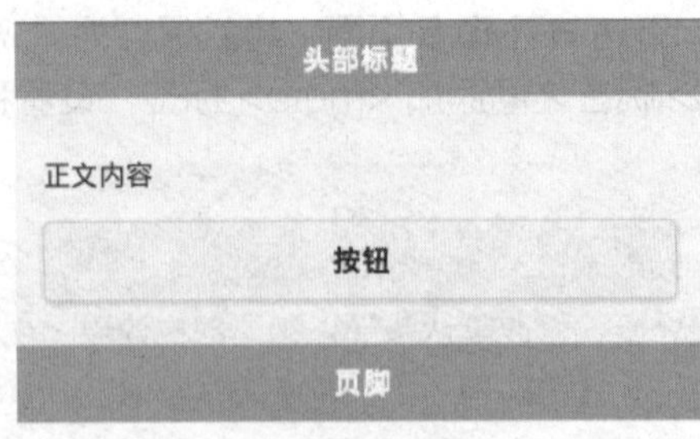

图17-7

在本实例中，被修改的系统主题类CSS样式.ui-bar-a有着特定的结构，其中，字符“-bar”表示该类别是用于控制header和footer容器显示的；字符“-a”表示该类别属于系统主题a级别。

17.3 自定义jQuery Mobile页面和工具栏主题

前面介绍了如何修改系统自带的主题，实现的方法十分简单。但由于是对源CSS样式文件进行的修改，每次当版本更新后，都需要对新版本的文件重新覆盖修改后的代码，操作不是很方便。为此，可以重新编写一个单独的CSS文件，专门用于定义页面与组件的主题样式。该文件与系统文件同时并存，实现用户自定义主题的功能。

jQuery Mobile中可以自定义主题类，可以定义到字母z，如表17-1所示，列出了jQuery Mobile页面中可以用的主题类，字母（a-z）表示CSS样式可以指定a到z。例如ui-bar-a或ui-bar-b等。

表17-1 jQuery Mobile中的主题类

类样式名称	说　明
ui-page-theme-(a-z)	用于设置页面整体
ui-bar-(a-z)	用于设置页面头部栏、尾部栏以及其他栏目
ui-body-(a-z)	用于设置页面内容块，包括列表视图、弹窗、侧栏、面板、加载、折叠。在jQuery Mobile 1.4.0以上版本中已经废弃
ui-btn-(a-z)	用于设置按钮
ui-group-theme-(a-z)	用于设置控制组的演示listviews和collapsible集合
ui-overlay-(a-z)	用于设置页面背景颜色，包括对话框、弹出窗口和其他出现在最顶层的页面容器

17.3.1 自定义页面主题

页面主题由包含了整个页面的样式化了的HTML元素构成。jQuery Mobile推荐的页面结构由一个<div>组成，该元素包含了一个值为page的data-role属性。如果要样式化这一元素，在其之上应用一个data-theme属性，并为其指定一个唯一的且是未用过的主题值，这样就可以为该页面写一个自定义的CSS。

自定义页面主题

最终文件：光盘 \ 最终文件 \ 第 17 章 \17-3-1.html　　视频：光盘 \ 视频 \ 第 17 章 \17-3-1.mp4

01 新建 HTML 5 页面，将其保存为“光盘 \ 源文件 \ 第 17 章 \17-3-1.html”。在 <head> 与 </head> 标签之间添加 <meta> 标签，设置和加载 jQuery Mobile 函数库代码，与前面的案例相同。

```
<head>
<meta charset="utf-8">
<title> 无标题文档 </title>
<meta name="viewport" content="width=device-width,initial-scale=1">
<link rel="stylesheet" href="http://code.jquery.com/mobile/1.4.5/jquery.mo-
bile-1.4.5.min.css" />
<script src="http://code.jquery.com/jquery-1.11.1.min.js"></script>
<script src="http://code.jquery.com/mobile/1.4.5/jquery.mobile-1.4.5.min.
js"></script>
</head>
```

02 在 <body> 与 </body> 标签之间编写 jQuery Mobile 页面代码。

```
<div id="page1" data-role="page">
 <div data-role="header" data-theme="a"><h1> 头部标题 </h1></div>
 <div data-role="content">
  <div id="main">
   <img src="images/173101.png">
  </div>
 </div>
 <div data-role="footer" data-theme="a"><h4> 页脚 </h4></div>
</div>
```

03 新建外部 CSS 样式表文件，将其保存为“光盘 \ 源文件 \ 第 17 章 \style\17-3-1.css”。在 <head> 与 </head> 标签之间添加 <link> 标签链接刚创建的外部 CSS 样式表文件。

```
<link href="style/17-3-1.css" rel="stylesheet" type="text/css">
```

04 在外部 CSS 样式表文件中创建相应的 CSS 样式，对 jQuery Mobile 页面中内容区域的元素进行控制，如图 17-8 所示。保存页面，在 Opera Mobile 模拟器中预览该页面，可以看到页面的效果，如图 17-9 所示。在外部 CSS 样式表文件中创建名为 .ui-page-theme-f 的 CSS 样式，如图 17-10 所示。

```
* {
    margin: 0px;
    padding: 0px;
}
body,html {
    height: 100%;
}
#main {
    width: 100%;
    height: 100%;
    text-align: center;
}
#main img {
    width: 100%;
    height: auto;
}
```

图 17-8

图 17-9

```
.ui-page-theme-f {
    background-color: #CFEAF3;
}
```

图 17-10

05 返回 jQuery Mobile 页面中，在 page 容器标签中添加 data-theme 属性设置，引用刚创建的主题 f，如图 17-11 所示。保存页面，在 Opera Mobile 模拟器中预览该页面，可以看到页面的效果，如图 17-12 所示。

```
<body>
<div id="page1" data-role="page" data-theme="f">
  <div data-role="header" data-theme="a"><h1>头部标题</h1></div>
  <div data-role="content">
    <div id="main">
      <img src="images/173101.png">
    </div>
  </div>
  <div data-role="footer" data-theme="a"><h4>页脚</h4></div>
</div>
</body>
```

图 17-11

图 17-12

17.3.2 自定义工具栏主题

在 jQuery Mobile 中，工具栏所包含的头部栏与尾部栏默认的主题是 a，也可以直接在工具栏容器标签中添加 data-theme 属性来指定其所需要使用的主题。

如果需要自定义工具栏主题样式，则可以创建 .ui-bar-(a-z) 类 CSS 样式，再通过 data-theme 属性来调整所定义的主题样式即可。

实战 **自定义工具栏主题**

最终文件：光盘 \ 最终文件 \ 第 17 章 \17-3-2.html　　视频：光盘 \ 视频 \ 第 17 章 \17-3-2.mp4

01 新建 HTML 5 页面，将其保存为“光盘 \ 源文件 \ 第 17 章 \17-3-2.html”。根据 17.3.1 小节中案例的制作方法，制作该页面，页面的 HTML 代码如下。

```
<div id="page1" data-role="page" data-theme="f">
 <div data-role="header" data-theme="a"><h1>魔力学堂</h1></div>
 <div data-role="content">
  <div id="main">
   <img src="images/173101.png">
  </div>
 </div>
 <div data-role="footer" data-theme="a"><h4>CopyRight &copy; 2015 金景文化</h4>
</div>
</div>
</body>
```

02 自定义的 CSS 样式表如图 17-13 所示。在 Opera Mobile 模拟器中预览该页面，可以看到页面中头部栏和尾部栏的效果，如图 17-14 所示。

```
* {
    margin: 0px;
    padding: 0px;
}
body,html {
    height: 100%;
}
#main {
    width: 100%;
    height: 100%;
    text-align: center;
}
#main img {
    width: 100%;
    height: auto;
}
.ui-page-theme-f {
    background-color: #CFEAF3;
}
```

图 17-13

图 17-14

03 在外部 CSS 样式表文件中创建名为 .ui-bar-f 的 CSS 样式，如图 17-15 所示。返回 jQuery Mobile 页面中，在头部栏和尾部栏的 <div> 标签中修改 data-theme 属性的值为 f，应用刚定义的 f 主题，如图 17-16 所示。

```
.ui-bar-f {
    background-color: #5B97E9;
    border-bottom: solid 1px #006699;
    color: #FFF;
    font-family: 微软雅黑;
    font-size: 20px;
}
```

图 17-15

```
<div id="page1" data-role="page" data-theme="f">
  <div data-role="header" data-theme="f">
    <h1>魔力学堂</h1>
  </div>
  <div data-role="content">
    <div id="main">
      <img src="images/173101.png">
    </div>
  </div>
  <div data-role="footer" data-theme="f">
    <h4>CopyRight &copy; 2015 金景文化</h4>
  </div>
</div>
```

图 17-16

04 保存外部 CSS 样式表文件，在 Opera Mobile 模拟器中预览该页面，可以看到页面中自定义的头部栏和尾部栏的效果，如图 17-17 所示。如果希望头部栏和尾部栏的效果不同，可以再创建一个工具栏样式。在外部 CSS 样式表文件中创建名为 .ui-bar-g 的 CSS 样式，如图 17-18 所示。

图 17-17

```
.ui-bar-g {
    background-color: #B1B1B1;
    border: 0px;
    border-top: solid 1px #FFF;
    font-size: 14px;
    color: #FFF;
    font-weight: 200;
}
```

图 17-18

05 返回 jQuery Mobile 页面中，在尾部栏的 <div> 标签中修改 data-theme 属性的值为 g，应用刚定义的 g 主题，如图 17-19 所示。保存外部 CSS 样式表文件，在 Opera Mobile 模拟器中预览该页面，可以看到页面中自定义的头部栏和尾部栏的效果，如图 17-20 所示。

```
<div id="page1" data-role="page" data-theme="f">
  <div data-role="header" data-theme="f">
    <h1>魔力学堂</h1>
  </div>
  <div data-role="content">
    <div id="main">
      <img src="images/173101.png">
    </div>
  </div>
  <div data-role="footer" data-theme="g">
    <h4>CopyRight &copy; 2015 金景文化</h4>
  </div>
</div>
```

图 17-19

图 17-20

17.3.3 自定义内容主题

与页面主题相比而言，内容主题所影响的范围小一些。内容主题所针对的范围仅局限于页面的 content 容器中，该容器之外的元素不受影响。

此外，在内容区域 content 容器中，还可以通过 data-content-theme 属性设置可折叠区块中显示区域的主题，而这一主题是独立的、自定义的，不受限于内容区域 content 容器的主题。

自定义可折叠区块主题

最终文件：光盘 \ 最终文件 \ 第 17 章 \17-3-3.html　　视频：光盘 \ 视频 \ 第 17 章 \17-3-3.mp4

01 新建 HTML 5 页面，将其保存为“光盘 \ 源文件 \ 第 17 章 \17-3-3.html”。在 <head> 与 </head> 标签之间添加 <meta> 标签，设置和加载 jQuery Mobile 函数库代码，与前面的案例相同。

02 在 <body> 与 </body> 标签之间编写 jQuery Mobile 页面代码。

```
<div id="page1" data-role="page">
 <div data-role="header" data-theme="b"><h1> 头部标题 </h1></div>
 <div data-role="content">
  <div data-role="collapsible" data-theme="b" data-content-theme="a">
   <h3 data-role="none"> 今日天气 </h3>
   <p> 晴，气温：<code>18~4</code> 度，西风 <em>3-4</em> 级 </p>
  </div>
  <div data-role="collapsible" data-theme="a" data-content-theme="b">
   <h3> 明日天气 </h3>
   <p> 晴，气温：<code>19~4</code> 度，东风 <em>1-2</em> 级 </p>
  </div>
 </div>
 <div data-role="footer" data-theme="b"><h4> 页脚 </h4></div>
</div>
```

03 保存页面，在 Opera Mobile 模拟器中预览该页面，可以看到页面中可折叠区块的效果，如图 17-21 所示。将可折叠区块展示，可以看到为可折叠区块应用的主题效果，如图 17-22 所示。

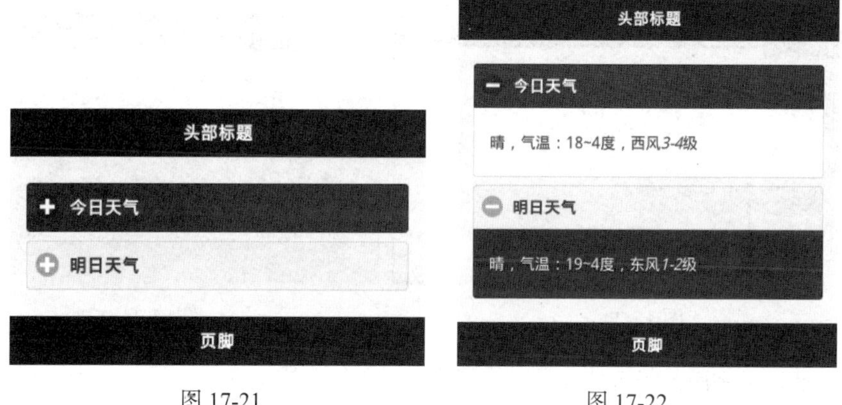

图 17-21　　图 17-22

在 collapsible 可折叠区块容器中，设置 data-theme 和 data-content-theme 属性的值，可以修改可折叠区块的主题。前者针对的是可折叠区块的标题部分，后者针对的是可折叠区块的内容显示区域部分。如果两个属性都不设置，将自动继承 content 内容容器所使用或默认的主题。

17.4 使用 ThemeRoller 创建主题

ThemeRoller 是 jQuery Mobile 提供的一款非常实用的主题创建工具。访问 ThemeRoller 官方网站 http://themeroller.jquerymobile.com/，页面如图 17-23 所示。

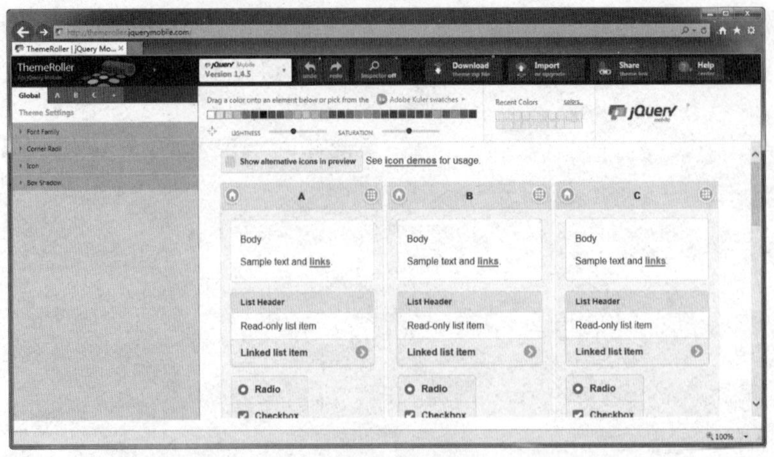

图 17-23

进入 ThemeRoller 官方网站页面可以看到 ThemeRoller 编辑器，默认有 3 个空白的主题面板，分别为 A、B 和 C，而在页面下方，还可以通过单击 Add swath 区域来添加空白的主题面板，如图 17-24 所示。在页面左侧的功能区的标签对应相应的主题，其中 Global 标签用于设置 jQuery Mobile 主题的全局属性，如图 17-25 所示。

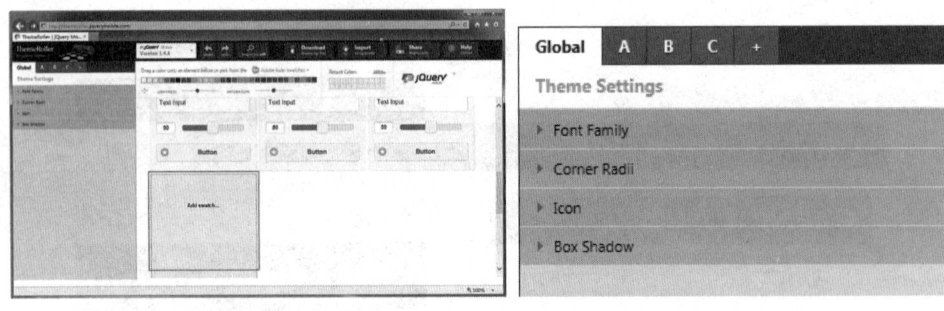

图 17-24　　　　图 17-25

在 Global 选项卡中展开各选项，可以看到可以设置的全局属性，如图 17-26 所示。

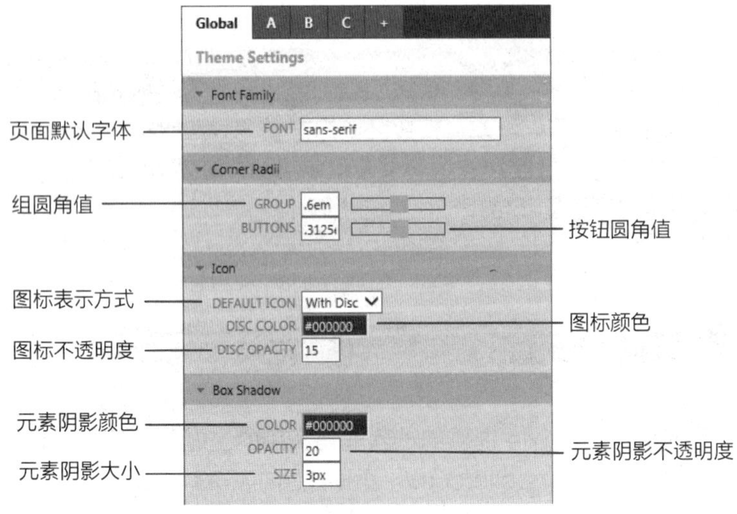

图 17-26

单击 A 标签，可以切换到 A 主题的相关属性设置中，可以对相关属性进行设置，如图 17-27 所示。

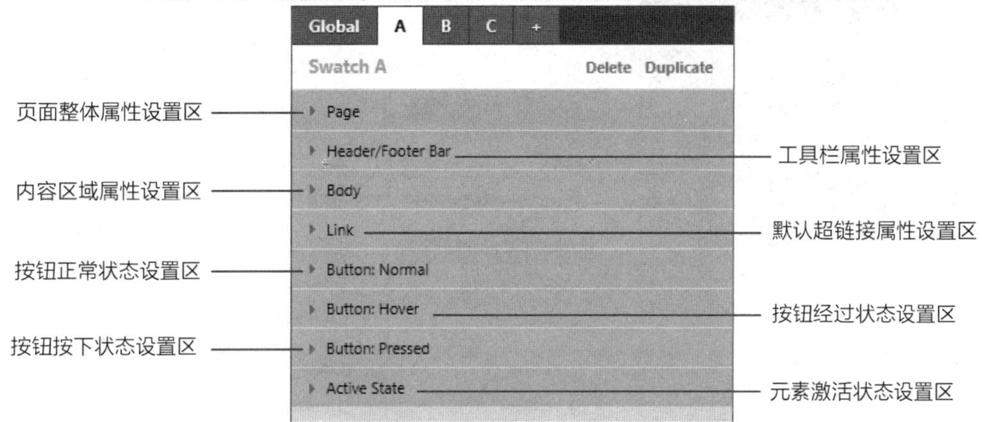

图 17-27

例如，在 A 选项卡中对相应的属性进行设置，在页面右侧的 A 主题上马上就能够看到相应的主题效果，如图 17-28 所示。

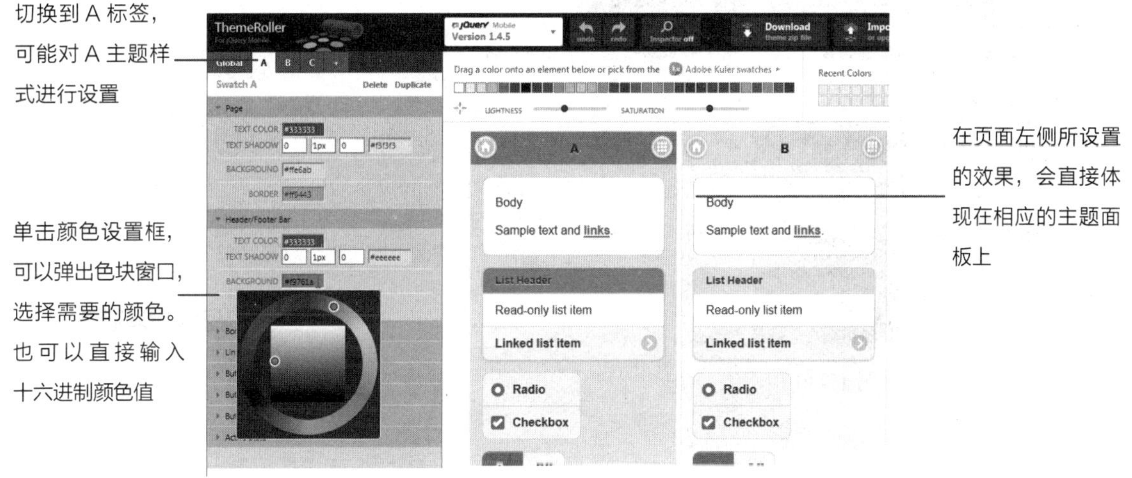

图 17-28

如果不知道标签的选项对应的是什么组件，可以利用页面中提供的 inspector 工具来查看。单击页面中的 inspector 工具，在 A 主题面板中单击相应的元素，页面左侧功能区自动切换到该元素属性的设置选项中，如图 17-29 所示。

在该页面中创建好需要的主题之后，单击页面上方的 Download 按钮，如图 17-30 所示。弹出主题文件下载窗口，如图 17-31 所示。

在 Theme Name 文本框中输入自定义文件名称，单击右下角 Download Zip 按钮，即可下载生成的 jQuery Mobile 主题样式文件，如图 17-32 所示。

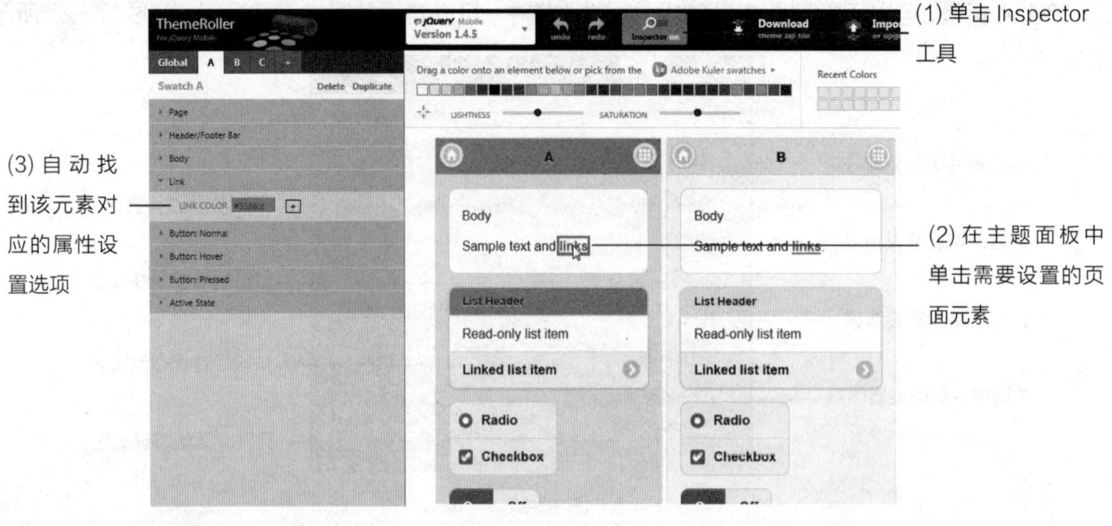

图 17-29

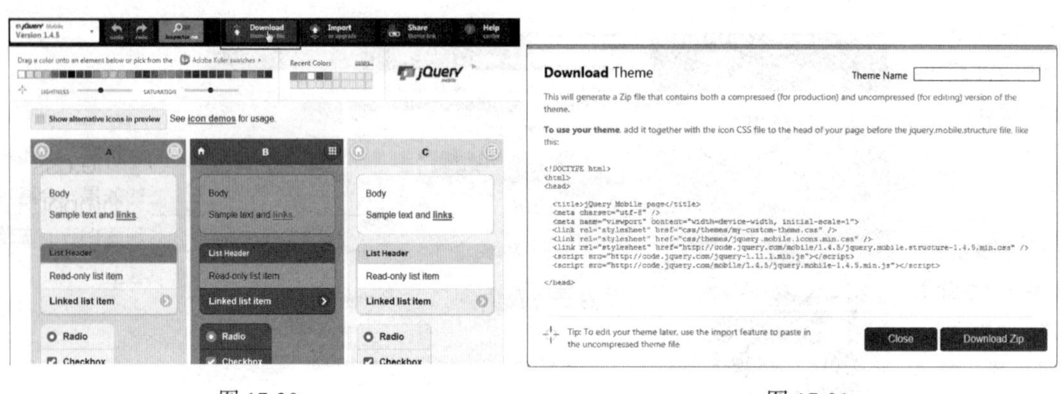

图 17-30　　　　图 17-31

图 17-32

下载的文件为zip压缩包文件，解压缩文件之后，会有一个index.html文件和一个themes文件夹。

打开 index.html 文件之后，会告诉用户如何引用文件，只要用几行代码取代网页中原来的引用代码即可，如图 17-33 所示。

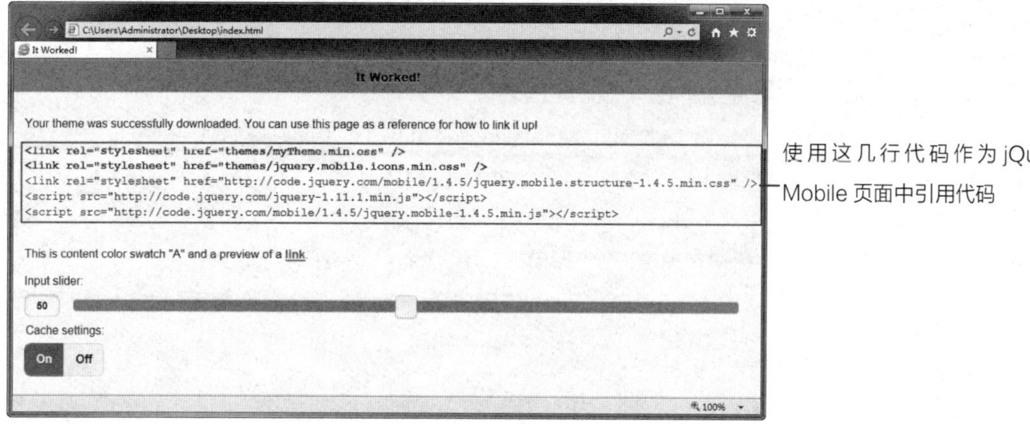

图 17-33

需要注意的是，一定要将解压得到的 themes 文件夹放置在与 jQuery Mobile 页面所在的文件夹中，这样通过复制的代码才能够正确引用相应的文件。

在 themes 文件夹中包含了要引用的 mytheme.min.css 文件，以及未压缩的 mytheme.css 文件。如果以后想要再次修改这个 CSS 样式时，只需要在 ThemeRoller 网站中单击页面头部的 import 按钮，如图 17-34 所示。在弹出的窗口中粘贴 myTheme.css 文件中的内容就可以了，如图 17-35 所示。

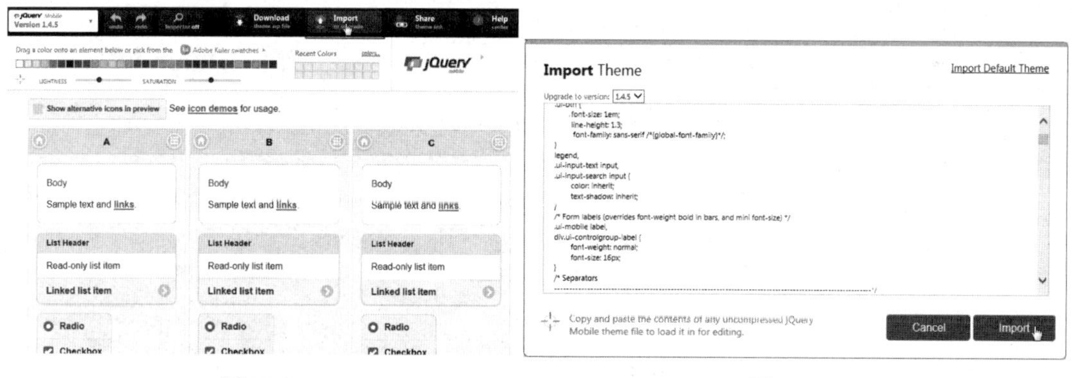

图 17-34　　　　图 17-35

使用 ThemeRoller 创建好的主题样式，只需要在 jQuery Mobile 页面中为相应的元素通过 data-theme 属性指定相应的主题就可以应用了。

实战

应用 ThemeRoller 生成的主题

最终文件：光盘 \ 最终文件 \ 第 17 章 \17-4.html　　视频：光盘 \ 视频 \ 第 17 章 \17-4.mp4

01 打开页面“光盘 \ 源文件 \ 第 17 章 \17-4.html”，该页面的 HTML 代码如下。

```
<!doctype html>
<html>
<head>
<meta charset="utf-8">
<title> 应用 ThemeRoller 生成的主题 </title>
<meta name="viewport" content="width=device-width,initial-scale=1">
<link rel="stylesheet" href="http://code.jquery.com/mobile/1.4.5/jquery.mo-
bile.structure-1.4.5.min.css" />
<script src="http://code.jquery.com/jquery-1.11.1.min.js"></script>
<script src="http://code.jquery.com/mobile/1.4.5/jquery.mobile-1.4.5.min.
js"></script>
</head>
<body>
<div id="page1" data-role="page">
 <div data-role="header"><h1> 摄影作品列表 </h1></div>
 <div data-role="content">
  <ul data-role="listview">
   <li data-role="list-divider">
    2015 年摄影作品
    <span class="ui-li-count">2</span>
   </li>
   <li>
    <a href="#">
     <img src="images/163601.jpg">
     <h3> 风景摄影 </h3>
     <p> 带您一起领略世界各地的绝美风景，无限风光尽收眼底 </p>
     <p class="ui-li-aside"><b>2015.10</b> 更新 </p>
    </a>
   </li>
   <li>
    <a href="#">
     <img src="images/163602.jpg">
     <h3> 人像摄影 </h3>
     <p> 捕捉人像精彩瞬间，定格人生美好 </p>
     <p class="ui-li-aside"><b>2015.9</b> 更新 </p>
    </a>
   </li>
   <li data-role="list-divider">
    2014 年摄影作品
    <span class="ui-li-count">2</span>
```

```
        </li>
       <li>
        <a href="#">
         <img src="images/163603.jpg">
         <h3> 获奖作品 </h3>
         <p>2014 年度获奖摄影作品，体验摄影魅力 </p>
         <p class="ui-li-aside"><b>2015.2</b> 更新 </p>
        </a>
       </li>
       <li>
        <a href="#">
         <img src="images/163604.jpg">
         <h3> 摄影作品合集 </h3>
         <p> 各种不同类型的摄影作品，带您一次领略各种风情 </p>
         <p class="ui-li-aside"><b>2014.12</b> 更新 </p>
        </a>
       </li>
      </ul>
    </div>
    <div data-role="footer"><h4> 页脚 </h4></div>
  </div>
  </body>
  </html>
```

02 在 Opera Mobile 模拟器中预览该页面，可以看到页面应用默认的主题效果，如图 17-36 所示。返回 jQuery Mobile 页面中，在页面头部的 <head> 与 </head> 标签之间替换相应的引用代码，如图 17-37 所示。

```
<head>
<meta charset="utf-8">
<title>应用ThemeRoller生成的主题</title>
<meta name="viewport" content="width=device-width,initial-scale=1">
<link rel="stylesheet" href="themes/myTheme.min.css" />
<link rel="stylesheet" href="themes/jquery.mobile.icons.min.css" />
<link rel="stylesheet" href=
"http://code.jquery.com/mobile/1.4.5/jquery.mobile.structure-1.4.5.min.css" />
<script src="http://code.jquery.com/jquery-1.11.1.min.js"></script>
<script src="http://code.jquery.com/mobile/1.4.5/jquery.mobile-1.4.5.min.js">
</script>
</head>
```

图 17-36　　　　图 17-37

> **提示**　此处需要将引用代码替换为使用 ThemeRoller 创建好的压缩包中 index.html 页面中的那几行引用代码。

03 在页面中 page 容器的 <div> 标签中设置 data-theme 属性为 a，应用自定义的 a 主题，如图 17-38 所示。保存页面，在 Opera Mobile 模拟器中预览该页面，可以看到页面应用自定义的 a 主题的效果，如图 17-39 所示。

```
<body>
<div id="page1" data-role="page" data-theme="a">
  <div data-role="header"><h1>摄影作品列表</h1></div>
  <div data-role="content">
    <ul data-role="listview">
      <li data-role="list-divider">
        2015年摄影作品
        <span class="ui-li-count">2</span>
      </li>
```

图 17-38

图 17-39

04 在页面的 page 容器中修改 data-theme 属性为 b，应用自定义的 b 主题，如图 17-40 所示。保存页面，在 Opera Mobile 模拟器中预览该页面，可以看到页面应用自定义的 b 主题的效果，如图 17-41 所示。

```
<body>
<div id="page1" data-role="page" data-theme="b">
  <div data-role="header"><h1>摄影作品列表</h1></div>
  <div data-role="content">
    <ul data-role="listview">
      <li data-role="list-divider">
        2015年摄影作品
        <span class="ui-li-count">2</span>
      </li>
```

图 17-40

图 17-41

当修改了页面头部 <head> 与 </head> 标签之间的相关引用文件后，将会使用 ThemeRoller 自定义的主题覆盖默认的主题效果。当然用户也可以在 ThemeRoller 网站中创建多个自定义主题，这样就能够使 jQuery Mobile 页面的主题效果更加丰富和多样。

17.5 本章小结

本章主要介绍了 jQuery Mobile 主题的相关内容，包括 jQuery Mobile 的默认主题，以及对默认主题进行修改和自定义的方法，还介绍了使用 jQuery Mobile 的主题创建工具 ThemeRoller 的使用方法和技巧，以及应用 ThemeRoller 创建主题的方法。完成本章内容的学习，读者需要对 jQuery Mobile 主题有一定的了解，并能够创建出更多更好的 jQuery Mobile 主题。

第18章 使用jQuery Mobile事件

jQuery Mobile 完全使用 HTML 5 和 CSS 3 特征开发移动项目的页面功能，为开发者提供了大量实用、可供扩展的API接口。借助jQuery Mobile API拓展事件，可以在页面触摸、滚动、加载、显示与隐藏的事件中，编写特定的代码，实现事件触发时需要完成的功能。本章将向读者介绍 jQuery Mobile 常用事件的使用方法和技巧。

本章知识点

- ✔ 了解 jQuery Mobile 基本配置项的设置
- ✔ 掌握 jQuery Mobile 页面事件的使用方法
- ✔ 掌握 jQuery Mobile 触摸事件的使用方法
- ✔ 掌握 jQuery Mobile 屏幕滚动事件的使用方法
- ✔ 掌握 jQuery Mobile 屏幕翻转事件的使用方法
- ✔ 理解并掌握 jQuery Mobile 的常用技巧

18.1 设置 jQuery Mobile

在 jQuery Mobile 中，框架的基本配置项是可以被修改的。由于配置项针对的是全局功能的使用，jQuery Mobile 在页面加载到增强特征时就需要使用这些配置项，而这个加载过程早于 document.ready 事件的触发，因此在该事件中进行修改是无效的，而要选择更早的 mobileinit 事件，在该事件中，可以编写新的配置项来覆盖原有的基本配置项设置。

在 document.mobileinit 事件中自定义 jQuery Mobile 基本配置项，可以使用 jQuery 中的 $.extend 方法扩展，也可以借助 $.mobile 对象进行设置。

以下是可配置的 $.mobile 选项，用户可以在自己自定义的 JavaScript 中对其进行覆盖。

- activeBtnClass(string,default:"ui-btnactive ")

用来识别和样式化“活动”按钮的 CSS 类。这个 CSS 属性通常用来样式化和识别标签栏中的活动按钮。

- activePageClass(string,default:"ui-page-active ")

这个 CSS 类分配给当前可见和活动的页面或对话框。例如，当多个页面载入到 DOM 中时，活动的页面会应用这个 CSS 属性。

- ajaxEnabled (boolean,default:true)

在可能的情况下，通过 Ajax 动态载入页面。默认情况下，所有页面的 Ajax 载入都是打开的，但是外部 URL、使用 rel="external" 或 target="_blank" 属性标记的链接除外。如果禁用 Ajax，页面链接会使用普通的 HTTP 请求载入，而且不会用到 CSS 转换。

- allowCrossDomainPages(Boolean,default:false)

在使用 PhoneGap 进行开发时，建议将该配置选项设置为 true。这会允许 jQuery Mobile 管理

PhoneGap 中跨域（cross-domain）请求的页面载入逻辑。

- autoInitializePage(Boolean,default:true)

对于想要完全控制页面初始化顺序的高级开发人员来说，可以将该配置选项设置为 false，这样会禁用所有页面组件的自动初始化。这使得开发人员能够根据需要手动增强每一个组件。

- defaultDialogTransition(string,default:"pop")

在转换到一个对话框时，使用默认的转换动画效果。如果不需要转换动画效果，可以将该转换设置为 none。

- defaultPageTransition(string,default:"slide")

在转换到一个页面时，使用默认的转换动画效果。如果不需要转换动画效果，可以将该转换设置为 none。

- gradeA

返回一个布尔值的函数，default: 浏览器必须支持媒体查询或者支持 IE 7 以及更高版本。jQuery Mobile 会调用该方法来确定框架是否应用了动态的 CSS 页面增强。默认情况下，该方法会为支持媒体查询的所有浏览器应用增强。但是，jQuery Mobile 只会增强 A 级浏览器的页面。IE 7 以及更高版本属于 A 级浏览器，因此它们的显示也会被增强。

- hashlisteningEnabled(boolean,default:true)

基于 location.hash 自动载入和显示页面。jQuery Mobile 监听 location.hash 的改变，以载入 DOM 内的内部页面。用户可以禁用该选项，通过手动方式来处理 hash 的改变。

- loadingMessage(string,default:"loading")

设置载入消息，使其在基于 Ajax 的请求其间出现。此外，可以指派一个 false 来禁用该消息。如果用户想在运行时基于每个页面来更新载入消息，则可以在页面内对其进行更新。

- minScrollBack(string,default:250)

设置最小的滚动距离，并且在返回页面时，该值也能被记住。在返回一个页面时，如果链接的滚动位置超出了 minScrollBack 的设置，则框架会自动滚动到启动转换的位置或链接。默认情况下，滚动阈值是 250 像素，如果你希望删除这个最小的设置，以便框架在滚动时能够无视滚动的位置，则可以将该值设置为 0。如果希望禁用该属性，则将其值设置为 infinity。

- nonHistorySelectors(string,default:"dialog")

可以指定将哪个页面组件排除在浏览器的历史记录栈之外。默认情况下，设置了 data-rel="dialog" 属性的任何链接，或者是设置了 data-rel="dialog" 属性的任何页面都不会出现在历史记录中。此外，在导航到相应的页面时，这些非历史的选择器组件也不会更新它们的 URL，这样做的结果是无法为这些页面添加书签。

- ns(string,default: "")

用于 jQuery Mobile 内自定义 data-* 属性的名称空间。在 HTML 5 中，数据属性属于新特性。例如，data-role 是 role 属性的默认名称空间。如果想要以全局方式覆盖默认的名称空间，则需要覆盖 $.mobile.ns 选项。

- page.prototype.options.addBackBtn(Boolean,default:false)

如果希望某个应用程序上显示回退按钮，则将该选项设置为 true。jQuery Mobile 内的回退按钮是一个智能的组件，只有当要回退的页面处于历史记录栈中时，回退按钮才会显示。

- pageLoadErrorMessage(string,default:"Error Loading Page")

当一个 Ajax 页面请求载入失败时，会出现该错误响应消息。

18.2 jQuery Mobile 事件

在移动终端设备中，有一类事件无法触发（如鼠标事件或窗口事件），但它们又客观存在。因此，在 jQuery Mobile 中，借助框架的 API 将这类型的时间扩展为专门用于移动终端设备的事件，如触摸、设备翻转、页面切换等，开发人员可以使用 live() 或 bind() 进行绑定。

18.2.1　页面事件

1. 页面显示或隐藏

在 jQuery Mobile 中，当不同页面间或同一个页面不同容器间相互切换时，将触发页面中的显示或隐藏事件。具体的事件类型有 4 个，分别介绍如下。

- pagebeforeshow（页面显示前事件）

当页面在显示之前，实际切换正在进行时触发，此事件回调函数传回的数据对象中有一个 prevPage 属性，该属性是一个 jQuery 集合对象，它可以获取正在切换远离页面的全部 DOM 元素。

- pagebeforehide（页面隐藏前事件）

当页面在隐藏之前，实际切换正在进行时触发，此事件回调函数传回的数据对象中有一个 nextPage 属性，该属性是一个 jQuery 集合对象，它可以获取正在切换目标页面的全部 DOM 元素。

- pageshow（页面显示完成事件）

当页面切换完成时触发，该事件回调函数传回的数据对象中有一个 prevPage 属性，该属性是一个 jQuery 集合对象，它可以获取正在切换之前上一页面的全部 DOM 元素。

- pagehide（页面隐藏完成事件）

当页面隐藏完成时触发，该事件回调函数传回的数据对象中有一个 nextPage 属性，该属性是一个 jQuery 集合对象，它可以获取切换之后当前页面的全部 DOM 元素。

2. 加载外部页面

外部页面加载时会触发两个事件，一个是 pagebeforeload，另一个是当页面载入成功时会触发 pageload 事件，载入失败时会触发 pageloadfailed 事件。

- pageload 事件

pageload 事件的使用方法如下。

```
$(document).on("pageload",function(event,data){
    alert("URL: "+data.url);
})
```

pageload 事件的处理函数包括 event 和 data，说明如表 18-1 所示。

表 18-1　pageload 事件的处理函数

函　数	说　明
event	任何 jQuery 的事件属性，例如 event.target、event.type、event.pageX 等
data	包含以下属性。 ➢ url：字符串（string）类型，页面的 URL 地址。 ➢ absUrl：字符串（string）类型，绝对路径。 ➢ dataUrl：字符串（string）类型，地址栏的 URL。 ➢ options(object)：对象（object）类型，$.mobile.loadpage() 指定的选项。 ➢ xhr：对象（object）类型，XMLHttpRequest 对象。 ➢ textStatus：对象（object）状态或空值（null），返回状态

- pageloadfailed 事件

如果页面加载失败，就会触发 pageloadfailed 事件，默认会出现 Error Loading Page 字样，该事件的使用方法如下。

```
$(document).on("pageloadfailed",function(){
    alert(" 页面加载失败！ ");
})
```

3. 页面切换事件

在 jQuery Mobile 页面中，各页面之间相互切换会显示相应的动画过渡效果，这样的页面切换效果使得 jQuery Mobile 页面的切换更加自然。

jQuery Mobile 中切换页面的语法格式如下。

```
$(":mobile-pagecontainer").pagecontainer("change",to[,options]);
```

to 属性用于设置想要切换的目标页面，其值必须是字符串或者 DOM 对象，内部页面可以直接指定 DOM 对象 id 名称。例如，要切换到 id 名称为 page2 的页面，可以写为 #page2；要链接外部页面，必须以字符串方式表示，例如 home.html。

option 属性可以省略不写，其属性如表 18-2 所示。

表 18-2　页面切换事件的属性

属　性	说　明
allowSamePageTransition	是否允许切换到当前页面，默认值为 false
changeHash	是否更新浏览记录。如果将该属性设置为 false，则当前页面浏览记录会被清除，用户无法通过“上一页”按钮返回。默认值为 true
dataUrl	更新地址栏的 Url
loadMsgDelay	加载画面延迟秒数，单位为 ms（毫秒），默认值为 50，如果页面在此秒数之前加载完成，就不会显示正在加载中的信息画面
reload	当页面已经在 DOM 中，是否要将页面重新加载。默认值为 false
reverse	页面切换效果是否需要反向，如果设置为 true，就像模拟返回上一页的效果。默认值为 false
showLoadMsg	是否要显示加载中的信息画面，默认值为 true
transition	切换页面时使用的转场动画效果
type	当 to 属性的目标页面是 URL 时，指定 HTTP Method 使用 get 或 post，默认值为 get

其中，transition 属性用来指定页面过渡动画效果，如飞入、弹出或淡入淡出效果等共 6 种，如表 18-3 所示。

表 18-3　transition 属性的过渡动画效果

属 性 值	说　明
slide	从右到左过渡
slideup	从下至上过渡
slidedown	从上到下过渡
pop	从小点到全屏幕过渡
fade	淡入淡出过渡
flip	2D 或 3D 旋转动画过渡，只有支持 3D 效果的设备才能使用

设置页面切换过渡动画效果

最终文件：光盘 \ 最终文件 \ 第 18 章 \18-2-1.html　　视频：光盘 \ 视频 \ 第 18 章 \18-2-1.mp4

01 新建 HTML 5 页面，将其保存为“光盘 \ 源文件 \ 第 18 章 \18-2-1.html”。在 <head> 与 </head> 标签之间添加 <meta> 标签，设置和加载 jQuery Mobile 函数库代码，与前面的案例相同。

02 在 <body> 与 </body> 标签之间编写 jQuery Mobile 页面代码。

```
<div id="page1" data-role="page" data-theme="a" class="demo_page">
  <div data-role="header">
    <h1> 第 1 页标题 </h1>
  </div>
  <div data-role="content">
    <ul data-role="listview">
      <li><a href="#page2" id="goSecond"> 关于我们 </a></li>
      <li><a href="#"> 我们的作品 </a></li>
      <li><a href="#"> 服务范围 </a></li>
      <li><a href="#"> 联系我们 </a></li>
    </ul>
  </div>
  <div data-role="footer"><h4> 页脚 </h4></div>
</div>
<div id="page2" data-role="page" data-theme="b" class="demo_page">
  <div data-role=" header" >
    <a href="#page1" data-transition="pop"> 返回 </a>
    <a href="#page1" id"goFirst"> 第一页 </a>
    <h1> 关于我们 </h1>
  </div>
  <div data-role="content">
      <p> 工作室成立于 2014 年初，在互动设计和互动营销领域有着独特理解。我们一直专注于互联网整合营销传播服务，以客户品牌形象为重，提供精确的策划方案与视觉设计方案，团队整体有着国际化意识与前瞻思想；以视觉设计创意带动客户品牌提升，洞察互联网发展趋势。<p>
  </div>
  <div data-role="footer"><h4> 页脚 </h4></div>
</div>
```

03 在页面头部 <head> 与 </head> 标签之间添加相应的 JavaScript 脚本代码。

```
<script type="text/javascript">
$(document).one("pagecreate",".demo_page",function(){
   $("#goSecond").on("click",function(){
          $(":mobile-pagecontainer").pagecontainer("change","#page2",{
                transition:"slideup"
                });
```

```
            });
    $("#goFirst").on("click",function(){
            $(":mobile-pagecontainer").pagecontainer("change","#page1",{
                    transition:"slidedown"
                    });
            });
    })
</script>
```

在该部分 JavaScript 代码中，设置单击 id 名称为 goSecond 的超链接时，页面切换的动画过渡效果为 slideup；单击 id 名称为 goFirst 的超链接时，页面切换的动画过渡效果为 slidedown。不会对页面中其他的超链接所产生的页面切换动画过渡效果产生影响。

04 保存页面，在 Opera Mobile 模拟器中预览该页面，可以看到页面的效果，如图 18-1 所示。单击第一个页面中的“关于我们”链接文字时，会显示由下往上滑入切换过渡到第二页，如图 18-2 所示。单击第二个页面中的“第一页”按钮时，会显示由上往下滑入切换过渡到第一页。

第1页标题
关于我们
我们的作品
服务范围
联系我们
页脚

图 18-1

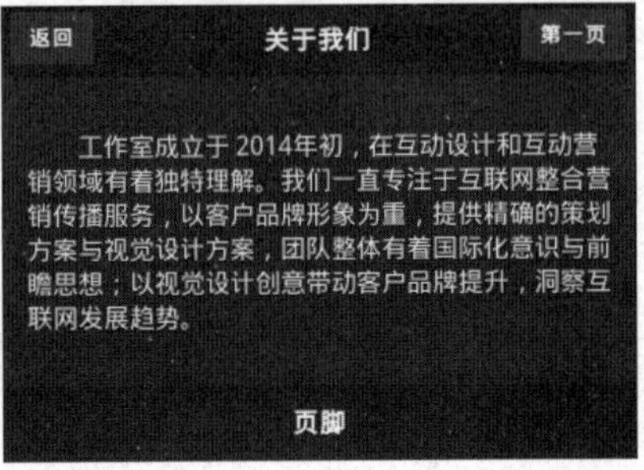

图 18-2

除了可以使用 JavaScript 代码的方式来改变页面切换的动画效果之外，还可以直接在超链接标签 <a> 中添加 data-transition 属性设置，该属性用于设置超链接所产生的页面跳转动画过渡效果。

18.2.2 触摸事件

在 jQuery Mobile 中，触摸事件包括 5 种类型。

- tap（轻击）事件

用户完成一次快速完整的轻击页面屏幕时触发，使用方法如下。

```
$("div").on("tap",function(){
 $(this).hide();
})
```

以上代码表示当在屏幕中单击了 div 对象后，就会在页面中隐藏该 div 对象。

● taphold（轻击不放）事件

用户完成一次轻击页面屏幕且保持不放（大约 1 秒）时触发，使用方法如下。

```
$("div").on("taphold",function(){
 $(this).hide();
})
```

以上代码表示当在屏幕中单击某个 div 对象不放，大约 1 秒之后，就会在页面中隐藏该 div 对象。

● swipe（滑动）事件

用户在 1 秒内水平拖曳屏幕距离大于 30px 或垂直拖曳屏幕距离小于 20px 时触发。swipe 事件的使用方法如下。

```
$("div").on("swipe",function(){
 $("span").text("正在滑动屏幕");
})
```

以上代码表示当在屏幕中某个 div 对象中滑动屏幕时，在页面的 <span> 标签中显示相应的信息。

触发 swipe 事件时相关属性说明如表 18-4 所示。

表 18-4　触发 swipe 事件时相关属性说明

属　性	说　明
scrollSupressionThreshold	该属性默认值为 10px，水平拖曳大于该值则停止
durationThrehold	该属性默认值为 1000ms，划动时超过该值则停止
horizontalDistanceThreshold	该属性默认值为 30px，水平拖曳超出该值时才能滑动
verticalDistanceThreshold	该属性默认值为 75px，垂直拖曳小于该值时才能滑动

● swipeleft（向左滑动）事件

用户向左侧滑动屏幕时触发该事件，其使用方法如下。

```
$("div").on("swipeleft",function(){
 $("span").text("正在向左滑动屏幕");
})
```

以上代码表示当在屏幕中某个 div 对象中向左滑动屏幕时，在页面的 <span> 标签中显示相应的信息。

● swiperight（向右划动）事件

用户向右侧滑动屏幕时触发该事件，其使用方法如下。

```
$("div").on("swiperight",function(){
 $("span").text("正在向右滑动屏幕");
})
```

以上代码表示当在屏幕中某个 div 对象中向右滑动屏幕时，在页面的 <span> 标签中显示相应的信息。

swipeleft 与 swiperight 事件常用于移动项目中的页面元素向左或向右的滑动查看，如相册中的图片浏览。

通过滑动屏幕浏览图片

最终文件：光盘 \ 最终文件 \ 第 18 章 \18-2-2.html　　视频：光盘 \ 视频 \ 第 18 章 \18-2-2.mp4

01 新建 HTML 5 页面，将其保存为“光盘 \ 源文件 \ 第 18 章 \18-2-2.html”。在 <head> 与 </head> 标签之间添加 <meta> 标签，设置和加载 jQuery Mobile 函数库代码，与前面的案例相同。

02 在 <body> 与 </body> 标签之间编写 jQuery Mobile 页面代码。

```
<div id="page1" data-role="page" data-theme="b">
 <div data-role="header">
  <h1> 摄影作品欣赏 </h1>
 </div>
 <div data-role="content">
  <div class="ifrswipt">
   <ul id="ifrswipt">
    <li><img src="images/182201.jpg" alt="" class="imgswipt"></li>
    <li><img src="images/182202.jpg" alt="" class="imgswipt"></li>
    <li><img src="images/182203.jpg" alt="" class="imgswipt"></li>
    <li><img src="images/182204.jpg" alt="" class="imgswipt"></li>
    <li><img src="images/182205.jpg" alt="" class="imgswipt"></li>
    <li><img src="images/182206.jpg" alt="" class="imgswipt"></li>
   </ul>
  </div>
 </div>
 <div data-role="footer"><h4> 页脚 </h4></div>
</div>
```

03 保存页面，在 Opera Mobile 模拟器中预览该页面，可以看到页面的效果，如图 18-3 所示。新建外部 CSS 样式表文件，将其保存为“光盘 \ 源文件 \ 第 18 章 \style\18-2-2.css”。在 <head> 与 </head> 标签之间添加 <link> 标签链接刚创建的外部 CSS 样式表文件，如图 18-4 所示。

图 18-3

```
<head>
<meta charset="utf-8">
<title>设置页面切换过渡动画效果</title>
<meta name="viewport" content="width=device-width,initial-scale=1">
<link rel="stylesheet" href="http://code.jquery.com/mobile/1.4.5/jquery.mobile-1.4.5.min.css" />
<script src="http://code.jquery.com/jquery-1.11.1.min.js"></script>
<script src="http://code.jquery.com/mobile/1.4.5/jquery.mobile-1.4.5.min.js"></script>
<link rel="stylesheet" href="style/18-2-2.css" />
</head>
```

图 18-4

04 在外部 CSS 样式表文件中创建相应的 CSS 样式，对 jQuery Mobile 页面中内容区域的元素进行控制，如图 18-5 所示。保存页面，在 Opera Mobile 模拟器中预览该页面，可以看到页面的效果，如图 18-6 所示。

```
* {
    margin: 0px;
    padding: 0px;
}
.ifrswipt {
    position: relative;
    height: 430px;
    margin: 0 auto;
}
.ifrswipt ul {
    position: absolute;
    width: 3000px;
    overflow: hidden;
    top: 0px;
    left: 0px;
}
```

```
.ifrswipt li {
    list-style-type: none;
    display: inline-block;
    float: left;
    position: relative;
    margin: 0px 8px 0px 7px;
}
.imgswipt{
    cursor: pointer;
    border: solid 5px #FFF;
}
```

图 18-5

图 18-6

提示 此处添加的 CSS 样式主要是实现页面中多个 li 标签中的图像能够在同一行中进行显示，并且对图像添加了边框的效果。

05 接下来需要添加 JavaScript 代码，通过 swipeleft 与 swiperight 事件实现在屏幕中左右滑动浏览图像的效果。转换到页面的 HTML 代码中，在 jQuery Mobile 页面的结束标签之后添加相应的 JavaScript 脚本代码。

```
<script type="text/javascript">
//全局命名空间
var swiptimg = {
  $index: 0,
  $width: 320,
  $swipt: 0,
  $legth: 6
}
var $imgul = $("#ifrswipt");
$(".imgswipt").each(function() {
  $(this).swipeleft(function() {
    if (swiptimg.$index < swiptimg.$legth) {
      swiptimg.$index++;
      swiptimg.$swipt = -swiptimg.$index * swiptimg.$width;
      $imgul.animate({ left: swiptimg.$swipt }, "slow");
    }
  }).swiperight(function() {
```

```
      if (swiptimg.$index > 0) {
        swiptimg.$index--;
        swiptimg.$swipt = -swiptimg.$index * swiptimg.$width;
        $imgul.animate({ left: swiptimg.$swipt }, "slow");
      }
    })
  })
</script>
```

在 JavaScript 脚本代码中首先定义了一个全局性对象 swiptimg，在该对象中设置需要使用的变量，并将获取的图片加载框架元素保存在 $imgul 变量中。

无论是将图片绑定 swipeleft 事件还是 swiperight 事件，都需要调用 each() 方法遍历全部图片。在遍历时，通过 $(this) 对象获取当前的图片元素，并将它与 swipeleft 和 swiperight 事件相绑定。

在 swipeleft 事件中，先判断当前图片的索引变量 swiptimg.$index 值是否小于图片总量值 $swiptimg.$legth，如果成立，索引变量自动增加 1，然后将需要滑动的长度值保存到变量 swiptimg.$swipt 中。然后，通过前面保存元素的 $imgul 变量调用 jQuery 的 animate() 方法，以动画的方式向左边移动指定的长度。

在 swiperight 事件中，由于是向右滑动，因此先判断当前图片的索引变量 swiptimg.$index 的值是否大于 0，如果成立，说明整个图片框架已向左边滑动过，索引变量自动减少 1。然后，获取滑动时的长度值并保存到变量 swiptimg.$swipt 中。最后，通过前面保存元素的 $imgul 变量调用 jQuery 的 animate() 方法，以动画的方式向右边移动指定的长度。

06 保存页面，在 Opera Mobile 模拟器中预览该页面，在页面中可以向左或向右滑动屏幕来浏览图像，如图 18-7 所示。

图 18-7

每次滑动的长度值都与当前图片的索引变量相连，因此每次的滑动长度都会不一样；另外，图片加载完成后，根据滑动的条件，必须按照先从右侧滑动至左侧，然后再从左侧滑动至右侧的顺序进行，其中每次滑动时的长度和图片总数变量读者可以自行修改。

18.2.3　屏幕滚动事件

在 jQuery Mobile 中，屏幕滚动事件包含两种类型：一种为开始滚动事件 scrollstart；另一种为结束滚动事件 scrollstop。这两种类型的事件主要区别在于触发时间不同，前者是用户开始滚动屏幕中页面时触发，而后者是用户停止滚动屏幕中页面时触发。

实现滚动改变元素背景样式

最终文件：光盘 \ 最终文件 \ 第 18 章 \18-2-3.html　　视频：光盘 \ 视频 \ 第 18 章 \18-2-3.mp4

01 新建 HTML 5 页面，将其保存为“光盘 \ 源文件 \ 第 18 章 \18-2-3.html”。在 <head> 与 </head> 标签之间添加 <meta> 标签，设置和加载 jQuery Mobile 函数库代码，与前面的案例相同。

02 在 <body> 与 </body> 标签之间编写 jQuery Mobile 页面代码。

```
<div id="page1" data-role="page">
  <div data-role="header"><h1> 关于我们 </h1></div>
  <div data-role="content">
    <div id="main">
      <h2><img src="images/182301.png" alt=""></h2>
        <p> 七彩光年工作室是专业从事互联网相关业务开发的公司。专门提供全方位的优质服务和最专业的网站建设方案为企业打造全新电子商务平台。七彩光年工作室成立于 1999 年，已经成为国内著名的网站建设提供商。八年的风雨历程已成功的为中国教育部、中国文化部、国有资监督管理委员会 ......</p>
      <h3> 我们的团队 </h3>
      <p> 成员都具有多年的实际设计工作经验，更好的满足客户的国际化需求。设计师由正规美院毕业，创意的思维模式，高超的设计技能，为您提供最适合您的设计方案。</p>
      <h3> 我们的承诺 </h3>
        <p> 本工作室设计与制作的网站均属原创、不套用网上的任何模板，根据每个公司的行点，设计出属于客户 .....</p>
      <p><em> 更多 >></em></p>
      <br>
      <span></span>
    </div>
  </div>
  <div data-role="footer"><h4> 页脚 </h4></div>
</div>
```

在所创建的 jQuery Mobile 页面的内容区域中添加 <div> 标签，并为该 div 元素设置 id 名称为 main，后面将通过 JavaScript 脚本代码对该 id 名称的 div 元素进行设置和操作。

03 保存页面，在 Opera Mobile 模拟器中预览该页面，可以看到页面的效果，如图 18-8 所示。新建外部 CSS 样式表文件，将其保存为“光盘 \ 源文件 \ 第 18 章 \style\18-2-3.css”。在 <head> 与 </head> 标签之间添加 <link> 标签链接刚创建的外部 CSS 样式表文件，如图 18-9 所示。

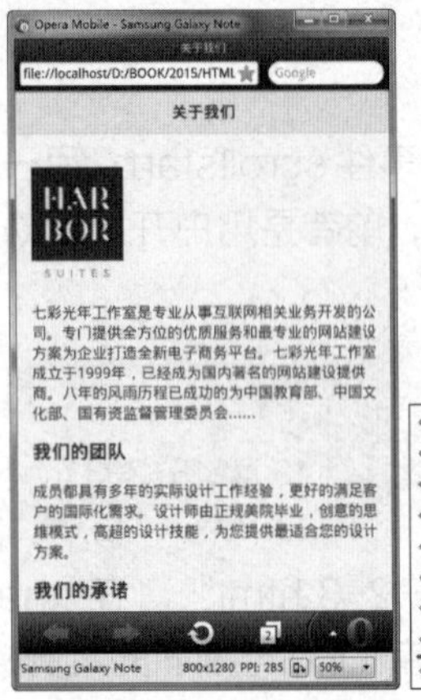

图 18-8

```
<head>
<meta charset="utf-8">
<title>实现滚动改变元素背景样式</title>
<meta name="viewport" content="width=device-width,initial-scale=1">
<link rel="stylesheet" href="http://code.jquery.com/mobile/1.4.5/jquery.mobile-1.4.5.min.css" />
<script src="http://code.jquery.com/jquery-1.11.1.min.js"></script>
<script src="http://code.jquery.com/mobile/1.4.5/jquery.mobile-1.4.5.min.js"></script>
<link rel="stylesheet" href="style/18-2-3.css" />
</head>
```

图 18-9

04 在外部 CSS 样式表文件中创建相应的 CSS 样式，对 jQuery Mobile 页面中内容区域的元素进行控制，如图 18-10 所示。保存页面，在 Opera Mobile 模拟器中预览该页面，可以看到页面的效果，如图 18-11 所示。

```
* {
    margin: 0px;
    padding: 0px;
}
#main {
    width: 100%;
    height: auto;
    overflow: hidden;
    font-family: 微软雅黑;
    font-size: 14px;
}
#main p {
    text-indent: 28px;
    padding: 0px 10px 0px 10px;
}
```

```
#main h2 {
    display: block;
    text-align: center;
}
#main h3 {
    font-size: 16px;
    font-weight: bold;
    padding: 0px 10px 0px 10px;
}
#main span {
    display: block;
    text-align: center;
}
```

图 18-10

图 18-11

通过创建相应的 CSS 样式，对页面中 id 名为 main 的 div 中的内容进行设置，设置内容的外观表现效果。

05 接下来需要添加 JavaScript 代码，通过 scrollstart 与 scrollstop 事件实现在页面中相应的区域开始滚动和停止滚动时改变元素的背景颜色和文字颜色。转换到页面的 HTML 代码中，在 <head> 与 </head> 标签之间添加相应的 JavaScript 脚本代码。

```
<script type="text/javascript">
$(function(){
    $("#main").on("scrollstart",function(){                    //触发开始滚动事件
            $("#main").css("background-color","#F37521");        //改变元素背景颜色
```

```
            $("#main").css("color","#FFFFFF");          //改变元素文本颜色
            alert("触发滚动事件！ ");                    //弹出提示框
            });
        $("#main").on("scrollstop",function(){                  //触发结束滚动事件
            $("#main").css("background-color","#CFEAF3");  //改变元素背景颜色
            $("#main").css("color","#1E708B");                  //改变元素文本颜色
            $("span").html(" 滚动结束 ");                        //为元素赋予内容
            });
    })
</script>
```

在该部分 JavaScript 脚本代码中，当页面中 id 名称为 main 的元素开始滚动时，触发 scrollstart 事件，在该事件中将 id 名称为 main 的元素的背景颜色和文字颜色进行重新设置，并弹出提示信息窗口。

当页面中 id 名称为 main 的元素停止滚动时，触发 scrollstop 事件，在该事件中将 id 名称为 main 的元素的背景颜色和文字颜色进行重新设置，并为 span 元素赋予文字内容。

06 保存页面，在 Opera Mobile 模拟器中预览该页面，可以看到页面内容区域默认的效果，如图 18-12 所示。在内容区域进行滚动操作，可以看到触发滚动开始事件时内容区域的背景颜色和文字颜色发生改变，并且弹出提示对话框，如图 18-13 所示。单击提示对话框中的“确定”按钮，停止滚动操作，可以看到触发滚动停止事件时内容区域的背景颜色和文字颜色，并且在相应的元素中显示文字内容，如图 18-14 所示。

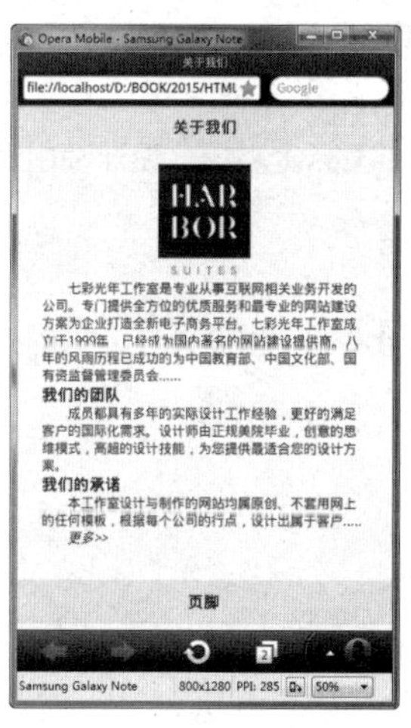

图 18-12

图 18-13

图 18-14

提示

iOS 系统中的屏幕在滚动时将停止 DOM 的操作，停止滚动后再按队列执行已终止的 DOM 操作，因此在这样的系统中，屏幕的滚动事件将无效。

18.2.4 翻转事件

在 jQuery Mobile 事件中，当用户使用移动终端设备浏览页面时，如果手持设备的方向发生变化，即横向或纵向手持时，将触发 orientationchange 事件。在该事件中，通过获取回调函数中返回对象的 orientation 属性，可以判断用户手持设备的当前方向。该属性有两个值，分别为 portrait 和 landscape，前者表示纵向垂直，后者表示横向水平。

实战 **检测移动设备手持方向**

最终文件：光盘 \ 最终文件 \ 第 18 章 \18-2-4.html　　视频：光盘 \ 视频 \ 第 18 章 \18-2-4.mp4

01 新建 HTML 5 页面，将其保存为“光盘 \ 源文件 \ 第 18 章 \18-2-4.html”。在 <head> 与 </head> 标签之间添加 <meta> 标签，设置和加载 jQuery Mobile 函数库代码，与前面的案例相同。

02 在 <body> 与 </body> 标签之间编写 jQuery Mobile 页面代码。

```
<div id="page1" data-role="page">
 <div data-role="header"><h1> 关于我们 </h1></div>
 <div data-role="content">
  <div id="main">
   <span id="orientation"></span>
   <img src="images/182401.jpg" alt="">
    <p> 七彩光年工作室是专业从事互联网相关业务开发的公司，专门提供全方位的优质服务和最专业的网站建设方案，为企业打造全新电子商务平台。七彩光年工作室成立于 1999 年，已经成为国内著名的网站建设提供商。八年的风雨历程已成功地为中国教育部、中国文化部、国有资监督管理委员会…… </p>
   <h3> 我们的团队 </h3>
    <p> 成员都具有多年的实际设计工作经验，更好地满足客户的国际化需求。设计师由正规美院毕业，具备创新的思维模式和高超的设计技能，为您提供最适合的设计方案。</p>
   <h3> 我们的承诺 </h3>
    <p> 本工作室设计与制作的网站均属原创，不套用网上的任何模板，根据每个公司的行点，设计出属于客户…… </p>
   <p><em> 更多 >></em></p>
  </div>
 </div>
 <div data-role="footer"><h4> 页脚 </h4></div>
</div>
```

03 保存页面，在 Opera Mobile 模拟器中预览该页面，可以看到页面的效果，如图 18-15 所示。新建外部 CSS 样式表文件，将其保存为“光盘 \ 源文件 \ 第 18 章 \style\18-2-4.css”。在 <head> 与 </head> 标签之间添加 <link> 标签链接刚创建的外部 CSS 样式表文件，如图 18-16 所示。

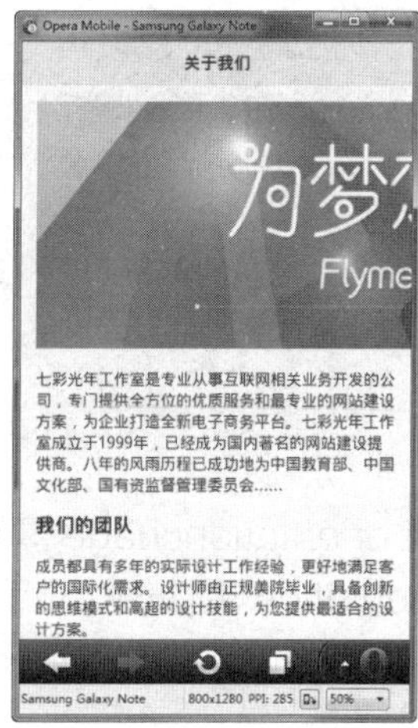

图 18-15

```
<head>
<meta charset="utf-8">
<title>测检移动设备手持方向</title>
<meta name="viewport" content="width=device-width,initial-scale=1">
<link rel="stylesheet" href="http://code.jquery.com/mobile/1.4.5/jquery.mobile-1.4.5.min.css" />
<script src="http://code.jquery.com/jquery-1.11.1.min.js"></script>
<script src="http://code.jquery.com/mobile/1.4.5/jquery.mobile-1.4.5.min.js"></script>
<link rel="stylesheet" href="style/18-2-4.css" />
</head>
```

图 18-16

04 在外部 CSS 样式表文件中创建相应的 CSS 样式，对 jQuery Mobile 页面中内容区域的元素进行控制，如图 18-17 所示。保存页面，在 Opera Mobile 模拟器中预览该页面，可以看到页面的效果，如图 18-18 所示。

```
* {
    margin: 0px;
    padding: 0px;
}
#main {
    width: auto;
    height: auto;
    overflow: hidden;
    background-color: #FFF;
    padding: 10px;
    font-family: 微软雅黑;
    font-size: 14px;
    line-height: 25px;
    text-shadow: none;
}
#main img {
    width: 100%;
    height: auto;
}
```

```
#main p {
    text-indent: 28px;
}
#main h3 {
    font-size: 16px;
    font-weight: bold;
    padding: 0px 10px 0px 10px;
}
#main #orientation {
    display: block;
    text-align: center;
    font-weight: bold;
    line-height: 30px;
}
```

图 18-17

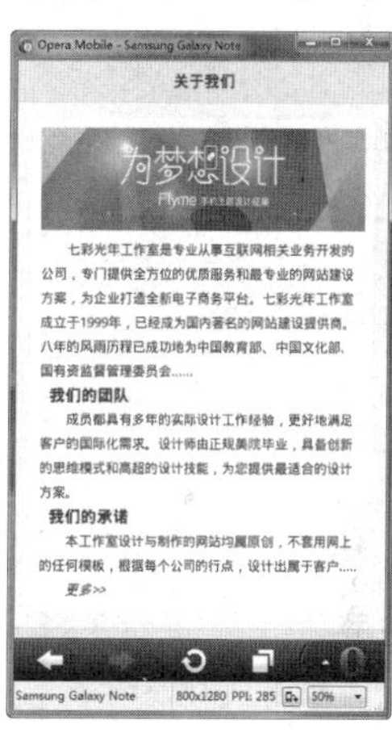

图 18-18

05 接下来需要添加 JavaScript 代码，通过 orientationchange 事件实现判断移动设备的手持方向，并根据方向对页面元素的相关属性进行设置。转换到页面的 HTML 代码中，在 <head> 与 </head> 标签之间添加相应的 JavaScript 脚本代码。

```
<script type="text/javascript">
$(document).on("pageinit",function(event){
  $(window).on("orientationchange",function(event){
        if(event.orientation=="landscape") {  //判断当前屏幕方向是否是水平方向
              $("#orientation").text("现在是水平模式! ");  //为元素赋予文本内容
         $("#main").css("background-color","#F0FBFF"); //改变元素背景颜色
         $("#main").css("color","#1E708B");            //改变元素文本颜色
        }
        if(event.orientation=="portrait") {   //判断当前屏幕方向是否是垂直方向
```

```
                $("#orientation").text("现在是垂直模式！ ");  //为元素赋予文本内容
                $("#main").css("background-color","#FFFFFF"); //改变元素背景颜色
                $("#main").css("color","#333333");      //改变元素文本颜色
                }
        });
    })
</script>
```

在以上的 JavaScript 代码中，实现在页面加载时，将 window 元素绑定 orientationchage 事件，window 元素是指整个屏幕窗口。在该事件的回调函数中，通过传回的 orientation 属性值检测用户移动设备的手持方向。如果为 landscape，则为 id 名称为 orientation 的元素设置文本内容“现在是水平模式！”，并改变 id 名称为 main 的元素的背景颜色和文字颜色。

如果为 portrait，则为 id 名称为 orientation 的元素设置文本内容“现在是垂直模式！”，并改变 id 名称为 main 的元素的背景颜色和文字颜色。

06 保存页面，在 Opera Mobile 模拟器中预览该页面，默认情况下设备屏幕是以垂直方向显示的，效果如图 18-19 所示。单击 Opera Mobile 模拟器下方的“旋转设备屏幕”按钮，可以看到当设备屏幕为水平方向时的页面效果，如图 18-20 所示。再次单击该按钮，可以将设备屏幕转换为垂直方向，效果如图 18-21 所示。

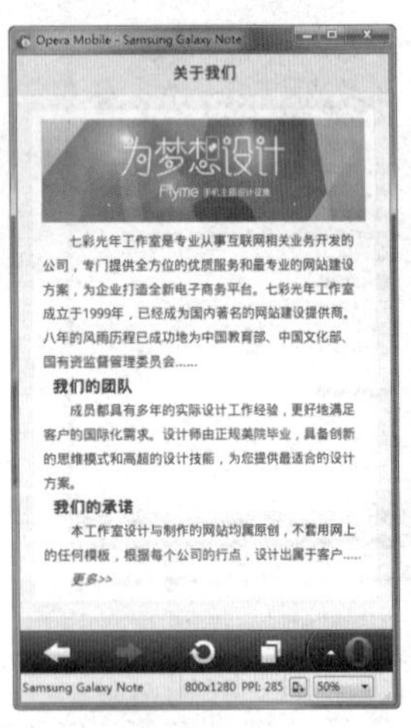

图 18-19

图 18-20

图 18-21

如果设备的屏幕方向发生改变时需要获取设备屏幕的宽度和高度，可以绑定 resize 事件。resize 事件在页面大小发生改变时就会被触发。

18.3 jQuery Mobile 常用技巧

jQuery Mobile 作为 jQuery 插件库的附属成员，其轻量级的 UI 框架、相对其他语言的低学习成本，都是受到青睐的原因。但是作为一个新型的移动框架，在使用它开发项目的过程中，还有许多需要注意的地方。本节将向读者介绍一些 jQuery Mobile 的常用技巧。

18.3.1　开启或禁用列表项中的图标

在 jQuery Mobile 中，<ul> 列表的使用十分频繁，几乎所有需要加载大量格式化数据的时候都会考虑使用该元素。为了单击列表选项时链接某个页面，在列表的 <li> 选项元素中，常常会增加一个 <a> 元素，用于实现单击列表项进行链接的功能。一旦添加 <a> 标签后，jQuery Mobile 默认会在列表项的最右侧自动增加一个圆形背景的小箭头图标，用来表示列表中的项是一个超链接。

当然，在实际的开发过程中，开发者可以通过修改数据集中的图标属性 data-icon，实现该小箭头图标开启与禁用的功能。

开启或禁用列表项中的图标

最终文件：光盘 \ 最终文件 \ 第 18 章 \18-3-1.html　　视频：光盘 \ 视频 \ 第 18 章 \18-3-1.mp4

01 新建 HTML 5 页面，将其保存为“光盘 \ 源文件 \ 第 18 章 \18-3-1.html”。在 <head> 与 </head> 标签之间添加 <meta> 标签，设置和加载 jQuery Mobile 函数库代码，与前面的案例相同。

02 在 <body> 与 </body> 标签之间编写 jQuery Mobile 页面代码。

```
<div id="page1" data-role="page">
 <div data-role="header">
  <div data-role="navbar">
   <ul>
    <li><a href="#page1" class="ui-btn-active">启用</a></li>
    <li><a href="#page2">禁用</a></li>
   </ul>
  </div>
 </div>
 <div data-role="content">
  <ul data-role="listview" data-divider-theme="b">
   <li data-role="list-divider">电影大片</li>
   <li><a href="#">欧美电影</a></li>
   <li><a href="#">日韩电影</a></li>
   <li><a href="#">国产电影</a></li>
   <li data-role="list-divider">热播电视剧</li>
   <li><a href="#">卫视热播</a></li>
   <li><a href="#">国外电视剧</a></li>
  </ul>
 </div>
 <div data-role="footer"><h4>页脚</h4></div>
</div>
<!-- 第 2 页 -->
<div id="page2" data-role="page">
 <div data-role="header">
```

```
    <div data-role="navbar">
     <ul>
      <li><a href="#page1">启用</a></li>
      <li><a href="#page2" class="ui-btn-active">禁用</a></li>
     </ul>
    </div>
   </div>
   <div data-role="content">
    <ul data-role="listview"data-divider-theme="b">
     <li data-role="list-divider">电影大片</li>
     <li data-icon="false"><a href="#">欧美电影</a></li>
     <li data-icon="false"><a href="#">日韩电影</a></li>
     <li data-icon="false"><a href="#">国产电影</a></li>
     <li data-role="list-divider">热播电视剧</li>
     <li data-icon="false"><a href="#">卫视热播</a></li>
     <li data-icon="false"><a href="#">国外电视剧</a></li>
    </ul>
   </div>
   <div data-role="footer"<h4>页脚</h4></div>
  </div>
  </body>
```

通过在列表项 <li> 标签中添加 data-icon 属性设置，可以开启或禁用列表项右侧的图标显示状态，该属性的默认值为 true，表示显示；如果设置为 false，则为禁用。

03 保存页面，在 Opera Mobile 模拟器中预览该页面，默认情况下，列表元素中添加了 <a> 标签的元素都会在右侧显示图标效果，如图 18-22 所示。单击导航栏中的“禁用”链接，切换到 page2 页面中，可以看到禁用右侧图标的效果，如图 18-23 所示。

图 18-22

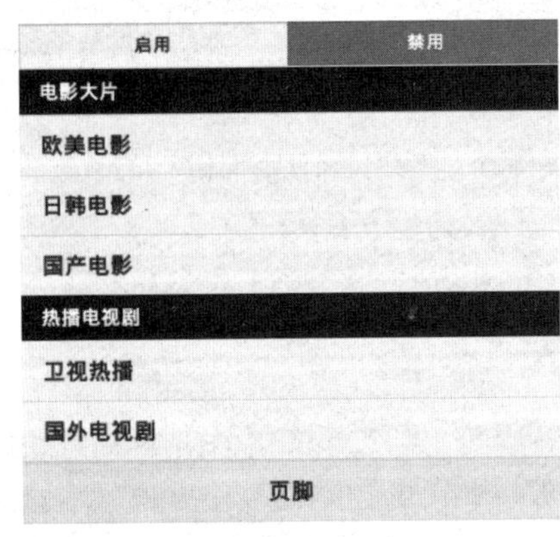

图 18-23

如果在 data-role 属性值为 button 的 <a> 标签中，data-icon 属性值为按钮中的图标名称，例如设置 data-icon 属性值为 delete，则该超链接显示为一个“删除”按钮图标。也可以将该属性值设置为 true 或 false，用来开启或禁用按钮中图标的显示状态。

18.3.2　固定页面头部栏与尾部栏

在移动设备的浏览器中查看页面时，默认页面滑动是从上至下或从下至上的方式。如果加载的内容多页面比较长时，要从尾部栏返回头部栏中导航条再单击链接地址，以这种方式就会比较麻烦。

在头部栏或尾部栏的容器元素中增加 data-position 属性，设置该属性的属性值为 fixed，可以将滚动屏幕时隐藏的头部栏或尾部栏在停止滚动或单击时重新出现；再次滚动屏幕时，又自动隐藏，由此实现将头部栏或尾部栏以悬浮的形式固定在原有位置上。

固定页面头部栏与尾部栏

最终文件：光盘 \ 最终文件 \ 第 18 章 \18-3-2.html　　视频：光盘 \ 视频 \ 第 18 章 \18-3-2.mp4

01 新建 HTML 5 页面，将其保存为“光盘 \ 源文件 \ 第 18 章 \18-3-2.html”。在 <head> 与 </head> 标签之间添加 <meta> 标签，设置和加载 jQuery Mobile 函数库代码，与前面的案例相同。

02 在 <body> 与 </body> 标签之间编写 jQuery Mobile 页面代码。

```
<div id="page1" data-role="page">
  <div data-role="header" data-position="fixed">
    <h1> 头部标题 </h1>
  </div>
  <div data-role="content">
    <div id="main">
      <img src="images/183201.png" alt="">
      <p> …….</p>// 内容省略
    </div>
  </div>
  <div data-role="footer" data-position="fixed">
    <h4> 尾部页脚 </h4>
  </div>
</div>
```

03 保存页面，在 Opera Mobile 模拟器中预览该页面，可以看到头部栏显示在页面顶部，尾部栏显示在页面尾部，如图 18-24 所示。向下滚动页面，当停止滚动时，在页面顶部和底部始终显示头部栏和底部栏，如图 18-25 所示。

图 18-24

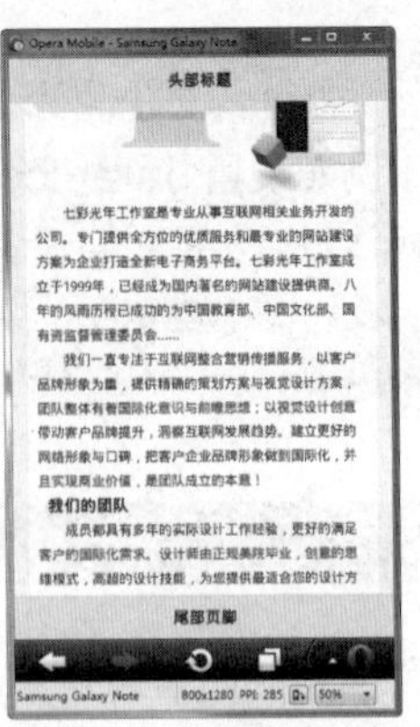
图 18-25

在工具栏中还可以增加全屏显示属性 data-fullscreen，如果将该属性的值设置为 true，那么当以全屏的方式浏览图片或其他信息时，工具栏仍然以悬浮的形式显示在全屏的页面上。与 data-position 属性不同，data-fullscreen 属性并不是在原有位置上的隐藏与显示切换，而是在屏幕中完全消失，当出现全屏幕页面时，又重新返回页面中。

18.3.3 随机显示页面背景图片

在 jQuery Mobile 中，页面的加载过程与在 jQuery 中并不一样，它可以很容易地捕捉到一些非常有用的事件，例如 pagecreate 事件，该事件是页面初始化事件，该事件中所有请求的 DOM 元素已经完成了创建，正在开始加载，此时用户可以自定义部件元素，实现一些自定义样式效果，如显示加载进度条或随机显示页面背景图片等。

随机显示页面背景图片

最终文件：光盘 \ 最终文件 \ 第 18 章 \18-3-3.html　　视频：光盘 \ 视频 \ 第 18 章 \18-3-3.mp4

01 新建 HTML 5 页面，将其保存为“光盘 \ 源文件 \ 第 18 章 \18-3-3.html”。在 <head> 与 </head> 标签之间添加 <meta> 标签，设置和加载 jQuery Mobile 函数库代码，与前面的案例相同。

02 在 <body> 与 </body> 标签之间编写 jQuery Mobile 页面代码。

```
<div data-role="page" id="page1">
 <div data-role="header" data-theme="b" data-position="fixed">
  <h1> 头部标题 </h1>
 </div>
 <div data-role="content">
  <div id="main">
   <img src="images/183305.png"alt="logo">
   <br>
   欢迎进入摄影工作室!
  </div>
```

```
    </div>
    <div data-role="footer" data-theme="b" data-position="fixed">
     <h4> 尾部页脚 </h4>
    </div>
  </div>
```

编写一个基本的 jQuery Mobile 页面，分别在头部栏和尾部栏中添加 data-position="fixed" 属性设置，固定头部栏和尾部栏的位置。

03 保存页面，在 Opera Mobile 模拟器中预览该页面，可以看到页面的效果，如图 18-26 所示。新建外部 CSS 样式表文件，将其保存为“光盘 \ 源文件 \ 第 18 章 \style\18-3-3.css”。在 <head> 与 </head> 标签之间添加 <link> 标签链接刚创建的外部 CSS 样式表文件，如图 18-27 所示。

图 18-26

```
<head>
<meta charset="utf-8">
<title>随机显示页面背景图片</title>
<meta name="viewport" content="width=device-width,initial-scale=1">
<link rel="stylesheet" href="http://code.jquery.com/mobile/1.4.5/jquery.mobile-1.4.5.min.css" />
<script src="http://code.jquery.com/jquery-1.11.1.min.js"></script>
<script src="http://code.jquery.com/mobile/1.4.5/jquery.mobile-1.4.5.min.js"></script>
<link rel="stylesheet" href="style/18-3-3.css" />
</head>
```

图 18-27

04 在外部 CSS 样式表文件中创建相应的 CSS 样式，对 jQuery Mobile 页面中内容区域的元素进行控制，如图 18-28 所示。

```
* {
    margin: 0px;
    padding: 0px;
}
#main {
    width: 100%;
    height: auto;
    padding-top: 150px;
    font-family: 微软雅黑;!important
    font-size: 14px;
    color: #CC74B4;
    line-height: 30px;
    font-weight: bold;
    text-align: center;
    text-shadow: none;
}
#main img {
    width: 60%;
    height: auto;
    max-width: 350px;
}
```

```
.bg0 {
    background-image: url(../images/183301.jpg);
    background-repeat: no-repeat;
    background-size: cover;
}
.bg1 {
    background-image: url(../images/183302.jpg);
    background-repeat: no-repeat;
    background-size: cover;
}
.bg2 {
    background-image: url(../images/183303.jpg);
    background-repeat: no-repeat;
    background-size: cover;
}
.bg3 {
    background-image: url(../images/183304.jpg);
    background-repeat: no-repeat;
    background-size: cover;
}
```

图 18-28

.bg0 至 .bg3 是定义的 4 个背景图像的类 CSS 样式，后面将通过 JavaScript 脚本代码来为页面随机应用这 4 个类 CSS 样式中的一个。

05 返回网页 HTML 代码中，在 id 名称为 page1 的元素中添加 class 属性应用名为 bg0 的类 CSS 样式，如图 18-29 所示。保存页面，在 Opera Mobile 模拟器中预览该页面，可以看到页面的效果，如图 18-30 所示，此时的页面背景是固定的，不会随机显示不同的背景。

```
<body>
<div data-role="page" id="page1" class="bg0">
  <div data-role="header" data-theme="b"
data-position="fixed">
    <h1>头部标题</h1>
  </div>
  <div data-role="content">
    <div id="main">
      <img src="images/183305.png" alt="logo">
      <br>
      欢迎进入摄影工作室！
    </div>
  </div>
  <div data-role="footer" data-theme="b"
data-position="fixed">
    <h4>尾部页脚</h4>
  </div>
</div>
</body>
```

图 18-29

图 18-30

06 转换到页面的 HTML 代码中，在 <head> 与 </head> 标签之间添加相应的 JavaScript 脚本代码。

```
<script type="text/javascript">
$(document).on("pagecreate", function() {
  var $randombg = Math.floor(Math.random() * 4); // 0 to 3
  var $p = $("#page1");
  $p.removeClass("bg0").addClass('bg'+$randombg);
})
</script>
```

在 JavaScript 代码中，先将 0~3 之间的随机数保存在变量 $randombg 中，然后通过 jQuery 中的 removeClass 方法移除页面中相应元素原先的类 CSS 样式，并调用 addClass 方法将随机数组合的样式应用到相应的元素中去，从而实现页面背景图像随机显示的功能。

07 保存页面，在 Opera Mobile 模拟器中预览该页面，可以看到随机显示的页面背景效果，每刷新一次页面，都可能会显示不同的页面背景，如图 18-31 所示。

图 18-31

如果 jQuery Mobile 页面以动态方式加载的内容较多时，可以在 pagecreate 事件中定义一个进度条图片，在数据开始加载时显示该图片，加载完成后自动隐藏该图片，从而提升用户体验。

18.4　本章小结

本章向读者介绍了 jQuery Mobile 的基本配置项，并且向读者介绍了一些常用事件的使用方法，使读者能够掌握在 jQuery Mobile 页面中绑定事件的处理技巧。完成本章内容的学习，读者需要掌握常用的 jQuery Mobile 事件方法，为全面掌握 jQuery Mobile 提供的 API 使用方法打下扎实的基础。

第19章 使用jQuery Mobile 插件

jQuery Mobile 具有很强的可拓展性，在 jQuery Mobile 移动应用开发过程中可以直接融入许多优秀的 jQuery Mobile 插件，从而使得移动应用的开发更加轻松。jQuery Mobile 插件主要依赖于 jQuery 主库插件，基于 jQuery Mobile 插件，面向移动终端设备应用或站点的使用。在本章中将详细向读者介绍几款 jQuery Mobile 插件的使用方法和技巧。

本章知识点

- 了解 jQuery Mobile 插件的作用
- 掌握使用 ActionSheet 插件实现弹出窗口的方法
- 掌握使用 mmenu 插件实现侧边菜单效果
- 掌握使用 DateBox 插件实现日期和时间选择窗口
- 掌握使用 Mobiscroll 插件实现滚屏选择日期和时间
- 掌握使用 Camera 插件实现焦点轮换图片效果
- 掌握使用 Swipebox 插件实现单击查看大图效果

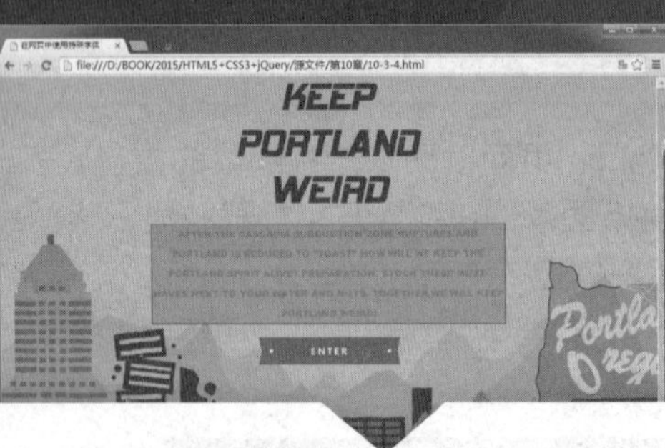

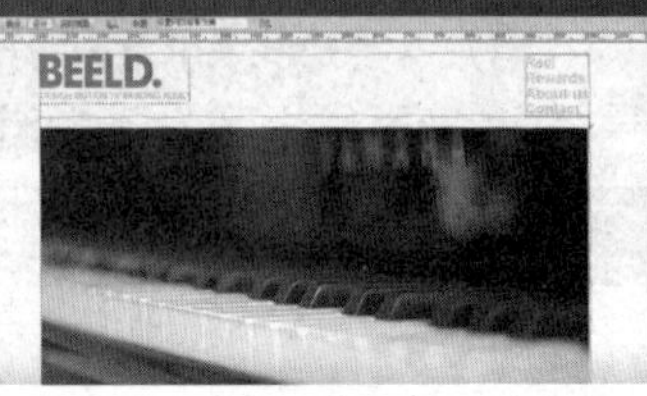

19.1 使用插件实现对话框效果

本节将向读者介绍两款分别用于实现对话框和侧边菜单效果的 jQuery Mobile 插件。其中 ActionSheet 插件用于在 jQuery Mobile 页面中实现弹出对话框效果，并且不需要编写任何脚本代码。mmenu 插件用于在 jQuery Mobile 页面中实现常见的侧边菜单效果。

19.1.1 ActionSheet 插件

ActionSheet 插件无须编写任何 JavaScript 代码，完全通过 HTML 5 新增的属性进行控制。通过引入该插件，可以在页面中以优雅的动画效果弹出一个任意的窗口，该窗口中的内容可以是任何 HTML 代码元素。

鉴于该插件的快捷性，ActionSheet 插件广泛应用于页面中的内容显示、信息通知和广告发布等。当然，也可以用于设置用户退出时弹出的询问对话框或快捷的弹出式用户登录对话框。

ActionSheet 插件完全依靠元素的相关属性进行设置，使用相对简单，基本的操作步骤如下。

（1）在页面中添加不同元素，创建一个用于弹出的窗口标签，并设置 id 名称。

（2）在页面中添加一个用于调用弹出窗口的元素，将该元素的 data-role 属性设置为 actionsheet，表示该元素用于弹出窗口；再通过将元素的 data-sheet 属性设置为 id 名称，最终实现元素与弹出窗口的绑定。

ActionSheet 插件的官方下载地址如下。

```
https://github.com/hiroprotagonist/jquery.mobile.actionsheet
```

在使用该插件之前，需要在页面的 <head> 与 </head> 标签之间链接相应的 CSS 样式表和 JavaScript 脚本文件。

```
<link href="19-1-1/css/jquery.mobile.actionsheet.css" rel="stylesheet" type="text/css">
<script src="19-1-1/js/jquery.mobile.actionsheet.js"></script>
```

实战　在 jQuery Mobile 页面中实现弹出窗口

最终文件：光盘 \ 最终文件 \ 第 19 章 \19-1-1.html　　视频：光盘 \ 视频 \ 第 19 章 \19-1-1.mp4

01 新建 HTML 5 页面，将其保存为“光盘 \ 源文件 \ 第 19 章 \19-1-1.html”。在 <head> 与 </head> 标签之间添加 <meta> 标签，设置和加载 jQuery Mobile 函数库代码，与前面的案例相同。

02 在 <body> 与 </body> 标签之间编写 jQuery Mobile 页面代码。

```
<div id="page1" data-role="page">
  <div data-role="header">
    <h1> 头部标题 </h1>
      <a data-icon="gear" class="ui-btn-right" data-role="actionsheet" data-sheet="box1"> 退出 </a>
    <!-- 退出弹出提示窗口 开始 -->
    <div id="box1">
      <p class="pTip"> 您真的要退出本系统吗？ </p>
      <div class="ui-grid-a">
        <div class="ui-block-a">
          <a data-role="button" class="ui-btn-active"> 确定 </a>
        </div>
        <div class="ui-block-b">
          <a data-role="button" data-rel="close"> 取消 </a>
        </div>
      </div>
    </div>
    <!-- 退出弹出提示窗口 结束 -->
  </div>
  <div data-role="content">
    <a data-icon="star" data-role="actionsheet" data-sheet="login"> 登录 </a>
    <!-- 弹出登录框 开始 -->
    <form id="login" action="#">
      <span class="spanLogin"> 用户登录 </span>
      <input type="text" name="uname" placeholder=" 请输入用户名 ">
      <input type="password" name="upass" placeholder=" 请输入密码 ">
      <div class="ui-grid-a">
        <div class="ui-block-a">
```

```
            <a type="submit" data-role="button" class="ui-btn-active"> 确定 </a>
          </div>
          <div class="ui-block-b">
            <a data-role="button" data-rel="close"> 取消 </a>
          </div>
        </div>
      </form>
      <!-- 弹出登录框 结束 -->
    </div>
    <div data-role="footer"><h4> 页脚 </h4></div>
  </div>
```

在该页面中创建了两个弹出窗口，一个是在单击头部的“退出”按钮时显示弹出的信息提示窗口，另一个是单击内容区域的“登录”按钮时弹出的登录窗口。

03 保存页面，在 Opera Mobile 模拟器中预览该页面，可以看到页面的效果，如图 19-1 所示。返回 jQuery Mobile 页面中，在 <head> 与 </head> 标签之间添加代码，引用 ActionSheet 插件的相关 CSS 样式表文件和 javaScript 文件，如图 19-2 所示。

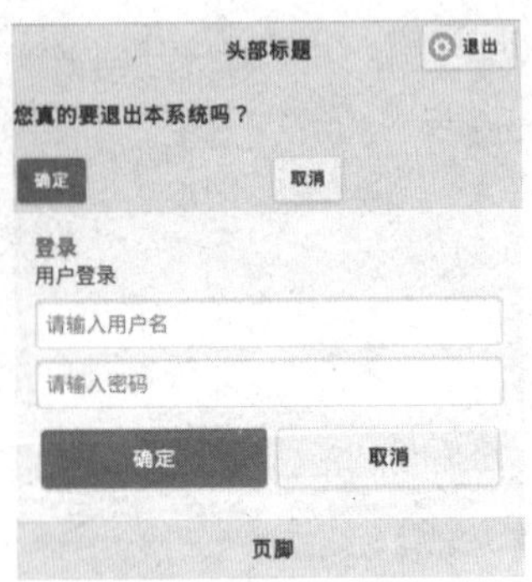

图 19-1

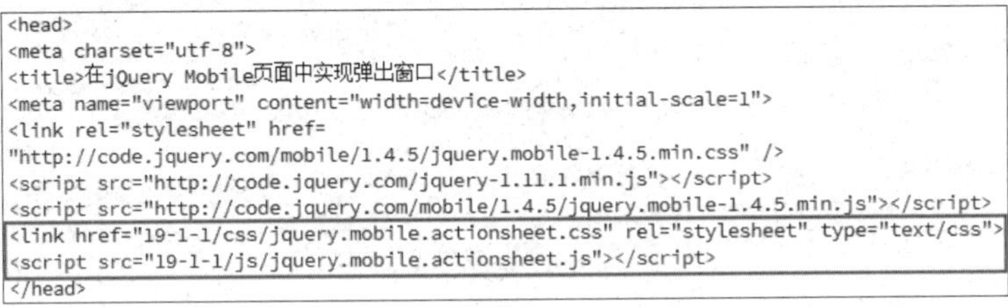

```
<head>
<meta charset="utf-8">
<title>在jQuery Mobile页面中实现弹出窗口</title>
<meta name="viewport" content="width=device-width,initial-scale=1">
<link rel="stylesheet" href=
"http://code.jquery.com/mobile/1.4.5/jquery.mobile-1.4.5.min.css" />
<script src="http://code.jquery.com/jquery-1.11.1.min.js"></script>
<script src="http://code.jquery.com/mobile/1.4.5/jquery.mobile-1.4.5.min.js"></script>
<link href="19-1-1/css/jquery.mobile.actionsheet.css" rel="stylesheet" type="text/css">
<script src="19-1-1/js/jquery.mobile.actionsheet.js"></script>
</head>
```

图 19-2

默认情况下，并没有对弹出窗口中的内容进行隐藏，所以在预览页面时，页面中的所有内容都会直接显示出来。

04 保存页面，在 Opera Mobile 模拟器中预览该页面，效果如图 19-3 所示。单击头部的“退出”按钮，可以看到弹出的信息提示窗口，如图 19-4 所示。单击内容区域的“登录”按钮，可以看到弹出的登录表单窗口，如图 19-5 所示。

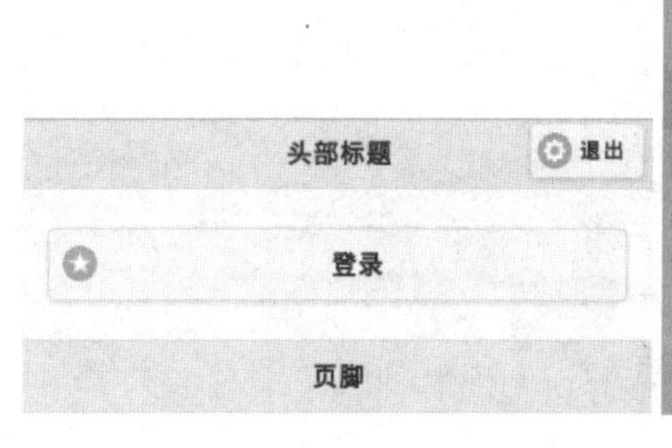

图 19-3

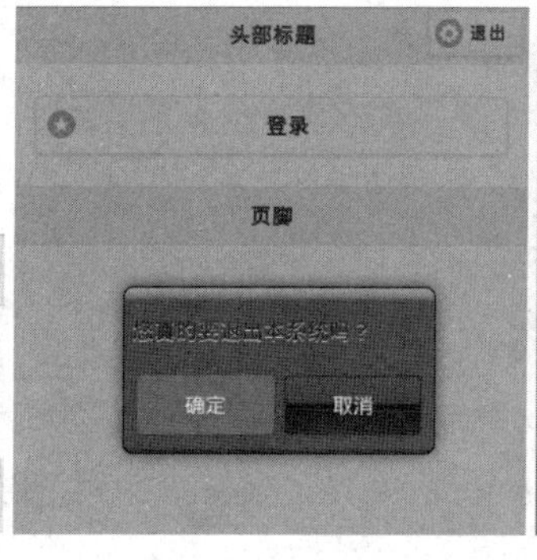

图 19-4

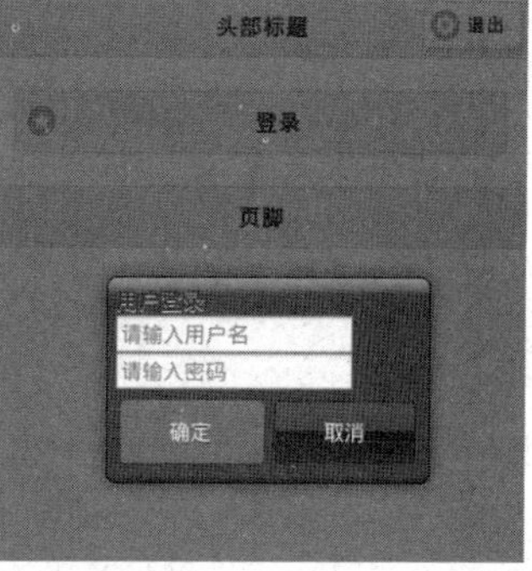

图 19-5

使用 ActionSheet 插件创建弹出窗口，并与指定的链接元素相绑定，其实现的过程不需要编写任何的 JavaScript 脚本代码，只需要把握两个元素间的放置顺序关系，并通过添加 data-role 和 data-sheet 属性，将两者进行绑定。

19.1.2　mmenu 插件

mmenu 插件是一款创建滑动导航菜单的 jQuery Mobile 插件，只需要短短几行 JavaScript 脚本代码，就可以在移动网站中实现类似于移动 APP 外观的非常炫酷的侧边菜单效果。

mmenu 插件不仅为开发者提供了诸如打开、关闭、切换等常用的菜单功能，还提供了菜单位置（居左和居右）、是否显示菜单项计数器等选项的设置。

mmenu 插件的官方下载地址如下。

```
http://mmenu.frebsite.nl/download.html
```

在使用该插件之前，需要在页面的 <head> 与 </head> 标签之间链接相应的 CSS 样式表和 JavaScript 脚本文件。

```
<link href="19-1-2/css/mmenu.css" rel="stylesheet" type="text/css">
<script src="19-1-2/js/jquery-1.9.1.min.js"></script>
<script src="19-1-2/js/jquery.mmenu.min.js"></script>
```

制作侧边菜单效果

最终文件：光盘 \ 最终文件 \ 第 19 章 \19-1-2.html　　视频：光盘 \ 视频 \ 第 19 章 \19-1-2.mp4

01 新建 HTML 5 页面，将其保存为“光盘 \ 源文件 \ 第 19 章 \19-1-2.html”。在 <head> 与 </head> 标签之间添加 <meta> 标签，设置和加载 jQuery Mobile 函数库代码，与前面的案例相同。

02 在 <body> 与 </body> 标签之间编写 jQuery Mobile 页面代码。

```
<div id="page1" data-role="page">
  <div data-role="header" data-theme="b">
    <div><a href="#menu"><img src="19-1-2/images/191202.png"></a></div>
    <h1> 侧边菜单 </h1>
   <!-- 侧边菜单开始 -->
   <nav id="menu">
     <ul>
          <li class="Selected"><a href="#"> 首页 </a></li>
          <li><a href="#"> 关于我们 </a></li>
          <li><a href="#"> 设计作品 </a></li>
          <li><a href="#"> 服务项目 </a></li>
          <li><a href="#"> 联系我们 </a></li>
     </ul>
   </nav>
   <!-- 侧边菜单结束 -->
  </div>
  <div data-role="content"></div>
</div>
```

03 保存页面，在 Opera Mobile 模拟器中预览该页面，可以看到页面的默认效果，如图 19-6 所示。新建外部 CSS 样式表文件，将其保存为“光盘 \ 源文件 \ 第 19 章 \19-1-2\css\style.css”，在该 CSS 样式表文件中创建相应的 CSS 样式，如图 19-7 所示。

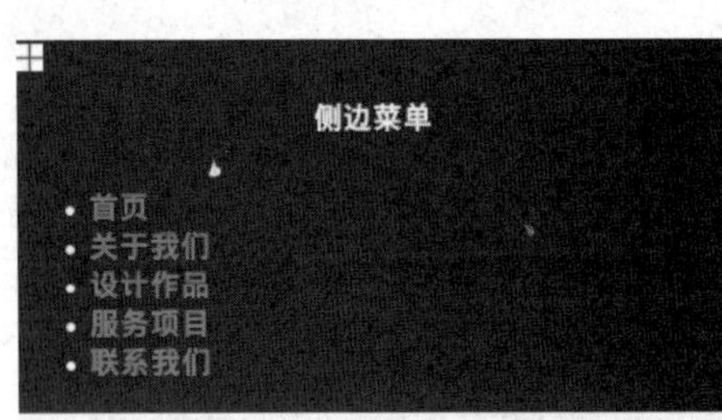

图 19-6

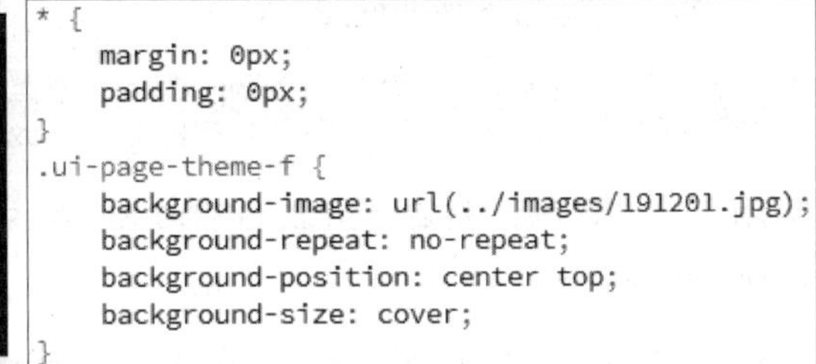

```
* {
    margin: 0px;
    padding: 0px;
}
.ui-page-theme-f {
    background-image: url(../images/191201.jpg);
    background-repeat: no-repeat;
    background-position: center top;
    background-size: cover;
}
```

图 19-7

在 jQuery Mobile 页面代码中，在 header 容器中添加 data-theme="b" 属性设置，为头部栏应用默认的 b 主题。在 CSS 样式表文件中创建名为 .ui-page-theme-f 的 CSS 样式，创建 f 主题，在该主题中为整个页面容器设置背景图像。

04 返回 jQuery Mobile 页面中，在 <head> 与 </head> 标签之间添加 <link> 标签链接刚创建的外部 CSS 样式表文件，在 page 容器中添加 data-theme 属性设置，设置其属性值为 f，应用刚定义的 CSS 样式，如图 19-8 所示。保存页面，在 Opera Mobile 模拟器中预览该页面，可以看到页面的背景图像效果，如图 19-9 所示。

```
<meta name="viewport" content="width=device-width,initial-scale=1">
<link rel="stylesheet" href="http://code.jquery.com/mobile/1.4.5/jquery.mobile-1.4.5.min.css" />
<script src="http://code.jquery.com/jquery-1.11.1.min.js"></script>
<script src="http://code.jquery.com/mobile/1.4.5/jquery.mobile-1.4.5.min.js"></script>
<link href="19-1-2/css/style.css" rel="stylesheet" type="text/css">
</head>

<body>
<div id="page1" data-role="page" data-theme="f">
  <div data-role="header" data-theme="b">
    <div><a href="#menu"><img src="19-1-2/images/191202.png"></a></div>
    <h1>侧边菜单</h1>
    <!--侧边菜单开始-->
    <nav id="menu">
      <ul>
        <li class="Selected"><a href="#">首页</a></li>
        <li><a href="#">关于我们</a></li>
        <li><a href="#">设计作品</a></li>
        <li><a href="#">服务项目</a></li>
        <li><a href="#">联系我们</a></li>
      </ul>
```

图 19-8

图 19-9

05 切换到style.css文件中，创建相应的CSS样式，如图19-10所示。返回jQuery Mobile页面中，在菜单按钮所在的 <div> 标签中添加 class 属性，应用名为 l_tbn 的 CSS 样式，如图 19-11 所示。

```
nav{
    display:none;
}
.l_tbn{
    position: absolute;
    left: 0px;
    top: 0px;
    width:40px;
    height:28px;
    text-align: center;
    padding-top: 12px;
    border-right:1px #666 solid;
}
```

图 19-10

```
<body>
<div id="page1" data-role="page" data-theme="f">
  <div data-role="header" data-theme="b">
    <div class="l_tbn"><a href="#menu"><img src=
"19-1-2/images/191202.png"></a></div>
    <h1>侧边菜单</h1>
    <!--侧边菜单开始-->
    <nav id="menu">
      <ul>
```

图 19-11

此处创建名为nav的CSS样式，用于设置页面的<nav>标签中的内容默认隐藏，即导航菜单在默认状态下是隐藏的。名为 .l_tbn 的类 CSS 样式用于控制头部栏左侧的菜单按钮图标显示位置。

06 保存页面，在 Opera Mobile 模拟器中预览该页面，可以看到页面的效果，如图 19-12 所示。返回 jQuery Mobile 页面中，在 <head> 与 </head> 标签之间添加代码，引用 mmenu 插件的相关 CSS 样式表文件和 JavaScript 文件，并编写相应的 JavaScript 代码，如图 19-13 所示。

图 19-12

```
<head>
<meta charset="utf-8">
<title>制作侧边菜单效果</title>
<meta name="viewport" content="width=device-width,initial-scale=1">
<link rel="stylesheet" href="http://code.jquery.com/mobile/1.4.5/jquery.mobile-1.4.5.min.css" />
<script src="http://code.jquery.com/jquery-1.11.1.min.js"></script>
<script src="http://code.jquery.com/mobile/1.4.5/jquery.mobile-1.4.5.min.js"></script>
<link href="19-1-2/css/style.css" rel="stylesheet" type="text/css">
<link href="19-1-2/css/mmenu.css" rel="stylesheet" type="text/css">
<script src="19-1-2/js/jquery-1.9.1.min.js"></script>
<script src="19-1-2/js/jquery.mmenu.min.js"></script>
<script type="text/javascript">
$(function() {
    $('nav#menu').mmenu();
});
</script>
</head>
```

图 19-13

07 整个 jQuery Mobile 页面的代码如下。

```
<!doctype html>
<html>
<head>
<meta charset="utf-8">
<title> 制作侧边菜单效果 </title>
<meta name="viewport" content="width=device-width,initial-scale=1">
<link rel="stylesheet" href="http://code.jquery.com/mobile/1.4.5/jquery.mo-
bile-1.4.5.min.css" />
<script src="http://code.jquery.com/jquery-1.11.1.min.js"></script>
<script src="http://code.jquery.com/mobile/1.4.5/jquery.mobile-1.4.5.min.
js"></script>
<link href="19-1-2/css/style.css" rel="stylesheet" type="text/css">
<link href="19-1-2/css/mmenu.css" rel="stylesheet" type="text/css">
<script src="19-1-2/js/jquery-1.9.1.min.js"></script>
<script src="19-1-2/js/jquery.mmenu.min.js"></script>
<script type="text/javascript">
$(function() {
    $('nav#menu').mmenu();
});
</script>
</head>

<body>
<div id="page1" data-role="page" data-theme="f">
 <div data-role="header" data-theme="b">
  <div class="l_tbn"><a href="#menu"><img src="19-1-2/images/191202.png"></a></
div>
  <h1> 侧边菜单 </h1>
   <!-- 侧边菜单开始 -->
   <nav id="menu">
    <ul>
           <li class="Selected"><a href="#"> 首页 </a></li>
           <li><a href="#"> 关于我们 </a></li>
           <li><a href="#"> 设计作品 </a></li>
           <li><a href="#"> 服务项目 </a></li>
           <li><a href="#"> 联系我们 </a></li>
    </ul>
   </nav>
   <!-- 侧边菜单结束 -->
 </div>
```

```
    <div data-role="content"></div>
  </div>
  </body>
  </html>
```

08 保存页面，在 Opera Mobile 模拟器中预览该页面，可以看到页面的效果，如图 19-14 所示。单击页面左上角的菜单按钮，可以在左侧滑出并显示侧边菜单，效果如图 19-15 所示。

图 19-14

图 19-15

19.2 使用插件实现表单效果

表单是 jQuery Mobile 应用开发中非常重要的元素，在本节中将介绍两款用于选择日期和时间的 jQuery Mobile 插件，分别是 DateBox 插件和 Mobiscroll 插件。通过使用插件的方式能够轻松地开发出相应功能的表单元素。

19.2.1 DateBox 插件

DateBox 插件是专门用于 jQuery Mobile 移动应用的插件，通过该插件可以在弹出的窗口中简单直观地展示一个日期与时间的对话框，用户直接单击其中的某个日期选项，便可以完成日期选择的操作。

与其他用于 jQuery Mobile 移动应用中的日期型插件相比较，DateBox 日期对话框插件在使用时有以下几个显著的特点。

(1) 允许使用多种模式输入数据，如 Android、Calendar、Slide、Flip Wheel 和 Time 模式，模式不同其弹出的日期选择对话框的风格也不相同。

(2) 可以设置 4 种不同的日期显示模式。

(3) 使用时数据完全本地化。

(4) 允许对输入日期数据的限制，如设置最大或最小年份、设置某一日作为黑名单中的日期、设置特定的某一天等操作。

(5) 自动解析手动输入或预先输入的日期。

(6) 使用 data-role="datebox" 绑定页面中的文本框元素，通过 data-options 属性设置数据的各选项配置。

DateBox 插件的官方下载地址如下。

```
https://github.com/jtsage/jquery-mobile-datebox
```

在使用该插件之前，需要在页面的 <head> 与 </head> 标签之间链接相应的 CSS 样式表和 JavaScript 脚本文件。

```
<link href="19-2-1/css/jqm-datebox.css" rel="stylesheet" type="text/css">
<script src="19-2-1/js/jqm-datebox.core.js"></script>
<script src="19-2-1/js/jqm-datebox.mode.calbox.js"></script>
<script src="19-2-1/js/jqm-datebox.mode.datebox.js"></script>
```

实现日期和时间选择窗口

最终文件：光盘 \ 最终文件 \ 第 19 章 \19-2-1.html　　视频：光盘 \ 视频 \ 第 19 章 \19-2-1.mp4

01 新建 HTML 5 页面，将其保存为“光盘 \ 源文件 \ 第 19 章 \19-2-1.html”。在 <head> 与 </head> 标签之间添加 <meta> 标签，设置和加载 jQuery Mobile 函数库代码，与前面的案例相同。

02 在 <body> 与 </body> 标签之间编写 jQuery Mobile 页面代码。

```
<div id="page1" data-role="page">
  <div data-role="header" data-theme="b">
    <h1> 日期和时间选择插件 </h1>
  </div>
  <div data-role="content">
    <p> 选择日期：</p>
     <input type="text" name="lang1" id="lang1" readonly data-role="datebox" data-options='{"mode":"calbox"}'>
    <p> 选择时间：</p>
     <input type="text" name="lang2" id="lang2" readonly data-role="datebox" data-options='{"mode":"timebox"}'>
  </div>
  <div data-role="footer" data-theme="b"><h4> 页脚 </h4></div>
</div>
```

在页面中创建了两个文本域表单元素，一个用于选择日期，一个用于选择时间。在两个文本域的 <input> 标签中都设置 data-role 属性值为 datebox，在选择日期的文本域标签中设置 data-options 属性值为 {"mode":"calbox"}，在选择时间的文本域标签中设置 data-options 属性值为 {"mode":"timebox"}。浏览该页面时，将在文本域的右侧显示一个圆形小图标，单击该图标，将弹出相应的日期或时间选择对话框。

03 保存页面，在 Opera Mobile 模拟器中预览该页面，可以看到页面的效果，如图 19-16 所示。返回 jQuery Mobile 页面中，在 <head> 与 </head> 标签之间添加代码，引用 DateBox 插件的相关 CSS 样式表文件和 javaScript 文件，如图 19-17 所示。

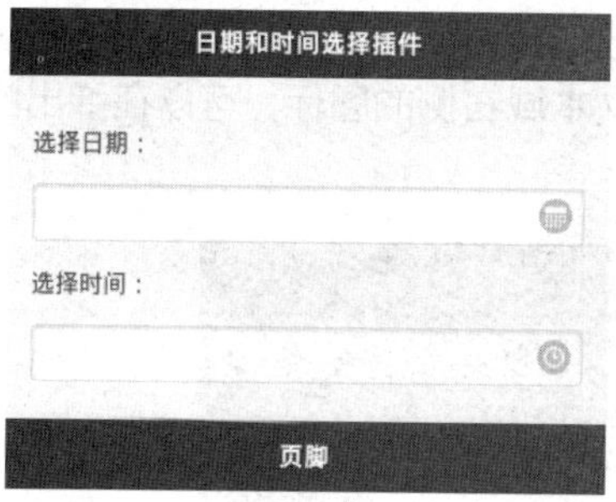

图 19-16

```
<head>
<meta charset="utf-8">
<title>实现日期和时间选择窗口</title>
<meta name="viewport" content="width=device-width,initial-scale=1">
<link rel="stylesheet" href=
"http://code.jquery.com/mobile/1.4.5/jquery.mobile-1.4.5.min.css" />
<script src="http://code.jquery.com/jquery-1.11.1.min.js"></script>
<script src="http://code.jquery.com/mobile/1.4.5/jquery.mobile-1.4.5.min.js">
</script>
<link href="19-2-1/css/jqm-datebox.css" rel="stylesheet" type="text/css">
<script src="19-2-1/js/jqm-datebox.core.js"></script>
<script src="19-2-1/js/jqm-datebox.mode.calbox.js"></script>
<script src="19-2-1/js/jqm-datebox.mode.datebox.js"></script>
</head>
```

图 19-17

04 整个 jQuery Mobile 页面的代码如下。

```
<!doctype html>
<html>
<head>
<meta charset="utf-8">
<title>实现日期和时间选择窗口</title>
<meta name="viewport" content="width=device-width,initial-scale=1">
<link rel="stylesheet" href="http://code.jquery.com/mobile/1.4.5/jquery.mobile-1.4.5.min.css" />
<script src="http://code.jquery.com/jquery-1.11.1.min.js"></script>
<script src="http://code.jquery.com/mobile/1.4.5/jquery.mobile-1.4.5.min.js"></script>
<link href="19-2-1/css/jqm-datebox.css" rel="stylesheet" type="text/css">
<script src="19-2-1/js/jqm-datebox.core.js"></script>
<script src="19-2-1/js/jqm-datebox.mode.calbox.js"></script>
<script src="19-2-1/js/jqm-datebox.mode.datebox.js"></script>
</head>
<body>
<div id="page1" data-role="page">
 <div data-role="header" data-theme="b">
  <h1>日期和时间选择插件</h1>
 </div>
 <div data-role="content">
  <p>选择日期：</p>
   <input type="text" name="lang1" id="lang1" readonly data-role="datebox" data-options='{"mode":"calbox"}'>
  <p>选择时间：</p>
   <input type="text" name="lang2" id="lang2" readonly data-role="datebox" data-options='{"mode":"timebox"}'>
 </div>
 <div data-role="footer" data-theme="b"><h4>页脚</h4></div>
</div>
</body>
</html>
```

05 保存页面，在 Opera Mobile 模拟器中预览该页面，单击选择日期文本域右侧的图标，可以在弹出的对话框中选择日期，如图 19-18 所示。单击选择时间文本域右侧的图标，可以在弹出的对话框中选择时间，如图 19-19 所示。

图 19-18

图 19-19

因为所使用的插件都是由国外开发的，所以对话框中的提示文本都是英文，如果用户需要对话框中的提示文字显示为中文，则需要在所链接的 JavaScript 脚本文本中找到相应的文字进行修改。

19.2.2 Mobiscroll 插件

在页面中输入日期或时间是一件很麻烦的事情，因为考虑到日期或时间的特殊性，往往需要对输入的格式与内容进行有效性验证。而在移动终端的浏览器中，这样的验证还将更为复杂。为了解决这一问题，可以引用专门针对移动项目开发的滚动选择时间插件 Mobiscroll。

Mobiscroll 插件默认风格是以触摸屏的方式，通过滚动屏幕来选择日期或时间的值。当然也可以自定义选择日期或时间的风格，如 Android、iOS 等。该插件专门针对移动触摸设备设计的 UI 效果，广泛应用于众多的移动应用项目中。

Mobiscroll 插件的使用方法也很简单，只需要经过以下两个步骤，就可以实现单击绑定的文本框时弹出选择日期或时间的窗口。基本的操作步骤如下。

（1）在页面中为相应的文本域元素设置 id 名称。

（2）编写相应的 JavaScript 脚本代码，将文本域元素与插件绑定。

Mobiscroll 插件的官方下载地址如下。

```
http://mobiscroll.com/
```

在使用该插件之前，需要在页面的 <head> 与 </head> 标签之间链接相应的 CSS 样式表和 JavaScript 脚本文件。

```
    <link href="19-2-2/css/mobiscroll.custom-2.17.0.min.css" rel="stylesheet"
type="text/css">
    <script src="19-2-2/js/mobiscroll.custom-2.16.0.min.js"></script>
```

滚屏选择日期和时间

最终文件：光盘 \ 最终文件 \ 第 19 章 \19-2-2.html　　视频：光盘 \ 视频 \ 第 19 章 \19-2-2.mp4

01 新建 HTML 5 页面，将其保存为“光盘 \ 源文件 \ 第 19 章 \19-2-2.html”。在 <head> 与 </head> 标签之间添加 <meta> 标签，设置和加载 jQuery Mobile 函数库代码，与前面的案例相同。

02 在 <body> 与 </body> 标签之间编写 jQuery Mobile 页面代码。

```
<div id="page1" data-role="page">
  <div data-role="header">
    <h1> 滚屏选择日期和时间 </h1>
  </div>
  <div data-role="content">
    <p> 选择日期：</p>
    <input type="text" id="date1" placeholder=" 请选择日期 ">
    <p> 选择时间：</p>
    <input type="text" id="time1" placeholder=" 请选择时间 ">
  </div>
  <div data-role="footer"><h4> 页脚 </h4></div>
</div>
```

在页面中创建了两个文本域表单元素，一个用于选择日期，一个用于选择时间。在两个文本域的 <input> 标签中分别设置了不同的 id 名称，后面将通过 JavaScript 脚本代码将不同 id 名称的元素与 Mobiscroll 插件绑定，从而实现弹出不同的日期和时间选择窗口。

03 在 <head> 与 </head> 标签之间添加代码，引用 Mobiscroll 插件的相关 CSS 样式表文件和 javaScript 文件，并编写相应的 JavaScript 脚本代码。

```
    <link href="19-2-2/css/mobiscroll.custom-2.17.0.min.css" rel="stylesheet"
type="text/css">
    <script src="19-2-2/js/mobiscroll.custom-2.16.0.min.js"></script>
    <script type="text/javascript">
    $(function () {
      $('#date1').mobiscroll().calendar({
        theme: 'mobiscroll',  // 设置主题风格
        lang: 'en',           // 设置语言
        display: 'bottom'     // 设置显示位置
      });
      $('#time1').mobiscroll().time({
        theme: 'mobiscroll',
        display: 'bottom',
        timeFormat: 'HH:ii',
        timeWheels: 'HHii',
        headerText: false
      });
    });
    </script>
```

编写的 JavaScript 脚本代码分别用于将页面中相应的 id 名称元素与 Mobiscroll 插件绑定，并向插件传递相应的设置参数和选项。

04 整个 jQuery Mobile 页面的代码如下。

```
<!doctype html>
<html>
<head>
<meta charset="utf-8">
<title>滚屏选择日期和时间</title>
<meta name="viewport" content="width=device-width,initial-scale=1">
<link rel="stylesheet" href="http://code.jquery.com/mobile/1.4.5/jquery.mobile-1.4.5.min.css" />
<script src="http://code.jquery.com/jquery-1.11.1.min.js"></script>
<script src="http://code.jquery.com/mobile/1.4.5/jquery.mobile-1.4.5.min.js"></script>
<link href="19-2-2/css/mobiscroll.custom-2.17.0.min.css" rel="stylesheet" type="text/css">
<script src="19-2-2/js/mobiscroll.custom-2.16.0.min.js"></script>
<script type="text/javascript">
$(function () {
  $('#date1').mobiscroll().calendar({
    theme: 'mobiscroll', //设置主题风格
    lang: 'en',          //设置语言
    display: 'bottom'    //设置显示位置
  });

  $('#time1').mobiscroll().time({
    theme: 'mobiscroll',
    display: 'bottom',
    timeFormat: 'HH:ii',
    timeWheels: 'HHii',
    headerText: false
  });
});
</script>
</head>
<body>
<div id="page1" data-role="page">
 <div data-role="header">
  <h1>滚屏选择日期和时间</h1>
 </div>
 <div data-role="content">
```

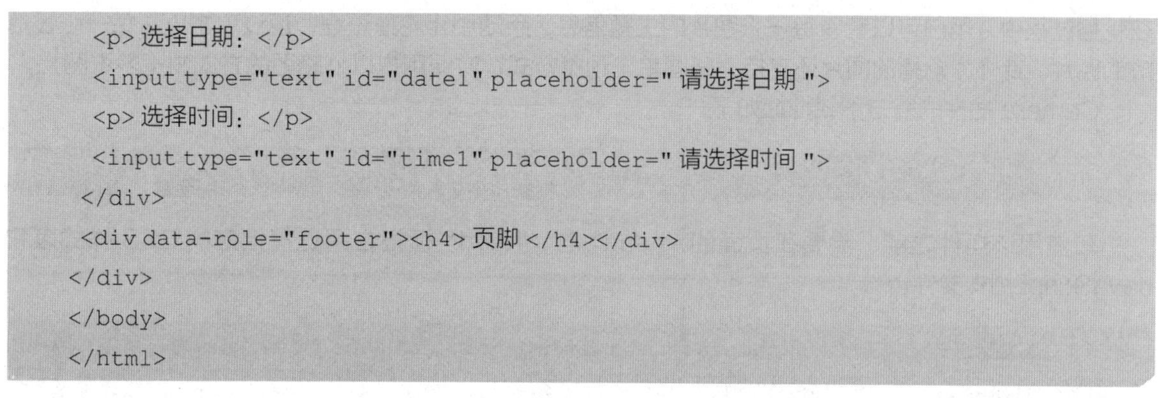

```
    <p> 选择日期：</p>
    <input type="text" id="date1" placeholder=" 请选择日期 ">
    <p> 选择时间：</p>
    <input type="text" id="time1" placeholder=" 请选择时间 ">
  </div>
  <div data-role="footer"><h4> 页脚 </h4></div>
</div>
</body>
</html>
```

05 保存页面，在 Opera Mobile 模拟器中预览该页面，页面效果如图 19-20 所示。单击选择日期文本域，在界面下方显示日期选择窗口，如图 19-21 所示。单击选择时间文本域，在界面下方显示时间选择窗口，如图 19-22 所示。

图 19-20　　图 19-21　　图 19-22

在弹出的日期或时间选择窗口中，可以使用鼠标在日期或时间选择区域拖动，模拟移动设备滑动滚屏的效果。

19.3 使用插件实现图片浏览效果

图片交互效果的好坏直接影响所开发的 jQuery Mobile 应用的用户体验，本节将向读者介绍两款用于实现图片浏览效果的 jQuery Mobiel 插件，分别是 Camera 插件和 Swipebox 插件。其中 Camera 插件可以在 jQuery Mobile 页面中实现焦点轮换图片的效果，Swipebox 插件可以实现单击缩览图预览大图的效果。

19.3.1 Camera 插件

Camera 插件是一个基于 jQuery 插件的开源项目，功能是对所指定的图片集实现轮播的效果。

在轮播过程中，用户可以查看每一张图片的主题信息，手动中止轮播过程，通过单击查看每一张被播放的图片。此外，轮播的图片还支持缩略图单击预览方式，方便用户以缩略图的方式浏览多张图片。

Camera 插件的官方下载地址如下。

```
https://github.com/pixedelic/Camera
```

在使用该插件之前，需要在页面的 <head> 与 </head> 标签之间链接相应的 CSS 样式表和 JavaScript 脚本文件。

```
<link href="19-3-1/css/camera.css" rel="stylesheet" type="text/css">
<script src="19-3-1/js/jquery.easing.1.3.js"></script>
<script src="19-3-1/js/camera.min.js"></script>
```

实战　实现焦点轮换图片效果

最终文件：光盘 \ 最终文件 \ 第 19 章 \19-3-1.html　　视频：光盘 \ 视频 \ 第 19 章 \19-3-1.mp4

01 新建 HTML 5 页面，将其保存为“光盘 \ 源文件 \ 第 19 章 \19-3-1.html”。在 <head> 与 </head> 标签之间添加 <meta> 标签，设置和加载 jQuery Mobile 函数库代码，与前面的案例相同。

02 在 <body> 与 </body> 标签之间编写 jQuery Mobile 页面代码。

```
<div id="page1" data-role="page">
 <div data-role="header" data-theme="b">
  <h1> 摄影图片欣赏 </h1>
 </div>
 <div data-role="content">
  <div class="camera_wrap camera_azure_skin" id="camera_wrap_1">
    <div data-thumb="19-3-1/images/thumbs/193101.jpg" data-src="19-3-1/imag-
es/193101.jpg">
     <div class="camera_caption fadeFromBottom">
      宁静如水的湖面
     </div>
    </div>
    <div data-thumb="19-3-1/images/thumbs/193102.jpg" data-src="19-3-1/imag-
es/193102.jpg">
     <div class="camera_caption fadeFromBottom">
      故宫的傍晚
     </div>
    </div>
    <div data-thumb="19-3-1/images/thumbs/193103.jpg" data-src="19-3-1/imag-
es/193103.jpg">
     <div class="camera_caption fadeFromBottom">
      希望的田野
     </div>
```

```
        </div>
         <div data-thumb="19-3-1/images/thumbs/193104.jpg" data-src="19-3-1/images/193104.jpg">
          <div class="camera_caption fadeFromBottom">
           宁静的晚霞
          </div>
        </div>
         <div data-thumb="19-3-1/images/thumbs/193105.jpg" data-src="19-3-1/images/193105.jpg">
          <div class="camera_caption fadeFromBottom">
           大山深处的落日
          </div>
        </div>
      </div>
    </div>
    <div data-role="footer" data-theme="b"><h4> 页脚 </h4></div>
  </div>
```

在内容区域中添加一个 <div> 标签作为放置轮播图片的容器，并在该 <div> 标签中设置 id 名称为 camera_wrap_1，类样式名称为 camera_wrap。在该容器中，同时使用 <div> 标签添加被轮播的图片，每一个轮播图片的代码结构都是相同的。

03 在 <head> 与 </head> 标签之间添加代码，引用 Camera 插件的相关 CSS 样式表文件和 javaScript 文件，并编写相应的 JavaScript 脚本代码。

```
<link href="19-3-1/css/camera.css" rel="stylesheet" type="text/css">
<script src="19-3-1/js/jquery.easing.1.3.js"></script>
<script src="19-3-1/js/camera.min.js"></script>
<script type="text/javascript">
$(function(){
   $('#camera_wrap_1').camera({
          time: 1000,
          thumbnails: true
   })
})
</script>
```

在页面中，播放图片的容器和被轮播的全部图片元素添加完成后，还必须在页面的初始化事件中调用 Camera 插件的 camera() 方法，才能实现在执行该页面时图片容器中的各处图片以幻灯片形式轮播的效果。

在调用插件的 camera() 方法时，括号中也可以添加一个 options 对象，通过设置该对象，可以控制轮播图片的效果与特征。

04 整个 jQuery Mobile 页面的代码如下。

```
<!doctype html>
<html>
<head>
<meta charset="utf-8">
<title> 实现焦点轮换图片效果 </title>
<meta name="viewport" content="width=device-width,initial-scale=1">
<link rel="stylesheet" href="http://code.jquery.com/mobile/1.4.5/jquery.mobile-1.4.5.min.css" />
<script src="http://code.jquery.com/jquery-1.11.1.min.js"></script>
<script src="http://code.jquery.com/mobile/1.4.5/jquery.mobile-1.4.5.min.js"></script>
<link href="19-3-1/css/camera.css" rel="stylesheet" type="text/css">
<script src="19-3-1/js/jquery.easing.1.3.js"></script>
<script src="19-3-1/js/camera.min.js"></script>
<script type="text/javascript">
$(function(){
   $('#camera_wrap_1').camera({
           time: 1000,
           thumbnails: true
   })
})
</script>
</head>
<body>
<div id="page1" data-role="page">
 <div data-role="header" data-theme="b">
  <h1> 摄影图片欣赏 </h1>
 </div>
 <div data-role="content">
  <div class="camera_wrap camera_azure_skin" id="camera_wrap_1">
    <div data-thumb="19-3-1/images/thumbs/193101.jpg" data-src="19-3-1/images/193101.jpg">
    <div class="camera_caption fadeFromBottom">
     宁静如水的湖面
    </div>
   </div>
    <div data-thumb="19-3-1/images/thumbs/193102.jpg" data-src="19-3-1/images/193102.jpg">
    <div class="camera_caption fadeFromBottom">
     故宫的傍晚
    </div>
```

```
        </div>
         <div data-thumb="19-3-1/images/thumbs/193103.jpg" data-src="19-3-1/imag-
es/193103.jpg">
         <div class="camera_caption fadeFromBottom">
          希望的田野
         </div>
        </div>
         <div data-thumb="19-3-1/images/thumbs/193104.jpg" data-src="19-3-1/imag-
es/193104.jpg">
         <div class="camera_caption fadeFromBottom">
          宁静的晚霞
         </div>
        </div>
         <div data-thumb="19-3-1/images/thumbs/193105.jpg" data-src="19-3-1/imag-
es/193105.jpg">
         <div class="camera_caption fadeFromBottom">
          大山深处的落日
         </div>
        </div>
       </div>
      </div>
      <div data-role="footer" data-theme="b"><h4> 页脚 </h4></div>
    </div>
    </body>
    </html>
```

05 保存页面，在 Opera Mobile 模拟器中预览该页面，可以看到使用 Camera 插件实现的焦点轮换图片的效果，如图 19-23 所示。还可以以缩略图的方式预览轮换图片，如图 19-24 所示。

图 19-23

图 19-24

虽然在轮播图片的容器中使用上述格式可以添加多张图片，但在移动设备上浏览时，建议添加 3~5 张图片是比较适宜的。

19.3.2 Swipebox 插件

Swipebox 是一款精美的 jQuery 灯箱特效插件，可用于桌面、移动和平板设备。在移动设备上，支持滑动手势导航，而在桌面上则可以使用键盘导航。不支持 CSS 3 过渡效果的浏览器可以使用 jQuery 降级处理。

当用户单击目标图片时，图片会以全尺寸的方式显示。此外，用户还可以对同组中的图片左右切换来进行查看，非常适合做照片画廊以及查看大尺寸图片。

Swipebox 插件的官方下载地址如下。

```
http://brutaldesign.github.io/swipebox/
```

在使用该插件之前，需要在页面的 <head> 与 </head> 标签之间链接相应的 CSS 样式表和 JavaScript 脚本文件。

```
<link rel="stylesheet" href="19-3-2/css/swipebox.css">
<script src="19-3-2/js/jquery-2.1.0.min.js"></script>
<script src="19-3-2/js/jquery.swipebox.js"></script>
```

实现单击查看大图效果

最终文件：光盘 \ 最终文件 \ 第 19 章 \19-3-2.html　　视频：光盘 \ 视频 \ 第 19 章 \19-3-2.mp4

01 新建 HTML 5 页面，将其保存为“光盘 \ 源文件 \ 第 19 章 \19-3-2.html”。在 <head> 与 </head> 标签之间添加 <meta> 标签，设置和加载 jQuery Mobile 函数库代码，与前面的案例相同。

02 在 <body> 与 </body> 标签之间编写 jQuery Mobile 页面代码。

```
<div id="page1" data-role="page">
 <div data-role="header" data-theme="b">
  <h1> 作品列表 </h1>
 </div>
 <div data-role="content">
  <a href="19-3-2/images/193201.jpg" class="swipebox" title=" 零食广告设计 ">
   <img src="19-3-2/images/small/193201.jpg" alt="image">
  </a>
  <a href="19-3-2/images/193202.jpg" class="swipebox1" title=" 酒类广告设计 ">
   <img src="19-3-2/images/small/193202.jpg" alt="image">
  </a>
  <a href="19-3-2/images/193203.jpg" class="swipebox2" title=" 商超促销海报设计 ">
   <img src="19-3-2/images/small/193203.jpg" alt="image">
```

```
  </a>
  <a href="19-3-2/images/193204.jpg" class="swipebox3" title=" 音乐播放器海报设计 ">
   <img src="19-3-2/images/small/193204.jpg" alt="image">
  </a>
  <a href="19-3-2/images/193205.jpg" class="swipebox4" title=" 信用卡海报设计 1">
   <img src="19-3-2/images/small/193205.jpg" alt="image">
  </a>
  <a href="19-3-2/images/193206.jpg" class="swipebox5" title=" 信用卡海报设计 2">
   <img src="19-3-2/images/small/193206.jpg" alt="image">
  </a>
 </div>
 <div data-role="footer" data-theme="b"><h4> 页脚 </h4></div>
</div>
```

在页面的内容区域中插入各图片的缩览图，为各缩览图添加超链接标签 <a>，设置超链接的 href 属性为该缩览图的原始大图，并且在超链接标签中设置 class 属性，用于与 Swipebox 插件相绑定。

03 在 <head> 与 </head> 标签之间添加代码，引用 Swipebox 插件的相关 CSS 样式表文件和 javaScript 文件，并编写相应的 JavaScript 脚本代码。

```
<link rel="stylesheet" href="19-3-2/css/swipebox.css">
<script src="19-3-2/js/jquery.swipebox.js"></script>
<script type="text/javascript">
(function($){
   $('.swipebox').swipebox();
   $('.swipebox1').swipebox();
   $('.swipebox2').swipebox();
   $('.swipebox3').swipebox();
   $('.swipebox4').swipebox();
   $('.swipebox5').swipebox();
})(jQuery);
</script>
```

此处所添加的 JavaScript 脚本代码用于为页面中相应名称的类属性元素调用 Swipebox 插件的 swipebox() 方法。

04 整个 jQuery Mobile 页面的代码如下。

```
<!doctype html>
<html>
<head>
<meta charset="utf-8">
<title> 实现单击查看大图效果 </title>
<meta name="viewport" content="width=device-width,initial-scale=1">
```

```
    <link rel="stylesheet" href="http://code.jquery.com/mobile/1.4.5/jquery.mobile-1.4.5.min.css" />
    <script src="http://code.jquery.com/jquery-1.11.1.min.js"></script>
    <script src="http://code.jquery.com/mobile/1.4.5/jquery.mobile-1.4.5.min.js"></script>
    <link rel="stylesheet" href="19-3-2/css/swipebox.css">
    <script src="19-3-2/js/jquery.swipebox.js"></script>
    <script type="text/javascript">
    (function($){
       $('.swipebox').swipebox();
       $('.swipebox1').swipebox();
       $('.swipebox2').swipebox();
       $('.swipebox3').swipebox();
       $('.swipebox4').swipebox();
       $('.swipebox5').swipebox();
    })(jQuery);
    </script>
    </head>
    <body>
    <div id="page1" data-role="page">
     <div data-role="header" data-theme="b">
      <h1> 作品列表 </h1>
     </div>
     <div data-role="content">
      <a href="19-3-2/images/193201.jpg" class="swipebox" title=" 零食广告设计 ">
       <img src="19-3-2/images/small/193201.jpg" alt="image">
      </a>
      <a href="19-3-2/images/193202.jpg" class="swipebox1" title=" 酒类广告设计 ">
       <img src="19-3-2/images/small/193202.jpg" alt="image">
      </a>
      <a href="19-3-2/images/193203.jpg" class="swipebox2" title=" 商超促销海报设计 ">
       <img src="19-3-2/images/small/193203.jpg" alt="image">
      </a>
      <a href="19-3-2/images/193204.jpg" class="swipebox3" title=" 音乐播放器海报设计 ">
       <img src="19-3-2/images/small/193204.jpg" alt="image">
      </a>
      <a href="19-3-2/images/193205.jpg" class="swipebox4" title=" 信用卡海报设计 1">
       <img src="19-3-2/images/small/193205.jpg" alt="image">
      </a>
      <a href="19-3-2/images/193206.jpg" class="swipebox5" title=" 信用卡海报设计 2">
       <img src="19-3-2/images/small/193206.jpg" alt="image">
      </a>
```

```
    </div>
    <div data-role="footer" data-theme="b"><h4> 页脚 </h4></div>
  </div>
  </body>
  </html>
```

05 保存页面，在 Opera Mobile 模拟器中预览该页面，可以看到页面的显示效果，如图 19-25 所示。在页面中单击缩览图即可显示该缩览图的大图效果，如图 19-26 所示。

图 19-25

图 19-26

19.4 本章小结

本章分类介绍了 6 款专门针对 jQuery Mobile 移动应用开发的插件，通过相应的实例制作，详细介绍了这些插件在 jQuery Mobile 应用中的使用方法和注意事项。通过本章内容的学习，读者需要了解 jQuery Mobile 插件的作用，并能够在 jQuery Mobile 应用开发过程中运用适当的插件，提高工作效率。

第 20 章　移动应用开发实战

通过前面内容的学习，读者已经对 jQuery Mobile 的相关知识有所了解。在使用 jQuery Mobile 开发移动应用的过程中，需要能够熟练地综合应用 HTML 5 和 CSS 样式的知识，再结合 jQuery Mobile 的知识，这样才能够更好地制作出各种移动应用界面。在本章中将通过 3 个移动应用中常见的案例效果，向读者介绍如何综合运用 HTML 5、CSS 3 和 jQuery Mobile 开发和制作移动应用界面。

本章知识点

- ✔ 了解 jQuery Mobile 插件的作用
- ✔ 掌握使用 ActionSheet 插件实现弹出窗口的方法
- ✔ 掌握使用 mmenu 插件实现侧边菜单效果
- ✔ 掌握使用 DateBox 插件实现日期和时间选择窗口

20.1　移动 APP 引导页

APP 软件启动时，在正式进入 APP 软件界面之前，首先会通过几个引导面向用户介绍该款 APP 软件的主要功能与特色，第一印象的好坏会极大地影响到后续的产品使用体验。

20.1.1　功能分析

根据 APP 引导页的目的、出发点不同，可以将其分为功能介绍类、使用说明类、推广类、问题解决类，一般引导页不会超过 5 个页面。

本案例所制作的 APP 引导主要是通过添加相应的 JavaScript 脚本代码，使用户可以通过滑动屏幕的方式在多个引导页之间进行切换，在最后一个引导页中添加超链接按钮，通过单击该超链接按钮可以进入到该 APP 应用的首页中，这也是移动应用中常见的效果。本案例所制作的移动 APP 引导页最终效果如图 20-1 所示。

20.1.2　制作步骤

在本案例的制作过程中，每个引导页面都是一个不同的图片，通过创建 jQuery Mobile 页面，并且在页面的内容区域中顺序插入 4 张不同的图片，通过 CSS 样式控制 4 张图片的显示效果，最后通过添加相应的 JavaScript 脚本代码来实现在各 APP 引导页之间的滑动效果。

实战　**移动 APP 引导页**

最终文件：光盘 \ 最终文件 \ 第 20 章 \20-1.html　　视频：光盘 \ 视频 \ 第 20 章 \20-1.mp4

图 20-1

01 新建 HTML 5 页面，将其保存为“光盘 \ 源文件 \ 第 20 章 \20-1.html”。在 <head> 与 </head> 标签之间添加 <meta> 标签，设置和加载 jQuery Mobile 函数库代码，与前面的案例相同。

02 在 <body> 与 </body> 标签之间编写 jQuery Mobile 页面代码。

```
<div data-role="page" id="page1">
 <div data-role="content" style="margin:0px; padding:0px;">
  <!-- 引导页图片开始 -->
  <div id="wrapper">
   <div id="scroller">
    <div><img src="20-1/images/20101.jpg" alt=""></div>
    <div><img src="20-1/images/20102.jpg" alt=""></div>
    <div><img src="20-1/images/20103.jpg" alt=""></div>
    <div><img src="20-1/images/20104.jpg" alt=""><a href="index.html" rel="external" id="goto">马上体验</a></div>
   </div>
  </div>
  <!-- 引导页图片结束 -->
  <!-- 翻页小圆点开始 -->
  <div id="nav">
   <ul id="indicator">
    <li class="active">1</li>
    <li>2</li>
    <li>3</li>
    <li>4</li>
   </ul>
  </div>
  <!-- 翻页小圆点结束 -->
 </div>
</div>
```

在该 jQuery Mobile 页面中并没有设置页头和页尾，只是创建一个 jQuery Mobile 页面框架，在该页面框架中创建一个内容区域，并将页面中所有内容的代码都放置在 jQuery Mobile 页面内容区域中。并且在 content 容器的 <div> 标签中添加了内联 CSS 样式的设置，将该容器的边距和填充均设置为 0，这样可以使容器中的内容与容器边缘更紧密地贴合在一起。该 jQuery Mobile 页面的基本框架代码如下。

```
<div data-role="page" id="page1">
 <div data-role="content" style="margin:0px; padding:0px;">
  ……
 </div>
</div>
```

在 content 容器中主要分为两部分，一部分是引导页图片，每个图片都单独放置在一个 <div> 标签中。另一部分是用于实现翻页小圆点的图标，在这里使用项目列表标签来实现。在本实例中共有 4 张引导图片，对应 4 个小圆点图标，所以在项目列表中编写了 4 个 <li> 标签。

在最后一张引导图片之后添加了超链接标签，用于链接到该 APP 应用的首页面，代码如下。

```
<div><img src="20-1/images/20104.jpg" alt=""><a href="index.html"
rel="external" id="goto">马上体验</a></div>
```

在该超链接 <a> 标签中通过设置 rel="external" 属性，禁用该超链接的 Ajax。设置 id 名称是为了方便使用 CSS 样式控制该超链接的外观和位置。

03 保存页面，在 Opera Mobile 模拟器中预览该页面，可以看到页面默认效果，如图 20-2 所示。接下来需要通过 CSS 样式对页面中元素的显示效果进行控制。新建外部 CSS 样式表文件，将其保存为“光盘\源文件\第 20 章\20-1\style\20-1.css”。在 20-1.html 页面中链接刚创建的外部 CSS 样式表文件，如图 20-3 所示。

图 20-2

```
<head>
<meta charset="utf-8">
<title>APP引导页</title>
<meta name="viewport" content="width=device-width,initial-scale=1">
<link rel="stylesheet" href=
"http://code.jquery.com/mobile/1.4.5/jquery.mobile-1.4.5.min.css" />
<script src="http://code.jquery.com/jquery-1.11.1.min.js"></script>
<script src=
"http://code.jquery.com/mobile/1.4.5/jquery.mobile-1.4.5.min.js">
</script>
<link rel="stylesheet" href="20-1/style/20-1.css">
</head>
```

图 20-3

在预览页面中可以看出，因为并没有对网页元素的外观样式进行设置，元素在浏览器中表现为默认的效果，所有引导图片以原始大小顺序排列显示。

04 在外部 CSS 样式表文件中创建相应的 CSS 样式，对 jQuery Mobile 页面中内容区域的元素进行控制，如图 20-4 所示。

```
* {
    margin: 0px;
    padding: 0px;
}
#wrapper {
    position: relative;
    width: 100%;
    height: auto;
    overflow: hidden;
    z-index: 1;
}
#scroller { width: 400%;}
#scroller div {
    position: relative;
    display: block;
    float: left;
    width: 25%;
    height: auto;
}
```

```
#scroller div img {
    width: 100%;
    height: auto;
}
#goto {
    position: absolute;
    display: block;
    width: 150px;
    height: 40px;
    bottom: 30px;
    left: 50%;
    margin-left: -75px;
    line-height: 40px;
    text-align: center;
    color: #fff;
    z-index: 100;
    text-shadow: none;
    background-color: rgba(255,255,255,0.4);
    border: solid 1px #FFF;
    border-radius: 2px;
}
```

```
#nav {
    position: absolute;
    width: 56px;
    height: auto;
    bottom: 15px;
    left: 50%;
    margin-left: -28px;
    z-index: 100;
}
#indicator, #indicator li {
    display: block;
    float: left;
}
#indicator li {
    width: 0.7em;
    height: 0.7em;
    background-color: #ddd;
    border-radius: 0.5em;
    margin-right: 0.2em;
    text-indent: -2em;
    overflow: hidden;
}
#indicator li.active {
    background-color: #888;
}
```

图 20-4

05 保存页面，在 Opera Mobile 模拟器中预览该页面，可以看到使用 CSS 样式对页面元素进行控制的效果，如图 20-5 所示，但目前只能够看到第一张引导图片。接下来就需要通过添加 JavaScript 脚本代码实现导航页的切换效果。在页面头部的 <head> 与 </head> 标签之间添加代码，链接两个外部的 JavaScript 文件，如图 20-6 所示。

图 20-5

```
<head>
<meta charset="utf-8">
<title>APP引导页</title>
<meta name="viewport" content="width=device-width,initial-scale=1">
<link rel="stylesheet" href=
"http://code.jquery.com/mobile/1.4.5/jquery.mobile-1.4.5.min.css" />
<script src="http://code.jquery.com/jquery-1.11.1.min.js"></script>
<script src=
"http://code.jquery.com/mobile/1.4.5/jquery.mobile-1.4.5.min.js">
</script>
<link rel="stylesheet" href="20-1/style/20-1.css">
<script src="20-1/js/iscroll.js"></script>
<script src="20-1/js/global.js"></script>
</head>
```

图 20-6

06 接下来需要添加 JavaScript 代码，在 <head> 与 </head> 标签之间添加相应的 JavaScript 脚本代码。

```
<script type="text/javascript">
document.onreadystatechange = subSomething; // 当页面加载状态改变的时候执行
function subSomething() {
    var setime;
    if (navigator.onLine) {
```

```
            if(document.readyState == 'complete') // 判断页面是否加载完成
                  setime=setTimeout(function(){
                        callback();
                  },10000);
      }
   }
   window.onload=function(){
      cacheDetect();
      loaded();
   }
   </script>
   <script type="text/javascript">
   function loaded() {
      var myScroll;
      var wHeight=$(window).height();
      $("#scroller div").height(wHeight);
      myScroll = new iScroll('wrapper', {
            snap: true,
            momentum: false,
            hScrollbar: false,
            onScrollEnd: function () {
                  document.querySelector('#indicator li.active').className = '';
                  document.querySelector('#indicator li:nth-child(' + (this.cur-
rPageX+1) + ')').className = 'active';
            }
      });
   }
   </script>
```

第一段 JavaScript 脚本代码用于判断页面的加载状态改变时所执行的操作，并设置引导图片切换的动画过渡时间。第二段 JavaScript 脚本用于判断当前窗口的高度，通过当前窗口高度来调整引导图片所在元素的高度，使得容器在窗口中始终是满屏显示。

07 该 jQuery Mobile 页面的完整代码如下。

```
   <!doctype html>
   <html>
   <head>
   <meta charset="utf-8">
   <title>APP 引导页 </title>
   <meta name="viewport" content="width=device-width,initial-scale=1">
   <link rel="stylesheet" href="http://code.jquery.com/mobile/1.4.5/jquery.mo-
bile-1.4.5.min.css" />
```

```
<script src="http://code.jquery.com/jquery-1.11.1.min.js"></script>
<script src="http://code.jquery.com/mobile/1.4.5/jquery.mobile-1.4.5.min.
js"></script>
<link rel="stylesheet" href="20-1/style/20-1.css">
<script src="20-1/js/iscroll.js"></script>
<script src="20-1/js/global.js"></script>
<script type="text/javascript">
document.onreadystatechange = subSomething; //当页面加载状态改变的时候执行
function subSomething(){
   var setime;
   if (navigator.onLine){
          if(document.readyState == 'complete') //判断页面是否加载完成
                 setime=setTimeout(function(){
                        callback();
                 },10000);
   }
}
window.onload=function(){
   cacheDetect();
   loaded();
}
</script>
<script type="text/javascript">
function loaded() {
   var myScroll;
   var wHeight=$(window).height();
   $("#scroller div").height(wHeight);
   myScroll = new iScroll('wrapper', {
          snap: true,
          momentum: false,
          hScrollbar: false,
          onScrollEnd: function () {
                 document.querySelector('#indicator li.active').className = '';
                 document.querySelector('#indicator li:nth-child(' + (this.cur-
rPageX+1) + ')').className = 'active';
          }
   });
}
</script>
</head>
<body>
<div data-role="page" id="page1">
```

```
<div data-role="content" style="margin:0px; padding:0px;">
 <!-- 引导页图片开始 -->
 <div id="wrapper">
  <div id="scroller">
   <div><img src="20-1/images/20101.jpg" alt=""></div>
   <div><img src="20-1/images/20102.jpg" alt=""></div>
   <div><img src="20-1/images/20103.jpg" alt=""></div>
     <div><img src="20-1/images/20104.jpg" alt=""><a href="index.html"
rel="external" id="goto">马上体验</a></div>
  </div>
 </div>
 <!-- 引导页图片结束 -->
 <!-- 翻页小圆点开始 -->
 <div id="nav">
  <ul id="indicator">
   <li class="active">1</li>
   <li>2</li>
   <li>3</li>
   <li>3</li>
  </ul>
 </div>
 <!-- 翻页小圆点结束 -->
</div>
</div>
</body>
</html>
```

08 保存页面，在 Opera Mobile 模拟器中预览该页面，可以看到所制作的 APP 引导页面效果，可以在屏幕上滑动查看不同的引导图片，如图 20-7 所示。

图 20-7

20.2 移动应用首页

移动应用与网站相似，由多个不同功能的页面构成，其中最重要的就是移动应用的首页面，在该页面中通常会安排导航元素，使用户能够快速进入自己感兴趣的内容中，并且为了方便用户的操作，需要能够实现流畅的操作体验。

20.2.1 功能分析

本案例所设计的移动应用首页非常简洁，主要由两个部分构成，一个是可滑动切换的页面背景图片，另一个是同样提供滑动切换功能的底部导航栏。

在移动设备中运行的移动应用程序通常都是通过人手进行操作，最常见的操作就是单击和滑动，这一点与在传统桌面浏览器中查看网页有很大的不同。本案例通过 jQuery Mobile 与 JavaScript 相结合，实现在移动应用首页面中页面背景图片与页面的导航栏分别可以进行滑动操作，并且相互不受干扰，能够带给用户良好的体验。本案例所制作的移动应用首页最终效果如图 20-8 所示。

图 20-8

20.2.2 制作背景图轮换

背景图片轮换效果与上一节中讲解的 APP 引导页使用了不同的制作方法，在页面中使用项目列表的方式来放置各背景图片，通过 CSS 样式来控制背景图片的显示效果，最后添加相应的 JavaScript 脚本代码实现背景图片的滑动轮换效果。

制作背景图轮换

最终文件：光盘 \ 最终文件 \ 第 20 章 \20-2.html　　视频：光盘 \ 视频 \ 第 20 章 \20-2-2.mp4

01 新建 HTML 5 页面，将其保存为“光盘 \ 源文件 \ 第 20 章 \20-2.html”。在 <head> 与 </head> 标签之间添加 <meta> 标签，设置和加载 jQuery Mobile 函数库代码，与前面的案例相同。

02 在 <body> 与 </body> 标签之间编写 jQuery Mobile 页面代码。

```
<div data-role="page" id="page1">
 <div data-role="content" style="margin:0px; padding:0px;">
 <div id="container">
 <!-- 背景展示图开始 -->
  <div class="panels_slider">
   <ul class="slides">
    <li><img src="20-2/images/20201.jpg" alt="" /></li>
    <li><img src="20-2/images/20202.jpg" alt="" /></li>
    <li><img src="20-2/images/20203.jpg" alt="" /></li>
   </ul>
  </div>
 <!-- 背景展示图结束 -->
 </div>
 </div>
</div>
```

在该 jQuery Mobile 页面中没有设置页头和页尾，只是创建一个 jQuery Mobile 页面框架，在该页面框架中创建一个内容区域。在内容区域中通过项目列表放置背景展示图片。

03 接下来需要通过 CSS 样式对页面中元素的显示效果进行控制。新建外部 CSS 样式表文件，将其保存为“光盘\源文件\第 20 章\20-2\style\20-2.css”。在 20-2.html 页面中链接刚创建的外部 CSS 样式表文件，如图 20-9 所示。

```
<head>
<meta charset="utf-8">
<title>APP应用首页面</title>
<meta name="viewport" content="width=device-width,initial-scale=1">
<link rel="stylesheet" href="http://code.jquery.com/mobile/1.4.5/jquery.mobile-1.4.5.min.css" />
<script src="http://code.jquery.com/jquery-1.11.1.min.js"></script>
<script src="http://code.jquery.com/mobile/1.4.5/jquery.mobile-1.4.5.min.js"></script>
<link rel="stylesheet" href="20-2/style/20-2.css">
</head>
```

图 20-9

04 在外部 CSS 样式表文件中创建相应的 CSS 样式，对 jQuery Mobile 页面中内容区域的元素进行控制，如图 20-10 所示。

```
* {
    margin: 0px;
    padding: 0px;
}
html,body {
    height:100%;
}
#container {
    position:relative;
    width:640px;
    height:100%;
    margin:auto;
}
```

```
.panels_slider {
    width: 100%;
    height:100%;
    margin: 0;
    padding: 0;
}
.panels_slider .slides li {
    display: none;
}
.panels_slider .slides img {
    max-width: 100%;
    display: block;
}
```

图 20-10

在名为 .panels_slider .slides li 的 CSS 样式中设置 display 属性为 none，将页面中的项目列表元素设置为无，默认在页面中不可见。后面将通过 JavaScript 脚本代码来加载项目列表，从而避免项目列表中图像出现跳跃的现象。

05 在页面头部的 <head> 与 </head> 标签之间添加代码，链接相应的 JavaScript 文件和 CSS 样式表文件，并编写相应的 JavaScript 脚本代码，从而实现背景图片的轮换效果。

```
<script src="20-2/js/jquery.flexslider.js"></script>
<link rel="stylesheet" href="20-2/style/flexslider.css">
<script type="text/javascript">
var $ = jQuery.noConflict();
$(window).load(function() {
   $('.panels_slider').flexslider({
          animation: "slide",
          directionNav: false,
          controlNav: true,
          animationLoop: false,
          slideToStart: 1,
          animationDuration: 300,
          slideshow: false
   });
});
</script>
```

所添加的 JavaScript 脚本代码，分别链接用于实现图像滑动轮换的 JavaScript 文件和其相应的 CSS 样式表文件。编写在页面中的 JavaScript 脚本代码，是将页面中应用了名为 panels_slider 类 CSS 样式的元素与 flexslider() 方法绑定，从而实现该元素中内容的滑动切换，并对相关属性进行设置。

06 保存页面，在 Opera Mobile 模拟器中预览该页面，可以在屏幕上滑动查看不同的背景图片，如图 20-11 所示。

图 20-11

20.2.3 制作可滑动的底部导航栏

在页面底部放置导航菜单，每个导航菜单项都采用图标与文字相结合的方式，便于用户的理解和操作。导航菜单分为两大部分，分别放置在 <li> 标签中，这样可以通过与背景图片滑动切换相同的方式来实现导航菜单的滑动切换效果。

实战 **制作可滑动的底部导航栏**

最终文件：光盘 \ 最终文件 \ 第 20 章 \20-2.html　　视频：光盘 \ 视频 \ 第 20 章 \20-2-3.mp4

01 接下来继续制作底部导航栏效果，在页面内容区域中编写底部导航栏部分代码。

```
<!-- 底部导航开始 -->
<div id="bottom_nav">
  <div class="icons_nav">
    <ul class="slides">
      <li>
        <a href="#" class="icon"><img src="20-2/images/about.png" alt="" /><span>
关于我们 </span></a>
        <a href="#" class="icon"><img src="20-2/images/services.png" alt=""
/><span> 服务 </span></a>
        <a href="#" class="icon"><img src="20-2/images/blog.png" alt="" /><span> 博
客 </span></a>
        <a href="#" class="icon"><img src="20-2/images/portfolio.png" alt=""
/><span> 作品 </span></a>
      </li>
      <li>
        <a href="#" class="icon"><img src="20-2/images/photos.png" alt="" /><span>
图片 </span></a>
        <a href="#" class="icon"><img src="20-2/images/video.png" alt="" /><span>
视频 </span></a>
        <a href="#" class="icon"><img src="20-2/images/clients.png" alt="" /><span>
团队 </span></a>
        <a href="#" class="icon"><img src="20-2/images/contact.png" alt="" /><span>
联系我们 </span></a>
      </li>
    </ul>
  </div>
</div>
<!-- 底部导航结束 -->
```

在该部分页面代码中，使用项目列表来安排各导航菜单项，将导航菜单项分为两部分，每个导航菜单项都由一张图片和菜单文字组成，并且为各导航菜单元素应用了相应的类 CSS 样式，接下来就需要通过 CSS 样式对各导航菜单项的表现效果进行控制。

02 转换到所链接的外部 CSS 样式表文件 20-2.css 中，创建相应的 CSS 样式，对 jQuery Mobile 页面中底部导航菜单元素进行控制，如图 20-12 所示。

```
#bottom_nav {
    position: absolute;
    width: 640px;
    height: auto;
    bottom: 0px;
    left: 0px;
    background-image: url(../images/nav_bg.png);
    background-repeat: repeat-x;
}
#pages_nav{
    position: absolute;
    width: 100%;
    height: auto;
    top: -200px;
    left: 0px;
    z-index: 888;
}
.icons_nav .slides li a{
    float: left;
    margin: 0 0 0 5%;
    padding: 5% 0 0 0;
    font-size: 15px;
    color: #FFF;
    text-align: center;
    line-height: 35px;
    text-shadow: none;
    width: 19.2%;
}
```

```
@media screen and (max-width: 640px) {
#container{
    width:100%;
    height:100%;
}
#bottom_nav{ width:100%;}
.icons_nav .slides li a{
    float:left;
    margin:0 0 0 4.8%;
    padding:5% 0 0 0;
    font-size:12px;
    color:#FFFFFF;
    text-align:center;
    line-height:20px;
    width:19.2%;
}
}
```

图 20-12

此处通过 CSS 3 新增的 @media 规则，定义了当屏幕的最大宽度小于 640 像素时部分 CSS 样式的代码。这样做的目的是为了当屏幕宽度小于 640 像素时，页面中的各元素不会挤在一起而影响页面的查看效果。

03 在页面头部的 <head> 与 </head> 标签之间添加相应的 JavaScript 脚本代码，从而实现底部导航栏部分的滑动切换效果。

```
$('.icons_nav').flexslider({
    animation: "slide",
    directionNav: false,
    animationLoop: false,
    controlNav: false,
    slideshow: false,
    animationDuration: 300
});
```

将页面中应用了名为 icons_nav 类 CSS 样式的元素与 flexslider() 方法绑定，从而实现该元素的滑动切换，并对相关属性进行设置。

04 完成该移动应用首页的制作，该 jQuery Mobile 页面的完整代码如下。

```
<!doctype html>
<html>
<head>
<meta charset="utf-8">
<title>APP 应用首页面 </title>
<meta name="viewport" content="width=device-width,initial-scale=1">
<link rel="stylesheet" href="http://code.jquery.com/mobile/1.4.5/jquery.mo-
bile-1.4.5.min.css" />
<script src="http://code.jquery.com/jquery-1.11.1.min.js"></script>
<script src="http://code.jquery.com/mobile/1.4.5/jquery.mobile-1.4.5.min.
js"></script>
<link rel="stylesheet" href="20-2/style/20-2.css">
<script src="20-2/js/jquery.flexslider.js"></script>
<link rel="stylesheet" href="20-2/style/flexslider.css">
<script type="text/javascript">
var $ = jQuery.noConflict();
$(window).load(function() {
  $('.panels_slider').flexslider({
        animation: "slide",
        directionNav: false,
        controlNav: true,
        animationLoop: false,
        slideToStart: 1,
        animationDuration: 300,
        slideshow: false
  });
  $('.icons_nav').flexslider({
        animation: "slide",
        directionNav: false,
        animationLoop: false,
        controlNav: false,
        slideshow: false,
        animationDuration: 300
  });
});
</script>
</head>
<body>
<div data-role="page" id="page1">
 <div data-role="content" style="margin:0px; padding:0px;">
 <div id="container">
 <!-- 背景展示图开始 -->
```

```
    <div class="panels_slider">
     <ul class="slides">
      <li><img src="20-2/images/20201.jpg" alt="" /></li>
      <li><img src="20-2/images/20202.jpg" alt="" /></li>
      <li><img src="20-2/images/20203.jpg" alt="" /></li>
     </ul>
    </div>
   <!-- 背景展示图结束 -->
   <!-- 底部导航开始 -->
    <div id="bottom_nav">
     <div class="icons_nav">
      <ul class="slides">
       <li>
          <a href="#" class="icon"><img src="20-2/images/about.png" alt="" /><span>
关于我们 </span></a>
           <a href="#" class="icon"><img src="20-2/images/services.png" alt=""
/><span> 服务 </span></a>
         <a href="#" class="icon"><img src="20-2/images/blog.png" alt="" /><span> 博
客 </span></a>
           <a href="#" class="icon"><img src="20-2/images/portfolio.png" alt=""
/><span> 作品 </span></a>
       </li>
       <li>
         <a href="#" class="icon"><img src="20-2/images/photos.png" alt="" /><span>
图片 </span></a>
          <a href="#" class="icon"><img src="20-2/images/video.png" alt="" /><span>
视频 </span></a>
         <a href="#" class="icon"><img src="20-2/images/clients.png" alt="" /><span>
团队 </span></a>
         <a href="#" class="icon"><img src="20-2/images/contact.png" alt="" /><span>
联系我们 </span></a>
       </li>
      </ul>
     </div>
    </div>
   <!-- 底部导航结束 -->
   </div>
   </div>
  </div>
  </body>
  </html>
```

05 保存页面，在 Opera Mobile 模拟器中预览该页面，不仅可以在背景上滑动切换不同的背景，还可以在底部的导航菜单上进行滑动，切换不同的导航菜单选项，如图 20-13 所示。

图 20-13

20.3 订餐 APP

随着移动互联网的不断发展，人们上网的习惯也在悄然发生变化，由原来的 PC 端桌面浏览器逐步向移动终端设备过渡，而开发基于移动终端设备的应用系统已成为各互联网企业的共识。本节将使用 jQuery Mobile 框架，开发一个移动终端订餐 APP。

20.3.1 系统分析

考虑到移动终端设备中各浏览器的复杂特性以及与 PC 端在机器性能、网络环境的诸多差异，在使用 jQuery Mobile 开发移动应用项目时，需要注意移动设备的屏幕特点，必须使开发出来的功能更便于用户的操作。

本案例所制作的订餐 APP 的整体架构如图 20-14 所示。

图 20-14

该订餐 APP 主要有 5 个页面，分别是启动页面、APP 首页面、订餐城市页面、餐厅列表页面和餐厅介绍页面，页面的操作流程比较简洁，因为不涉及订单管理等功能，所以其操作是顺序进行的。

- APP 启动页面（loading.html）

在该页面中通过使用 JavaScript 的计数功能，在指定的时间内自动跳转到该订餐 APP 的首页中。

- APP 首页面（index.html）

在该页面中通过 jQuery Mobile 列表组件表现食品类型，并在列表中加入图片，方便用户选择。

- 选择订餐城市页面（select-city.html）

用户在 APP 首页面中选择某种食品类型后进入选择订餐城市页面中，在该页面中通过带内容过滤功能的列表表现城市，使用户能够快速地找到需要订餐的城市。

- 餐厅列表页面（select-restaurant.html）

该页面同样使用 jQuery Mobile 列表组件来展示各餐厅的基本信息。

- **餐厅介绍页面（restaurant.html）**

在餐厅列表页面中单击某个餐厅即可进入餐厅介绍页面，在该页面中使用 jQuery Mobile 布局网格对餐厅信息进行介绍。

20.3.2　制作启动页面

通常在启动APP时都会显示一个启动页面，该启动页面可以放置宣传广告、推广活动等信息内容，经过一定时间后自动跳转到 APP 首页面中，从而起到有效的宣传推广作用。

制作启动页面

最终文件：光盘 \ 最终文件 \ 第 20 章 \20-3\loading.html　　视频：光盘 \ 视频 \ 第 20 章 \20-3-2.mp4

01 新建 HTML 5 页面，将其保存为“光盘 \ 源文件 \ 第 20 章 \20-3\loading.html”。在 <head> 与 </head> 标签之间添加 <meta> 标签、设置和加载 jQuery Mobile 函数库代码，与前面的案例相同。

02 在 <body> 与 </body> 标签之间编写 jQuery Mobile 页面代码。

```
<div data-role="page" id="page1" class="bg01">
 <div data-role="content">
  <div id="load">
   <img src="images/2302.png" alt="logo"><br>
   努力加载中……
  </div>
 </div>
</div>
```

该页面的代码结构非常简单，创建 jQuery Mobile 页面容器，在该页面容器中创建内容容器，不需要页头和页脚，在内容容器中制作相应的内容。注意，在页面容器标签中应用了名为 bg01 的类 CSS 样式，该类 CSS 样式主要为页面设置背景图像效果。

03 新建外部 CSS 样式表文件，将其保存为“光盘 \ 源文件 \ 第 20 章 \20-3\style\20-3.css”。在 loading.html 页面中链接刚创建的外部 CSS 样式表文件，如图 20-15 所示。在外部 CSS 样式表文件中创建相应的 CSS 样式，对页面元素进行控制，如图 20-16 所示。

```
<head>
<meta charset="utf-8">
<title>订餐APP启动页</title>
<meta name="viewport" content="width=device-width,initial-scale=1">
<link rel="stylesheet" href=
"http://code.jquery.com/mobile/1.4.5/jquery.mobile-1.4.5.min.css" />
<script src="http://code.jquery.com/jquery-1.11.1.min.js"></script>
<script src=
"http://code.jquery.com/mobile/1.4.5/jquery.mobile-1.4.5.min.js">
</script>
<link rel="stylesheet" href="style/20-3.css" />
</head>
```

图 20-15

```
* {
    margin: 0px;
    padding: 0px;
}
body {
    font-family: 微软雅黑;
    font-size: 14px;
    line-height: 25px;
}
.bg01 {
    background-image: url(../images/2301.jpg);
    background-repeat: no-repeat;
    background-position: center top;
    background-size: cover;
}
#load {
    position: absolute;
    width: 100%;
    height: auto;
    top: 50%;
    margin-top: -90px;
    text-align: center;
    color: #FFF;
    font-size: 16px;
    text-shadow: 1px 1px 1px #333;
}
```

图 20-16

在该创建的 CSS 样式中，名称为 * 和 body 的 CSS 样式主要对页面的整体属性进行设置。名称为 .bg01 的类 CSS 样式设置了页面的背景图像。名称为 #load 的 CSS 样式设置了页面内容区域中 id 名称为 load 的 Div 的显示效果。

04 在页面头部的 <head> 与 </head> 标签之间添加相应的 JavaScript 脚本代码，实现页面一定时间后自动跳转。

```
<script type="text/javascript">
function changepage() {
    window.location.href="index.html";
}
$(document).on("pagecreate",function(){
    var id=setInterval("changepage()",5000);
})
</script>
```

为了使页面能在设定的时间内跳转至首页，先创建一个自定义函数 changepage()，在该函数中，通过设置 window 对象的 location.href 属性值，实现当前页面的跳转功能。然后，在本页面绑定的 pagecreate 事件中调用 setInterval() 方法，在该方法中每隔 5 秒自动执行自定义函数 changepage()，从而实现页面自动跳转的功能。

05 完成该 APP 启动页面的制作，完整的页面代码如下。

```
<!doctype html>
<html>
<head>
<meta charset="utf-8">
<title>订餐 APP 启动页 </title>
<meta name="viewport" content="width=device-width,initial-scale=1">
<link rel="stylesheet" href="http://code.jquery.com/mobile/1.4.5/jquery.mo-
bile-1.4.5.min.css" />
<script src="http://code.jquery.com/jquery-1.11.1.min.js"></script>
<script src="http://code.jquery.com/mobile/1.4.5/jquery.mobile-1.4.5.min.
js"></script>
<link rel="stylesheet" href="style/20-3.css" />
<script type="text/javascript">
function changepage() {
    window.location.href="index.html";
}
$(document).on("pagecreate",function(){
    var id=setInterval("changepage()",5000);
})
</script>
```

```
</head>
<body>
<div data-role="page" id="page1" class="bg01">
 <div data-role="content">
  <div id="load">
   <img src="images/2302.png" alt="logo"><br>
   努力加载中……
  </div>
 </div>
</div>
</body>
</html>
```

06 保存页面，在 Opera Mobile 模拟器中预览该页面，可以看到该 APP 启动页面的效果，如图 20-17 所示。当经过设置的 5 秒钟后，会自动跳转到所设置的 APP 首页面 index.html 中，因为目前我们还没有制作该页面，所以会显示“无法打开文件”，如图 20-18 所示。

图 20-17

图 20-18

20.3.3　制作订餐 APP 首页面

APP 启动页面显示 5 秒钟后自动跳转到 APP 首页面，在该页面中将通过项目列表的方式来展示不同类型和风味的食品，单击相应的食品类型可以进入选择区域的界面中。

制作订餐 APP 首页面

最终文件：光盘 \ 最终文件 \ 第 20 章 \20-3\index.html　　视频：光盘 \ 视频 \ 第 20 章 \20-3-3.mp4

01 新建 HTML 5 页面，将其保存为“光盘 \ 源文件 \ 第 20 章 \20-3\index.html”。在 <head> 与 </head> 标签之间添加 <meta> 标签，设置和加载 jQuery Mobile 函数库代码，与前面的案例相同。

02 在 <body> 与 </body> 标签之间编写 jQuery Mobile 页面代码。

```
<div data-role="page" id="page1" class="bg02">
  <div data-role="content">
    <div id="logo"><img src="images/2302.png" alt="logo"></div>
    <div id="main-list">
      <h1> 今天你想吃点什么？</h1>
        <ul data-role="listview" data-inset="true">
          <li><a href="select-city.html" rel="external" data-transition="slidedown"><img src="images/2305.jpg"/><h3> 传统中餐 </h3></a></li>
          <li><a href="select-city.html" rel="external" data-transition="slidedown"><img src="images/2306.jpg"/><h3> 意大利 Pizza</h3></a></li>
          <li><a href="select-city.html" rel="external" data-transition="slidedown"><img src="images/2307.jpg"/><h3> 日式料理 </h3></a></li>
          <li><a href="select-city.html" rel="external" data-transition="slidedown"><img src="images/2308.jpg"/><h3> 汉堡 </h3></a></li>
          <li><a href="select-city.html" rel="external" data-transition="slidedown"><img src="images/2309.jpg"/><h3> 蛋糕西点 </h3></a></li>
          <li><a href="select-city.html" rel="external" data-transition="slidedown"><img src="images/2310.jpg"/><h3> 自助烧烤 </h3></a></li>
        </ul>
      </div>
    </div>
  </div>
```

创建 jQuery Mobile 页面容器，在该页面容器中创建内容容器，不需要页头和页脚，在内容容器中制作相应的内容。注意，在页面容器标签中应用了名为 bg02 的类 CSS 样式，该类 CSS 样式主要为页面设置背景图像效果。

在项目列的 <ul> 标签中添加 data-role="listview" 属性设置，将列表项创建一个列表组合，添加 data-inset="true" 属性设置，以让列表组合不与屏幕同宽并添加圆角的效果。

03 保存页面，在 Opera Mobile 模拟器中预览该页面，可以看到该 APP 首页默认的效果，如图 20-19 所示。接下来需要通过 CSS 样式对页面中相应的元素进行设置，在外部 CSS 样式表文件中创建名为 .bg02 的类 CSS 样式和名为 #logo 的 CSS 样式，控制页面整体背景图像和页面头部 logo 的位置，如图 20-20 所示。

04 在 Opera Mobile 模拟器中预览该页面，可以看到页面背景和 logo 图像的效果，如图 20-21 所示。在外部 CSS 样式表文件中创建名为 #main-list h1 的 CSS 样式，对项目列表上方标题文字进行设置，如图 20-22 所示。

图 20-19

```
.bg02 {
    background-image: url(../images/2303.jpg);
    background-repeat: no-repeat;
    background-position: center top;
    background-size: cover;
}
#logo {
    width: 100%;
    height: 158px;
    margin: 0px auto;
    padding: 10px 0px;
    text-align: center;
    border-bottom: 1px solid rgba(175,27,27,0.6);
}
```

图 20-20

图 20-21

```
#main-list h1{
    font-size: 24px;
    color: #FFF;
    font-weight: boeder;
    font-style: italic;
    text-shadow: 2px 2px 3px #333;
    padding: 10px 0 5px 50px;
    background-image:url(../images/2304.png);
    background-repeat: no-repeat;
    background-position: left -12px;
}
```

图 20-22

05 在 Opera Mobile 模拟器中预览该页面，可以看到项目列表上方标题文字的效果，如图 20-23 所示。在外部 CSS 样式表文件中创建相应的 CSS 样式，对项目列表的效果进行设置，如图 20-24 所示。在 Opera Mobile 模拟器中预览该页面，可以看到该 APP 首页的效果，如图 20-25 所示。

图 20-23

```
#main-list h3{
    padding-top:10px;
    color: #FFF;
    text-shadow: 1px 1px 1px #000;
    font-weight: normal;
}
#main-list img{
    padding: 4px;
}
#main-list a {
     background-color: rgba(0,0,0,0.7);
}
#main-list a:hover,#main-list a:active {
    background-color: rgba(0,0,0,1);
}
```

图 20-24

图 20-25

20.3.4 制作订餐城市页面

在首页面中选择需要的食品类型即可进入选择订餐城市页面，在该页面中同样使用项目列表的形式表现订餐城市名称，不同的是在该页面中加入了列表过滤功能，可以使用户快速找到需要订餐的城市。

制作订餐城市页面

最终文件：光盘 \ 最终文件 \ 第 20 章 \20-3\select-city.html　　视频：光盘 \ 视频 \ 第 20 章 \20-3-4.mp4

01 新建 HTML 5 页面，将其保存为“光盘 \ 源文件 \ 第 20 章 \20-3\select-city.html”。在 <head> 与 </head> 标签之间添加 <meta> 标签，设置和加载 jQuery Mobile 函数库代码，与前面的案例相同。

02 在 <body> 与 </body> 标签之间编写 jQuery Mobile 页面代码。

```
<div data-role="page" id="page1" class="bg03">
  <div data-role="content">
    <div id="logo"><img src="images/2302.png" alt="logo"></div>
    <div id="city-list">
      <h1> 你想在哪个城市订餐? </h1>
       <ul data-role="listview" data-inset="true" data-filter="true">
          <li><a href="select-restaurant.html" rel="external" data-
transition="slidedown"> 北京 <span class="ui-li-count">8</span></a></li>
          <li><a href="select-restaurant.html" rel="external" data-
transition="slidedown"> 上海 <span class="ui-li-count">12</span></a></li>
          <li><a href="select-restaurant.html" rel="external" data-
transition="slidedown"> 广州 <span class="ui-li-count">6</span></a></li>
          <li><a href="select-restaurant.html" rel="external" data-
transition="slidedown"> 深圳 <span class="ui-li-count">7</span></a></li>
          <li><a href="select-restaurant.html" rel="external" data-
transition="slidedown"> 哈尔滨 <span class="ui-li-count">3</span></a></li>
          <li><a href="select-restaurant.html" rel="external" data-
transition="slidedown"> 长春 <span class="ui-li-count">2</span></a></li>
          <li><a href="select-restaurant.html" rel="external" data-
transition="slidedown"> 沈阳 <span class="ui-li-count">4</span></a></li>
          <li><a href="select-restaurant.html" rel="external" data-
transition="slidedown"> 呼和浩特 <span class="ui-li-count">2</span></a></li>
          <li><a href="select-restaurant.html" rel="external" data-
transition="slidedown"> 太原 <span class="ui-li-count">3</span></a></li>
          <li><a href="select-restaurant.html" rel="external" data-
transition="slidedown"> 石家庄 <span class="ui-li-count">5</span></a></li>
          <li><a href="select-restaurant.html" rel="external" data-
transition="slidedown"> 西安 <span class="ui-li-count">6</span></a></li>
          <li><a href="select-restaurant.html" rel="external" data-
transition="slidedown"> 银川 <span class="ui-li-count">1</span></a></li>
```

```
        <li><a href="select-restaurant.html" rel="external" data-transition="slidedown">兰州 <span class="ui-li-count">2</span></a></li>
        <li><a href="select-restaurant.html" rel="external" data-transition="slidedown">乌鲁木齐 <span class="ui-li-count">3</span></a></li>
        <li><a href="select-restaurant.html" rel="external" data-transition="slidedown">西宁 <span class="ui-li-count">1</span></a></li>
        <li><a href="select-restaurant.html" rel="external" data-transition="slidedown">拉萨 <span class="ui-li-count">1</span></a></li>
        <li><a href="select-restaurant.html" rel="external" data-transition="slidedown">郑州 <span class="ui-li-count">5</span></a></li>
        <li><a href="select-restaurant.html" rel="external" data-transition="slidedown">济南 <span class="ui-li-count">3</span></a></li>
        <li><a href="select-restaurant.html" rel="external" data-transition="slidedown">合肥 <span class="ui-li-count">2</span></a></li>
        <li><a href="select-restaurant.html" rel="external" data-transition="slidedown">南京 <span class="ui-li-count">6</span></a></li>
        <li><a href="select-restaurant.html" rel="external" data-transition="slidedown">杭州 <span class="ui-li-count">7</span></a></li>
        <li><a href="select-restaurant.html" rel="external" data-transition="slidedown">武汉 <span class="ui-li-count">6</span></a></li>
        <li><a href="select-restaurant.html" rel="external" data-transition="slidedown">重庆 <span class="ui-li-count">8</span></a></li>
        <li><a href="select-restaurant.html" rel="external" data-transition="slidedown">成都 <span class="ui-li-count">9</span></a></li>
        <li><a href="select-restaurant.html" rel="external" data-transition="slidedown">福州 <span class="ui-li-count">2</span></a></li>
        <li><a href="select-restaurant.html" rel="external" data-transition="slidedown">南昌 <span class="ui-li-count">3</span></a></li>
        <li><a href="select-restaurant.html" rel="external" data-transition="slidedown">长沙 <span class="ui-li-count">5</span></a></li>
        <li><a href="select-restaurant.html" rel="external" data-transition="slidedown">贵阳 <span class="ui-li-count">2</span></a></li>
        <li><a href="select-restaurant.html" rel="external" data-transition="slidedown">昆明 <span class="ui-li-count">4</span></a></li>
        <li><a href="select-restaurant.html" rel="external" data-transition="slidedown">南宁 <span class="ui-li-count">7</span></a></li>
        <li><a href="select-restaurant.html" rel="external" data-transition="slidedown">海口 <span class="ui-li-count">4</span></a></li>
        <li><a href="select-restaurant.html" rel="external" data-transition="slidedown">香港 <span class="ui-li-count">15</span></a></li>
        <li><a href="select-restaurant.html" rel="external" data-transition="slidedown">澳门 <span class="ui-li-count">8</span></a></li>
```

```
        <li><a href="select-restaurant.html" rel="external" data-transition="slidedown">台北<span class="ui-li-count">12</span></a></li>
      </ul>
    </div>
  </div>
</div>
```

创建 jQuery Mobile 页面容器，在该页面容器中创建内容容器，不需要页头和页脚，在内容容器中制作相应的内容。注意，在页面容器标签中应用了名为 bg03 的类 CSS 样式，该类 CSS 样式主要为页面设置背景图像效果。

jQuery Mobile 为开发者提供了一种简便的过滤列表方式，如果需要实现过滤列表功能，只需在 <ul> 或 <ol> 标签中添加 data-filter="true" 属性即可，例如以上的代码中就添加了列表过滤功能。

```
<ul data-role="listview" data-inset="true" data-filter="true">
……
</ul>
```

添加列表过滤功能后，jQuery Mobile 会自动在列表顶部添加一个搜索框，当用户在搜索框中输入字符时，jQuery Mobile 会自动过滤掉不包含这些字符的列表项。

jQuery Mobile 的列表过滤功能采用 Ajax 过滤方式，不需要等待整个输入完成才开始过滤，每当用户输入字符时，jQuery Mobile 会即时过滤掉不包含这些字符的列表项。

03 在外部 CSS 样式表文件中创建名为 .bg03 的类 CSS 样式，控制页面整体背景图像，如图 20-26 所示。在 Opera Mobile 模拟器中预览该页面，可以看到页面的背景效果以及带有过滤功能的列表，如图 20-27 所示。

```
.bg03 {
    background-image: url(../images/2312.png), url(../images/2311.jpg);
    background-repeat: repeat, no-repeat;
    background-position:left top, center top;
    background-size: auto, cover;
}
```

图 20-26

图 20-27

04 在外部 CSS 样式表文件中创建相应的 CSS 样式，对项目列表的效果进行设置，如图 20-28 所示。在 Opera Mobile 模拟器中预览该页面，可以看到该页面的效果，如图 20-29 所示。在搜索框中输入相应的内容，会自动对下方的列表项进行过滤，效果如图 20-30 所示。

```
#city-list h1 {
    font-size: 24px;
    color: #FFF;
    font-weight: boeder;
    font-style: italic;
    text-shadow: 2px 2px 3px #333;
    padding: 10px 0 5px 50px;
    background-image:url(../images/2304.png);
    background-repeat: no-repeat;
    background-position: left -66px;
}
#city-list a{
    padding-top:10px;
    color: #FFF;
    text-shadow: 1px 1px 1px #000;
    font-weight: normal;
}
#city-list a {
    background-color: rgba(0,0,0,0.7);
}
#city-list a:hover,#main-list a:active {
    background-color: rgba(0,0,0,1);
}
```

图 20-28

图 20-29

图 20-30

20.3.5　制作餐厅列表页面

在 select-city.html 页面中单击相应的订餐城市，即可进入该城市餐厅列表页面，可以在该页面中查看相应的餐厅，该页面的餐厅列表与首页面中的食品类型列表非常相似。

实战

制作餐厅列表页面

最终文件：光盘 \ 最终文件 \ 第 20 章 \20-3\select-restaurant.html　视频：光盘 \ 视频 \ 第 20 章 \20-3-5.mp4

01 新建 HTML 5 页面，将其保存为“光盘 \ 源文件 \ 第 20 章 \20-3\select-restaurant.html”。在 <head> 与 </head> 标签之间添加 <meta> 标签，设置和加载 jQuery Mobile 函数库代码，与前面的案例相同。

02 在 <body> 与 </body> 标签之间编写 jQuery Mobile 页面代码。

```
<div data-role="page" id="page1" class="bg03">
 <div data-role="content">
  <div id="logo"><img src="images/2302.png" alt="logo"></div>
  <div id="ct-list">
   <h1> 请选择餐厅 ? </h1>
    <ul data-role="listview" data-inset="true">
        <li><a href="restaurant.html" rel="external" data-transition="slidedown"><img src="images/2313.jpg"/><h2> 乐 穆 夫 达 西 餐 厅 </h2><p class="star four">4 星 </p></a></li>
        <li><a href="restaurant.html" rel="external" data-transition="slidedown"><img src="images/2314.jpg"/><h2> 成都印象 </h2><p class="star four">4 星 </p></a></li>
        <li><a href="restaurant.html" rel="external" data-transition="slidedown"><img src="images/2315.jpg"/><h2> 欢 乐 农 场 农 家 菜 馆 </h2><p class="star one">1 星 </p></a></a></li>
```

```
        <li><a href="restaurant.html" rel="external" data-transition="slidedown"><img
src="images/2316.jpg"/><h2>恋爱转角情人餐厅</h2><p class="star three">3 星</p></a></a>
</li>
        <li><a href="restaurant.html" rel="external" data-transition="slidedown"><img
src="images/2317.jpg"/><h2>星期五音乐餐吧</h2><p class="star tow">2 星</p></a></a></li>
      </ul>
    </div>
  </div>
</div>
```

该页面的结构与首页的结构非常相似，创建 jQuery Mobile 页面容器，在该页面容器中创建内容容器，不需要页头和页脚，在内容容器中制作相应的内容，通过项目列表制作出餐厅列表的效果。

03 在外部 CSS 样式表文件中创建相应的 CSS 样式，对项目列表的效果进行设置，如图 20-31 所示。在 Opera Mobile 模拟器中预览该页面，可以看到该页面的效果，如图 20-32 所示。

```
#ct-list h1 {
    font-size: 24px;
    color: #FFF;
    font-weight: boeder;
    font-style: italic;
    text-shadow: 2px 2px 3px #333;
    padding: 10px 0 5px 50px;
    background-image: url(../images/2304.png);
    background-repeat: no-repeat;
    background-position: left -123px;
}
#ct-list img{
    padding: 4px;
}
#ct-list a{
    padding-top: 10px;
    color: #FFF;
    text-shadow: 1px 1px 1px #000;
    font-weight: normal;
    background-color: rgba(0,0,0,0.7);
}
#ct-list a:hover,#ct-list a:active {
    background-color: rgba(0,0,0,1);
}
```

图 20-31

图 20-32

04 在外部 CSS 样式表文件中创建相应的 CSS 样式，通过背景图像来代替文字表示星级，如图 20-33 所示。在 Opera Mobile 模拟器中预览该页面，可以看到该页面的效果，如图 20-34 所示。

```
.star {
    display: inline-block;
    background-image: url(../images/2304.png);
    background-repeat: no-repeat;
    background-position: 0 -182px;
    height: 22px;
    text-indent: -999px;
    font-size: 0px;
}
.one { width:30px; }
.two{ width:55px; }
.three{ width:75px; }
.four{ width:99px; }
```

图 20-33

图 20-34

20.3.6 制作餐厅介绍页面

在餐厅列表页面中单击某个餐厅，即可进入该餐厅的介绍页面，在该页面中将分两部分对餐厅信息和餐厅联系方式进行介绍，并且使用 jQuery Mobile 中的布局网格将介绍信息内容分为两栏显示。

制作餐厅介绍页面

最终文件：光盘 \ 最终文件 \ 第 20 章 \20-3\restaurant.html　　视频：光盘 \ 视频 \ 第 20 章 \20-3-6.mp4

01 新建 HTML 5 页面，将其保存为“光盘 \ 源文件 \ 第 20 章 \20-3\ restaurant.html”。在 <head> 与 </head> 标签之间添加 <meta> 标签，设置和加载 jQuery Mobile 函数库代码，与前面的案例相同。

02 在 <body> 与 </body> 标签之间编写 jQuery Mobile 页面代码。

```
<div data-role="page" id="page1" class="bg03">
  <div data-role="content">
    <div id="logo"><img src="images/2302.png" alt="logo"></div>
    <!-- 餐厅介绍信息开始 -->
   <div class="ui-grid-a" id="infos">
     <div class="ui-block-a">
           <h1> 乐穆夫达西餐厅 </h1>
           <p> 特色菜品：</p>
             <ul>
               <li> 经典西冷牛排 </li>
                  <li> 田园果蔬意面 </li>
               <li> 经典小食 </li>
             <li> 海鲜焗饭 </li>
             </ul>
      </div>
      <div class="ui-block-b">
        <p><img src="images/2318.jpg" alt=""/></p>
        <p><a href="#" rel="external"> 查看餐厅网站 </a></p>
       </div>
   </div>
    <!-- 餐厅介绍信息结束 -->
  </div>
</div>
```

在该页面中主要有两部分内容，一部分为餐厅介绍信息，另一部分为餐厅联系信息。先制作餐厅介绍信息部分，在该部分中使用 jQuery Mobile 中的布局网格将内容区域分为两列，左侧部分放置餐厅信息，右侧部分放置餐厅图片和链接按钮。

03 保存页面，在 Opera Mobile 模拟器中预览该页面，可以看到该页面默认的效果，如图 20-35 所示。接下来需要通过 CSS 样式对页面中左侧分栏部分内容的效果进行设置，如图 20-36 所示。

图 20-35

```
#infos {
    height: auto;
    overflow: hidden;
    background-color: rgba(0,0,0,0.3);
    margin-top: 10px;
    padding: 10px;
    color: #FFF;
    font-size: 14px;
    text-shadow: none;
}
#infos h1 {
    font-size: 18px;
    margin: 0 auto 5px auto;
}
#infos p {
    line-height: 20px;
    margin:2px auto 5px auto;
}
#infos li{
    list-style-type: square;
    list-style-position: inside;
    margin-left: 5px;
}
```

图 20-36

名称为 #infos 的 CSS 样式主要对包含该部分内容的 div 进行整体的设置，包括背景颜色、填充、文字效果等。#infos h1、#infos p 和 #infos li 分别对 id 名称为 infos 的 div 中的 <h1> 标签、<p> 标签和 <li> 标签进行效果设置。

04 保存页面，在 Opera Mobile 模拟器中预览该页面，可以看到该页面的效果，如图 20-37 所示。接下来需要通过 CSS 样式对页面中右侧分栏中的图片和超链接效果进行设置，如图 20-38 所示。保存页面，在 Opera Mobile 模拟器中预览该页面，可以看到该页面的效果，如图 20-39 所示。

图 20-37

```
#infos .ui-block-b img {
    width: 100%;
    height: auto;
    border: 2px solid #FFF;
}
#infos .ui-block-b a {
    padding: 5px 10px;
    font-size: 12px;
    color: #FFF;
    font-weight: normal;
    background-color: rgba(0,0,0,0.5);
    border: 1px solid rgb(102,51,51);
    border-radius: 3px;
    float: right;
}
#infos .ui-block-b a:hover,#infos .ui-block-b a:active {
    padding: 5px 10px;
    font-size: 12px;
    color: #F30;
    font-weight: normal;
    background-color: rgba(0,0,0,1);
    border: 1px solid rgb(102,51,51);
    border-radius: 3px;
    float: right;
}
```

图 20-38

图 20-39

05 返回该 jQuery Mobile 页面中，继续制作餐厅联系信息部分内容。在餐厅介绍信息结束之后编写餐厅联系信息部分的内容代码。

```
<!-- 联系信息 -->
<div id="contact">
 <div class="ui-grid-a">
   <div class="ui-block-a">
```

```
                <h1> 联系信息 </h1>
                <p> 北京市西城区某某路 288 号某某大厦 1 层 </p>
            <p> 电话：010-00000000</p>
                </div>
                <div class="ui-block-b"><img src="images/2319.jpg" alt=""/></div>
        </div>
        <div id="contact_buttons">
                <a href="#" data-role="button" data-theme="b" data-icon="maps"> 在 地 图
上查找 </a>
                <a href="tel:00000000000" data-role="button" data-theme="b" data-
icon="tel"> 给餐厅打电话 </a>
        </div>
      </div>
      <!-- 联系信息 -->
```

在该部分内容中同样使用jQuery Mobile中的布局网格将内容分为两栏，左侧为地址和联系信息，右侧放置该餐厅的地图图片。在两栏布局网格的下方放置两个链接按钮，分别是“在地图上查找”和“给餐厅打电话”。

06 转换到外部 CSS 样式表文件中，创建相应的 CSS 样式，对该部分内容的效果进行设置，如图 20-40 所示。保存页面，在 Opera Mobile 模拟器中预览该页面，可以查看该页面的效果，如图 20-41 所示。

```
#contact {
    height: auto;
    overflow: hidden;
    background-color: rgba(0,0,0,0.3);
    margin-top: 10px;
    padding: 10px;
    color: #FFF;
    font-size: 14px;
    text-shadow: none;
}
#contact h1 {
    font-size: 18px;
    margin: 0 auto 5px auto;
}
#contact p {
    line-height: 20px;
    margin:2px auto 5px auto;
}
```

```
#contact .ui-block-b img {
    width: 100%;
    height: auto;
    border: 2px solid #FFF;
}
.ui-btn {
    font-size: 14px;
    text-shadow: none;
}
.ui-icon-maps {
    background-image: url(../images/maps.png);
    background-repeat: no-repeat;
    background-position: 10px 10px;
}
.ui-icon-tel{
    background-image: url(../images/phone.png);
    background-repeat: no-repeat;
    background-position: 10px 10px;
}
```

图 20-40

图 20-41

07 完成该餐厅介绍页面的制作，完整的页面代码如下。

```
<!doctype html>
<html>
<head>
<meta charset="utf-8">
<title> 餐厅介绍页面 </title>
```

```
<meta name="viewport" content="width=device-width,initial-scale=1">
<link rel="stylesheet" href="http://code.jquery.com/mobile/1.4.5/jquery.mo-
bile-1.4.5.min.css" />
<script src="http://code.jquery.com/jquery-1.11.1.min.js"></script>
<script src="http://code.jquery.com/mobile/1.4.5/jquery.mobile-1.4.5.min.
js"></script>
<link rel="stylesheet" href="style/20-3.css" />
</head>
<body>
<div data-role="page" id="page1" class="bg03">
 <div data-role="content">
  <div id="logo"><img src="images/2302.png" alt="logo"></div>
  <!-- 餐厅介绍信息开始 -->
   <div class="ui-grid-a" id="infos">
    <div class="ui-block-a">
          <h1> 乐穆夫达西餐厅 </h1>
          <p> 特色菜品：</p>
           <ul>
            <li> 经典西冷牛排 </li>
                  <li> 田园果蔬意面 </li>
            <li> 经典小食 </li>
      <li> 海鲜焗饭 </li>
           </ul>
     </div>
     <div class="ui-block-b">
      <p><img src="images/2318.jpg" alt=""/></p>
      <p><a href="#" rel="external"> 查看餐厅网站 </a></p>
     </div>
    </div>
   <!-- 餐厅介绍信息结束 -->
   <!-- 联系信息 -->
   <div id="contact">
    <div class="ui-grid-a">
      <div class="ui-block-a">
            <h1> 联系信息 </h1>
            <p> 北京市西城区某某路 288 号某某大厦 1 层 </p>
      <p> 电话：010-00000000</p>
           </div>
           <div class="ui-block-b"><img src="images/2319.jpg" alt=""/></div>
     </div>
     <div id="contact_buttons">
           <a href="#" data-role="button" data-theme="b" data-icon="maps"> 在 地 图
上查找 </a>
```

```
            <a href="tel:00000000000" data-role="button" data-theme="b" data-icon="tel">给餐厅打电话</a>
        </div>
      </div>
      <!-- 联系信息 -->
     </div>
    </div>
    </body>
    </html>
```

08 完成该订餐 APP 相关页面的制作，整体预览效果如图 20-42 所示。

图 20-42

20.4 本章小结

本章通过 3 个具有代表性的移动应用案例的制作讲解，向读者介绍了使用 HTML 5、CSS 3 与 jQuery Mobile 相结合制作移动应用页面的方法。通过本章内容的学习，希望读者掌握移动应用页面的制作方法，并能够开拓读者在移动应用设计制作方面的思路，从而开发出更优秀的移动应用。